高职机电一体化技术专业系列教材
国家骨干高职院校建设项目成果

机械图样的识读与绘制

主　编　徐　宝
副主编　张英祥
参　编　刘鹏德　寇明赟

西北工業大學出版社

【内容简介】 本书由轴套类零件图样的识读与绘制、盘盖类零件图样的识读与绘制、箱体类零件图样的识读与绘制、装配体图样的识读四个学习情景组成，其内容涵盖了职业岗位需求的知识点和技能点，使学生能够通过切实的情景教学，获得相应的知识，掌握相关技能。

本书既可作为教师教学、学生上课的教材，也可作为相关专业人员研究用参考书。

图书在版编目(CIP)数据

机械图样的识读与绘制 / 徐宝主编. —西安：西北工业大学出版社，2015.6
ISBN 978-7-5612-4416-6

Ⅰ. ①机… Ⅱ. ①徐… Ⅲ. ①机械图－识别②机械制图 Ⅳ. ①TH126

中国版本图书馆CIP数据核字(2015)第136091号

出版发行：西北工业大学出版社
通信地址：西安市友谊西路127号　　邮编：710072
电　　话：(029) 88493844　88491757
网　　址：www.nwpup.com
印 刷 者：兴平市博闻印务有限公司
开　　本：787 mm×1 092 mm　　1/16
印　　张：26.5
字　　数：628千字
版　　次：2015年7月第1版　　2015年7月第1次印刷
定　　价：48.00元

FOREWORD

前言

为适应“高等职业教育是培养技术应用型人才,要重视实践能力和职业技能的训练”的要求,本书在编写过程中,不强调基础知识的完整性与系统性,而是根据岗位能力需求,遵循“必须、够用”的原则,以减速器的不同零件为载体创建学习情境,将制图的基础知识、投影原理、组合体三视图、机械图样的表达方法、标准件和常用件、零件图、装配图和AutoCAD的相关知识重构,并融入到各个学习情境中。

本书共分4个学习情境:轴套类零件图样的识读与绘制、盘盖类零件图样的识读与绘制、箱体类零件图样的识读与绘制与装配体图样的识读。内容涵盖了职业岗位需求的知识点和技能点。首先,情境的设置由简单到复杂、由单一到综合,符合教学规律和认知规律;其次,将工作任务转换为学习型的工作任务,学习情境围绕任务展开;再次,对任务进行分析,引出情境基础知识;然后,进行任务实施,突出技能;最后,进行任务成果及过程考评,巩固提高。

本书的实施建议:在学习课程之前,先进行一周的企业认识实习,对零部件有一个感性的认识;在教学过程中,建议在理实一体化教室进行小班人数教学,这样有利于教学过程的监控,创设具有企业氛围学习的环境。

本书由徐宝主编并负责统稿,张英祥任副主编,刘鹏德、寇明赟参与编写。其中,徐宝编写学习情境三、四,张英祥编写学习情境一,刘鹏德、寇明赟编写学习情境二和附录。

本书在编写过程中曾参阅大量相关资料,在此对其作者表示诚挚感谢。

由于水平有限,书中难免存在疏漏与不足,恳请使用本书的师生和广大读者批评指正。

编　者

2014年10月

CONTENTS

目录

学习情境一　轴套类零件图样的识读与绘制

学习情境二 盘盖类零件图样的识读与绘制

学习情境三　箱体类零件图样的识读与绘制

学习情境四　装配体图样的识读与绘制

附 录

◇学习情境一

轴套类零件图样的识读与绘制

任务描述

机械图样是机械工程与机电产品信息的载体，是机械工程界表达、交流的语言，是现代生产中重要的技术文件。在岗位职业能力中，识读与绘制零件图是一项重要的职业技能，本情境要求完成对轴类零件图样的识读与绘制，加深对机械图样的认识。

本情境任务：

1. 正确识读传动轴零件图，如图 1－1 所示。
2. 正确测绘传动轴各结构尺寸。
3. 用 AutoCAD 绘制传动轴零件图。

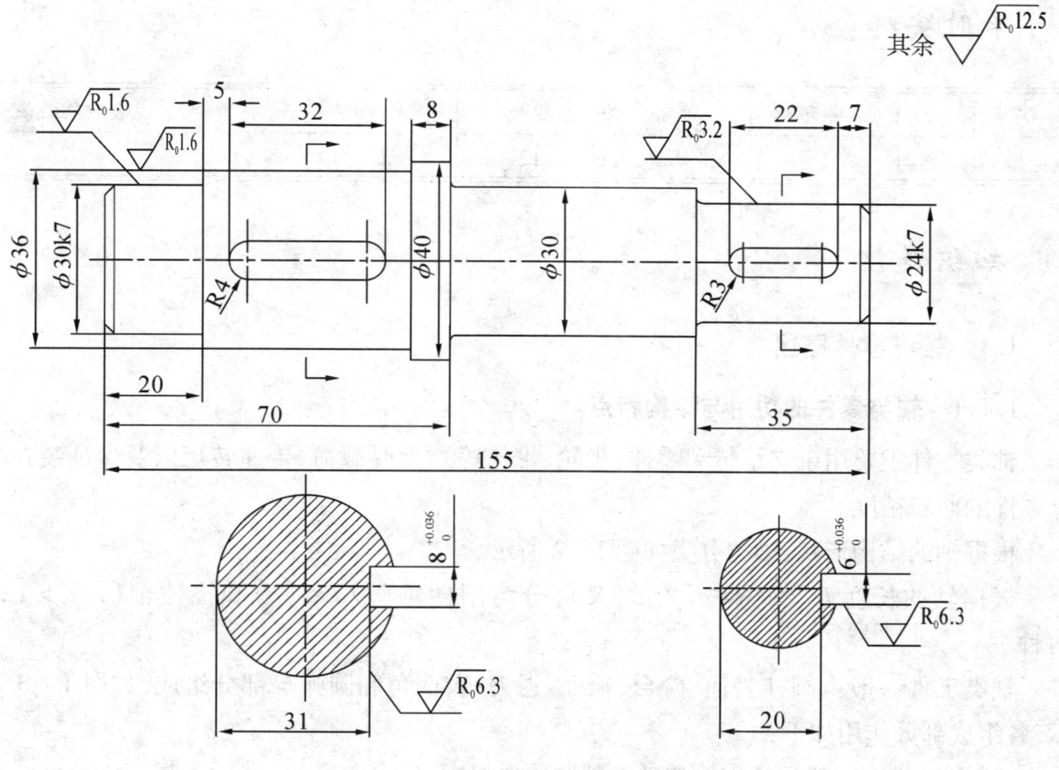

图 1－1　传动轴零件图

学习目标

☆知识目标：

1. 了解轴的作用、用途及各部分结构特点
2. 依据机械制图正投影、断面图等基础知识，正确分析传动轴零件图
3. 正确识读传动轴零件图上有关尺寸标注和技术要求等内容
4. 学会使用常用测量工具测绘传动轴各结构尺寸
5. 掌握测绘轴套类零件的基本方法及步骤
6. 使用 AutoCAD 绘图软件绘图、修改命令，正确绘制传动轴二维零件图

☆技能目标：

1. 通过认识制图国家标准获取信息的能力
2. 掌握查阅国家制图标准及手册的方法
3. 空间思维和逻辑思维能力
4. 具有一定语言及文字表达的能力
5. 具有一定社会人际交往与沟通能力
6. 良好的团队合作精神及协作能力

学时安排

资讯	决策	计划	实施	检查	评价	教学反馈表
17	1	1	12	1	1	1

知识链接

1.1 轴类零件概述

1.1.1 轴类零件的功用与结构特点

轴类零件主要用于支承传动零件（齿轮、带轮等），承受载荷、传递转矩以及保证装在轴上零件的回转精度。

根据轴的结构形状，轴的分类如图 1－2 所示。

根据轴的长度 L 与直径 d 之比，又可分为刚性轴（$L/d \leqslant 12$）和挠性轴（$L/d > 12$）两种。

轴类工件一般由圆柱表面、阶台、端面、退刀槽、倒角和圆弧等部分组成，如图 1－3 所示，各组成部分作用如下：

（1）圆柱表面一般用于支撑传动工件和传递扭矩。

（2）阶台和端面一般用来确定安装在轴上的工件的轴向位置。

(3)退刀槽的作用是磨削外圆或车螺纹时退刀方便,并可使工件在装配时有一个正确的轴向位置。

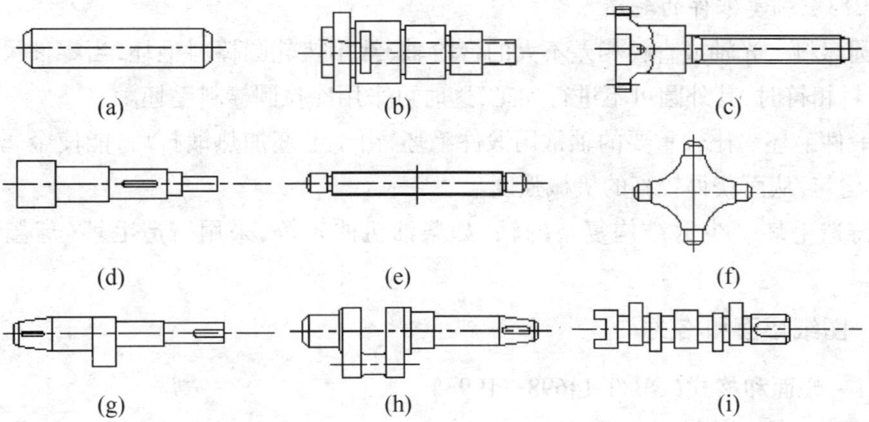

图 1－2　轴的种类

(a)光轴;(b)空心轴;(c)半轴;(d)阶梯轴;(e)花键轴;(f)十字轴;(g)偏心轴;(h)曲轴;(i)凸轮轴

(4)倒角的作用一方面是防止工件边缘锋利划伤工人,另一方面是便于在轴上安装其他零件,如齿轮、轴套等。

(5)圆弧槽的作用是提高轴的强度,使轴在受交变应力作用时不致因应力集中而断裂,此外使轴在淬火过程中不易产生裂纹。

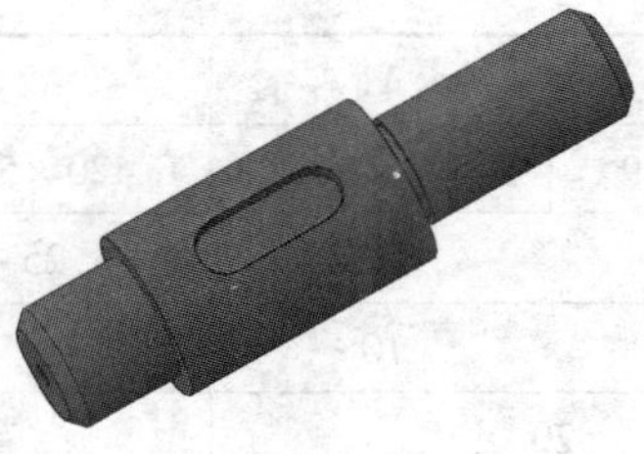

图 1－3　轴的常见结构

1.1.2　轴类零件的技术要求、材料和毛坯

1.1.2.1　轴类零件的技术要求

(1)尺寸精度　主要包括直径和长度尺寸的精度。

(2)形状精度　主要包括圆度、圆柱度、直线度。

(3)位置精度　主要包括同轴度、圆跳动、垂直度、平行度。

(4)表面粗糙度　配合面和定位面的表面粗糙度要求较高。

(5)热处理要求　根据轴的材料和需要,常进行正火、调质、淬火、表面淬火及表面渗碳渗氮等热处理。

装轴承的轴颈和装传动零件的轴头处表面,一般是轴类零件的重要表面,其尺寸精度、形状精度(圆度、圆柱度等)、位置精度(同轴度、与端面的垂直度等)及表面粗糙度要求均较高,是在制订轴类零件机械加工工艺规程时,应着重考虑的因素。

1.1.2.2　轴类零件的材料

一般轴类零件常选用45 钢;对于中等精度而转速较高的轴可用40 Cr;对于高速、重载荷等条件下工作的轴可选用 20 Cr、20 CrMnTi 等低碳合金钢进行渗碳淬火，或用 38 CrMoAlA氮化钢进行氮化处理。

1.1.2.3　轴类零件的毛坯

(1)圆棒料　光轴或直径相差不大的台阶轴，常用热轧圆棒料毛坯；当零件尺寸精度与冷拉圆棒料相符时，其外圆可不进行加工，这时可采用冷拉圆棒料毛坯。

(2)锻件毛坯　比较重要的轴常用锻件毛坯，由于毛坯加热锻打后，能使金属内部纤维组织分布均匀，从而获得较高的机械强度。

(3)铸造毛坯　少数结构复杂的轴，如柴油机曲轴等，采用铸造毛坯(球墨铸铁或稀土铸铁)。

1.2　图纸幅面和格式

1.2.1　幅面和格式(GB/T 14698—1993)

1.2.1.1　图纸幅面尺寸

绘制图样时，应优先采用表 1-1 规定的 A0、A1、A2、A3、A4 五种基本幅面，必要时也允许加长幅面，但应按基本幅面的短边整数倍增加。各种基本幅面和加长幅面参见图 1-4，其中粗实线部分为基本幅面；细实线部分为第一选择的加长幅面；虚线为第二选择的加长幅面。加长后幅面代号记作：基本幅面×倍数。如 A4×4，表示按 A4 图幅短边加长 4 倍，即加长后图纸的尺寸为 297×841，见表 1-1。

表 1-1　图纸幅面尺寸

<table>
<tr><td colspan="2">幅面代号</td><td>A0</td><td>A1</td><td>A2</td><td>A3</td><td>A4</td></tr>
<tr><td colspan="2">尺寸 $B \times L$</td><td>841×1189</td><td>594×841</td><td>420×594</td><td>297×420</td><td>210×297</td></tr>
<tr><td rowspan="3">图框</td><td>a</td><td colspan="5">25</td></tr>
<tr><td>c</td><td colspan="3">10</td><td colspan="2">5</td></tr>
<tr><td>e</td><td colspan="2">20</td><td colspan="3">10</td></tr>
</table>

由表 1-1 可知，图纸幅面有五种基本幅面，幅面尺寸中，B 表示短边，L 表示长边。其中 A0 幅面的图纸最大，其大小是 841×1189，宽(B)∶长(L) $=1:\sqrt{2}$，面积为 1 m^2，A1 幅面为 A0 幅面的一半(以长边对折裁开)；其余都是后一号为前一号的幅面的一半。

1.2.1.2　图框格式和尺寸

各种幅面的图样，均用粗实线画出图框线，图框格式分为不留装订边和留装订边两种，同一产品中所有的图样应采用同一种格式。

不留装订边的图框格式如图 1-5(a)所示，周边尺寸按表 1-4 的规定，留有装订边的图框格式如图 1-5(b)所示，其周边尺寸也按表 1-1 的规定。加长幅面的尺寸，按所选用的基本幅面大一号的周边尺寸确定。如 A3×3 的加长幅面，其周边尺寸应该用 A2 的周边尺寸画出。

为了使图样复制和缩微摄影时定位方便，应在图纸各边长的中点处分别画出对中符号。对中符号用粗实线绘制，自周边伸入图框线内约 5 mm，线宽不小于 0.5 mm，当对中符号处于标题栏范围内时，则伸入标题栏部分省略不画，如图 1-6 所示。

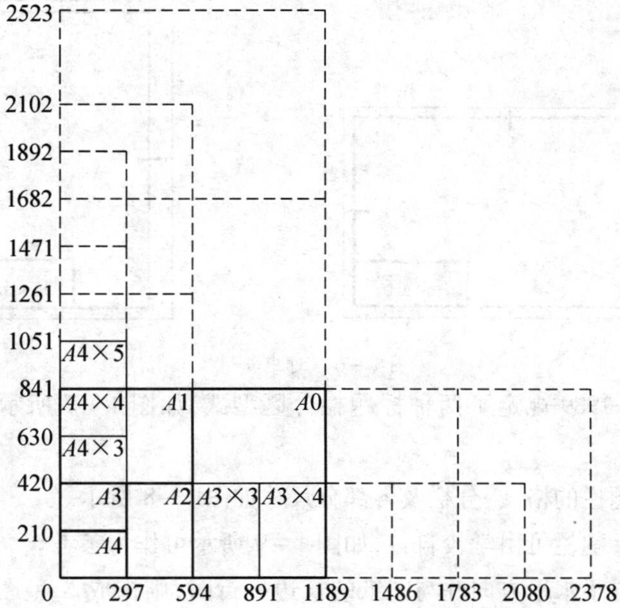

图 1-4　五种基本幅面及加长幅面尺寸

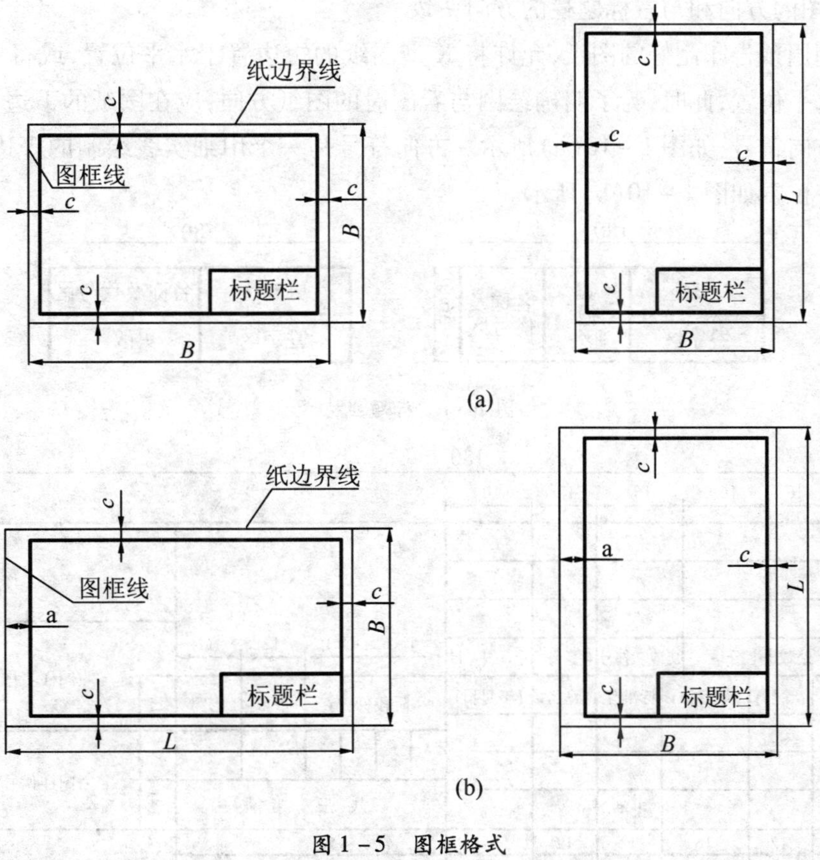

图 1-5　图框格式

(a)不留装订边的图框格式;(b)留装订订的图框格式

1.2.1.3　标题栏(GB/T 10609.1—1989)

每张图纸上都必须画出标题栏,标题栏位于图纸的右下角,如图 1-6 所示。

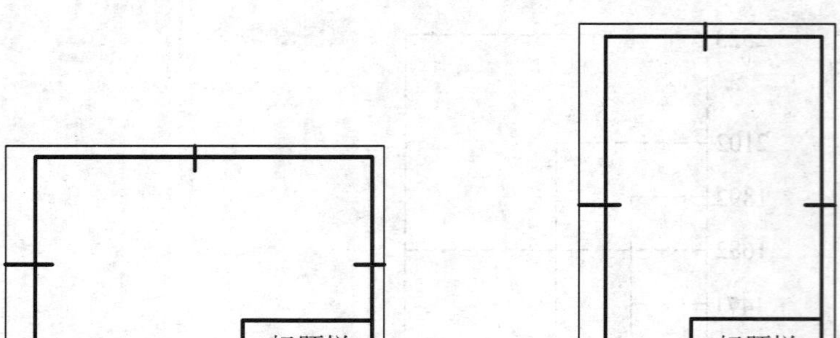

图 1－6　对中符号

GB/T 10609.1—1989 规定了两种标题栏分区型式，如图 1－7 所示。推荐使用第一种型式。

第一种型式标题栏的格式、分栏及各部分尺寸如图 1－8 所示。

学生作业上的标题栏可由学校自订，如图 1－9 所示可作为参考。

标题栏的长边置于水平方向并与图纸的长边平行时，则构成 X 型图纸，如图 1－5（左）所示。若标题栏的长边与图纸的长边垂直时，则构成 Y 型图纸，如图 1－5（右）所示。在此情况下，看图的方向和与看标题栏的方向一致。

为了利用预告印制好的图纸，允许将 X 型图纸的短边置于水平位置，或将 Y 型图纸的长边置于水平位置，此时，为了明确绘图与看图时的图纸方向，应在图纸的下边对中符号处加画一个方向符号，如图 1－10（a）所示。方向符号是一个用细实线绘制的等边三角形，其大小及所在位置如图 1－10（b）所示。

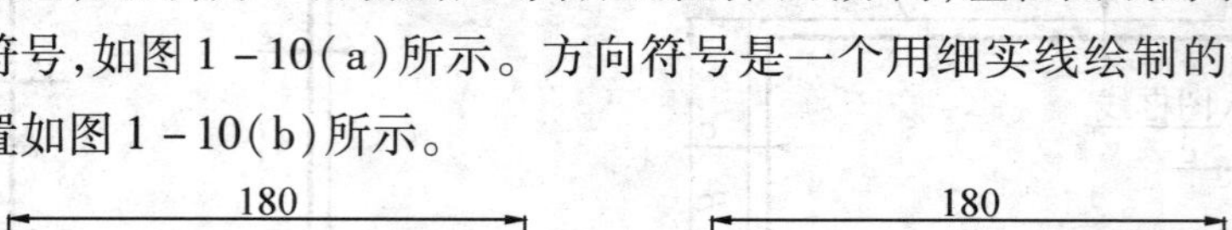

图 1－7　标题栏格式

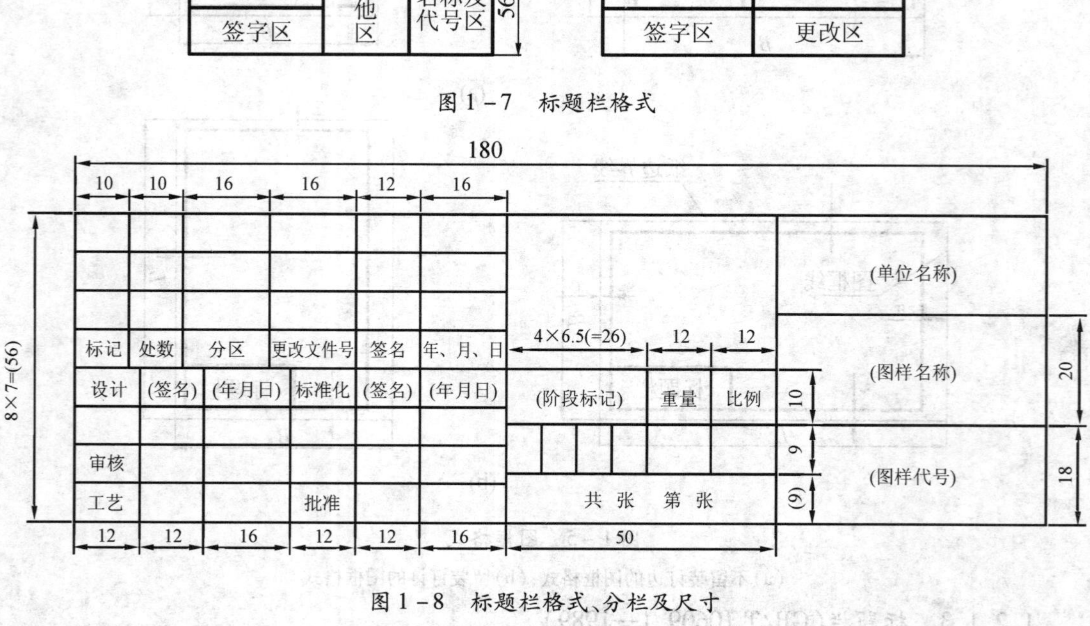

图 1－8　标题栏格式、分栏及尺寸

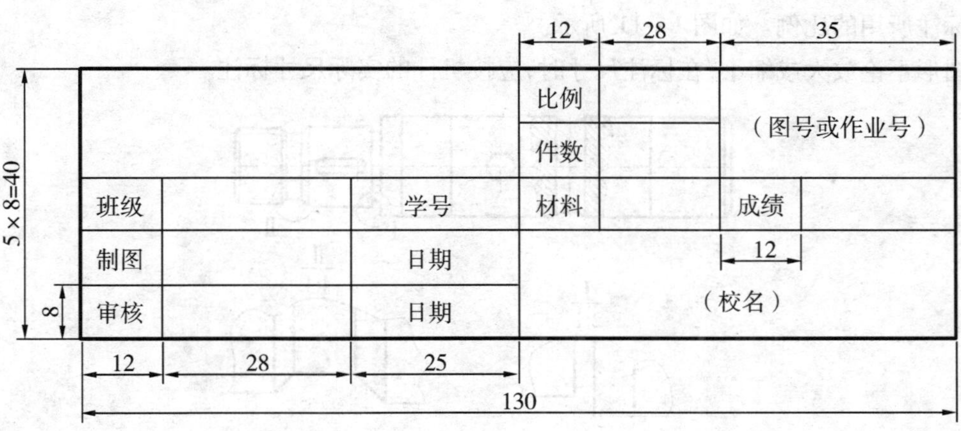

图 1－9　制图作业标题栏参考

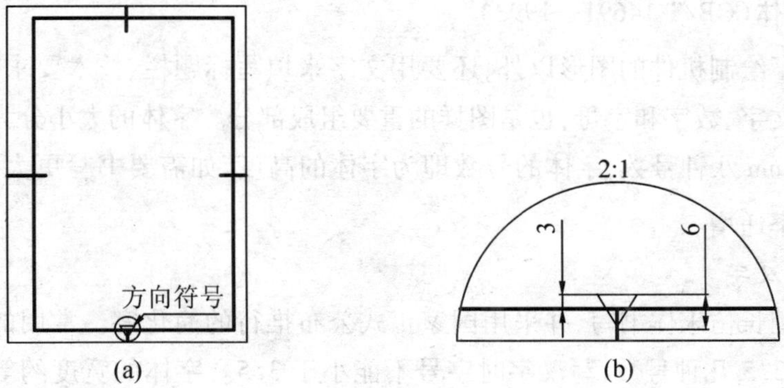

图 1－10　方向符号

1.2.2　比例(GB/T 14690—1993)

比例是指图中图形与其实物相应要素的线性尺寸之比。

每张图样都要注出所画图形采用的比例。比例分为原值、缩小、放大三种。画图时，应尽量采用1∶1 的比例画图，当需要把机件放大或缩小绘图时，应采用表 1－2 规定的比例。

表 1－2　绘制图样的比例

种类	比例	
	第一系列	第二系列
原值比例	1∶1	
缩小比例	1∶2　1∶5　1∶10　$1:10^n$ $1:1\times10^n$　$1:2\times10^n$　$1:5\times10^n$	1∶1.5　1∶2.5　1∶3　1∶4　1∶6　$1:1.5\times10^n$ $1:2.5\times10^n$　$1:3\times10^n$　$1:4\times10^n$　$1:6\times10^n$
放大比例	2∶1　5∶1　$1\times10^n:1$ $2\times10^n:1$　$5\times10^n:1$	2.5∶1　4∶1 $2.5\times10^n:1$　$4\times10^n:1$

注：n 为正整数

每张图样都要注出所画图形采用的比例。

同一张图样上，若各图采用的比例相同，在标题栏的比例一格内注明所用的比例即可，如 1∶1，1∶2，2∶1 等。

同一张图样上，若个别图形选用的比例与标题栏中所注的比例不同时，对这个图形必须另行标注所用的比例。如图 1－11 所示。

图形不论放大或缩小,在标注尺寸时,应按机件的实际尺寸标注。

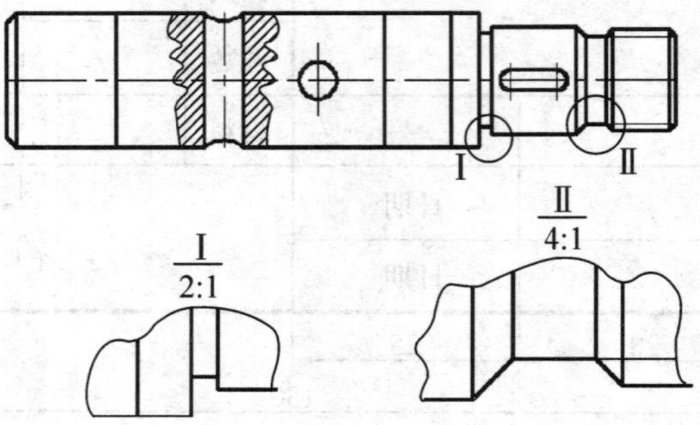

图 1－11　放大的比例

1.2.3　字体(GB/T 14691—1993)

图样上除了绘制机件的图形以外,还要用文字来填写标题栏、技术要求,用数字来标注尺寸等。所以文字、数字和字母,也是图样的重要组成部分。字体的大小分为 1.8,2.5,3.5,5,7,10,14,20 mm 八种号数,字体的号数即为字体的高度,如需要书写更大的字,其字体高度应按$\sqrt{2}$的比率递增。

1.2.3.1　汉字

汉字规定用长仿宋体书写,并采用国家正式公布推行的简化字。常用的长仿宋体字有 20,14,10,7,5,3.5 几种号数,写汉字时字号不能小于 3.5。字体的宽度约等于字体高度的 2/3。

国家标准规定图样中书写的字体必须做到:字体工整、笔画清楚、间隔均匀、排列整齐。书写长仿宋体字的要领是:横平竖直、注意起落、结构均匀、填满方格。书写时,笔画应一笔写成,不要勾描,起落分明挺拔。长仿宋体字示例如图 1－12 所示。

10号字

字体工整　笔画清楚　间隔均匀　排列整齐

7号字

横平竖直注意起落结构均匀填满方格公差与配合

轴套类零件的其他结构退刀槽键槽越程槽中心孔

5号字

标准公差与基本偏差渗碳深度表面粗糙度技术要求零件的耐磨性清晰

正确完整装配深沉锥销表面展开图舶数值范围点的三面投影规律直线

横平竖直注意起落结构均匀填满方格公差与配合轴套技术制图类零件

的其他结构退刀槽键槽越程槽标准公差与基本偏差渗碳深度表面粗糙

度技术要求零件的耐磨性清晰完整正确装配表面展开图数值汽车纺织

图 1－12　长仿宋体字示例

1.2.3.2　数字和字母

图样的数字和字母分直体和斜体两种。斜体字字头向右倾斜成 75°字母和数字分 *A* 型和 *B* 型,*B* 型的笔划宽度比 *A* 型宽。同一图样上,只允许选用一种形式的字体。当与汉字混写时,宜用直体。字母和数字示例如图 1－13 所示。

图 1－13　字母和数字示例

1.2.4　**图线**(GB/T4457.4—2002 **和** GB/T17450—1998)

国家 GB/T4457.4—2002《机械制图 图样画法 图线》中规定了机械图样中采用的各种线型及其应用场合。表 1－3 列出了机械制图中使用的 9 种线型。图 1－14 所示为常用图线的应用举例。

表 1－3　机械图样中的线型及应用

序号	图线名称	图线型式	图线宽度	一般应用
1	细实线		d/2	尺寸线、尺寸界线、剖面线、过渡线、重合断面的轮廓线、指引线、牙底线、齿根线、辅助线
2	波浪线		d/2	断裂处的边界线、视图与剖视图的分界线

续表

序号	图线名称	图线型式	图线宽度	一般应用
3	双折线		d/2	断裂处的边界线、视图与剖视图的分界线
4	粗实线		d	可见轮廓线、表示剖切面起讫和转折的剖切符号
5	细虚线		d/2	不可见轮廓线
6	粗虚线		d	允许表面处理的表示线
7	细点画线		d/2	轴线、对称中心线、剖切线等
8	粗点画线		d	限定范围的表示线
9	细双点画线		d/2	相邻辅助零件的轮廓线、极限位置的轮廓线、轨迹线、中断线等

图线宽度的推荐系列为0.18,0.25,0.35,0.5,0.7,1,1.4,2 mm。在0.5～2 mm的范围内选用粗实线的宽度d。优先采用0.5 mm、0.7 mm的粗线宽度。粗线、细线的宽度比率为2∶1。在同一张图样中,同类图线的宽度应保持一致。

图线画法的注意事项:

(1)同一张图样上,同类图线的粗细应保持一致,虚线、点画线及双点画线的线段长度和间距大小也应各自大致相等。

(2)轴线、对称中心线、双点线应超出轮廓线2～5 mm。点画线和双点画线的末端应是线段,而不是短划。若圆的直径较小,圆的中心线可用细实线来代替。

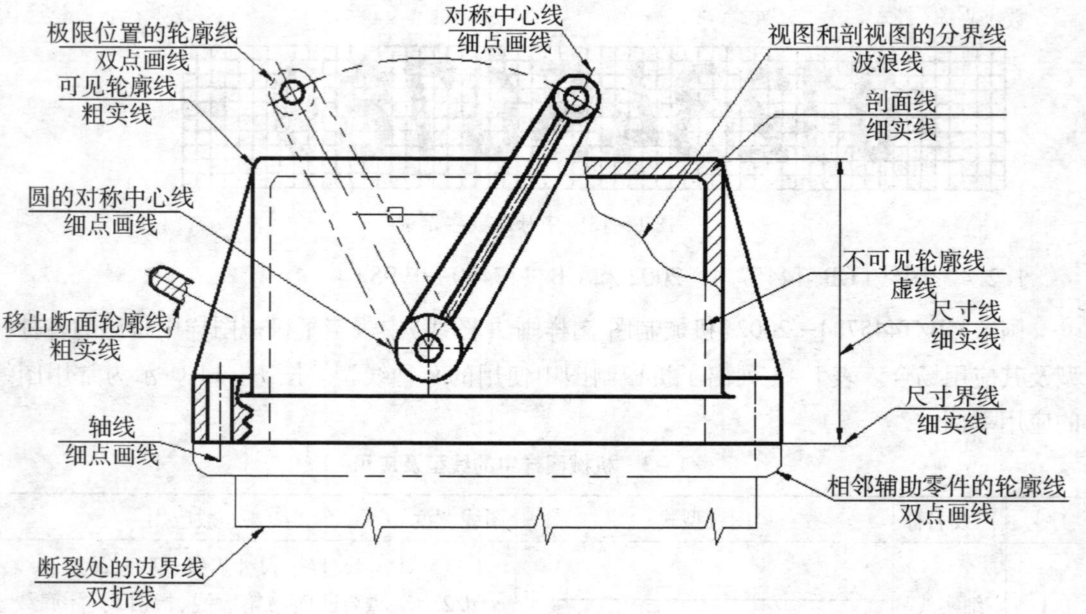

图1-14　图线应用示例

(3)平行线(包括剖面线)之间的距离应不小于粗实线两倍的宽度,其最小距离不得小于0.7 mm。

(4)虚线、点画线与其它图线相交时,应在线段处相交,不应在空隙或短划处相交。当虚线是粗实线的延长线时,粗实线应画到分界点,而虚线与分界点之间应留有空隙。当虚线圆弧与虚线直线相切时,虚线圆弧的线段应画到切点处,虚线直线至切点之间应留有空隙,如图1-15所示。

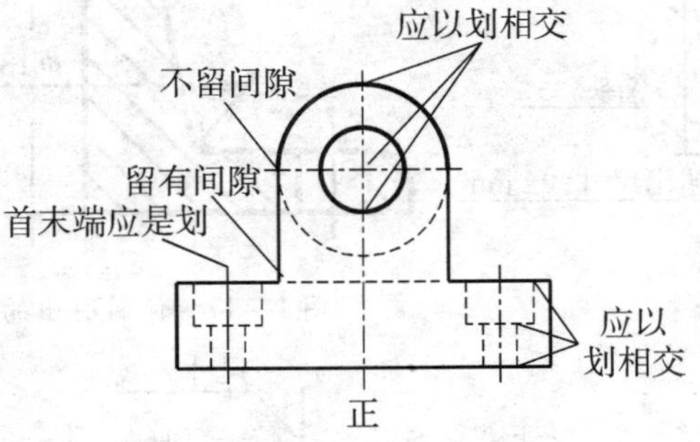

图1-15 虚线相交及连接处的画法

1.2.5 **尺寸标注**(GB/T 4458.4—2003、GB/T 16675.2—1996)

1.2.5.1 基本规则

(1)机件的真实大小应以图样上所注的尺寸数值为依据,与图形的大小及绘图的准确度无关。

(2)图样中所注的尺寸,为该图样所示机件的最后完工尺寸,否则应另加说明。

(3)在机械图样(包括技术要求和其他说明)中,直线尺寸规定以毫米为单位,不需再在尺寸数字后面标注其计量单位的代号或名称。如果采用其它单位,则必须注明相应计量单位的代号或名称。

(4)机件的每一尺寸,一般只标注一次,并应标注在反映该结构最清晰的图形上。

1.2.5.2 尺寸的组成

一个完整的尺寸由尺寸数字、尺寸线、尺寸界线、尺寸终端4部分组成。如图1-16所示。尺寸数字表示尺寸的大小,尺寸线表示尺寸度量的方向,尺寸界线表示所注尺寸的范围,箭头表示尺寸的起止。

(1)尺寸界线 尺寸界线用细实线绘制,并由图形的轮廓线、轴线或中心线处引出,尽量画在图外,并超出尺寸线末端约2 mm。有时可借用轮廓线、轴线或中心线作为尺寸界线。

尺寸界线一般应与所注的线段垂直(即与尺寸线垂直),必要时允许倾斜,但两尺寸界线仍应互相平行,如图1-17所示。

(2)尺寸线 尺寸线用细实线画在尺寸界线之间。标注线性尺寸时,尺寸线必须与所标注的线段平行。尺寸线不得用其它图线代替,也不得与其它图线重合或在其它图线的延长线上。

(3)尺寸终端 尺寸线的终端有两种形式:箭头和斜线,同一张图样上只能采用一种尺寸线终端的形式。机械制图多采用箭头,同一张图上箭头大小要一致,箭头的位置应与尺寸界线接触,不得超过或留有间隙。当采用箭头时,在位置不够的情况下,允许用圆点或斜线代替箭头。箭头和45°斜线的式样如图1-18所示。

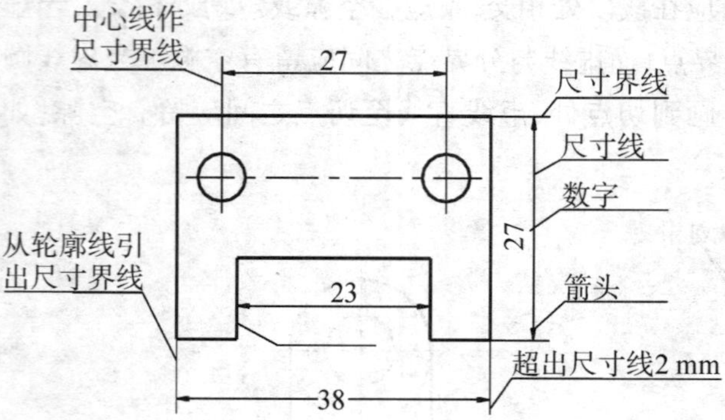

图 1-16　尺寸的组成部分

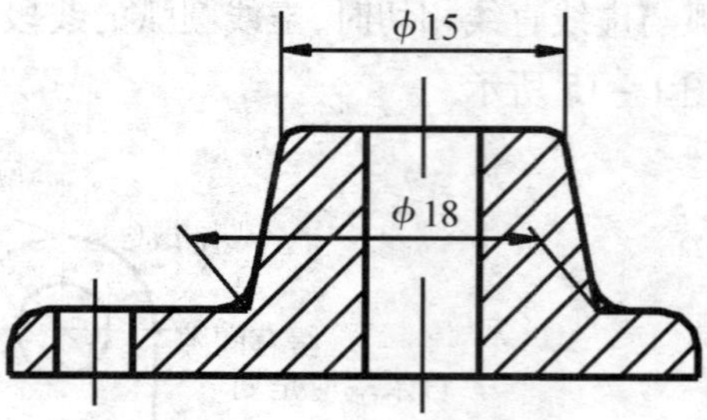

图 1-17　倾斜引出的尺寸界线

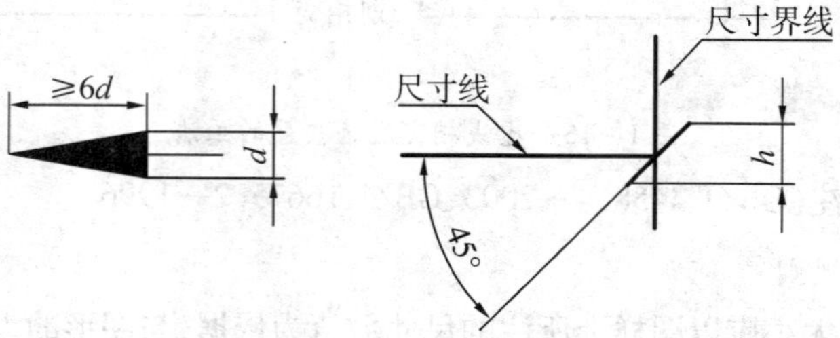

d 为粗实线的宽度　　h 为字体高度

图 1-18　尺寸终端的两种形式

(4)尺寸数字　尺寸数字采用斜体阿拉伯数字，同一张图样中数字大小应一致。线性尺寸数字一般应注写在尺寸线的上方(尺寸线不断开)，也允许注写在尺寸线的中断处，同一张图样上注写方法应一致。如图 1-16 所示。尺寸数字不能被任何图线所通过，当不可避免时，必须把图线断开，如图 1-17 所示。

1.2.5.3　常用的尺寸注法示例

(1)线性尺寸的数字应按图 1-19(a)所示的方向注写，即水平方向字头朝上，垂直方向字头朝左，倾斜方向字头保持朝上趋势。并尽可能避免在图示 30°范围内标注，当无法避免时，可按图 1-19(b)的形式标注。在不致引起误解时，对于非水平方向的尺寸，其数字可水平的注写在尺寸线的中断处，如图 1-19(c)所示。

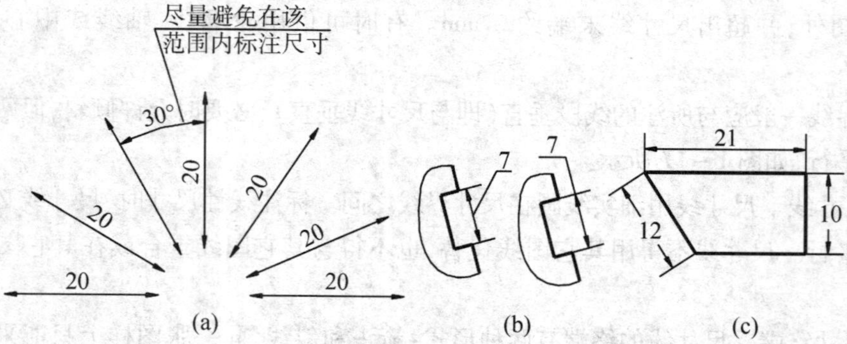

图 1-19　尺寸数字的注写方向

(2)圆的尺寸标注　标注圆的直径时，应在尺寸数字前加注“ϕ”，表示这个尺寸的值是直径值。尺寸线的终端应画成箭头，并按图 1-20 所示的方法标注。

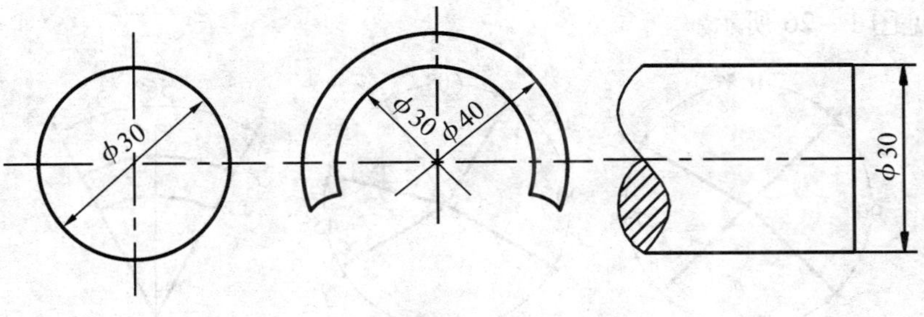

图 1-20 圆的尺寸标注

(3)圆弧的尺寸标注

1)圆弧的半径：标注圆弧的半径时，应在尺寸数字前加注符号"*R*"，尺寸线的终端应画成箭头，并按图 1-21 所示的方法标注。当圆弧的半径过大或在图纸范围内无法标出其圆心位置时，可将圆心移在近处示出，将半径的尺寸画成折线。

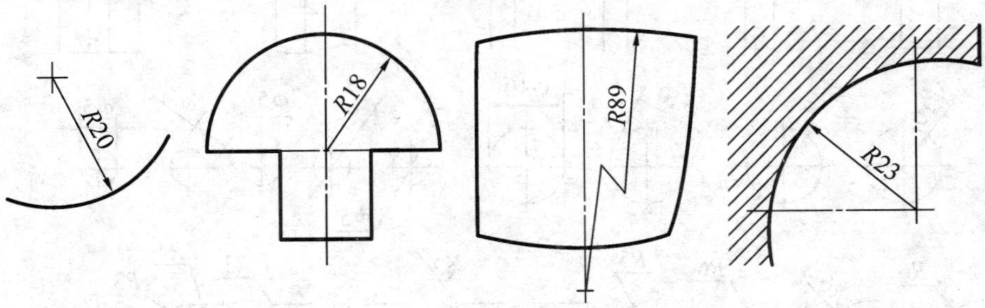

图 1-21 圆弧半径的标注

2)圆弧的长度：标注弧长时，就在尺寸数字左方加注符号"⌒"。弧长的尺寸界线应平行于该弦的垂直平分线，如图 1-22 所示。

(4)球的尺寸标注 标注球面的直径或半径时，应在符号"*ϕ*"或"*R*"前加注符号"*S*"，如图 1-23 所示。对于铆钉的头部、轴(包括螺杆)的端部以及手柄的端部等，在不致引起误解的情况下可省略符号"*S*"。

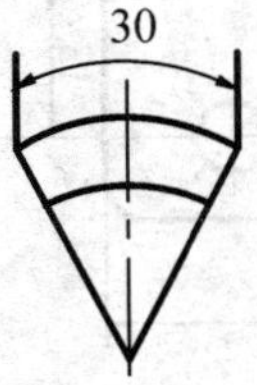

图1-22 弧长的标注

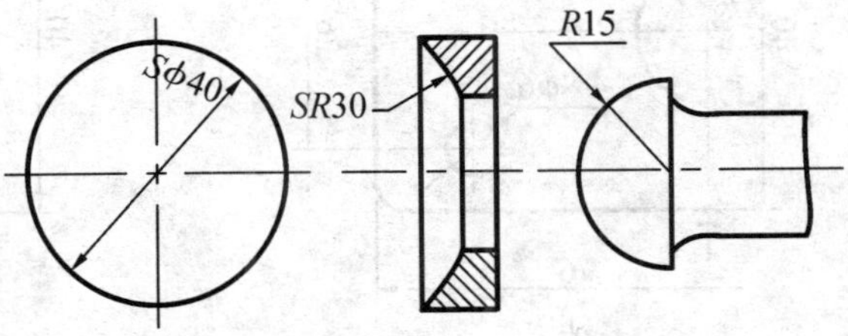

图 1-23 球体尺寸标注

(5)角度的标注 角度的尺寸线应沿径向引出，尺寸线应画成圆弧，其圆心是该角的顶点。角度的数字一律写在尺寸线的中断处，必要时也可注写在尺寸线的上方、外面或引出标注。如图 1-24 所示。

(6)狭小部位的尺寸标注 当没有足够位置画箭头和写数字时，可将其中之一布置在外面，也可把箭头和数字都布置在外面。标注一连串的串联小尺寸时，可用小圆点或斜线代替中间的箭头。如图 1-25 所示。

(7)对称图形的尺寸标注 对称图形，应把尺寸标注为对称分布，当对称的图形只画出一半或大于一半时，尺寸线应略超过对称中心线或断裂处的边界线，此时只在尺寸线的一端画出箭头。见图 1－26 所示。

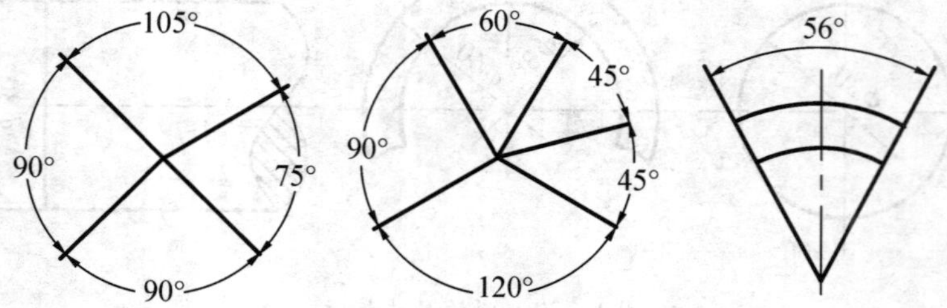

图 1－24　角度的标注

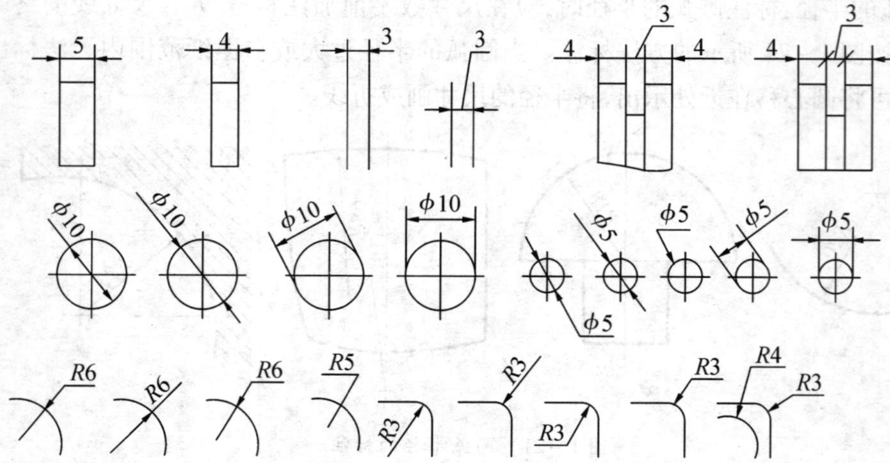

图 1－25　狭小部位的尺寸标注

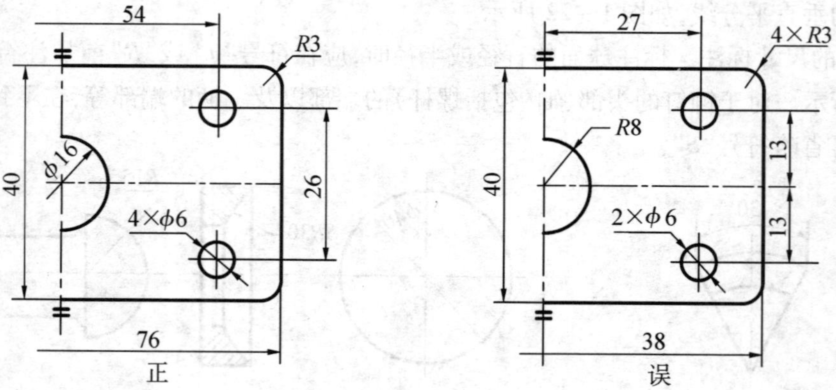

图 1－26　对称图形的标注

1.3　正投影法基本理论

1.3.1　投影法的概念

在日常生活中，人们看到太阳光或灯光照射物体时，在地面或墙壁上出现物体的影子，这就是一种投影现象。我们把光线称为投射线(或叫投影线)，地面或墙壁称为投影面，影子称为物体在投影面上的投影。如图 1－27 所示。

上述这种用投射线(投影线)通过物体，向选定的面投影，并在该面上得到图形的方法称为投影法。

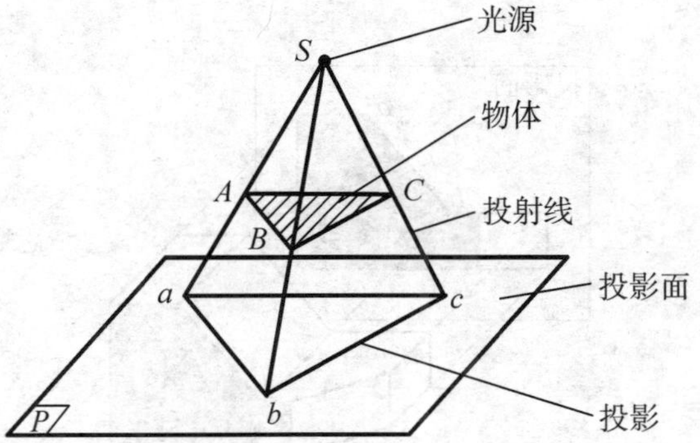

图 1-27 投影法的概念

1.3.2 投影法的种类及应用

1.3.2.1 中心投影法

投影中心距离投影面在有限远的地方，投影时投影线汇交于投影中心的投影法称为中心投影法，如图 1-28 所示。

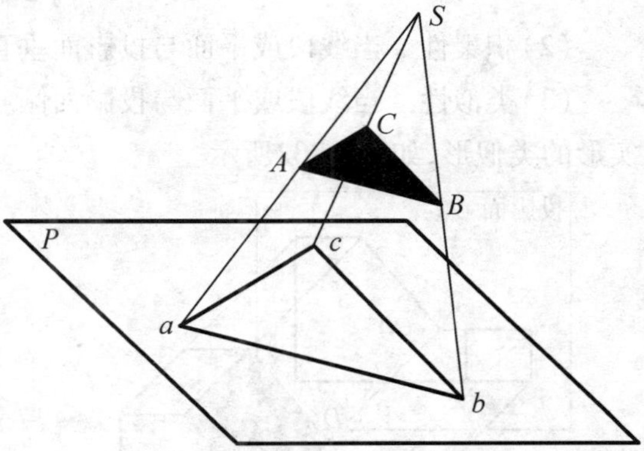

图 1-28 中心投影法

缺点：中心投影不能真实地反映物体的形状和大小，不适用于绘制机械图样。

优点：有立体感，工程上常用这种方法绘制建筑物的透视图。

1.3.2.2 平行投影法

投影中心距离投影面在无限远的地方，投影时投影线都相互平行的投影法称为平行投影法，如图 1-29 所示。

根据投影线与投影面是否垂直，平行投影法又可以分为两种：

(1)斜投影法：投影线与投影面相倾斜的平行投影法，如图 1-29(a)所示。

(2)正投影法：投影线与投影面相垂直的平行投影法，如图 1-29(b)所示。

正投影法优点：能够表达物体的真实形状和大小，作图方法也较简单，所以广泛用于绘制机械图样。

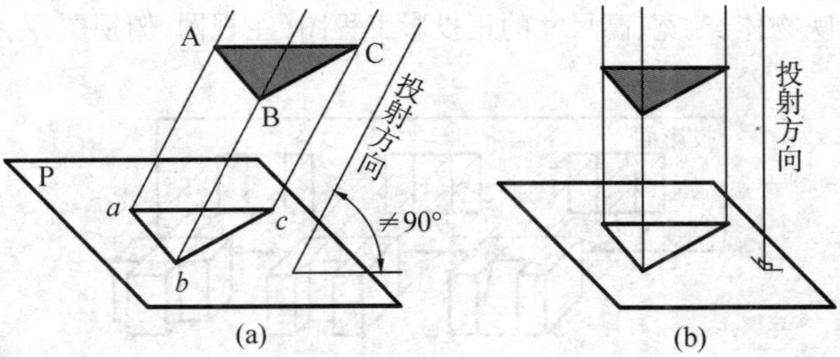

图 1-29 平行投影法

(a)中心投影法；(b)正投影法

1.3.3 正投影法的基本性质

(1)真实性 当线段或平面与投影面平行时，其反映实长或实体投影，如图 1-30

所示。

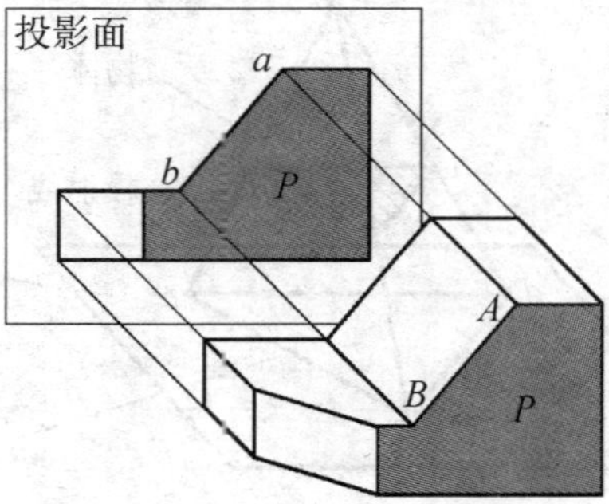

图 1-30　真实性

(2)积聚性　当线段或平面与投影面垂直时,投影积聚,如图 1-31 所示。

(3)类似性　当线段或平面与投影面倾斜时,其线段投影小于实长;平面的投影为小于实形的类似形,如图1-32所示。

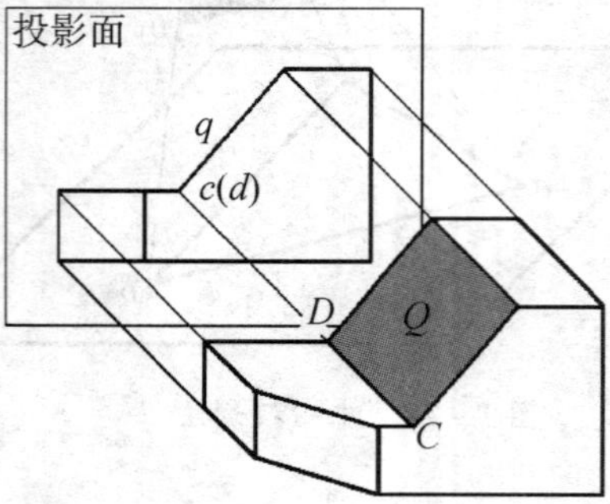

图 1-31　积聚性

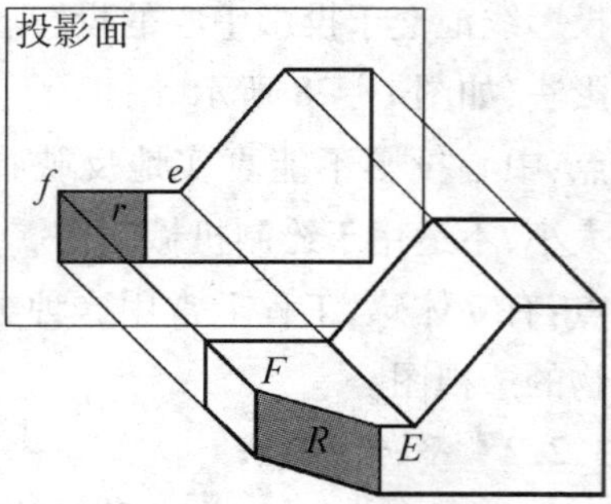

图 1-32　类似性

1.4　三视图的概念和形成

1.4.1　三视图的概念

一般情况下,一个视图不能确定物体的形状。如下图 1-33 所示,3 个形状不同的物体,他们在投影面上的投影都相同。因此,要反映物体的完整形状,必须增加由不同投影方向所得到的几个视图,互相补充,才能将物体表达清楚。

能够正确反映物体长、宽、高尺寸的正投影工程图(主视图,俯视图,左视图 3 个基本视图)称为三视图。

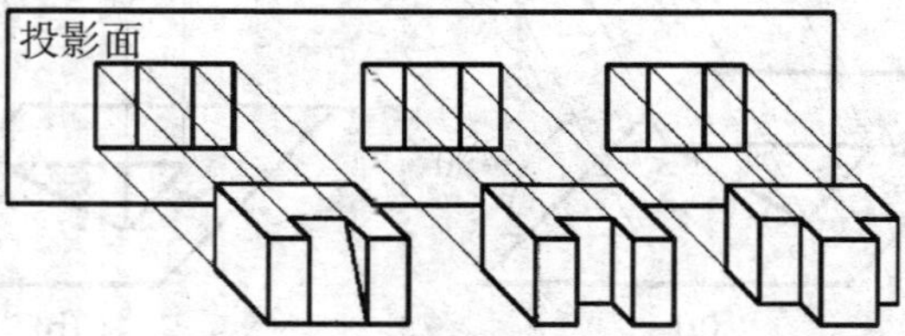

图 1-33　三个不同形体具有相同的视图

1.4.2　三面投影体系

三投影面体系由三个互相垂直的投影面所组成,如图 1-34 所示。

在三投影面体系中,三个投影面分别为:

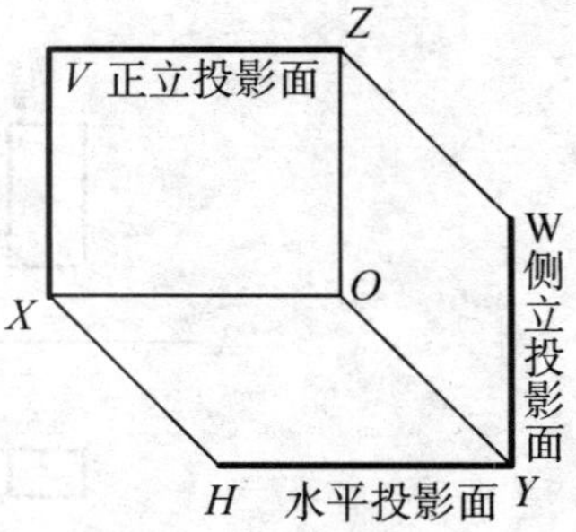

图 1-34 三面投影体系

正立投影面:简称为正面,用 V 表示;

水平投影面:简称为水平面,用 H 表示;

侧立投影面:简称为侧面,用 W 表示。

三个投影面的相互交线,称为投影轴。它们分别是:

OX 轴:是 V 面和 H 面的交线,它代表长度方向;

OY 轴:是 H 面和 W 面的交线,它代表宽度方向;

OZ 轴:是 V 面和 W 面的交线,它代表高度方向;

三个投影轴垂直相交的交点 O,称为原点。

1.4.3 三视图的形成

将物体放在三投影面体系中,物体的位置处在人与投影面之间,然后将物体对各个投影面进行投影,得到 3 个视图,这样才能把物体的长、宽、高 3 个方向,上下、左右、前后 6 个方位的形状表达出来,如图1-35所示。3 个视图分别为:

主视图:从前往后进行投影,在正立投影面(V 面)上所得到的视图。

俯视图:从上往下进行投影,在水平投影面(H 面)上所得到的视图。

左视图:从左往右进行投影,从侧立投影面(W 面)上所得到的视图。

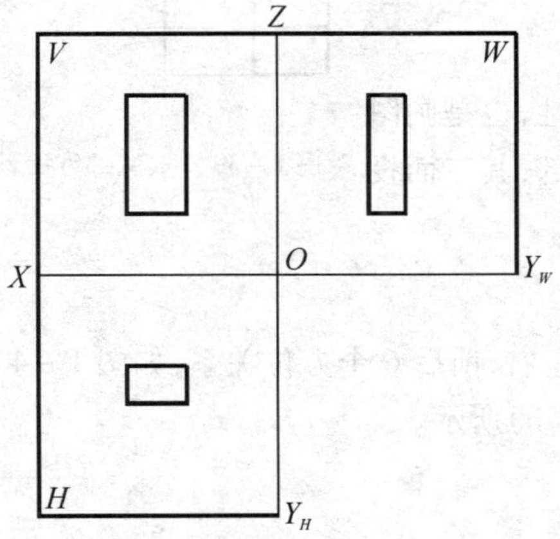

图 1-35 三视图的形成

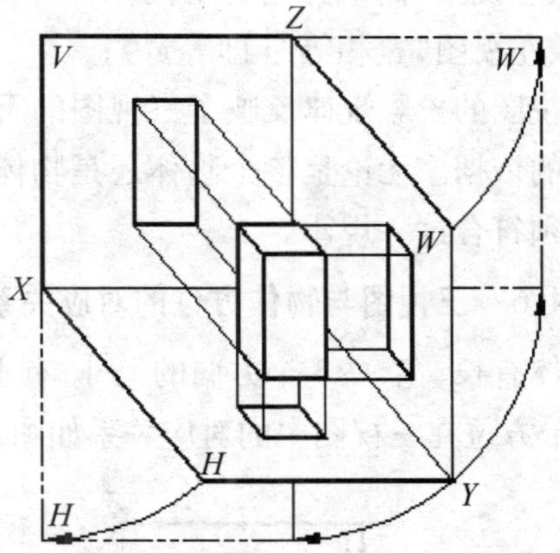

图 1-36 三视图的展开

1.4.4 三投影面体系的展开

在实际作图中,为了画图方便,需要将 3 个投影面在一个平面(纸面)上表示出来,规定:使 V 面不动,H 面绕 OX 轴向下旋转 90°与 V 面重合,W 面绕 OZ 轴向右旋转 90°与 V 面重合,这样就得到了在同一平面上的三视图,如图 1-36 所示。可以看出,俯视图在主视图的下方,左视图在主视图的右方。在这里应特别注意的是:同一条 OY 轴旋转后出现了两个位置,因为 OY 是 H 面和 W 面的交线,也就是两投影面的共有线,所以 OY 轴随着 H 面旋转到 OYH 的位置,同时又随着 W 面旋转到 OYW 的位置。为了作图简便,投影图中不必画出投影面的边框,如图 1-37 所示。由于画三视图时主要依据投影规律,所以投影轴也可以进一步省略,如图 1-38 所示。

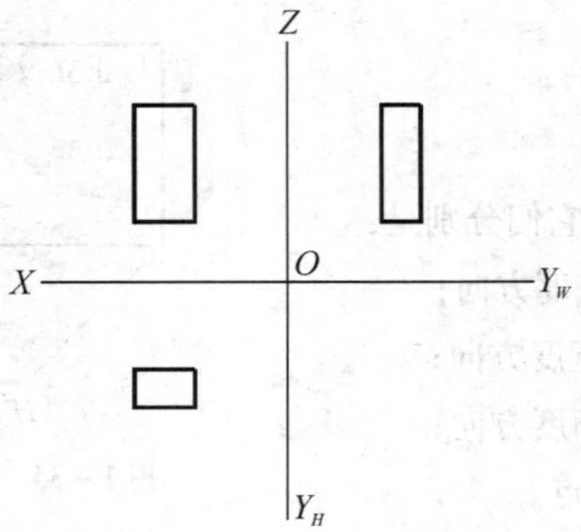

图 1－37　无边框

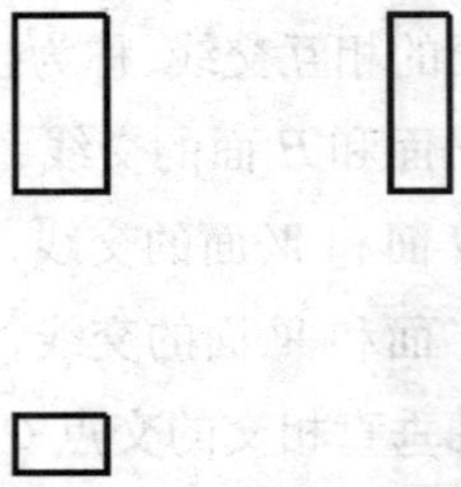

图 1－38　无投影轴

1.4.5　三视图的投影规律

从图 1－39 可以看出，一个视图只能反映两个方向的尺寸，主视图反映了物体的长度和高度，俯视图反映了物体的长度和宽度，左视图反映了物体的宽度和高度。由此可以归纳出三视图的投影规律：

主、俯视图“长对正”（即等长）；

主、左视图“高平齐”（即等高）；

俯、左视图“宽相等”（即等宽）；

三视图的投影规律反映了三视图的重要特性，也是画图和读图的依据。无论是整个物体还是物体的局部，其三面投影都必须符合这一规律。

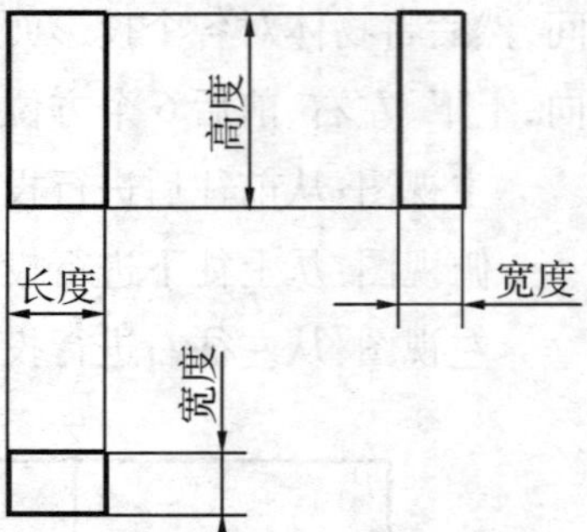

图 1－39　三视图的投影规律

1.4.6　三视图与物体方位的对应关系

物体有长、宽、高 3 个方向的尺寸，有上下、左右、前后 6 个方位关系，如图 1－40（a）所示。6 个方位在三视图中的对应关系如图 1－40（b）所示。

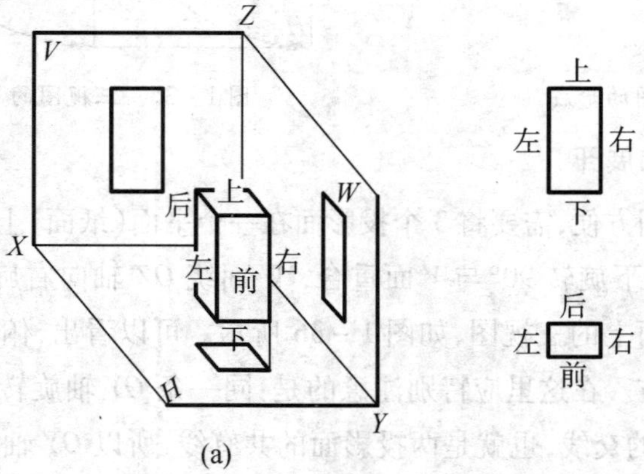

图 1－40　三视图中物体的方位关系

主视图反映了物体的上下、左右 4 个方位关系；

俯视图反映了物体的前后、左右 4 个方位关系；

左视图反映了物体的上下、前后 4 个方位关系。

注意:以主视图为中心,俯视图、左视图靠近主视图的一侧为物体的后面,远离主视图的一侧为物体的前面。

1.5 点的投影

1.5.1 点的三面投影及其规律

将空间点 A 放置在三投影面体系中,过点 A 分别作垂直于 H 面、V 面、W 面的投影线,投影线与 H 面的交点(即垂足点)a 称为 A 点的水平投影(H 投影);投影线与 V 面的交点 a'称为 A 点的正面投影(V 投影);投影线与 W 面的交点 a''称为 A 点的侧面投影(W 投影)。

在投影图中,统一规定:空间点用大写字母表示,其在 H 面的投影用相应的小写字母表示;在 V 面的投影用相应的小写字母右上角加一撇表示;在 W 面投影用相应的小写字母右上角加两撇表示。如图 1-41(a)中,空间点 A 的三面投影分别用 a,a',a''表示。

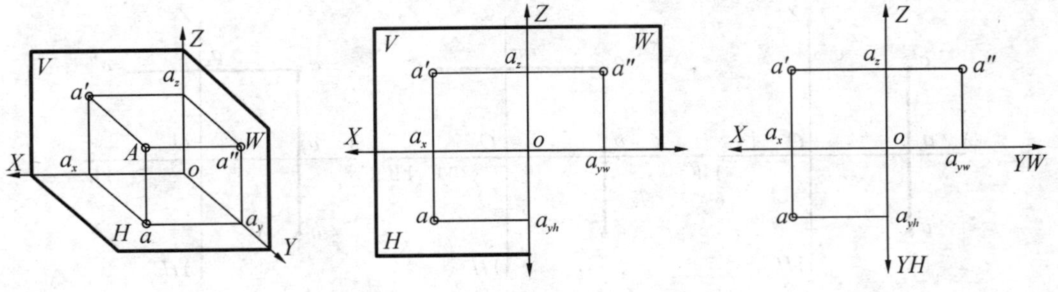

(a) (b) (c)

图 1-41 点的三面投影

按前述规定将三投影面展开,就得到点 A 的三面投影图,如图 1-41(b)所示。在点的投影图中一般只画出投影轴,不画投影面的边框,如图 1-41(c)所示。

在图 1-41(a)中,过空间点 A 的两条投影线 Aa 和 Aa'所构成的矩形平面 Aaa_xa'与 V 面和 H 面互相垂直并相交,因而它们的交线 aa_x,$a'a_x$,OX 轴必然互相垂直且相交于一点 a_x。当 V 面不动,将 H 面绕 OX 轴向下旋转90°而与 V 面在同一平面时,a',a_x,a 三点共线,即 $a'a_xa$ 成为一条垂直于 OX 轴的直线,见图 1-41(b)。同理可证,连线$a'a_za''$垂直于 OZ 轴。

在图 1-41(a)中,Aaa_xa'是一个矩形平面,线段 Aa 表示 A 点到 H 面的距离,$Aa=a'a_x$。线段 Aa'表示 A 点到 V 面的距离,$Aa'=aa_x$;同理可得,线段 Aa''表示 A 点到 W 面的距离,$Aa''=aa_y$。a_y 在投影面展开后,被分为 ayh 和 ayw 两个部分,所以 $aa_{yH}\perp O_{yH}$,$a''a_{yw}\perp O_{yw}$。

通过以上的分析,可得出点的投影特性如下:

(1)点的两面投影的连线垂直于相应的投影轴。

$a'a\perp OX$,即 A 点的 V 和 H 投影连线垂直于 X 轴;

$a'a''\perp OZ$,即 A 点的 V 和 W 投影连线垂直于 Z 轴;

$aa_{Yh}\perp O_{YH}$,$a''a_{yw}\perp O_{YW}$,$oa_{Yh}=oa_{yw}$

(2)点的投影到投影轴的距离,反映该点到相应的投影面的距离。

$aa_x=a''a_z=Aa'$,反映 A 点到 V 面的距离;

$a'a_x=a''a_{yw}=Aa$,反映 A 点到 H 面的距离;

$a'a_z = aa_{Yh} = Aa''$,反映 A 点到 W 面的距离;

根据上述投影特性可知:由点的两面投影就可确定点的空间位置,故只要已知点的任意两个投影,就可以运用投影规律求出该点的第 3 个投影。

【例 1】 已知点 A 的水平投影 a 和正面投影 a',求其侧面投影 a'',如图 1-42(a)所示。

解:作图步骤如下

(1)过 a'引 OZ 轴的垂线 $a'a_z$,所求 a''必在这条延长线上。如图 1-42(b)

(2)在 $a'az$ 的延长线上截取 $a_z a'' = aa_x$,a''即为所求。如图 1-42(c)或以原点 O 为圆心,以 aa_x 为半径作弧,在向上引线,如图 1-42(d)箭头所示;也可以过原点 O 作 45°辅助线,过 a 作 $aa_{YH} \perp O_{YH}$并延长交所作辅助线于一点,过此点作 O_{YW}轴垂线交 $a'a_z$ 于一点,此点即为 a'',如图 1-42O_{YH}(e)箭头所示。

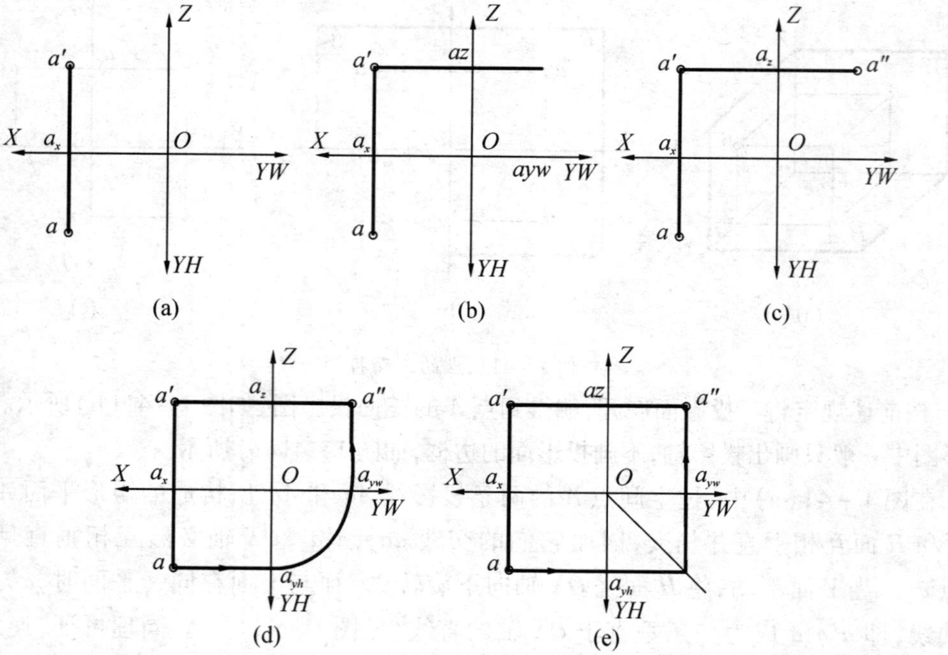

图 1-42 求点的第三投影

1.5.2 点的投影与其直角坐标的关系

若将三面投影体系中的三个投影面看作是直角坐标系中的三个坐标面,则三条投影轴相当于坐标轴,原点相当于坐标原点。如图 1-43 示:空间点 $A(x,y,z)$到三个投影面的距离可以用直角坐标来表示,即:

空间点 $A(x,y,z)$到 W 面的距离,等于点 $A(x,y,z)$的 X 轴坐标,即

空间点 $A(x,y,z)$到 V 面的距离,等于点 $A(x,y,z)$的 Y 轴坐标,即

空间点 $A(x,y,z)$到 H 面的距离,等于点 $A(x,y,z)$的 Z 轴坐标,即

由此可见,若已知点的直角坐标,就可以作出点的三面投影。而点的任何一面投影都反映了点的两个坐标,点的两面投影即可反映点的三个坐标,也就确定了点的空间位置。因而,若已知点的任意两个投影,就可以作出点的第三个投影。

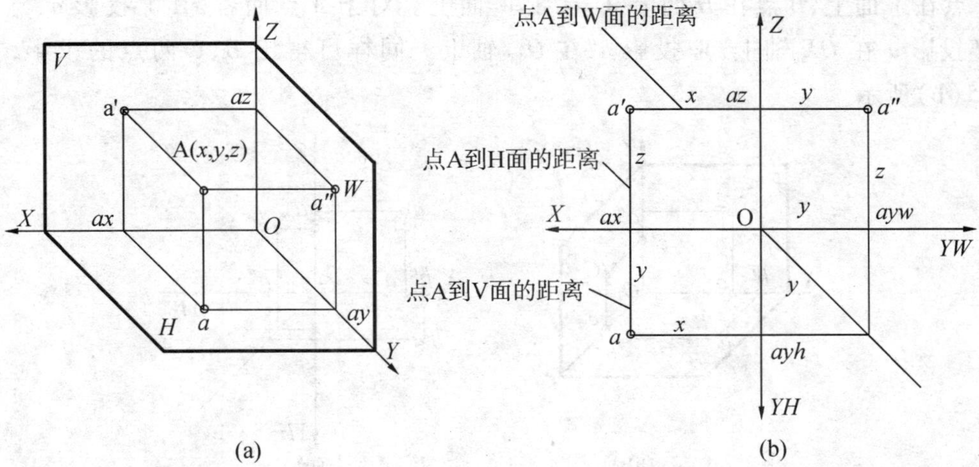

图 1-43 点的投影与其直角坐标的关系

【例 2】 已知点 $A(50,40,45)$,作其三面投影图。

解:作图步骤如下:

(1)方法一 如图 1-44(a)所示。

1)在投影轴 O_X,O_{YH}和 O_{YW},O_Z 上,分别从原点 O 截取 50,40,45 mm,得点 a_x,a_{yH}和 a_{yW},a_z。

2)过 a_x,a_{yH},a_{yW},a_z 点,分别做投影轴 O_X,O_{YH},O_{YW},O_Z 的垂线,就交得 A 点的三面投影 a,a',a''。

(2)方法二 如图 1-44(b)所示。

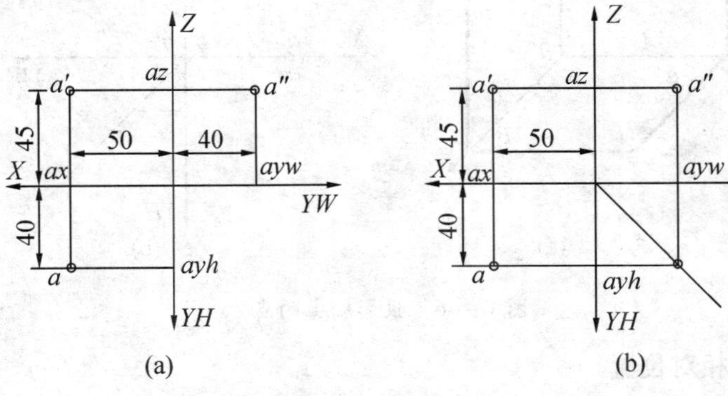

图 1-44 已知点的坐标及其三面投影

1)在 OX 轴上,从 O 点截取 50 mm,得 a_x 点。

2)过 a_x 点作 O_X 轴的垂线,在此垂线上,从 a_x 点向下截取 40 mm,得 a 点,从 a_x 点向上截取 45 mm,得 a'点。

3)在 OYH 和 OYW 轴之间作 45°辅助线,从 a 点作 O_{YH}的垂线与 45°线交得 a_o 点,过 a_o 作 OYW 轴垂线,过 a'作 O_Z 轴垂线,与过 ao 点作出的 O_{YW}的垂线交得 a''点。

1.5.3 特殊位置点的投影

1.5.3.1 投影面上的点

当点的三个坐标中有一个坐标为零时,则该点在某一投影面上。如图 1-45(a)所示，A 点在 V 面上，B 点在 H 面上，C 点在 W 面上。对于 A 点而言，其 V 投影 a' 与 A 重合，H 投影 a 在 OX 轴上，W 投影 a'' 在 O_{YW} 轴上。同样可得出 B、C 两点的投影，如图 1－45(b)所示。

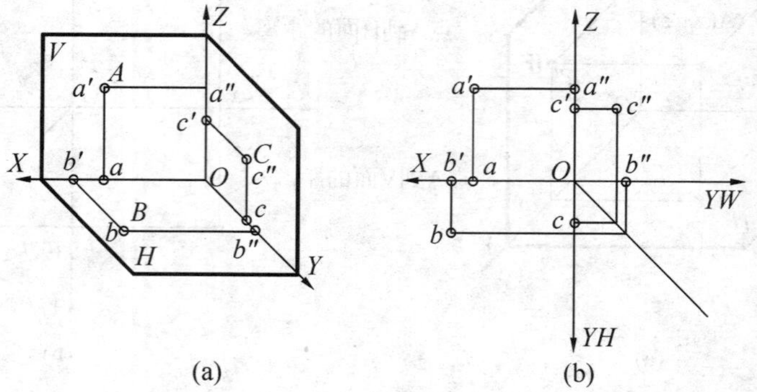

图 1－45　投影面上的点的投影

1.5.3.2　投影轴上的点

当点的三个坐标中有两个坐标为零时，则该点在某一投影轴上。如图 1－46(a)所示，A 点在 X 轴上，B 点在 Y 轴上，C 点在 Z 轴上。对于 A 点而言，其 H 投影 a、V 投影 a'都与 A 点重合，并在 OX 轴上；其 W 投影 a''与原点 O 重合。同样可得出 B、C 两点的投影，如图 1－46(b)所示。

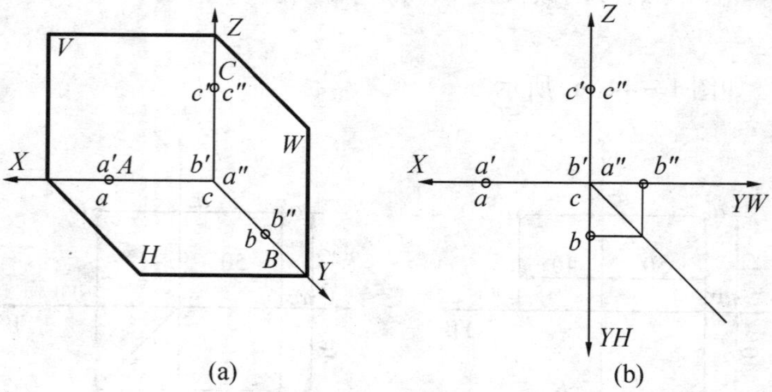

图 1－46　投影轴上的点

1.5.4　两点的相对位置

空间两点的相对位置，是以其中一个点为基准，来判断另一个点在该点的前或后、左或右、上或下。

空间两点的相对位置可以根据其坐标关系来确定：x 坐标大者在左，小者在右；y 坐标大者在前，小者在后；z 坐标大者在上，小者在下。也可以根据它们的同面投影来确定：V 投影反映它们的上下、左右关系，H 投影反映它们的左右、前后关系，W 投影反映它们的上下、前后关系。若要知道空间两点的确切位置，则可利用两点的坐标差来确定。

如图 1－47(a)所示，已知 A、B 两点的三面投影。$xA > xB$ 表示 A 点在 B 点之左，$yA > yB$ 表示 A 点在 B 点之前，$zA < zB$ 表示 A 点在 B 点之下，即 A 点在 B 点的左、前、下方，如图 1－47(b)所示。若已知 A、B 两点的坐标，就可知道 A 点在 B 点左(右)方 $xA - xB$ 处(负数为反

方向),A 点在 B 点前(后)方 $yA-yB$ 处(负数为反方向),A 点在 B 点上(下)方 $zA-zB$ 处(负数为反方向)。反之如果已知两点的相对位置,以及其中一点的投影,也可以作出另一点的投影。

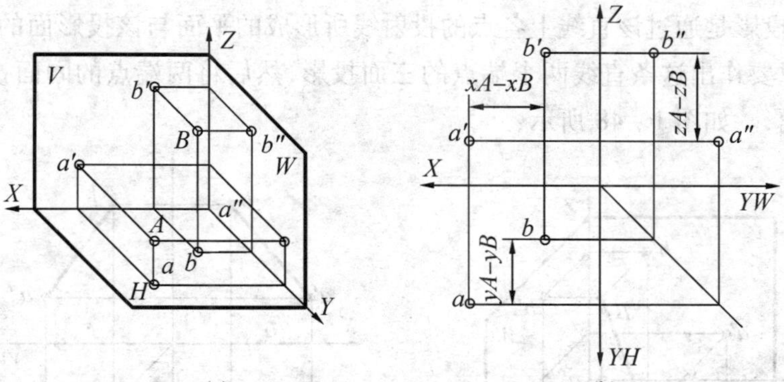

(a) (b)

图 1-47 根据两点的投影判断其相对位置

当两个点处于某一投影面的同一投影线上,则两个点在这个投影面上的投影便互相重合,这个重合的投影称为重影,空间的两点称为重影点。如表 1-4 所示。

表 1-4 在投影面的重影点

	H 面的重影点	V 面的重影点	W 面的重影点
直观图	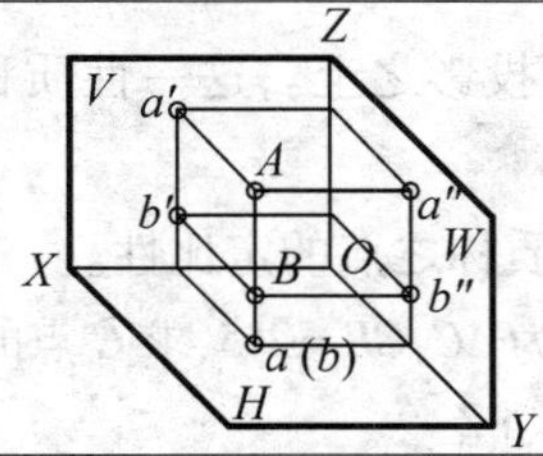	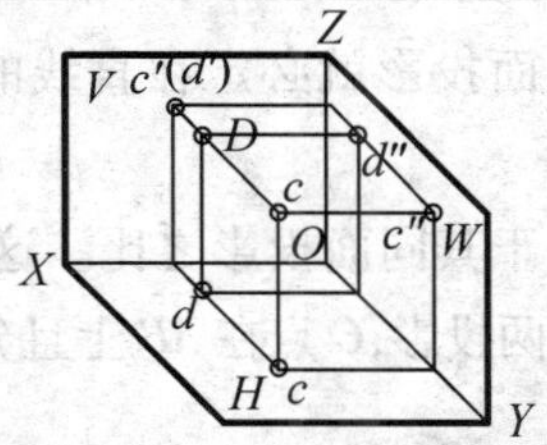	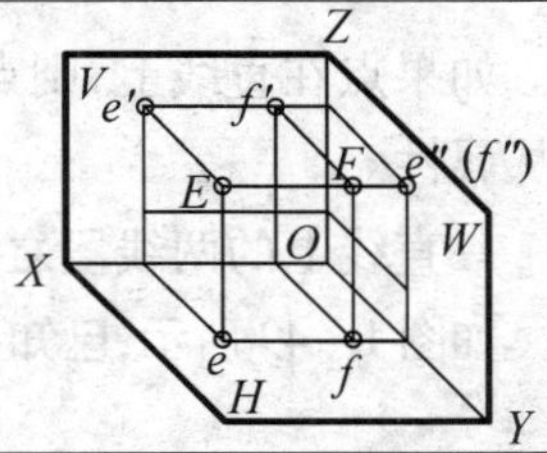
投影图	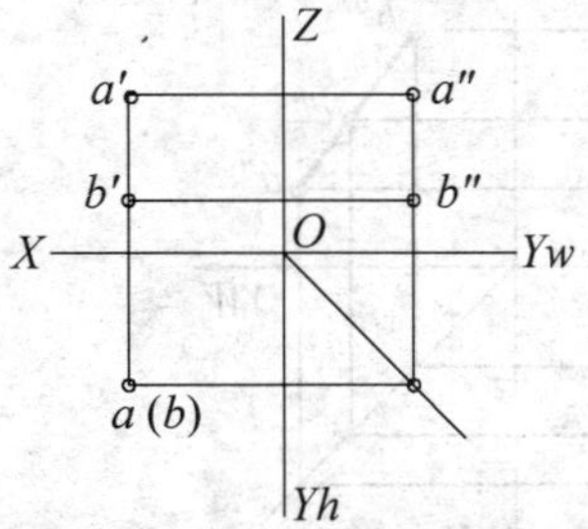	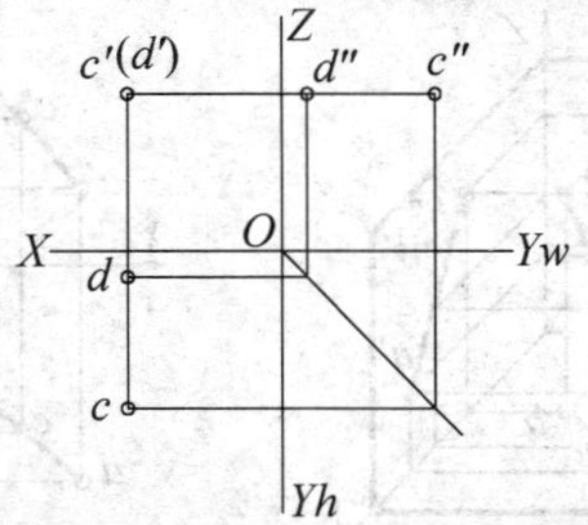	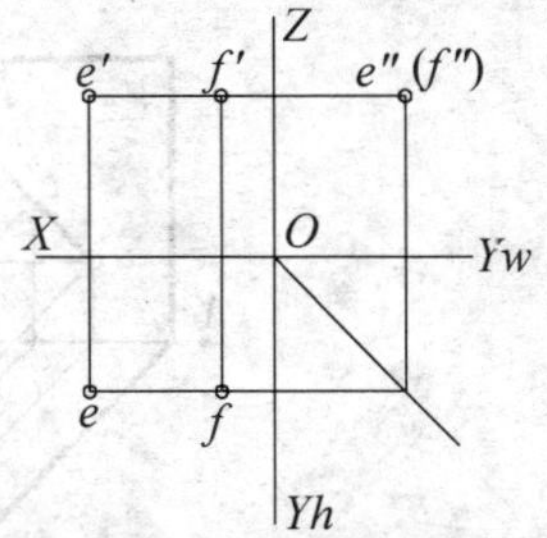

在表 1-4 中,当 A 点位于 B 点的正上方时,即它们在同一条垂直于 H 面的投影线上,其 H 投影 a 和 b 重合,A、B 两点是 H 面的重影点。由于 A 点在上,B 点在下,向 H 面投影时,投影线先遇点 A,后遇点 B,所以点 A 的投影 a 可见,点 B 的投影 b 不可见。为了区别重影点的可见性,将不可见点的投影用字母加括号表示,如重影点 $a(b)$。点 A 和点 B 为 H 面的重影点时,它们的 x、y 坐标相同,z 坐标不同。

同理,当 C 点位于 D 点的正前方时,它们是相对于 V 面的重影点,其 V 投影为 $c'(d')$。当 E 点位于 F 点的正左方时,它们是相对于 W 面的重影点,其 W 投影为 $e''(f'')$。

1.6 直线的投影

两点可以确定一直线,直线的长度是无限延伸的。直线上两点之间的部分(一段直线)

称为线段,线段有一定的长度。

1.6.1 直线的三面投影

直线的投影在一般情况下仍是直线,在特殊情况下,其投影可积聚为一个点。直线在某一投影面上的投影是通过该直线上各点的投射线所形成的平面与该投影面的交线。作某一直线的投影,只要作出这条直线两个端点的三面投影,然后将两端点的同面投影相连,即得直线的三面投影。如图 1－48 所示:

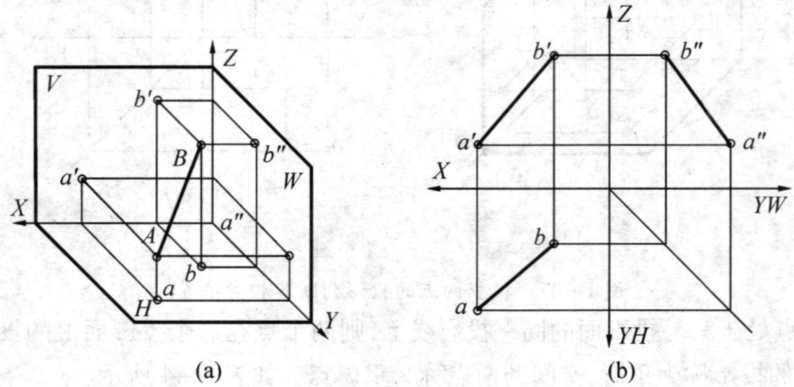

图 1－48　直线的三面投影

1.6.2 直线上点的投影

如果点在直线上,则点的三面投影就必定在直线的三面投影之上。这一性质称之为点的从属性。

一直线上的两线段之比,等于其同面投影之比。这一性质称之点的定比性。

如图 1－49 所示,已知 AB 的两投影,C 点在 AB 上且分 AB 为 AC:CB＝2:5,求 C 点的两投影。

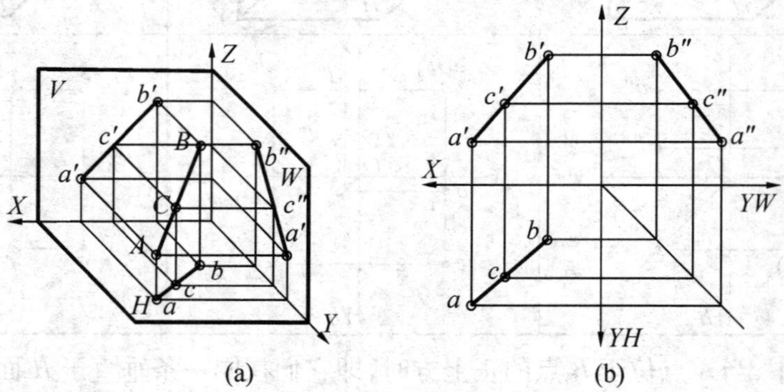

图 1－49　直线上点的投影

1.6.3 各种位置直线的投影特性

按直线与三个投影面之间的相对位置,将空间直线分为两大类:即特殊位置直线和一般位置直线。特殊位置直线又分为投影面平行线和投影面垂直线。直线与投影面之间的夹角,称为直线的倾角。直线对 H 面、V 面、W 面的倾角分别用希腊字母 α,β,γ 表示。

1.6.3.1 投影面平行线

平行于一个投影面而与另外两个投影面都倾斜的直线,称为投影面平行线。投影面平行线可分为以下三种：

(1)平行于 H 面，同时倾斜于 V、W 面的直线称为水平线，如表 1-5 中 AB 线。

(2)平行于 V 面，同时倾斜于 H、W 面的直线称为正平线，如表 1-5 中 CD 线。

(3)平行于 W 面，同时倾斜于 H、V 面的直线称为侧平线，如表 1-5 中 EF 线。

表 1-5　投影面平行线

名称	水平线	正平线	侧平线
直观图	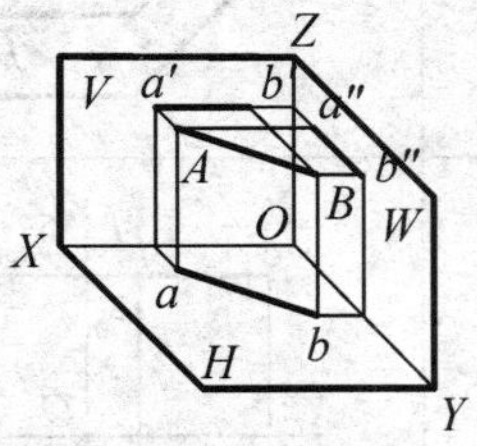	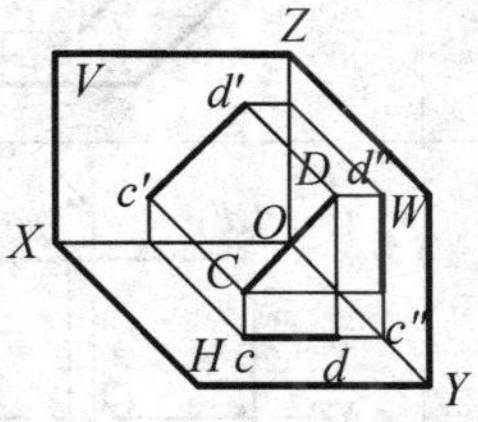	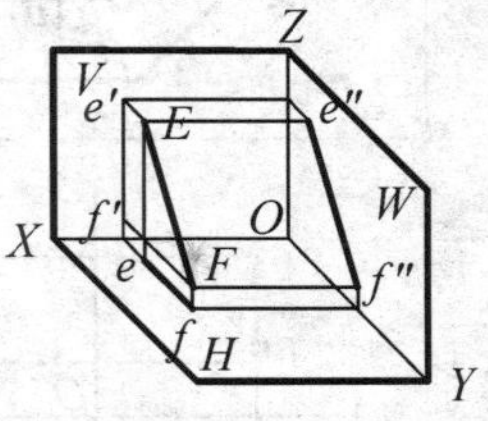
投影图	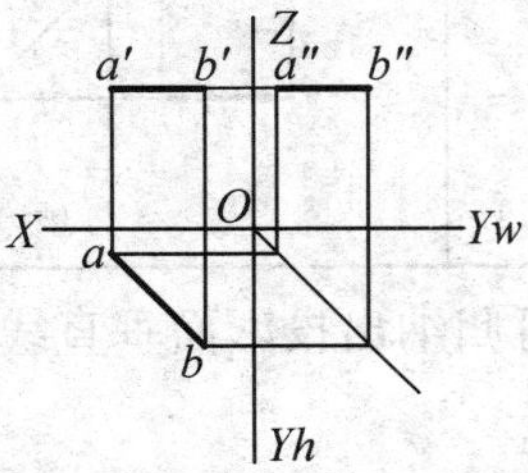	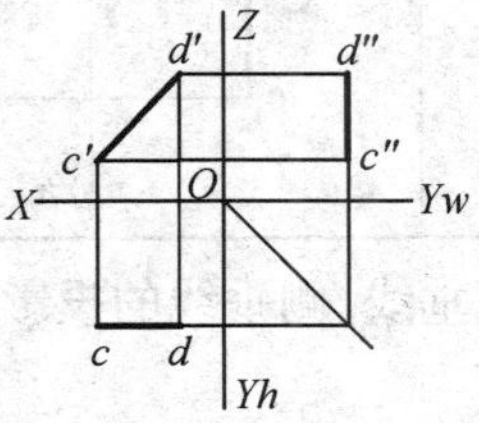	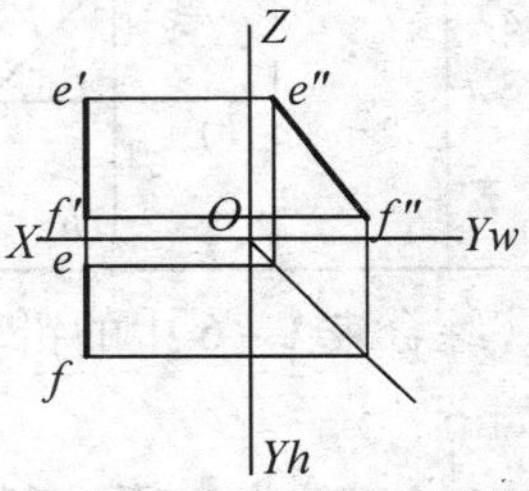

下面以水平线为例说明投影面平行线的投影特性。

在表 1-5 中，由于水平线 AB 平行于 H 面，同时又倾斜于 V、W 面，因而其 H 投影 ab 与直线 AB 平行且相等，即 ab 反映直线的实长。投影 ab 倾斜于 OX，O_{YH} 轴，其与 OX 轴的夹角反映直线对 V 面的倾角 β 的实形，与 O_{YH} 轴的夹角反映直线对 W 面的倾角 γ 的实形，AB 的 V 面投影和 W 面投影分别平行于 OX，O_{YW} 轴，同时垂直于 OZ 轴。同理可分析出正平线 CD 和侧平线 EF 的投影特性。

综合表 1-5 中的水平线、正平线、侧平线的投影规律，可归纳出投影面平行线的投影特性如下：

(1)投影面平行线在它所平行的投影面上的投影反映实长，且倾斜于投影轴，该投影与相应投影轴之间的夹角，反映空间直线与另外两个投影面的倾角。

(2)其余两个投影平行于相应的投影轴，长度小于实长。

1.6.3.2　投影面垂直线

垂直于一个投影面的直线称为投影面垂直线，它分为 3 种：

(1)垂直于 H 面的直线称为铅垂线，如表 1-6 中 AB 直线。

(2)垂直于 V 面的直线称为正垂线，如表 1-6 中 CD 直线。

(3)垂直于 W 面的直线称为侧垂线，如表 1-6 中 EF 直线。

下面以铅垂线为例说明投影面垂直线的投影特性。

在表 1-6 中，因直线 AB 垂直于 H 面，所以 AB 的 H 投影积聚为一点 $a(b)$；AB 垂直于 H 面的同时必定平行于 V 面和 W 面，所以由平行投影的显实性可知 $a'b' = a''b'' = AB$，并且 $a'b'$ 垂直于 OX 轴，$a''b''$ 垂直于 O_{YW} 轴，它们同时平行于 OZ 轴。

表 1－6　投影面垂直线

名称	铅垂线	正垂线	侧垂线
直观图	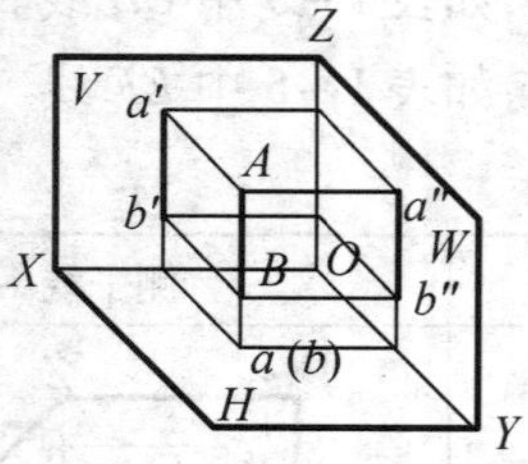	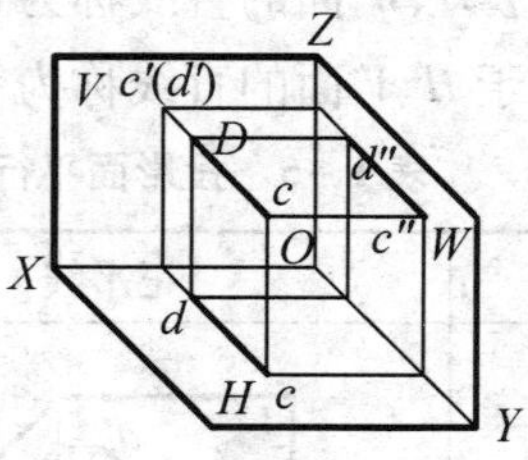	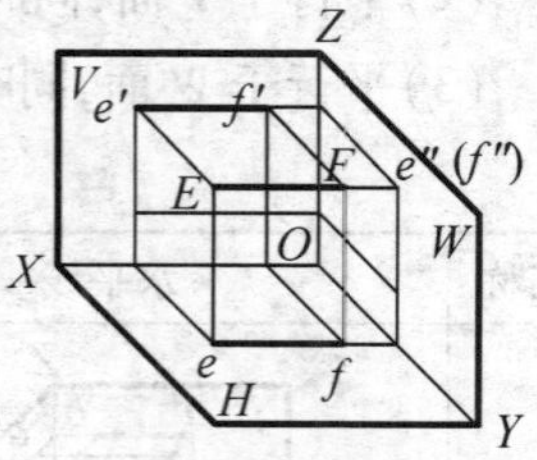
投影图	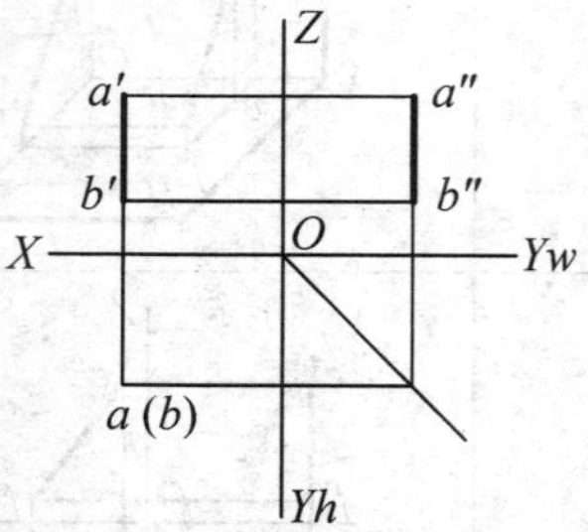	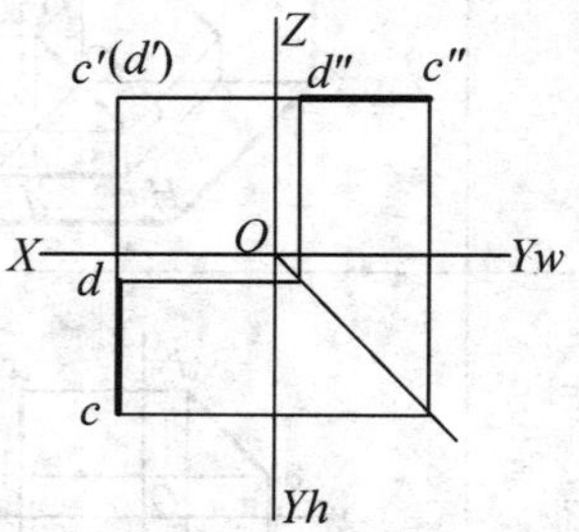	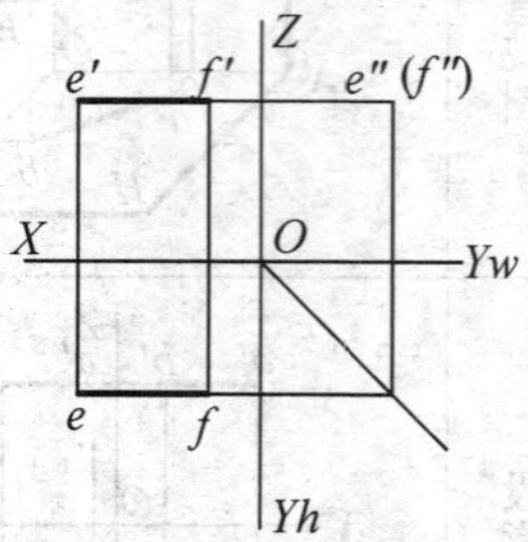

综合表 1－6 中的铅垂线、正垂线、侧垂线的投影规律，可归纳出投影面垂直线的投影特性如下：

（1）直线在它所垂直的投影面上的投影积聚为一点；

（2）直线的另外两个投影平行于相应的投影轴，且反映实长。

【例 3】　已知直线 *AB* 的水平投影 *ab*，*AB* 对 *H* 面的倾角为 30°，端点 *A* 距水平面的距离为 10，*A* 点在 *B* 点的左下方，求 *AB* 的正面投影 *a′b′*，如图 1－50(a) 所示。

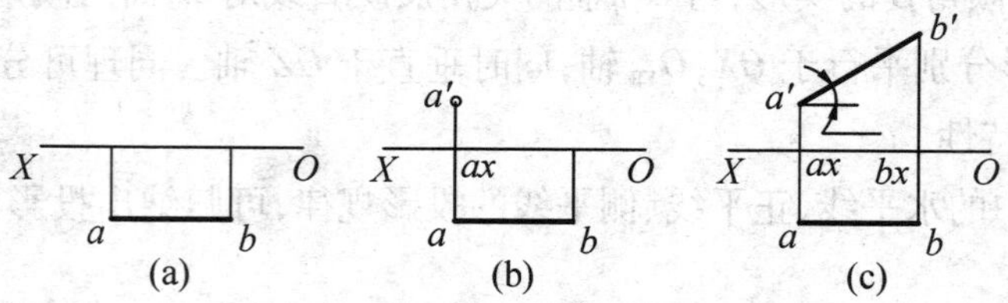

图 1－50　作正平线的 *V* 面投影

解：（1）作图分析

由已知条件可知，*AB* 的水平投影 *ab* 平行于 *OX* 轴，因而 *AB* 是正平线，正平线的正面投影与 *OX* 轴的夹角反映直线与 *H* 面的倾角。*A* 点到水平面的距离等于其正面投影 *a′* 到 *OX* 轴的距离，从而先求出 *a′*。

（2）作图步骤

1）过 *a* 作 *OX* 轴的垂线 *aax*，在 *aax* 的延长线上截取 *a′ax* = 10，如图 1－50(b) 所示。

2）过 *a′* 作与 *OX* 轴成 30° 的直线，与过 *b* 作 *OX* 轴垂线 *bbx* 的延长线相交，因 *A* 点在 *B* 点的左下方，故所得交点即为 *b′*，连接 *a′b′* 即为所求，如图 1－50(c) 所示。

1.6.3.3　一般位置直线

与三个投影面都倾斜（即不平行又不垂直）的直线称为一般位置直线简称一般位置

直线。

从图 1－51 可以看出，一般位置直线具有以下的投影特性：

(1)直线在三个投影面上的投影都倾斜于投影轴，其投影与相应投影轴的夹角不能反映其与相应投影面的真实的倾角。

(2)三个投影的长度都小于实长。

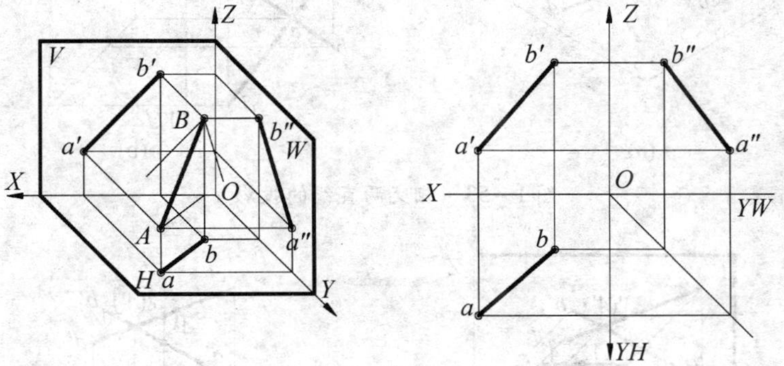

(a)　　(b)

图 1－51　一般位置直线

1.6.4　两直线的相对位置

空间两直线的相对位置可分为三种：两直线平行、两直线相交、两直线交叉。前两种直线又称为同面直线，后一种又称为异面直线。其投影特点如下；

1.6.4.1　平行两直线

性质：其同面投影平行或重合。如图 1－52 所示。

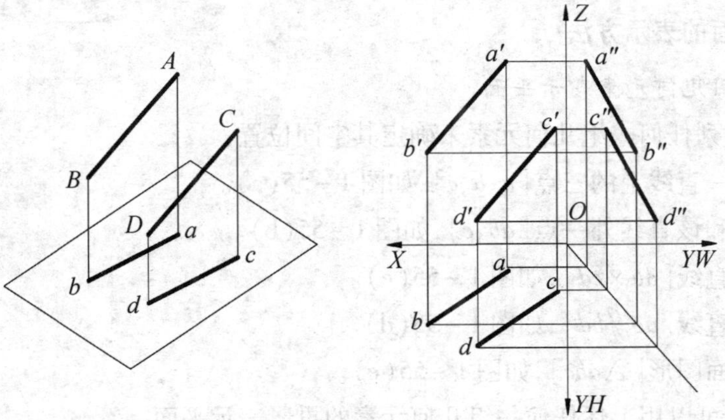

(a)　　(b)

图 1－52　行两直线的投影

1.6.4.2　相交两直线

性质：其同面投影相交或重合，且交点符合直线上点的投影规律。如图 1－53 示，*AB* 与 *CD* 的交点 *E* 的投影符合点的投影规律，其投影连线垂直于相应的投影轴。

1.6.4.3　交叉两直线

性质：其同面投影相交或平行，且交点不符合直线上点的投影规律。如图1－54示。

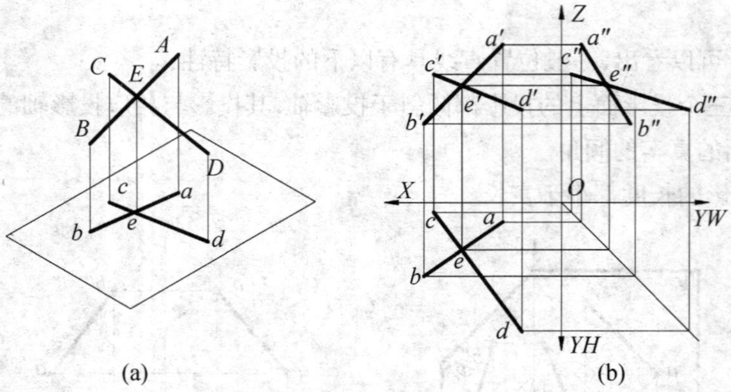

图 1－53　相交两直线的投影

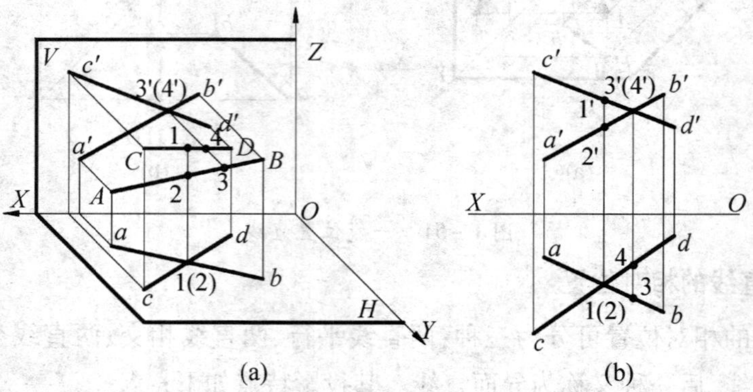

图 1－54　交叉两直线的投影

1.7　平面的投影

1.7.1　平面的表示方法

1.7.1.1　用几何元素表示平面

平面可用下列任何一组几何元素来确定其空间位置：

(1) 不在同一直线上的三点[a、b、c]，如图 1－55(a)。

(2) 一直线和该直线外一点[ab、c]，如图 1－55(b)。

(3) 相交两直线[$ab \times cd$]，如图 1－55(c)。

(4) 平行两直线[$ac /\!/ bd$]，如图 1－55(d)。

(5) 任意平面图形[$\triangle abc$]，如图 1－55(e)。

在投影图上可以用上述任何一组几何元素的投影表示平面。

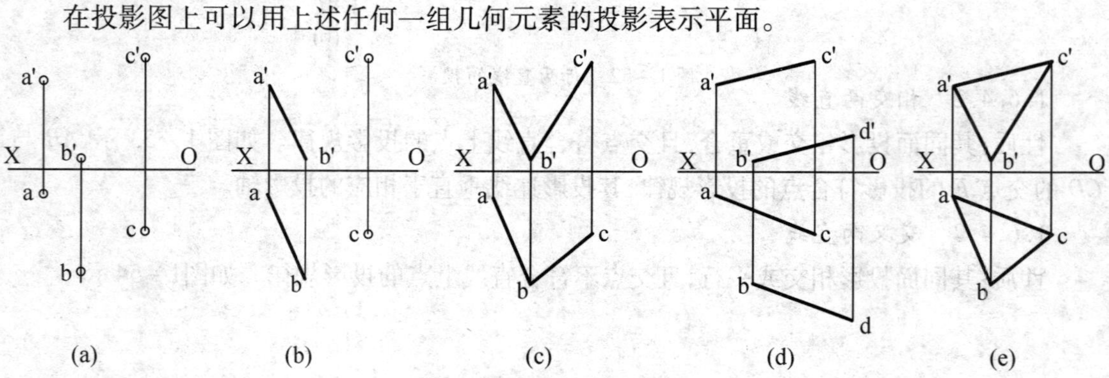

图 1－55　平面的表示方法

以上五种表示平面的方式可以互相转化,第一种是最基本的表示方式,后四种都是由其演变而来的,因为我们知道:在空间不属于同一直线上的三点能唯一地确定一个平面。对同一平面来说,无论采用哪一种方式表示,它所确定的空间平面的位置都始终不变。需要强调的是:前四种只确定平面的位置,第五种不但能确定平面的位置,而且能表示平面的形状和大小,所以一般常用平面图形来表示平面。

1.7.1.2 用迹线表示平面

平面的空间位置还可以由它与投影面的交线来确定,平面与投影面的交线称为该平面的迹线。如图 1-56(a)所示,*P* 平面与 *H* 面的交线称为水平迹线,用 *Ph* 表示;*P* 平面与 *V* 面的交线称为正面迹线,用 *PV* 表示;*P* 平面与 *W* 面的交线称为侧面迹线,用 *Pw* 表示。

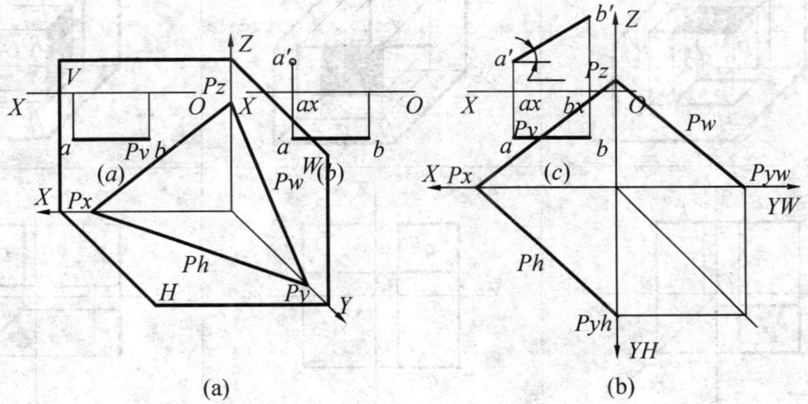

图 1-56 平面的迹线表示法

一般情况下,相邻两条迹线相交于投影轴上,它们的交点也就是平面与投影轴的交点。在投影图中,这些交点分别用 *Px*、*Py*、*Pz* 来表示。如图 1-56(a)所示的平面 *P*,实质上就是相交两直线 *Ph* 与 *Pv* 所表示的平面,也就是说三条迹线中任意两条可以确定平面的空间位置,其投影如图 1-56(b)所示。

由于迹线位于投影面上,它的一个投影与自身重合,另外两个投影与投影轴重合,通常用只画出与自身重合的投影并加标记的办法来表示迹线,凡是与投影轴重合的投影均不标记。特殊位置平面中有积聚性的迹线两端用短粗实线表示,中间用细实线相连,并标出迹线符号。

1.7.2 各种位置平面的投影特性

根据平面与投影面的相对位置的不同,将空间平面分为两大类:即特殊位置平面和一般位置平面。特殊位置平面又分为投影面平行面和投影面垂直面。

1.7.2.1 投影面平行面

平行于一个投影面(同时必然垂直于另外两个投影面)的平面称为投影面平行面,它分为 3 种:

(1)平行于 *H* 面的平面称为水平面,如表 1-7 中的平面 *P*。

(2)平行于 *V* 面的平面称为正平面,如表 1-7 中的平面 *Q*。

(3)平行于 *W* 面的平面称为侧平面,如表 1-7 中的平面 *R*。

在表 1－7 中，水平面 P 平行于 H 面，同时与 V 面、W 面垂直。其水平投影反映图形的实形，V 投影和 W 投影均积聚成一条直线，且 V 投影平行于 OX 轴，W 投影平行于 OYW 轴，它们同时垂直于 OZ 轴。同理可分析出正平面、侧平面的投影情况。

综合表 1－7 中水平面、正平面、侧平面的投影规律，可归纳出投影面平行面的投影特性如下：

(1)平面在它所平行的投影面上的投影反映实形；

(2)平面在另外两个投影面上的投影积聚为一直线，且分别平行于相应的投影轴。

表 1－7　投影面平行面

名称	水平面	正平面	侧平面
直观图	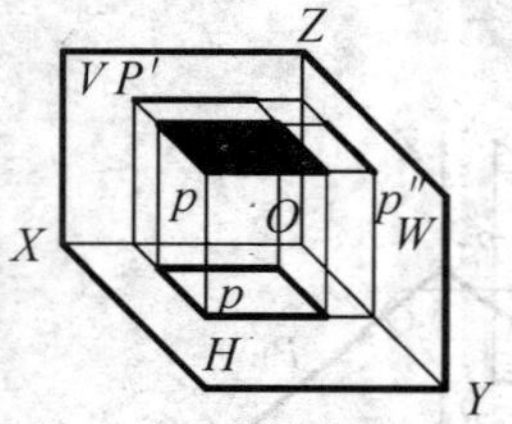	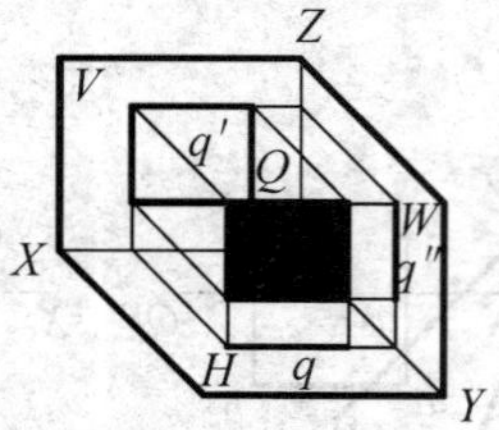	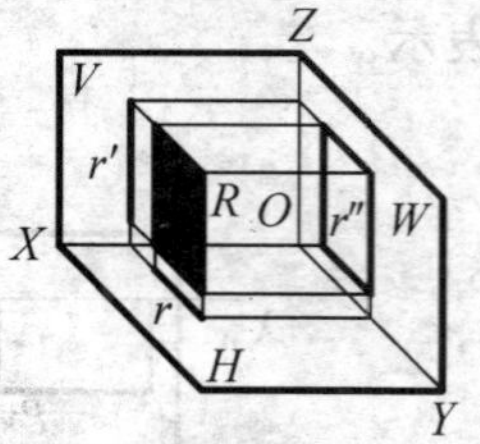
投影图	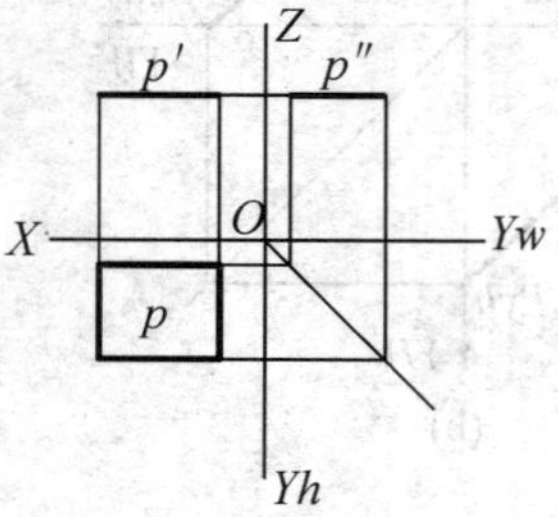	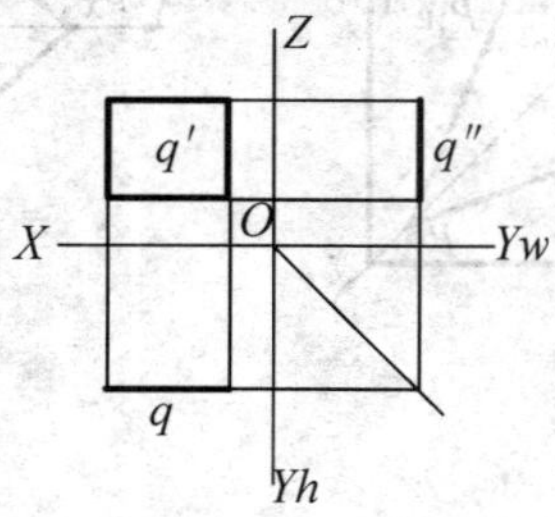	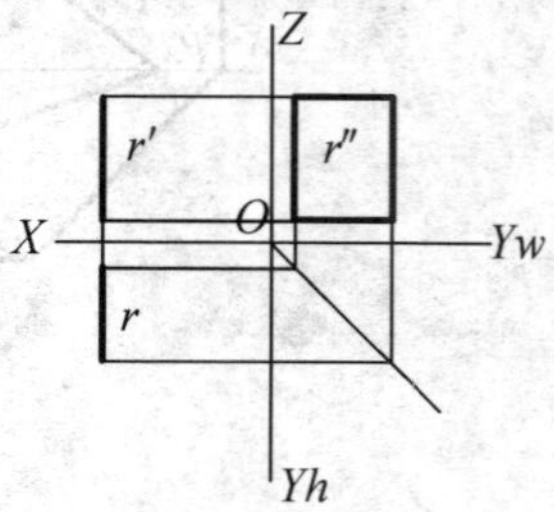

1.7.2.2　投影面垂直面

垂直于一个投影面，并且同时倾斜于另外两个投影面的平面称为投影面垂直面。它也分为 3 种情况：

(1)垂直于 H 面，倾斜于 V 面和 W 面的平面称为铅垂面，如表 1－8 中的平面 P。

(2)垂直于 V 面，倾斜于 H 面和 W 面的平面称为正垂面，如表 1－8 中的平面 Q。

(3)垂直于 W 面，倾斜于 H 面和 V 面的平面称为侧垂面，如表 1－8 中的平面 R。

平面与投影面的夹角称为平面的倾角，平面与 H 面、V 面、W 面的倾角分别用 α、β、γ 标记。在表 1－8 中，平面 P 垂直于水平面，其水平面投影积聚成一倾斜直线 p，倾斜直线 p 与 OX 轴、OYH 轴的夹角分别反映铅垂面 P 与 V 面、W 面的倾角 β 和 γ，由于平面 P 倾斜于 V 面、W 面，所以其正面投影和侧面投影均为类似形。

表 1－8　投影面垂直面

名称	铅垂面	正垂面	侧垂面
直观图	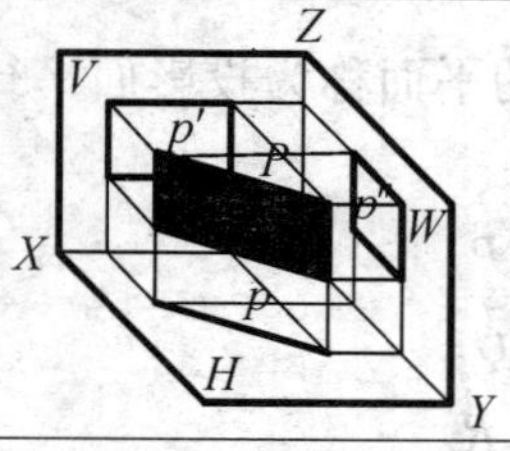	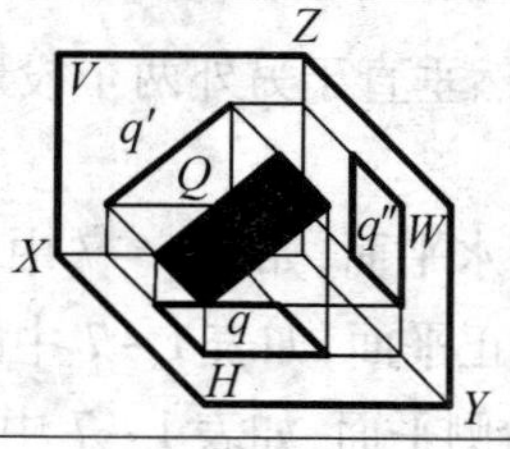	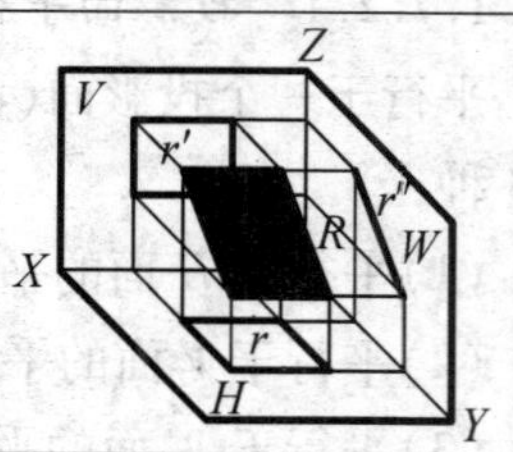

续表

名称	铅垂面	正垂面	侧垂面
投影图	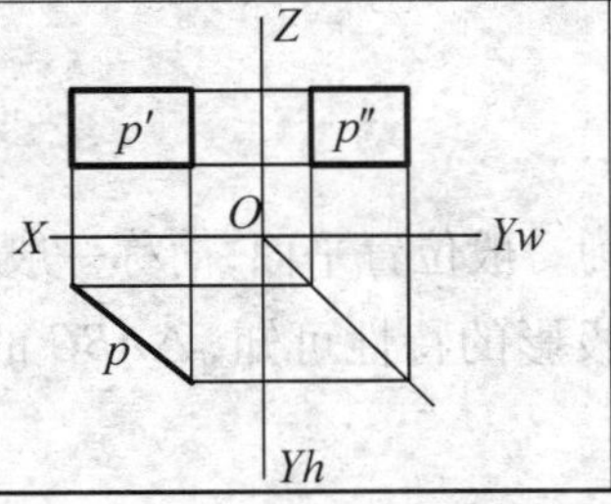	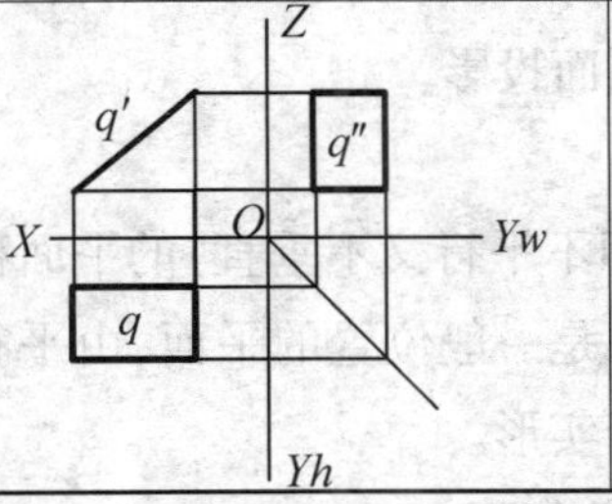	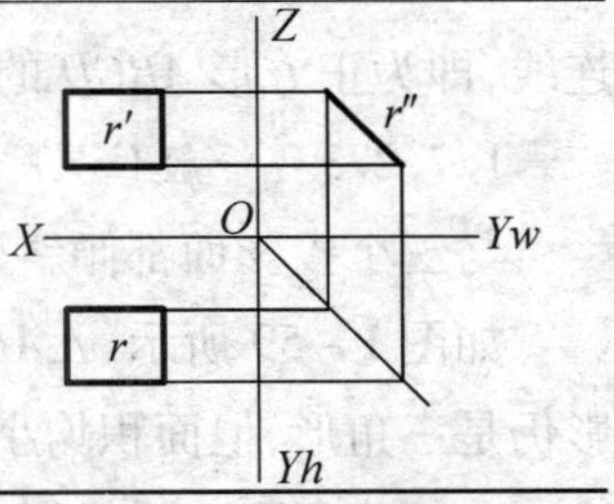

综合分析表 1-8 中的平面 Q 和平面 R 的投影情况，可归纳出投影面垂直面的投影特性如下：

(1)平面在它所垂直的投影面上的投影积聚成一直线，此直线与相应投影轴的夹角反映该平面对另外两个投影面的倾角；

(2)平面在另外两个投影面上的投影为原平面图形的类似形，面积比实形小。

以上两种特殊位置的平面如果不需表示其形状和大小，只需确定其位置，可用迹线来表示，且只用有积聚性的迹线即可。如图 1-57(a)所示为铅垂面 P，不用如图 1-57(b)所示那样把所有迹线都画出，只需画出 PH 就能确定空间平面 P 的位置，如图 1-57(c)所示。

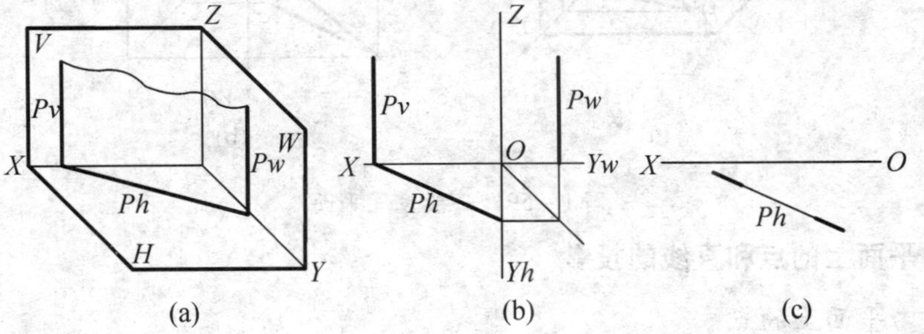

图 1-57 特殊位置平面的迹线表示法

【例 4】 如图 1-58(a)所示，已知正方形平面 $ABCD$ 垂直于 V 面以及 AB 的两面投影，求作此正方形的三面投影图。

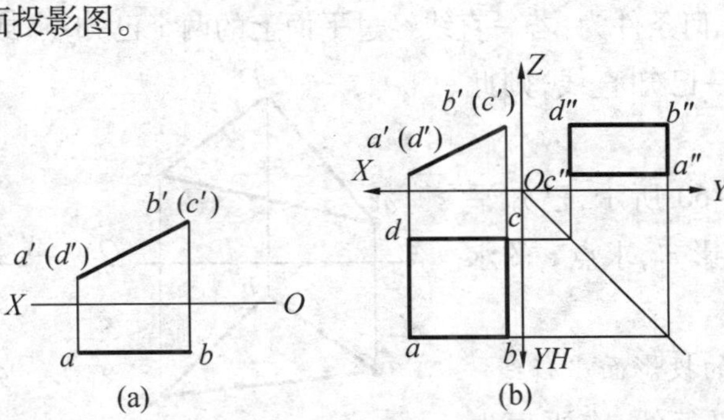

图 1-58 求作正方形的三面投影

解：(1)作图分析

由已知条件得知，正方形 $ABCD$ 为一正平面，因而 AB、CD 边是正平线，AD、BC 边是正垂线，$a'b'$ 长即为正方形各边的实长。

(2)作图步骤 如图 1-58(b)所示。

1)过 a、b 分别作 $ad \perp ab$、$bc \perp ab$，且截取 $ad = bc = a'b'$。

2）连接 dc 即为正方形 $ABCD$ 的水平投影。

3）正方形 $ABCD$ 的正面投影积聚为直线 $a'b'$，再根据投影关系分别求出 a''、b''、c''、d''，并连线，即为正方形 $ABCD$ 的侧面投影。

1.7.2.3　一般位置平面

与三个投影面都倾斜（即不平行又不垂直）的平面称为一般位置平面，简称一般面。

如图 1－59 所示，$\triangle ABC$ 是一般位置的平面，由平行投影的特性可知，$\triangle ABC$ 的三个投影仍是三角形，但面积均小于实形。

一般位置平面的投影特性如下：

（1）三面投影都不反映空间平面图形的实形，都是原平面图形的类似形，面积比实形小；

（2）三面投影都不反映该平面与投影面的倾角。

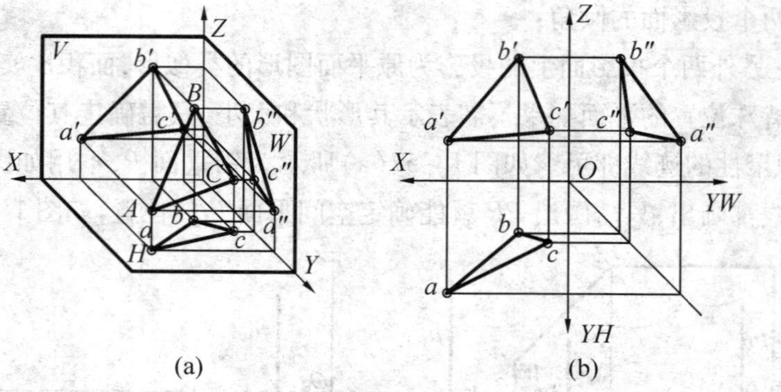

图 1－59　一般位置平面

1.7.3　平面上的点和直线的投影

1.7.3.1　平面上的点

点在平面上的几何条件为：若点在平面内的任一已知直线上，则点必在该平面上。

1.7.3.2　平面上的直线

直线在平面上的几何条件为：若一直线经过平面上的两个已知点，或经过一个已知点且平行于该平面上的另一已知直线，则此直线必定在该平面上。

【例 5】　如图 1－60 所示，已知平面 abc 上点 e 的正面投影 e'，求点 e 的水平投影 e。

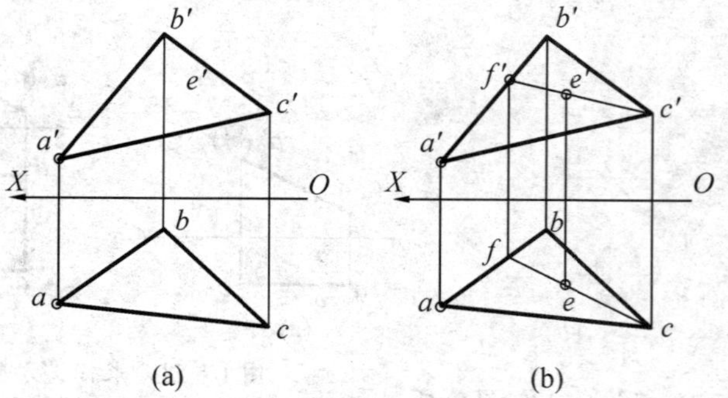

图 1－60　平面上点的投影

1.7.3.3　平面上的投影面平行线

平面上的投影面平行线，有平面上的水平线、正平线和侧平线 3 种，它们既具有平面上的直线的投影特性，又具有投影面平行线的投影特征，如图 1－61（a）所示的直线 ef，就是平面 abc 上的一条水平线，如图 1－61（b）所示的直线 gh，就是平面 ABC 上的一条正平线。平面的迹线是平面上特殊的投影面平行线，是平面与投影面的交线。

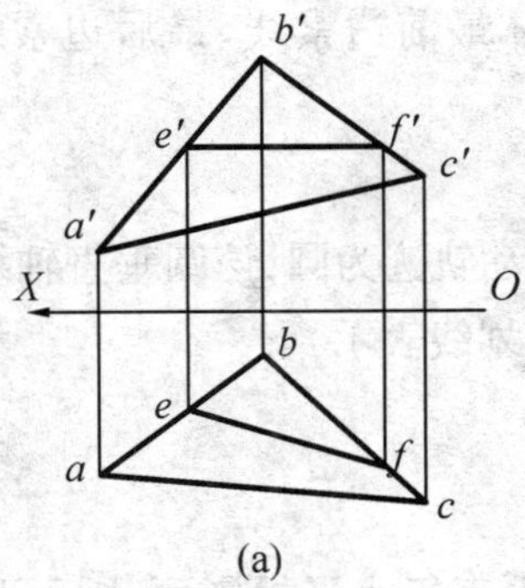

图 1-61　投影面平行线的投影

1.8　回转体的投影

回转体的曲表面是由一母线(直线或曲线)绕定轴回转一周而形成的回转面,圆柱、圆锥、圆球和圆环是工程上常见的回转体,其回转面都是光滑曲面。

1.8.1　基本概念

1.8.1.1　曲面

曲面可以看成是由直线或曲线在空间按一定规律运动而形成的。若是作回转运动而形成的曲面则称为回转曲面,简称回转面。

由直线作回转运动而形成的曲面称为直线回转面。如圆柱曲面是一条直线围绕一条轴线始终保持平行和等距旋转而成和图 1-62(a)所示。圆锥面是一条直线与轴线交于一点始终保持一定夹角旋转而成的图 1-62(b)所示。

由曲线作回转运动而形成的曲面称为曲线回转面。如球面是由一个圆或圆弧线以直径为轴旋转而成(图 1-62c)。

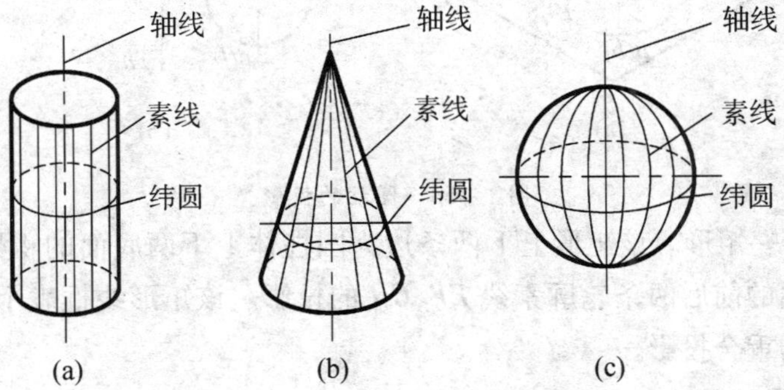

图 1-62　曲面及常见的回转体

1.8.1.2　素线与轮廓线

形成回转面的母线,它们在曲面上的任何位置称为素线。如圆柱体的素线都是互相平行的直线;圆锥体的素线是汇集于锥顶 S 点的倾斜线;圆球体的素线是通过球体上下顶点的半圆弧线。如图 1-62 所示。

我们把确定曲面范围的外形线称为轮廓线(或转向轮廓线),轮廓线也是可见与不可见的分界线。轮廓线的确定与投影体系及物体的摆放位置有关,当回转体的旋转轴在投影体系中摆放的位置合理时,轮廓线与素线重合,这种素线称为轮廓素线。在三面投影体系中，常用的四条轮廓素线分别为：形体最前边素线、最后边素线、最左边素线和最右边素线。

1.8.1.3　纬圆

由回转体的形成可知，母线上任意一点的运动轨迹为圆，该圆垂直轴线，此圆既为纬圆，如图 1－62 所示。应首先画出它们的轴线（用点划线表示）。

1.8.2　圆柱

1.8.2.1　安放位置

如图 1－63(a)所示为一直圆柱体，其轴线垂直于水平投影面，因而两底面互相平行且平行于水平面，圆柱面垂直于水平面。

1.8.2.2　投影分析

如图 1－63(a)所示：

H 面投影：为一圆形。它既是两底面的重合投影（实形），又是圆柱面的积聚投影。

V 面投影：为一矩形。该矩形的上下两条边为圆柱体上下两底面的积聚投影，而左右两条边线则是圆柱面的左右两条轮廓素线 *AB*，*CD* 的投影。该矩形线框表示圆柱体前半圆柱面与后半圆柱面的重合投影。

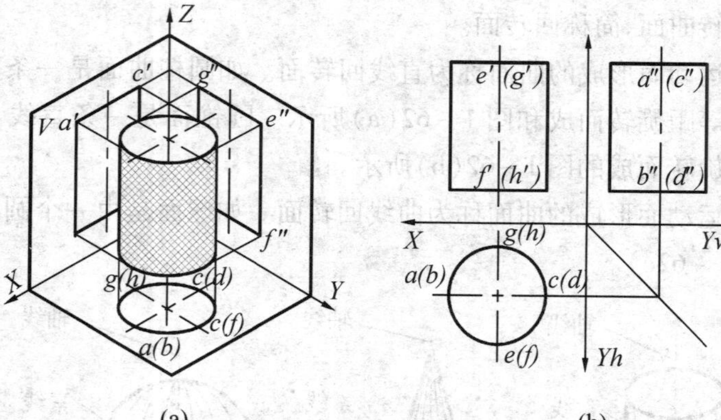

(a)　　　　(b)

图 1－63　圆柱的投影

W 面投影：为一矩形。该矩形上下两条边为圆柱体上下两底面的积聚投影，而左右两条边线则是圆柱面的前后两条轮廓素线 *EF*，*GH* 的投影。该矩形线框表示圆柱体左半圆柱面与右半圆柱面的重合投影。

1.8.2.3　作图步骤

如图 1－63(b)所示：

(1)用点划线画出圆柱体各投影的轴线、中心线；

(2)由直径画水平投影圆；

(3)由“长对正”和高度作正面投影矩形；

(4)由“高平齐、宽相等”作侧面投影矩形。

注意：圆柱面上的 *ab*，*cd* 两条素线的侧面投影与轴线的侧面投影重合，它们在侧面投影中不能画出；*ef* 和 *gh* 两条素线的正面投影与轴线的正面投影重合，他们在正面投影中不能画出。也就是说非轮廓线的素线投影不必画出。

1.8.3　圆锥

1.8.3.1　安放位置

圆锥轴线垂直于 H 面，底平面为水平面，如图 1－64 所示。

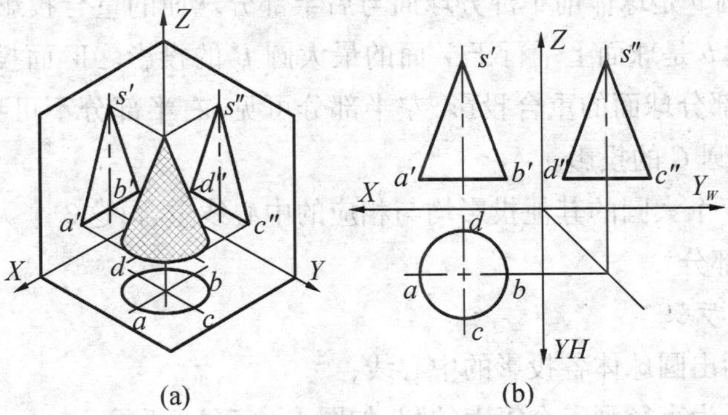

图 1－64　圆锥的投影

1.8.3.2　投影分析

如图 1－64(a) 所示，圆锥体是由圆锥面和底平面所围成的：

H 面投影为一圆，它是圆锥底面和圆锥面的重合投影；

V 面投影为一等腰三角形，三角形的底边是圆锥底圆的积聚投影，三角形的腰 $s'a'$ 和 $s'b'$ 分别是圆锥面上最左边素线 *sa* 和最右边素线 *sb* 的 *V* 面投影；三角形框是圆锥面前半部分和后半部分（*sa* 和 *sb* 将圆锥面分为前后两部分）的重合投影，前半部分可见，后半部分不可见；

W 面投影亦为一等腰三角形，三角形的底边是圆锥底圆的积聚投影，三角形的腰 $s''c''$ 和 $s''d''$ 分别是圆锥面上最前边素线 *sc* 和最后边素线 *sd* 的 *W* 面投影；三角形框是圆锥左半部分和右半部分（*sc* 和 *sd* 可将圆锥面分为左右两部分）的重合投影，左半部分可见，右半部分不可见。

1.8.3.3　作图步骤

如图 1－64(b) 所示：

(1) 用点划线画出圆锥体三面投影的轴线、中心线；

(2) 画出底面圆的三面投影。底面为水平面，水平投影为反映实形的圆，其他两投影积聚为直线段，长度等于底圆直径；

(3) 依据圆锥的高度画出锥顶点 *S* 的三面正投影。

(4) 画轮廓线的三面正投影，即连接等腰三角形的腰。

圆锥面是光滑的，和圆柱面类似，当素线的投影不是轮廓线时，均不画出。

1.8.4　圆球

1.8.4.1　圆球面的特性

圆球体是由圆球面所围成的。由于通过球心的直线都可作旋转轴，故球面的旋转轴可以根据需要确定。

1.8.4.2　投影分析

如图 1－65(a)所示,圆球体的三面投影都是大小相等的圆,是球体在 3 个不同方向的轮廓线的投影,其直径与球径相等。*H* 面投影的圆 *a* 是球体上半部分的球面与下半部分球面的重合投影,上半部分可见,下半部分不可见;圆周 *a* 是球面上平行于 *H* 面的最大圆 *A* 的投影。*V* 面投影的圆 *b* 是球体前半部分球面与后半部分球面的重合投影,前半部分可见,后半部分不可见;圆周 *b* 是球面上平行于 *V* 面的最大圆 *B* 的投影。*W* 面投影的圆 *c* 是球体左半部分球面与右半部分球面的重合投影,左半部分可见,右半部分不可见;圆周 *c* 是球面上平行于 *W* 面的最大圆 *C* 的投影。

球面上 *A*,*B*,*C*3 个大圆的其他投影均与相应的中心线重合;这 3 个大圆分别将球面分成上下、前后、左右两部分。

1.8.4.3　作图步骤

(1)用点划线画出圆球体各投影的中心线;

(2)以球的直径为直径画三个等大的圆,如图 1－65(b)所示。

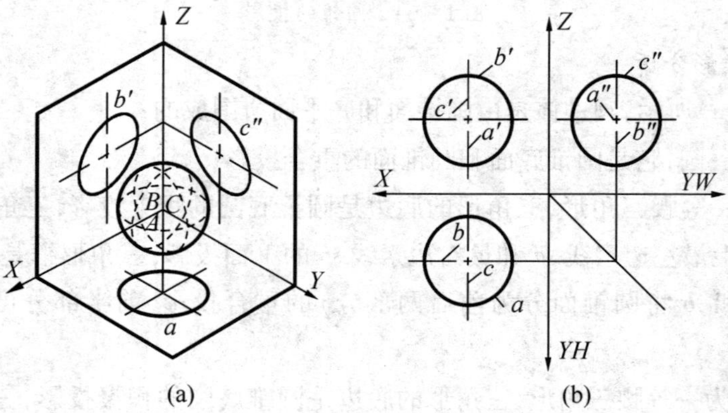

图 1－65　圆球的投影

1.8.5　回转体上点和线的投影

用曲面立体表面上的点和线的投影作图,与在平面上取点、取线的原理一样。

1.8.5.1　圆柱面上的点和线

1. 圆柱面上点的投影

圆柱面上的点必定在圆柱面的一条素线或一个纬圆上。当圆柱面具有积聚投影时,圆柱面上点的投影必在同面积聚投影上。

【例 6】　如图 1－66(a)所示,已知圆柱面上的点 *M*、*N* 的正面投影,求另两面的投影。

解:(1)分析

M 点的正面投影可见,又在点划线的左面,由此判断 *M* 点在左、前半圆柱面上,侧面投影可见。

N 点的正面投影不可见,又在点划线的右面,由此判断 *N* 点在右、后半圆柱面上,侧面投影不可见。

(2)作图

1)求点 *m*、*m*″。过 *m*′作素线的正立投影(可以只作出一部分),即过 *m*′向下引铅垂线交

于圆周前半部 m，此点就是所求的 m 点；再根据投影规则作出 m''，m''点为可见点；

2)求点 n，n''。做法与 M 点相同，其侧面投影不可见。

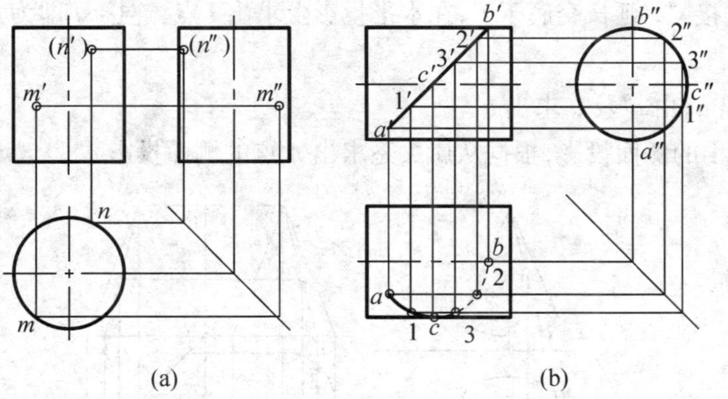

图 1-66 圆柱表面上的投影

2. 圆柱面上线的投影

【例 7】 如图 1-66(b)所示，已知圆柱面上的 AB 线段的正面投影 $a'b'$，求其另两面投影。

解：(1)分析

1)圆柱的轴线垂直于侧面，其侧面投影积聚为圆，正面投影、水平投影为矩形。

2)线段 AB 是圆柱面上的一段曲线。求曲线投影的方法是画出曲线上，诸如端点、分界点等特殊位置点及适当数量的一般位置点，并把它们光滑地连接即可。

(2)作图

1)求出端点 A 和 B 的投影。利用积聚性，求得侧面投影 a''，b''，再根据投影关系求出 a，b。

2)求曲线在轮廓线上的点 C 的投影。点 C 在水平投影转向轮廓线(轮廓素线)上，根据转向轮廓线的投影位置，可求出点 C 的侧面投影 c''和水平投影 c。

3)求适当数量的中间点。在 $a'b'$上取点 $1'$，$2'3'$，然后求其侧面的投影 $1''$，$2''$，$3''$，再根据投影关系求出水平投影 1，2，3。

4)判别可见性并连线。c 点为水平投影可见与不可见的分界点，曲线的水平投影 $a32c$ 为不可见，画成虚线，$c1a$ 为可见，画成实线。

1.8.5.2 圆锥面上的点和线

1. 圆锥面上点的投影

圆锥体的投影没有积聚性，在其表面上取点的方法有两种：

方法一：素线法。圆锥面是由许多素线组成的。圆锥面上任一点必定在经过该点的素线上，因此只要求出过该点素线的投影，即可求出该点的投影。

【例 8】 如图 1-67 所示，已知圆锥面上一点 A 的投影正面投影 a'，求 a、a''。

解：(1)分析

1)A 点在圆锥面上，一定在圆锥的一条素线上，故过 A 点与锥顶 S 相连，并延长交底面圆周于Ⅰ点，SⅠ即为圆锥面上的一条素线，求出此素线的各投影。

2)根据点线的从属关系，求出点的各投影。

(2)作图

1)过 a' 作素线 SI 的正立投影 $s'I'$；

2)求 sI。连接 $s'a'$ 延长交底于 I'，在水平投影上求出 I 点，连接 sI 即为素线 SI 的水平投影 sI。

3)由 a' 求出 a，由 a' 及 a 求出 a''。

或先求出 SⅠ的侧面投影，根据从属关系求出 A 点的侧面投影 a''。

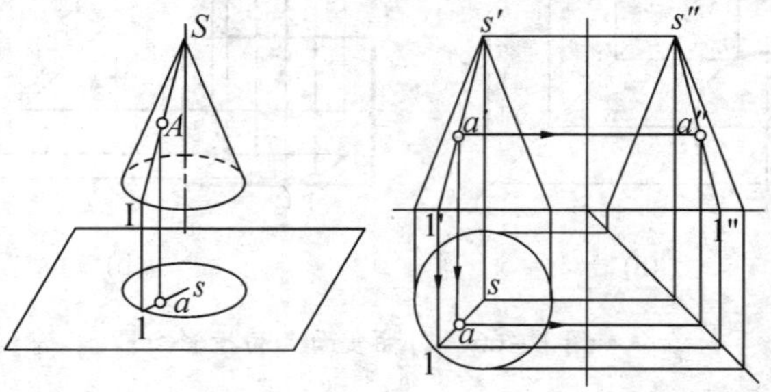

图 1－67　素线法求圆锥表面上的点

方法二：纬圆法。由回转面的形成可知，母线上任意一点的运动轨迹为圆，该圆垂直于旋转轴线，我们把这样的圆称之为纬圆。圆锥面上任一点必然在与其高度相同的纬圆上，因此只要求出过该点的纬圆的投影，即可求出该点的投影。

2. 圆锥表面上线的投影

【例 9】　如图 1－68 所示，已知圆锥表面上的线段 AB 的正面投影，求其另两面投影。

解：(1)分析

作圆锥面上线段的投影的方法：是求出线段上的端点、轮廓线上的点、分界点等特殊位置的点及适当数量的一般点，并依次连接各点的同面投影。

(2)作图

1)求线段端点 A、B 的投影。利用平行于 H 面的辅助纬圆，求得 $a(a'')$，$b(b'')$；

2)求侧面转向轮廓线上点 C 的投影 c，c''，也可利用从属关系直接求出 c；

3)在线段的正面投影上选取适当的点求其投影。如图中 D 点的各投影；

4)判别可见性。由正面投影可知，曲线 BC 位于圆锥右半部分的锥面上，其侧面投影不可见，画成虚线，AC 位于左半锥面上，侧面投影可见，画成实线，水平投影均可见。

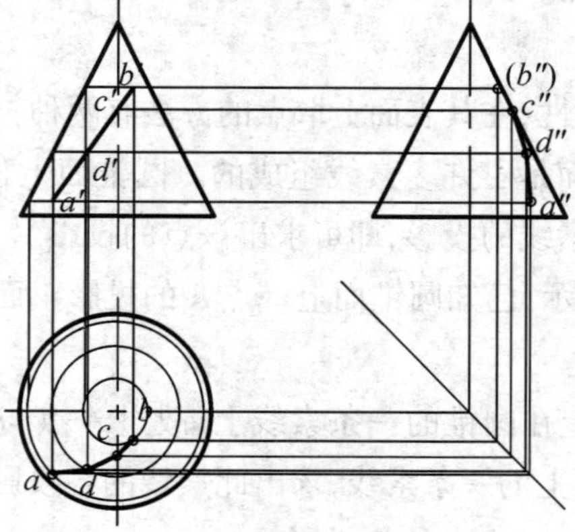

图 1－68　圆锥表面上取线

1.8.5.3 圆球体上的点和线

1. 圆球体上的点

由于圆球体的特殊性，过球面上一点可以作属于球体的无数个纬圆，为作图方便，常沿投影面的平行面作相应投影面的纬圆，这样过球面上任一点可以得到 H,V,W 三个方向的纬圆。因此只要求出过该点的纬圆投影，即可求出该点的投影。

【例 10】 如图 1－69 所示，已知球面上的一点 A 的投影 a'，求 a 及 a''。

解：(1)分析

由 a'得知 A 点在左上半球上，可以利用水平纬圆解题。

(2)作图

1)过 a'作纬圆的正立投影（为一直线）；

2)求出纬圆的水平投影；

3)由 a'求出 a，由 a'及 a 求出 a''；

4)判别可见性。两投影均可见。

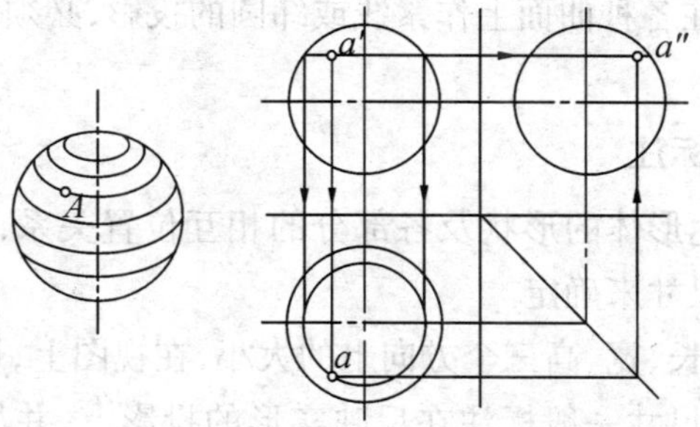

图 1－69 圆球表面上取点

2. 圆球体上的线

【例 11】 如图 1－70(a)所示，已知属于球体上的点 A,B,C 及线段 EF 的一个投影，求其另两个投影。

解：(1)分析

1)由已知条件可判断点 A 在球体的左前上方球面上；点 B 位于球体前下方的球面上，是最大侧平圆上的特殊点；点 C 位于球体左下方的球面上，是最大正平圆上的特殊点。

2)$e'f'$为一虚直线段，说明 EF 是位于球体左后方的球面上，且平行于侧面的一段圆弧，E、F 为一般位置点。

(2)作图：如图 1－70(b)所示：

1)求 a,a''。过 a'作水平纬圆，利用从属关系求出 a，再求出 a''；

2)求 b,b''。B 点位于侧面转向轮廓线上，可直接求出 b''，再求出 b；

3)求 c',c''。C 点位于正面转向轮廓线上，可直接求出 c'，再求出 c''；

4)求 $ef,e''f''$。过 $e'f'$作一侧平圆，求出 $e''f''$。水平投影 ef 为一直线段，e、f 两点重合，f 点为不可见；

5)判别可见性，如图所示。

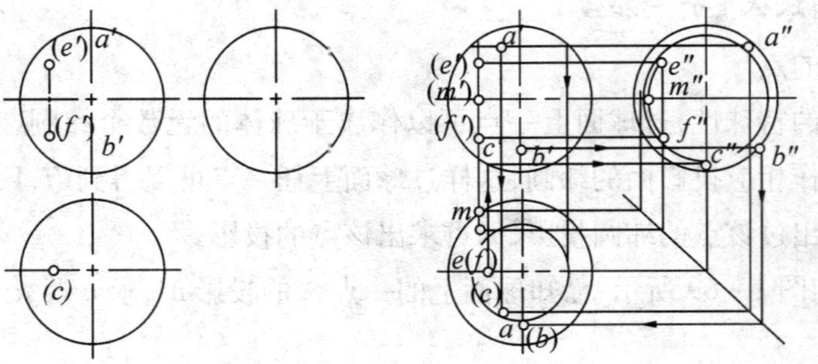

(a)　　　　　　(b)

图 1－70　圆球体上取线

可见，求曲面上点的投影的方法主要有素线法和纬圆法两种，在采用这两种方法时应着重弄清以下概念：

(1)某一点在曲面上，则它一定在该曲面的素线或纬圆上。

(2)求一点投影时，要先求出它所在的素线或纬圆的投影。

(3)为了熟练地掌握在各种曲面上作素线或纬圆的投影，必须了解各种曲面的形成规律和特性。

1.9　基本体的尺寸标注

形体的视图，只能表达形体的形状及各部分的相互位置关系，但不能确定其真实大小。形体的真实大小，必须由尺寸来确定。

任何基本几何体都有长、宽、高三个方向上的大小，在视图上，通常要把反映这三个方向的大小尺寸都标注出来。尺寸一般标注在反映实形的投影上，并尽可能集中注写在一两个投影的下方或右方，必要时才注写在上方或左方。一个尺寸只需标注一次，尽量避免重复。

1.9.1　平面基本体

平面基本体一般应注出其底面尺寸和高度尺寸，底面为正多边形时，可标注其外接圆直径；底面为正方形时，可用尺寸 22 ×22 或(22 形式标注；正六棱柱的底面也可标注其对边距。如图 1－71 所示。

1.9.2　回转体

标注回转体尺寸时，一般应注出其径向(直径)尺寸“ϕ”，因为“ϕ”具有双向尺寸功能，它不仅可以减少一个方向的尺寸，而且还可以省略一个投影。还需要标注轴向尺寸。圆柱、圆锥、圆台在直径数字前加注符号“ϕ”，而圆球在直径数字前加注符号“$S\phi$”。如图 1－72。

1.10　断面图

1.10.1　断面图的概念

假想用剖切平面将机件在某处切断，只画出切断面形状的投影并画上规定的剖面符号的图形，称为断面图，其画法如图 1－73 所示：

画断面图时，应特别注意断面图与剖视图的区别，断面图只画出物体被切处的断面形状。而剖视图除了画出物体断面形状之外，还应画出断面后的可见部分的投影，如图 1－73(c)所示。

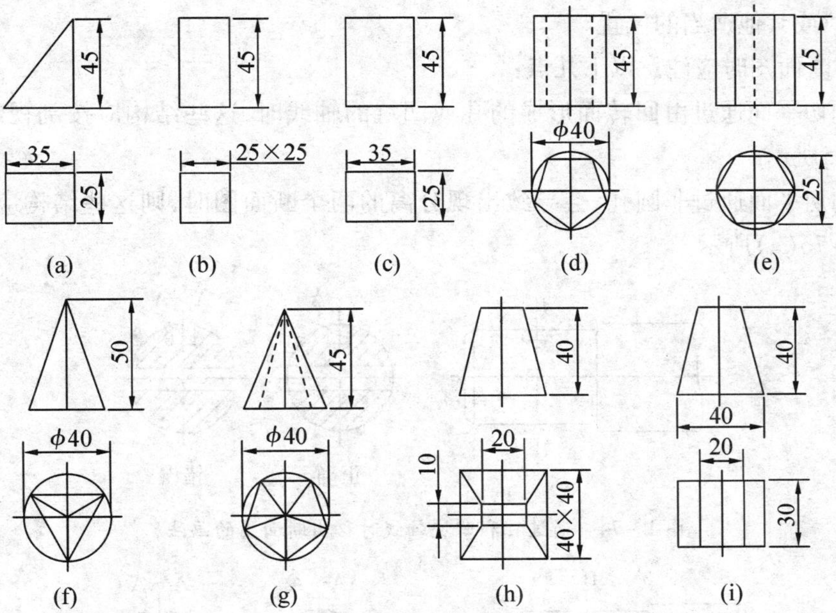

图 1－71　平面基本体的尺寸标注

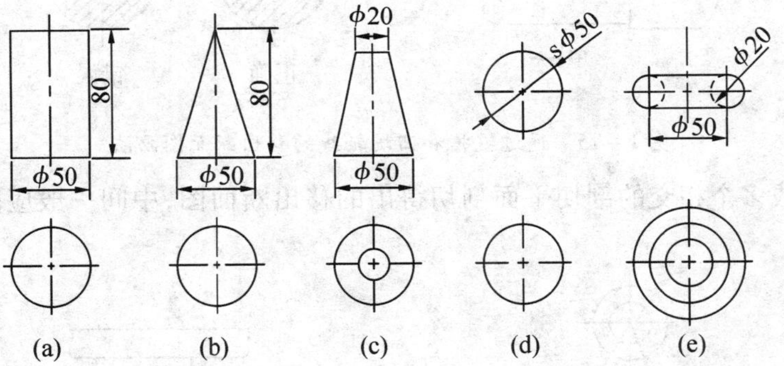

图 1－72　回转基本体的尺寸标注

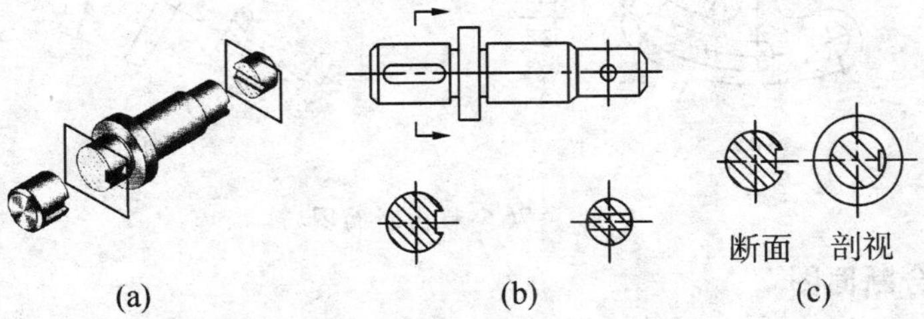

图 1－73　断面图的画法

断面图主要用于表达机件某处的切断面形状，如轴或杆上的槽或孔的深度及机件上的肋、轮幅等结构的断面形状。为了反映机件结构的实形，剖切平面一般应垂直于机件的轮廓线或主要轴线。

断面图分为移出断面图和重合断面图两种。

1.10.2　移出断面图

移出断面图的图形应画在视图之外，轮廓线用粗实线绘制，配置在剖切线的延长线上如

图 1 -73(b)或其他适当的位置。

画移出断面图时应注意以下几点:

1)当剖切平面通过由回转面形成的孔或凹坑的轴线时,这些结构应按剖视绘制,如图 1 -74、1 -75所示。

2)当剖切平面通过非圆孔,会导致出现分离的两个断面图时,则这些结构应按剖视绘制,如图 1 -76(a)所示。

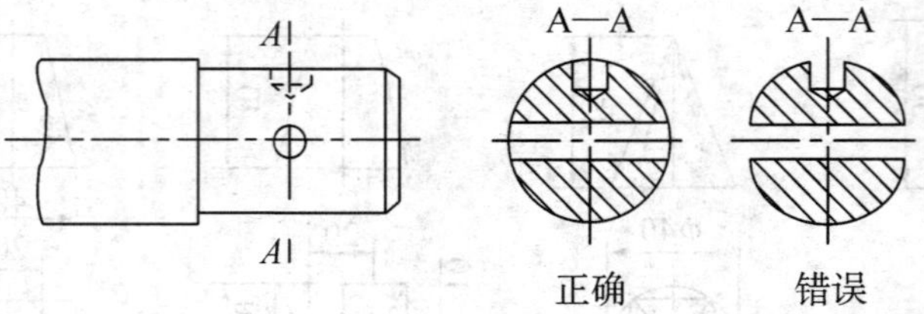

图 1 -74　通过孔和凹坑轴线时移出断面图的画法

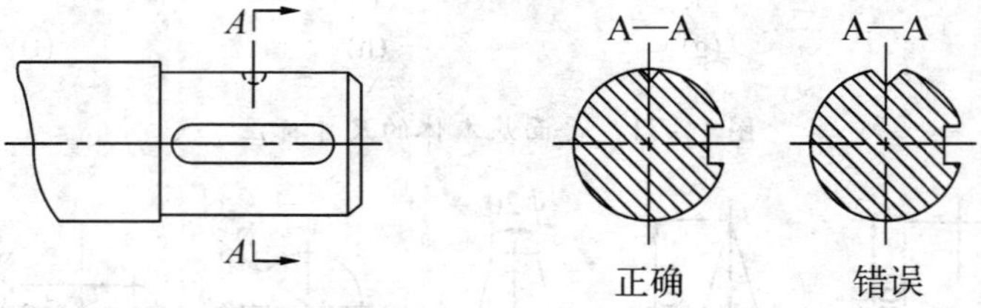

图 1 -75　通过键槽和凹坑轴线的移出断面图画法

3)由两个或多个相交的剖切平面剖切得出的移出断面图,中间一般应断开绘制,如图 1 -76(b)所示。

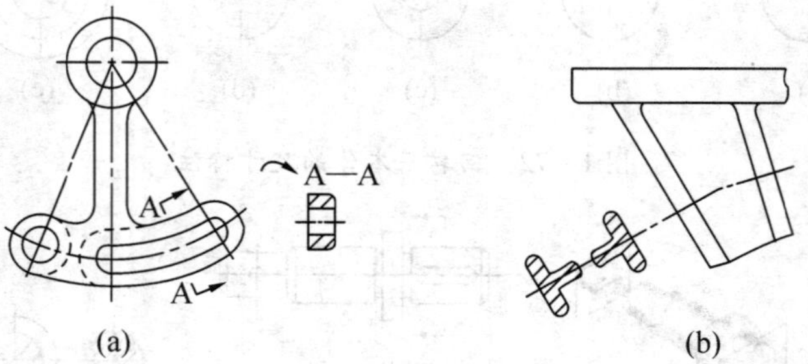

图 1 -76　移出断面图

1.10.3　重合断面图

重合断面图的图形应画在视图之内,断面轮廓线用细实线绘出。当视图中轮廓线与重合断面图的图形重叠时,视图中的轮廓线仍应连续画出,不可间断,如图 1 -77 所示。

1.10.4　断面图的标注

(1)移出断面图的标注　一般应在断面图的上方标注移出断面图的名称“ × - × ”(× 为大写拉丁字母)。在相应的视图上用剖切符号表示剖切位置和投射方向(用箭头表示),并标注相同的字母。

移出断面图的标注及其可以省略标注的一些场合见表 1 -1。

表 1-9　移出断面的标注

断面形状 / 配置位置	对称的移出断面	不对称的移出断面
配置在剖切线或剖切符号延长线上	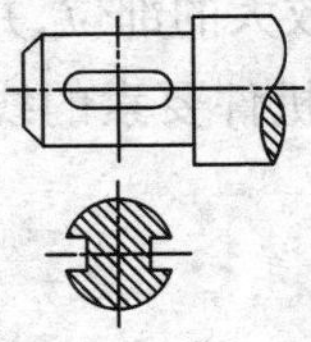	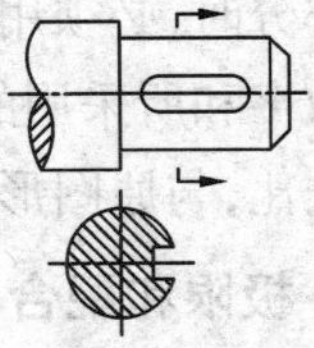
不配置在剖切线或剖切符号延长线上	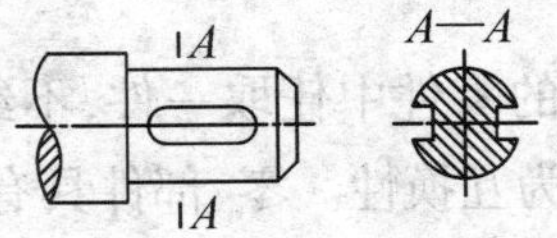	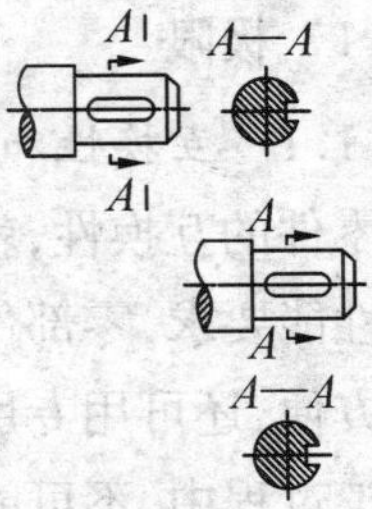
配置在视图中断处的对称移出断面	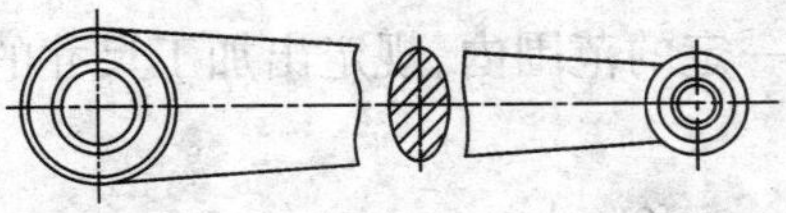	

(2)重合断面图的标注　重合断面图不需要标注,如图 1-77、1-78 所示。

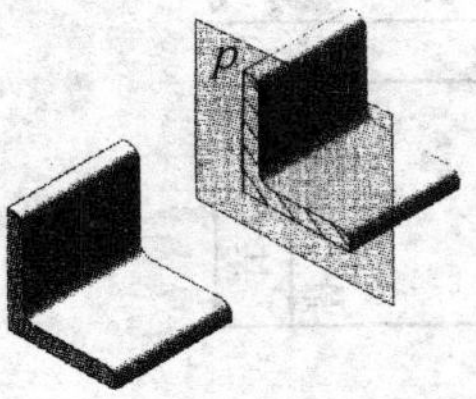

(a)

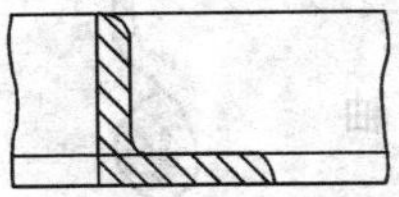
(b)

图 1-77　重合断面图

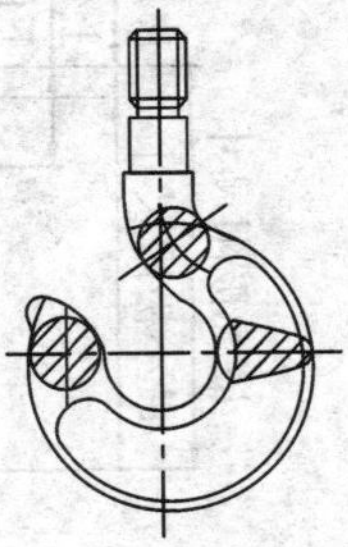
(c)

图 1-78　重合断面图

1.11　局部放大图

当机件上某些细小结构,在视图中不易表达清楚和不便标注尺寸时,可将这些结构用大于原图形所采用的比例画出,这种图形称为局部放大图,如图 1-79 所示。

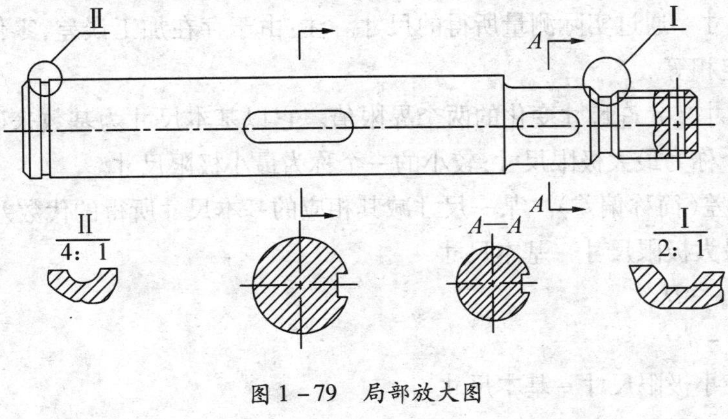

图 1-79　局部放大图

局部放大图可画成视图、剖视图或断面图，它与被放大部分所采用的表达形式无关。局部放大图应尽量配置在被放大部位的附近。

局部放大图必须进行标注，一般应用细实线圈出被放大的部位。当同一机件上有几处被放大的部分时，必须用罗马数字依次标明被放大的部位，并在局部放大图的上方标注出相应的罗马数字和所采用的比例（系指放大图中机件要素的线性尺寸与实际机件相应要素的线性尺寸之比，与原图形所采用的比例无关）。

1.12 极限和配合

1.12.1 极限

1.12.1.1 互换性和公差

所谓零件的互换性，就是从一批相同的零件中任取一件，不经修配就能装配使用，并能保证使用性能要求，零部件的这种性质称为互换性。零、部件具有互换性，不但给装配、修理机器带来方便，还可用专用设备生产，提高产品数量和质量，同时降低产品的成本。

在加工过程中，不可能把零件的尺寸做的绝对准确。为了保证互换性，必须将零件尺寸的加工误差限制在一定的范围内，规定出加工尺寸的可变动量，这种规定的实际尺寸允许变动的量称为公差。

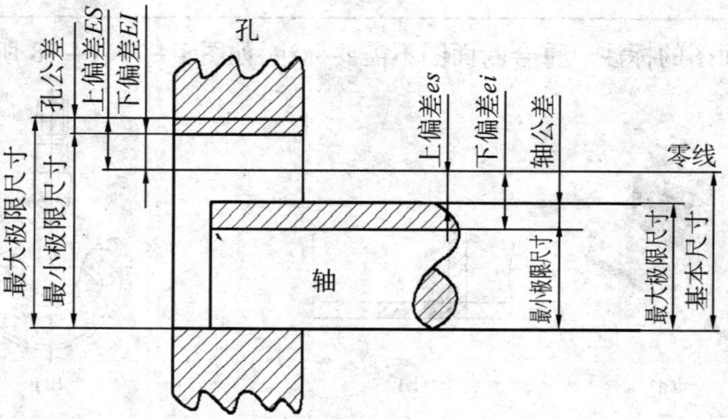

图 1－80　孔、轴极限和配合

1.12.1.2 基本术语

（1）基本尺寸　根据零件强度、结构和工艺性要求，设计确定的尺寸。注：孔的基本尺寸用“D”表示，轴的基本尺寸用“d”表示。

（2）实际尺寸　通过实际测量所得的尺寸。注：由于存在加工误差，零件同一位置的实际尺寸并不一定相等。

（3）极限尺寸　允许尺寸变化的两个界限值。它以基本尺寸为基数来确定。两个界限值中较大的一个称为最大极限尺寸；较小的一个称为最小极限尺寸。

（4）尺寸公差（简称偏差）　某一尺寸减其相应的基本尺寸所得的代数差。

上偏差＝最大极限尺寸－基本尺寸

孔：$ES = D_{max} - D$

轴：$es = d_{max} - d$

下偏差＝最小极限尺寸－基本尺寸

孔：$EI = D_{min} - D$

轴：$ei = d_{min} - d$

上、下偏差统称极限偏差。上、下偏差可以是正值、负值或零。

国家标准规定，孔的上偏差代号为 ES，孔的下偏差代号为 EI；轴的上偏差代号为 es，轴的下偏差代号为 ei。

(5)尺寸公差(简称公差)　允许实际尺寸的变动量。

孔的公差：$T_h = |D_{max} - D_{min}| = |ES - EI|$

轴的公差：$T_s = |d_{max} - d_{min}| = |es - ei|$

因为最大极限尺寸总是大于最小极限尺寸，所以尺寸公差一定是正值。

(6)公差带和零线　由代表上、下偏差的两条直线所限定的一个区域称为公差带。为了便于分析，一般将尺寸公差与基本尺寸的关系，按放大比例画成简图，称为公差带图。在公差带图中，确定偏差的一条基准直线，称为零偏差线，简称零线如图 1－80 所示。

(7)标准公差　用于确定公差带大小的任一公差。国家标准将公差等级分为 20 级：IT01 IT0　IT1　IT2　IT3……IT18。“IT”表示标准公差，公差等级的代号用阿拉伯数字表示。从 IT01 到 IT18，精度等级依次降低。

高←公差等级→低

小←公差数值→大

难←加工程度→易

即不同的基本尺寸，公差等级相同，尺寸的精确程度相同。

(8)基本偏差　用以确定公差带相对于零线位置上的上偏差或下偏差。一般是指靠近零线的那个偏差。

根据实际需要，国家标准分别对孔和轴各规定了 28 个不同的基本偏差，基本偏差系列如图 1－81 所示。

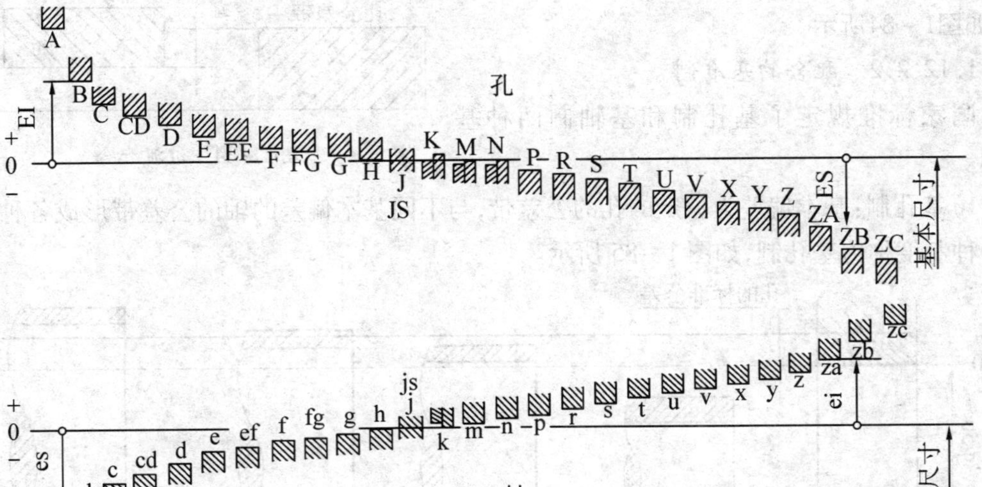

图 1－81　基本偏差

1.12.2　配合

1.12.2.1　配合的概念及种类

基本尺寸相同，相互结合的孔和轴公差带之间的关系称为配合。

(1)配合种类　根据机器的设计要求和生产实际的需要，国家标准将配合分为三类。

1)间隙配合：指具有间隙(包括最小间隙等于零)的配合。间隙配合孔的公差带在轴的公差带之上，如图1－82所示。

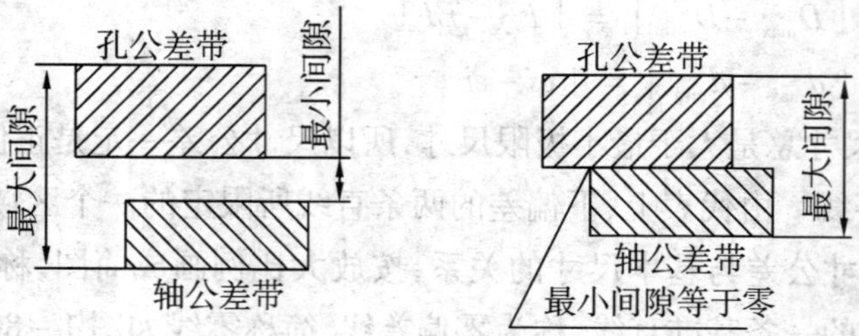

图1－82　间隙配合

2)过盈配合：指具有过盈(包括最小过盈等于零)的配合。从动轴系装配图中轴与齿轮的配合就属于过盈配合。过盈配合孔的公差带在轴的公差带之下，如图1－83所示。

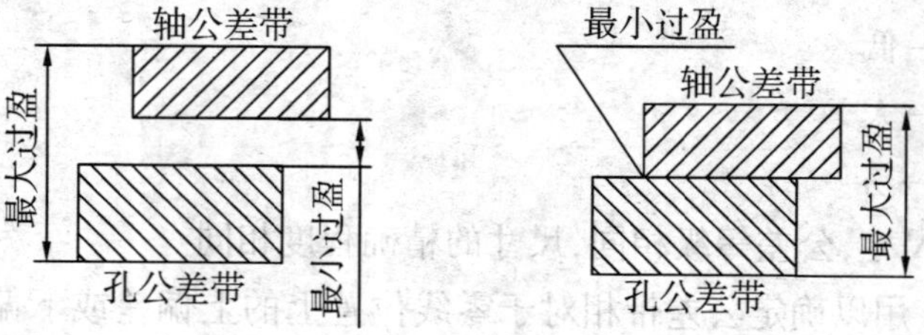

图1－83　过盈配合

3)过渡配合：指可能具有间隙或过盈的配合。过渡配合孔的公差带与轴的公差带相互交叠，如图1－84所示。

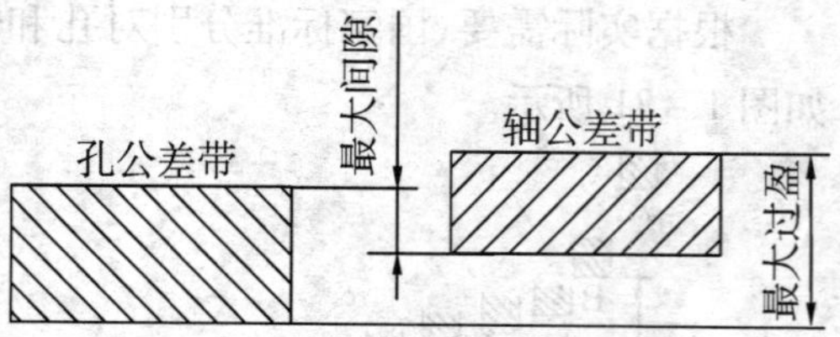

图1－84　过渡配合

1.12.2.2　配合的基准制

国家标准规定了基孔制和基轴制两种基准制。

1)基孔制：基本偏差为一定的孔的公差带，与不同基本偏差的轴的公差带形成各种配合的一种制度称为基孔制，如图1－85所示。

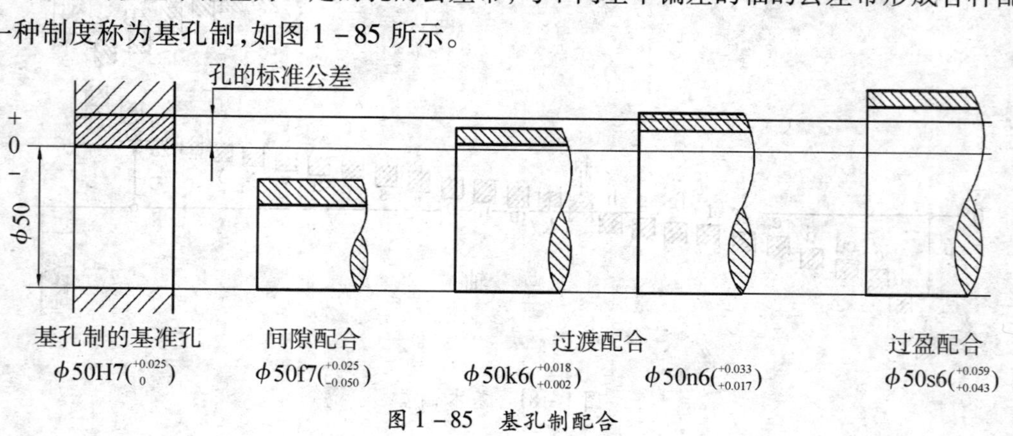

图1－85　基孔制配合

2)基轴制:基本偏差为一定的轴的公差带,与不同基本偏差的孔的公差带形成各种配合的一种制度称为基轴制,如图1-86所示。

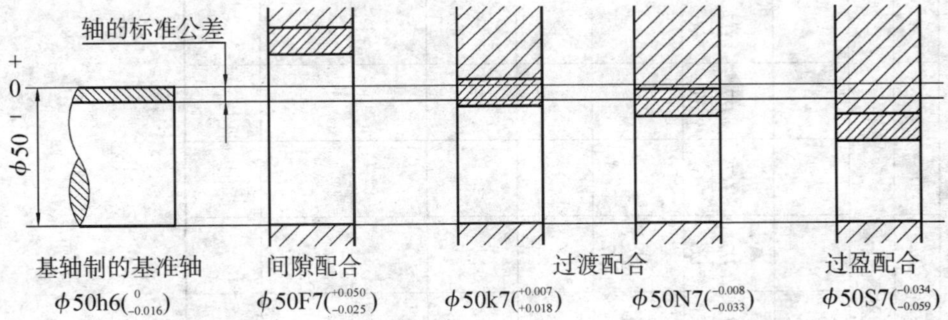

图1-86　基轴制配合

1.12.3　极限与配合的选用

1.12.3.1　选用基孔制

一般情况下,优先采用基孔制。这样可以限制定值刀具、量具的规格数量。基轴制通常仅用于具有明显经济效益的场合和结构设计要求不适用采用基孔制的场合。一些标准滚动轴承的外环与孔的配合,也采用基轴制。

1.12.3.2　选用优先配合

国家标准规定的基孔制常用配合共59种,其中优先配合13种,见表1-10。基轴制常用配合共47种,其中优先配合13种,见表1-11。在使用时应尽量选用优先配合和常用配合。

1.12.3.3　公差等级的选用

在保证零件使用要求的前提下,应尽量选用比较低的公差等级,以减少零件的制造成本。由于加工孔比加工轴困难,当公差等级高于IT8时,在基本尺寸至500 mm的配合中,应选择孔的标准公差等级比轴低一级(如孔为8级,轴为7级)来加工孔。因为公差等级愈高,加工愈困难。标准公差等级低时,轴和孔可选择相同的公差等级。

1.12.4　极限与配合的标注与查表

1.12.4.1　在零件图中的标注

在零件图中的标注公差带代号有三种形式,如图1-87所示。

(1)标注公差带代号,如图1-87(a)所示　这种注法适用于大量生产的零件,采用专用量具检验零件。

(2)标注极限偏差数值,如图1-87(b)所示　这种注法适用于单件、小批量生产的零件。

上偏差注在基本尺寸的右上方,下偏差注在基本尺寸的右下方。极限偏差数字比基本尺寸数字小一号,小数点前的整数对齐,后面的小数位数应相同。若上、下偏差的数值相同,符号相反时,按图1-87(c)所示的方法标注。

(3)公差带代号与极限偏差一起标注,如图1-87(d)所示　这种注法适用于产品转产频繁的生产中。

表 1－10　基孔制优先、常用配合

基准孔	轴																				
	a	b	c	d	e	f	g	h	js	k	m	n	p	r	s	t	u	v	x	y	z
	间隙配合								过渡配合				过盈配合								
H6						$\frac{H6}{f5}$	$\frac{H6}{g5}$	$\frac{H6}{h5}$	$\frac{H6}{js5}$	$\frac{H6}{k5}$	$\frac{H6}{m5}$	$\frac{H6}{n5}$	$\frac{H6}{p5}$	$\frac{H6}{r5}$	$\frac{H6}{s5}$	$\frac{H6}{t5}$					
H7						$\frac{H7}{f6}$	▲ $\frac{H7}{g6}$	▲ $\frac{H7}{h6}$	$\frac{H7}{js6}$	▲ $\frac{H7}{k6}$	$\frac{H7}{m6}$	▲ $\frac{H7}{n6}$	▲ $\frac{H7}{p6}$	$\frac{H7}{r6}$	▲ $\frac{H7}{s6}$	$\frac{H7}{t6}$	▲ $\frac{H7}{u6}$	$\frac{H7}{v6}$	$\frac{H7}{x6}$	$\frac{H7}{y6}$	$\frac{H7}{z6}$
H8					$\frac{H8}{e7}$	▲ $\frac{H8}{f7}$	$\frac{H8}{g7}$	▲ $\frac{H8}{h7}$	$\frac{H8}{js7}$	$\frac{H8}{k7}$	$\frac{H8}{m7}$	$\frac{H8}{n7}$	$\frac{H8}{p7}$	$\frac{H8}{r7}$	$\frac{H8}{s7}$	$\frac{H8}{t7}$	$\frac{H8}{u7}$				
				$\frac{H8}{d8}$	$\frac{H8}{e8}$	$\frac{H8}{f8}$		$\frac{H8}{h8}$													
H9			$\frac{H9}{c9}$	▲ $\frac{H9}{d9}$	$\frac{H9}{e9}$	▲ $\frac{H9}{f9}$		$\frac{H9}{h9}$													
H10			$\frac{H10}{c10}$	$\frac{H10}{d10}$				$\frac{H10}{h10}$													
H11	$\frac{H11}{a11}$	$\frac{H11}{b11}$	▲ $\frac{H11}{c11}$	$\frac{H11}{d11}$				▲ $\frac{H11}{h11}$													
H12		$\frac{H12}{a12}$						$\frac{H12}{h12}$													

注：① $\frac{H6}{n5}$、$\frac{H7}{a12}$ 在基本尺寸小于或等于 3 mm 和 $\frac{H8}{r7}$ 在小于或等于 100 mm 时，为过渡配合。②标有“▲”的代号为优先配合。

表 1－11 基轴制优先、常用配合

基准轴	孔																				
	A	B	C	D	E	F	G	H	JS	K	M	N	P	R	S	T	U	V	X	Y	Z
	间隙配合								过渡配合			过盈配合									
$h5$						$\frac{F6}{h5}$	$\frac{G6}{h5}$	$\frac{H6}{h5}$	$\frac{JS6}{h5}$	$\frac{K6}{h5}$	$\frac{M6}{h5}$	$\frac{N6}{h5}$	$\frac{P6}{h5}$	$\frac{R6}{h5}$	$\frac{S6}{h5}$	$\frac{T6}{h5}$					
$h6$						$\frac{F7}{h6}$	▲ $\frac{G7}{h6}$	▲ $\frac{H7}{h6}$	$\frac{JS7}{h6}$	▲ $\frac{K7}{h6}$	$\frac{M7}{h6}$	▲ $\frac{N7}{h6}$	▲ $\frac{P7}{h6}$	$\frac{R7}{h6}$	▲ $\frac{S7}{h6}$	$\frac{T7}{h6}$	▲ $\frac{U7}{h6}$				
$h7$					$\frac{E8}{h7}$	▲ $\frac{F8}{h7}$		▲ $\frac{H8}{h7}$	$\frac{JS8}{h7}$	$\frac{K8}{h7}$	$\frac{M8}{h7}$	$\frac{N8}{h7}$									
$h8$				$\frac{D8}{h8}$	$\frac{E8}{h8}$	$\frac{F8}{h8}$		$\frac{h8}{h8}$													
$h9$				▲ $\frac{D9}{h9}$	$\frac{E9}{h9}$	$\frac{F9}{h9}$		▲ $\frac{H9}{h9}$													
$h10$				$\frac{D10}{h10}$				$\frac{H10}{h10}$													
$h11$	$\frac{A11}{h11}$	$\frac{B11}{h11}$	▲ $\frac{C11}{h11}$	$\frac{D11}{h11}$				▲ $\frac{H11}{h11}$													
$h12$		$\frac{B12}{h12}$						$\frac{H12}{h12}$													

注：标有“▲”的代号为优先配合。

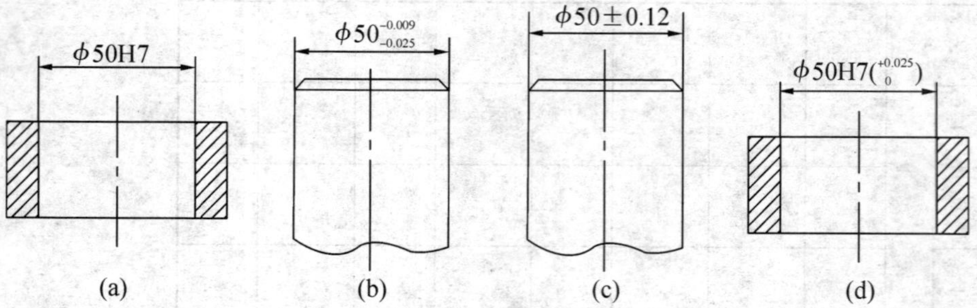

图 1-87　零件图中的公差标注

1.12.4.2　在装配图中的标注

在装配图中标注配合代号,配合代号用分数形式表示,分子为轴的公差带代号,分母为孔的公差带代号。装配图中标注配合代号有三种形式,如图 1-88 所示。

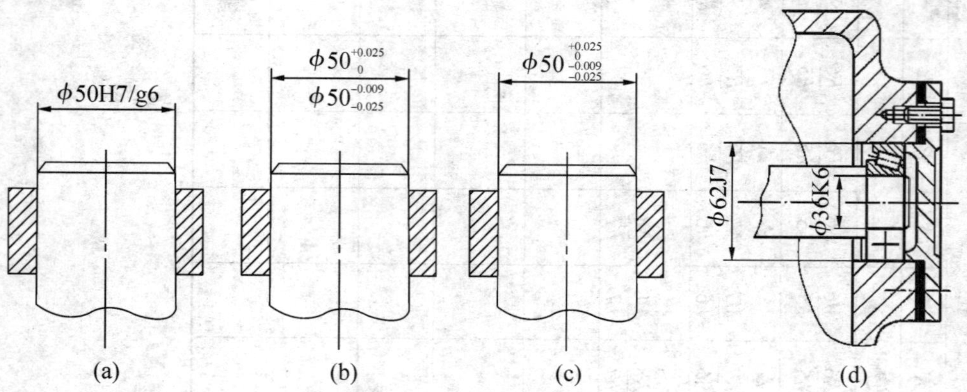

图 1-88　装配图中配合图的标注

(1)标注孔和轴的配合代号,如图 1-88(a)所示　这种注法应用最多。

(2)当需要标注孔和轴的极限偏差时,孔的基本尺寸和极限偏差注在尺寸线上方,轴的基本尺寸和极限偏差注在尺寸线下方,如图 1-88(b),(c)所示。

(3)零件与标准件或外购件配合时,在装配图中可以只标注该零件的公差带代号,如图 1-88(d)所示。

查表方法示例:

【例 12】　查表确定配合代号 Φ60H8/f7 中孔和轴的极限偏差值。

根据配合代号可知,孔和轴采用基孔制的优先配合,其中 H8 孔为基准孔的公差带代号;f7 为配合轴的公差带代号。

(1)ϕ60H8 基准孔的极限偏差,可由孔的极限偏差表查出(见附录 C-3)　在基本尺寸 >50~80 的行与 H8 的列的交汇处找到 46,0,即孔的上偏差为 +0.046 mm,下偏差为 0。所以,ϕ60H8 可写为 $\phi 60_{0}^{+0.046}$。

(2)ϕ60 f7 配合轴的极限偏差,可由轴的极限偏差表查出(见附录 C-2)　在基本尺寸 >50~65 的行与 f7 的列的交汇处找到 -0.030、-0.060,即轴的上偏差为 -0.030 mm,下偏差为 -0.060。所以,ϕ60f7 可写为 $\phi 60^{-0.030}_{-0.060}$。

1.13 AutoCAD 的基础知识

1.13.1 安装、启动和退出 AutoCAD 2008

1.13.1.1 系统要求

在计算机上安装 AutoCAD 2008 之前，首先要保证计算机满足最低系统要求，具体要求如下：

(1)操作系统 Windows XP/Vista。

(2)CPU Intel Pentium 4 2.2 GHz 以上。

(3)内存 1 GB(建议 2 GB)。

(4)硬盘 750 MB 剩余空间(建议配置 2 GB 剩余空间)。

(5)显卡 3 D 加速卡/128 MB 显存。

(6)浏览器 Internet Explorer 6.0(建议配置 Internet Explorer 7.0)。

(7)RAM:512 MB。

(8)CD-ROM:适用于软件安装的速度。

此外，根据需求，还需配备绘图机、打印机、扫描仪等设备。

1.13.1.2 安装

在 CD-ROM 驱动器中放入 AutoCAD 2008 的安装盘，安装程序自动运行后会显示安装界面，点击【安装软件】。如果没有自动运行安装程序，请在安装盘所在的驱动器双击安装程序"Autorun. exe"。或者打开软件包文件，点击"Setup. exe"图标，进入设置初始化，弹出如图 1 - 89所示的信息框。

图 1 - 89 "初始化"信息框

完成初始化后会弹出如图 1 - 90 所示的安装向导界面，点击"安装产品"选项，AutoCAD 安装向导进入安装设置操作，并依此显示各安装界面，用户可以根据提示进行设置(一般按默认配置即可)。完成安装设置后，点击"安装"按钮，出现如图 1 - 91 所示的安装界面，开始安装软件，此过程需要十几分钟时间，直至软件安装结束。

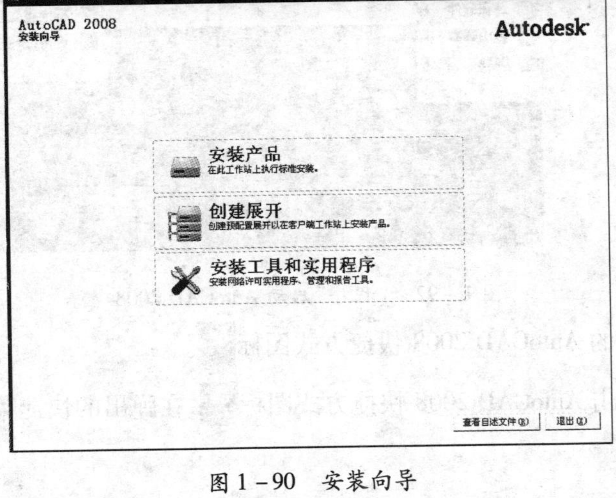

图 1 - 90 安装向导

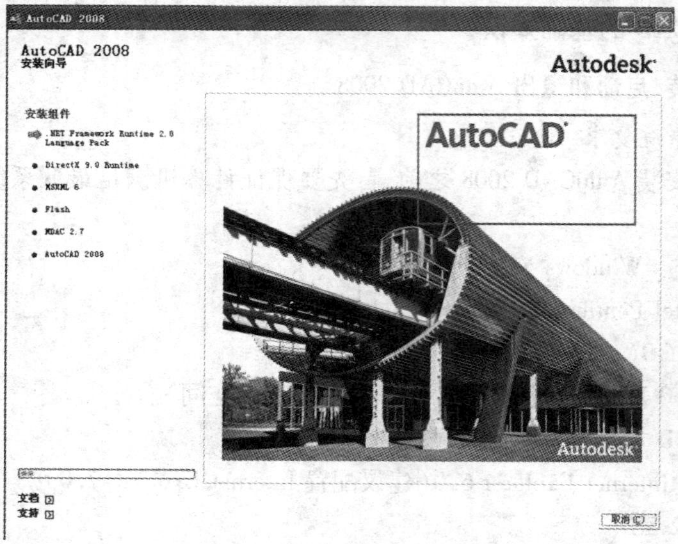

图 1－91　安装界面

成功安装 AutoCAD 2008 后，第一次运行产品时需要输入序列号，对产品进行注册并激活。注册激活的方法是将产品申请号复制到注册机上（注册机就是用来生成该软件注册码的一个小程序）。然后点击“Calculate”按钮得到激活码，将注册机上的激活码复制到激活对话框中，完成激活。

1.13.1.3　启动 AutoCAD 2008 的方法

（1）单击“开始”按钮，在弹出的“开始”菜单中选择“程序（P）”→AutoCAD 2008 选项。如下图 1－92 所示。

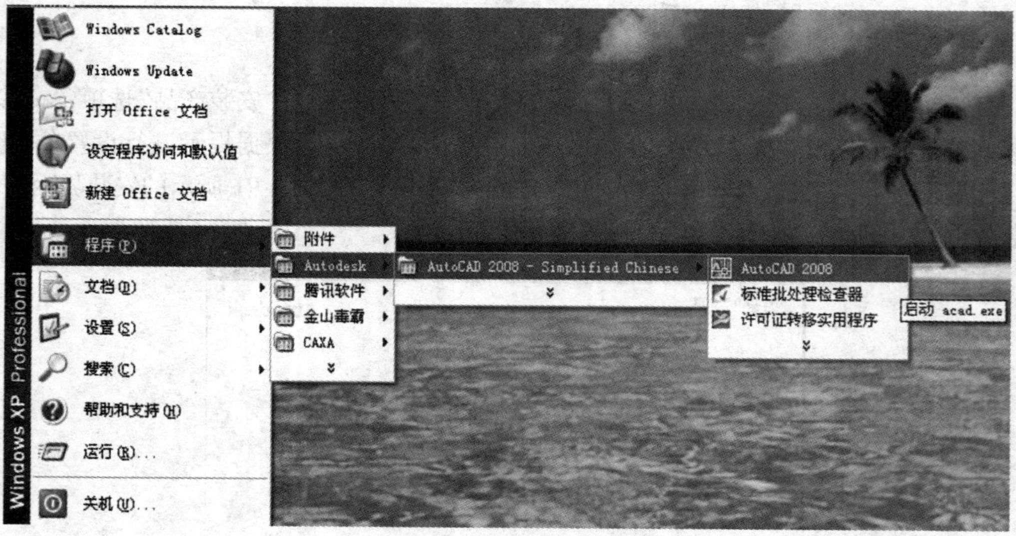

图 1－92　“程序”启动 AutoCAD 2008

（2）双击桌面上的 AutoCAD 2008 快捷方式图标。

（3）在桌面上右击 AutoCAD 2008 快捷方式图标，在弹出的快捷菜单中选择“打开”菜单项。

1.13.1.4 退出 AutoCAD2008 的方法

(1)命令行:QUIT 或 EXIT。

(2)菜单栏:“文件”→“退出”。

(3)工具按钮:AutoCAD 操作界面右上角的“关闭”按钮。

(4)双击标题栏左侧 AutoCAD2008 程序的图标。

1.13.2 认识 AutoCAD 2008 的工作空间

AutoCAD 2008 提供了三种工作空间,分别是:“二维草图与注释空间”“三维建模空间”和“AutoCAD 经典空间”,三个工作空间都包含菜单栏、快速访问工具栏、标题栏、绘图窗口、文本窗口、状态栏和选项板等元素。此外,用户还可以根据需要自定义工作空间。

1.13.2.1 选择工作空间

要在 3 种工作空间模式中进行切换,通常有两种方式:一是选择“工具”→“工作空间”菜单中的子命令;二是单击工作空间工具栏,在下拉菜单中选择相应的命令。如下图 1-93 所示:

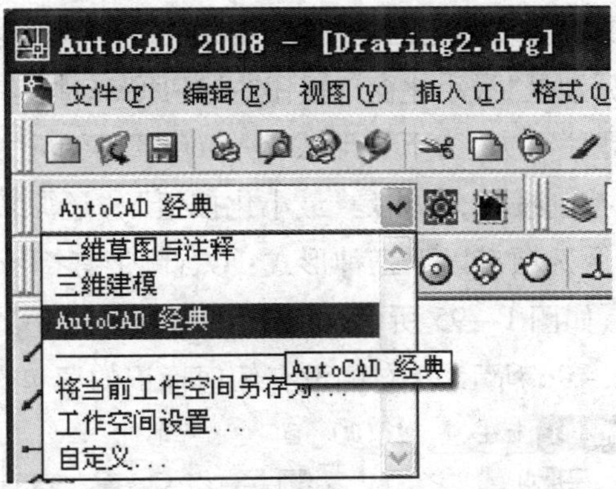

图 1-93 “工作空间”选择

1.13.2.2 工作空间简单介绍

(1)“二维草图与注释空间”在默认状态下打开,没有“工具栏”选项板,多了一个“功能区选项板”,它把绘图、修改、注释等命令,都集中到了界面的功能区,方便了命令的寻找和执行。

(2)“AutoCAD 经典空间”在默认状态下打开,主要有:“菜单栏”,“快速访问工具栏”,“工具栏”,“文本窗口和命令行”,“状态栏”等元素。每个工具栏中,都有与相应命令对应的图标。

(3)“三维建模空间”和二维草图与注释的工作空间相似,只是功能区的内容有所不同。由于此空间侧重的是实体建模,所以功能区提供了三维建模、视觉样式、光源、材质、渲染和导航等面板,这些都为创建、观察三维图形,以及对附着材质、创建动画、设置光源等操作,提供了非常便利的环境。

1.13.3 AutoCAD 2008 的工作界面

AutoCAD2008 的工作界面如图 1-94 所示,它由标题栏、菜单栏、工具栏、绘图区、十字光标、坐标系图标、命令行、状态栏、滚动条和视区标签组成。

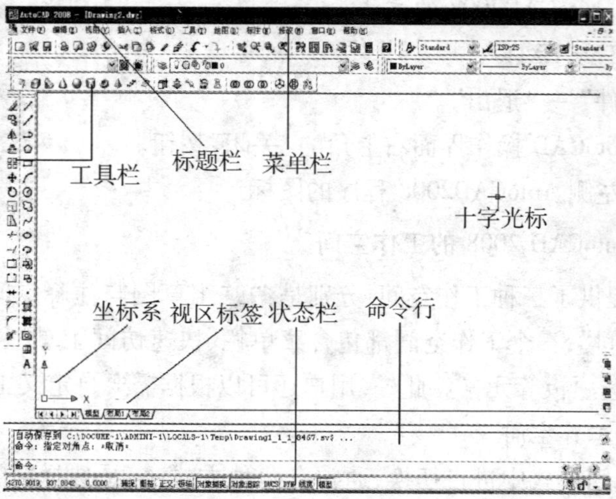

图 1－94　AutoCAD 2008 工作界面

(1)标题栏　标题栏位于应用程序窗口的最上面,在标题栏中,显示了当前正在运行的程序和用户正在使用的图形文件。在标题栏的左侧,是标准 Windows 应用程序的控制按钮,在标题栏的右侧,有三个按钮,分别是“最小化窗口按钮”,“还原窗口按钮”和“关闭程序按钮”。

(2)菜单栏　位于标题栏下方,为下拉形式。AutoCAD 菜单栏共包含 11 个菜单,在菜单栏左侧是当前绘图窗口的控制按钮,右侧是“最小化按钮”,“还原按钮”和“关闭窗口按钮”。AutoCAD 的下拉菜单的命令选项有以下三种形式:①右侧带有符号“►”的菜单选项,表示此菜单项还有下一级子菜单,如图 1－95 所示;②右侧带有符号“…”的菜单选项,单击此菜单项后会弹出对话框,如图 1－96 所示;③右侧没有任何标识的菜单选项。

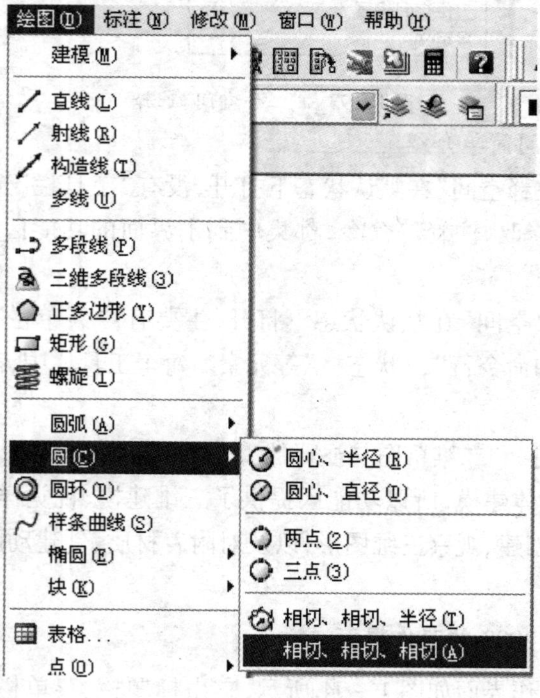

图 1－95　“绘图”下拉菜单及子菜单

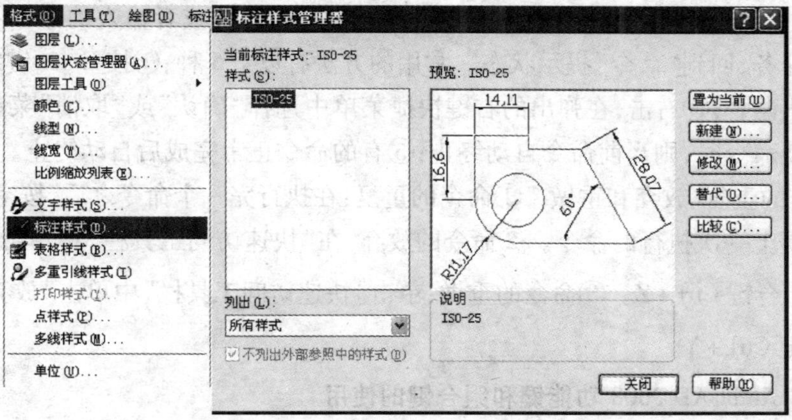

图 1 - 96 "格式"下拉菜单及对话框

(3)工具栏　工具栏是一系列图标按钮构成的,每一个图标按钮都形象化地表示了一条 AutoCAD 命令。单击某一按钮,即可调用相应的命令。AutoCAD 提供了 37 种工具栏,可通过"自定义用户界面"对话框的工具栏标签来进行管理。工具栏可以在绘图区移动、改变形状、打开和关闭,具体操作方法见多媒体演示。

(4)绘图区　AutoCAD 界面中间的一个大空白区域(黑色区域),是绘图区,也叫视图窗口,即视窗。绘图区没有边界,用"ZOOM"命令即视图缩放命令,可以使视窗根据需要放大或缩小,因此,无论图形大小,均可以置于其中,清晰显示。在绘图区域中,有一类似光标的十字线,其交点放映了光标在当前坐标系的位置。在绘图区左下方,有 3 个标签,"模型","布局 1","布局 2",用户可根据不同需要在 3 个标签中进行切换。

(5)命令行与文本窗口　命令行位于绘图窗口的底部,用于接收用户输入的命令,并现实 AutoCAD 提示信息。文本窗口是记录 AutoCAD 命令的窗口,是放大的命令行窗口,它记录了已执行的命令,也可以用来输入新命令。

(6)状态栏　状态栏位于屏幕的底部,用来显示 AutoCAD 当前的状态。左端显示绘图区中光标定位点的坐标,在右侧依次有"捕捉","栅格","正交"等 10 个功能开关按钮。

1.13.4　AutoCAD 2008 命令的基本输入方式

AutoCAD 是用户和计算机交互绘图,所以在绘图时必须输入必要的指令和参数。

(1)输入一般命令　在绘图编辑状态,要进行任何一项操作,都必须输入或选择 AutoCAD 的命令。AutoCAD 命令的输入方式有:菜单命令、图标命令、命令行命令和右键快捷菜单命令。

(2)输入透明命令　有些命令可在执行绘图或编辑命令的过程中进行操作,且执行时并不影响原来正常的绘图或编辑命令的功能,执行完这些命令后可继续进行原来的操作,因此将这些命令形象地称为透明命令。最常用的透明命令是图形显示命令,如"缩放""平移"等。如果从命令行输入透明命令,之前要加单引号"'",系统在出现的透明命令的提示前有一个双折号"> >"。完成透明命令后,系统将继续执行原命令。

(3)命令输入中选项的输入　在命令行有多个选项时,可用键盘输入选项后括号内的内容来选择。默认选项不在需要选择。

(4)终止命令的执行　终止命令表示某一项操作的结束,或者输入的命令不正确,退出正在执行的任务,回到“命令”提示状态。常用的方法有以下5种:①按Enter键终止命令;②按Esc键终止命令;③右击,在弹出的右键快捷菜单中选择“确认”或“取消”菜单项;④在执行过程中切换命令时,则当前命令自动终止;⑤有的命令正常完成后自动终止。

(5)命令的重复、放弃和重做　①命令的重复:在执行完一个命令之后,按空格键或回车键就可以重复上一次执行的命令。②命令的放弃:在“快速访问工具栏”中单击“放弃”按钮  或快捷组合键Ctrl + Z。③命令的重做:单击“快速访问工具栏”中单击“放弃”按钮  或快捷组合键Ctrl + Y。

1.13.5　AutoCAD 2008 功能键和组合键的使用

1.13.5.1　常用功能键

(1)F1键　打开AutoCAD的在线帮助。
(2)F2键　在绘图窗口与文本窗口之间切换。
(3)F3键　打开/关闭“对象捕捉”功能。
(4)F4键　打开/关闭“数字化仪”模式。
(5)F5键　循环切换等轴测平面。用于在绘制轴测图时切换轴测平面。
(6)F6键　打开/关闭坐标显示,在直角坐标和极坐标之间切换。
(7)F7键　打开/关闭“栅格”。
(8)F8键　打开/关闭“正交”模式。
(9)F9键　打开/关闭“捕捉”模式。
(10)F10键　打开/关闭“极轴追踪”。
(11)F11键　打开/关闭“对象捕捉追踪”。
(12)ESC键　用于取消当前执行的命令。
(13)ENTER键　用于重复上一个命令。

1.13.5.2　常用组合键

【CTRL】+1(修改特性)	【CTRL】+2(设计中心)
【CTRL】+O(打开文件)	【CTRL】+N(新建文件)
【CTRL】+P(打印文件)	【CTRL】+S(保存文件)
【CTRL】+Z(放弃)	【CTRL】+X(剪切)
【CTRL】+C(复制)	【CTRL】+V(粘贴)
【CTRL】+B(栅格捕捉)	【CTRL】+F(对象捕捉)
【CTRL】+G(栅格)	【CTRL】+L(正交)
【CTRL】+W(对象追踪)	【CTRL】+U(极轴)

1.13.6　AutoCAD2008 坐标的输入方法

1.13.6.1　坐标系

由于AutoCAD提供了一个很大的作图空间,为了准确定位,必须以某个坐标系作为参照,绘制出精确的工程图。AutoCAD采用两种坐标系:世界坐标系(WCS)和用户坐标系(UCS)。

(1)世界坐标系又称通用坐标系,是固定的坐标系统　当用户开机进入AutoCAD或开始绘制新图时,系统提供的是 WCS。绘图平面的左下角为坐标系原点“0,0,0”,水平向右为 X 轴的正向,垂直向上为 Y 轴的正向,由屏幕向外指向用户为 Z 轴正向。

(2)用户坐标系为 AutoCAD 软件中的可移动坐标系　UCS 坐标系可以是在 WCS 坐标系中任意定义,它的原点可以在 WCS 内的任意位置上,也可以任意旋转、倾斜,它一般多用于三维应用上。

在绘图过程中,AutoCAD 通过坐标系图标显示当前坐标系统,在二维图形中显示的世界坐标系图标与用户坐标系图标,如图 1－97 所示。

图 1－97　坐标系

(a)世界坐标系图标;(b)用户坐标系科标

1.13.6.2　坐标输入方法

在 AutoCAD2008 中,可以用移动鼠标选点,也可以用输入点的坐标值选点。而在实际运用过程中,输入点的坐标值方式是绘图中应用最广、绘图效率最高的一种方式。指定坐标值方式包括:绝对直角坐标、绝对极坐标、相对直角坐标、相对极坐标等几种输入方法。下面分别介绍:

(1)绝对直角坐标法　用 X,Y,Z 坐标值确定当前点相对坐标原点的位置,输入时以逗号分隔 X 值、Y 值和 Z 值,即“X,Y, Z”。其中 X 值是当前点沿水平轴线方向到原点的正或负的距离,Y 值是当前点沿垂直轴线方向到原点的正或负的距离,创建二维图形对象时,Z 坐标值始终为 0,可以不用输入。

(2)相对直角坐标法　用 X,Y,Z 坐标值确定当前点相对前一点 X,Y,Z 的变化量,输入时需要在坐标值的前面加上@ 符号,即“@ X,Y”。相对于前一点 X 向右为正,Y 向上为正,反之为负。

(3)绝对极坐标法　用距离和角度确定当前点相对于坐标原点的位置,输入时以角括号分隔距离和角度,即“长度 < 角度”。其中长度表示该点到坐标原点的距离,角度为该点至原点的连线与 X 轴正向的夹角。需要注意的是,极坐标只能用来表示二维点的坐标。

默认角度的设置:约定 X 轴正向为 0°方向,角度按逆时针方向增大,按顺时针方向减小。

(4)相对极坐标法　用距离和角度确定当前点相对于前一点的位置,输入时也需要在前面加上@ 符号,即“@ 长度 < 角度”。

提示:在输入点的坐标时,不要局限于某一种方法,要分析图形,合理穿插使用各种方法,以提高绘图的速度。

1.13.7　图形文件的管理

图形文件管理包括创建新的图形文件、打开已有的图形文件、关闭图形文件以及保存图形文件等操作。

(1)新建图形文件　选择“文件”→“新建”命令(NEW),或在“快速访问工具栏”单击“新建”按钮,可以创建新图形文件,弹出“选择样板”对话框,如下图1-98所示。

图1-98　“选择样板”对话框

(2)打开图形文件　选择“文件”→“打开”命令(OPEN),或在“快速访问工具栏”单击“打开”按钮,可以打开已有的图形文件,弹出“选择文件”对话框。执行上述命令后,系统打开“选择文件”对话框,在“文件类型”下拉列表中可以选择“.dwg文件”“.dwt文件”“.dws文件”和“.dxf文件”。如图1-99所示。

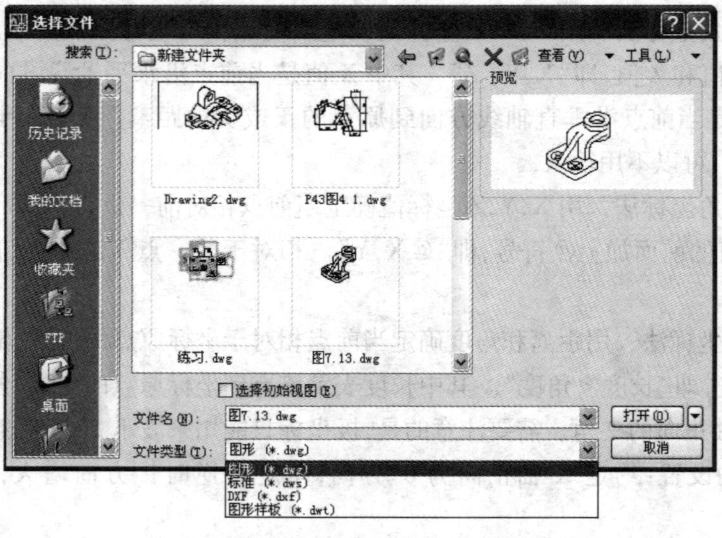

图1-99　“选择文件”对话框

(3)保存图形文件　①保存:命令行:QSAVE或在“快速访问工具栏”单击“保存”按钮,则以当前使用的文件名保存图形。②另存为:选择“文件”→“另存为”,弹出“图形另存为”对话框,输入新的文件名后,单击“保存”按钮。在第一次保存创建图形时,系统也将弹出“图形另存为”对话框。默认情况下,文件以“AutoCAD 2007图形(*.dwg)”格式保存,也可以在“文件类型”下拉列表框中选择其他格式。如下图1-100所示。③自动保存:为了防止因意外操作或计算机系统故障导致正在绘制的图形文件的丢失,可以对当前的图形文件设

置自动保存。自动保存文件可用以下方法:

菜单:“工具”→“选项”→“打开和保存”,可设置自动保存文件位置及自动保存的时间间隔。

利用系统变量 SAVEFILEPATH 设置所有“自动保存”文件的位置。

利用系统变量 SAVEFILE 存储“自动保存”文件名。该系统变量存储的文件名文件是只读文件,用户可以从中查询自动保存的文件名。

利用系统变量 SAVETIME 指定在使用“自动保存”时多长时间保存一次图形。

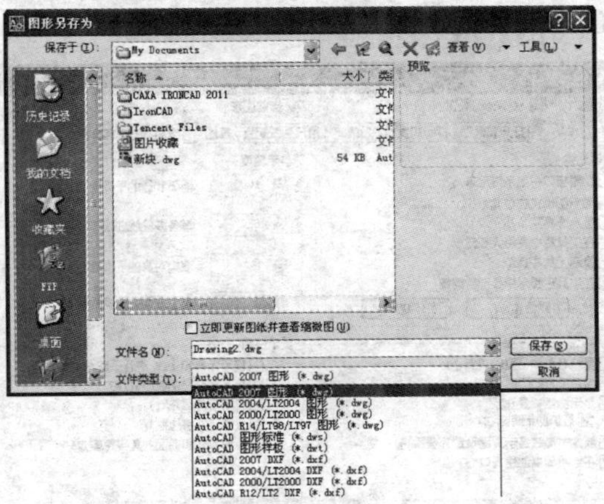

图 1-100 “图形另存为”对话框

(4)加密图形文件 在 AutoCAD 中,保存文件时可以使用密码保护功能,对文件进行加密保存。其操作方法有两种:①操作菜单“工具” →“选项”,选择“打开和保存”选项卡,单击“安全选项”按钮,在密码框里输入密码后双击“确定”按钮退出。保存的所有 CAD 文件都被加密,打开的时候必须输入正确的密码。②如果只是将某个 CAD 文件加密,在初次保存的时候在“图形另存为”对话框里,单击右上方的“工具”按钮,在弹出的菜单里选择“安全选项”命令,在对话框里输入密码,在下次打开此文件时必须输入密码才能打开。如下图 1-101所示。

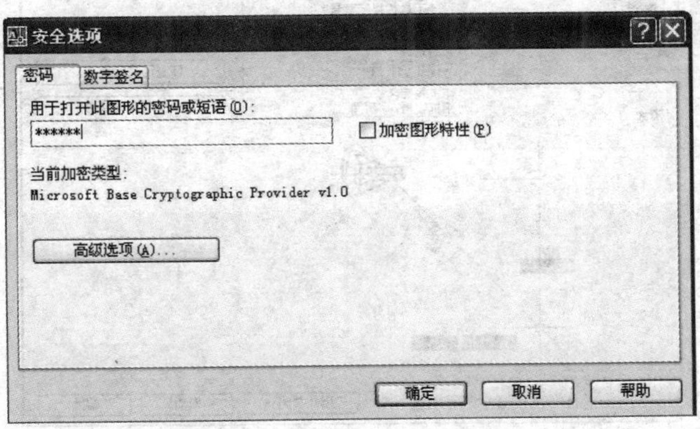

图 1-101 “安全选项”对话框

1.14 绘图环境的初步设置

1.14.1 系统选项设置:

1.14.1.1 修改绘图区的背景颜色

打开 AutoCAD 后,绘图区背景颜色为黑色,所画的线条都为白色,这可能不太符合我们

平时尺规绘图的习惯,因此可以通过 OPITIONS 命令来改变绘图区域背景的颜色,其操作步骤如下:

(1)打开选项对话框

1)下拉菜单选择“工具” →“选项”命令。

2)在命令行输入“OPITIONS”命令。

3)在绘图区空白区域右键单击,选择快捷菜单中的“选项”命令。输入命令后,弹出“选项”对话框,如下图 1－102 所示:

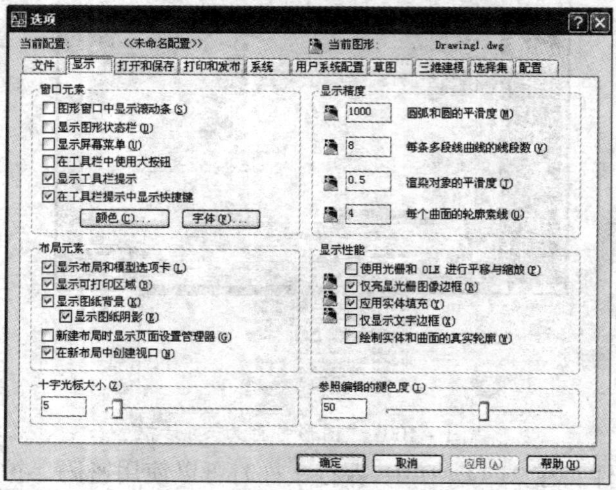

图 1－102 “选项”对话框

(2)在“选项”对话框中选择“显示”选项卡,然后单击对话框“窗口元素”区中的“颜色”按钮,弹出“图形窗口颜色”对话框,如下图 1－103 所示:

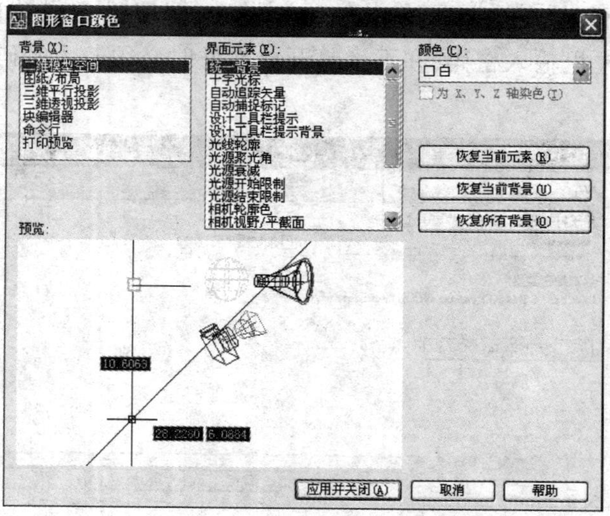

图 1－103 “图形窗口颜色”对话框

(3)依次选择“二维模型空间”和“统一背景”选项,在“颜色”下拉列表中选择“白色”,然后单击“应用并关闭”按钮,返回“选项”对话框。

(4)单击“选项”对话框中的“确定”按钮,完成修改。

1.14.1.2　按实际情况设置显示线宽

AutoCAD 默认的系统配置是不显示线宽的，而在机械图样中，不同的线型其线宽是不一样的，所以要想提高图形的表达能力和可识别性，必须对线宽进行设置。其操作步骤如下：

(1)选择“选项”对话框中的“用户系统配置”选项卡，显示用户系统配置的选项内容，或从“格式”下拉列表中选择“线宽”选项，如下图 1－104 所示：

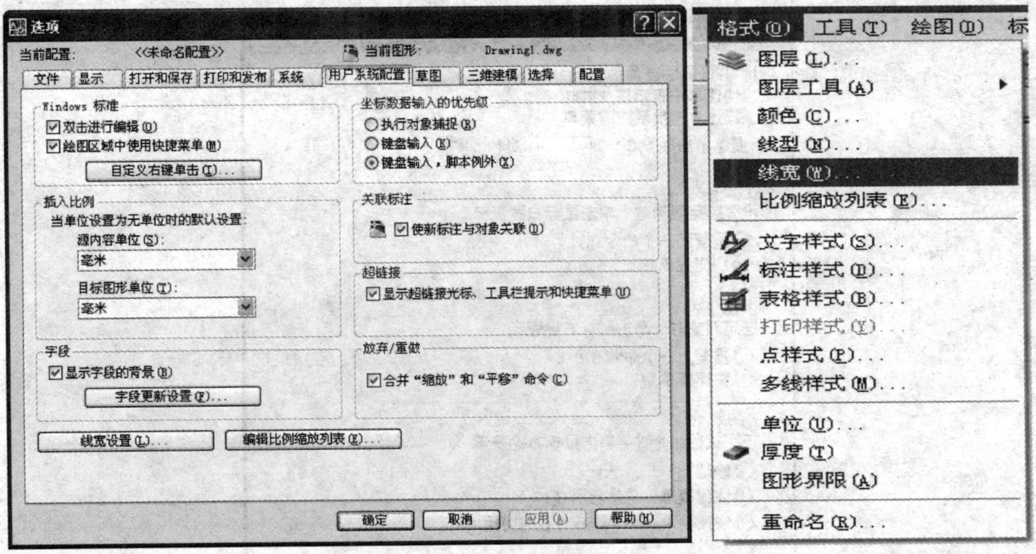

图 1－104　“用户系统配置”选项卡及“格式”下拉菜单

(2)单击对话框下方“线宽设置”按钮，弹出“线宽设置”对话框，如下图 1－105 所示：

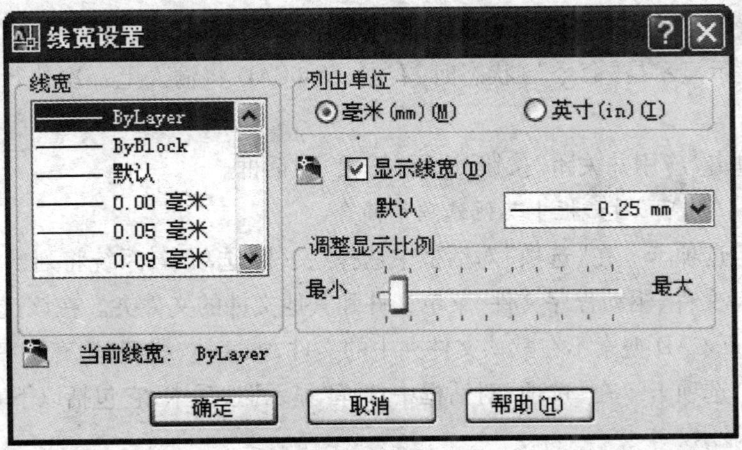

图 1－105　“线宽设置”对话框

(3)在“线宽设置”对话框中，启用“显示线宽”复选框；在“线宽”列表中选择 Bylayer 随层；拖动“调整显示比例”滑块至距左边一格处。

(4)单击“应用并关闭”按钮，返回“选项”对话框。

1.14.1.3 设置右键功能

AutoCAD 把常用功能集中到右键菜单中,有效地提高了工作效率,使绘图和编辑工作完成得更快。用户可以根据自己的喜好,利用“自定义右键功能”来完成以上设置,其方法如下:

(1)选择“选项”对话框中的“用户系统配置”选项卡,然后单击“Windouws 标准操作区”中的自定义右键单击按钮,弹出“自定义右键单击”对话框,如下图 1－106 所示:

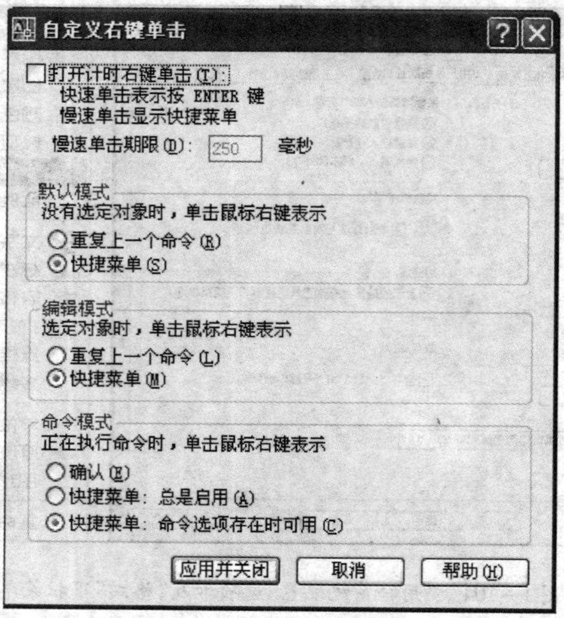

图 1－106 “自定义右键单击”对话框

(2)在“自定义右键单击”对话框的 3 种模式(默认模式、编辑模式、命令模式)中各选择一项。建议修改“默认模式”中的选项为“重复上一个命令”。这将导致在未选择实体的待命(待命即提示显示是“命令”)状态时,右击,AutoCAD 将输入上一次执行的命令而不显示右键菜单。

(3)然后单击“应用并关闭”按钮,返回“选项”对话框。

1.14.1.4 “选项”对话框中其他选项卡简介

(1)“文件”选项卡　在“选项”对话框中选择“文件”选项卡,系统将列出 AutoCAD 程序在其中搜索支持文件、驱动程序文件、菜单文件和其他文件的文件夹。在该选项卡中可以指定文件夹,供 AutoCAD 搜索不在默认文件夹中的文件,如字体、线型、填充图案和菜单等。

(2)“显示”选项卡　在“选项”对话框中选择“显示”选项卡,它包括以下 6 个区,用于配置 AutoCAD 的显示。

1)窗口元素区:该区用于控制绘图环境特有的显示设置,如:配色方案、显示图形状态栏、显示屏幕菜单、主应用程序窗口中元素的颜色及命令窗口文字的字体等。

2)显示精度区:该区用于控制对象的显示质量。如果设置值较高则提高显示质量,但性能将受到显著影响。如希望所画圆或圆弧显示得比较光滑,可增大“圆弧和圆的平滑度”选项的值。

3)布局元素区:该区用于控制现有布局和新布局的选项。布局是一个图纸空间环境,用户可在其中设置图形进行打印。

4)显示性能区:该区主要用于控制影响性能的显示设置。

5)十字光标大小区:该区用于控制十字光标的尺寸。有效值的范围是全屏幕的1% ~100%。用鼠标按住左键拖动滑块,或直接在文字编辑框中修改数值,可改变绘图区中十字光标的大小。一般按默认设置取5%。

6)参照编辑的淡入度区:指定在位编辑参照的过程中对象的褪色度值。有效值得范围是0% ~90%,默认设置是50%。

(3)"打开和保存"选项卡　图1-107是显示"打开和保存"选项卡内容的"选项"对话框,该选项卡用于设置AutoCAD打开和保存文件的格式、安全措施、外部参照、应用程序等。

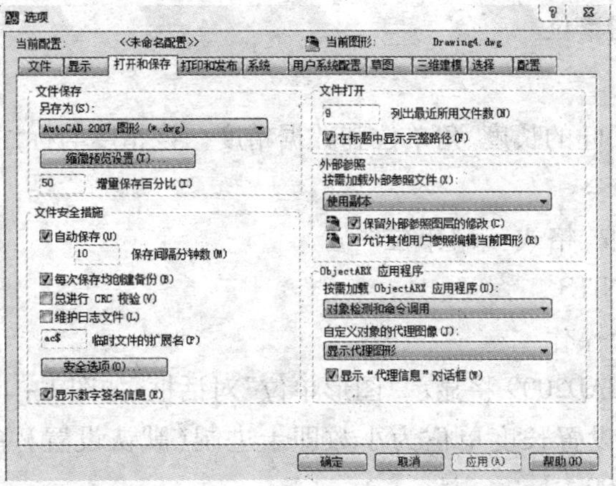

图1-107　显示"打开和保存"选项卡的"选项"对话框

1)文件保存区该区用来控制保存文件的相关位置。

另存为(S):显示在使用SAVE,SAVEAS,QSAVE和WBLOCK命令保存文件时使用的有效文件格式。在此选项选定的文件格式是使用以上命令时保存所有图形时所用的默认格式。

增量保存百分比(I):设置图形文件中潜在浪费空间的百分比。如果指定了增量保存而不是完全保存,则可以减少保存图形文件所需的时间。增量保存只更新保存的图形文件中已更改的部分。完全保存将消除浪费的空间;增量保存较快,但会增加图形的大小。如果将"增量保存百分比"设置为0,则每次保存都是完全保存。要优化性能,可将此值设置为50。

2)文件安全措施区:该区用来帮助避免数据丢失以及检测曾经发送的错误操作。

☑自动保存(U):以指定的时间间隔自动保存图形。若设置自动保存后,文件将按照设定的保存间隔分钟数自动执行保存操作,避免由于突然断电或其他的意外而造成的损失。

☑每次保存均创建备份(B):指定在保存图形时是否创建图形的备份副本。创建的备份副本和图形位于相同的位置。备份文件与图形文件相同,只是其扩展名为.bak。如果图形文件的数据遭到破坏,可以通过将备份文件的扩展名修改为.dwg文件来打开备份文件。

安全选项(O)...:提供数字签名和密码选项,保存文件时将调用这些选项。

3)文件打开区:该区用来控制与最近使用过的文件及打开的文件相关的设置。

4)外部参照区:该区控制与编辑和加载外部参照有关的设置。

5)ObjectARX 应用程序区:该区用来控制“AutoCAD 实时扩展”应用程序及代理图形的有关设置。

(4)“用户系统配置”选项卡

“用户系统配置”选项卡内容的“选项”对话框。它主要用于控制优化工作方式的选项,如前面用到的设置线宽显示的方式、让用户按习惯自定义鼠标右键功能,它还可以修改 Windows 标准、对象排序方式、坐标数据输入的优先级、超级链接的配置。

(5)“系统”选项卡

单击“系统”标签,将切换到“系统”选项卡,该选项卡用来设定 AutoCAD 软件的系统参数。

1.14.2 设置绘图单位

1.14.2.1 功能

该命令用来设置回吐的长度、角单位和数据精度。该精度与标注时的精度无关。

1.14.2.2 输入命令

◆ 从下拉菜单选取“格式”→“单位”

◆ 从键盘输入:UNITS

1.14.2.3 命令的操作

输入命令后,AutoCAD2009 将显示“图形单位”对话框,如图 1－108 所示。

1)长度区:在该区设置长度单位为小数即十进制(默认设置)单击后面的下拉三角按钮,将其精度设置为 0.00。

2)角度区:在该区设置角度单位为十进制(默认设置),设置其精度为 0。默认的正角度方向是逆时针方向,所以不要启动复选框。单击按钮,弹出“方向控制”对话框,如图 1－109 所示,选择图中所示的默认状态即可,即东方向为 0 度的起始点。

3)插入时的的缩放单位区:该区用来控制插入到当前图形中的块和图形的测量单位,默认设置为毫米。

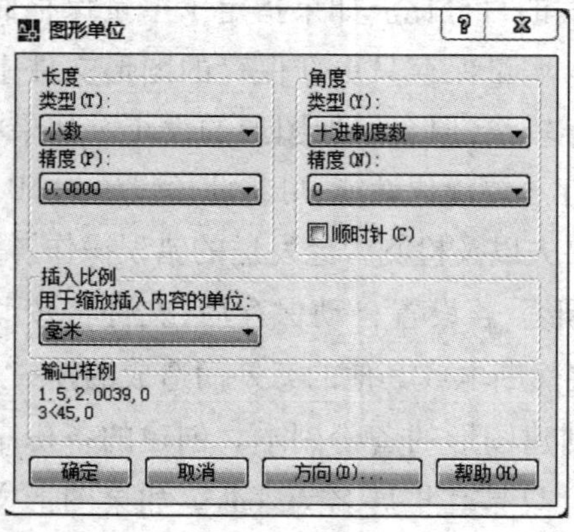

图 1－108 “图形单位”对话框

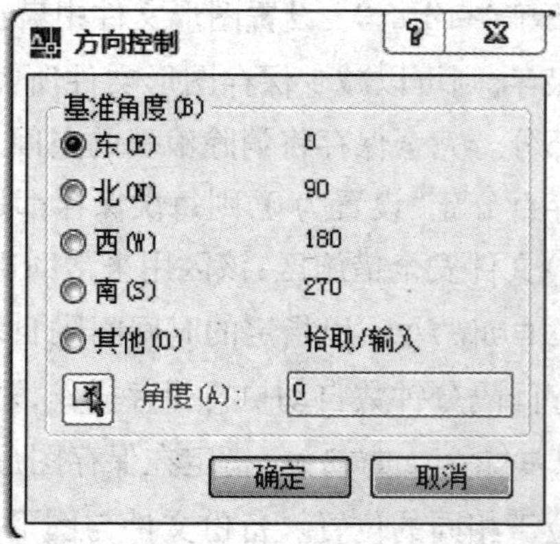

图 1－109 “方向控制”对话框

1.14.3 **设置图幅**

1.14.3.1 功能

该区用来确定绘图范围,即设置并控制栅格显示界限,相当于选定图纸的图幅(图纸的大小)。

1.14.3.2 输入命令

◆ 下拉菜单选取:"格式"→ 图形界限(A)

◆ 从键盘输入:LIMITS

2.3.2 **命令的操作**

以设置 A3 图幅为例

命令:limits(命令输入)

重新设置模型空间界限:

指定左下角或【开(ON)/关(OFF)】<0.0000,0.0000>:(直接按 Enter 键,接受默认值,确定图幅左下角坐标)

指定右上角点<420.0000, 297.0000>:(直接按 Enter 键,或输入图幅右上角图形界限坐标,按 Enter)

这时按 F7 键就可以显示栅格,然后输入字母 Z 按 Enter 键,再输入 A 按 Enter 键。系统将在屏幕上显示整个图幅,图幅范围将以栅格的形式显示。

(1)开(ON) 打开图形界限检查开关时,将无法输入栅格界限外的点,但是界限检查只测试输入点,所以对象(例如圆)的某些部分可能会延伸出栅格界限。

(2)关(OFF) 关闭图形界限检查开关。

1.14.4 **设置栅格功能**

1.14.4.1 功能

栅格显示和捕捉模式是 AutoCAD 提供的精确绘图工具之一。通过捕捉模式就可以拾取绘图中特定的点,栅格显示是可以显示在绘图区内具有指定间距的点,通过捕捉模式就以掌握尺寸大小。栅格不是图形的组成部分,所以不会被打印出来。设定图形界限后按 F7 键显示栅格,栅格布满图形界限之内的范围,即显示了图幅的大小。

用"草图设置"对话框可以方便地修改栅格间距和控制栅格显示。单击状态栏上的"栅格显示"模式开关按钮或按快捷键 F7,就可以打开或关闭栅格显示。

捕捉模式就是指"栅格捕捉",与栅格显示相配合应用。捕捉模式用来限制十字光标的定位点,使其按照用户定义的间距移动,当"捕捉模式"打开时,鼠标指定的点都落在栅格捕捉间距所确定的点上,单击状态栏上的"捕捉"模式开关按钮或按快捷键 F9,可以打开或关闭栅格捕捉。

1.14.4.2 输入命令

◆ 从键盘输入:Ddrmodes

◆ 下拉菜单选取:"工具"→ 草图设置(F)...

◆ 从右键菜单选取:将鼠标指向状态栏的捕捉栅格或栅格显示,右击,在弹出的右键菜单选择"设置"命令输入命令后，AutoCAD 将弹出显示"捕捉栅格"选项卡的"草图设置"对话框，如图 1-110所示。

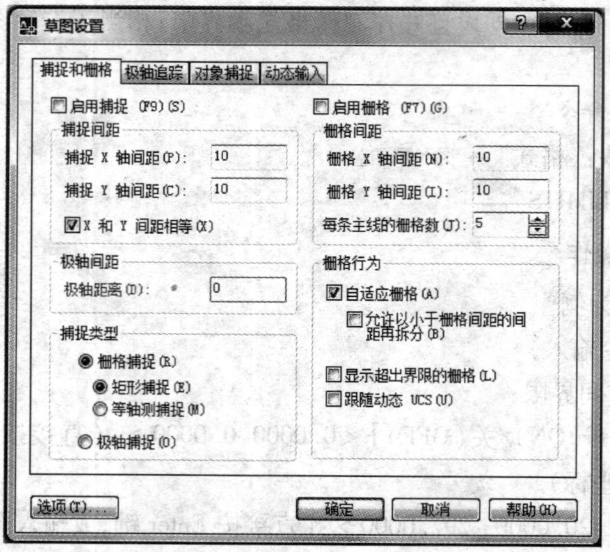

图 1-110 显示"捕捉栅格"选项卡的"草图设置"对话框

1.14.4.3 命令的操作

(1)在栅格间距区域中的文字编辑框中输入栅格间距，若"启用栅格"复选框，出现"√"即为打开栅格显示。

(2)在捕捉间距区域中的文字编辑框中输入栅格捕捉间距若用捕捉"，出现"√"即为打开栅格捕捉模式。捕捉间距可以与栅格间距不同。

(3)如果要画轴测图，可在捕捉类型中选择"等轴测捕捉"或 PolarSnap 选项。选定 PolarSnap 时，同时应在区域中设置捕捉增量距离。如果该值为 0，则极轴捕捉距离采用"捕捉 X 轴间距"的值。

(4)栅格行为区域用于设置栅格线的显示样式。启用☑自适应栅格(A)复选框表示在图幅缩小时，限制栅格密度；放大时，则生成更多间距更小的栅格线。启用显示超出界限的栅格(L)复选框表示显示超出 LIMITS 命令指定区域的栅格。启用跟随动态 UCS(U)复选框表示更改栅格平面以跟随动态 UCS 的 XY 平面。

1.14.5 设置正交功能

1.14.5.1 功能

在用 AutoCAD 绘图的过程中，经常需要绘制水平和垂直线，AutoCAD 提供了正交功能来满足绘图要求。启用正交模式时，光标只能在水平或垂直方向移动，所画的线平行于 X 轴或 Y 轴，即正交线。ORTHO 就是一个是否画正交线的开关。正交命令是一个透明的命令，在绘图和编辑过程中，可以随时打开或关闭"正交模式"。要临时打开或关闭"正交"，按住临时替代键 Shift 可关闭或打开正交模式。

1.14.5.2 输入命令及命令的操作

◆ 单击状态行"正交模式"开关

◆ 按 F8 功能键进行和关的切换

◆ 从键盘输入命令:ORTHO,选 ON 或 OFF 进行开和关的切换

1.14.6 图形的显示控制

在绘制图形时,为了绘图方便,常常需要对图形进行放大、缩小或平移,对图形的控制主要包括实时缩放、窗口缩放和实时平移操作。

1.14.6.1 实时缩放

(1)功能　实时缩放是指利用鼠标上下的移动来放大或缩小图形。

(2)输入命令及命令的操作　从工具栏中单击“实时缩放”按钮。

命令:-zoom

指定窗口的角点,输入比例因子(nX 或 nXP),或者【全部(A)/中心(C)/动态(D)/范围(E)/上一个(P)/(S)/窗口(W)/对象(O)】〈实时〉:(直接按 Enter 键)

执行命令后,鼠标显示为放大镜图标  ,如图 1－111 所示。

然后,按住鼠标左键向上移动图形放大显示,向下移动则缩小显示。

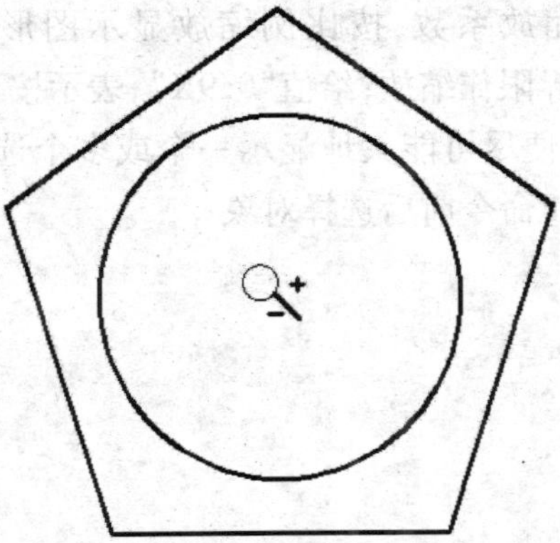

图 1－111　实时放大示例

1.14.6.2 窗口缩放

(1)功能　窗口缩放是指放大指定矩形窗口中的图像,使图形充满绘图区域。

(2)输入命令及命令的操作

◆ 从下拉菜单选取:“视图”→“缩放”→

◆ 从工具栏中单机“窗口缩放”按钮

◆ 从命令行输入:ZOOM 或 Z

指定窗口的角点,输入比例因子(nX 或 nXP),或者【全部(A)/中心(C)/动态(D)/范围(E)/上一个(P)/(S)/窗口(W)/对象(O) <实时>:W(选择“窗口(W)”选项)

输入命令后,用鼠标指定两个角点定义矩形窗口,AutoCAD 将把指定窗口内的图形部分充满绘图区显示,又称窗选。

1.14.6.3 实时平移图形

(1)功能　实时平移可以在任何方向上移动图形,便于观察图形。

(2)输入命令及命令的操作

◆ 从下拉菜单选取:“视图’→“平移”→

◆ 从工具栏中单机“实时平移”按按钮

◆ 不选定任何对象时在绘图区域右击，然后选择“平移”选项

输入命令后AutoCAD进行实时平移，屏幕上光标变成一只小手的形状，按住鼠标左键向任何方向移动光标，图纸就可按光标移动的方向移动。当确定位置后按Esc键结束命令；也可右击，在弹出的右键菜单中选择“退出”命令退出。

ZOOM命令其他各选项含义如下：

“全部(A)选项：当图幅外无实体时，将充满绘图界限内的整张图；当绘图区外有实体时，则包含图幅外的实体全部显示。即在平面视图中，所有图形将被缩放当栅格界限和当前图形范围两者中较大是区域中。

“中心(C)”选项：按规定的显示中心点及屏高显示图形。

“动态(D)”选项：可动态地确定缩放图形的大小和位置。选定此选项，首先显示平移视图框，将其拖动到所需位置并单击，继而显示缩放视图框。调整期大小然后按Enter键进行缩放，或单击以返回平移视图.

“上一个(P)”选项：返回显示的前一屏。最多可恢复此前的10个视图。

“比例(S)”选项：给定缩放系数，按比例缩放显示图形，称比例显示缩放。如给值“0.9”，表示按0.9倍对图形界限作缩放；给值“0.9X”，表示按0.9倍对当前屏幕作缩放。

“对象(O)”选项：缩放以便尽可能大地显示一个或多个选定的对象并使其位于绘图区域的中心。可以在启动ZOOM命令前后选择对象。

1.15 基本绘图命令

1.15.1 直线

(1)功能：绘制直线。

(2)输入命令方式

◆ 命令行：LINE 或 L

◆ 菜单：“绘图”→“直线”

◆ 工具栏：“直线”按钮

(3)命令行及提示

命令：line

指定第一点：(输入直线的起点，用鼠标指定点或者指定点的坐标)

指定下一点或[放弃(U)]：(输入直线的端点)

指定下一点或[放弃(U)]：(输入下一直线的端点。输入选项U表示放弃前面的输入；单击鼠标右键选择“确认”命令，或按回车键Enter，结束命令)

指定下一点或[闭合(C)/放弃(U)]：(输入下一直线的端点，或输入选项C使图形闭合，结束命令)

选项说明：

(1)当绘制两条以上直线后，命令行会提示“指定下一点或[闭合(C)/放弃(U)]”，此时，用“C”会自动连接起点和最后一个端点，从而绘制出封闭的图形。

(2)用LINE命令绘制的每一条直线都是一个独立的图形实体，可独立进行各种编辑

操作。

(3)若在“指定下一点或[放弃(U)]”或“指定下一点或[闭合(C)/放弃(U)]”提示下输入“U”或选择右键菜单中的“放弃”选项,将擦去最后画出的一条线,并继续提示“指定下一点或[放弃(U)]”或“指定下一点或[闭合(C)/放弃(U)]”。

1.15.2 **圆**

(1)功能:绘制圆

(2)输入命令方式

◆ 命令行:CIRCLE ↙或 C ↙

◆ 菜单:“绘图”→“圆”

◆ 工具栏:“圆”按钮

AutoCAD 提供了六种画圆的方法,通过单击工具栏“圆”按钮可以选择以下几种绘制圆的命令(圆心、半径;圆心、直径;三点(3P);两点(2P);相切、相切、半径(T)共五种命令),其余一种绘制圆的命令(相切、相切、相切)需通过菜单栏“绘图”→“圆”命令中选择。

(3)命令行及提示

1)用“圆心、半径”方式画圆

命令:circle ↙

指定圆的圆心或[三点(3P)/两点(2P)/相切、相切、半径(T)]:(用鼠标指定或者指定点的坐标)

指定圆的半径或[直径(D)]:输入圆的半径值↙

2)用“圆心、直径”方式画圆

命令:circle ↙

指定圆的圆心或[三点(3P)/两点(2P)/相切、相切、半径(T)]:(用鼠标指定或者指定点的坐标)

指定圆的半径或[直径(D)]:输入 D ↙

指定圆的直径:输入圆的直径值↙

3)用“三点”方式画圆

命令:circle ↙

指定圆的圆心或[三点(3P)/两点(2P)/相切、相切、半径(T)]:3P ↙

指定圆上的第一个点:捕捉点 A 或给定坐标

指定圆上的第二个点:捕捉点 B 或给定坐标

指定圆上的第三个点:捕捉点 C 或给定坐标

4)用“两点”方式画圆

命令:circle ↙

指定圆的圆心或[三点(3P)/两点(2P)/相切、相切、半径(T)]:2P ↙

指定圆直径的第一个端点:捕捉点 A 或给定坐标

指定圆直径的第二个端点:捕捉点 B 或给定坐标

5)用“相切、相切、半径”方式画圆

命令:circle↙

指定圆的圆心或[三点(3P)/两点(2P)/相切、相切、半径(T)]:T↙

指定对象与圆的第一个切点:捕捉切点 A

指定对象与圆的第二个切点:捕捉切点 B

指定圆的半径:输入圆的半径值↙

6)用“相切、相切、相切”方式画圆

菜单命令:“绘图”→“圆”→“相切、相切、相切”

_circle 指定圆的圆心或[三点(3P)/两点(2P)/相切、相切、半径(T)]:_3p 指定圆上的一个点:_tan 到:捕捉实体 A 上的一点

指定圆上的二个点:_tan 到:捕捉实体 B 上的一点

指定圆上的三个点:_tan 到:捕捉实体 C 上的一点

1.15.3 图案填充

(1)功能:用于绘制剖面线以表达一个剖切的区域

(2)输入命令方式

◆ 命令行:BHATCH↙或 HATCH↙或 BH↙或 H↙

◆ 菜单:“绘图”→“图案填充”

◆ 工具栏:“图案填充”按钮

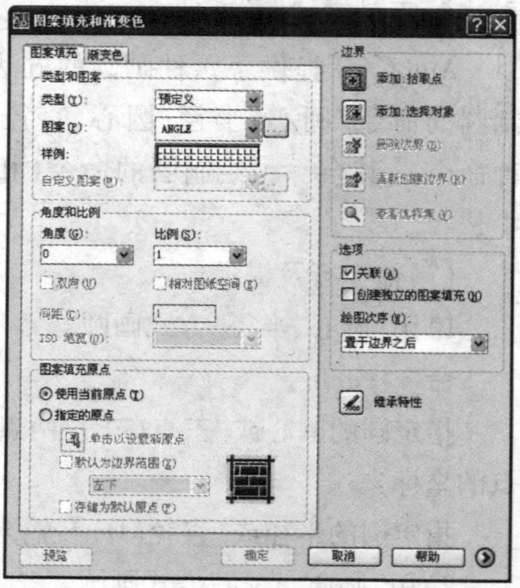

图 1-112 “图案填充和渐变色”对话框

启动“图案填充”命令,AutoCAD 弹出“图案填充和渐变色”对话框,如图 1-112 所示。在该对话框中,可以确定填充图案的类型、图案以及填充方式和边界。

(3)选项卡含义

“图案填充”选项卡:该选项卡用于指定图案填充的类型和图案。

1)类型:用于设置图案的类型。AutoCAD 允许采用 3 种类型的图案,单击下拉按钮,打开下拉列表,供用户选取。

预定义:用 AutoCAD 标准图案文件。

用户定义:用户临时定义简单的图案文件。图案基于图形中的当前线型。

自定义:表示使用用户定制的图案文件中的图案,单击下拉按钮可弹出下拉列表框,选择采用的图案类型。可以控制任何图案的角度和比例。

2)图案:只有将“类型”设置为“预定义”时,该“图案”选项才可用,此处列出可用的“预定义”图案。最近使用的 6 个用户预定义图案出现在列表顶部。HATCH 将选定的图案存储在 HPNAME 系统变量中。单击右边的按钮 ... ,可弹出“填充图案选项板”对话框,如图 1-113所示,在该对话框中单击一种图案,然后单击“确定”按钮即可选定该填充图案。单击右边的下拉按钮,弹出图案填充的名称下拉列表,如图 1-114 所示,单击图案的名称即可选

定一种填充图案。

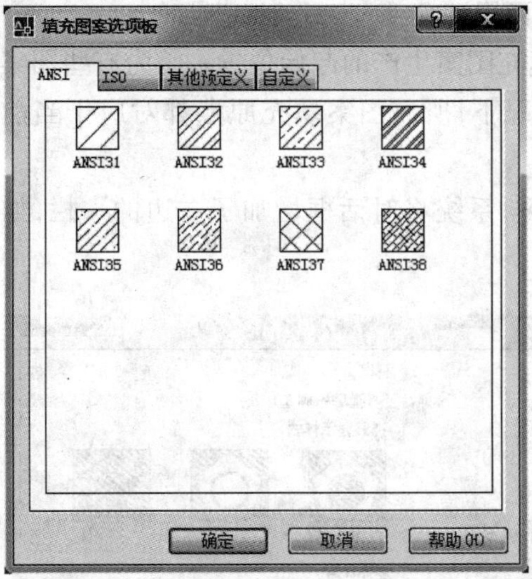

图 1－113　“填充图案选项板”对话框

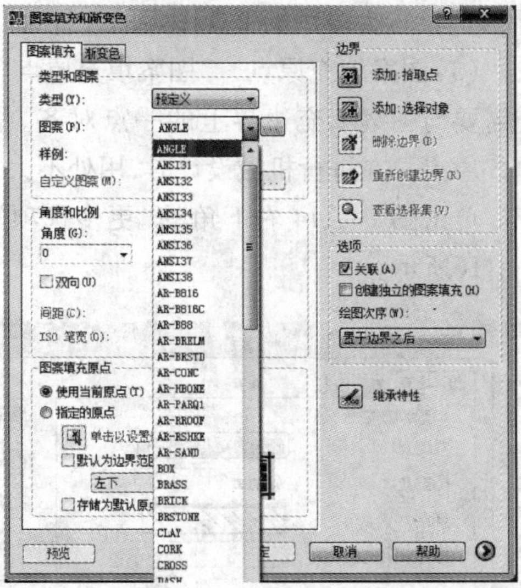

图 1－114　从下拉列表中选择填充图案

3)样例:显示选定图案的预览图像。单击“样例”后面的图案显示区将显示“填充图案选项板”对话框。

4)自定义图案:列出可用的自定义图案。6 个最近使用的自定义图案将出现在列表顶部。只有在“类型”中选择了“自定义”,此选项才可用。

(2)角度和比例　该选项区用于指定选定填充图案的角度和比例。

1)角度:指定填充图案相对当前 UCS 坐标系的 X 轴的角度。用户可以填入角度的数值,也可从下拉列表中选择相应的数值。效果如图 1－115 所示。

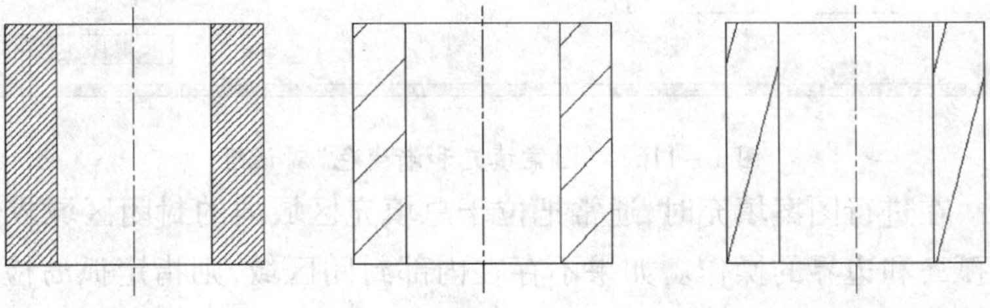

(a)　(b)　(c)

图 1－115　具有不同比例和角度的剖面线

2)比例:放大和缩小预定义或自定义图案。只有将“类型”设置为“预定义”或“自定义”,此选项才可用。效果如图 1－114 所示。

【特别提示】:在输入的角度为“0”时,填充图案的线条与水平线之间的夹角为“45°”。

3)双向:只有在“填充图案”选项卡上将“类型”设置为“用户定义”时,此选项才可用。对于用户定义的图案,将绘制第二组直线,这些直线与原来的直线成 90°角,从而构成交叉线。

4)相对图纸空间:是指相对于图纸空间单位缩放填充图案。该选项仅适用于布局。

5)间距:指定用户定义图案中的直线间距。只有将“类型”设置为“用户定义”,此选项才可用。

6)ISO 笔宽:基于选定笔宽缩放 ISO 预定义图案。只有将“类型”设置为“预定义”,并将“图案”设置为可用的 ISO 图案的一种,此选项才可用。

(3)图案填充原点　“图案填充原点”控制填充图案生产的起始位置。因为有些图案填充需要与图案填充边界上的一点对齐。默认情况下,所有图案填充原点都对应于当前的 UCS 原点。在进行机械设计时,用处不大。

单击图 1－114 右下角的“更多选项”按钮⊙,系统将对话框增加了右边的一栏,如图 1－116所示。

图 1－116　“图案填充和渐变色”对话框

(4)孤岛　在进行图案填充时,通常把位于总填充区域内的封闭区域成为“孤岛”。该区域用于控制孤岛和边界的操作。如果不存在内部封闭区域,则指定孤岛检测样式没有意义,如图 1－117 所示。孤岛检测控制是否检测内部闭合边界(即孤岛)。

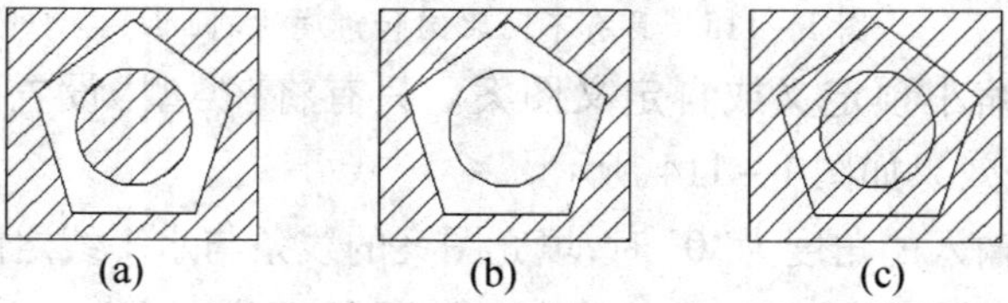

图 1－117　孤岛检测的三种样式

1)普通(隔层填充):从外部边界向内填充。如果 HATCH 遇到内部孤岛,将关闭图案填充,直到遇到该孤岛内的另一个孤岛就又重新开始填充。

2)外部(只外层填充):从外部边界向内填充。如果 HATCH 遇到内部孤岛,它将停止图案填充,也就是只对结构的最外层进行图案填充,而结构内部保留空白。

3)忽略(全填充):填充图案时忽略所有内部的对象。

(5)边界保留　指定是否将边界保留为对象,并确定应用于这些对象的对象类型。

保留边界:根据临时图案填充边界创建边界对象,并将它们添加到图形中。

对象类型:控制新边界对象的类型。结果边界对象可以是面域或多段线对象。仅当启用"保留边界"复选框时,此选项才可用。

(6)边界集　定义当从指定点定义边界时要分析的对象集。当使用"选择对象"定义边界时,选定的边界集无效。

(7)允许的间隙　设置将对象用作图案填充边界时可以忽略的最大间隙。默认值为0,此值指定对象必须封闭区域而没有间隙。如果输入一个值,就是设置了一个将对象用作图案填充边界时可以忽略的最大间隙的数值。任何小于等于指定值的间隙都将被忽略,并将边界视为封闭。

(8)继承选项　使用"继承特性"创建图案填充时,这些设置将控制图案填充原点的位置。

1.16　图形的编辑命令

1.16.1　修剪

(1)功能　该命令将指定的实体部分修剪到指定的边界,

(2)输入命令方式

◆ 从工具栏中单击:"修剪"按钮 -/--

◆ 从下拉菜单选取;"修改"→修剪

◆ 从键盘输入;TRIM

(3)命令行及提示

命令:_trim

当前设置:投影 = UCS,边 = 无

选择剪切边

选择对象或 <全部选择>:找到一个(选择剪切边。剪切变就相当于是剪刀,用它来剪切其他的对象,一次可以选择多把剪刀)

选择对象:(继续选择剪切或按 Enter 键结束选择)

选择要修剪的对象,或按住 Shift 键选择要延伸的的对象,或[栏选(F)/窗交(C)/投影(P)/边(E)/删除(R)/放弃(U)]:(选择被剪切的对象,也就是要被剪刀剪掉的对象,或其他对象)

各选项的含义如下。

1)要修剪的对象:指定修剪对象。选择修剪对象提示将会重复,因此可以选择多个修剪对象,按 Enter 键退出命令。

2)按住 Shift 键选择要延伸的对象:延伸选定对象而不是修剪它们。此选项提供了一种在修剪和延伸之间切换的简便方法。

3)栏选(F):选择与选择栏相交的所有对象。选择栏是一系列临时线段,它们是用两个或多个栏选点指定的闭合环。选择栏不构成闭合环。

4)窗交(C):选择有两点定义的矩形区域内部或与之相交的对象。

5)投影(P):指定修剪对象时使用的投影方法。输入“T”,命令行提示:输入投影选项[无(N)/UCS(U)/视图(V)]<当前>:(输入选项或按 Enter 键)

6)边(E):确定对象是在另一对象的延长边处进行修剪,还是仅在三维空间中与该对象相交的对象处进行修剪。选取该选项,输入“E”,继续提示:输入隐含边延伸模式[延伸(E)/不延伸(N)。]<当前>:(输入选项或按 Enter 键)

①延伸。沿自身自然路径延伸剪切边使它与三维空间中的对象相交。

②不延伸。指定对象只在三维空间中与其相交的剪切边处修剪。如图 1-118 所示。

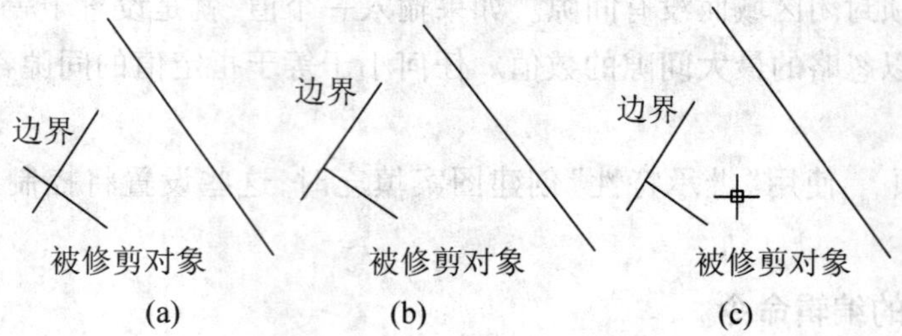

图 1-118 修剪命令的“边”选项

(a)修剪之前;(b)“延伸”修剪;(c)“不延伸”修剪

7)删除(R):删除选定的对象。此选项提供了一种用来删除不需要的对象的简便方法,而无需退出 TRIM 命令。

8)放弃(U):撤销由 TRIM 命令所作的最近一次修改。

1.16.2 打断

(1)功能 应用该命令可以去除实体上的某一部分,也可以将一个实体分成两部分,效果如图 1-119 所示。

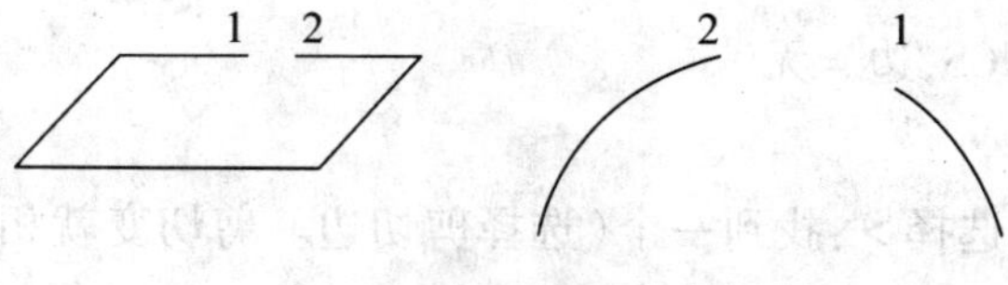

图 1-119 打断的应用

(2)输入命令

◆ 从修改工具栏中单击:“打断”按钮

◆ 从下拉菜单选取:“修改”→“打断”

◆ 从键盘输入:BREAK

(3)命令的操作

1)直接给两断点。

命令:-break 选择对象:(选择对象的同时也给定了打断点“1”)

指定第二个打断点或【第一点(F)】:(指定打断点“2”)

2)先选实体,再给两断点。

命令:BREAK 选择对象:(选择对象)

指定第二个打断点或【第一点(F)】:f(输入该选项后表示将要选择第一点)

指定第一个打断点:(给打断点“1”)

指定第二个打断点:(给打断点“2”)

3)打断于点。

命令:(从工具栏单击“打断于点”按钮

命令:-break 选择对象:(选择对象)

指定第二个打断点或【第一点(F)】-f(信息行自动提示的内容)

指定第一个打断点:(给定实体上的打断点)

指定第二个打断点:@↙(信息行自动提示的内容)

【特别提示】

在该命令提示:“指定第二个打断点”时,若输入“@”,将实现“打断于点”的效果。打断后,实体外观无任何变化,但其实已经是两个实体了。

若打断直线或圆弧,命令行提示“指定第二个打断点”时,若在实体一端的外面取一点,则断开点“1”与此点之间的那段实体将被删除。

在切断圆或矩形时,去掉的部分是从断开点“1”到断开点“2”之间逆时针旋转的部分。

1.16.3 **偏移**

(1)功能 该命令将选中的直线、圆弧、圆及二维多线段等指定的偏移量或通过点生成一个与原实体形状类似的新实体,如图1-120所示。

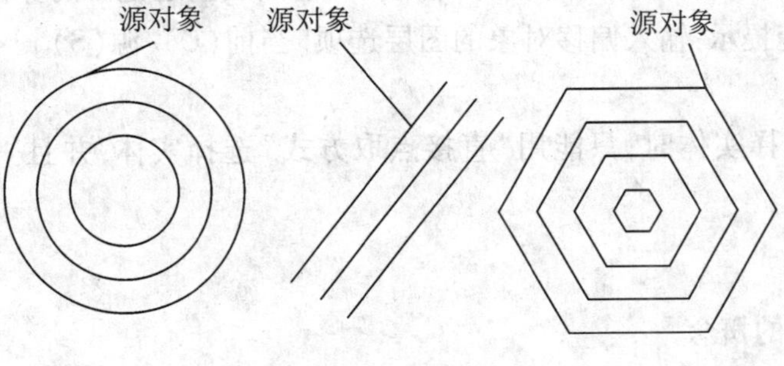

图1-120 “偏移”命令

(2)输入命令

◆ 从修改工具栏中单击:“偏移”按钮

◆ 从修改下拉菜单选取:“修改”→“偏移”

◆ 从键盘输入:OFFSET

(3)命令的操作

1)给偏移距离方式(默认项):

命令:_offset

当前设置:删除源 = 否 图层 = 源 OFFSETGAPTYPE = 0

指定偏移距离或[通过(T)/删除(E)/图层(L)]<1.0000>:10(给定偏移距离的数值)↙

选择要偏移的对象,或[退出(E)/放弃(U)] <退出>:(选择要偏移的实体)

指定要偏移的那一侧上的点,或[退出(E)/多个(M)/放弃(U)] <退出>:(指定偏移的方向)

选择要偏移的对象,或[退出(E)/放弃(U)] <退出>:(再选择要偏移的实体将重复以上的操作,按 Enter 键结束命令)

【特别提示】:在给定偏移距离的时候,也可以画出一直线,直线的长度就是要偏移的距离的数值。

2)指定通过点方式:

命令:_offset

当前设置:删除源 = 否 图层 = 源 OFFSETGAPTYPE = 0

指定偏移距离或[通过(T)/删除(E)/图层(L)] <通过>:t↙(选择"通过"(T)选项)

选择要偏移的对象,或[退出(E)/放弃(U)] <退出>:(选择要偏移的实体)

指定通过点或[退出(E)/多个(M)/放弃(U)] <退出>:(给定新实体的通过点)

选择要偏移的对象,或[退出(E)/放弃(U)] <退出>:(再选择要偏移的实体将重复以上的操作,按 Enter 键结束命令)

3)其他选项说明:

①"删除(E)"选项:控制偏移源对象后是否将其删除,输入"E"选项后,系统提示:要在偏移后删除源对象吗?[是(Y)/否(N)] <当前>:(输入 Y 或 N)

②"图层(L)"选项:确定将偏移对象创建在当前图层上还是源对象所在的图层上。输入"L"选项后,系统提示:输入偏移对象的图层选项[当前(C)/源(S)] <当前>:(输入选项)

③该命令在选择实体时,只能用"直接点取方式"选择实体,并且一次只能选择一个实体。

1.17 图层

1.17.1 图层的概念

图层可以理解成为一张张完全透明的纸,每张纸都包含有不同的对象,把他们全部重叠在一起,就构成了一张完整的图样,如图 1-121 所示。绘制机械图时,需要用粗实线、细实线和中心线等多种不同的线型。在 AutoCAD 中,将不同的线型置于不同的图层上,并赋予不同的颜色和线宽等特性,以达到方便区分和管理,提高绘图效率的目的。

1.17.2 创建与管理图层

LAYER 命令可以根据绘制机械图的需要创建新的图层,并能赋予图层所需的线型、颜色和线宽。该命令还可以用来管理图层的显示、删除图层及设当前图层等。

(1)输入命令:

◆ 从工具栏单击:单击"图层"工具栏上的""按钮

◆ 从下拉菜单选取:"格式"

◆ 从键盘输入:LAYER 或 DDLMODES

输入命令后,AutoCAD 将弹出"图层特性管理器"对话框,如图 1-122 所示。

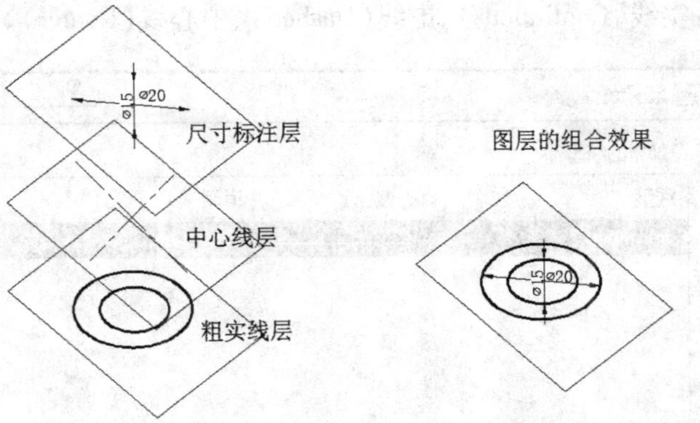

图 1－121　图层

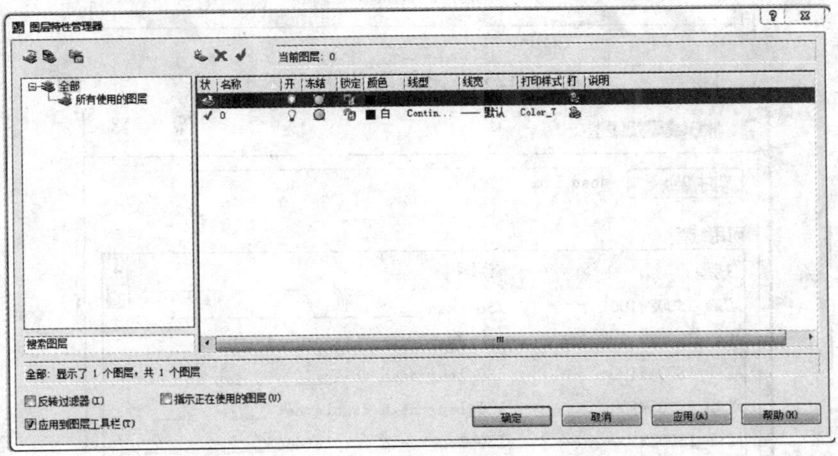

图 1－122　“图层特性管理器”对话框

(2)创建新图层单击对话框中的“新建”(New)按钮，AutoCAD 会创建一个名称为“图层 1”的图层。连续单击“新建”按钮，AutoCAD 会依次创建名称为“图层 2”“图层 3”等图层。

为了便于应用，图层名一般根据功能用汉字来命名，如“粗实线”“细实线”“中心线”“虚线”“尺寸标注”“剖面线”“文字”等。

修改图层名的方法是：首先选中该图层名，然后单击该图层名或按 F2 键就可以出现文字编辑框，在文字编辑框中删除原图层名，输入新图层名即可。

(3)改变图层线型默认情况下，新创建图层的线型均为实线(Continuous)，绘制机械图需要多种线型，所以应根据要求改变线型。AutoCAD 2008 提供了标注线型库，相应库的文件名为“acadiso. lin”，用户可以从中选择线型。

单击需要修改线型的图层行中的线型名称，弹出图 1－123 所示的“线型选择”对话框。

然后单击“选择线型”对话框中的加载按钮，弹出图 1－124 所示的“加载或重载线型”对话框，该对话框列出了线型文件“acadiso. lin”中所有的线型，选择所要装入的线型并单击“确定”按钮，就可以将线型装入到当前图形的“选择线型”选择完毕后单击“确定”按钮返回图1－125所示的“选择线型”对话框。

AutoCAD 2008 标准线型库提供的线型中包含有多个长短、间隔不同的虚线和点画线，只有适当地搭配他们，在同一线型比例下，才能绘制出符合制图标准的图样。绘制机械图可以选用以下的线型：实线（Continuous）、虚线（Dashed）、中心线（Center）。

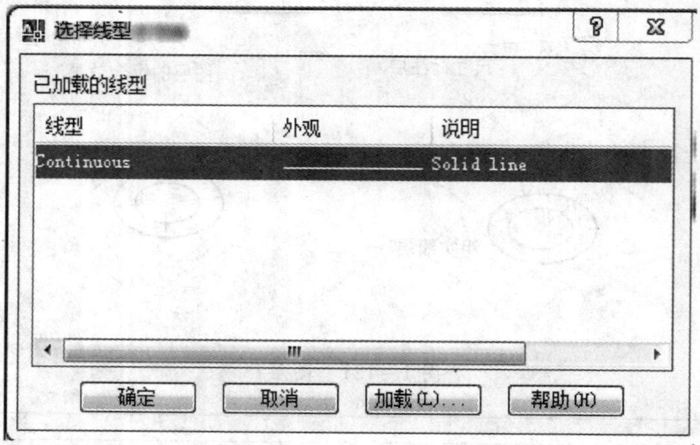

图 1－123　“选择线型”对话框

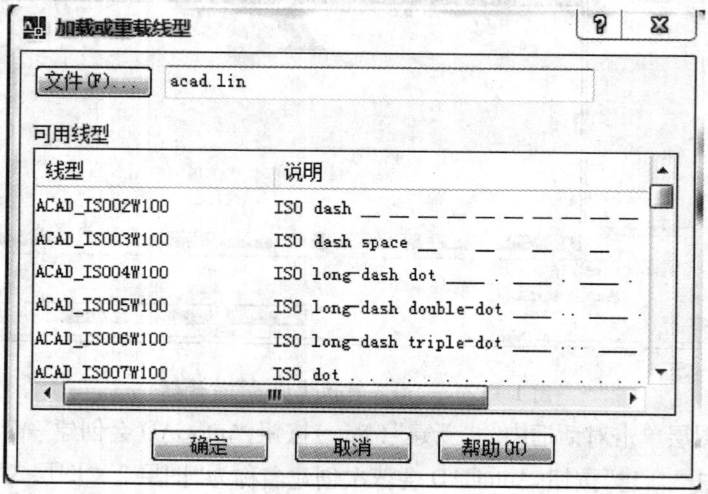

图 1－124　“加载或重载线型”对话框

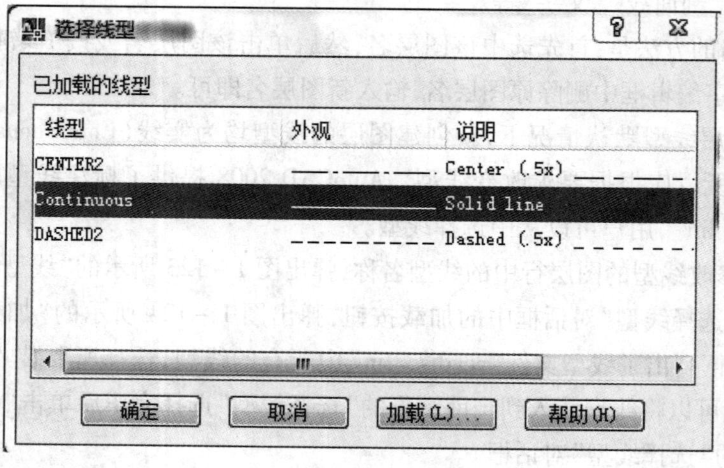

图 1－125　加载后的“选择线型”对话框

在图 1－125 所示的加载后的“选择线型”对话框的列表框中单击所需的线型名称，然后单击“确定”按钮可以接受所做的选择并返回“图层特性管理器”对话框，这样就改变了图层的线型。加载线型可也在“线型管理器”对话框中进行。首先要先弹出“线型管理器”对话框，具体设定方法如下：

◆ 从下拉菜单选取：“格式”

◆ 在命令提示行输入：Linetype

输入命令后，AutoCAD 弹出“线型管理器”对话框，如图 1－126 所示。

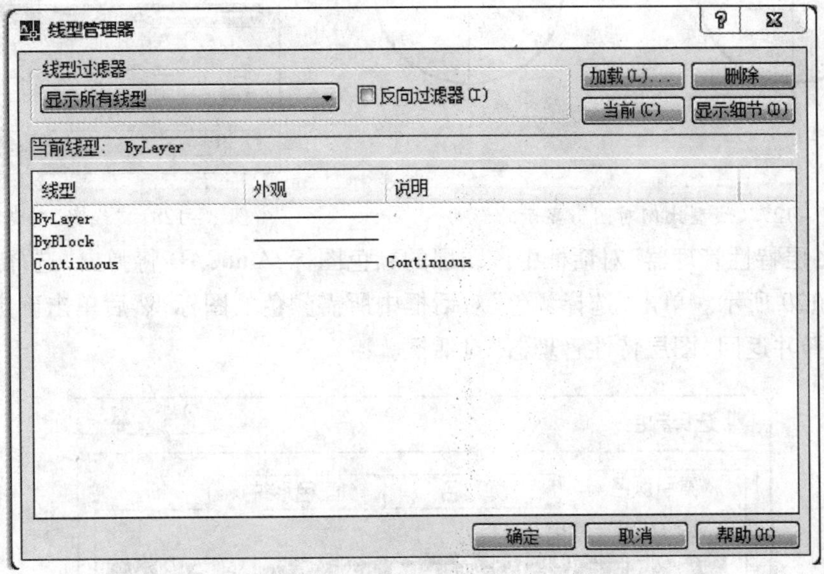

图 1－126 “线型管理器”对话框

AutoCAD 在“线型管理器”对话框中仅列出已装入当前图型中的线型。单击“线型管理器”对话框上部加载按钮加载所需要的线型。该对话框中的“全局比例因子”和“当前对象的缩放比例”需要填写。

Acadiso. lin 标准线型库中所设的点画线和虚线的线段长短和间隔长度，乘上整体线型比例值，才是图样上的实际线段长度和间隔长度。图 1－127 所示的就是在不同的线型比例下，同一图形的不同显示。“全局比例因子”是用于所有线型显示的全局缩放比例因子：“当前对象的缩放比例”是新建对象的线型比例，且生成的线型比例是全局比例因子与该对象的比例因子乘积。

一般可将全局线型比例值设为 0.3～0.38，图纸越大取值越大。建议 A3 取 0.32，A1 取 0.36。在命令提示行输入 Ltscale(全局比例因子)，按 Enter 键，也可以输入新线型比例因子，系统自动重新生成图形。(改变图层线宽)一般情况下，新创建图层的线宽为“默认”。绘制机械图应根据制图标准为不同的线型赋予相应的线宽，如要改变某图层的线宽，可单击“图层特性管理器”对话框中该图层的线宽值，AutoCAD 将弹出“线宽”对话框，如图1－128 所示。在“线宽”对话框的列表框中单击所需的线宽，然后单击“确定”按钮可按所作的选择并返回“图层特性管理器”对话框。粗线条一般选择 0.7，细线条选择 0.35 即可。

(5)改变图层颜色不同的线型如果具有不同颜色，就可以在图形的缩放过程方便的加以区分,所以,应根据需要改变某些图层的颜色。

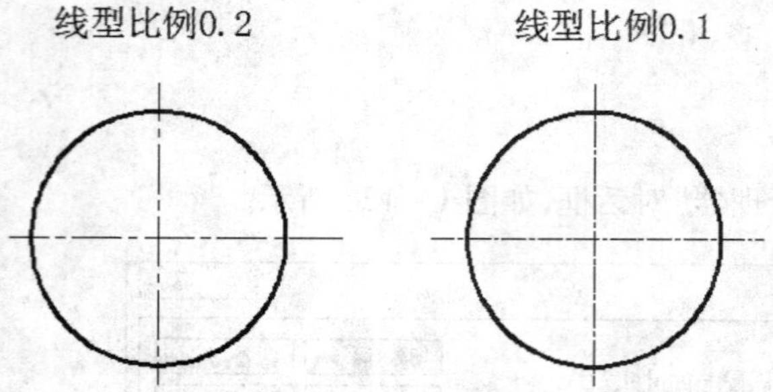

图 1-127 线型比例对图形显示的影响

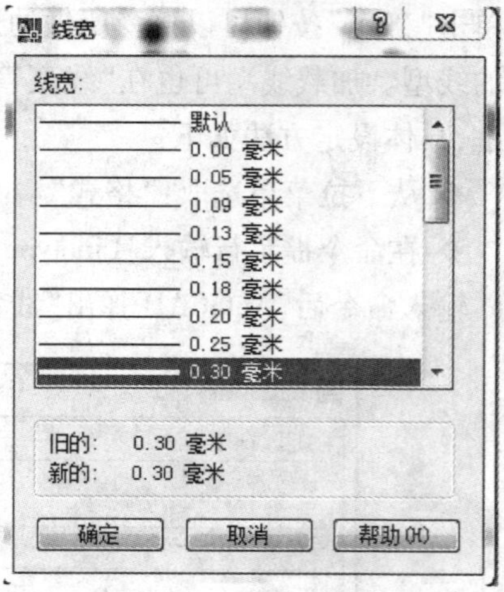

图 1-128 “线宽”对话框

单击“图层特性管理器”对话框中该图层的颜色图标,AutoCAD 将弹出“选择颜色”对话框,如图 1-129 所示。单击“选择颜色”对话框中所需颜色的图标,然后单击确定按钮可接受所作的选择并返回“图层特性管理器”对话框。

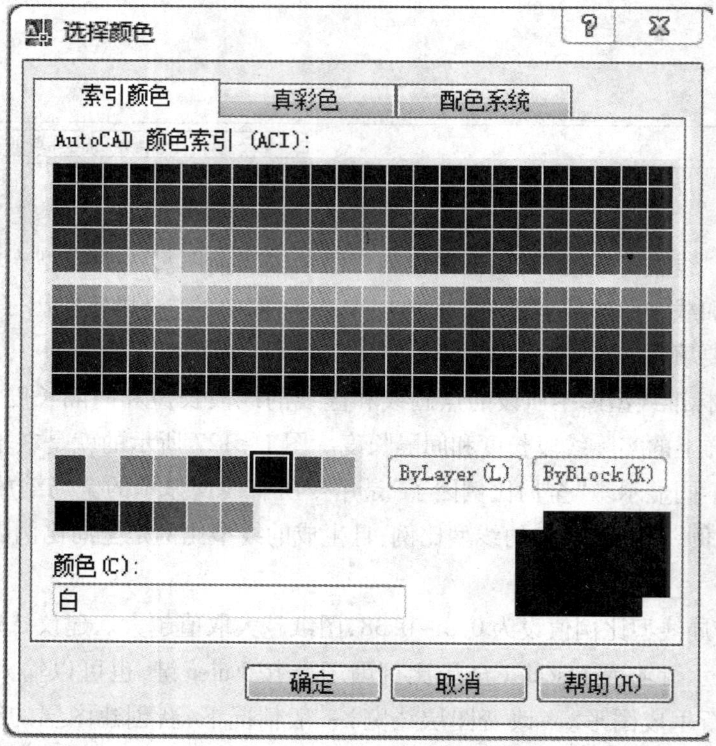

图 1-129 “选择颜色”对话框

(6)控制图层状态默认状态下,新创建的图层均为“打开”“解冻”和“解锁”的状态。在绘图时可根据需要改变图层的状态,对应的状态为“关闭”“冻结”和“加锁”。其各项功能与区别如表 1-12 所示。

表 1－12　图层状态

项目与图标	功　能	区　别
关闭	将指定图层的图形隐藏，使之看不见	关闭与冻结图层上的实体均不可见，其区别仅在于执行速度上的快慢，后者比前者快。当不需要观察其他图层上的图形时，可利用冻结，以增加 ZOOM、PAN 等命令的执行速度。加锁图层上的实体时可以看见的，但无法编辑
冻结	将制定图层上全部图形予以冻结，并消失不见。注意：冻结图层上的实体在绘图仪上输出时是不会输出的。另外，当前图层是不能被冻结的	
加锁	将图层加锁。在加锁的图层上，可以绘图但不是无法编辑。对象捕捉可捕捉到	
打开	将已关闭的图层恢复，使图层上的图形重新显示出来	打开是针对关闭而设，解冻则是针对冻结而设，解锁是针对加锁而设
解冻	将冻结的图层解冻，使图层上的图形重新显示出来	
解锁	将加锁的图层解除锁定，以使图形可再编辑	

图层状态用图标形式显示在“图层特性管理器”对话框中的图层名后，要改变其状态只需单击对应图标。

(7)控制图层打印开关默认状态下，新创建图层的“打印开关”均为打开状态。如过把一个图层的“打印开关”关闭，这个图层将显示但不打印。

(8)设置当前图层在“图层特性管理器”对话框中选择某一图层名，然后单击对话框上部的按钮，就可以将该图层设置为当前图层。直接双击图层的名称或状态也可以将之设置为当前图层。

(9)删除图层要删除不使用的图层，可先从“图层特性管理器”对话框中选择一个或多个图层，然后用鼠标单击该对话框上部的按钮，AutoCAD 将从当前图形中删除所选的图层。如要从列表框中选择多个图层，可以先按住 Ctrl 键，然后再选取。

图层 0 和 Defpoints、当前图层、依赖外部参照的图层和包含对象的图层不能被删除。

1.17.3 图层工具栏的应用

为了使图层的管理更为方便、快捷，AutoCAD2008 提供了一个“图层”工具栏，如图 1－130所示。

图 1－130　“图层”工具栏

设置当前图层的方法有以下 2 种：

(1)从“图层控制”下拉列表中设置如图 1－131 所示，在该工具栏“图层控制”下拉列表中选择一个图层，该图层将被设为当前图层，并显示在工具栏该窗口上。

(2)用“将对象的图层置为当前”按钮设置单击“图层”工具栏最左边的按钮，然后选择实体，或者先选择实体，然后单击按钮，AutoCAD 将所选实体的图层设为当前图层，并将该图层名显示在该工具栏“图层列表”窗口上。

如图 1－131 所示，该工具栏“图层控制”下拉列表中单击某图层控制状态的图标，可以改变该图层的开与关等状态。

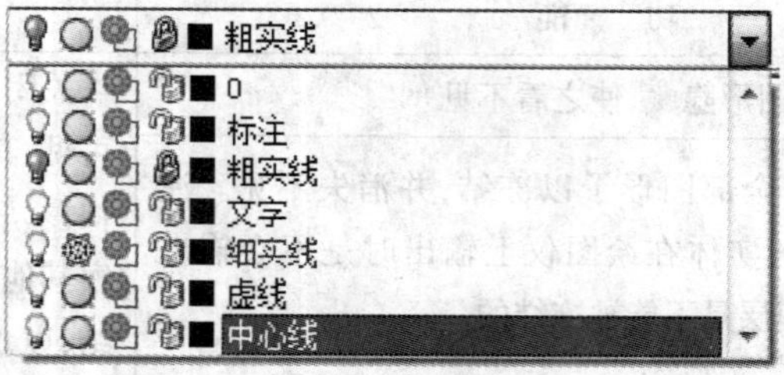

图 1－131　用“图层”工具栏设当前图层

1.17.4　改变对象所在的图层

在实际绘图中，经常会出现实体并没有绘制在应在的图层上的情况，可选中该图形元素，并在“对象特性”工具栏的图层控制下拉列表框中选择对应的图层名，然后按 Esc 键来改变对象所在的图层。

1.18　图形绘制

1.18.1　样板文件的建立与调用

在绘制图样之前，首先应根据所绘图形的大小及个数，确定图纸大小及比例，设置绘图环境，包括绘图单位、图层、文字样式及尺寸标注样式等。但每次绘图前都重复做这些准备工作，显得很麻烦且浪费时间，我们可以把这些准备工作做好后，保存为样板文件，以后在做绘图时就可以直接调用样板文件了。我们以创建 A4 样板文件为例来进行样板文件建立的讲解：

（1）设置绘图环境　创建新图形文件：单击“文件”下拉菜单，选择“新建”选项，在弹出的“选择样板”对话框中选择“acad. dwt”样板文件，单击“打开”按钮，以此为基础创建新样板文件。

设置绘图单位：单击“格式”下拉菜单，选择“单位”选项，在弹出的“图形单位”对话框中设置长度“类型”为“小数”，“精度”为“0.00”。设置角度“类型”为“十进制度数”，“精度”为“0”。设置方向“基准角度”为“东为 0 度”，逆时针旋转为正。

（2）确定图幅界限，绘制图框和标题栏　确定图幅界限：单击“格式”下拉菜单，选择“图形界限”选项，根据 AutoCAD 命令行的提示进行设置，或选择“直线”绘图命令，用点的坐标输入方法确定图幅界限。

绘制 A4 图框和标题栏，横装，留装订边。

（3）设置图层　创建粗实线、细实线、虚线、中心线、文字、尺寸等六个常用图层，具体设置见表 1－13

表 1－13　图层设置

图层名	颜色	线型	线宽
粗实线	白色	Continuous	0.5
细实线	白色	Continuous	0.25

续表

图层名	颜色	线型	线宽
中心线	红色	CENTER	0.25
虚线	黄色	HIDDEN	0.25
文字	白色	Continuous	0.25
尺寸	蓝色	Continuous	0.25

(4)设置文字样式　单击“格式”下拉菜单，选择“文字样式”选项，在弹出的“文字样式”对话框中，创建“标注”“汉字”两种文字样式。“标注”样式选用“gbenor. shx”字体；“文字”样式选用“gbenor. shx”字体，并选择“大字体”复选框，大字体样式为“gbcbig. shx”。

(5)设置尺寸标注样式　单击“格式”下拉菜单，选择“标注样式”选项，在弹出的“标注样式管理器”对话框中，新建“标注”尺寸样式，要求及参数设置见子情境三。主要包括直线、符号和箭头、文字、调整、主单位、换算单位和公差等。

(6)保存为样板文件　单击“文件”下拉菜单，选择“另存为”选项，在弹出的“图形另存为”对话框中，文件名命为“A4 样板”；“文件类型”下拉列表中选择“AutoCAD 图形样板(＊dwt)”，再单击“保存”按钮，弹出“样板说明”对话框，在“说明”中输入“A4 国标横装留装订边机械样板图”，“测量单位”选择“公制”，单击“确定”按钮，完成样板文件建立。

1.18.2　图形绘制

绘图前应先分析图形，确定绘图顺序，合理选用绘图命令及修改命令，并注意在不同图层间进行切换绘制。

(1)绘制主视图　轴的零件图具有一对称轴，且整个图形大部分线条与轴线平行或垂直，因此，我们可以用“偏移”“修剪”命令绘图，根据各段轴径和长度，平移轴线和左端面垂线，然后修剪多余线条绘制各轴段。如图 1－132，图 1－133 所示。

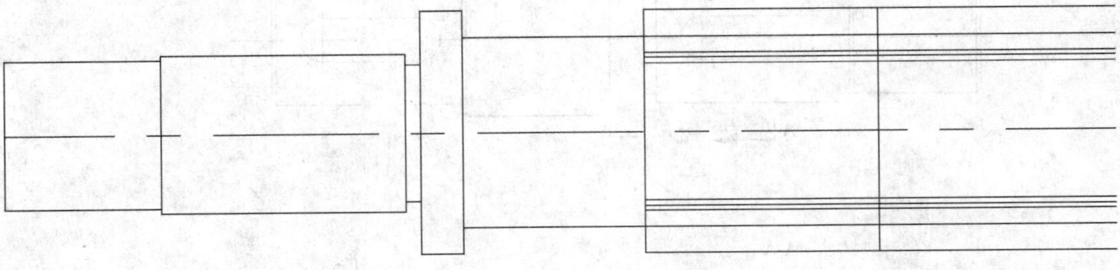

图 1－132　偏移修剪绘制轴

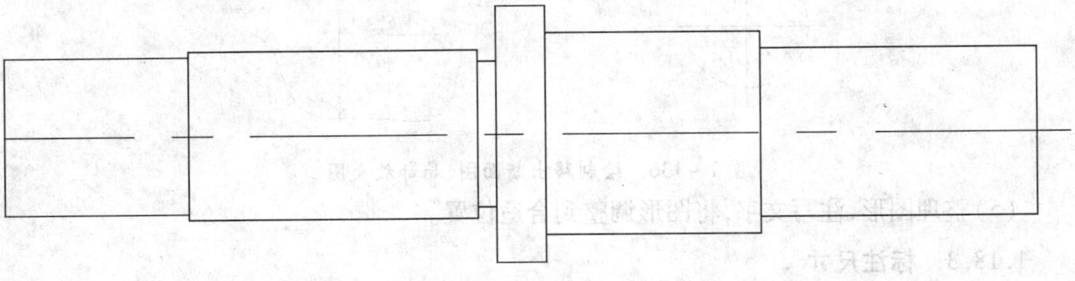

图 1－133　完成轴的主视图

（2）用“倒角”命令绘制轴端倒角，用“圆角”命令绘制轴肩圆角，如图 1－134 所示。

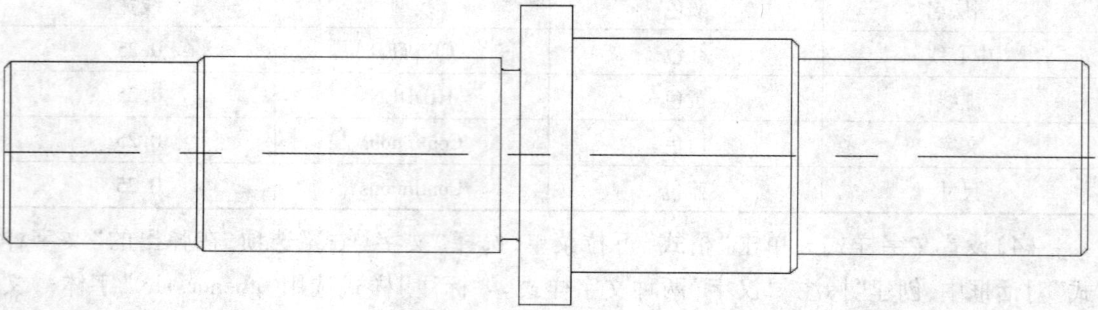

图 1－134　绘制倒角、圆角

（3）用“偏移”、“拉伸”、“复制”命令绘制键槽，如图 1－135 所示。

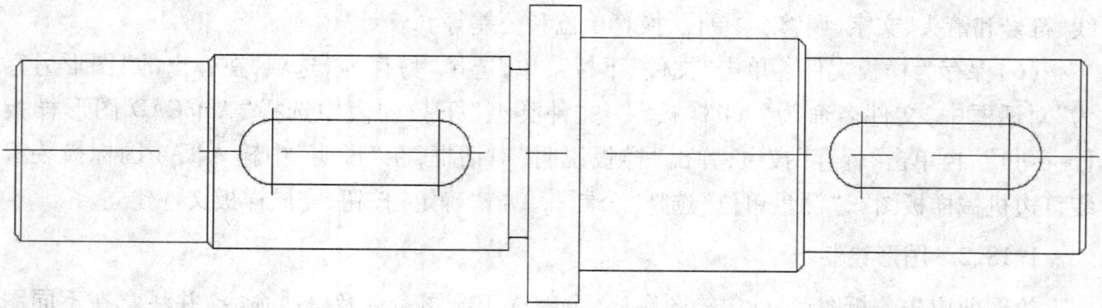

图 1－135　绘制键槽

（4）用“多段线”、“图案填充”命令绘制移出断面图、局部放大图。如图 1－136 所示。

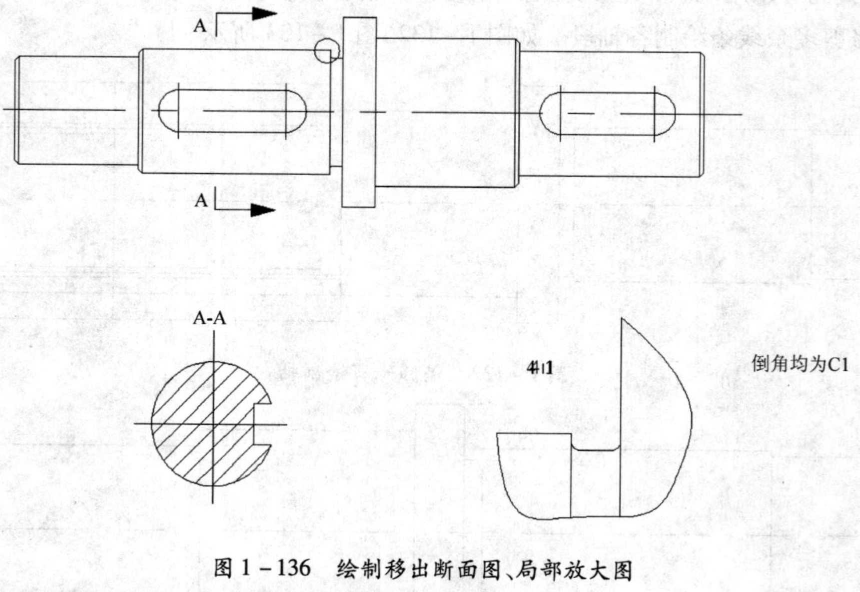

图 1－136　绘制移出断面图、局部放大图

（5）整理图形，注写文字，将图形调整到合适位置。

1.18.3　标注尺寸

如图 1－137 所示。

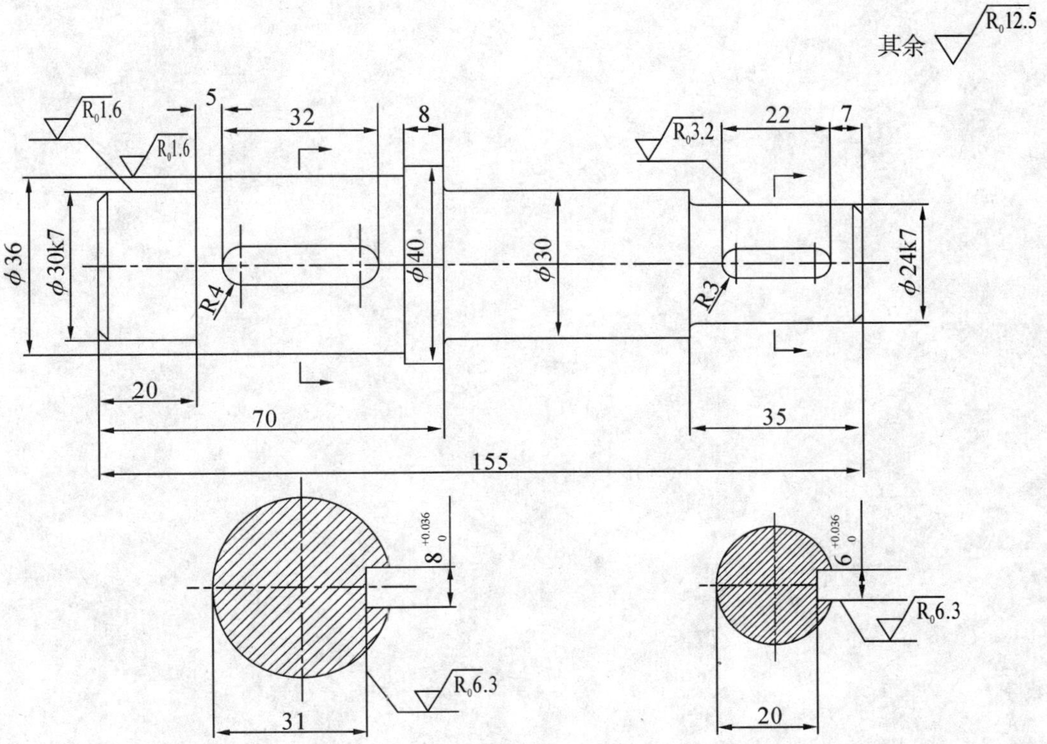

其余 R_a12.5
R_a1.6
R_a1.6
5
32
8
R_a3.2
22
7
φ36
φ30k7
R4
φ40
φ30
R3
φ24k7
20
70
35
155
8 +0.036 0
6 +0.036 0
R_a6.3
R_a6.3
31
20

图 1－137　标注尺寸

请沿此线剪下 请沿此线剪下 请沿此线剪下

任务实施

资讯单

学习领域	机械图样的识读与绘制		
学习情境一	轴套类零件图样的识读与绘制	学 时	16
资讯方式	学生根据教师给出的资讯引导进行查询,并作简单记录		
资讯问题	1. 减速器的工作原理是什么?		
	2. 各种拆卸工具的使用方法及操作时注意事项有哪些?		
	3. 各种测量工具的使用方法及测量时注意事项有哪些?		
	4. 减速器的拆装顺序及拆装时注意事项有哪些?		
	5. 轴类零件的功用及常用材料?		
	6. 国家标准《技术制图》和《机械制图》的有关规定有哪些?		
	7. 常用尺规绘图的工具有哪些?其使用方法及注意事项是什么?		
	8. 常见几何图形的画法有哪些?		
	9. 尺规绘图的操作步骤是什么?		
	10. 徒手绘制草图的方法是什么?		
	11. 尺寸标注的基本规则是什么?		
	12. 尺寸标注的要素有哪些?各要素需要注意哪些问题?		
	13. 尺寸标注的基准是什么?怎样确定?		
	14. 轴类零件的工艺结构有哪些?其各工艺结构作用是什么?		
	15. 键连接的作用是什么?键槽及键连接的画法各是什么?		
	16. 什么是图形表达方式?		
	17. 轴类零件常用的表达方式主要由哪些?		
	19. 三视图是如何形成的?各视图之间的对应关系是什么?		
	20. 什么样的视图为断面图?		
	21. 断面图是如何分类的?国标对断面图的绘制有哪些规定?		
	22. 什么样的视图为局部视图?		

资讯问题	23. 局部视图的配置、标注及画法有哪些规定？
	24. 什么样的视图为局部放大图？局部放大图经常应用于什么场合？
	25. 局部放大图的绘制国标有哪些规定？
	26. 什么是表面粗糙度？表面粗糙度的评定参数有哪些？
	27. 表面粗糙度的标注，国标有哪些规定？
	28. 什么是互换性原则？
	29. 什么是基本尺寸、极限尺寸、最大极限尺寸、最小极限尺寸？
	30. 什么是偏差和公差？
	31. 什么是标准公差？什么是基本偏差？
	32. 什么是配合？国标对配合在零件图中的标注有哪些规定？
	33. 什么是形位公差？国标对形位公差的标注有哪些规定？
	34. 计算机绘图软件 AutoCAD 的工作界面有哪些组成？
	35. 计算机绘图软件 AutoCAD 的图形文件如何管理？
	36. 计算机绘图软件 AutoCAD 绘图的基本指令有哪些？
	37. 计算机绘图软件 AutoCAD 绘图辅助工具有哪些？
	38. 计算机绘图软件 AutoCAD 图形编辑指令有哪些？
	39. 计算机绘图软件 AutoCAD 绘制零件图的步骤主要由哪些？

资讯引导	1. 问题 1 上网查询或参考信息单。
	2. 问题 2、3、4 参考信息单和《金工实习》。
	3. 问题 5、6、7、8、9、10、11、12 参阅《机械制图》系列参考书。
	4. 问题 13、14 参阅《机械设计手册》。
	5. 问题 15、16、17 参阅《机械制图》或《机械设计手册》。
	6. 问题 18、19、20 参阅《机械制图》或《机械设计手册》。
	7. 问题 21、22、23、24、25、26、27、28、29、30 参阅《机械制图》。
	8. 问题 31、32、33 参阅《机械制图》、《公差配合技术与测量》。
	9. 问题 34. 35. 36. 37. 38. 39 参阅《AutoCAD2008》等相关教材。
资讯记录	

资讯记录	

请沿此线剪下

请沿此线剪下

请沿此线剪下

决策单

<table>
<tr><td>学习领域</td><td colspan="5">机械图样的识读与绘制</td></tr>
<tr><td>学习情境一</td><td colspan="3">轴套类零件图样的识读与绘制</td><td>学　时</td><td>1</td></tr>
<tr><td>决策方式</td><td colspan="5">对小组成员的计划进行讨论、完善，制定出最佳实施方案</td></tr>
<tr><td colspan="6">方案讨论</td></tr>
<tr><td rowspan="9">方案对比</td><td>序号</td><td>姓名</td><td>步骤顺序性</td><td>步骤合理性</td><td>实施可操作性</td></tr>
<tr><td>1</td><td></td><td></td><td></td><td></td></tr>
<tr><td>2</td><td></td><td></td><td></td><td></td></tr>
<tr><td>3</td><td></td><td></td><td></td><td></td></tr>
<tr><td>4</td><td></td><td></td><td></td><td></td></tr>
<tr><td>5</td><td></td><td></td><td></td><td></td></tr>
<tr><td>6</td><td></td><td></td><td></td><td></td></tr>
<tr><td>7</td><td></td><td></td><td></td><td></td></tr>
<tr><td>8</td><td></td><td></td><td></td><td></td></tr>
<tr><td>方案说明</td><td colspan="5"></td></tr>
<tr><td>方案确定</td><td colspan="5"></td></tr>
<tr><td rowspan="3">方案评价</td><td>班　级</td><td></td><td>日　期</td><td colspan="2"></td></tr>
<tr><td>组长签字</td><td></td><td>教师签字</td><td colspan="2"></td></tr>
<tr><td colspan="5">评语：</td></tr>
</table>

请沿此线剪下　请沿此线剪下　请沿此线剪下

计划单

学习领域	机械图样的识读与绘制		
学习情境一	轴套类零件图样的识读与绘制	学　时	1
计划方式	根据任务要求，制定出本任务实施操作计划		
序　号	实施步骤		计划制定参考资料
1			
2			
3			
4			
5			
6			
7			
8			
9			
10			
11			
12			
计划说明			
计划评价	班　　级		组长签字
	教师签字		日　　期
	评语：		

请沿此线剪下

请沿此线剪下

请沿此线剪下

实施单

<table>
<tr><td>学习领域</td><td colspan="4">机械图样的识读与绘制</td></tr>
<tr><td>学习情境一</td><td colspan="2">轴套类零件图样的识读与绘制</td><td>学　时</td><td>12</td></tr>
<tr><td>实施方式</td><td colspan="4">根据小组确定的最佳实施方案,完成本任务要求</td></tr>
<tr><td>序号</td><td colspan="4">实施步骤</td></tr>
<tr><td>1</td><td colspan="4"></td></tr>
<tr><td>2</td><td colspan="4"></td></tr>
<tr><td>3</td><td colspan="4"></td></tr>
<tr><td>4</td><td colspan="4"></td></tr>
<tr><td>5</td><td colspan="4"></td></tr>
<tr><td>6</td><td colspan="4"></td></tr>
<tr><td>7</td><td colspan="4"></td></tr>
<tr><td>8</td><td colspan="4"></td></tr>
<tr><td>9</td><td colspan="4"></td></tr>
<tr><td>10</td><td colspan="4"></td></tr>
<tr><td>11</td><td colspan="4"></td></tr>
<tr><td>12</td><td colspan="4"></td></tr>
<tr><td>实施注意事项</td><td colspan="4"></td></tr>
<tr><td rowspan="3">实施过程评价</td><td>班　　级</td><td></td><td>组长签字</td><td></td></tr>
<tr><td>教师签字</td><td></td><td>日　　期</td><td></td></tr>
<tr><td colspan="4">评语:</td></tr>
</table>

请沿此线剪下

请沿此线剪下

请沿此线剪下

量具工具清单

学习领域	机械图样的识读与绘制						
学习情境一	轴套类零件图样的识读与绘制						
项　　目	序号	名称	作用	数量	型号	使用前	使用后
所用量具	1						
	2						
	3						
	4						
	5						
	6						
被测零件	1						
	2						
	3						
	4						
	5						
	6						
	7						
	8						
所用工具	1						
	2						
	3						
	4						
	5						
测量结果记录							

班　　级		组长签字		教师签字		日　　期	

请沿此线剪下
请沿此线剪下
请沿此线剪下

检查单

学习领域	机械图样的识读与绘制			
学习情境一	轴套类零件图样的识读与绘制		学 时	1
序号	检查项目	检查标准	学时自检	教师检查
1				
2				
3				
4				
5				
6				
7				
8				
实施过程评价	班 级		组长签字	
	教师签字		日 期	
	评语：			

请沿此线剪下

评价单

学习领域	机械图样的识读与绘制								
学习情境一	轴套类零件图样的识读与绘制			学　时	1				
评价类别	项目	子项目	个人评价	教师评价	组内互评				
专业能力（60%）	资讯（10%）	搜集信息（5%）							
		引导问题回答（5%）							
	计划（5%）	计划可执行度（5%）							
	实施（5%）	工作步骤执行情况（5%）							
	检查（5%）	全面性、准确性（3%）							
		异常情况排除（2%）							
	过程（15%）	操作过程规范性（10%）							
		过程合理性（5%）							
	结果（10%）	结果质量（10%）							
	作业（10%）	完成质量（10%）							
社会能力（20%）	团结协作（10%）	对小组的贡献（5%）							
		小组合作配合情况（5%）							
	敬业精神（10%）	吃苦耐劳精神（5%）							
		学习纪律性（5%）							
方法能力（20%）	计划能力（10%）								
	决策能力（10%）								
评价评语	班　级		日　期						
	组长签字		教师签字						
	评语：								

请沿此线剪下

请沿此线剪下

请沿此线剪下
请沿此线剪下
请沿此线剪下

教学反馈单

学习领域	机械图样的识读与绘制			
学习情境一	轴套类零件图样的识读与绘制	学　时		1
序号	调查内容	是	否	理由陈述
1	轴套类零件的工艺结构主要有哪些,你知道吗?			
2	轴套类零件尺寸标注的注意事项你知道吗?			
3	轴套类零件的表达方案是什么你知道吗?			
4	轴套类零件的技术要求是什么你知道吗?			
5	轴套类零件图的识图步骤,你知道吗?			
6	国家标准《机械制图》的有关规定你知道吗?			
7	尺寸标注的组成要素和基本原则你知道吗?			
8	各种测量工具的使用方法及注意事项你知道了吗?			
9	AutoCAD 绘制零件图的步骤你知道了吗?			
10	能够用 AutoCAD 绘制轴类零件二维图了吗?			
11	你对老师在本学习情境的教学过程满意吗?			
12	你对本学习情境的教学方式满意吗?			
13	你对本小组完成本学习情境工作任务的配合满意吗			
14	你对自己的表现满意吗?			
15	你认为本学习情境的教学方法合适吗?			

你的意见对改进教学非常重要,请如实写出你的建议和意见:

班　　级		被调查者签名		调查时间	

知识拓展

1.1 减速器概述

1.1.1 减速器原理

减速器是原动机和工作机之间的独立的闭式传动装置,用来降低转速和增大转矩,以满足工作需要。其基本原理是:当原动机的输出转速从主动轴输入后,带动小齿轮转动,小齿轮通过与大齿轮啮合,从而带动大齿轮运动,因大齿轮齿数比小齿轮齿数多,故大齿轮的转速慢于小齿轮,再由大齿轮从输出轴输出,从而起到降低速度的作用。减速器结构如图1－138所示。

图1－138 减速器结构

1.1.2 减速器拆装顺序及注意事项

1.1.2.1 拆装顺序

(1)仔细观察减速器外表面各部分的结构;

(2)用扳手拆下观察视孔板,转动高速轴,观察齿轮的啮合情况;

(3)拆卸箱盖;

(4)用扳手拆下轴承端盖的紧定螺钉;

(5)用扳手拆卸上、下箱之间的连接螺栓和定位销钉。将螺栓、螺钉、垫圈、螺母和销钉等放入塑料盘中,以免丢失。然后拧动起盖螺钉卸下箱盖;

(6)仔细观察箱体内各零件的结构以及位置;

(7)卸下轴承盖;将轴和轴上零件随轴一起取出,按合理顺序拆卸轴上的零件。

1.1.2.2 注意事项

(1)严格拆装顺序,注意操作安全;

(2)选择适当工具进行拆装,不能用错误方法拆卸;

(3)对各调整部位的调整垫片要点清放好做记号,不能乱换搞错;

(4)对有预紧力规定的螺栓、螺母要按正确操作方法进行紧固。

1.2 绘图工具及其使用

为了提高绘图质量,加快绘图速度,必须注意正确、熟练地使用绘图工具和采用正确的绘图方法。

1.2.1 图板、丁字尺、三角尺

(1) 图板　图板用来铺放和固定图纸,图板一般用胶合板制成,一般有零号图板和一号图板,其尺寸较同号图纸略大(每边约加长 50mm),板面必须平整,两侧短边为工作边(也叫导边),要求光滑平直。见图 1－139 所示。

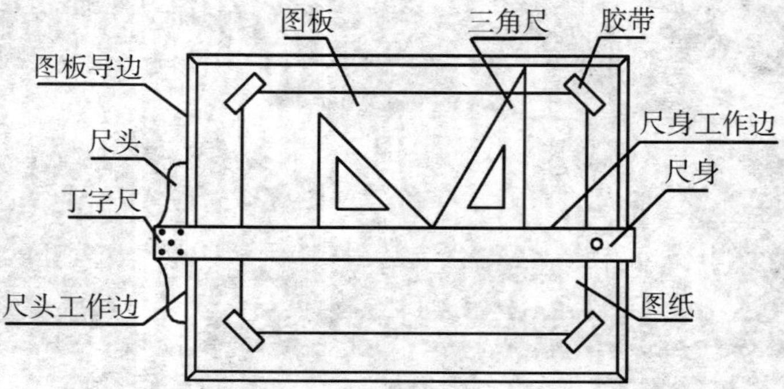

图 1－139　图板与丁字尺

(2) 丁字尺　丁字尺由尺头和尺身两部分组成。尺头的内边缘为丁字尺的导边,尺身的上边缘为工作边,见图 1－139 所示。丁字尺主要用来画水平线,使用时,须用左手扶住尺头并使尺头内侧紧靠图板左导边,上下滑移到所需位置,如图 1－140(a)所示,然后沿丁字尺工作边自左向右画水平线,如图 1－140(b)所示。还常与三角尺配合画铅垂线,禁止直接用丁字尺画铅垂线,也不能用尺身下缘画水平线。

(3) 三角尺　一副三角尺有 45°×45°和 30°×60°的各一块。三角尺常与丁字尺配合使用画铅垂线,如图 1－141 所示。还可画出与水平线成 30°、45°、60°以及 15°倍数角的各种倾斜线,如图 1－142 所示。用两三角尺配合也可画出任意直线的平行线或垂直线,如图 1－143所示。

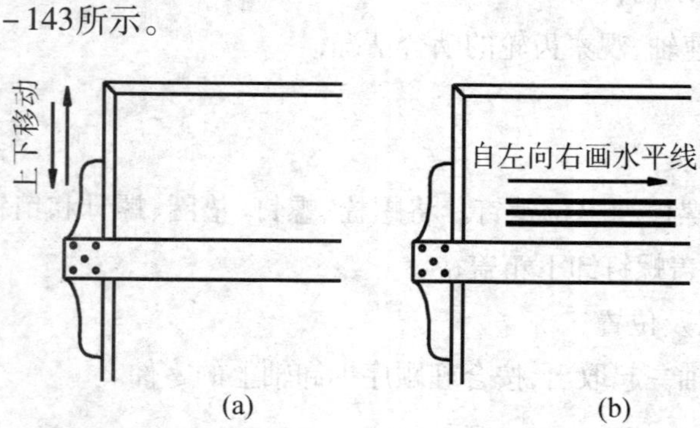

图 1－140　用丁字尺画水平线

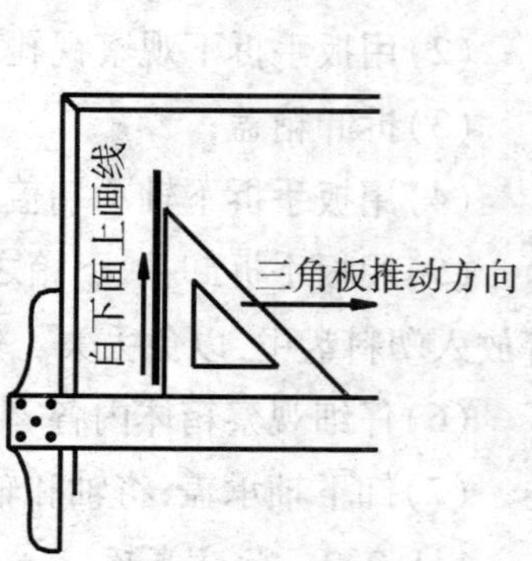

图 1－141　用丁字尺和三角尺画垂直线

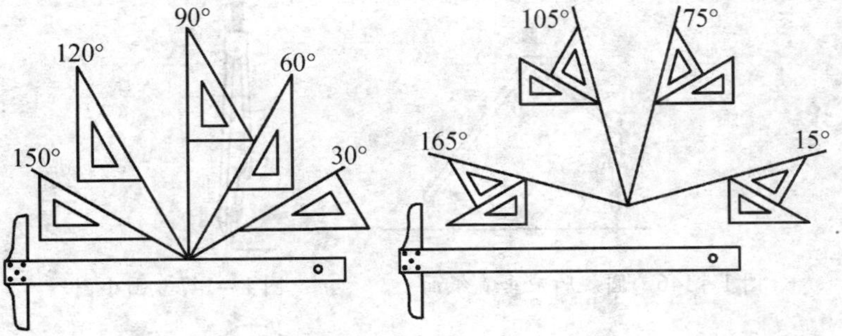

图 1－142 用三角尺与丁字尺画特殊角度线

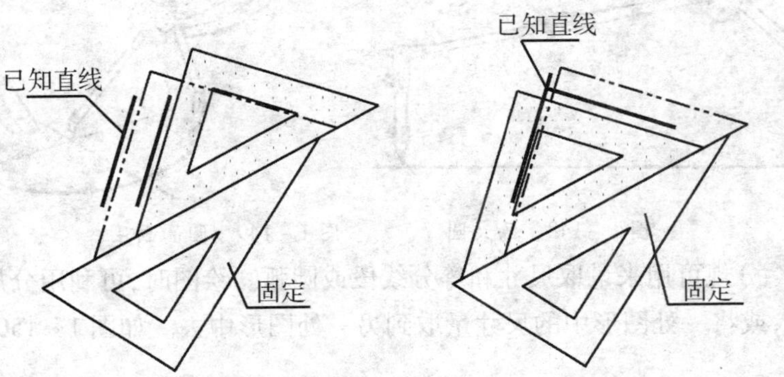

图 1－143 用三角尺画平行线及垂直线

1.2.2 圆规和分规

(1)圆规 圆规是画圆或圆弧用的。它的一条腿上装有钢针，另一条为活动腿，具有肘形关节，并可换装三种不同的插脚和接长杆，如图 1－144 所示，装上铅芯插脚画铅笔线的圆，装上鸭嘴插脚画墨线圆，装上钢针插脚可以当分规用，装上接长杆可画直径较大的圆。

用圆规画铅笔线底稿时，装用 HB 铅芯，磨成圆锥形或斜形，如图 1－145(a)所示，描粗加深圆时，则用 B 或 2B 铅芯，形状为四棱柱磨斜，如图 1－145(b)所示。

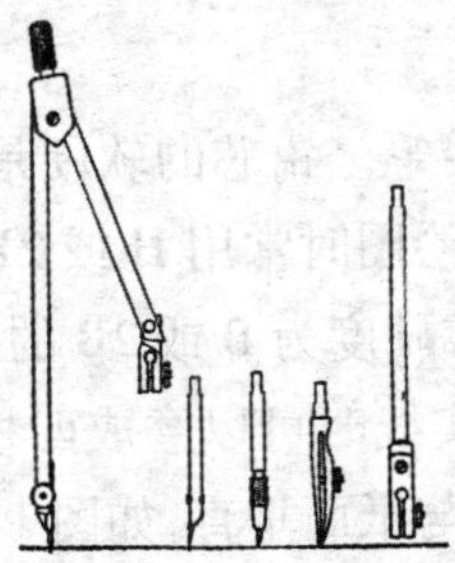

图 1－144 圆规插脚样式

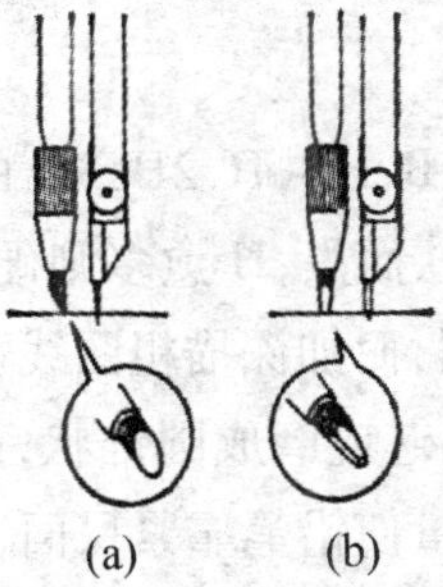

图 1－145 铅芯形状

画圆时，若圆的半径大于 500mm 时，调整钢针和铅芯插脚于纸面垂直，如图 1－146 所示。画小圆时应使圆规两脚向里倾斜，如图 1－147 所示。画大圆时要装上接长杆，再将铅芯插脚装在接长杆上使用，如图 1－148 所示。

画圆时，将圆规两腿分开到所需的半径尺寸，左手食指将针尖放到圆心位置，另一腿接触纸面，再以右手食指捏住圆规头部手柄，顺时针方向转动，并使圆规沿运转方向稍微自然倾斜，即可画成一个完整的圆，如图 1－149 所示。

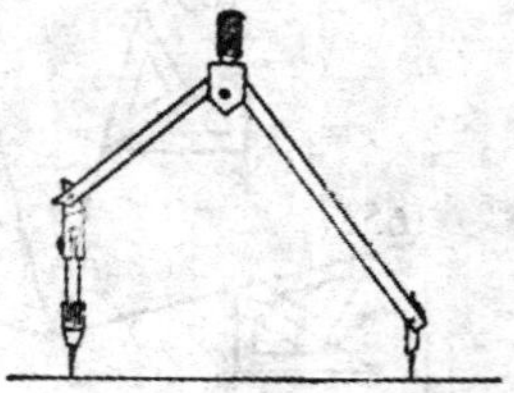

图 1－146　圆规脚应垂直纸面

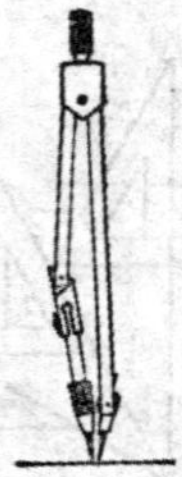

图 1－147　画小圆

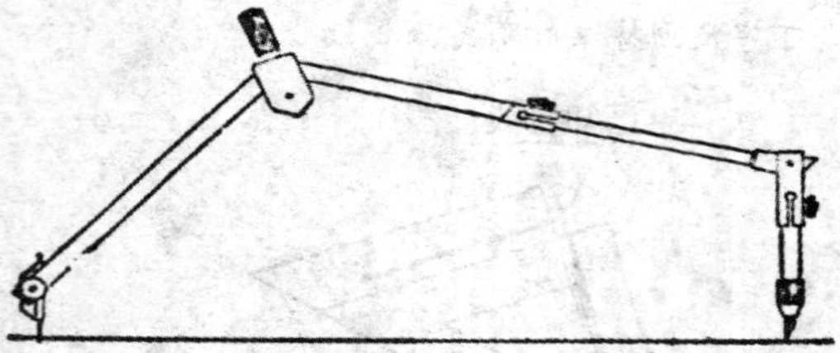

图 1－148　画大圆

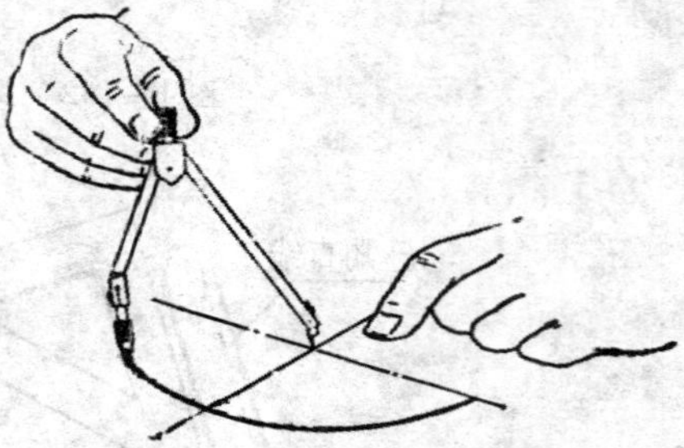

图 1－149　圆的画法

(2)分规　分规可用来量取尺寸和等分线段或圆弧。绘图时,可利用分规从尺子上把尺寸量取到图上,或将一处图形中的尺寸量取到另一处图形中去。如图 1－150 所示,

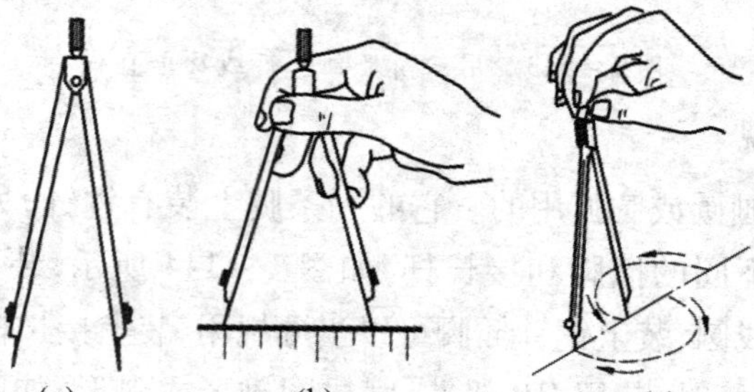

图 1－150　分规的使用

1.2.3　铅笔

画图时常采用 2B,B,HB,H,2H,3H 的绘图铅笔。铅芯的软硬是用字母 B 和 H 来表示的,B 愈多表示铅芯愈软而黑,H 愈多则硬而淡。绘图时常用 H 或 2H 的铅笔打底稿,用 HB 的铅笔写字和徒手画图,而加深描粗图线可用铅芯硬度为 B 或 2B 的铅笔。

画细线和写字时铅芯应磨成圆锥状,而画粗实线时可以磨成四棱柱状,画图时,铅笔可略向前进方向倾斜,尽量使铅笔靠紧尺面,且铅芯与纸面垂直,如图 1－151 所示。

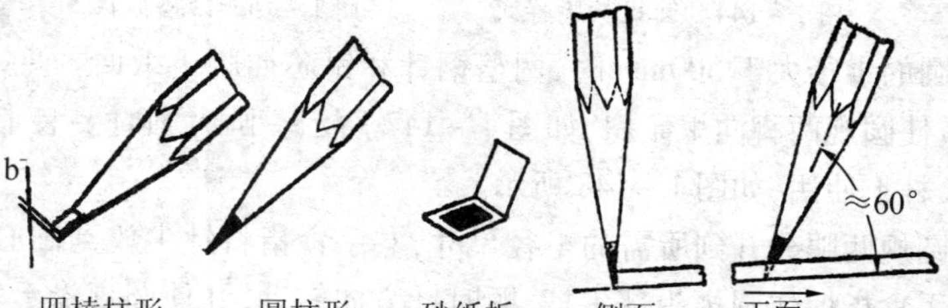

图 1－151　铅笔的使用

1.2.4 曲线板

曲线板是用来画非圆曲线的工具，曲线板的轮廓线是由多段不同曲率的曲线所组成，常用的曲线板如图 1－152 所示。使用时应先将需要连接成曲线的各已知点徒手用细线轻轻地描出一条曲线轮廓，然后在曲线板上选用与曲线完全吻合的一段描绘。吻合的点越多，每段就可描得越长，所得曲线也就越光滑，每描一次须不少于吻合四个点。描每段曲线时至少应包含前一段曲线的最后两个点（即与前段曲线应重复一小段），而在本段后面至少留两个点给下一段描（即与后段曲线也重复一小段），这样才能保证连接光滑。如图 1－152 所示。

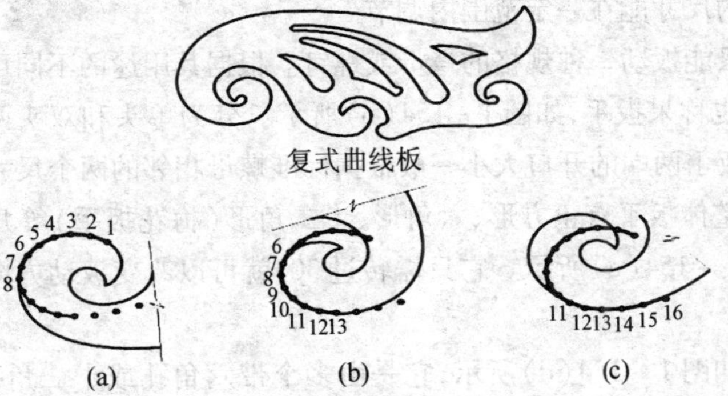

图 1－152　曲线板的用法

(a)连 1～8 点；(b)连 6～13 点；(c)连 11～16 点

1.3 常见拆卸工具及使用

1.3.1 旋具

旋具用来拧紧或松开头部带沟槽的螺钉，其工作部分用碳素工具钢制成，并经淬火硬化。

(1)一字槽螺钉旋具标准旋具由木柄、刀体和刀口组成，如图 1－153(a)所示。标准旋具用刀体部分的长度表示其规格，常用的有 100mm、150mm、200mm、300mm 及 400mm 等几种，根据螺钉沟槽宽度来选用。

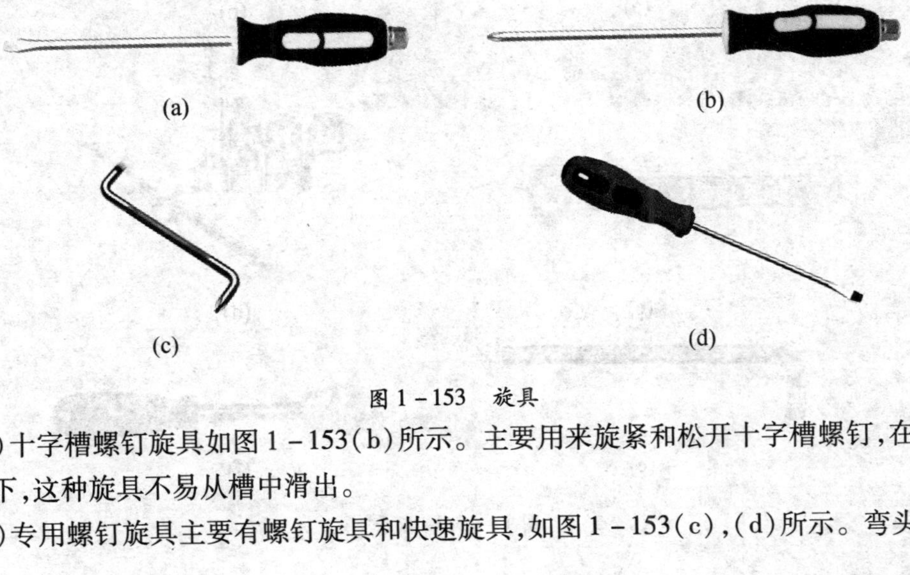

图 1－153　旋具

(2)十字槽螺钉旋具如图 1－153(b)所示。主要用来旋紧和松开十字槽螺钉，在较大的拧紧力下，这种旋具不易从槽中滑出。

(3)专用螺钉旋具主要有螺钉旋具和快速旋具，如图 1－153(c)，(d)所示。弯头旋具主要用于螺钉顶部空间受限制的情况；快速旋具用来快速拧紧或松开小螺钉，工作时推压手柄，使螺旋杆通过来复孔而转动，可以快速拧紧或松开小螺钉，提高装拆速度，其效率可比普通螺钉旋具提高3倍以上。

1.3.2 扳手

扳手用来拧紧六角形、正方形螺钉和各种螺母，一般用工具钢、合金钢或可锻铸铁制成。它的开口要求光洁且坚硬耐磨。

1. 通用扳手：即活络扳手，如图1－154(a)所示。它由扳手体和固定钳口、活动钳口及蜗杆组成，其钳口的尺寸能在一定范围内调节。

2. 专用扳手：只能扳动一种规格的螺母或螺钉。根据其用途的不同可分为以下几种：

(1)开口扳手也称呆扳手，如图1－154(b)所示。分为单头和双头两种，其中以双头扳手应用较广，双头扳手两端的开口大小一般根据标准螺母相邻的两个尺寸而定。

(2)整体扳手整体扳手有正方形、六角形、十二角形(梅花扳手)等几种，其中以梅花扳手应用最广，如图1－154(c)所示。它只需转过30°就可以改变扳动方向，所以在狭窄的地方工作比较方便。

(3)套筒扳手如图1－154(d)所示，它是由多个带六角孔或十二角孔的套筒并配有手柄、接杆等多种附件组成，特别适用于拧转地位十分狭小或凹陷很深处的螺栓或螺母。

(4)内六角扳手如图1－154(e)所示，用于拧紧内六角头螺钉，这种扳手是成套的，可拧紧M3－M24内的内六角头螺钉。

3. 特种扳手：是根据某些特殊要求而制造的，如图1－154(f)所示的棘轮扳手。它适用于狭窄的地方。工作时正转手柄，棘爪就在弹簧的作用下进入内六角套筒的缺口(棘轮)内，套筒便跟着转动。当反方向转动手柄时，棘爪就从套筒缺口的斜面上滑过去，因而螺母不会跟着反转。松开螺母时，将扳手翻转180°适用即可。

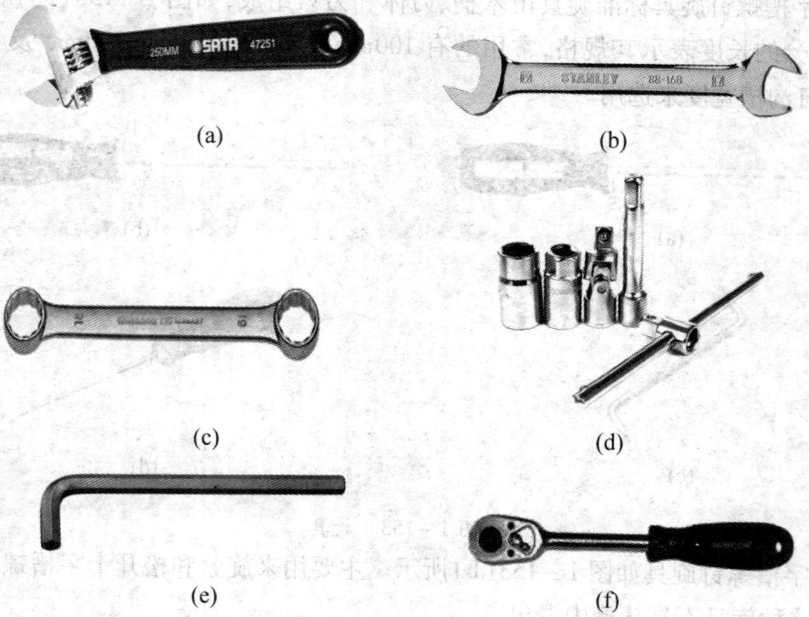

图1－154 扳手

1.3.3 拉拔器

拉拔器的主要作用是用来拉卸轴及轴上零件，如齿轮、轴承、端盖等。常用的形式有机械式拉拔器和液压式拉拔器。机械式轴承拉拔器如图 1－155 所示。

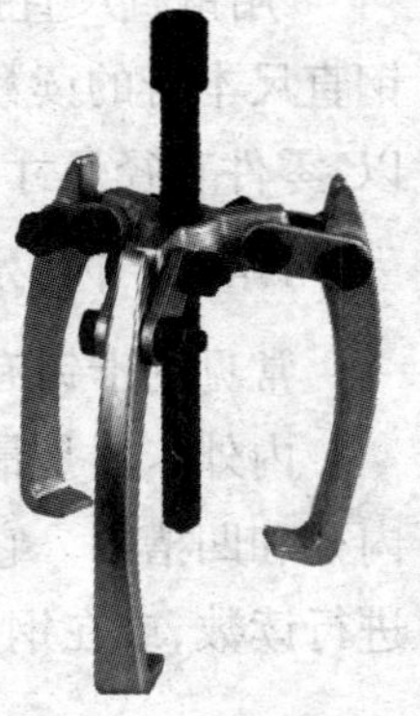

图 1－155　三爪拉拔器

在使用拉拔器之前，应根据实际情况选择合适的、有足够拉力的拉拔器。使用时应检查拉拔器的状况是否良好，摆放位置是否合适，并保证拉拔器摆好之后支撑腿处于水平位置，而不倾斜，以使拉拔器整体受力均匀。拉拔器升起时，最好双手同时旋转手柄，使拉拔器两侧对称受力，并且双手要均匀受力，避免快速超负荷用力，损坏拉拔器或轴承。

1.4 常用测量工具的使用

1.4.1 钢直尺

钢直尺是最简单的长度量具，它的长度有 150，300，500 和 1000 mm 四种规格。下图所示是常用的 150 mm 钢直尺。如图 1－156 所示。

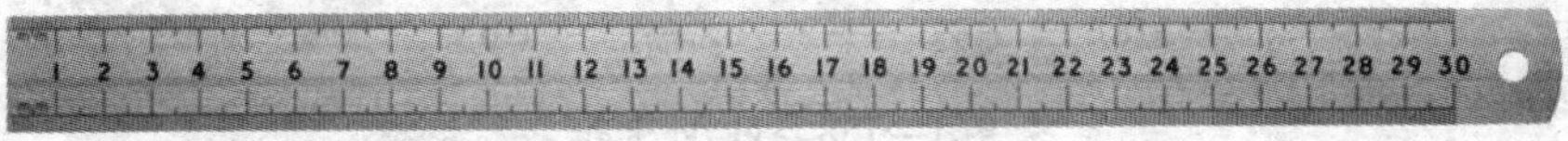

图 1－156　钢直尺

钢直尺用于测量零件的长度尺寸，它的测量结果不太准确。这是由于钢直尺的刻线间距为1mm，而刻线本身的宽度就有 0.1～0.2mm，所以测量时读数误差比较大，只能读出毫米数，即它的最小读数值为 1mm，比 1mm 小的数值，只能估计而得。钢直尺的使用方法如图 1－157所示。

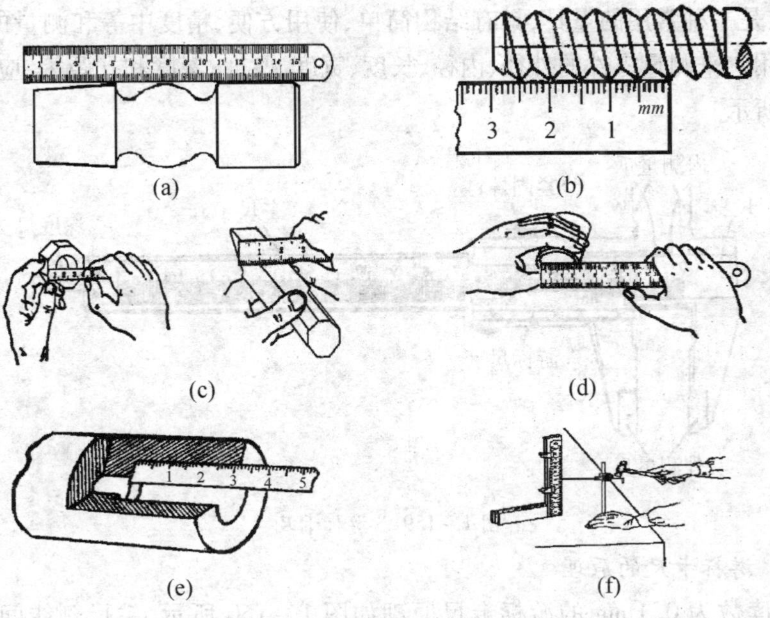

图 1－157　钢直尺的使用方法

用钢直尺直接去测量零件的直径尺寸(轴径或孔径),则测量精度更差。其原因是除了钢直尺本身的读数误差比较大以外,还由于钢直尺无法正好放在零件直径的正确位置。所以,零件直径尺寸的测量,也可以利用钢直尺和内外卡钳配合起来进行。

1.4.2 内、外卡钳

常见的卡钳有内卡钳、外卡钳两种。如图 1-158 所示。

内外卡钳是最简单的比较量具 ,外卡钳一般是用来测量外径,内卡钳一般是用来测量内径和凹槽的。它们本身都不能直接读出测量结果,而是把测量得的长度尺寸 在钢直尺上进行读数,或在钢直尺上先取下所需尺寸,再去检验零件的直径是否符合。

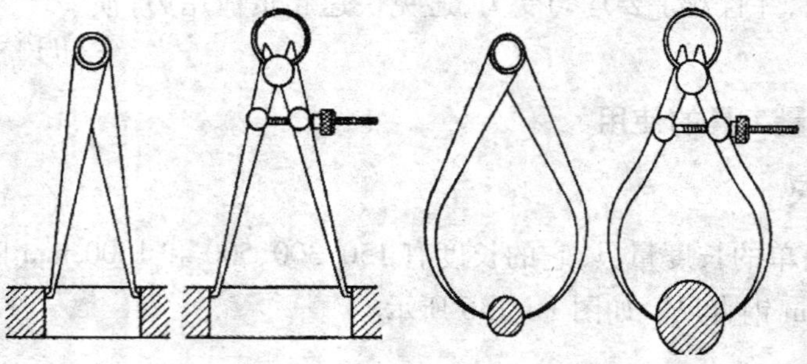

(a) (b)

图 1-158 内、外卡钳

(a)内卡钳;(b)外卡钳

卡钳的适用范围:卡钳是一种简单的量具,由于它具有结构简单,制造方便、价格低廉、维护和使用方便等特点,广泛应用于要求不高的零件尺寸的测量和检验,尤其是对锻铸件毛坯尺寸的测量和检验,卡钳是最合适的测量工具。

1.4.3 游标卡尺

游标卡尺是一种常用的量具,具有结构简单、使用方便、精度中等和测量的尺寸范围大等特点,可以用它来测量零件的外径、内径、长度、宽度、厚度、深度和孔距等,应用范围很广。如图 1-159 所示。

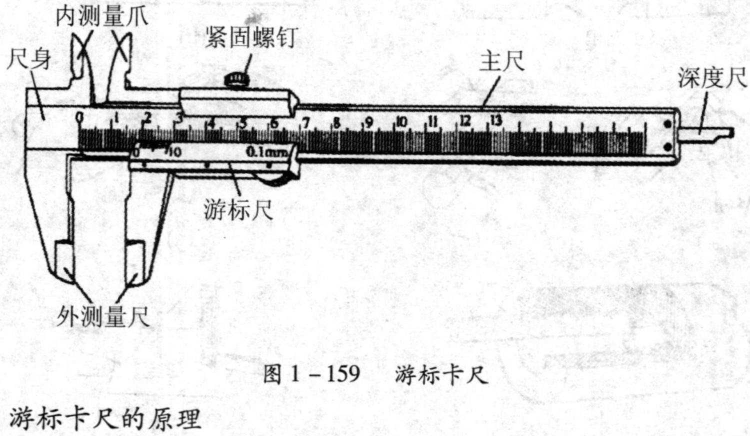

图 1-159 游标卡尺

1.4.3.1 游标卡尺的原理

(1)游标读数为 0.1mm 的游标卡尺原理如图 1-160 所示,主尺刻线间距(每格)为 1mm,当游标零线与主尺零线对准(两爪合并)时,游标上的第 10 刻线正好指向等于主尺上的 9mm，而游标上的其他刻线都不会与主尺上任何一条刻线对准。

游标每格间距：9mm ÷ 10 = 0.9mm；

主尺每格间距与游标每格间距相差：1mm － 0.9mm = 0.1mm

0.1mm 即为此游标卡尺上游标所读出的最小数值，再也不能读出比 0.1mm 小的数值。

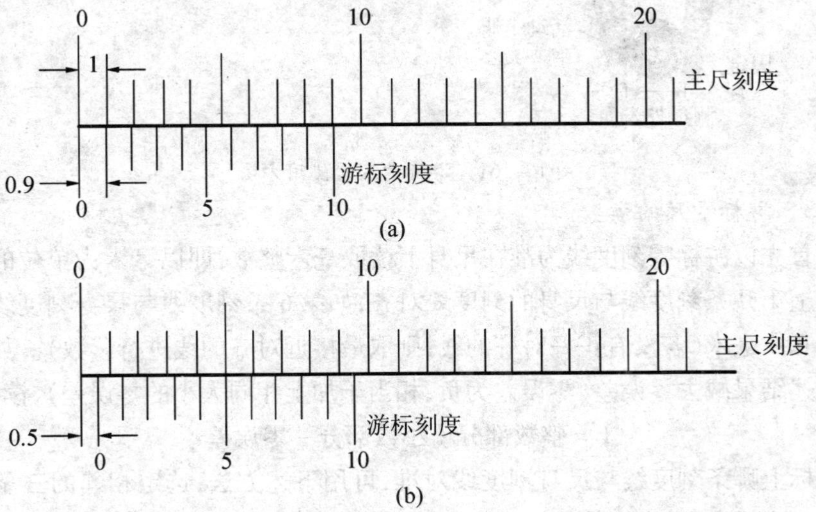

图 1－160 0.1mm 的游标卡尺原理

（2）游标读数为 0.05mm 的游标卡尺 主尺刻线间距（每格）为 1mm，当游标零线与主尺零线对准（两爪合并）时，游标上的第 20 刻线正好指向等于主尺上的 39mm，而游标上的其他刻线都不会与主尺上任何一条刻线对准。

游标每格间距：39mm ÷ 20 = 1.95mm

主尺 2 格间距与游标 1 格间距相差：2 － 1.95 = 0.05mm

0.05mm 即为此种游标卡尺的最小读数值。同理，也有用游标上的 20 格刚好等于主尺上的 19mm，其读数原理不变。

（3）游标读数为 0.02mm 的游标卡尺 主尺刻线间距（每格）为 1mm，当游标零线与主尺零线对准（两爪合并）时，游标上的第 50 刻线正好指向等于主尺上的 49mm，而游标上的其他刻线都不会与主尺上任何一条刻线对准。

游标每格间距：49mm ÷ 50 = 0.98mm

主尺每格间距与游标 1 格间距相差：1 － 0.98 = 0.02mm

0.02mm 即为此种游标卡尺的最小读数值。

1.4.3.2 游标卡尺的使用

用软布将量爪擦干净，使其并拢，查看游标和主尺身的零刻度线是否对齐。如果对齐就可以进行测量：如没有对齐则要记取零误差：游标的零刻度线在尺身零刻度线右侧的叫正零误差，在尺身零刻度线左侧的叫负零误差（这件规定方法与数轴的规定一致，原点以右为正，原点以左为负）。

测量时，右手拿住尺身，大拇指移动游标，左手拿待测外径（或内径）的物体，使待测物位于外测量爪之间，当与量爪紧紧相贴时，即可读数，如图 1－161 所示。

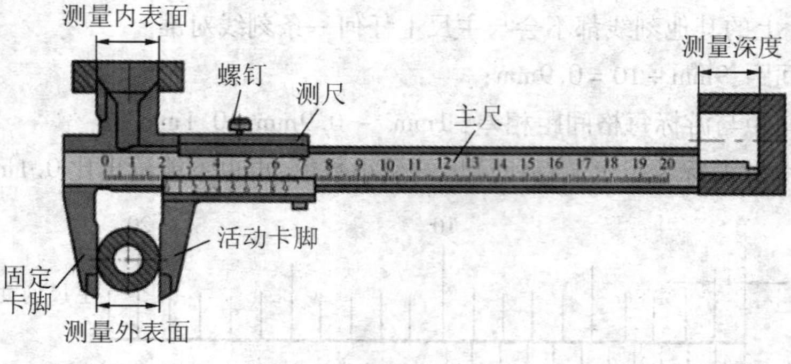

图 1－161　游标卡尺的使用方法

1.4.3.3　游标卡尺的读数

读数时首先以游标零刻度线为准在尺身上读取毫米整数，即以毫米为单位的整数部分。然后看游标上第几条刻度线与尺身的刻度线对齐，如第 6 条刻度线与尺身刻度线对齐，则小数部分即为 0.6 毫米（若没有正好对齐的线，则取最接近对齐的线进行读数）。如有零误差，则一律用上述结果减去零误差（零误差为负，相当于加上相同大小的零误差），读数结果为：

L = 整数部分 + 小数部分 － 零误差

判断游标上哪条刻度线与尺身刻度线对准，可用下述方法：选定相邻的三条线，如左侧的线在尺身对应线之右，右侧的线在尺身对应线之左，中间那条线便可以认为是对准了，如图 1－162 所示。

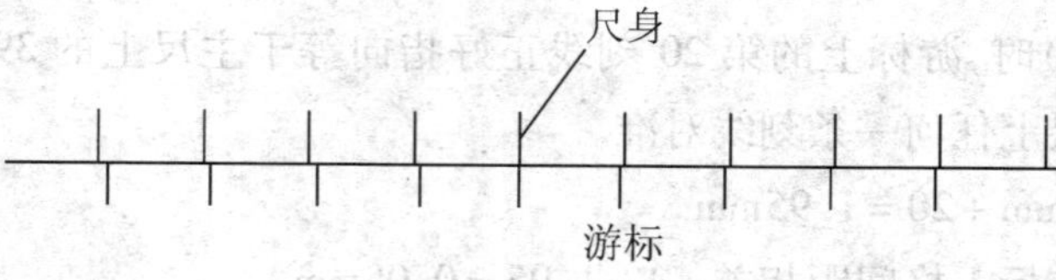

图 1－162　判别方法

如果需测量几次取平均值，不需每次都减去零误差，只要从最后结果减去零误差即可。

1.4.3.4　游标卡尺的使用注意事项

游标卡尺使用完毕，用棉纱擦拭干净。长期不用时应将它擦上黄油或机油，两量爪合拢并拧紧紧固螺钉，放入卡尺盒内盖好。

（1）游标卡尺是比较精密的测量工具，要轻拿轻放，不得碰撞或跌落地下。使用时不要用来测量粗糙的物体，以免损坏量爪，不用时应置于干燥地方防止锈蚀。

（2）测量时，应先拧松紧固螺钉，移动游标不能用力过猛。两量爪与待测物的接触不宜过紧。不能使被夹紧的物体在量爪内挪动。

（3）读数时，视线应与尺面垂直。如需固定读数，可用紧固螺钉将游标固定在尺身上，防止滑动。

（4）实际测量时，对同一长度应多测几次，取其平均值来消除偶然误差。

1.4.4　外径千分尺

外径千分尺，常简称为千分尺，是比游标卡尺更精密的长度测量仪器，常见的一种如图 1－163所示，它的量程是 0～25 毫米，分度值是 0.01 毫米。外径千分尺的结构由固定的尺架、测砧、测微螺杆、固定套管、微分筒、测力装置、锁紧装置等组成。固定套管上有一条水平线,这条线上、下各有一列间距为1毫米的刻度线,上面的刻度线恰好在下面二相邻刻度线中间。微分筒上的刻度线是将圆周分为50等分的水平线,它是旋转运动的。

根据螺旋运动原理,当微分筒(又称可动刻度筒)旋转一周时,测微螺杆前进或后退一个螺距——0.5毫米。这样,当微分筒旋转一个分度后,它转过了1/50周,这时螺杆沿轴线移动了1/50×0.5毫米=0.01毫米,因此,使用千分尺可以准确读出0.01毫米的数值。

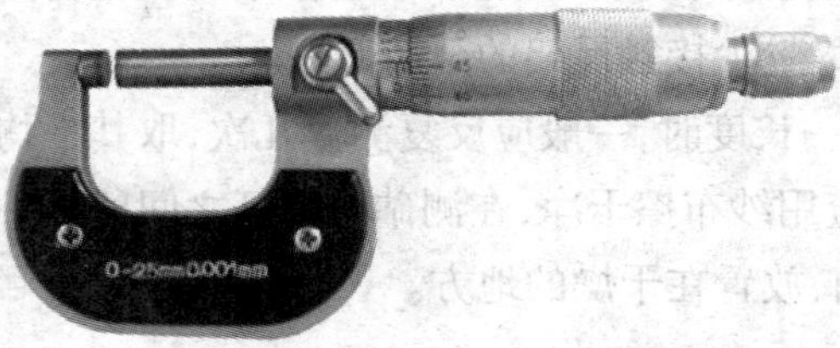

图1-163 外径千分尺

1.4.4.1 外径千分尺的零位校准

使用千分尺时先要检查其零位是否校准,因此先松开锁紧装置,清除油污,特别是测砧与测微螺杆间接触面要清洗干净。检查微分筒的端面是否与固定套管上的零刻度线重合,若不重合应先旋转旋钮,直至螺杆要接近测砧时,旋转测力装置,当螺杆刚好与测砧接触时会听到喀喀声,这时停止转动。如两零线仍不重合(两零线重合的标志是:微分筒的端面与固定刻度的零线重合,且可动刻度的零线与固定刻度的水平横线重合),可将固定套管上的小螺丝松动,用专用扳手调节套管的位置,使两零线对齐,再把小螺丝拧紧。

检查千分尺零位是否校准时,要使螺杆和测砧接触,偶而会发生向后旋转测力装置两者不分离的情形。这时可用左手手心用力顶住尺架上测砧的左侧,右手手心顶住测力装置,再用手指沿逆时针方向旋转旋钮,可以使螺杆和测砧分开。

1.4.4.2 外径千分尺的读数

读数时,先以微分筒的端面为准线,读出固定套管下刻度线的分度值(只读出以毫米为单位的整数),再以固定套管上的水平横线作为读数准线,读出可动刻度上的分度值,读数时应估读到最小刻度的十分之一,即0.001毫米。如果微分筒的端面与固定刻度的下刻度线之间无上刻度线,测量结果即为下刻度线的数值加可动刻度的值;如微分筒端面与下刻度线之间有一条上刻度线,测量结果应为下刻度线的数值加上0.5毫米,再加上可动刻度的值。

1.4.4.3 外径千分尺的零误差判定

校准好的千分尺,当测微螺杆与测砧接触后,可动刻度上的零线与固定刻度上的水平横线应该是对齐的。如果没有对齐,测量时就会产生系统误差——零误差。如无法消除零误差,则应考虑它们对读数的影响。若可动刻度的零线在水平横线上方,且第x条刻度线与横线对齐,即说明测量时的读数要比真实值小x.100毫米,这种零误差叫做负零误差;若可动刻度的零线在水平横线的下方,且第y条刻度线与横线对齐,则说明测量时的读数要比真实值大y.100毫米,这种零误差叫正零误差。对于存在零误差的千分尺,测量结果应等于读数减去零误差,即物体长度=固定刻度读数+可动刻度读数-零误差。

1.4.4.4 外径千分尺使用注意事项

(1)千分尺是一种精密的量具,使用时应小心谨慎,动作轻缓,不要让它受到打击和碰撞。千分尺内的螺纹非常精密,使用时要注意:①旋钮和测力装置在转动时都不能过分用力;②当转动旋钮使测微螺杆靠近待测物时,一定要改旋测力装置,不能转动旋钮使螺杆压在待测物上;③当测微螺杆与测砧已将待测物卡住或旋紧锁紧装置的情况下,决不能强行转动旋钮。

(2)有些千分尺为了防止手温使尺架膨胀引起微小的误差,在尺架上装有隔热装置。实验时应手握隔热装置,而尽量少接触尺架的金属部分。

(3)使用千分尺测同一长度时,一般应反复测量几次,取其平均值作为测量结果。

(4)千分尺用毕后,应用纱布擦干净,在测砧与螺杆之间留出一点空隙,放入盒中。如长期不用可抹上黄油或机油,放置在干燥的地方。

1.4.5 万能角度尺

万能角度尺是用来测量精密零件内外角度或进行角度划线的角度量具,结构见图1-164。其测量精度不高,只适用于单间、小批量生产。万能角度尺由尺身、90°角尺、游标、制动器、基尺、直尺、卡快等组成,其分Ⅰ型Ⅱ型两种,其测量范围分别为0°~320°和0°~360°。

1.4.5.1 测量精度为2′的原理

万能角度尺的读数机构是根据游标原理制成的。主尺刻线每格为1°。游标的刻线是取主尺的29°等分为30格,因此游标刻线角格为29°/30,即主尺与游标一格的差值为2′,也就是说万能角度尺精确度为2′。

图1-164 万能角度尺

1.4.5.2 万能角度尺的读数

其读数方法与游标卡尺完全相同,先读出游标零线前的角度是几度,再从游标上读出角度"的数值,两者相加就是被测零件的角度数值。测量时应先校准零位,万能角度尺的零位,是当角尺与直尺均装上,而角尺的底边及基尺与直尺无间隙接触,此时主尺与游标的"0"线对准。调整好零位后,通过改变基尺、角尺、直尺的相互位置可测试0°~320°范围内的任意角。应用万能角度尺测量工件时,要根据所测角度适当组合量尺。

(1)测量0°~50°之间角度　角尺和直尺全都装上,产品的被测部位放在基尺和直尺的测量面之间进行测量。如图1－165所示。

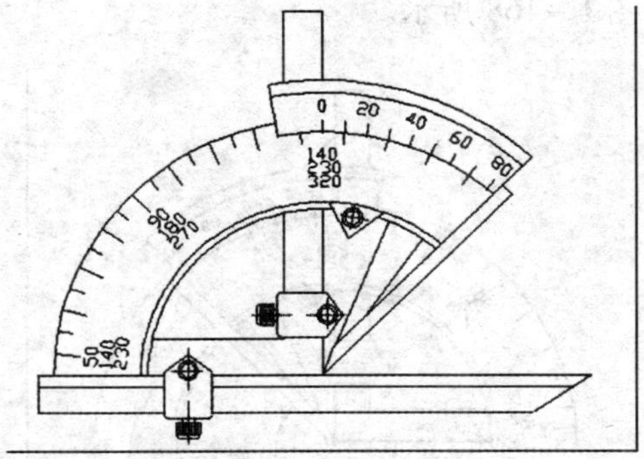

图1－165　0°～50°角度测量

（2）测量50°～140°之间角度　可把角尺卸掉，把直尺装上去，使它与扇形板连在一起。工件的被测部位放在基尺和直尺的测量面之间进行测量。如图1－166所示。

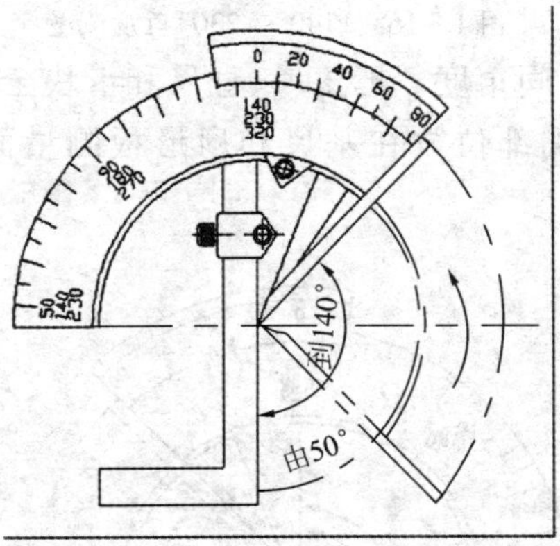

图1－166　50°～140°角度测量

也可以不拆下角尺，只把直尺和卡块卸掉，再把角尺拉到下边来，直到角尺短边与长边的交线和基尺的尖棱对齐为止。把工件的被测部位放在基尺和角尺短边的测量面之间进行测量。如图1－167所示。

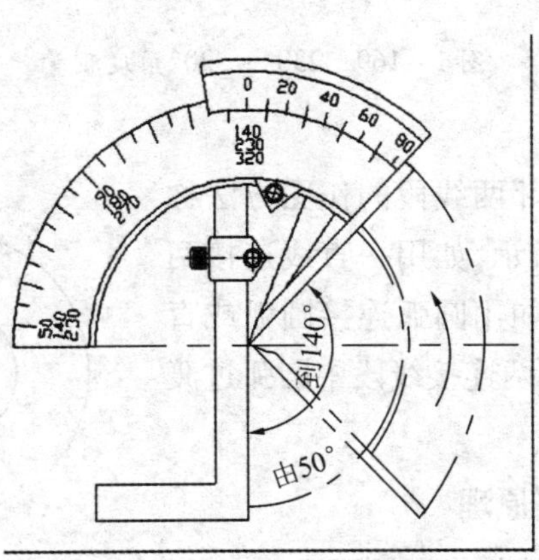

图1－167　50°～140°角度测量

（3）测量140°～230°之间角度　把直尺和卡块卸掉，只装角尺，但要把角尺推上去，直到角尺短边与长边的交线和基尺的尖棱对齐为止。把工件的被测部位放在基尺和角尺短边的测量面之间进行测量。如图 1－168 所示。

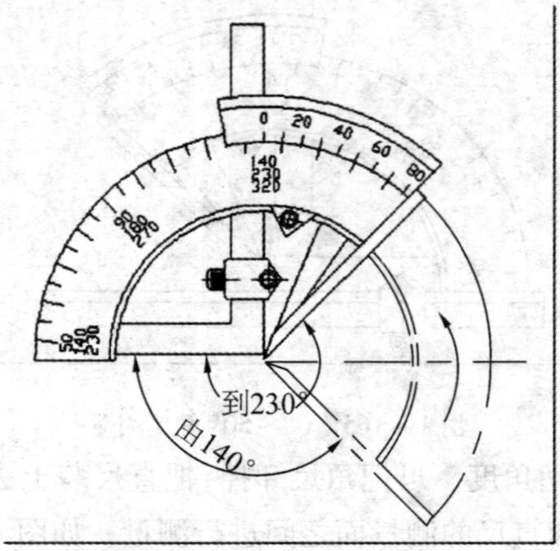

图 1－168　140°～230°角度测量

(4)测量 230°～320°之间角度　把角尺、直尺和卡块全部卸掉，只留下扇形板和主尺(带基尺)。把产品的被测部位放在基尺和扇形板测量面之间进行测量。如图 1－169 所示。

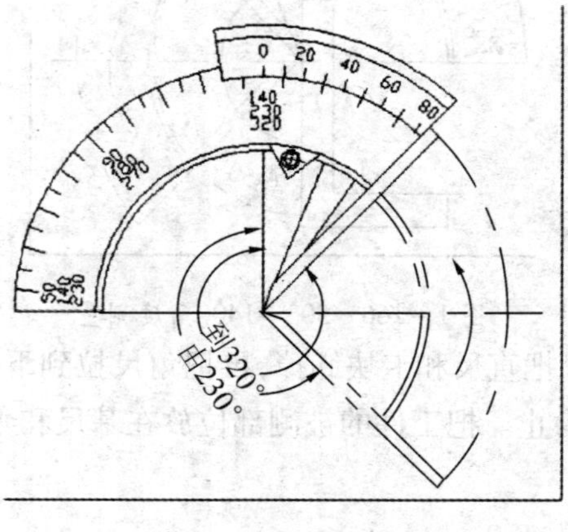

图 1－169　230°～320°角度测量

1.5　圆弧连接

用一圆弧光滑地连接相邻两线段的作图方法称为圆弧连接。如图 1－170 所示，如用一直线连接两圆弧，则该直线称为公切线；如用圆弧连接圆弧或直线，则该圆弧称为连接圆弧；两连接线段中圆弧过渡的分界点称为切点。

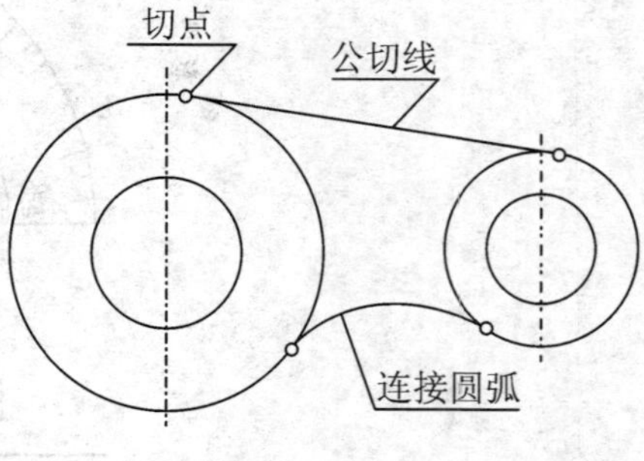

图 1－170　圆弧连接

1.5.1　圆弧连接的作图原理

表 1－14 给出了圆弧连接的作图原理

表 1－14　圆弧连接的作图原理

类别	图例	连接弧圆心轨迹及切点位置
连接弧与已知直线相切	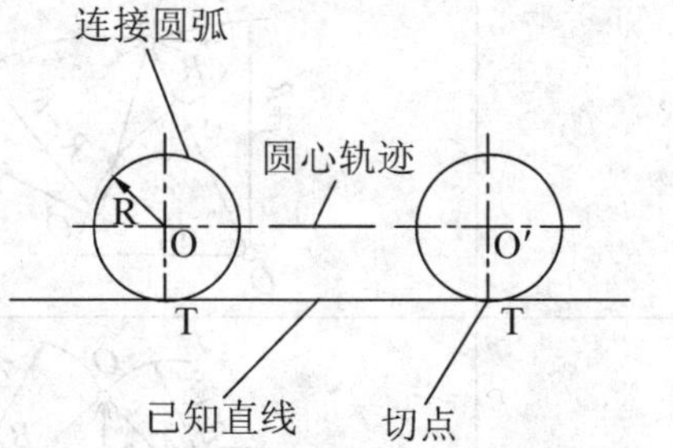	半径为 R 的连接弧与已知直线相切时，连接弧圆心 O 的轨迹是与已知直线相距为 R 且平行于定直线的直线 切点为连接弧圆心向已知直线作垂线的垂足 T
连接弧与已知圆外切	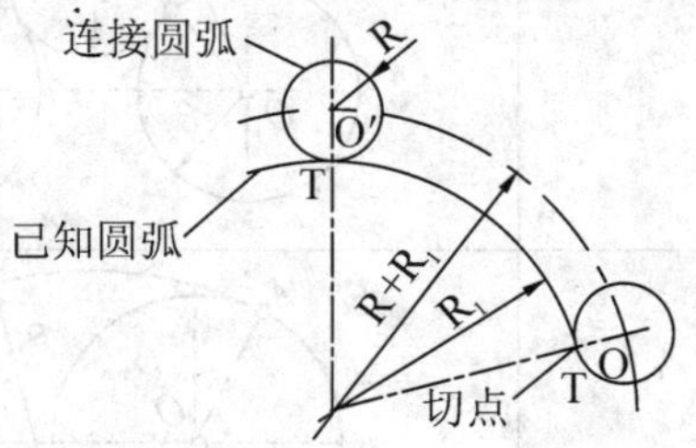	半径为 R 的连接弧与已知圆弧（半径为 R_1）外切时，则连接弧圆心的轨迹是已知圆弧的同心圆弧，其半径为 $R+R_1$ 切点为两圆心连线与已知圆的交点 T
连接弧与已知圆内切	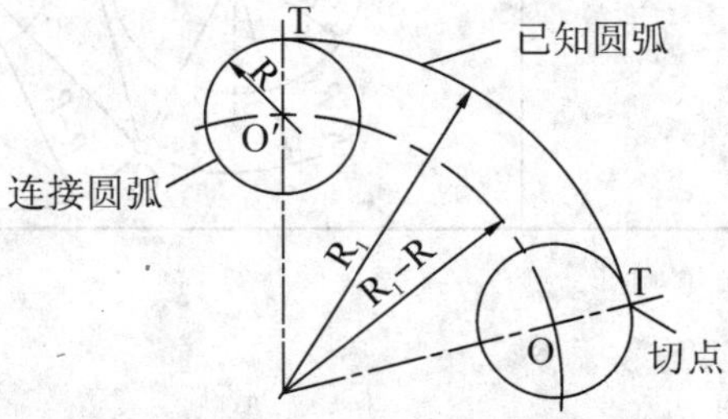	半径为 R 的连接弧与已知圆弧（半径为 R_1）内切时，则连接弧圆心的轨迹是已知圆弧的同心圆弧，其半径为 R_1-R 切点为两圆心连线的延长线与已知圆的交点 T

1.5.2　直线与圆弧、圆弧与圆弧连接的各种形式

表 1－15 列出了常见圆弧连接的实例及作图方法与步骤

表 1－15　圆弧连接图例

类别	实例	作图方法与步骤
直线与圆弧件的圆弧连接	 扳手（外切）	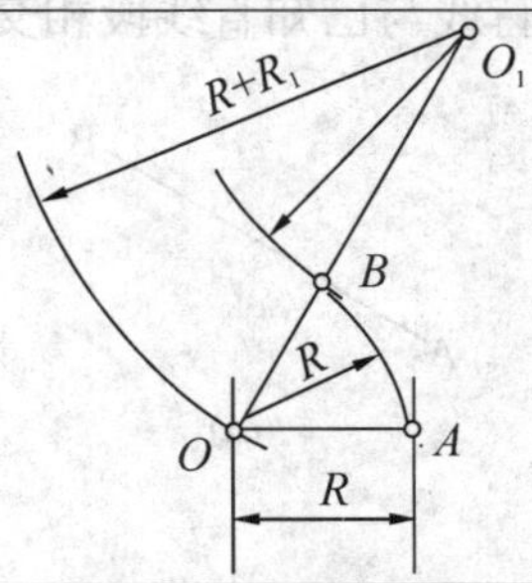
直线与圆弧件的圆弧连接	 手轮（内切）	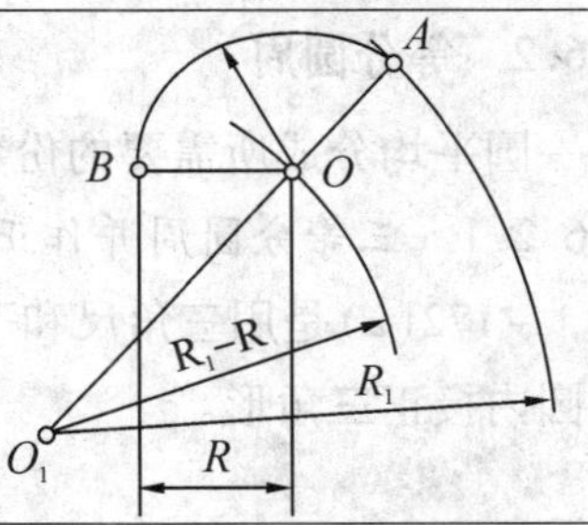

续表

两圆弧间的圆弧连接	 吊钩(内切连接)	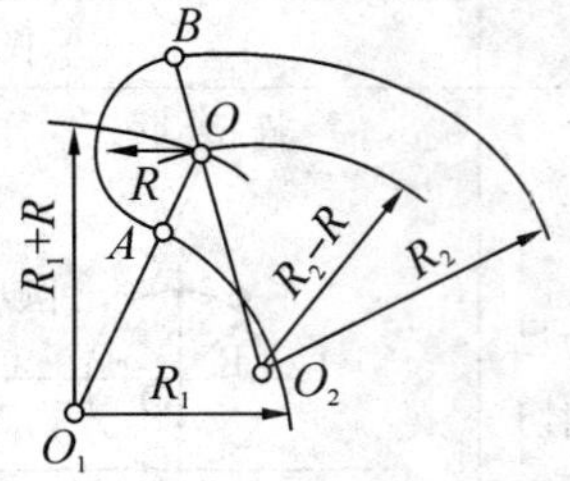
两圆弧间的圆弧连接	 链节(外切连接)	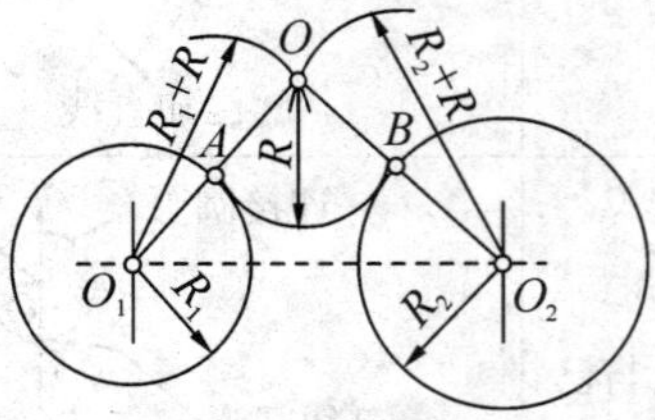
两圆弧间的圆弧连接	 连杆(内切连接)	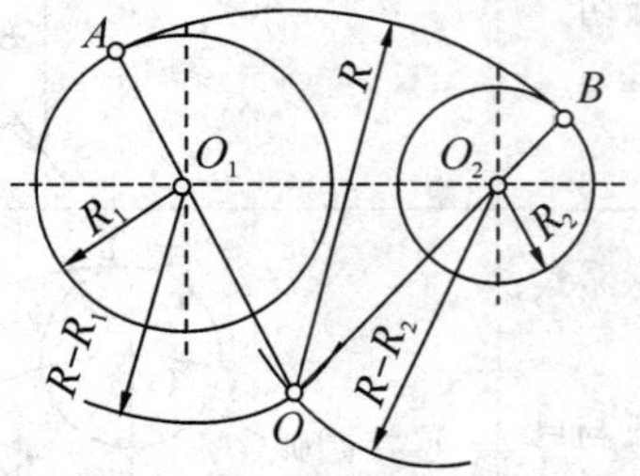

1.6 等分线段及圆周

1.6.1 等分线段

如图 1－171(a)所示,分割一直线段 AB 为四等份。作图方法与步骤如下:

(1)过已知直线段 AB 的一个端点 A 任作一射线 AC,由此端点起在射线上以任意长度截取四等份,如图 1－171(b)所示。

(2)将射线上的等分终点与已知直线段的另一端点 B 连接,并过射线上各等分点作此连线的平行线与已知直线段相交,交点即所求等分点,如图 1－171(c)所示。

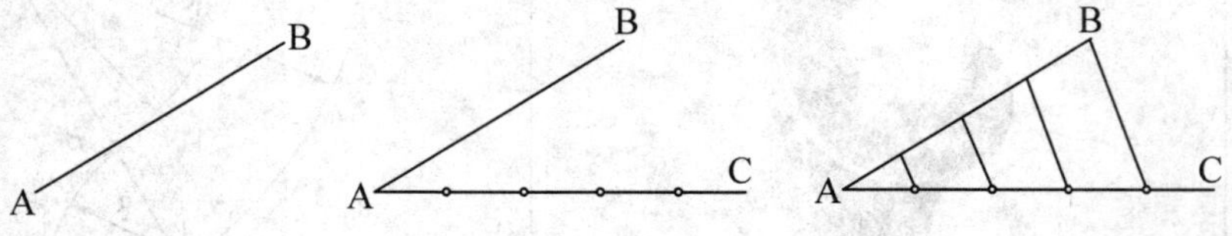

图 1－171　等分线段

1.6.2 等分圆周

将一圆平均分成所需要的份数即是等分圆周,读者可参照图例自行分析。

1.6.2.1 三等分圆周并作正三角形

图 1－172(a)是用三角尺和丁字尺画出正三角形的方法。图 1－173(b)是用作图的方法画出圆内接正三角形。

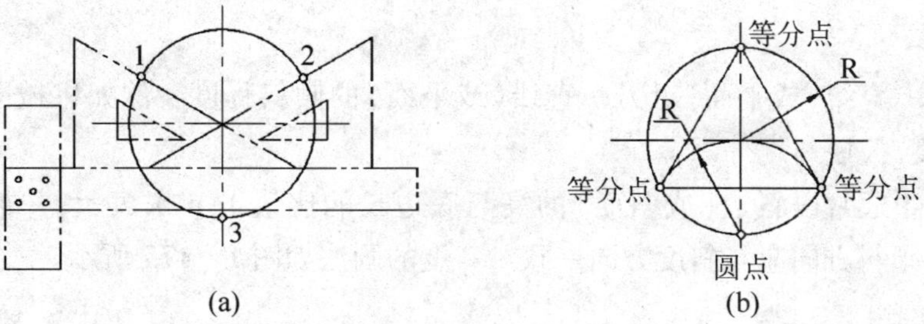

图 1－172 三等分圆周

1.6.2.2 五等分圆周并作正五边形

圆的五等分及正五边形的作图步骤如下：

(1)如图 1－173(a)所示，以 a 为圆心，Oa 为半径画圆弧交已知圆于点 e、f。

(2)如图 1－173(b)所示，连接 e、f 两点交 Pa 于点 p。

(3)如图 1－173(c)所示，以 p 为圆心，pb 为半径画圆弧交直径 ac 于点 s。

(4)如图 1－173(d)所示，以 b 为圆心，bs 为半径画圆弧交圆于 c 点。

(5)如图 1－173(e)所示，以 bs 为边长依次等分圆周。

(6)如图 1－173(f)所示，依次连接五个点，即为圆内接正五边形。

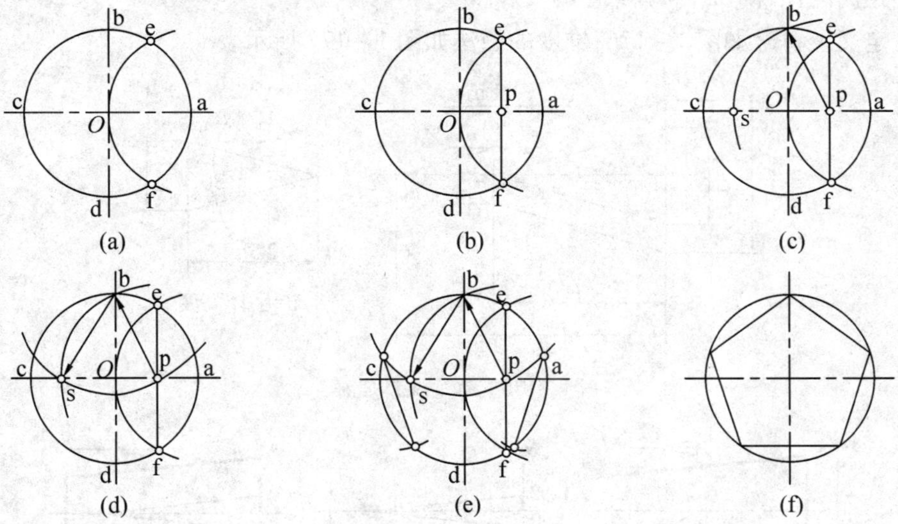

图 1－173 五等分圆周

1.6.2.3 六等分圆周并作正六边形

如图 1－174 所示。

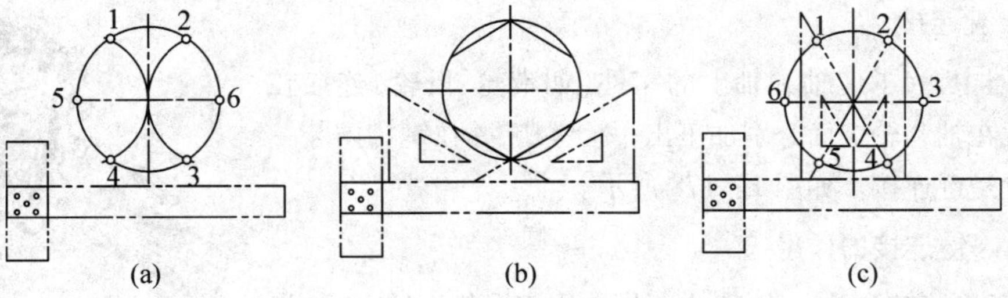

图 1－174 六等分圆周

1.7　斜度

斜度是指一直线（或平面）对另一直线（或平面）的倾斜程度。例如机械图样中的铸造斜度、锻造斜度、拔模斜度等。

斜度的大小通常以斜边（或斜面）的高与底边长的比值 1:n 来表示，并加注斜度符号“∠”，符号的倾斜方向应与斜度方向一致。斜度的画法如图 1－175 所示。

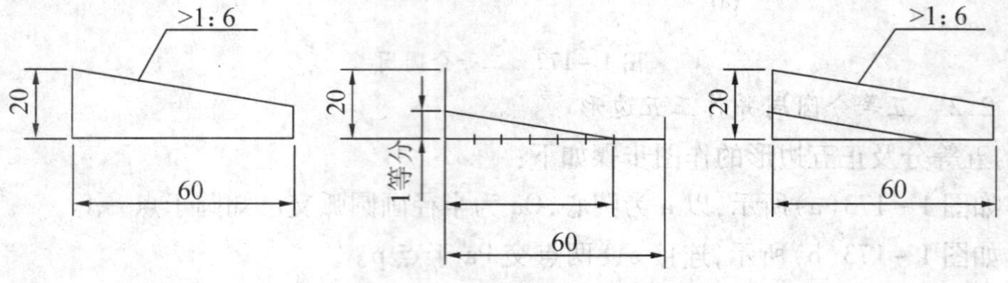

图 1－175　斜度的画法

1.8　锥度

锥度是正圆锥的底圆直径与锥高之比，即 D:L，而正圆台的锥度是两端底圆直径之差与两底圆间距离之比，即（D－d）:λ 。

锥度定义及符号如图 1－176；锥度的画法如图 1－177 所示。

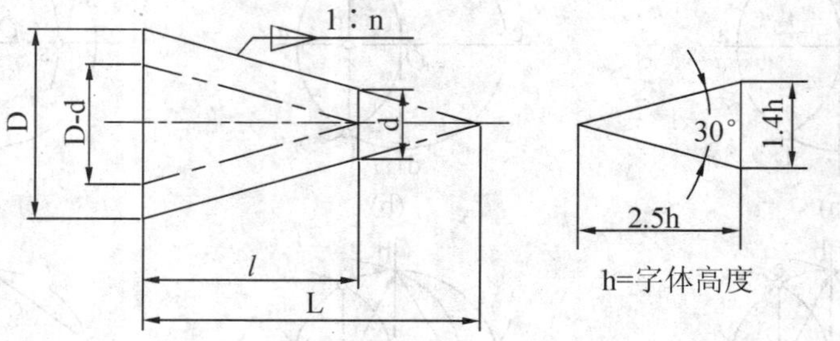

图 1－176　锥度及锥度符号

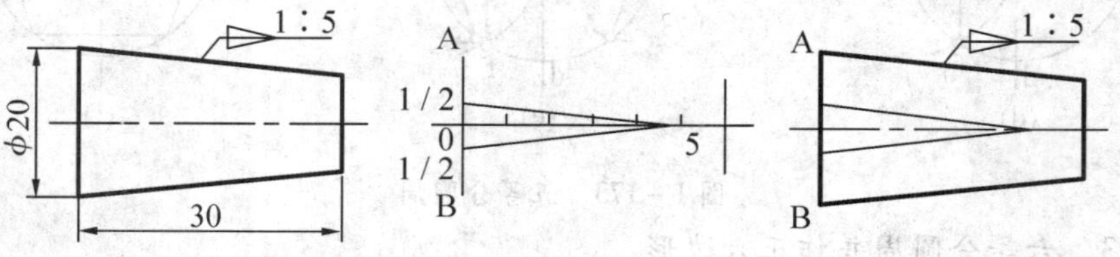

图 1－177　锥度的画法

1.9　键连接

在机器中，为了使轴和轴上的零件（如带轮、齿轮）连接在一起，通常在轴和轮上面分别加工出一个键槽，并在键槽内装一个键，这就是键连接。如图 1－178 所示。

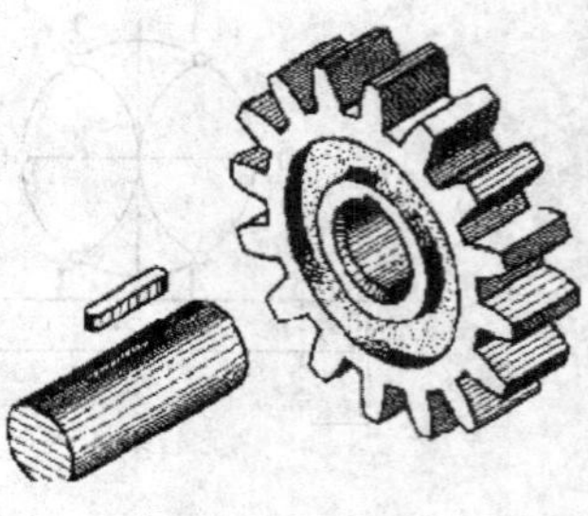

图 1－178　键连接

1.9.1　键连接的作用

键用于连接轴和轴上零件，进行周向固定以传递转矩，如齿轮、带轮、联轴器与轴的连接。键连接装配中，键（一般用 45 号钢制成)是用来连接轴上零件并对它们起周向固定作用,以达到传递扭矩的一种机械零件。其连接类别有松键连接、紧键连接和花键连接。

1.9.2　键的种类及其标记

键连接可分为平键连接、半圆键连接、楔键连接和切向键连接。

1.9.2.1　平键连接

平键按用途分有三种:普通平键、导向平键和滑键。平键的两侧面为工作面,平键连接是靠键和键槽侧面挤压传递转矩,键的上表面和轮毂槽底之间留有间隙。平键连接具有结构简单、装拆方便、对中性好等优点,因而应用广泛。

普通平键用于轮毂与轴间无相对滑动的静连接。按键的端部形状不同分为 A 型(圆头)、B 型(方头)、C 型(单圆头)三种。A 型普通平键的轴上键槽用指状铣刀在立式铣床上铣出,槽的形状与键相同,键在槽中固定良好,工作时不松动,但轴上键槽端部应力集中较大。B 型普通平键轴槽是用盘状铣刀在卧式铣床上加工,轴的应力集中较小,但键在轴槽中易松动,故对尺寸较大的键,宜用紧定螺钉将键压在轴槽底部。C 型普通平键常用于轴端的连接。

导向平键和滑键均用于轮毂与轴间需要有相对滑动的动连接。导向平键用螺钉固定在轴上的键槽中,轮毂沿键的侧面作轴向滑动。滑键则是将键固定在轮毂上,随轮毂一起沿轴槽移动。导向平键用于轮毂沿轴向移动距离较小的场合,当轮毂的轴向移动距离较大时宜采用滑键连接。

1.9.2.2　半圆键连接

半圆键连接的工作原理与平键连接相同。轴上键槽用与半圆键半径相同的盘状铣刀铣出,因此半圆键在槽中可绕其几何中心摆动以适应轮毂槽底面的斜度。半圆键连接的结构简单,制造和装拆方便,但由于轴上键槽较深,对轴的强度削弱较大,故一般多用于轻载连接,尤其是锥形轴端与轮毂的连接中。

1.9.2.3　楔键连接

楔键的上下表面是工作面,键的上表面和轮毂键槽底面均具有 1:100 的斜度。装配后,键楔紧于轴槽和毂槽之间。工作时,靠键、轴、毂之间的摩擦力及键受到的偏压来传递转矩,同时能承受单方向的轴向载荷。

1.9.2.4　切向键连接

切向键由两个斜度为 1:100 的普通楔键组成。装配时两个楔键分别从轮毂一端打入,使其两个斜面相对,共同楔紧在轴与轮毂的键槽内。其上、下两面(窄面)为工作面,其中一个工作面在通过轴心线的平面内,工作时工作面上的挤压力沿轴的切线作用。因此,切向键连接的工作原理是靠工作面的挤压来传递转矩。一个切向键只能传递单向转矩,若要传递双向转矩,必须用两个切向键,并错开 120°~135°反向安装。切向键连接主要用于轴径大于 100mm、对中性要求不高且载荷较大的重型机械中。

1.9.3　普通平键及键槽的画法

普通平键的大小尺寸应该根据轴的直径 d 选择,键的长度尺寸应该选择用标准尺寸,但必须小于轮毂的长度。

键的型号大小选定后，首先要根据键的具体尺寸查有关标准得到轴上的槽深 t 和轮毂上的槽深 h，然后再按尺寸分别加工轴和轮毂上的键槽。轮毂上的键槽一般用插刀或拉刀在插床或拉床上加工而成，因此槽孔必须开通。而轴上的键槽是由铣刀在铣床上加工而成，铣刀的直径必须与平键宽度相同。键安装时先把平键放入轴的键槽内，其键槽长度与平键长度等长，使键不在轴上移动。

1.9.3.1　轴上键槽的画法及尺寸标注

如图 1－179 所示

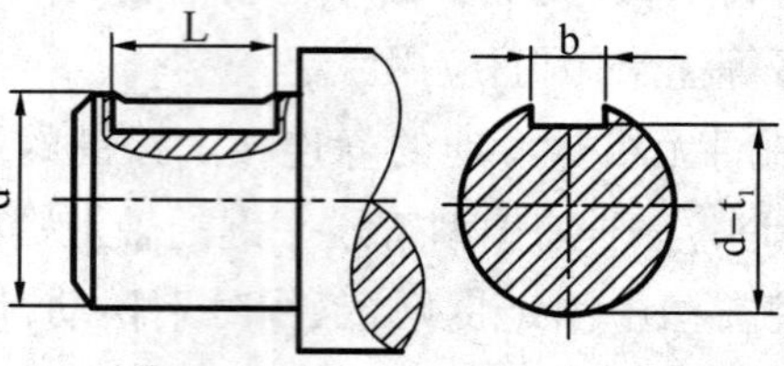

图 1－179　轴上键槽的画法及尺寸标注

注：t_1 为轴上键槽深度，b，t_1，L 可按轴径 d 从标准中查出。

1.9.3.2 轮毂上键槽画法及尺寸注法

如图 1－180 所示

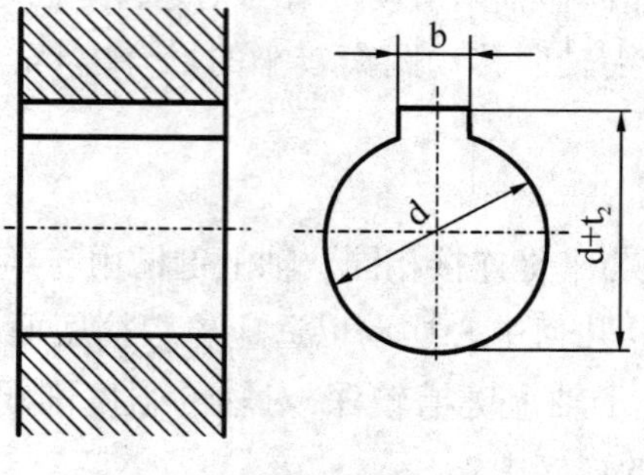

图 1－180　轮毂上键槽画法及尺寸注法

注：t_2 为轮毂上键槽深度；b 为键槽宽度；t_2，b，可按孔径 d 从标准中查出。

1.9.3.3　轴与之配合的键装配时的画法

如图 1－181 所示。

1.9.3.4　轮毂与装配好的键画法

如图 1－182 所示。

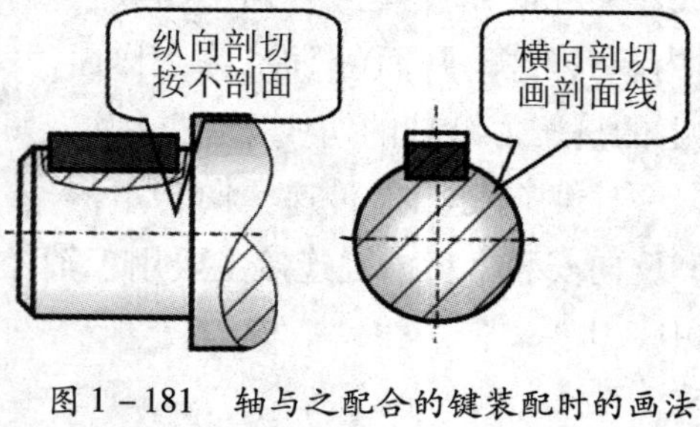

图 1－181　轴与之配合的键装配时的画法

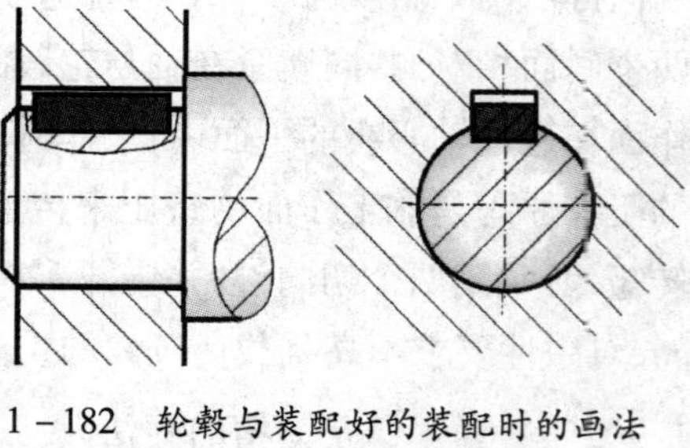

图 1－182　轮毂与装配好的装配时的画法

1.10　销连接

销通常用于零件之间的连接、定位和防松，常见的有圆柱销、圆锥销和开口销等，它们都是标准件。圆柱销和圆锥销可以连接零件，也可以起定位作用（限定两零件间的相对位置），如图 1－183（a）（b）所示。开口销常用在螺纹连接的装置中，以防止螺母的松动，如图 1－183（c）所示。表 1－16 为销的形式和标记示例及画法。

表 1－16　销的形式、标记示例及画法

名称	标准号	图　例	标记示例
圆锥销	GB/T117－2000	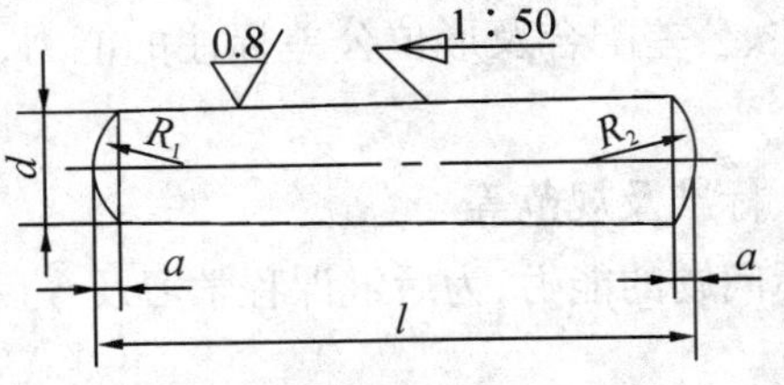 $R_1 \approx d \quad R_2 \approx d+(L-2a)/50$	直径 d＝10mm，长度 L＝100mm，材料 35 钢，热处理硬度 28～38HRC，表面氧化处理的圆锥销。 销 GB/T117－2000 A10×100 圆锥销的公称尺寸是指小端直径
圆柱销	GB/T119.1－2000	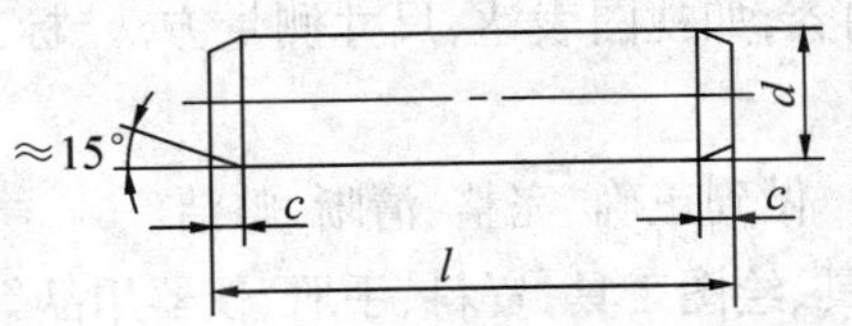	直径 d＝10mm，公差为 m6，长度 L＝80mm，材料为钢，不经表面处理。 销 GB/T119.1－2000 10m6×80
开口销	GB/T91－2000	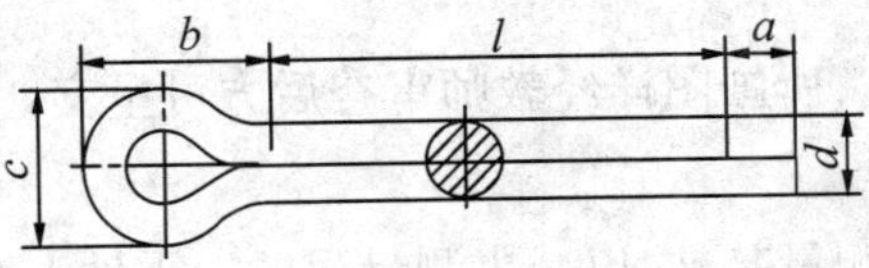	公称直径 d＝4mm，（指销孔直径），L＝20mm，材料为低碳钢不经表面处理。 销 GB/T91－2000 4×20

在连接中，两零件上的孔是在零件装配时一起配钻的。因此，在零件图上标注销孔的尺寸时，应注明“配作”。

绘图时，销的有关尺寸从标准中查找并选用。在剖视图中，当剖切平面通过销的回转轴线时，按不剖处理，如图 1－183 所示。

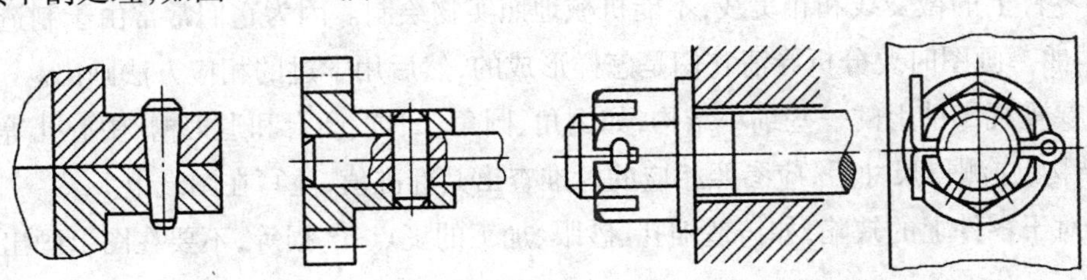

(a)　　(b)　　(c)

图 1－183　键联接的画法

（a）圆锥销联接的画法；（b）圆柱销联接的画法；（c）开口销联接的画法

1.11　零部件测绘

根据已有的机器零件绘制零件草图，然后根据零件草图整理绘制零件图的全过程，称为零件测绘。在仿制、维修或对机器进行技术改造时，常常要进行零件测绘。测绘是本学习领域课程的一个实践教学环节，是学生综合运用已学知识独立地进行测量和绘图的学习过程。

1.11.1 零部件测绘的目的与要求

1.11.1.1 测绘的目的

(1)熟练掌握部件测绘的基本方法和步骤。

(2)进一步提高零件图和装配图的表达方法和绘图的技能技巧。

(3)提高零件图的上尺寸标注、公差配合及形位公差标注的能力,了解有关机械结构方面的知识。

(4)正确使用参考资料、手册、标准及规范等。

(5)培养独立分析和解决实际问题的能力,为后继课程学习及今后工作打下基础。

1.11.1.2 测绘的要求

(1)测绘前要认真阅读测绘指导书,明确测绘的目的、要求、内容及方法和步骤。

(2)认真复习与测绘有关的内容,如视图表达、尺寸测量方法、标准件和常用件、零件图与装配图等。

(3)认真绘图,保证图纸质量。做到正确、完整、清晰、整洁。

(4)做好准备工作,如测量工具、绘图工具、资料、手册、仪器用品等。

(5)在测绘中要独立思考,一丝不苟,有错必改,反对不求甚解,照抄照搬,容忍错误的作法。

(6)按预定计划完成测绘任务,所画图样经教师审查后方可呈交。

1.11.1.3 测绘注意事项

(1)测量尺寸时,应正确选择测量基准,以减少测量误差。零件上磨损部位的尺寸,应参考其配合的零件的相关尺寸,或参考有关的技术资料予以确定。

(2)零件间相配合结构的基本尺寸必须一致,并应精确测量,查阅有关手册,给出恰当的尺寸偏差。

(3)零件上的非配合尺寸,如果测得为小数,则应圆整为整数标出。

(4)零件上的截交线和相贯线,不能机械地照实物绘制。因为它们常常由于制造上的缺陷而被歪曲。画图时要分析弄清它们是怎样形成的,然后用学过的相应方法画出。

(5)要重视零件上的一些细小结构,如倒角、圆角、凹坑、凸台和退刀槽、中心孔等。如细小标准结构,在测得尺寸后,应参照相应的标准查出其标准值,注写在图纸上。

(6)对于零件上的缺陷,如铸造缩孔、砂眼、加工的疵点、磨损等,不要在图上画出。

1.11.2 零件测绘的方法与步骤

(1)了解和分析需要测绘的零件 测绘前要分析了解零件在机器或部件中的位置,与其他零件的关系、作用,然后分析其结构形状和特点及零件的名称、用途、材料等。

(2)确定零件的表达方案

1)根据零件的类型和结构,确定主视图。

2)根据主视图的表达情况,确定所需视图的数量,并定出各视图的表示方法。

3)视图的数量,以能充分表达零件形状为原则的前提下,愈少愈好。

(3)绘制零件草图　零件测绘工作一般多在生产现场进行.因此不便于用绘图工具和仪器画图,多以草图形式绘图。目测比例,徒手画成的图称之为草图。零件草图是绘制零件图的依据,必要时还可以直接指导生产,因此它必须包括零件图的全部内容。草图绝对没有潦草之意。

1) 绘制零件草图的步骤:

① 布置视图:画各视图的定位线。布置视图时要考虑标注尺寸的位置。

② 目测比例:徒手画图。从主视图入手按投影关系完成各视图、剖视图。

③ 画剖面线:选择尺寸基准,画出尺寸界线、尺寸线和箭头。

④ 测量并标注注尺寸:按事先画好的每一条尺寸线进行测量,逐一记入尺寸数字.这样做可避免遗漏尺寸,使测量工作有条不紊。切忌边画尺寸线边量尺寸。

⑤ 编注尺寸要求:对零件的表面粗糙度,可使用粗糙度样板进行比较确定;对于配合尺寸、形位公差、热处理等要求,则要查阅有关书籍和资料来确定;还可参考同类零件的有关技术要求进行类比确定。

⑥ 填写标题栏,完成草图。

2)徒手绘图的方法

①握笔的方法:手握笔的位置要比用仪器绘图时稍高一些,手指距笔尖大约 4 -5mm。握笔的力量不要过大,手腕悬空,笔杆与纸面成 50 度角左右。

②直线的画法:画直线时手腕不要转动,手臂运动带动笔沿画线方向移动。画水平直线时图纸可以适当倾斜放,使运笔更方便。画短线时时手腕运动,手臂尽量不动,如图1 -184所示。

③徒手画圆、圆弧 画圆时应该先定圆心位置,过圆心画对称中心线,用目测定出中心线上得圆上的点。画小圆时以四点为准画圆,画大圆时过圆心加画两条45°斜线,在定出各圆上的点,过八个点画圆,如图 1 -185,画圆弧如图 1 -186。

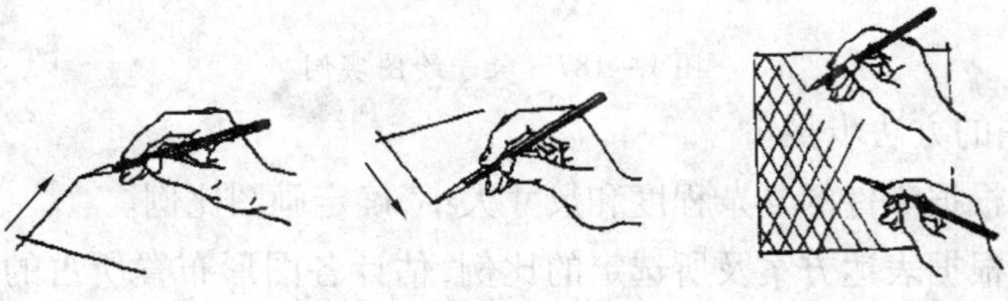

(a)　(b)　(c)

图 1 -184　徒手画直线

(a)画水平;(b)画垂直线;(c)画斜线

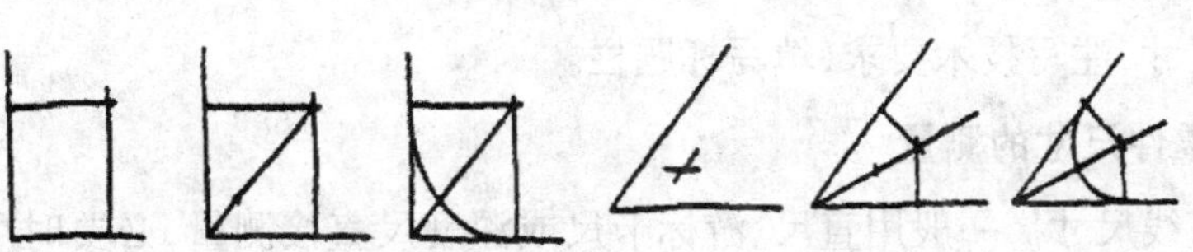

(a)　(b)

图 1 -185　徒手画圆弧

(a)画 90 度圆弧;(b)画任意角圆弧

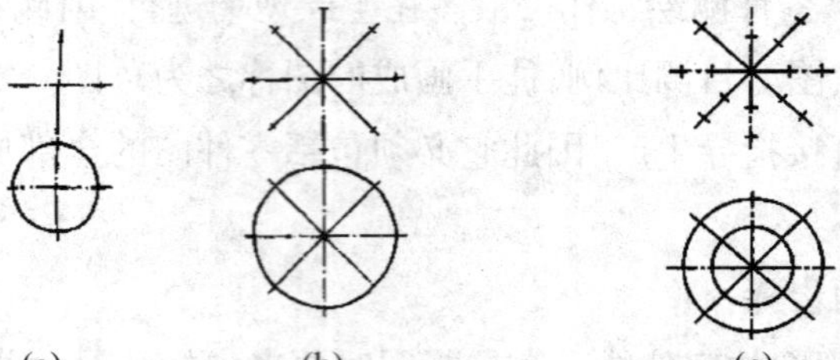

图 1－186　徒手画圆

(a)画小圆;(b)画大圆;(c)画同心圆

(4)绘制零件正式图样

由于测绘是在现场进行的,所画的草图不一定是很完善的,所以在画零件工作图之前,要对草图进行全面审查、核对,对测量所得的尺寸,要参照标准直径、标准长度系列贴近、圆整。对于标准结构要素的尺寸,应从有关标准中查对校正。有的问题需重新考虑,如表达方案、尺寸标注等。经过复查、补充、修改后,再进行零件图的绘制工作,如图 1－187 所示。

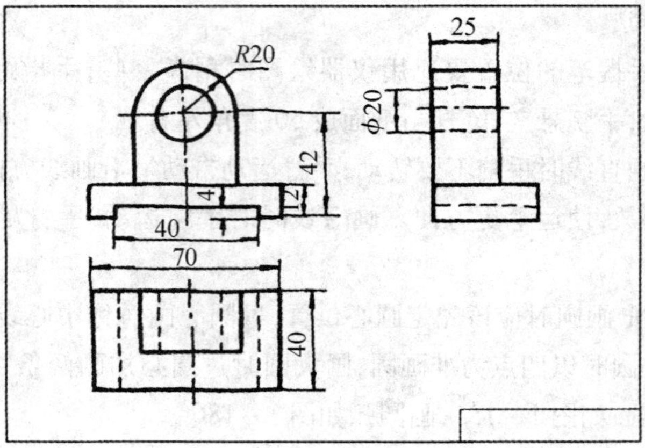

图 1－187　徒手绘图实例

画零件工作图的方法步骤:

(1)定比例　根据零件的复杂程度和尺寸大小,确定画图比例。

(2)选图幅　根据表达方案及所选定的比例,估计各图形布置所占的面积,对所需标注的尺寸留有余地,选择合理的图幅。

(3)画底稿　先定出各视图的基准线,再画图。

(4)检查、描深。

(5)标注尺寸,注写技术要求,填写标题栏。

1.11.3　零件尺寸的测量

(1)测量直线尺寸　一般用直尺、游标卡尺或深度尺直接测量,必要时可借助直角尺或三角板配合进行测量,如图 1－188。

(2)测量内外直径尺寸　通常用内外卡钳和直尺进行测量,或用游标卡尺直接测量,必要时也可使用内、外径千分尺测量。测量时应使两测量点的连线与回转面的轴线垂直相交,以保证测量精度，如图 1－189。

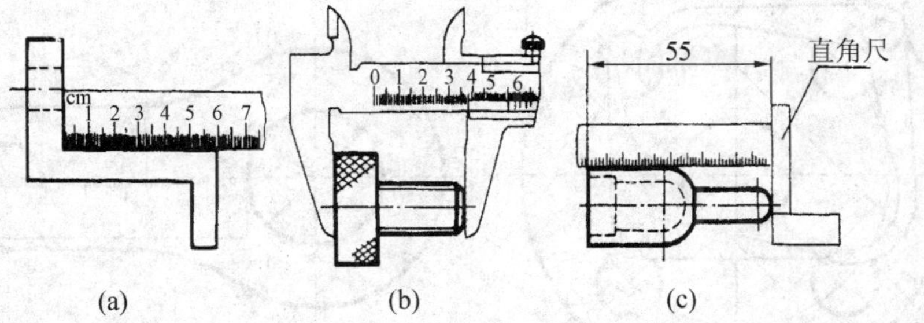

图 1－188　测量直线尺寸

(a)直尺直接测量；(b)游标卡尺直接测量；(c)直尺和直角尺配合测量

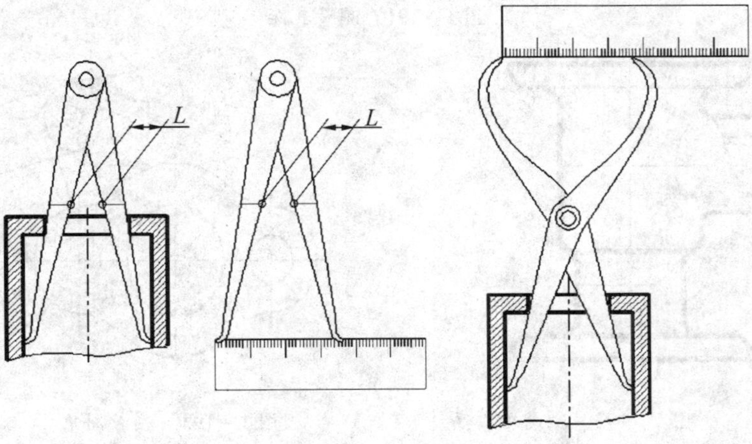

图 1－189　测量孔的内外径

(3)测量壁厚　一般可用直尺测量。如果孔口较小，可用三用游标卡尺的深度尺进行测量，必要时可将内外卡钳与直尺配合起来进行测量，如图 1－190。

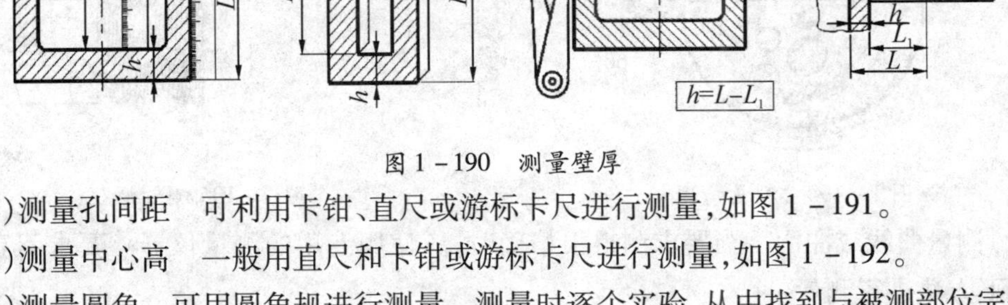

图 1－190　测量壁厚

(4)测量孔间距　可利用卡钳、直尺或游标卡尺进行测量，如图 1－191。

(5)测量中心高　一般用直尺和卡钳或游标卡尺进行测量，如图 1－192。

(6)测量圆角　可用圆角规进行测量。测量时逐个实验，从中找到与被测部位完全吻合的一片，读出该片上的半径值，如图 1－193。

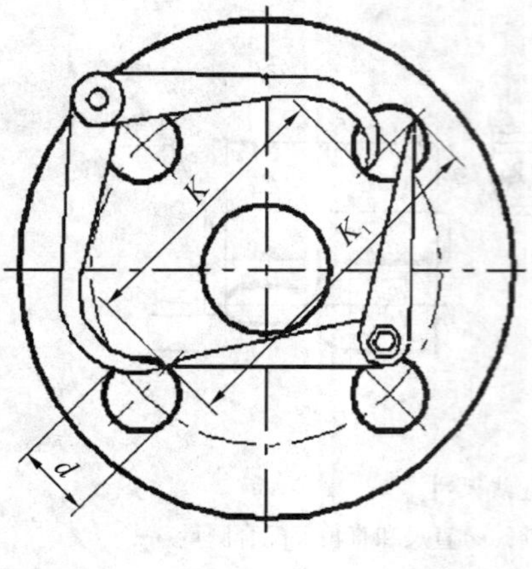

图 1－191　测量孔距

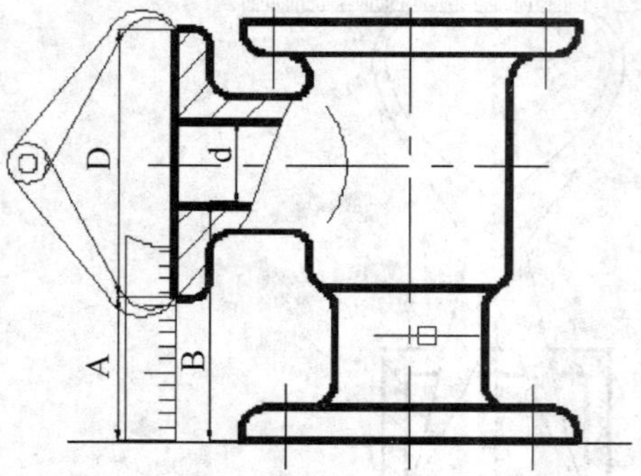

图 1－192　测量中心高

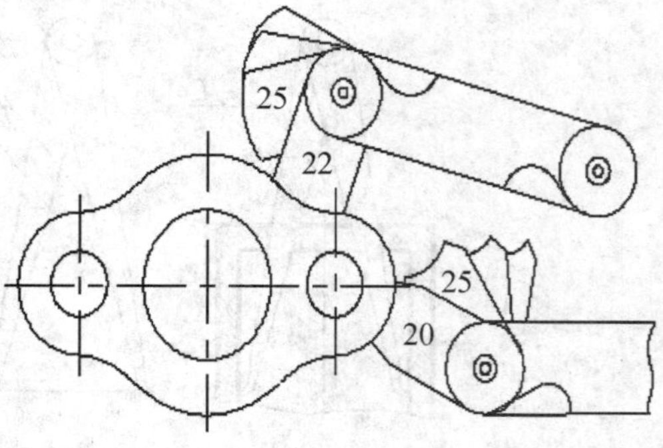

图 1－193　测量圆角

(7)测量角度　可用量角器或游标量角器进行测量,如图 1－194。

(8)测量螺纹　首先目测螺纹的线数和旋向。其次目测出螺纹的牙型,再用螺纹规(60°、55°)进行测量。测量时逐片进行实验,从中找到与被测螺纹完全相吻合的一片,由此判定该螺纹的螺距。然后用游标卡尺直接测出螺纹的大径和长度。最后查对标准(核对牙型、螺距和大径),确定螺纹标记,如图 1－195。

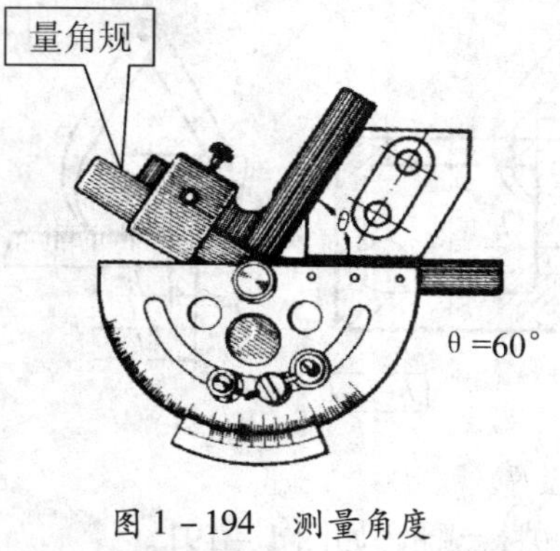

图 1－194　测量角度

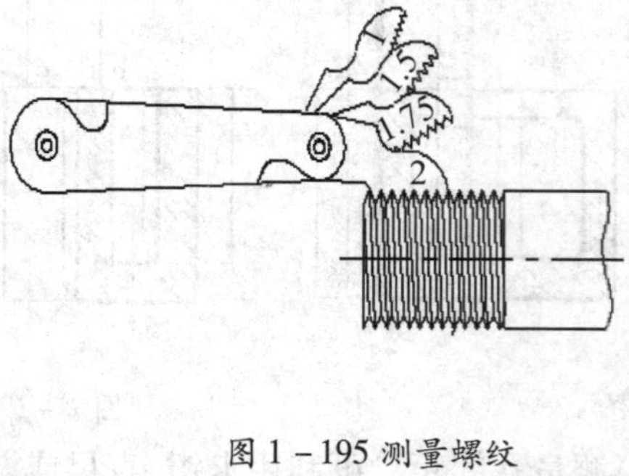

图 1－195 测量螺纹

(9)测量曲线或曲面　当要求测得很精确时,应使用专用的测量仪器。要求不高时,可采用以下方法进行测量。

1)拓印法对于平面与曲面相交的曲线轮廓,可以先用纸拓印出轮廓,得到真实的曲线形状后,用铅笔描深,然后判定该曲线的曲线轮廓,定出切点,找到各段圆弧的中心,再测出半径值，如图 1－196。

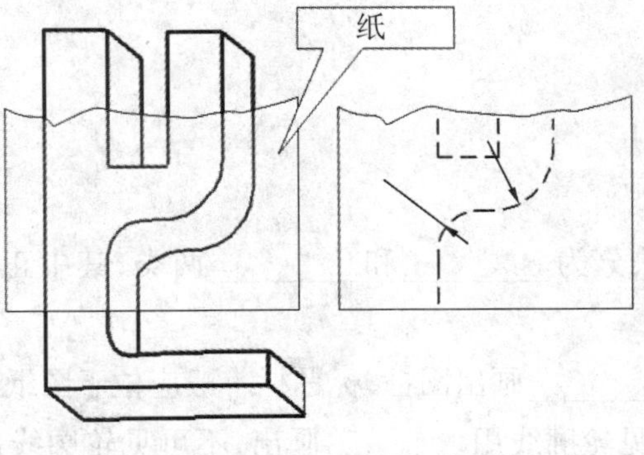

图 1－196 拓印法

2）铅丝法测量回转面零件的母线曲率半径时，可以先用铅丝贴合其曲面弯成母线形状，再描绘在纸上，然后进行测量，如图 1－197。

3）坐标法一般的曲线和曲面都可以用直尺和三角板定出曲面上各点的坐标，先在纸上画出曲线，然后测出曲率半径，如图 1－198。

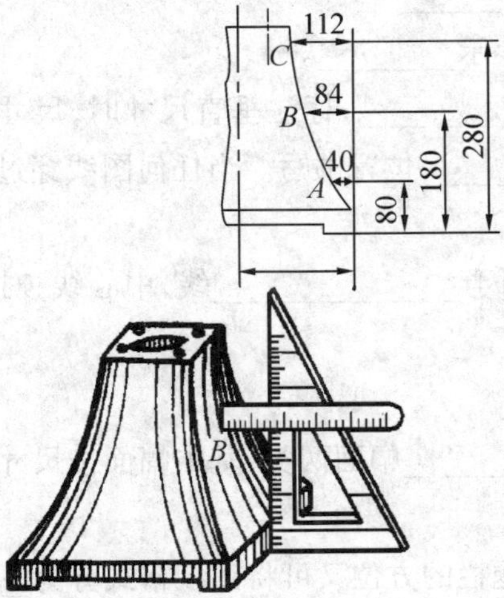

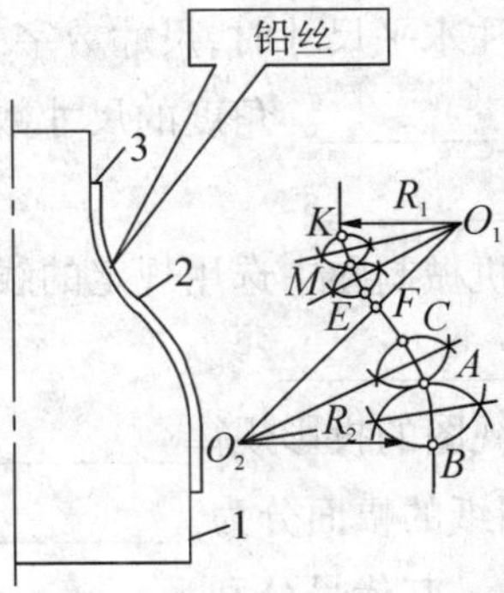

图 1－197 铅丝法　　图 1－198 坐标法

1.11.4 测绘尺寸的圆整

零件的尺寸有的可以直接量得，有的要经过一定的运算后才能得到，如中心距等，测量所得的尺寸还必须进行尺寸处理：

（1）一般尺寸，大多数情况下要圆整到整数。

（2）重要的直径要取标准值。

（3）对标准结构（如螺纹、键槽、齿轮的轮齿）的尺寸要取相应的标准值。

（4）没有配合关系的尺寸或不重要的尺寸，一般圆整到整数。

（5）有配合关系的尺寸（配合孔轴）只测量它的基本尺寸，其配合性质和相应公差值，查阅手册。

（6）有些尺寸要进行复核，如齿轮传动轴孔中心距要与齿轮的中心距核对。

（7）因磨损、碰伤等原因而使尺寸变动的零件要进行分析，标注复原后的尺寸。

(8)零件的配合尺寸要与相配零件的相关尺寸协调,即测量后尽可能将这些配合尺寸同时标注在有关的零件上。

思考与练习

一、填空题:

1. 工程常用的投影法分为________和________两类,其中正投影法属于________投影法。

2. 在图纸上必须用________画出图框,标题栏一般应位于图纸的________方位。

3. 图样中,机件的可见轮廓线用________画出,不可见轮廓线用________画出,尺寸线和尺寸界限用________画出,对称中心线和轴线用________画出。

4. 比例是________与________相应要素的线性尺寸比,在画图时应尽量采用________的比例,须要时也可采用放大或缩小的比例,其中1∶2为________比例,2∶1为________比例。无论采用哪种比例,图样上标注的应是机件的________尺寸。

5. 标注尺寸的三要素________、________和________。

6. 尺寸标注中的符号:R表示________,ϕ表示________。

7. 标注水平尺寸时,尺寸数字的字头方向应________;标注垂直尺寸时,尺寸数字的字头方向应________。角度的尺寸数字一律按________位置书写。当任何图线穿过尺寸数字时都必须________。

8. 在机械制图中选用规定的线型,虚线适用于______________线,中心线、对称线就用__________________线。

9. 三视图的投影规律______________。

10. 图纸的幅面分为__________幅面和__________幅面两类,基本幅面按尺寸大小可分为________,其代号分别为________。

11. 图纸格式分为______和______种,按标题栏的方位又可将图纸格式分为________和________两种。

12. 标题栏应位于图纸的________标题栏中的文字方向为________。

13. 当投射线互相______,并与投影面________时,物体在投影面上的投影叫________。按正投影原理画出的图形叫________。

14. 直线按其对投影面的相对位置不同,可分为________、________和________三种。

15. 平面按其对投影面的相对位置不同,可分为________、________和________三种。

16. 与一个投影面垂直的直线,一定与其他两个投影面________,这样的直线称为投影面的__________________。

17. 与一个投影面平行,与其他两个投影面倾斜的直线,称为投影面的平行线,具体又可分为________、________、________。

18. 表达形体外部形状的方法,除基本视图外,还有__________、__________、________、________四种视图。

19. 按剖切范围的大小来分，剖视图可分为________、________、________三种。

20. 剖视图的剖切方法可分为________、________、________。

21. 剖视图的标注包括三部分内容：________、________、________。

22. 断面图用来表达零件的________形状，剖面可分为________和________两种。

23. 移出断面和重合断面的主要区别是：移出断面图画在________，轮廓线用________绘制；重合断面图画在________。

24. 标准公差是国家标准所列的用以确定________的任一公差。

25. 对于一定的基本尺寸，公差等级愈高，标准公差值愈__________，尺寸的精确程度愈________。

26. 配合分为________、________和________配合。

27. 配合的基准制有________和________两种，优先选用________。

二、做图题：

1. 已知点 *A* 距 *H* 面为 12，距 *V* 面为 15，距 *W* 面为 10，点 *B* 在点 *A* 的左方 5，后方 10，上方 8，试作 *A*、*B* 两点的三面投影。

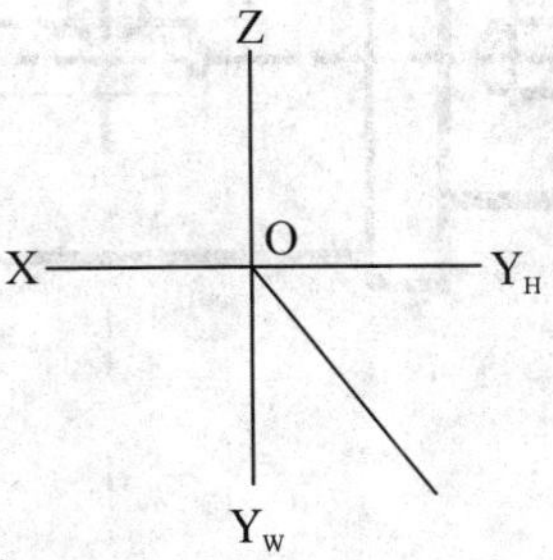

2. 作平面四边形 *ABCD* 的投影。

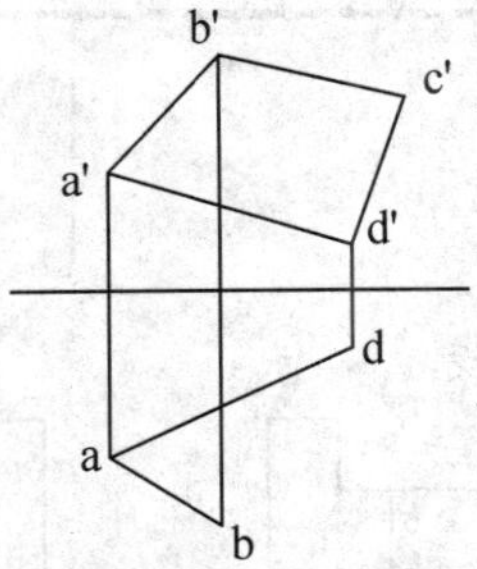

3. 根据给出的视图，补画第三视图（或视图所缺的图线）。

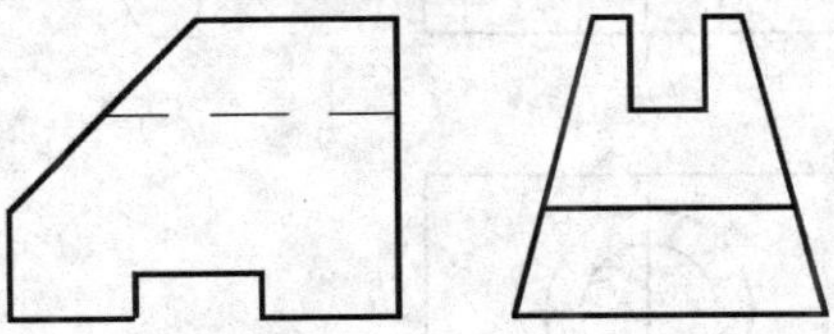

4. 补画组合体视图中缺漏的图线。

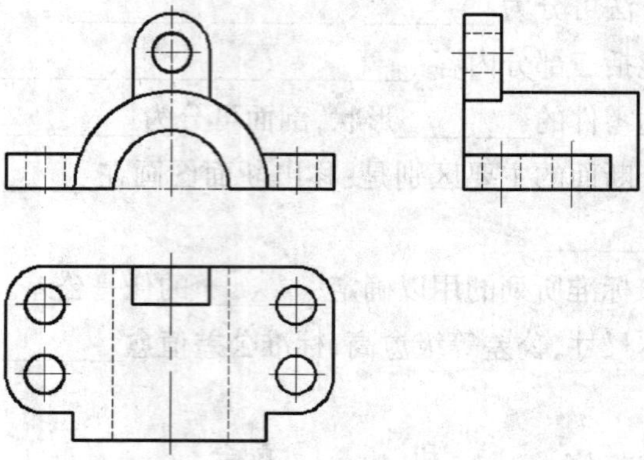

5. 在指定位置画出剖面图(键槽深3mm)

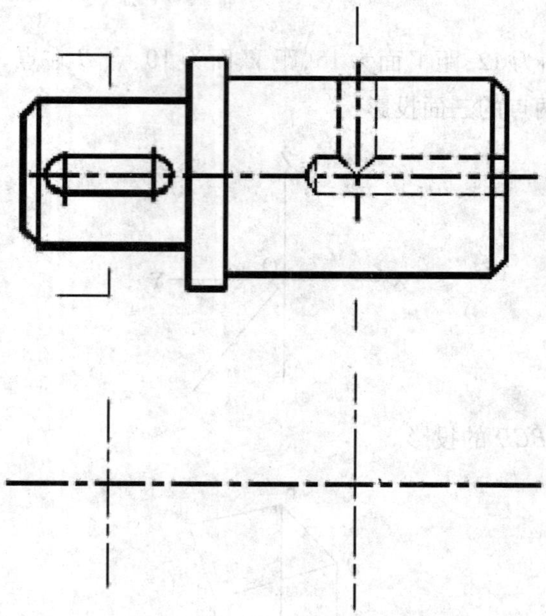

6. 补画组合体视图中缺漏的图线。

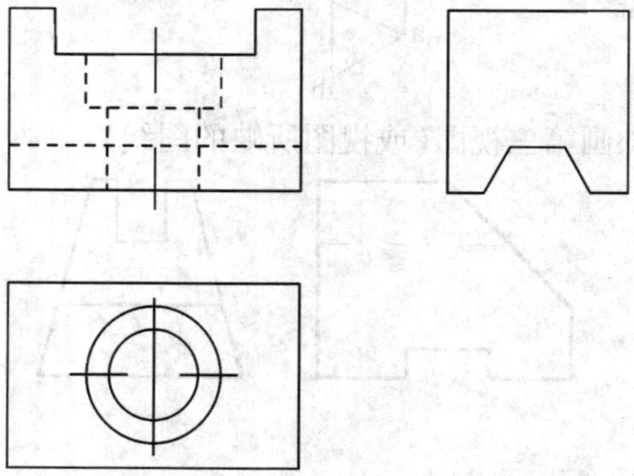

7. 画出 A—A 斜剖视图

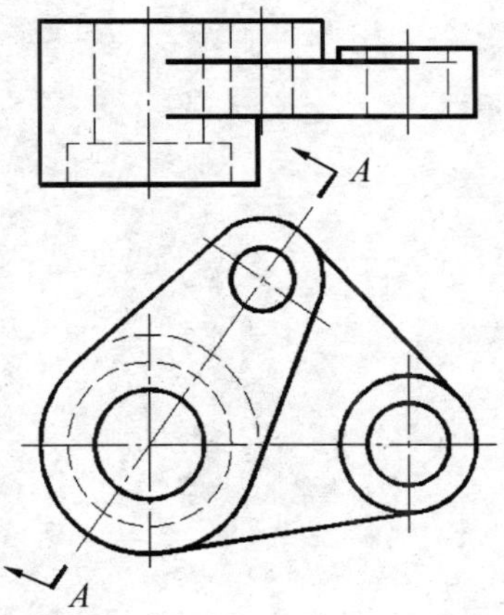

三、简答题

1. 剖视图的种类有哪些？如何画剖视图？

2. 什么是零件的互换性，保证零件互换性有什么意义？

3. 轴类零件的功用和结构特点是什么？

4. 什么是图样的比例，图样绘制中常见的线型有哪些？

5. 键连接的种类有哪些？

6. 零件测绘的目的与要求是什么？

7. 零件测绘的步骤有哪些？

盘盖类零件图样的识读与绘制

任务描述

职业岗位能力要求能读懂零件的形状、尺寸和技术要求等内容,才能完成加工、检验等生产任务。本任务要求读懂简单的盘盖类零件的零件图,加深对机械图样的认识。

本情境任务:

正确识读齿轮零件图,如图2-1所示。

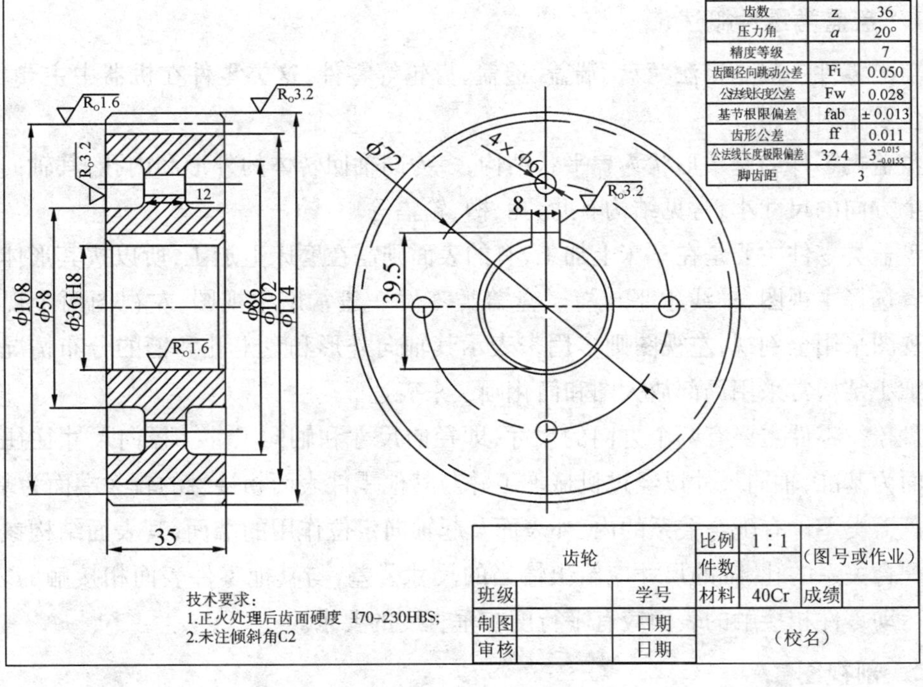

图2-1 齿轮零件图

学习目标

☆知识目标:

1. 依据机械制图正投影、剖视图等基础知识,正确分析零件图
2. 依据尺寸标注结合齿轮参数表,正确识读齿轮上各部分尺寸
3. 正确选用绘图命令、编辑命令进行齿轮零件图的绘制

4. 正确填写齿轮零件图中齿轮参数

5. 掌握测绘齿轮零件的基本方法及步骤

☆技能目标：

1. 通过认识制图国家标准获取信息的能力

2. 空间思维和逻辑思维能力

3. 具有一定语言及文字表达的能力

4. 具有一定社会人际交往与沟通能力

5. 具有良好的团队合作精神和协作能力

学时安排

资讯	决策	计划	实施	检查	评价
16	1	1	12	1	1

知识链接

2.1 盘盖类零件概述

盘盖类零件一般是指法兰盘、端盖、透盖、齿轮等零件，这类零件在机器中主要起支撑、轴向定位及密封作用。

1. 盘盖类零件的基本形状为扁平状结构，多为同轴回转体的外形和内孔，其轴向尺寸比其他两个方向的尺寸小，常见结构有肋、孔、槽、轮辐等。

2. 盘盖类零件主要是在车床上加工，有的表面则需在磨床上加工，所以按其形体特征和加工位置选择主视图，轴线水平放置。盘盖类零件一般常用主视图、左视图两个视图来表达。主视图采用全剖视，左视图则多用来表示其轴向外形和盘上孔和槽的分布情况。零件上其他细小结构常采用局部放大图和简化画法来表达。

3. 盘盖类零件主要有两个方向的尺寸，即径向尺寸和轴向尺寸。径向尺寸往往以轴线或对称面为基准，轴向尺寸以经过机械加工并与其他零件表面相接触的较大端面为基准。

4. 盘盖类零件有配合关系的内、外表面及起轴向定位作用的端面，其表面结构参数值要小。有配合关系的孔、轴的尺寸应给出恰当的尺寸公差，与其他零件表面相接触的表面，尤其是与运动零件相接触的表面应有平行度或垂直度的要求。

2.2 剖视图

2.2.1 剖视图的概念

画视图时，机件的内部形状，如孔、槽等，因其不可见而用虚线表示。但当机件内部形状比较复杂时，图上的虚线较多，有的甚至和外形轮廓线重叠，这既不利于读图，也不便于标注尺寸。为此，国家标准中规定可用剖视图来表达机件的内部形状。

如图 2-2(a)(b)所示，假想用剖切面剖开机件，将处在观察者和剖切面之间的部分移开，而将剩余部分向投影面投射所得的图形，称为剖视图，简称剖视。

剖切物体的假想平面或曲面称为剖切面，剖切面与物体的接触部分称为剖面区域。

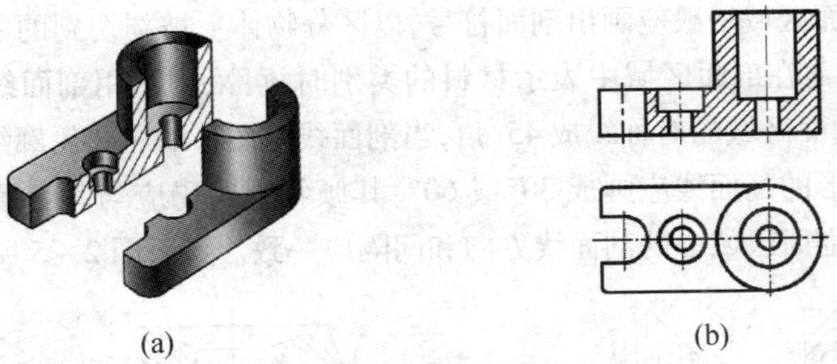

图 2－2　剖视图的概念与形成

2.2.2　剖视图的画法

(1)剖切平面应平行于投影面且通过孔、槽的对称平面或轴线。

(2)剖切后，留在剖切平面与投影面之间的部分，应全部向投影面投射，用粗实线画出所有可见部分的投影。如图 2－3 所示。

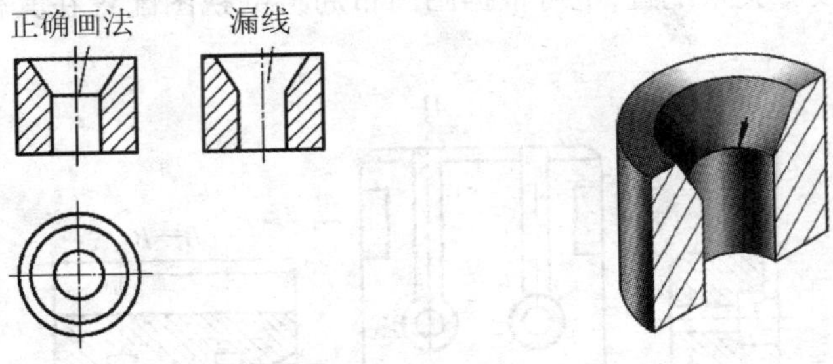

图 2－3　剖视图中容易漏画的图线

(3)在其他视图中已经表示清楚的情况下，剖视图中一般不画虚线。但尚未表示清楚的结构、或在保证图面清晰的情况下，少量的虚线可以减少视图的数量时，可以画出必要的虚线。

(4)当物体上的肋板被剖切面纵向剖切时，规定肋板不画剖面线，而用粗实线将其与相邻部分分开，但当剖切平面沿横向(垂直于结构轴线或对称面)剖切时，仍需画出剖面符号。如图 2－4 所示。

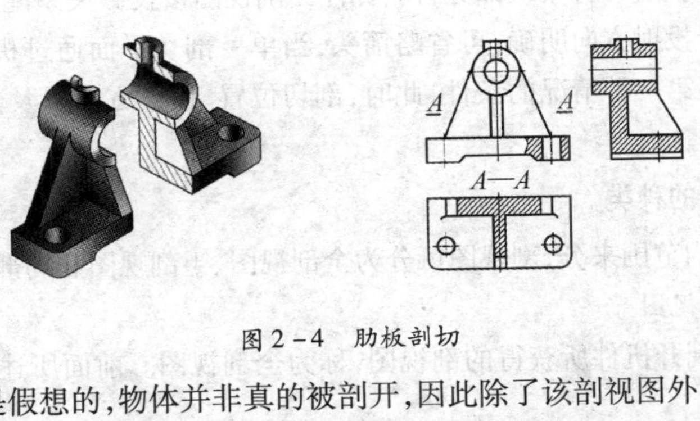

图 2－4　肋板剖切

(5)因为剖切是假想的，物体并非真的被剖开，因此除了该剖视图外，其余视图仍应按完整物体画出。

2.2.3 剖面符号画法

剖视图中,剖面区域一般应画出剖面符号,以区分物体上被剖切到的实体部分和未剖切到的空心部分。不需在剖面区域中表示材料的类别时,可采用通用剖面线表示。通用剖面线主要轮廓线或剖面区域的对称线成45°角,当剖面线与图形的主要轮廓线或剖面区域的对称线平行时,该图形的剖面线应画成30°或60°,其倾斜方向仍应与其它图形的剖面线方向一致,同一物体各剖面区域中的剖面线方向和间隔应一致。如下图2-5所示。

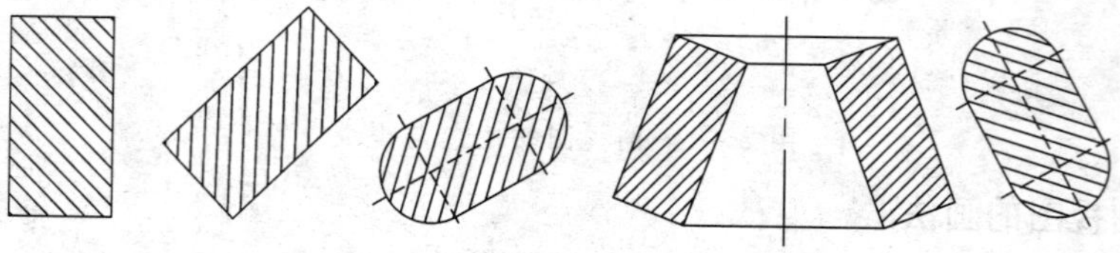

图2-5 通用剖面线的画法

2.2.4 剖视图的配置与标注

剖视图一般按投影关系配置;也可根据图面布局将剖视图配置在其他适当位置,如图2-6所示的剖视图。

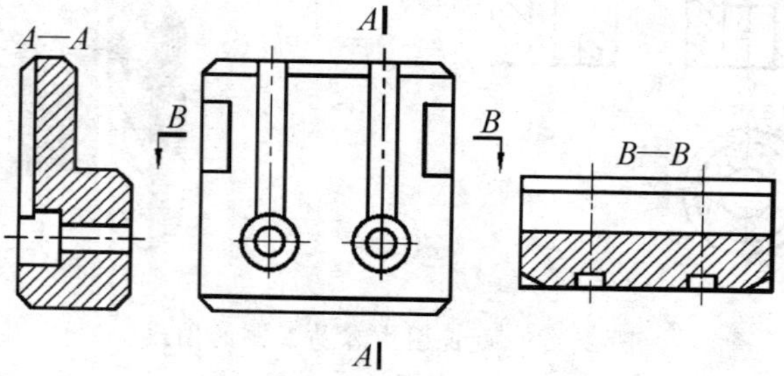

图2-6 剖视图的配置

为了读图时便于找出投影关系,剖视图一般需要用剖切符号标注剖切面的位置、投射方向和剖视图名称。

剖切平面的起、迄和转折位置通常用长约5mm的粗实线表示,它不能与图形轮廓线相交,在剖切符号的起、迄和转折处注上字母、投影方向。

剖视图名称是在所画剖视图上方用相同的字母标注。

在下列两种情况下,可省略或部分省略标注当剖视图按投影关系配置,且中间又没有其他图形隔开时,由于投射方向明确,可省略箭头;当单一剖切平面通过机件的对称面或基本对称面,同时又满足第一种情况的条件,此时,剖切位置、投射方向以及剖视图都非常明确,故可省去全部标注。

2.2.5 剖视图的种类

按机件被剖开的范围来分,剖视图可分为全剖视图、半剖视图和局部剖视图三种。

2.2.5.1 全剖视图

用剖切面完全剖开机件所获得的剖视图,称为全剖视图。前面所述的各剖视图例均为全剖视图。

由于全剖视图是将机件完全剖开,机件外部结构的投影受影响,因此,全剖视图一般适用于外形简单、内部形状较复杂的不对称机件。

2.2.5.2 半剖视图

当机件具有对称平面时，向垂直于对称平面的投影面上投射所得的图形，允许以对称中心线为界，一半画成剖视图，另一半画成视图，这样获得的剖视图称为半剖视图。半剖视图主要用于内外形状都需要表达、结构对称的机件，如图2-7所示。

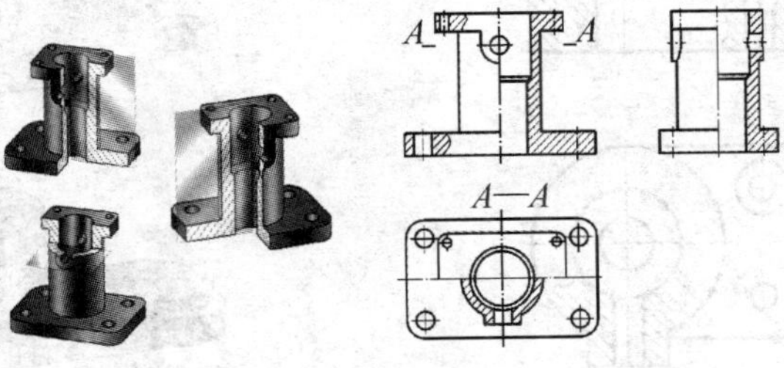

图2-7 半剖视图

当机件的形状接近于对称，且不对称部分已另有图形表达清楚时，也可以画成半剖视图。

画半剖视图时必须注意的问题：

(1)半剖视图中，因机件的内部形状已由半个剖视图表达清楚，所以在不剖的半个外形视图中，表达内部形状的虚线，应省去不画，如图2-8主视图中的虚线应省略。

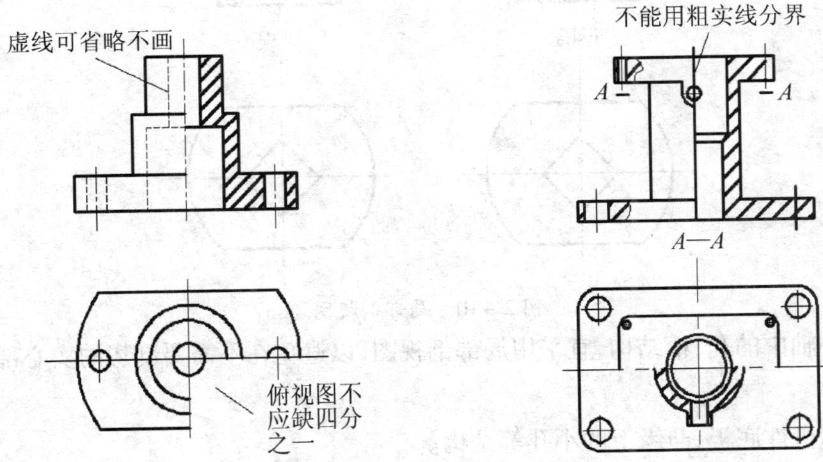

图2-8 半剖视图

(2)画半剖视视图，不影响其他视图的完整性。所以，图中主视图采用半剖，俯视图不应缺少四分之一图形。

(3)半剖视图中间应画点画线，不应画成粗实线。

(4)半剖视图的标注方法与全剖视图的标注方法相同。

2.2.5.3 局部剖视图

用剖切面局部地剖开机件所获得的剖视图，称为局部剖视图。局部剖视图应用比较灵活，适用范围较广。常见情况如下：

(1)需要同时表达不对称机件的内外形状时，可采用局部剖视。如图2-9所示。

(2)虽有对称面,但轮廓线与对称中心线重合,不宜采用半剖视图时,可采用局部剖。如图 2 – 10 所示。

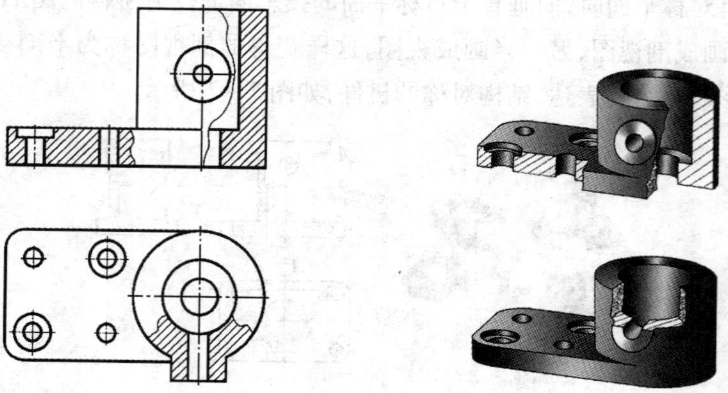

图 2 – 9 局部剖视图

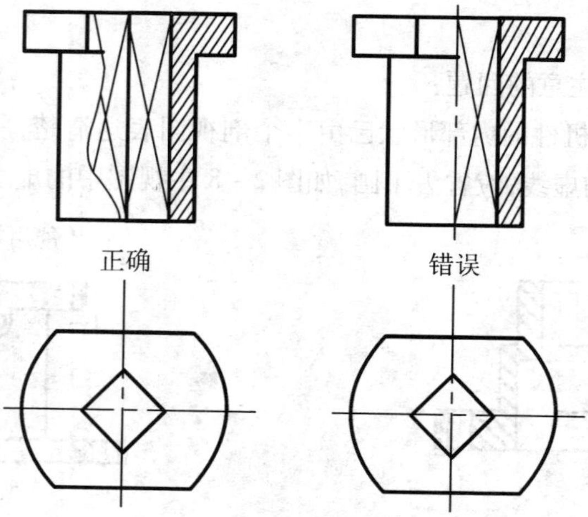

图 2 – 10 局部剖视图

(3)实心轴中的孔、槽结构,宜采用局部剖视图,以避免在不需要剖切的实心部分画出过多的剖面线。

(4)表达机件底板、凸缘上的小孔等结构。

局部剖视图剖切范围的大小主要取决于需要表达的内部形状。

局部剖视图中视图与剖视部分的分界线为波浪线或双折线。

画波浪线时应注意:

(1)波浪线不应画在轮廓线的延长线上,也不能用轮廓线代替波浪线。如图 2 – 11(a)所示局部剖视图

(2)波浪线不应超出视图上被剖切实体部分的轮廓线。如图 2 – 11 (b) 所示局部剖视图

(3)遇到零件上的孔、槽时,波浪线必须断开,不能穿孔(槽)而过。如图 2 – 11 (b)所示局部剖视图

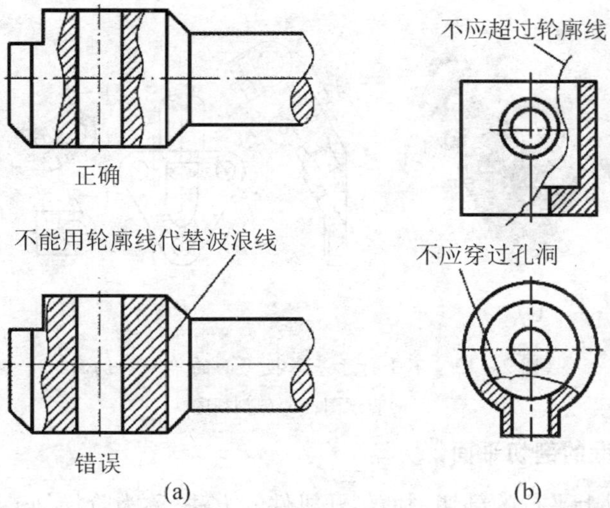

图 2－11 局部剖视图波浪线注意事项

局部剖视图的标注方法与全剖视图基本相同；若为单一剖切平面，且剖切位置明显时，可以省略标注。

2.3 剖切面的种类

根据物体的结构特点，GB/T17452 规定可以选择以下三种剖切面剖开物体。

2.3.1 **单一剖切面**

(1)用一个平行于基本投影面的平面剖切学习情境一中所示的全剖视图、半剖视图和局部剖视图均是这种情况。也可以用单一柱面剖切机件，剖视图按展开绘制。如图 2－12 所示。

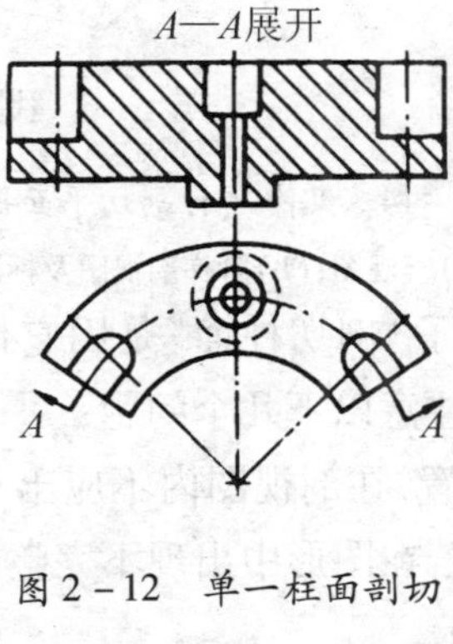

图 2－12 单一柱面剖切

(2)用不平行于任何基本投影面的平面剖切常用于机件上倾斜部分的内部结构形状需要表达的情况，可以用一个与倾斜部分的主要平面平行且垂直于某一基本投影面的单一剖切平面剖切，再投影到与剖切平面平行的投影面上，即可得到该部分内部结构的实形。

画这种斜剖视图时，一般应按投影关系将剖视图配置在箭头所指的一侧的对应位置。在不致引起误解的情况下，允许将图形旋转。旋转后的图形要在其上方标注旋转符号(画法同斜视图)。斜剖视图必须标注剖切位置符号和表示投影方向的箭头，如图 2－13 所示。

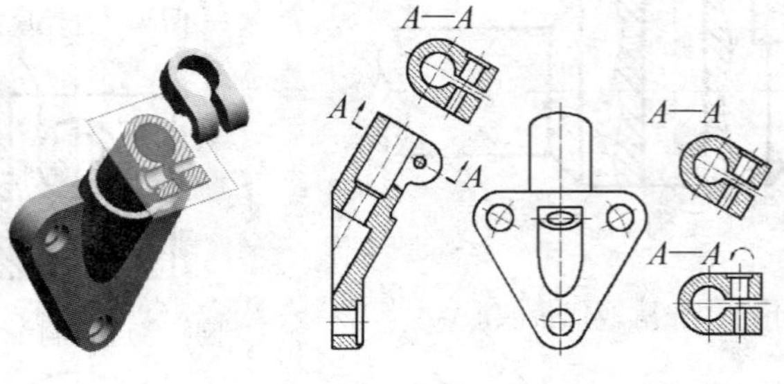

(a)　　　　(b)

图 2－13　不平行于基本投影面的单一剖切面

(a)直观图;(b)斜剖视图

2.3.2　几个平行的剖切平面

用两个或两个以上平行的剖切平面剖开机件的方法,称为阶梯剖。

几个平行的剖切平面其转折处必须是直角。如图 2－14 所示机件,它的内部结构形状用两个互相平行的剖切平面,分别通过不同圆柱孔的轴线进行剖切,在获得的全剖视(主视图)中表示清楚。

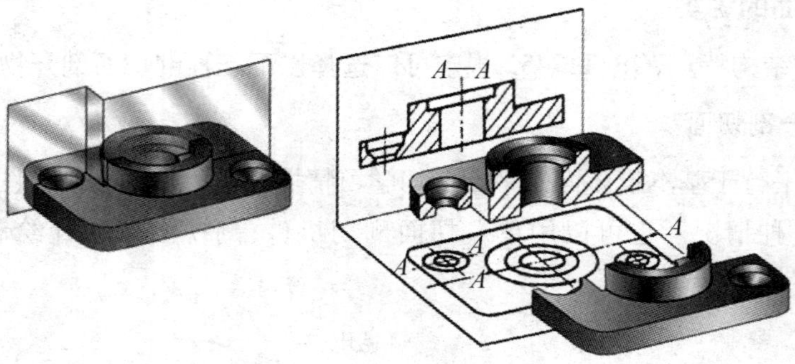

(a)　　　　(b)

图 2－14　几个平行剖切平面剖切

(a)直观图;(b)阶梯剖视图及标注

这里强调是“剖切平面”,排除了“剖切柱面”是因它使图形复杂化、表达困难。采用几个平行的剖切平面画剖视图时,应注意以下几个问题:

(1)要正确选择剖切平面的位置,在剖视图内不应出现不完整要素。图 2－15(b)中全剖视的主视图中出现不完整的孔,若在图形中出现不完整的要素时,应适应调配剖切平面的位置进行剖切。如图 2－15(a)所示。

(2)因为剖切是假想的,所以在剖视图中不应画出两剖切面转折处的分界线,如图 2－16(a)所示。两平面的转折处也不应与轮廓线重合,如图 2－16(b)所示。

(3)用几个平行的剖切平面剖切画剖视图时必须标注。即在剖切平面起、讫和转折处,用相同的大写字母及剖切符号表示剖切位置,并在起、讫两端外侧画上与剖切符号垂直相连的箭头表示投射方向。在其相应的剖视图上方正中位置用相同的大写字母标出“$X-X$”,表示剖视图的名称。当剖视图按投影关系配置、中间又无其他视图隔开时,可省略箭头,如图 2－15所示。

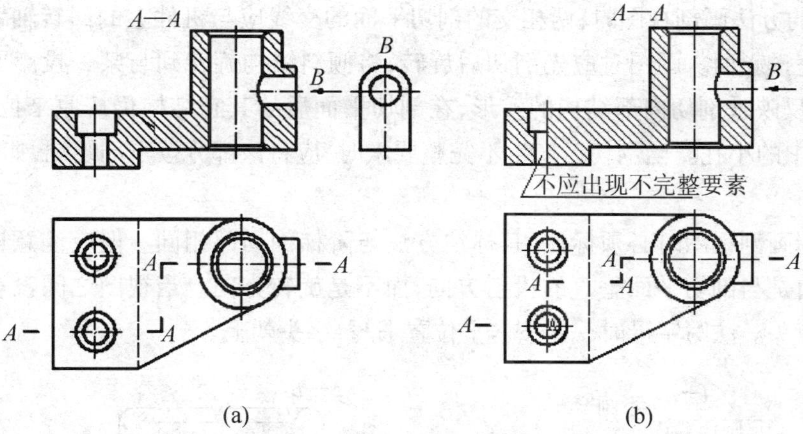

图 2-15　采用几个平行剖切面剖切时注意事项

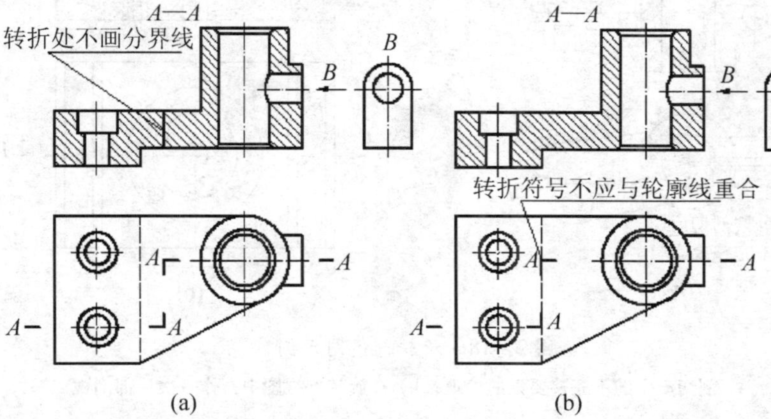

图 2-16　采用几个平行剖切面剖切时注意事项

2.3.3　几个相交的剖切面（交线垂直于某一投影面）

用几个相交的剖切平面剖开机件的方法，称为旋转剖。

几个相交的剖切面必须保证其交线垂直于某一投影面，通常是基本投影面。如图 2-17 所示 $A-A$ 是两个相交的剖切平面，其中一个平行于水平面（H 面），另一个与水平面相倾斜，但其交线垂直于正立面（V 面）。交线即是机件整体上具有的回转轴。

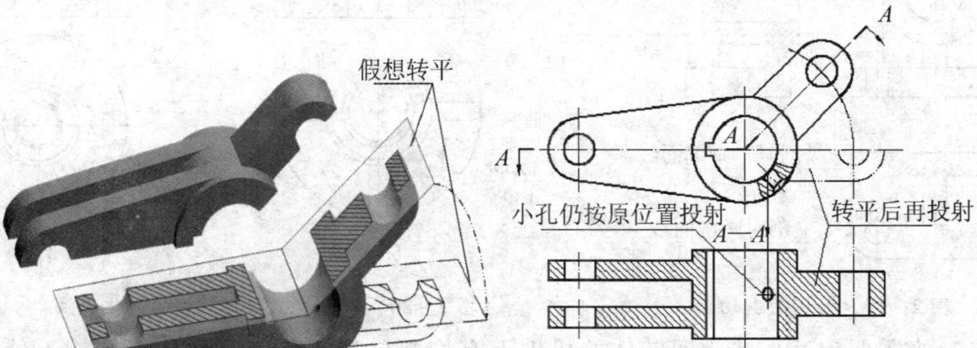

图 2-17　两个相交的剖切平面剖切

（a）直观图；（b）旋转剖视图及标注

用旋转剖的方法画剖视图时，两相交的剖切平面的交线应与机件上的回转轴线重合并同时垂直与某一投影面。画图时应先剖切后旋转，将倾斜结构旋转到与某一投影面平行的位置再投射，以反映被剖切内部结构的实形，在剖切平面后的其它结构仍按原来位置投射，如图 2－17(b)中的小孔。当剖切后产生不完整要素时，应将该部分按不剖绘制，如图 2－18(a)所示。

采用旋转剖画剖视图时必须标注，其标注方法与阶梯剖局部相同。但应注意标注中的箭头所指的方向是与剖切平面垂直的投射方向，而不是旋转方向。当视图之间没有图形隔开时可以省略箭头。注写字母时一律按水平位置书写，字头朝上。

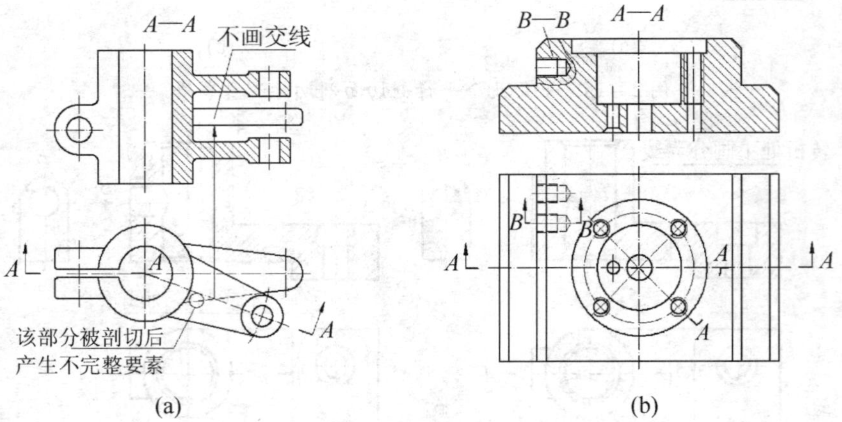

图 2－18　旋转剖视图示例

(a) 剖切产生的不完整要素的处理；(b) 在旋转剖视图中再作一次局部剖视

2.4　剖视图中的规定画法和简化画法

(1)对于机件上的肋、轮辐、及薄壁等，当剖切平面沿纵向剖切时，这些结构上不画剖面符号，而用粗实线将它与其邻接部分分开。当剖切平面按横向剖切时，这些结构仍需画上剖面符号，如图 2－19 所示。

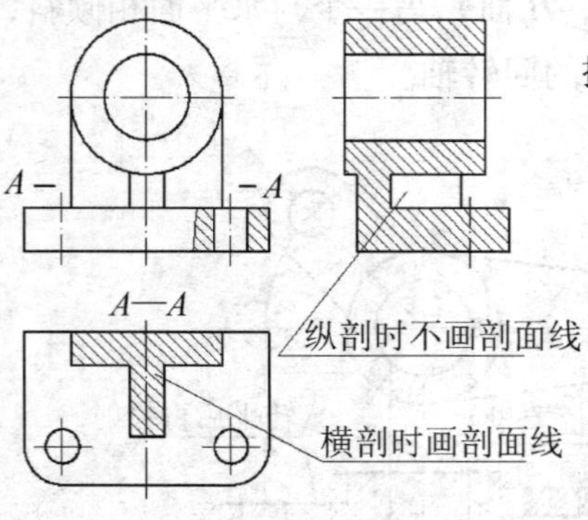

图 2－19　肋板的剖切画法

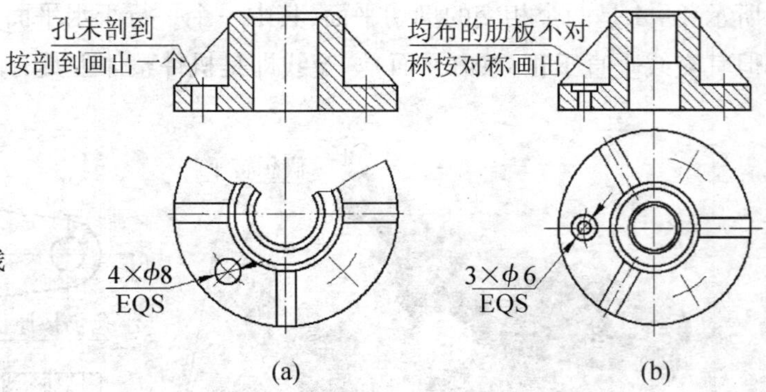

图 2－20　回转体上均匀结构的简化画法

(2)当需要表达形状为回转体的机件上有均匀分布的肋、轮辐、孔等结构不处于剖切平面上时，可将这些结构假想旋转到剖切平面上画出，且不需加任何标注，如图2－20所示。

(3)当需要表示剖切平面前已剖去的部分结构时，可用双点画线按假想轮廓画出，如图

2－21所示。

(4)当机件上具有若干相同结构(齿或槽等),只需要画出几个完整的结构,其余用细实线连接,但必须在图上注明该结构的总数,如图2－22所示。

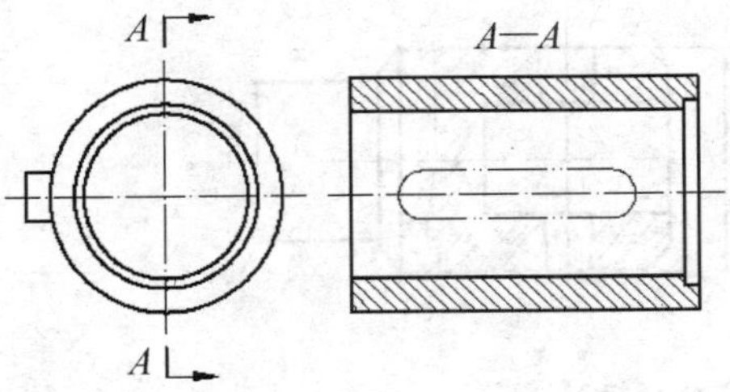

图2－21 用双点画线表示被剖切去的机件结构

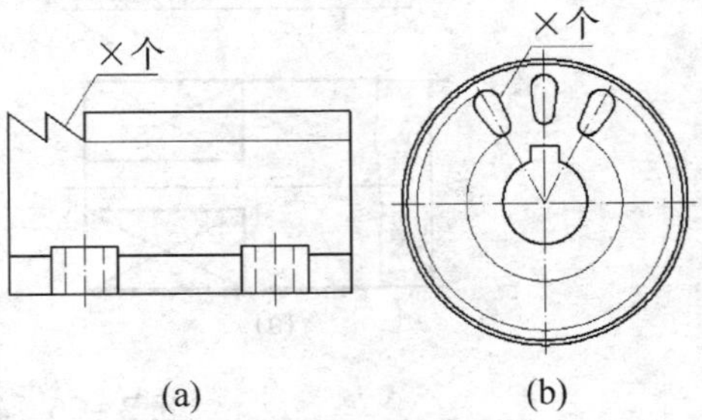

图2－22 相同结构的简化画法(一)

(5)当机件上具有若干直径相同且成规律分布的孔,可以仅画出一个或几个,其余用细点画线或"＋"表示其中心位置,如图2－23所示。

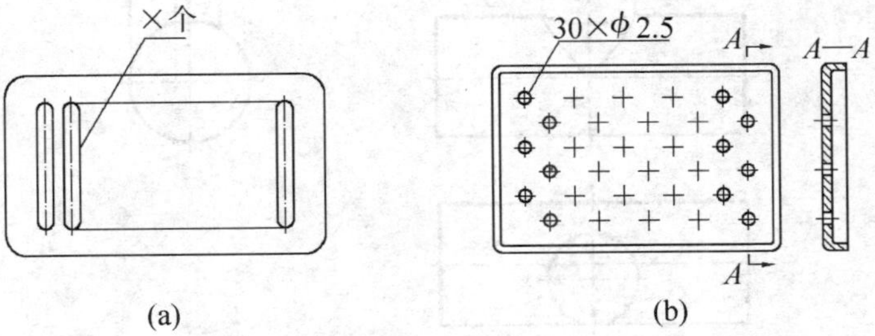

图2－23 相同结构的简化画法(二)

(6)在不致引起误解时,对称机件的视图可只画一半或四分之一,并在图形对称中心线的两端分别画两条与其垂直的平行细实线(细短画),如图2－24所示。也可画出略大于一半并波浪线为界线的圆,如图2－20(a)所示。

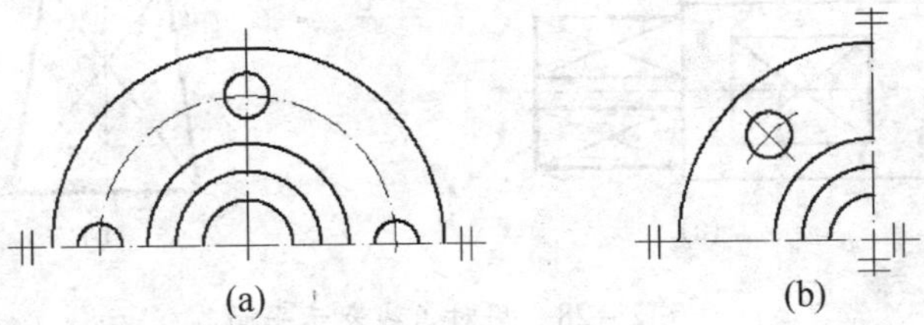

图2－24 对称结构的简化画法

(7)机件上对称结构的局部视图,可按图2－25所示的方法绘制。

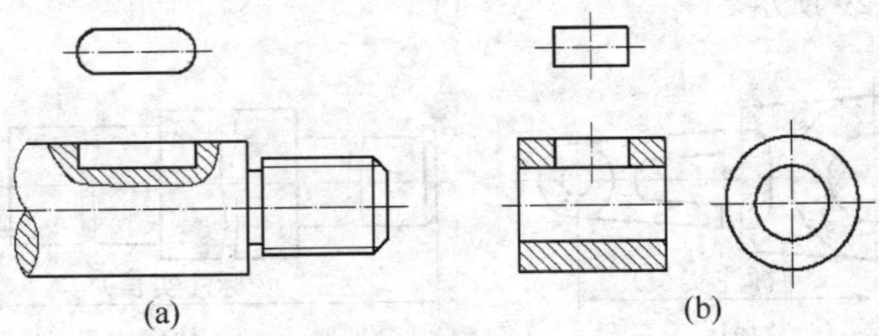

图2－25 对称结构的局部视图

(8)机件上较小结构所产生的交线(截交线、相贯线),如在一个视图中已表达清楚时,可在其他图形中简化或省略,如图 2-26 所示。

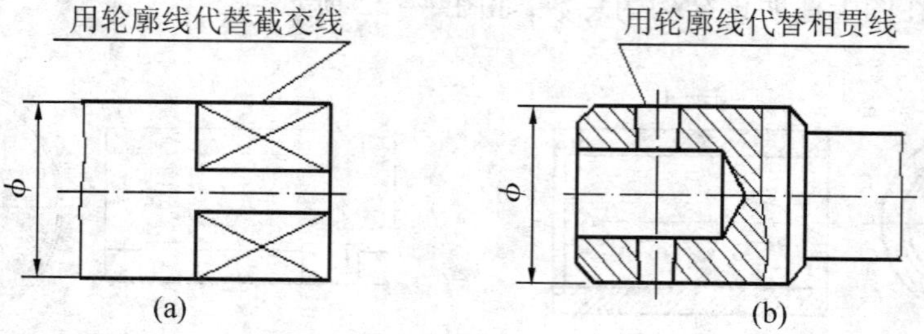

图 2-26 较小结构交线的画法

(9)相贯线的简化画法可按图 2-27 所示的方法画出,但当使用简化画法会影响对图形的理解时,则应避免使用。

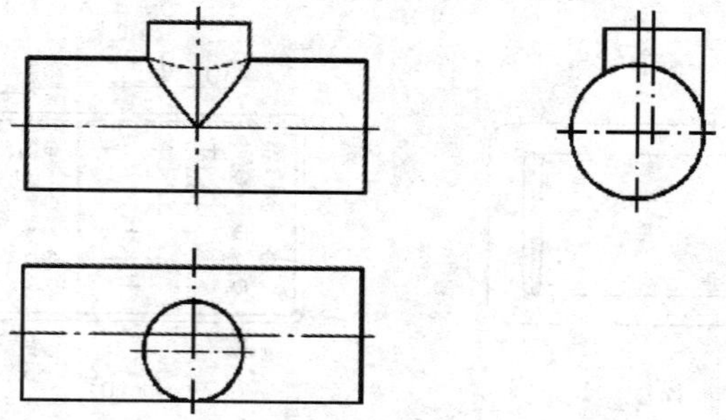

图 2-27 相贯线的简化画法

(10)为了避免增加视图、剖视图、断面图,可用细实线绘出对角线表示平面,如图 2-28 所示。

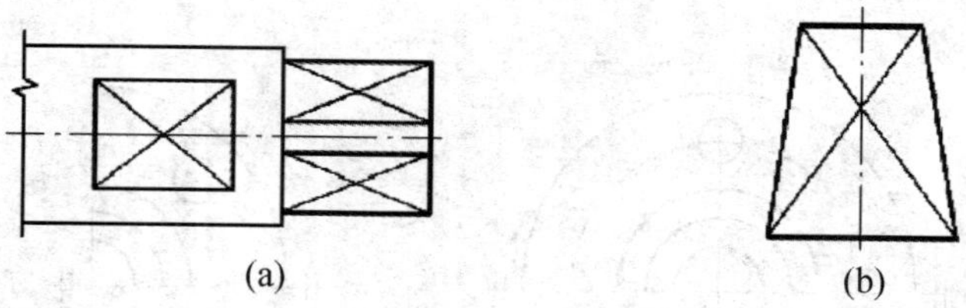

图 2-28 用对角线表示平面

(a)轴上的矩形平面画法;(b)锥形平面画法

(11)较长的机件(轴、型材、连杆等)沿长度方向形状一致,或按一定规律变化时,可断开后绘制,如图 2-29 所示。

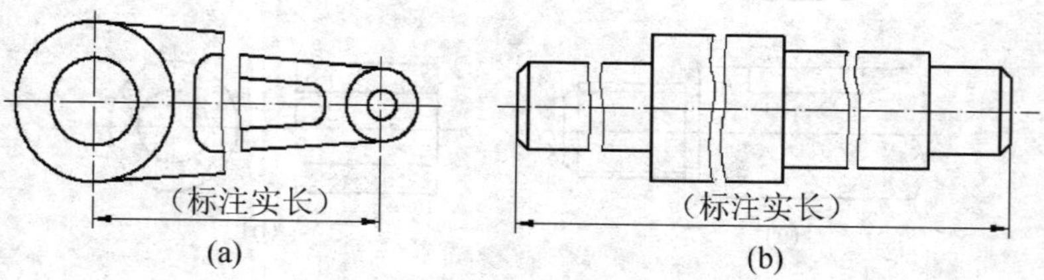

图 2-29 较长机件的折断画法

(12)除确实需要表示的圆角、倒角外,其它圆角、倒角在零件图均可不画,但必须注明尺寸,或在技术要求中加以说明,如图2-30所示。

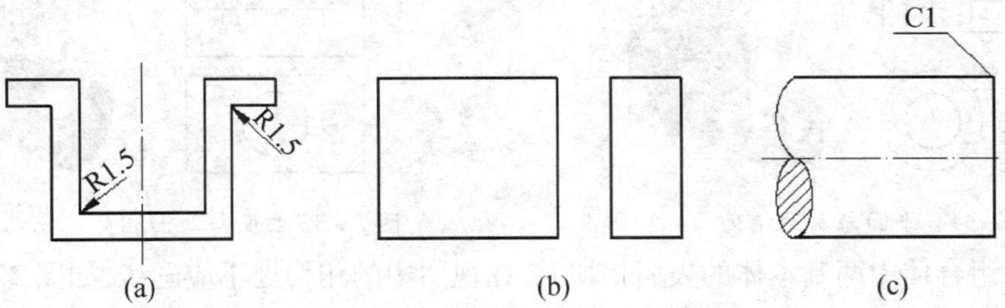

图2-30 小圆角、小倒圆、小倒角的简化画法和标注

(a)小倒圆简化;(b) 锐边倒圆0.5;(c) 小倒角简化

2.5 组合体的组合形式及表面连接关系

2.5.1 组合体的组合形式

组合体可分为叠加和切割两种基本组合形式,或者是两种组合形式的综合。叠加是将各基本体以平面接触相互堆积、叠加后形成的组合形体,如图2-31(a)所示。切割是在基本体上进行切块、挖槽、穿孔等切割后形成的组合体,如图2-31(b)所示。图2-31 (c)所示的组合体则是叠加和切割二种形式的综合。

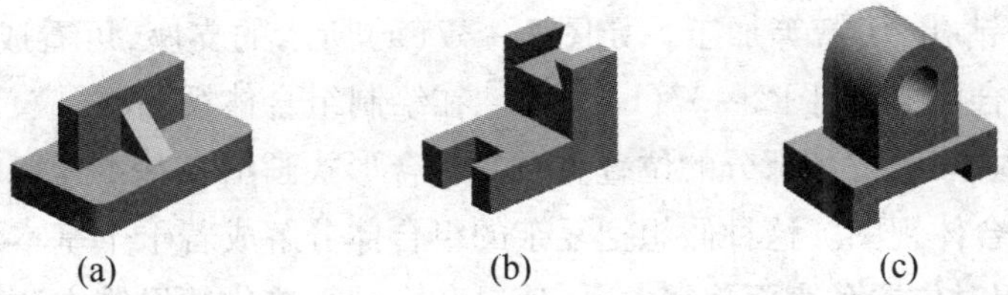

图2-31 组合体的组合形式

(a) 叠加式组合体;(b) 切割式组合体;(c) 综合式组合体

2.5.2 组合体的表面连接关系

组合体表面连接关系有平齐、相交和相切三种形式。弄清组合体表面连接关系,对画图和看图都很重要。

(1)当组合体中两基本体的表面平齐(共面)时,在视图中不应画出分界线,如图2-32所示。

(2)当组合体中两基本体的表面相交时,在视图中的相交处应画出交线,如图2-33、图2-34、图2-35所示。

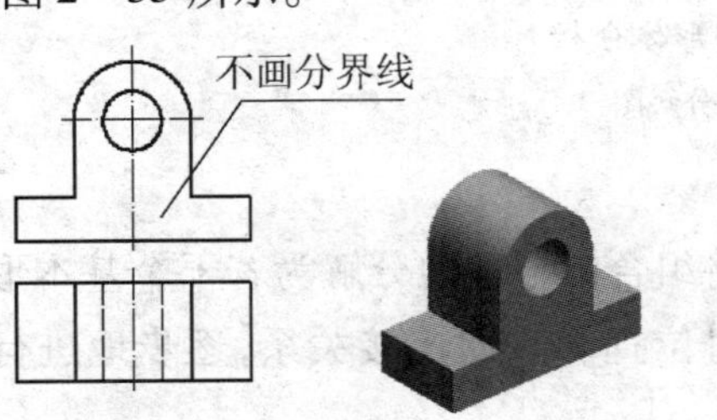

图2-32 两表面平齐的画法

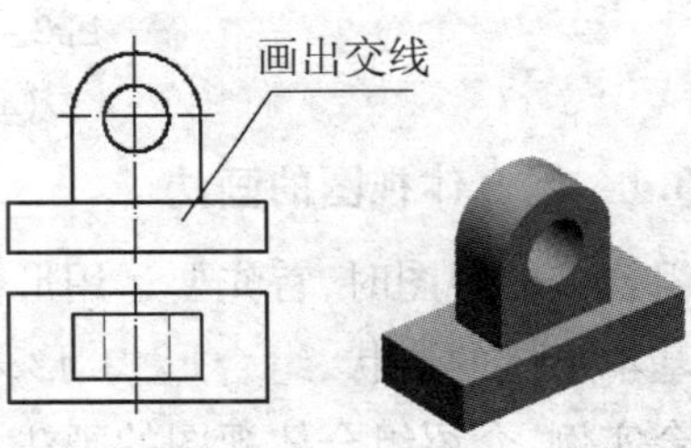

图2-33 平面与平面相交

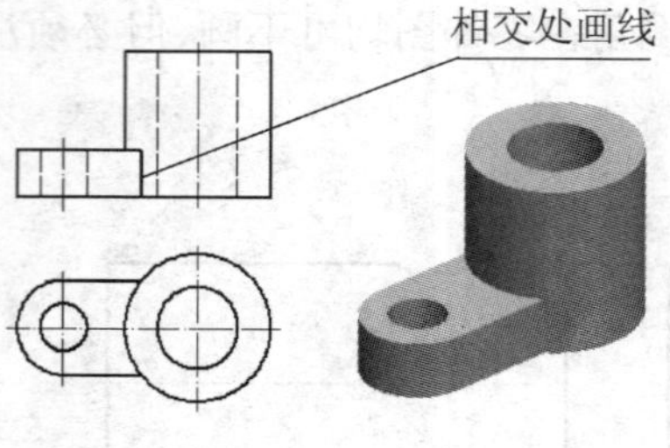

图 2-34　平面与曲面相交

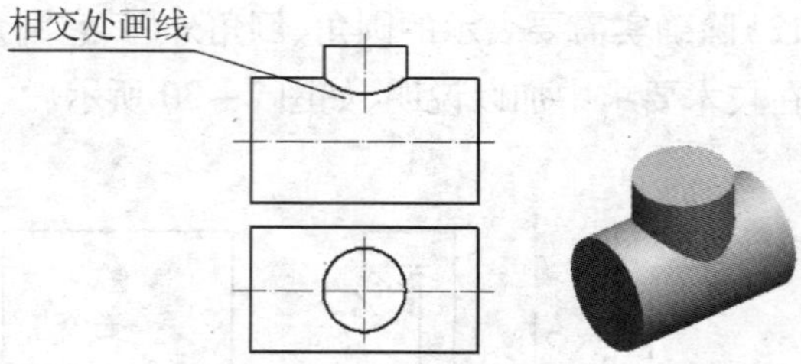

图 2-35 曲面与曲面相交

(3)当组合体中两基本体的表面相切时,在视图中的相切处不应画线,如图 2-36 所示。

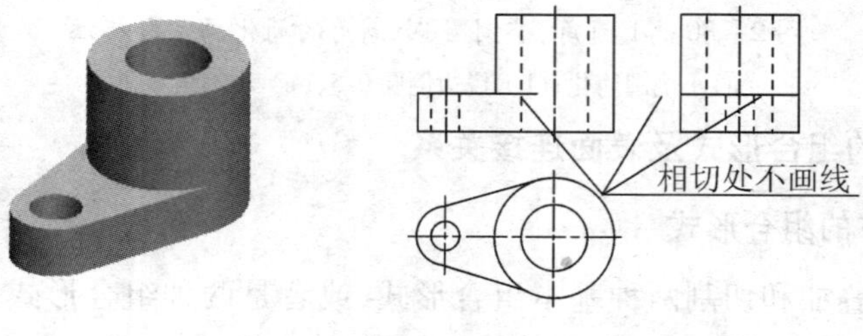

图 2-36　两表面相切的画法

2.6　组合体的形体分析

任何复杂的物体都可以看成是由若干个基本几何体组合而成。这些基本体可以是完整的,也可以是经过钻孔、切槽等加工。如图 2-37(a)所示的支座,可看成由圆筒、底板、肋板、耳板和凸台组合而成,如图 2-37(b)所示。在绘制组合体视图时,应首先将组合体分解成若干简单的基本体,并按各部分的位置关系和组合形式画出各基本几何体的投影,综合起来,即得到整个组合体视图。这种假想把复杂的组合体分解成若干个基本形体,分析它们的形状、组合形式、相对位置和表面连接关系,使复杂问题简单化的思维方法称为形体分析法。它是组合体的画图、尺寸标注和看图的基本方法。

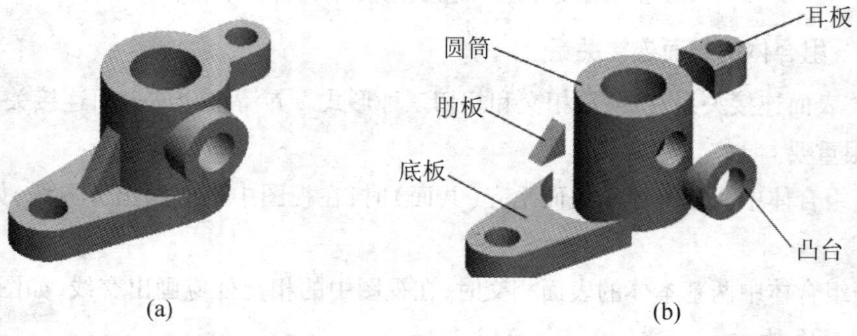

图 2-37　支座的形体分析

(a)直观图;(b)分解图

2.6.1　组合体视图的画法

画组合体的视图时,首先要运用形体分析法将组合体合理地分解为若干个基本形体,并按照各基本形体的形状、组合形式、形体间的相对位置和表面连接关系,逐步地进行作图。下面结合实例,介绍组合体视图的画法。

2.6.1.1 叠加型组合体视图的画法

以图 2－38(a)所示的机座为例,介绍叠加型组合体视图的画图方法和步骤。

1. 分析形体

如图 2－38(b)所示,机座可分解为底板、圆筒、支承板和肋板四部分。底板上有直径相等的两个圆孔和 1/4 圆角,圆筒、支承板和肋板由上而下依次叠加在底板上面。支承板与底板的后面平齐,圆筒与支承板的后面不平齐,支承板的左右侧面与圆筒的外表面相切,肋板位于圆筒的正下方并与支承板垂直相交,其左右侧面、前面与圆筒的外表面相交。

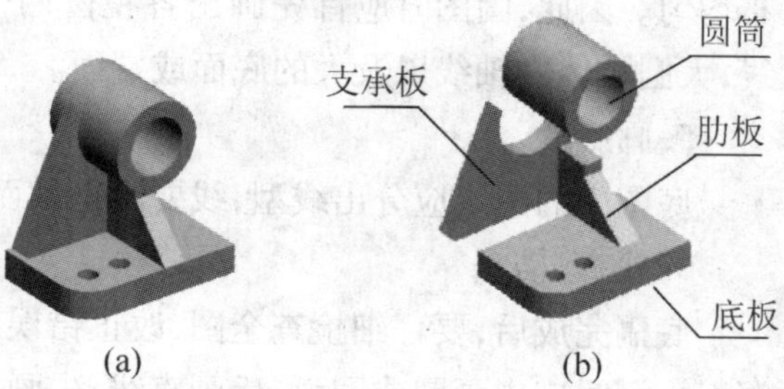

图 2－38　机座的形体分析

(a)直观图;(b)分解图

2. 选择视图

选择视图包括确定主视图的投射方向和采用的视图数量。

(1)选择主视图主视图是表达组合体的一组视图中最主要的视图。选择主视图时应将组合体放正,使其主要平面平行或垂直于投影面,以便在投影时得到实形。一般应选择形状特征最明显,位置特征最多的方向作为主视图的投射方向,同时应考虑投影作图时避免在其他视图上出现较多的虚线,影响图形的清晰性和标注尺寸。

如图 2－39 所示,分别从支座的 A,B,C,D 四个方向作为主视图的投射方向,比照后才能确定主视图。可以看出,A 向作为投射方向能反映机座各组成部分的主要形状特征和较多的位置特征,符合主视图的要求。

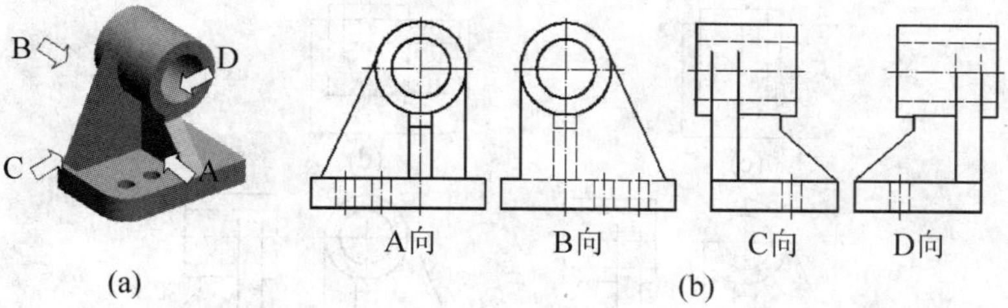

图 2－39　主视投射方向的选择

(a)直观图;(b)主视图投射方向选则

(2)确定视图数量确定其他视图数量的原则是:用最少的视图最清楚地表达组合体各组成部分的形状结构、相对位置和表面连接关系。

主视图投射方向选定后,根据机座的表达需要,确定画出俯视图来表达底板的形状和两孔的相对位置,画出左视图来表达肋板的形状以及支承板和圆筒的宽度。所以,机座需要用主、俯、左三个视图才能表达清楚。

3. 选比例、定图幅

选定视图后,要根据组合体的实际大小,按国标规定选择比例和图幅。一般情况下,应采用 1:1 的比例作图。选择图幅时,应留有足够的空间标注尺寸。

4. 布置视图

布置视图是根据组合体的总长,总宽,总高确定各视图在图框内的具体位置,使视图分布均匀。因此,画图时应首先画出各视图两个方向的基准线,常用的基准线是视图的对称线,大圆柱体的轴线以及大的底面或端面。

5. 画底稿

底图中的图线应分出线型,线要画得细而轻淡,以便修改和保持图面整洁。

6. 检查、描深

底稿完成后,要仔细检查全图,改正错误。准确无误后,按国家标准规定的线型加粗、描深。描深时应先画圆或圆弧,后画直线;先画虚线、点画线、细实线,后粗实线,如图 2－30(f)所示。最后标注尺寸。

绘图具体方法与步骤,参见图 2－40。

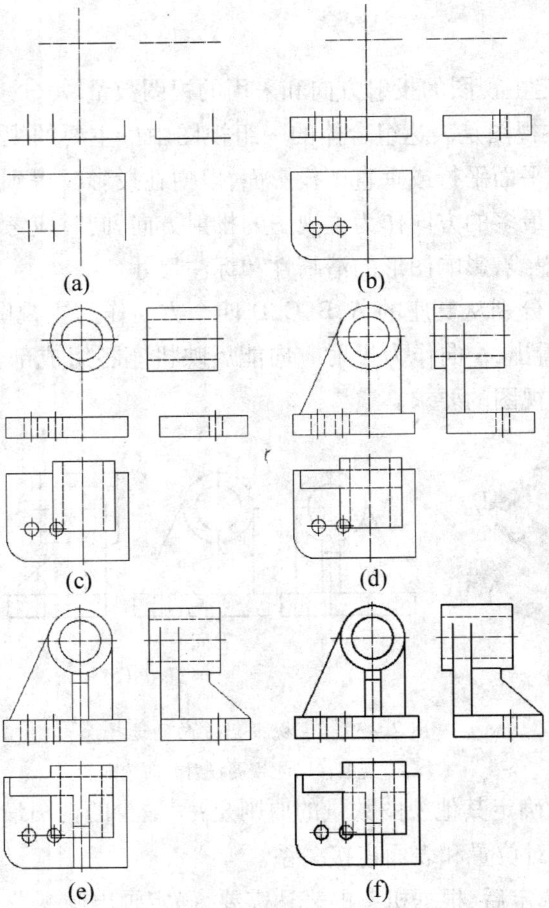

图 2－40　机座的画图方法和步骤

(a)布图:画各视图的作图基准线;(b)画底板:先画俯视图;(c)画圆筒:先画主视图;
(d)画支承板:先画主视图;(e)画肋板:先画左视图;(f)检查:描深

画图时应注意以下几点:

(1)画图时,应运用形体分析法,将组合体的各组成部分从主要部分到次要部分、从大形体到小形体,逐个画出它们的三视图。绘图时,应先画出反映形状特征的视图,再画其他视图，三个视图应配合画出，各视图注意保持“长对正、高平齐、宽相等”，如图 2－40(b)，(c)，(d)，(e)所示。

(2)在作图过程中，每增加一个组成部分，要特别注意分析该部分与其他部分之间的相对位置关系和表面连接关系，同时注意被遮挡部分应随手改为虚线，避免画图时出错。

2.6.1.2 切割型组合体视图的画法

以图 2－41 所示的组合体为例，介绍切割型组合体视图的画图方法和步骤。

1. 形体分析

该组合体的原始形体是四棱柱，在此基础上用不同位置的截平面分别切去形体 1(四棱柱)、形体 2(三棱柱)、形体 3(四棱柱)，最后形成切割型组合体，如图 2－41(a)所示。

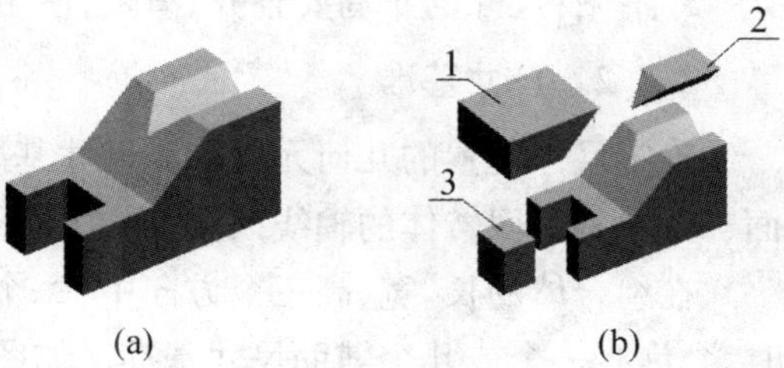

图 2－41 切割型组合体的形体分析

(a) 直观图；(b) 分解图

2. 画原始形体的三视图

先画基准线，布好图，再画出其原始形体的三视图。如图图 2－42(a)，(b)所示。

3. 画截平面的三视图

画各截平面的三视图时，应从各截平面具有积聚性和反映其形状特征的视图开始画起。如图 2－32(c)，(d)，(e)所示。

4. 检查、描深

各截平面的投影完成后，仔细检查投影是否正确，是否有缺漏和多余的图线，准确无误后，按国家标准规定的线型加粗、描深，如图 2－42(f)所示。

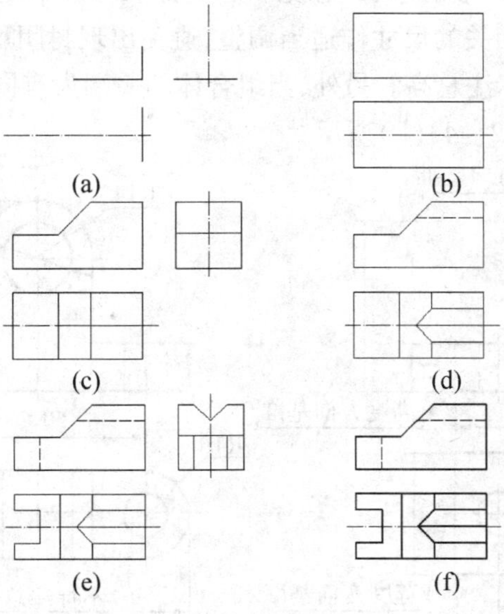

图 2－42 切割型组合体视图的画图方法和步骤

(a)画基准线、位置线；(b)画原始形体的三视图；(c)画切去形体 1 的三视图；(d)画切去形体 2 的三视图；(e)画切去形体 3 的三视图；(f)加粗、描深

2.7 组合体的尺寸标注

2.7.1 尺寸标注的基本要求

1. 正确:标注的尺寸数值应准确无误,标注方法要符合国家标准中有关尺寸注法的基本规定。

2. 完整:标注尺寸必须能唯一确定组合体及各基本形体的大小和相对位置,做到无遗漏,不重复。

3. 清晰:尺寸的布局要整齐、清晰,便于查找和看图。

2.7.2 尺寸基准

确定尺寸位置的几何元素称为尺寸基准。组合体的尺寸基准,常选用其底面、重要的端面、对称平面、回转体的轴线以及圆的中心线等作为尺寸基准。

在组合体的长、宽、高三个方向中,每个方向至少要有一个主要尺寸基准。当形体复杂时,允许有一个或几个辅助尺寸基准。如图 2－43(a)所示,以通过圆柱体轴线的侧平面作为长度方向的尺寸基准,以过圆柱孔轴线的正平面作为宽度方向的定位尺寸;以底板的底面作为高度方向的尺寸基准。

2.7.3 组合体的尺寸种类

1. 定形尺寸:确定组合体中各基本体的形状和大小的尺寸。如图 2－43(b)中 R14、2×φ10、φ16 等尺寸均属于定形尺寸。

2. 定位尺寸:确定组合体中各组成部分相对位置的尺寸。基本体的定位尺寸最多有三个,若基本体在某方向上处于叠加、平齐、对称、同轴之一者,则应省略该方向上的一个定位尺寸。如图 2－43(a)中,圆筒长度和宽度方向的定位尺寸均省略。

3. 总体尺寸:确定组合体外形的总长、总宽和总高的尺寸。若定形、定位尺寸已标注完整,在加注总体尺寸时,应对相关的尺寸作适当调整,避免出现封闭尺寸。如图 2－43(a)所示,删除小圆柱的高度尺寸,标注总高。另外,当组合体的一端为有同心孔的回转体时,该方向上一般不注总体尺寸,如图 2－43(b)所示。

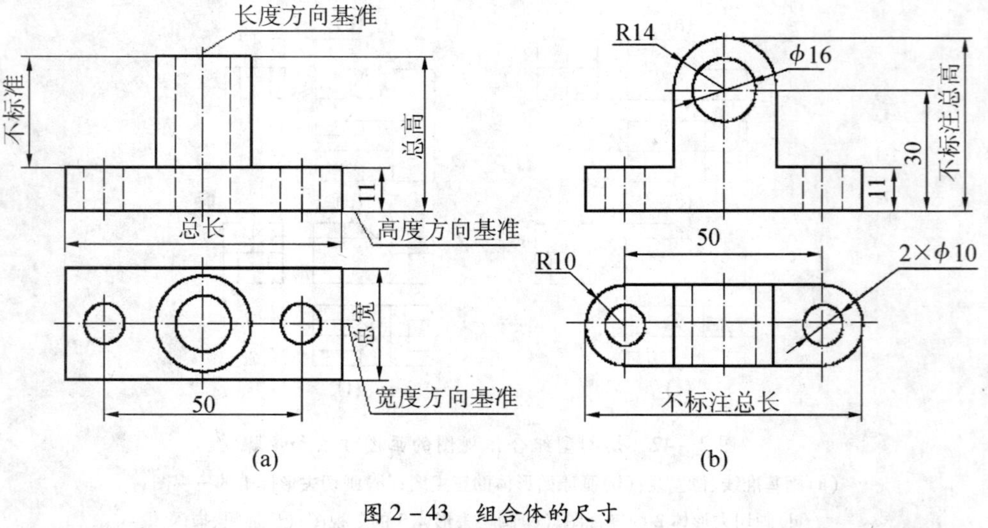

图 2－43 组合体的尺寸
(a)尺寸基准;(b)不注总体尺寸的情况

2.7.4 标注组合体尺寸的步骤

标注组合体的尺寸时，首先应运用形体分析法分析形体，找出该组合体长、宽、高三个方向的主要基准，分别注出各基本形体之间的定位尺寸和各基本形体的定形尺寸，再标注总体尺寸并进行调整，最后校对全部尺寸。

现以支座为例，说明标注组合体尺寸的具体步骤。

(1)对组合体进行形体分析，确定尺寸基准　如图2-43和图2-44所示，依次确定支座长、宽、高三个方向确定主要基准：通过圆筒的轴线的侧平面作为长方向的主要基准，通过圆筒的轴线的正平面作为宽方向的主要基准，底板的底面可作为高方向的主要基准，耳板和圆筒顶面为高度方向的辅助尺寸基准。

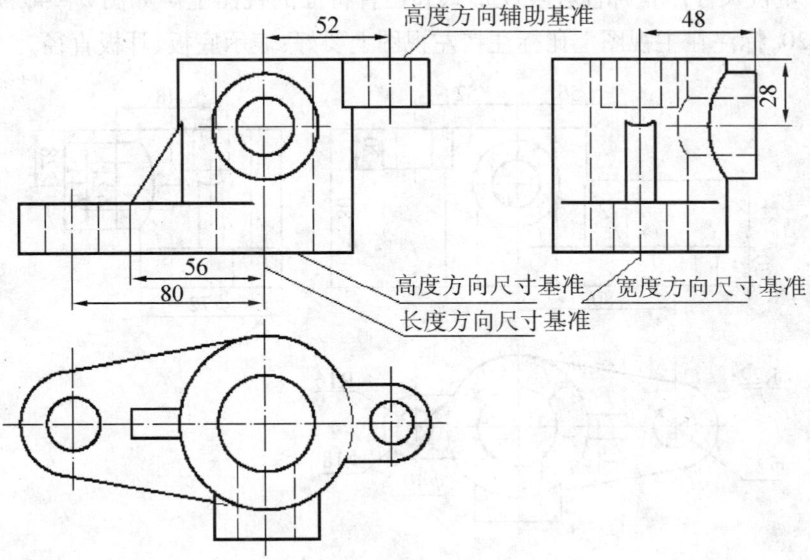

图2-44　支座的尺寸基准和定位尺寸

(2)标注定位尺寸　从组合体长、宽、高三个方向的主要基准和辅助基准出发依次注出各基本形体的定位尺寸。如图2-44所示，标注出80、56、52，确定底板和耳板相对于圆筒的左右位置；在宽度和高度方向上标注出48、28，确定凸台相对于圆筒的上下和前后位置。

(3)标注定形尺寸　依次标注支座各组成部分的定形尺寸，如图2-45所示。

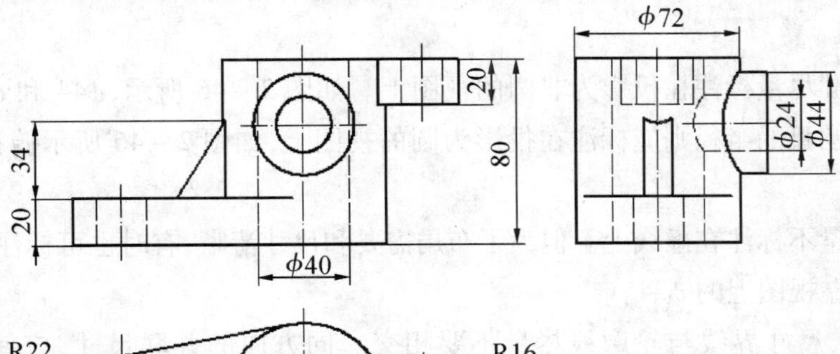

图2-45　支座的定形尺寸

(4)标注总体尺寸　为了表示组合体外形的总长、总宽和总高,应标注相应的总体尺寸。如图2-46所示,支座的总高尺寸为80,它也是圆筒的高度尺寸;因为已标注了定位尺寸80、以及圆弧半径R52和R16后,不再标注总长(80+52+22+16=170),左视图上标注了定位尺寸48后,不再标注总宽(48+72/2=84)。

2.7.5　标注尺寸需要注意的几个问题

标注尺寸除了要求正确、完整以外,为了便于看图,还要求所注尺寸清晰。为此,必须注意以下几点:

1. 尺寸应尽量标注在视图外面,与两个视图有关的尺寸最好布置在两个视图之间。

2. 定形、定位尺寸尽量标注在反映形状和位置特征的视图上。如图2-46所示,底板和耳板的高度20,标注在主视图上比标注在左视图上要好;表示底板、耳板直径

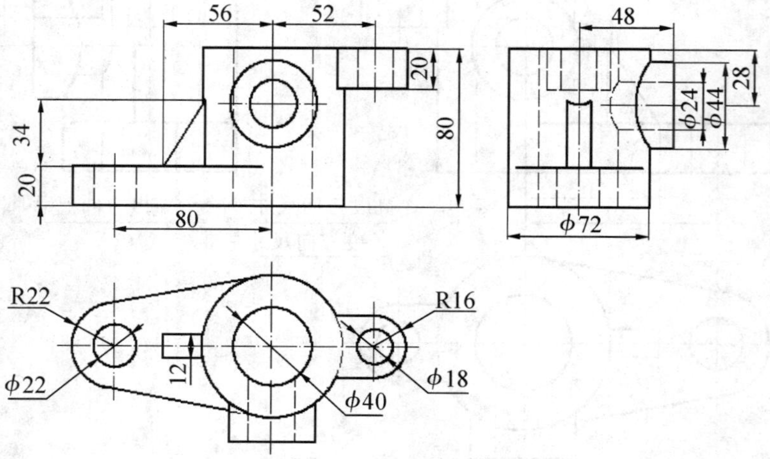

图2-46　支座的总体尺寸

半径的尺寸R22、φ22、R16、φ18,标注在俯视图上比标注在主、左视图上更能表示形状特征;在左视图上标注尺寸48和28,比标注在主、俯视图上能明显反映位置特征。

3. 同一基本形体的定形、定位尺寸应尽量集中标注。如图2-46所示,主视图上的定位尺寸56、52、80,左视图上的定位尺寸48、28,俯视图上的定形尺寸R22,φ22,R16,φ18,φ40等就相对集中。

4. 直径尺寸尽量标注在投影为非圆的视图上。如图2-46所示,φ44和φ24就标注在左视图上。而圆弧的半径则应标注在投影为圆的视图上,如图2-46所示俯视图上的R22和R16。

5. 尺寸尽量不标注在虚线上。但为了布局需要和尺寸清晰,有时也可标注在虚线上,如图2-36所示左视图上的φ24。

6. 尺寸线、尺寸界线与轮廓线尽量不要相交。同方向的并联尺寸,应使小尺寸注在里边(靠近视图),大尺寸注在外边。同方向的串联尺寸,箭头应互相对齐并排列在一条线上。

以上各点注意事项,并非标注尺寸的固定模式,在实际标注尺寸时,有时会出现不能完全兼顾的情况,应在保证尺寸标注正确、完整、清晰的基础上,根据尺寸布置的需要灵活运用

和进行适当的调整，如图 2－46 所示，主视图上的 56、左视图上的 ϕ24、28、48、俯视图上的 ϕ40 等尺寸，均为调整后重新标注的尺寸。

2.7.6 平面立体被截切后的尺寸注法

应先标注基本体的长、宽、高三个方向的尺寸，再标注切口的大小和位置尺寸，如图 2－47所示。

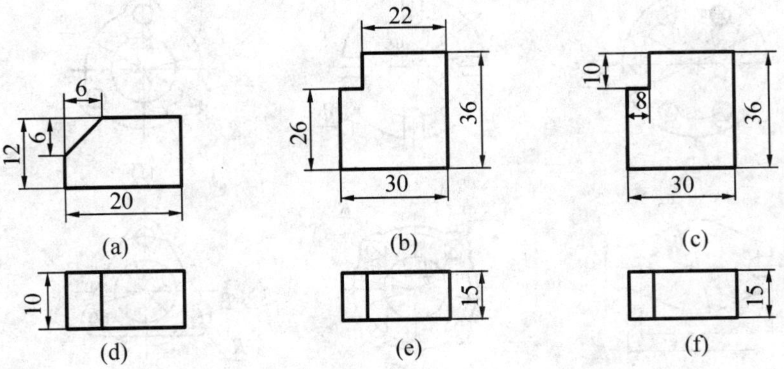

图 2－47 平面立体被截切后的尺寸注法

2.7.7 曲面立体被截切后的尺寸注法

首先标注出没有被截切时形体的尺寸，然后再标注出切口的形状尺寸。对于不对称的切口，还要标注出确定切口位置的尺寸，如图 2－48 所示。

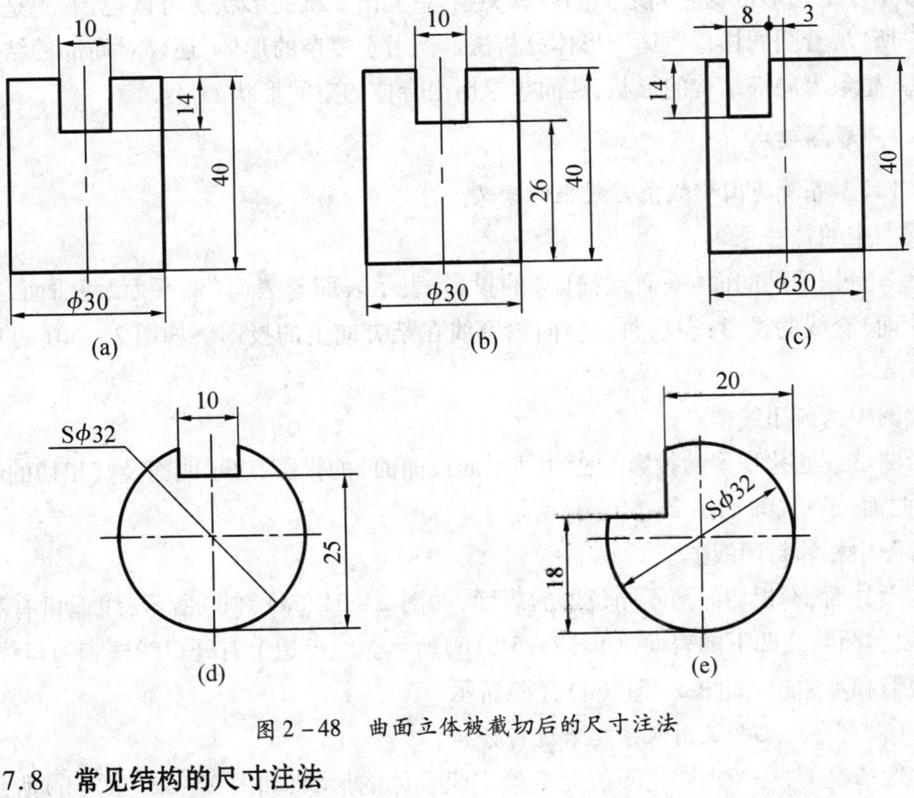

图 2－48 曲面立体被截切后的尺寸注法

2.7.8 常见结构的尺寸注法

如图 2－49 所示。

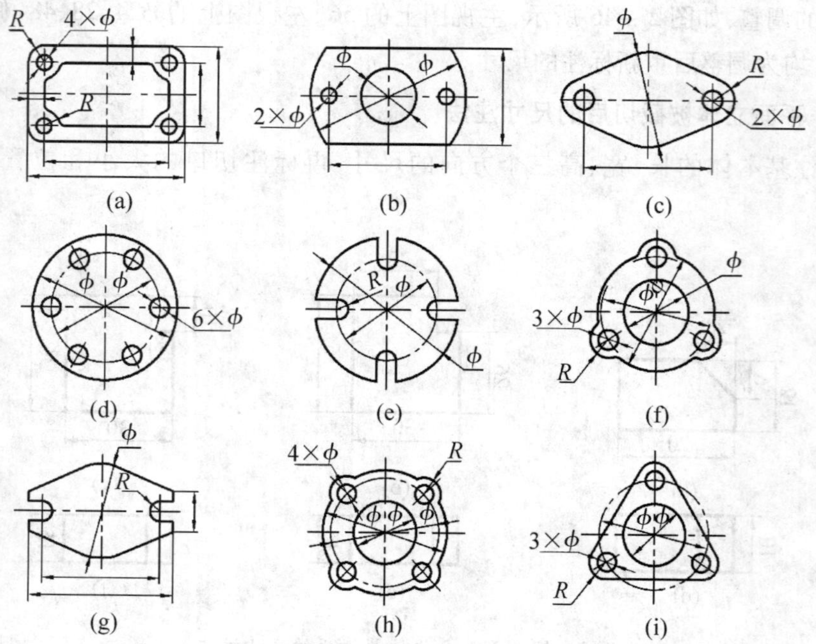

图 2-49　常见结构的尺寸注法

2.8　组合体的读图方法

画组合体的视图是将三维形体用正投影的方法表示成二维图形。而看组合体的视图，则是将多个二维图形依据它们之间的投影关系，想象出三维的形状。可以说，看图是画图的逆过程。所以，看图同样也要运用形体分析法。但对于复杂的形体，还要对局部的结构进行线面分析，想象出局部结构的形状，从而想象出组合体的空间形状。

2.8.1　看图要点

2.8.1.1　弄清视图中线条与线框的含义

1. 视图中的每一条线

表示具有积聚性的面（平面或柱面）的投影；表示表面与表面（两平面、两曲面、或一平面和一曲面）交线的投影；表示曲面转向轮廓线在某方向上的投影。如图 2-50（a）所示的线条 a,b,c。

2. 视图中的封闭线框

表示凹坑或通孔积聚的投影，一个面（平面或曲面）的投影，表示曲面及其相切的组合面（平面或曲面）的投影，如图 2-50 (a)所示。

3. 视图中相邻封闭线框

表示不共面、不相切的两不同位置的表面，如图 2-51 (a)，(b)所示；线框里有另一线框，可以表示凸起或凹下的表面，如图 2-51 (c)所示。线框边上有开口线框和闭口线框，分别表示通槽和不通槽，如图 2-51 (d)，(e)所示。

2.8.1.2　要把几个视图联系起来进行分析

在一般情况下，一个视图是不能完全确定组合体的形状，如图 2-52 (a)(b)所示的两组视图中，主视图相同，但两组视图表达组合体却完全不相同；有时，两个视图也不能完全确定组合体的形状，如图 2－52(c)(d)所示的两组三视图中，俯、左视图相同，两组三视图表达的组合体形状也不相同。由此可见，表达组合体必须要有反映形状特征的视图，看图时，要把几个视图联系起来进行分析，才能想象出组合体的形状。

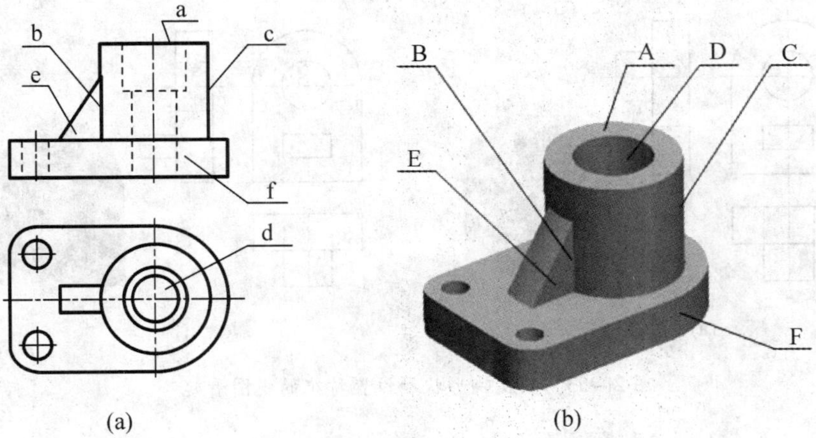

图 2－50 视图中图线和线框的含义

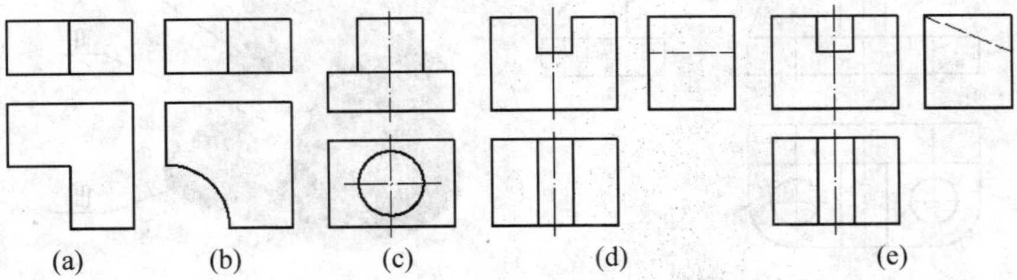

图 2－51 相邻封闭线框的含义

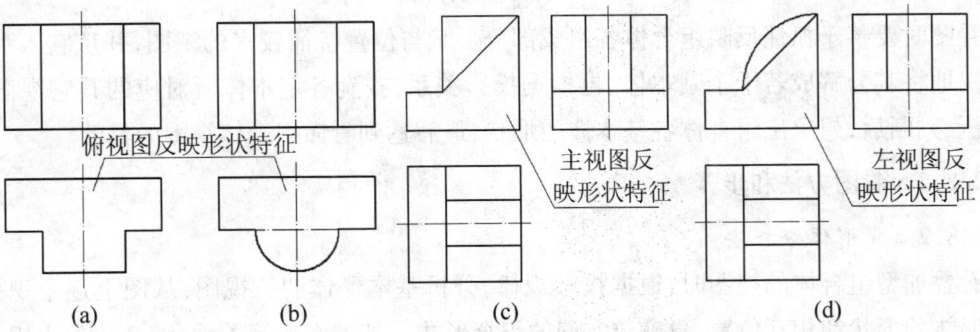

图 2－52 几个视图联系起来进行分析

2.8.1.3 从最能反映组合体形状和位置特征的视图看起

如图 2－53(a)(b)所示的两组三视图中，主、俯视图完全相同，与左视图结合起来才能反映形体。因为主视图反映主要形状特征，看图时应先看主视图；左视图最能反映位置特征，确定图位置时应先看左视图。

主视图是反映组合体整体的主要形状和位置特征的视图。但组合体的各组成部分的形状和位置特征不一定全部集中在主视图上。

如图 2－54 所示的支架，由三个基本体叠加而成，主视图反映了该组合体的形状特征，同时,也反映了形体Ⅰ的形状特征;俯视图主要反映形体Ⅱ的形状特征;左视图主要反映形体Ⅲ 的形状特征。看图时,应当抓住有形状和位置特征的视图,如分析形体Ⅰ时,应从主视图看起;分析形体Ⅱ时,应从俯视图看起;分析形体Ⅲ时,应从左视图看起。

图 2-53 从反映形状和位置特征的视图看起

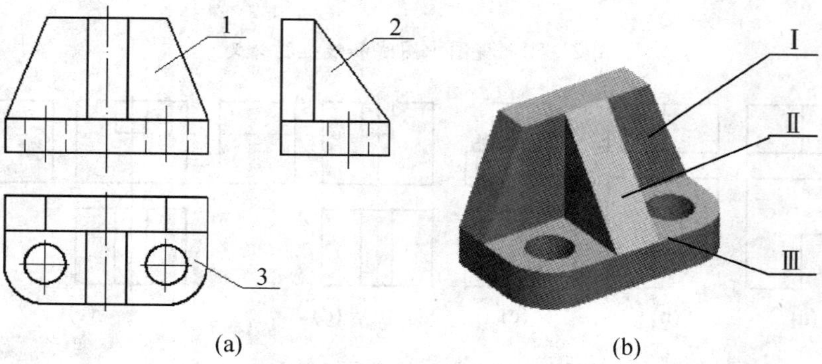

图 2-54 从反映形状特征的视图看起

看图时要善于抓住反映组合体各组成部分形状与位置特征较多的视图,并从它入手,就能较快地将其分解成若干个基本体,再根据投影关系,找到各基本体所对应的其它视图,并经分析、判断后,想象出组合体各基本体的形状,最后达到看懂组合体视图的目的。

2.8.2 看图方法和步骤

2.8.2.1 形体分析法

看叠加型组合体的视图时,根据投影规律,分析基本形体的三视图,从图上逐个识别出基本形体的形状和相互位置,再确定它们的组合形式及其表面连接关系,综合想象出组合体的形状。

形体分析法看图的特点是:从体出发,在视图上分线框。

下面以图 2-55 所示的支承架为例,介绍应用形体分析法看图的方法和步骤:

1. 划线框,分形体

从主视图看起,并将主视图按线框划分为 1′,2′,3′,并在俯视图和左视图上找出其对应的线框 1,2,3 和 1″,2″,3″,将该组合体分为立板Ⅰ、凸台Ⅱ和底板Ⅲ三部分,如图 2-42(a)所示。

2. 对投影,想形状

按照长对正、高平齐、宽相等的投影关系,从每一基本形体的特征视图开始,找出另外两个投影，想象出每一基本形体的形状，如图 2－55(b)(c)(d)所示。

3. 合起来，想整体

根据各基本形体所在的方位，确定各部分之间的相互位置及组合形式，从而想象出支承架的整体形状，如图 2－55(e)所示。

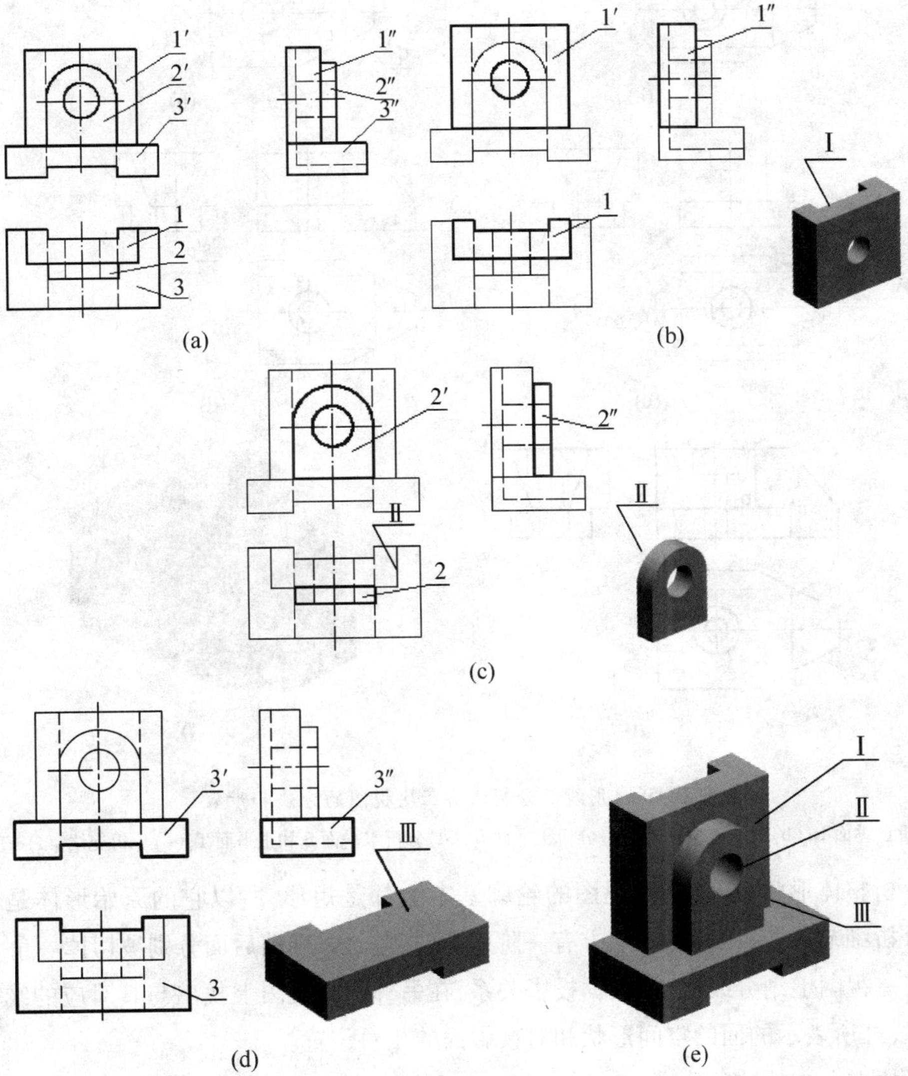

图 2－55　用形体分析法看支承架视图的方法和步骤

(a) 划线框，分形体；(b) 想立板(Ⅰ)形状；(c) 想凸台(Ⅱ)形状

(d)想底板(Ⅲ)形状；(e)综合想象支架的整体形状

2.8.2.2　线面分析法

形体分析法是从“体”的角度分析组合体，线面分析法则是从“面”和“线”的角度，分析构成组合体视图中的线框和图线的投影特性，以及它们之间的相互位置，从而看懂视图。

线面分析法的看图的特点是：从面出发，在视图上分线框。下面以图 2－56 所示的压块为例，介绍用线面分析法看图的方法和步骤：

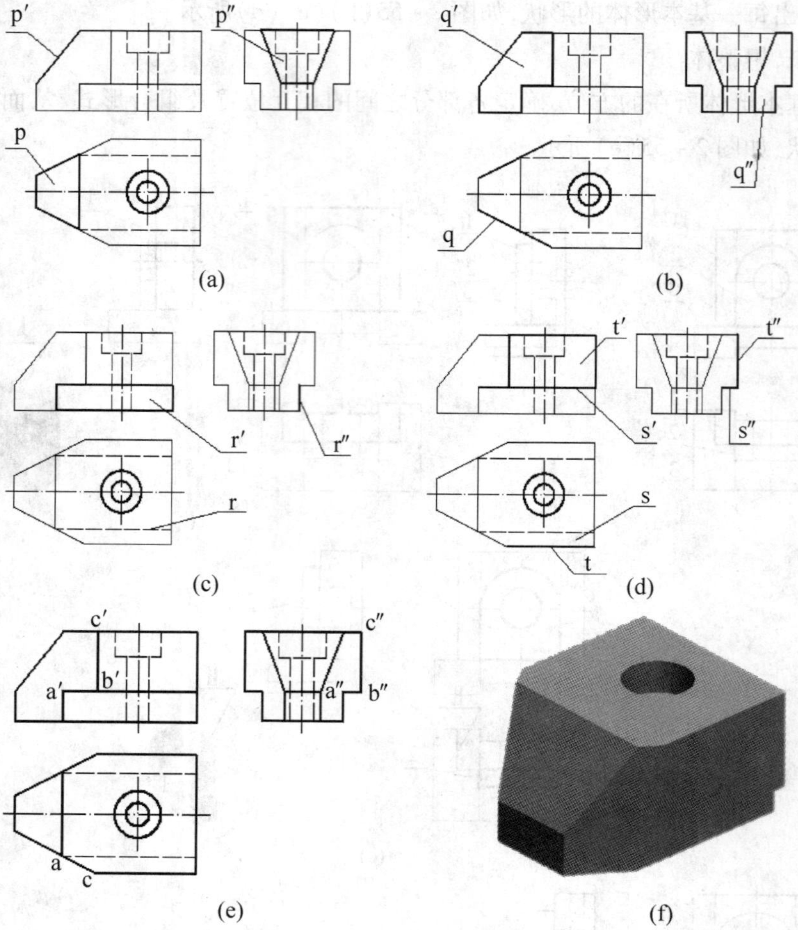

图 2－56　用线面分析法看压块视图的方法和步骤

(a)分析正垂面 P;(b)分析铅垂面 Q;(c)分析正平面 R;(d)分析水平面 S 和正平面 T;(e)分析交线;(f) 直观图

先分析整体形状,压块三个视图的轮廓基本上都是矩形,所以它的原始形体是个长方体。再分析细节部分,压块的右上方有一阶梯孔,其左上方和前后面分别被切掉一角。

从某一视图上划分线框,并根据投影关系,在另外两个视图上找出与其对应的线框或图线,确定线框所表示的面的空间形状和对投影面的相对位置。

1. 压块左上方的缺角

如图 2－56(a)所示,在俯、左视图上相对应的等腰梯形线框 p 和 p″,在主视图上与其对应的投影是一倾斜的直线 p′。由正垂面的投影特性可知,P 平面是梯形的正垂面。

2. 压块左方前、后对称的缺角

如图 2－56(b)所示,在主、左视图上方对应的投影七边形线框 q′和 q″,在俯视图上与其对应的投影为一倾斜直线 q。由铅垂面的投影特性可知, Q 平面是七边形铅垂面。同理,处于后方与之对称的位置也是七边形铅垂面。

3. 压块下方前、后对称的缺块

如图 2－56(c)(d)所示,它们是由两个平面切割而成,其中一个平面 R 在主视图上为一可见的矩形线框 r′,在俯视图上的对应投影为水平线 r(虚线),在左视图上的对应投影为垂直线 r″。另一个平面 S 在俯视图上是有一边为虚线的直角梯形 s,在主、左视图上的对应投影分别为水平线 s′和 s″。由投影面平行面的投影特性可知,R 平面和 T 平面是长方形的正平面,S 平面是直角梯形的水平面。压块下方后面的缺块与前面的缺块对称,不再赘述。

在图 2-56(e)中,a′b′不是平面的投影,而是 R 面和 Q 面的交线,同理,b′c′是长方体前方面 T 和 Q 面的交线,其余线框及其投影自行分析。这样,既从形体上,又从线面的投影上,弄清了压块的三视图,综合起来,便可想象出压块的整体形状,如图 2-56(f)所示。

2.8.3 已知组合体两视图补画第三视图

已知组合体两视图补画第三视图,看图和画图的综合训练,一般的方法和步骤为:根据已知视图,用形体分析法和必要的线面分析法分析和想象组合体的形状,在弄清组合体形状的基础上,按投影关系补画出所缺的视图。

补画视图时,应根据各组成部分逐步进行。对叠加型组合体,先画局部后画整体。对切割型组合体,先画整体后切割。并按先实后虚,先外后内的顺序进行。

【例 1】如图 2-57 所示,已知机座的主、俯视图,想象该组合体的形状并补画左视图。

2.8.3.1 分析

按主视图上的封闭线框,将机座分为底板 1、圆柱体 2、右端与圆柱面相交的厚肋板 3 三个部分,再分别找出三部分在俯视图上对应的投影,想象出它们各自的形状,如图2-57(a)(b)所示。再进一步分析细节,如主视图右边的虚线表示阶梯圆柱孔,主、俯视图左边的虚线表示长方形凹槽和矩形通槽。综合起来想象出机座的整体形状,如图 2-57(c)所示。

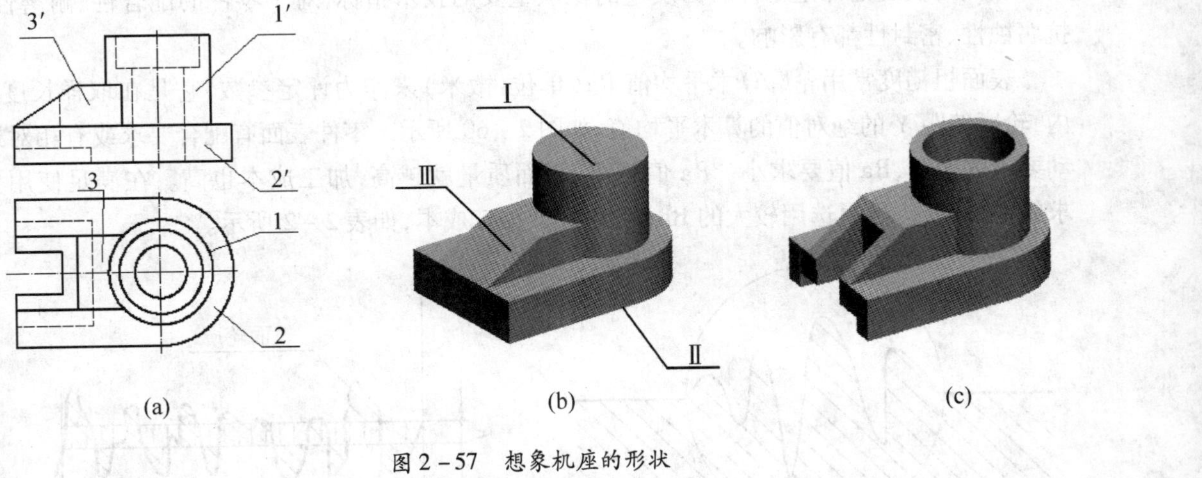

图 2-57 想象机座的形状

(a)将机座分解成三部分,找出对应的投影;(b)想象三部分形体的形状

(c)想象出机座左端的长方形凹槽、矩形通槽和阶梯圆柱孔位置和形状

2.8.3.2 补画左视图，其过程如图 2－58 所示。

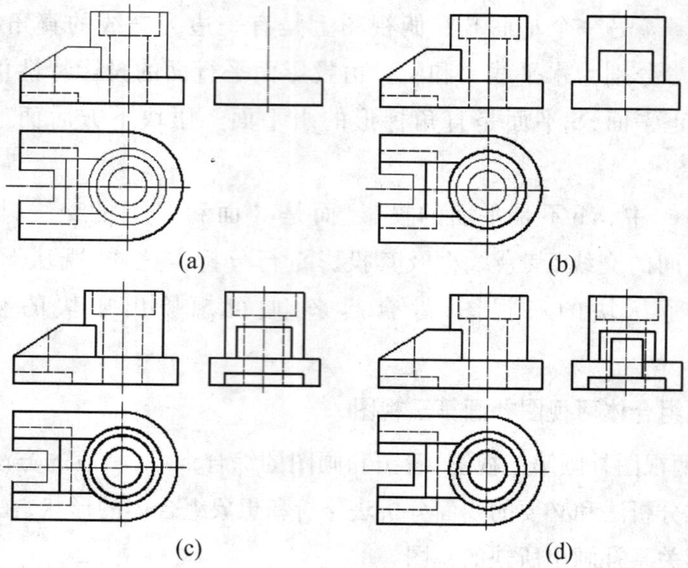

图 2－58 补画机座视图的步骤

(a)补画底板 2 的左视图；(b)补画圆柱体 1 和厚肋板 3 的左视图；

(c)补画长方形凹槽和阶梯圆柱孔的左视图；(d)最后补画矩形通槽的左视图

2.9 表面粗糙度(GB/T131－1993、GB/T1031－1995)

2.9.1 表面粗糙度的基本概念

零件表面无论加工得多么光滑，将其放在放大镜或显微镜下观察，总可以看到不同程度的峰、谷凸凹不平的情况，如图 2－59 所示。零件表面具有的这种较小间距的峰谷所组成的微观几何形状特征，称为表面粗糙度。表面粗糙度与加工方法、使用刀具、零件材料等各种因素都有密切的关系。

表面粗糙度是评定零件表面质量的一项重要的技术指标，对于零件的配合性、耐磨性、抗腐蚀性、密封性都有影响。

表面粗糙度常用轮廓算术平均值 Ra(单位：微米)来作为评定参数，它是在取样长度 L 内，轮廓偏距 Y 的绝对值的算术平均值，如图 2－60 所示。零件表面有配合要求或有相对运动要求的表面，Ra 值要求小。Ra 值越小，表面质量就越高，加工成本也高。在满足使用要求的情况下，应尽量选用较大的 Ra 值，以降低加工成本，如表 2－2 所示。

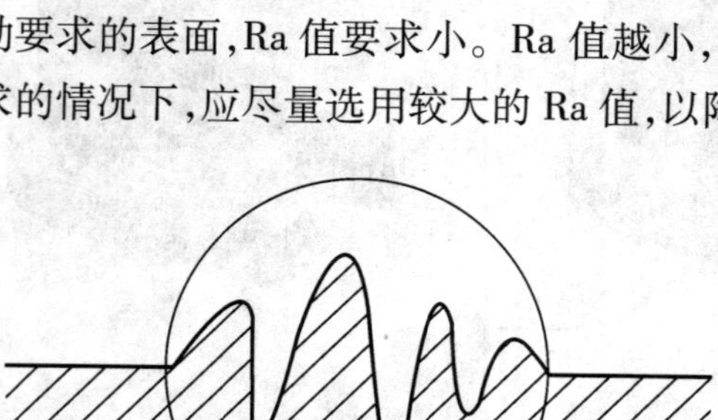

图 2－59 零件表面微观不平的情况图

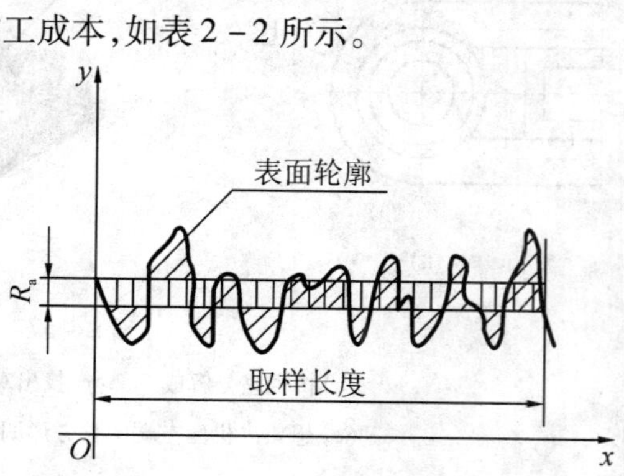

2－60 轮廓算术平均值 Ra

2.9.2 表面粗糙度符号和代号

1. GB/T131－1993 规定了五种表面粗糙度符号，如表 2－1 所示。

2. 表面粗糙度代号 在表面粗糙度符号上注写所要求的表面特征参数后，即构成表面粗糙度代号。由于 Ra 值是目前生产上最常用的一种表面粗糙度高度参数，所以在标注时可只标注高度参数的数值，省略参数前的 Ra。常用的 Ra 值与加工方法见表 2－3。

2.9.3 表面粗糙度参数的注写

有关表面粗糙度的参数和说明，应注写在符号所规定的位置上，如图 2－61 所示。

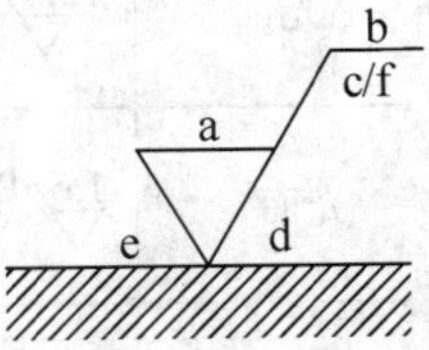

图 2－61 表面粗糙度参数的注写

a—粗糙度高度参数代号及其数值。注写 Ra 时，只注数字，不注数值；

b—加工要求、镀覆、涂覆、表面处理或其他说明；

c—取样长度或波纹度（单位为毫米）；

d—加工纹理方向符号；

e—加工余量（单位为毫米）；

f—粗糙度间距参数值（单位为毫米）或轮廓支承长度率。

表 2－1 表面粗糙度符号及意义

符　号	意义及说明
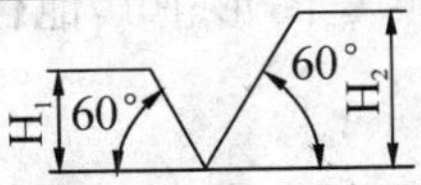	基本符号，表示表面可用任何方法获得。当不加注粗糙度参数值或有关说明时，仅适用于简化代号标注。（$H_1=1.4h$，$H_2=2.1h$，符号线宽为 1/10h，h 为字高）
	基本符号加一短画，表示表面是用去除材料的方法获得。如：车、铣、钻、磨、剪切、气割、抛光、腐蚀、点火花加工等。
	基本符号加一小圆，表示表面是用不去除材料的方法获得。如：铸、锻、冲压、热轧、冷轧、粉末冶金等。
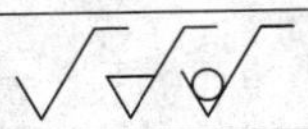	在上述三种符号的长边上均可加一横线，用于标注有关参数和说明。
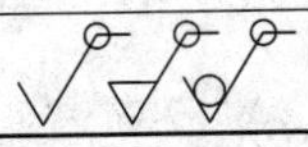	在上述三种符号上均可加一小圆，表示所有表面具有相同的表面粗糙度要求。

表 2－2 表面粗糙度代号（Ra）的意义

符　号	意义及说明
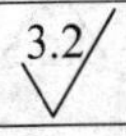	用任何方法获得的表面粗糙度，Ra 的上限值为 3.2μm.
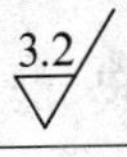	用去除材料的方法获得的表面粗糙度，Ra 的上限值为 3.2μm.
	用不去除材料的方法获得的表面粗糙度，Ra 的上限值为 3.2μm.
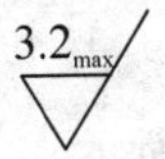	用去除材料的方法获得的表面粗糙度，Ra 的最大值为 3.2μm.
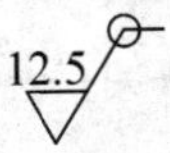	表示所有表面具有相同的表面粗糙度，Ra 的上限值为 12.5μm.

表 2-3　常用的表面粗糙度 Ra 值与加工方法

表面特征	示例	加工方法	适用范围
粗加工面	100　50　25	粗车、刨、铣、等。	非接触表面：如倒角、钻孔等。
半光面	12.5　6.3　3.2	粗铰、粗磨、扩孔、精镗、精车、精铣等。	精度要求不高的接触表面。
光面	1.6　0.8　0.4	铰、研、刮、精车、精磨、抛光等。	高精度的重要配合表面。
最光面	0.2　0.1　0.05	研磨、镜面磨、超精磨等。	重要的装饰面。
毛坯面		经表面清理过的铸、锻件表面、轧制件表面。	不需要加工的表面

2.9.4　表面粗糙度的标注方法

1. 表面粗糙度代(符)号应标注在可见轮廓线、尺寸界线、引出线或其延长线上。符号的尖端必须从材料外指向被注表面，代号中数字的方向必须与尺寸数字方向一致。对其中使用最多的代(符)号可统一标注在图样右上角，并加注"其余"两字，且高度是图形中其他代号的 1.4 倍，如图 2-62，图 2-63 所示。

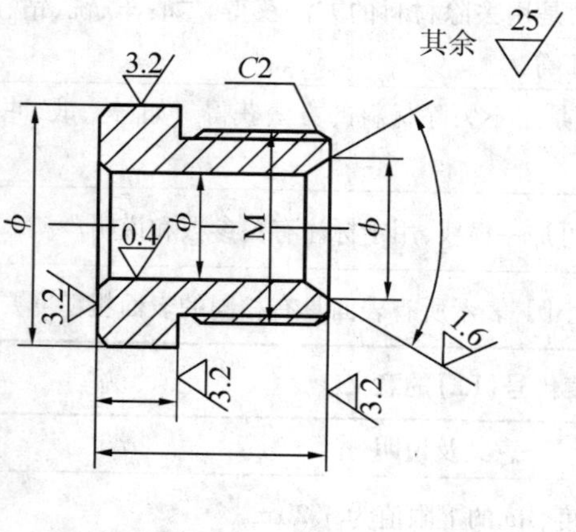

图 2-62　表面粗糙度的注法

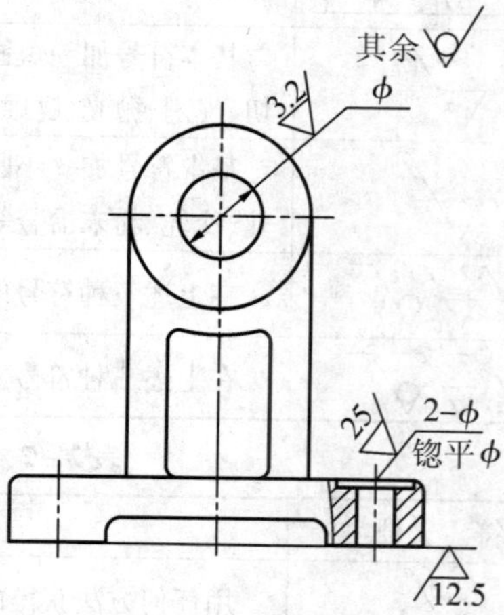

图 2-63 表面粗糙度的引出注法

2. 在同一图样上，每一表面一般只标注一次代(符)号，并尽可能靠近有关尺寸线，当位置不够时，可引出标注，如图 2-63，图 2-64，图 2-65 所示。

3. 各倾斜表面的代(符)号必须使其中心线的尖端垂直指向材料的表面并使符号的长划保持在顺(逆)时针方向旋转时一致，如图 2-64 所示。

4. 零件上的连续表面及重复要素(孔、齿、槽等)，只标注一次，如图 2-65 所示。

5. 当零件的所有表面具有相同的表面粗糙度时，其代(符)号可在图样的右上角统一标注，其符号的高度是图中其它代号的 1.4 倍，如图 2-66 所示。

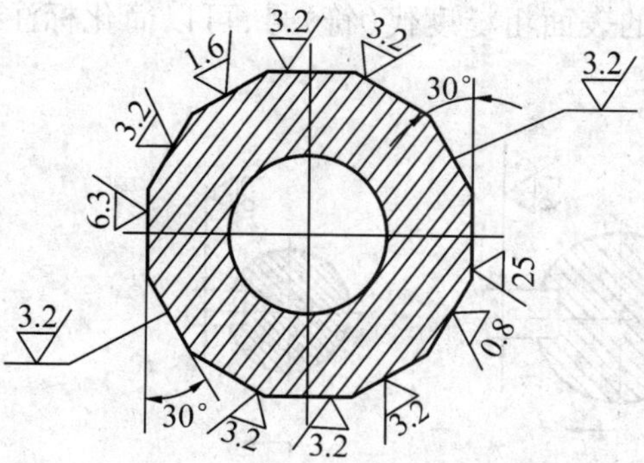

图 2－64　倾斜表面的表面粗糙度的注法

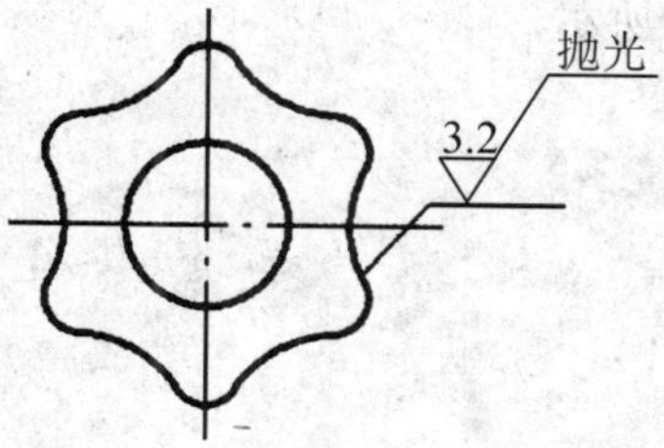

图 2－65　连续表面的表面粗糙度的注法

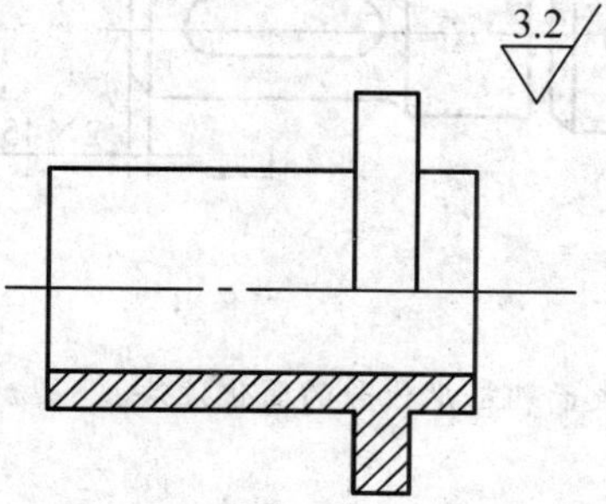

图 2－66　零件上所有表面粗糙度要求相同时的注法

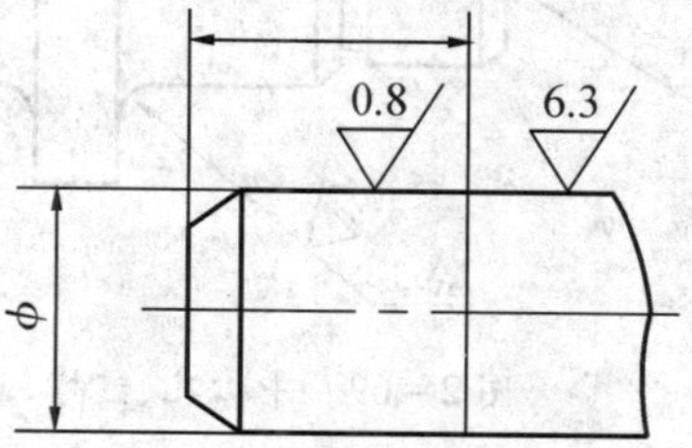

图 2－67　同一表面上粗糙度要求不同时的注法

6. 同一表面上有不同的表面粗糙度要求时，用细实线画出其分界线，注出尺寸和相应的表面粗糙度代(符)号，如图 2－67 所示。

7. 螺纹、齿轮的表面粗糙度注法如图 2－68 所示。

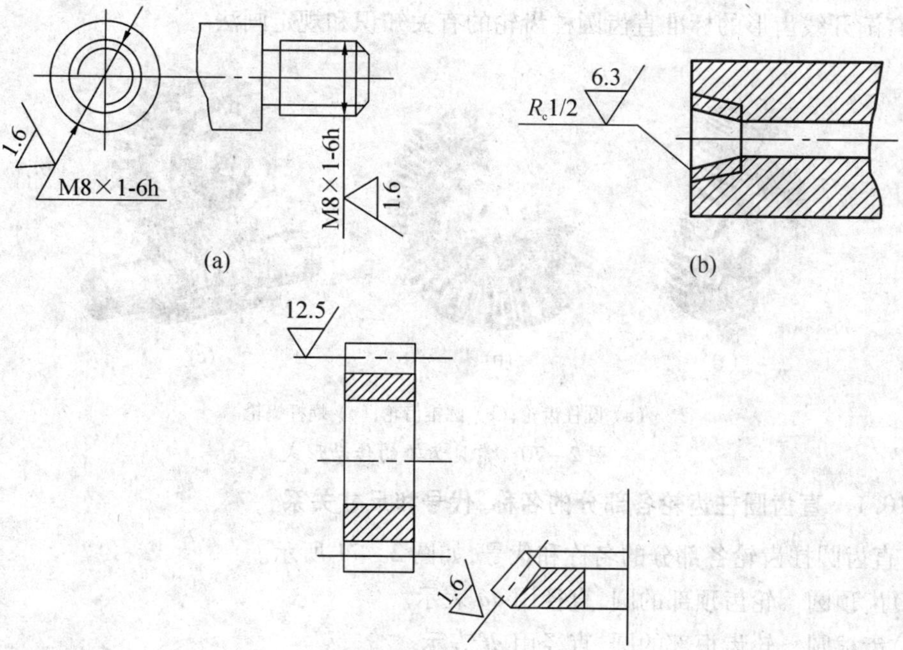

(a)　(b)　(c)

图 2－68　螺纹、齿轮等工作表面没有画出牙(齿)形时的表面粗糙度注法

(a)螺纹的表面粗糙度注法；(b) 螺纹的表面粗糙度注法；(c)齿轮的表面粗糙度注法

8. 中心孔、键槽的工作表面和倒角、圆角的表面粗糙度代(符)号,可以简化标注,如图2－69所示。

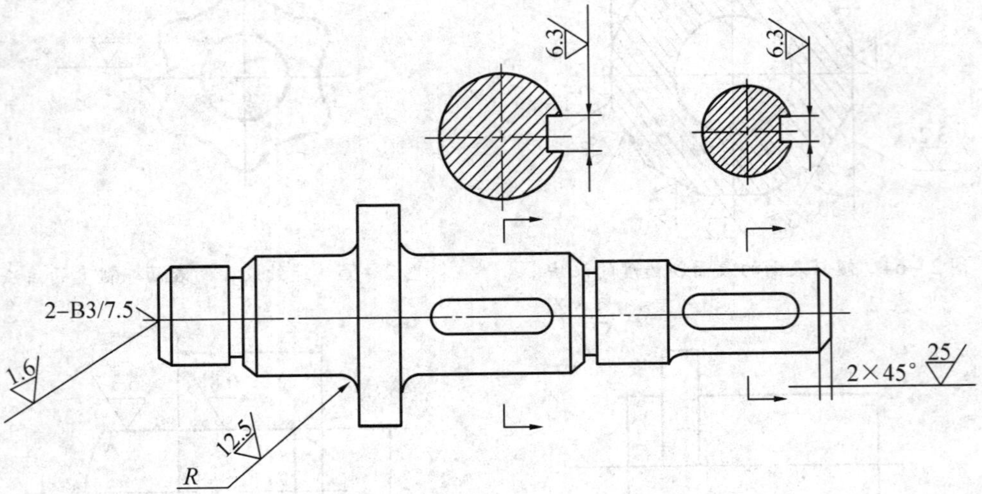

图2－69　中心孔、键槽、圆角、倒角的表面粗糙度代号的简化注法

2.10　齿轮

齿轮是用于机器中传递动力、改变旋向和改变转速的传动件。根据两啮合齿轮轴线在空间的相对位置不同,常见的齿轮传动可分为下列三种形式,如图2－70所示。其中,图2－70(a)所示的圆柱齿轮用于两平行轴之间的传动;图2－70(b)所示的圆锥齿轮用于垂直相交两轴之间的传动;图2－70(c)所示的蜗杆蜗纶则用于交叉两轴之间的传动。本节主要介绍具有渐开线齿形的标准直齿圆柱齿轮的有关知识和规定画法。

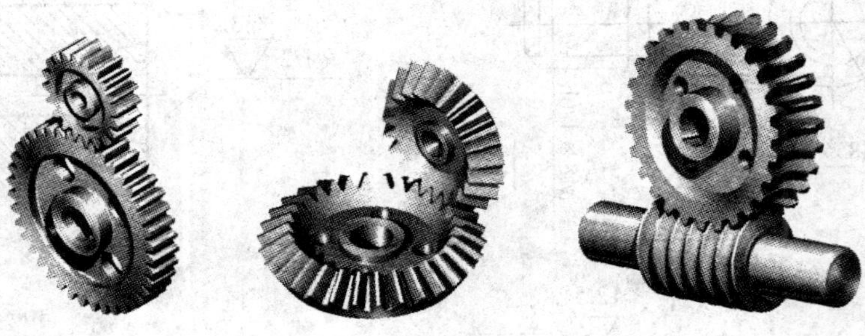

(a)　(b)　(c)

(a) 圆柱齿轮;(b) 圆锥齿轮;(c) 蜗杆蜗轮

图2－70　常见齿轮的传动形式

2.10.1　直齿圆柱齿轮各部分的名称、代号和尺寸关系

1. 直齿圆柱齿轮各部分的名称和代号,如图2－71所示。

(1)齿顶圆　轮齿顶部的圆,直径用 da 表示。

(2)齿根圆　轮齿根部的圆,直径用 df 表示。

(3)分度圆　齿轮加工时用以轮齿分度的圆,直径用 d 表示。在一对标准齿轮互相啮合时,两齿轮的分度圆应相切,如图2－71(b)所示。

(4)齿距　在分度圆上,相邻两齿同侧齿廓间的弧长,用 p 表示。

(5)齿厚 一个轮齿在分度圆上的弧长,用 s 表示。

(6)槽宽 一个齿槽在分度圆上的弧长,用 e 表示。在标准齿轮中,齿厚与槽宽各为齿距的一半,即 $s=e=p/2$,$p=s+e$。

(7)齿顶高分度圆至齿顶圆之间的径向距离,用 ha 表示。

(8)齿根高 分度圆至齿根圆之间的径向距离,用 hf 表示。

(9)全齿高 齿顶圆与齿根圆之间的径向距离,用 h 表示。$h=ha+hf$。

(10)齿宽沿 齿轮轴线方向测量的轮齿宽度,用 b 表示。

(11)压力角 轮齿在分度圆的啮合点上 C 处的受力方向与该点瞬时运动方向线之间的夹角,用 α 表示。标准齿轮 $\alpha=20°$。

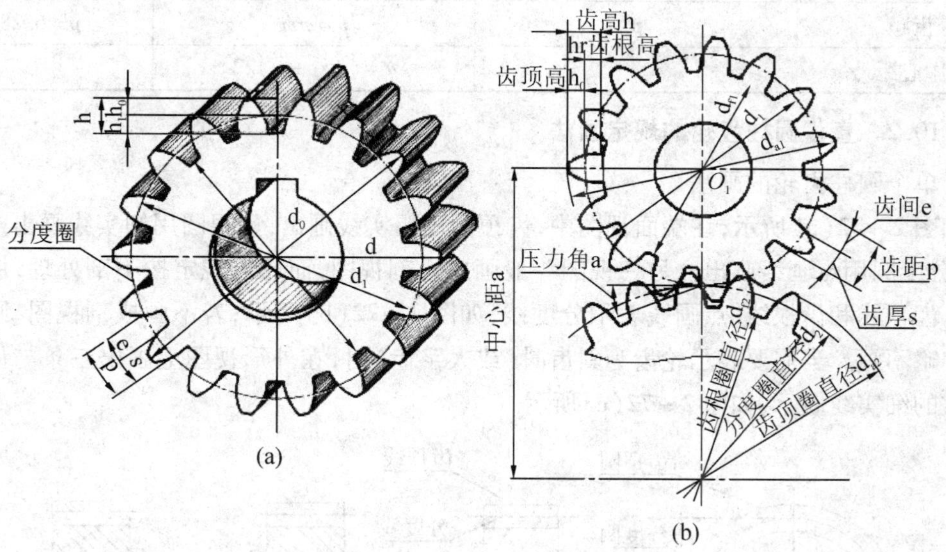

图 2-71 直齿圆柱齿轮各部分的名称和代号

2. 直齿圆柱齿轮的基本参数与齿轮各部分的尺寸关系

(1)模数 当齿轮的齿数为 z 时,分度圆的周长 $=\pi d=zp$。令 $m=p/\pi$,则 $d=mz$,m 即为齿轮的模数。因为一对啮合齿轮的齿距 p 必须相等,所以,它们的模数也必须相等。模数是设计、制造齿轮的重要参数。模数越大,则齿距 p 也增大,随之齿厚 s 也增大,齿轮的承载能力也增大。不同模数的齿轮要用不同模数的刀具来制造。为了便于设计和加工,模数已经标准化,我国规定的标准模数数值见表 2-4。

表 2-4 标准模数(圆柱齿轮摘自 GB/T1357-1987)

第一系列	1	1.25	1.5	2	2.5	3	4	5	6	8	10	12
第二系列	1.125	1.375	1.75	2.25	2.75	3.5	4.5	5.5	(6.5)	7	9	11

注:选用时,优先采用第一系列,括号内的模数尽可能不用。

(2)齿轮各部分的尺寸关系 当齿轮的模数 m 确定后,按照与 m 的比例关系,可计算出齿轮其他部分的基本尺寸,见表 2-5。

表 2－5　标准直齿圆柱齿轮各部分尺寸关系　　（单位：mm）

基本参数：模数 m，齿数 z			计算举例
名称	符号	计算公式	已知：$m=2$，$z=135$
齿顶高	h_a	$h_a = m$	$h_a = 2$
齿根高	h_f	$h_f = 1.25m$	$h_f = 2.5$
齿高	h	$h = h_a + h_f = 2.25m$	$h = 4.5$
分度圆直径	d	$d = mz$	$d = 270$
齿顶圆直径	d_a	$d_a = d + 2h_a = m(z+2)$	$d_a = 274$
齿根圆直径	d_f	$d^f = d - 2g''f = m(z - 2.5)$	$d_f = 265$
齿距	p	$p = \pi m$	$p = 6.28$
中心距	a	$a = m(z_1 + z_2)/2$	

2.10.2　直齿圆柱齿轮的规定画法

1. 单个圆柱齿轮的画法

如图 2－72（a）所示，在端面视图中，齿顶圆用粗实线画出，齿根圆用细实线画出或省略不画，分度圆用点画线画出。另一视图一般画成全剖视图，而轮齿规定按不剖处理，用粗实线表示齿顶线和齿根线，点画线表示分度线，如图 2－72（b）所示；若不画成剖视图，则齿根线可省略不画。当需要表示轮齿为斜齿时（或人字齿）时，在外形视图上画出三条与齿线方向一致的细实线表示，如图 2－72（c）所示。

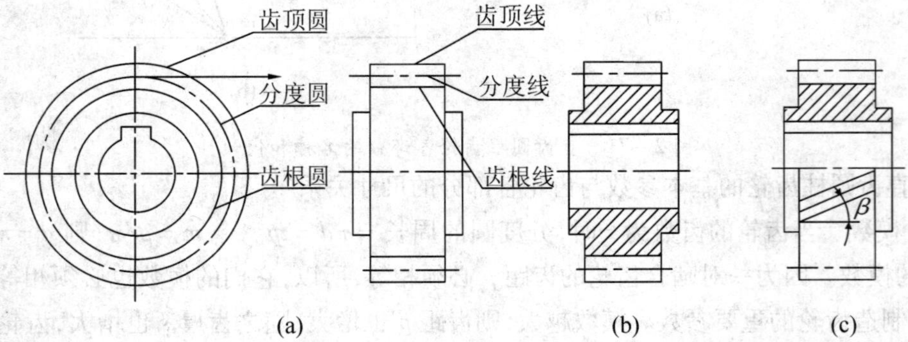

图 2－72　单个直齿圆柱齿轮的画法

（a）齿轮外形；（b）剖视图；（c）斜齿轮表示法

2. 圆柱齿轮的啮合画法

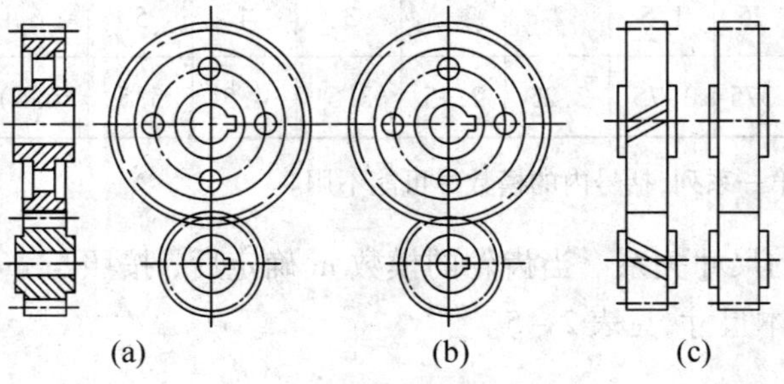

图 2－73　圆柱齿轮的啮合画法

如图 2－73(a)所示，在表示齿轮端面的视图中，齿根圆可省略不画，啮合区的齿顶圆均用粗实线绘制。啮合区的齿顶圆也可省略不画，但相切的分度圆必须用点画线画出，如图 2－73(b)所示。若不作剖视，则啮合区内的齿顶线不画，此时分度线用粗实线绘制，如图 2－73(c)所示。

在剖视图中，啮合区的投影如图 2－74 所示，一个齿轮的齿顶线与另一个齿轮的齿根线之间有 0.25mm 的间隙，被遮挡的齿顶线用虚线画出，也可省略不画。

图 2－75 为直齿圆柱齿轮的工作图。

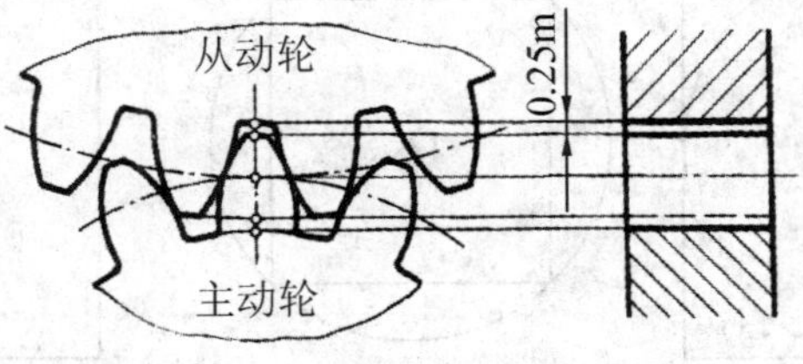

图 2－74　轮齿啮合区在剖视图上的画法

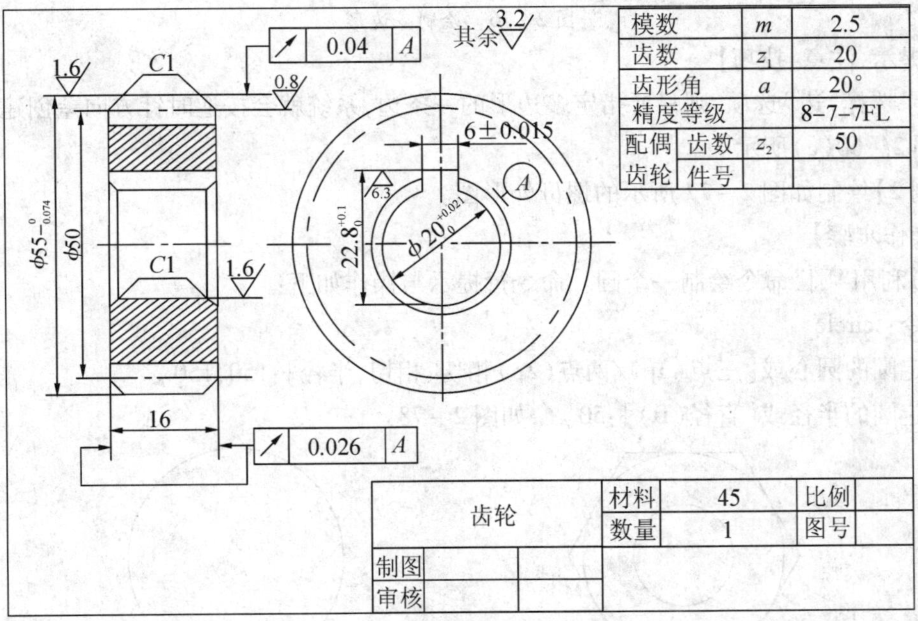

图 2－75　直齿圆柱齿轮的零件图

2.11　基本绘图命令

2.11.1　绘制多边形

(1)功能　该命令可按指定方式画正多边形。

(2)输入命令方式

◆ 命令行：POLYGON

◆ 菜单："绘图"→"正多边形"

◆ 工具栏："绘图"→ ⬠

【操作步骤】

命令：_poiygon

输入边的数目〈4〉:〔指定多边形的边数,默认值为4〕

指定正多边形的中心点或【边(E)】:(指定中心点)

输入选项[内接于圆(I)/外切于圆(C):< I >:(指定内接于圆或外切于圆,(C)】:<I >:(指定内接圆于圆或外切于圆,I表示内接于圆,C表示外切于圆)

指定圆的半径:(指定外接圆或内切圆的半径)

所绘正多边形如图2-76(a)图2-76(b)所示。

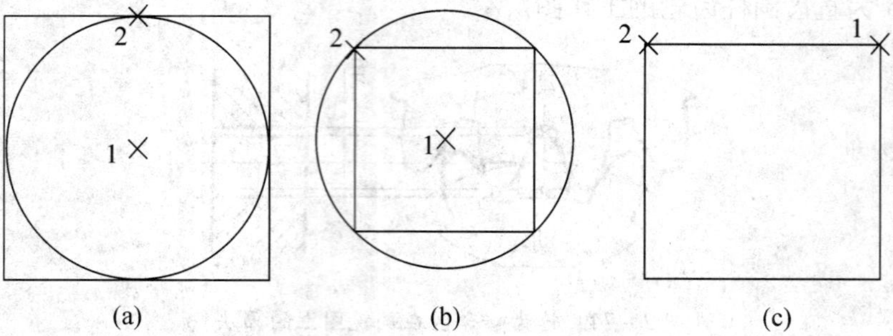

图2-76　绘制多边形

【提示、注意、技巧】

如果选择"边"选项,则只要指定多边形的一条边,系统就会按逆时针方向差创建该多边形,如图2-60(c)所示。

【例2】绘制如图2-77所示的螺母外形图。

【操作步骤】

(1)利用"圆"命令绘制一个圆。命令行提示与操作如下:

命令:circle

制定圆的圆心或[三点(3p)/两点(2p)相切、相切、半径]:150,150↙

指定圆的半径或[直径(D)]:50↙,如图2-78

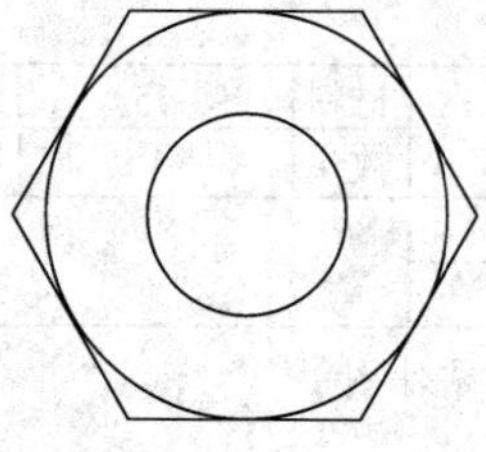

图2-77　螺母外形图

图2-78　半径为50的圆

(2)利用"正多边形"命令绘制正六边形　命令提示与操作如下:

命令 polygon

输入的数目<4>:6↙

指定正多边形的中心点或[边(E)]:150,150↙

输入选项[内接于圆(I)/外切于圆(C)]<I>:C↙

制定圆的半径:50↙

得到的结果如图2-79所示

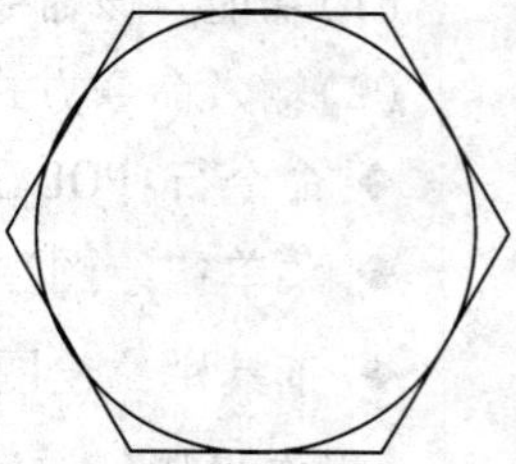

图2-79　外切正六边形

(3)同样以(150,150)为中心、30为半径绘制另一个圆,结果如

图 2 – 78 所示

2.11.2　**绘制多段线**

(1)功能

多段线时由多个线段和圆弧组合而成的单一实体对象,一条多段线中,无论包含多少多段直线或弧都是一个实体,这种线由于其组合形式多样,线宽可变化,弥补了直线或圆弧功能的不足,适合绘制各种复杂的图形轮廓,因而得到了广泛的应用。

(2)输入命令方式

◆ 命令行:PLINE

◆ 菜单:绘图→多段线

◆ 工具栏:绘图→

【操作步骤】

命令:_PLINE

指定起点:指定多段线的起点

当前线宽为 0.0000

指定下一点或[圆弧(A)半宽(H)长度(L)放弃(U0 宽度(W)]:指定多段线的下一点

如果在上述提示中选择圆弧 A,则命令行提示

指定圆弧的端点或[角度(A)圆心(CE)闭合(CL)方向(D)半宽(H)直线(L)半径(R)第二个点(S)放弃(U)宽度(W)]绘制圆弧的方法与圆弧命令相似

【提示、注意、技巧】

(1)当多段线的宽度大于 0 时,如果绘制闭合的多段线,一定要用“闭合”选项才能使其完全封闭,否则起点与终点会出现一段缺口。如图 2 – 80 所示,(a)图为使用“闭合”选项的情况,(b)图为没有使用“闭合”选项的情况。

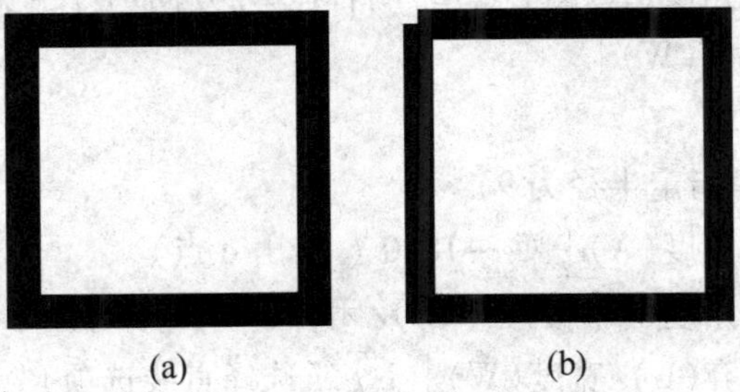

图 2 – 80　多段线绘制

(2)在绘制多段线的过程中如果选择“U”,则取消刚刚绘制的那一段多段线,当确定刚画的多段线有错误时,选择此项。

(3)多段线起点宽度值以上一次输入值为默认值,而终点宽度值为默认值。

(4)当使用分解命令对多段进行行分解时多段线的线宽信息将丢失。

如图 2 – 81(a)(b)所示的两个图形使用多段线命令绘制的,分别为形位公差中的圆跳动符号和电路中的二极管符号。

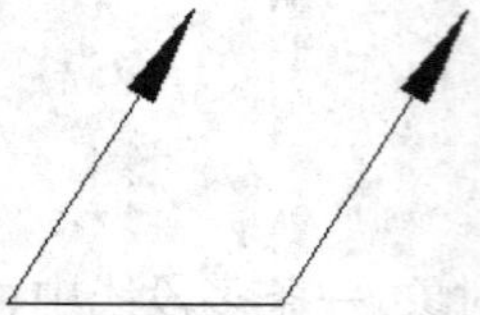
(a)

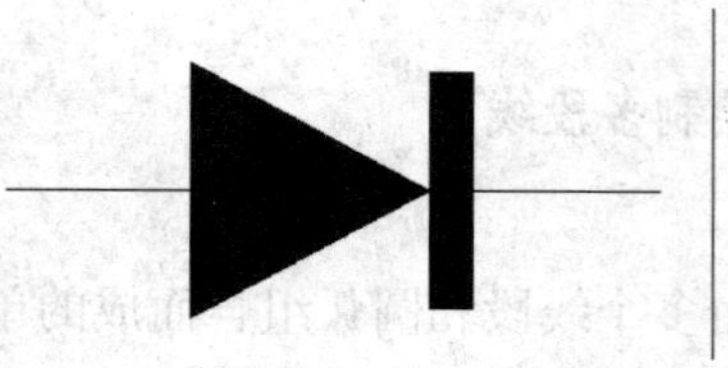
(b)

图 2-81　多段线绘制

【例 3】用多段线命令绘制如图 2-82 所示的图形。

【操作步骤】

命令;pline

指定起点:(指定一点为 A)

当前线宽为 0.0000

指定下一个点或[圆弧(A)/半宽(H)/长度(L)/放弃(u)/宽度(w)]:w↙(选择宽度选项)

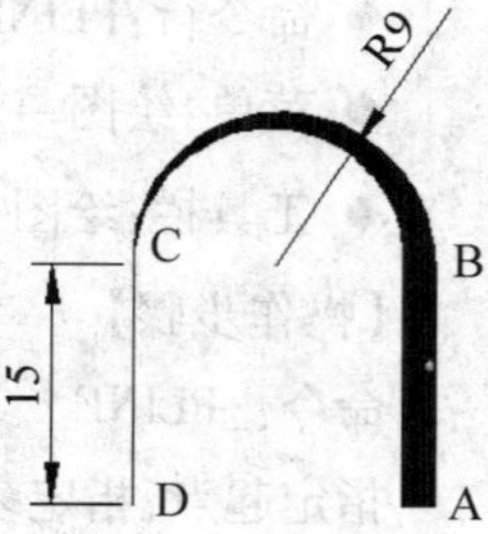

图 2-82　多段线绘制

指定起点宽度 0.0000:2　　起点线宽 2

指点端点宽度 2.0000　　指定线宽 2

指定下一个点或[圆弧 A 半宽 H 长度 L 放弃 U 宽度 W]:@0,15 给出 B 点

指定下一点或]圆弧(A)闭合(C)半宽(H)长度(L)放弃(U)宽度(W)]:A↙ 选择画弧方式

指定圆弧的端点或[角度(A)圆心(CE)闭合(CL)方向(D)半宽(H)直线(L)半径(R)第二个点(S)放弃(U)宽度(W)]

选择宽度选项:W↙

指定起点宽度 2.0000:2 起点线宽 2

指点端点宽度 2.0000:0 终点线宽 0

指定圆弧的端点或[角度(A)圆心(CE)闭合(CL)方向(D)半宽(H)直线(L)半径(R)第二个点(S)放弃(U)宽度(W)]

选择半径选项:R↙

指定圆弧的半径:9 (指定半径为 9)

指定圆弧的端点或[角度(A)]:@ -18.0 (给出 c 点)

指定圆弧的端点或[角度(A)/圆心(CE)/闭合(CL)/方向(D)/半宽(H)/直线(L)/半径(R)/第二个点(S)/放弃(U)/宽度(W)]:L↙(选择直线选项)

指定下一点或[圆弧(A)/闭合(C)/半宽(H)/长度(L)/放弃(U)/宽度(W)]:@0,-15↙(给出 D 点)

指定下一点或[圆弧(A)/闭合(C)/半宽(H)/长度(L)/放弃(U)/宽度(W)]↙(结束命令)

2.11.3　绘制样条曲线

(1)功能　样条曲线是经过或接近一系列给定的光滑曲线。样条曲线可以是规则的或不规则的曲线。如图 2-83 所示。

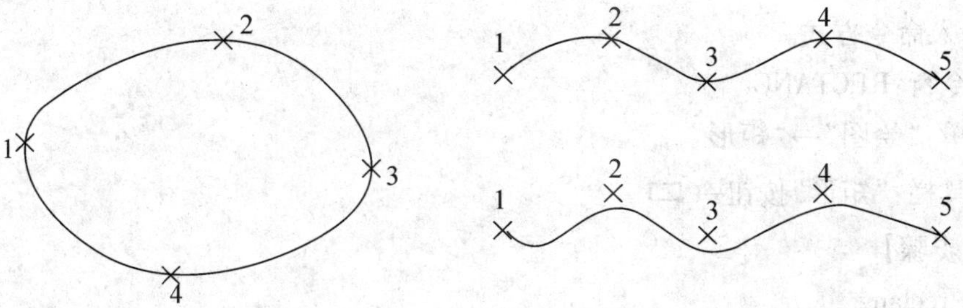

图 2-83 绘制样条曲线

(2)输入命令方式

◆ 命令行:SPLINE

◆ 菜单:“绘图” →“样条曲线”

◆ 工具栏:“绘图”按钮 →~

【操作步骤】

命令:_spline

指定第一个点或[对象(O)]:(指定一点选择“对象(0)”选项)

指定下一点:(指定一点)

指定下一个点或[闭合(C)/拟合公差(F)] <起点切向>

【提示、注意、技巧】

(1)对象(O) 将二维或三维的二次或三次样条曲线拟合多线段转换为等价的样条曲线,然后(根据 DELOBJ 系统变量的设置)删除该多线段。

(2)闭合(C) 将最后一点定义为与第一点一致,并使它在连接处相切,这样可以闭合样条曲线。选择该项。系统继续提示:指定切向:用户可以指定一点来定义切向矢量,或者使用“切点”和“垂足”对象捕捉模式使样条曲线与现有对象相切和垂直。

(3)拟合公差(F) 修改当前样条曲线的拟合公差,根据新公差以现有点重新定义样条曲线。公差表示样条曲线拟合所指定的拟合点集时的拟合程度。公差越小,样条曲线与拟合点越接近。公差为0,样条曲线将通过该点。输入大于0的公差,将使样条曲线在指定的公差范围内通过拟合点。在绘制样条曲线时,可以改变样条曲线拟合公差以查看效果。如图2-84所示的两条样条曲线使用点相同,但公差却不同。

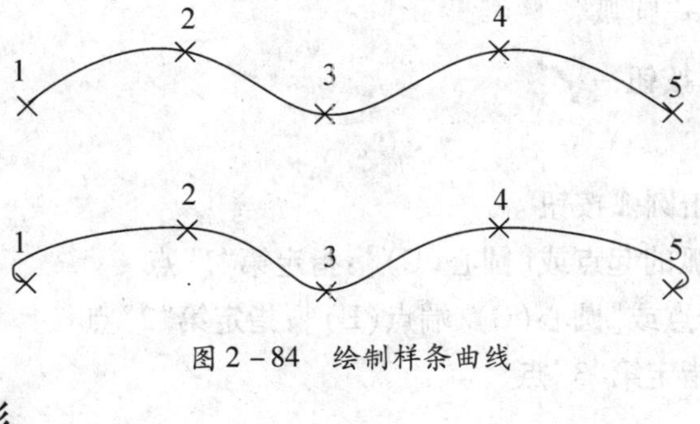

图 2-84 绘制样条曲线

2.11.4 绘制矩形

(1)功能 可绘制矩形形状的闭合多段线,可以通过指定长度、宽度、面积和旋转参数来确定其尺寸和放置方式,还可以控制矩形上角点的类型(圆角、倒角或直角)。

(2)输入命令方式

◆ 命令行:RECTANG

◆ 菜单:“绘图”→“矩形”

◆ 工具栏:“矩形”按钮→

【操作步骤】

命令:_rectang

指定第一个角点或[倒角(C)/标高(E)/圆角(F)/厚度(T)/宽度(W)]:c↙

指定矩形的第一个倒角距离 <0.0000 >:3↙

指定矩形的第二个倒角距离 <3.0000 >:↙

指定第一个角点或[倒角(C)/标高(E)/圆角(F)/厚度(T)/宽度(W)]:给矩形第“1”对角点

指定另一个角点或[面积(A)/尺寸(D)/旋转(R)]:给矩形第“2”对角点

如图 2 - 85 所示

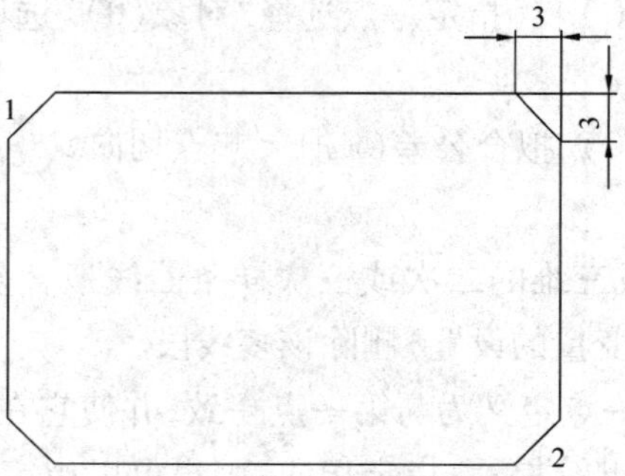

图 2 - 85　有倒角矩形的绘制

2.11.5　绘制圆弧

(1)功能　该命令用来绘制圆弧。根据圆弧的几何性质,AutoCAD 提供了多种绘制圆弧的方法。究竟采用哪种方法,要看具体的情况来定。如图 2 - 86 所示。

(2)输入命令方式

◆ 命令行:A 或 arc

◆ 菜单:“绘图” →“圆弧”

◆ 工具栏:“圆弧”按钮→

【操作步骤】

命令:从工具栏点击圆弧按钮

命令:_arc 指定圆弧的起点或[圆心(C)]:指定第“1”点

指定圆弧的第二个点或[圆心(C)/端点(E)]:指定第“2”点

指定圆弧的端点:指定第“3”点

如图 2 - 87 所示

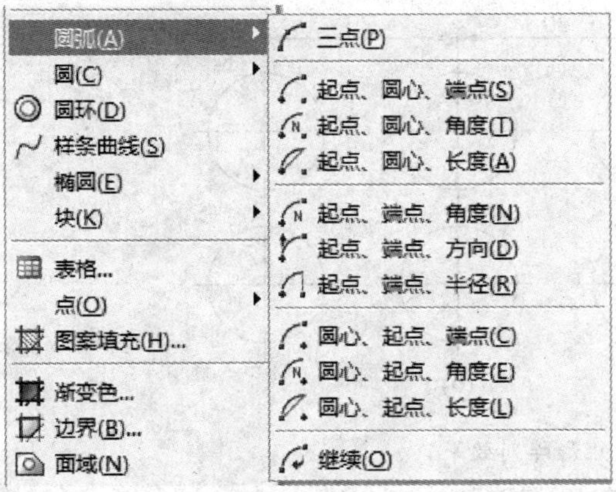

图 2－86　绘制圆弧的多种方式

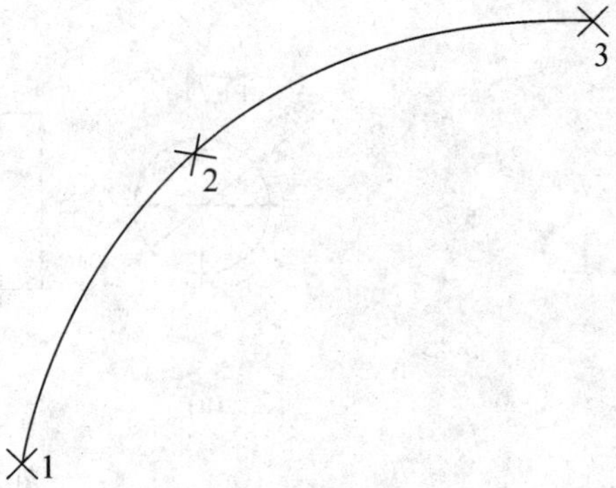

图 2－87　三点方式画圆弧

2.12　图形编辑命令

2.12.1”　阵列

(1)功能　该命令可以按指定的行数、列数、行间距和列间距进行矩形阵列;也可以按指定的阵列中心、阵列个数和包含角进行环形阵列。

(2)输入命令方式

◆ 命令行:ARRAY

◆ 菜单:“修改”→“阵列”

◆ 工具栏:“阵列”按钮

(3)命令的操作

1)矩形阵列　输入命令后,弹出如图 2－88 所示的对话框,选择选项,其它各项按照要求填写,矩形阵列效果如图 2－89 (b)所示。

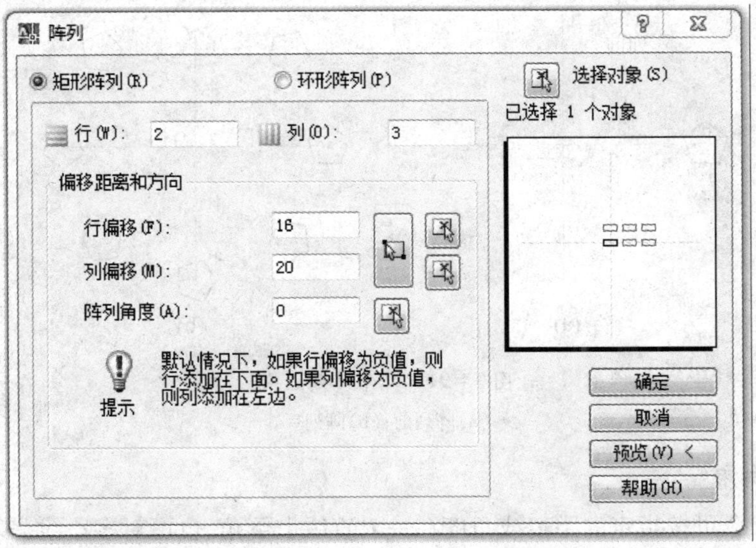

图 2－88　“矩形阵列”对话框

2)环形阵列　输入命令后,弹出如图 2－90 所示的对话框,选择选项,其他各项按提示填写,环形阵列效果如图 2－91 (b)所示。

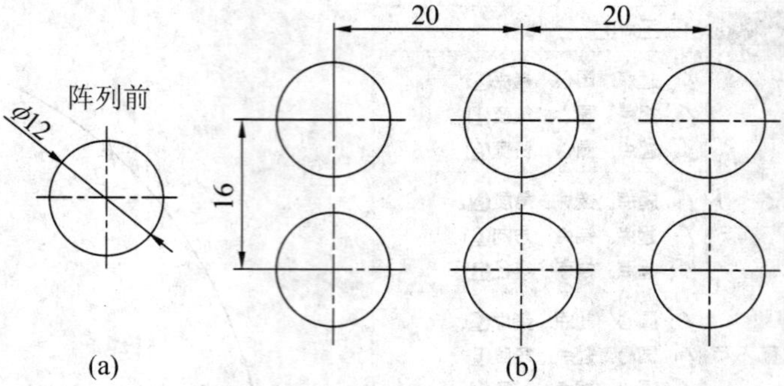

图 2-89　矩形阵列效果

(a)阵列前;(b)阵列后

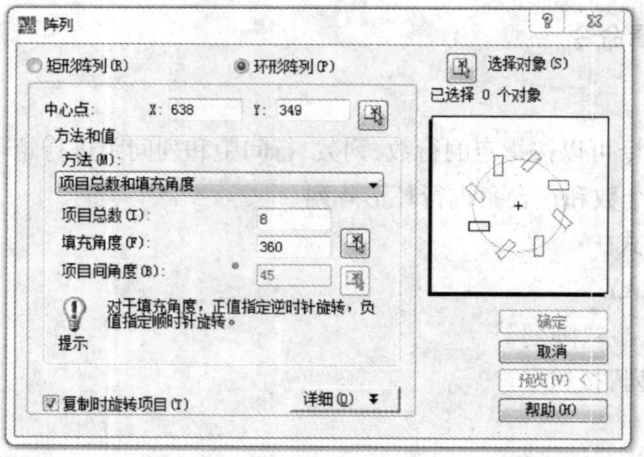

图 2-90　“环形阵列”对话框

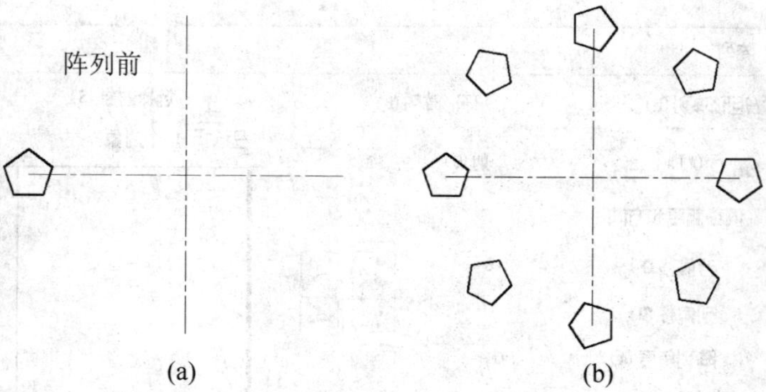

图 2-91　环形阵列效果

(a)阵列前;(b)阵列后

2.12.2　倒角

(1)功能　令可按指定的距离或角度在一对直线上倒角,也可对多段线、多边形、矩形等各直线交点处同时进行倒角。

(2)输入命令

◆ 命令行:CHAMFER

◆ 菜单:“修改”→“倒角”

◆ 工具栏:“倒角”按钮

(3)命令的操作

输入命令后,命令行提示:

命令 - chamfer

(“修剪”模式)当前倒角距离 1 = 5.0000,距离 2 = 5.0000

选择第一条直线或[放弃(U)/多段线(P)/距离(D)/角度(A)/修剪(T)/方式(E)/多个(M)]:d↙

指定第一个倒角距离 <5.0000>:2↙

指定第二个倒角距离 <2.0000>:2↙

选择第一条直线或[放弃(U)/多段线(P)/距离(D)/角度(A)/修剪(T)/方式(E)/多个(M)]:(选取第一条直线)

选择第二条直线,或按住 Shift 键选择要应用角点的直线:(选取第二条直线)

如图 2-92(c)所示。

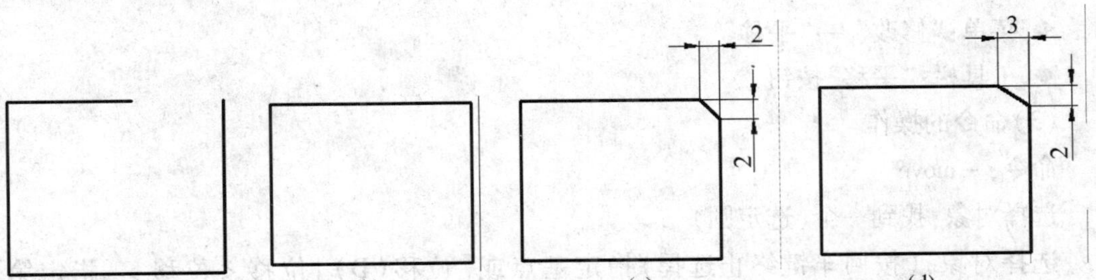

图 2-92 距离选项定倒角大小

(a)倒角前;(b)倒角距离为0;(c)两倒角距离相等;(d)两倒角距离不相等

2.12.3 圆角

(1)功能

该命令可用一条指定半径的圆弧光滑连接两条直线、圆弧或圆等实体,还可用该圆弧对封闭的二维多段线中的各线段交点倒圆角。

(2)输入命令

◆ 命令行:FILLET

◆ 菜单:“修改”→“圆角”

◆ 工具栏:“圆角”按钮

(3)命令的操作

输入命令后,命令行提示:

命令:_fillet

当前设置:模式 = 修剪,半径 = 20.0000

选择第一个对象或[放弃(U)/多段线(P)/半径(R)/修剪(T)/多个(M)]:

当输入圆角命令后,首先要注意查看信息行中当前圆角半径,如果不符合要求,要通过选项来指定半径的大小。具体操作如下:

命令:FILLET

当前设置:模式 = 修剪,半径 = 10.0000(信息行提示当前的半径为“10”)

选择第一个对象或[放弃(U)/多段线(P)/半径(R)/修剪(T)/多个(M)]:R↙

指定圆角半径<10.000>:8↙

选择第一个对象或[放弃(U)/多段线(P)/半径(R)/修剪(T)/多个(M)]:(选择第一条线)

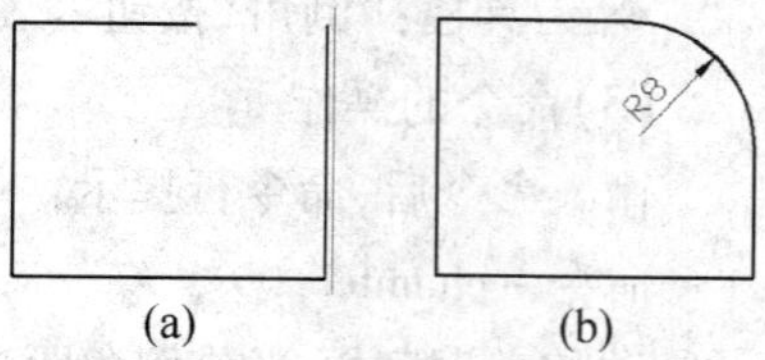

图 2-93　倒圆角示例

(a)倒圆角前;(b)倒圆角后

选择第二对象,或按住 Shift 键选择要应用角点的对象:(选择第二条线)

确定圆角半径后倒圆角,效果如图 2-93 所示。

2.12.4　平移

(1)功能　该命令将选中的实体平行移动到指定的位置。

(2)输入命令

- ◆ 命令行:Move 或 M
- ◆ 菜单:“修改”→“平移”
- ◆ 工具栏:“平移”按钮

(3)命令的操作

命令:-move

选择对象:找到一个(选定圆)

选择对象:(按回车键终止选择)指定基点或[位移(D)]位移<位移>:指定第二点或<使用第一点作为位移>:(首先指定点“1”作为基点,然后指定点“2”作为目标点。)

注意:命令行提示:“指定第二个点或<使用第一个点作为位移>”时,可以直接用鼠标指定点;还可以用相对坐标的形式确定移动的终点;也可以利用光标确定方向,在命令行内输入移动的距离数值来完成移动。

平移效果如图 2-94 所示。

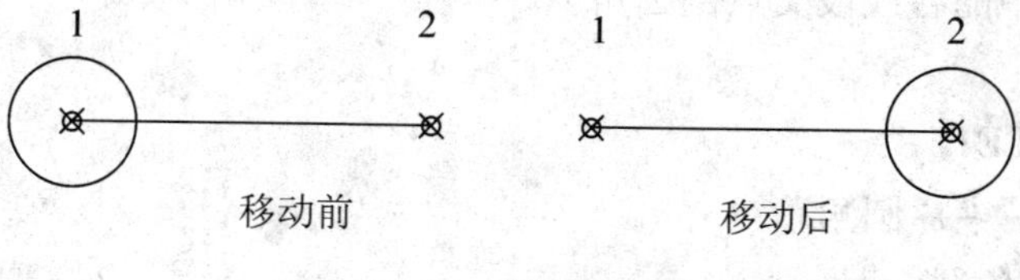

2-94　基点平移

2.12.5　镜像

(1)功能　该命令将选中的实体按指定的镜像位置作镜像,如图 2-95 所示。

(2)输入命令

- ◆ 命令行:MIRROR
- ◆ 菜单:“修改”→“镜像”
- ◆ 工具栏:“镜像”按钮

(3)命令的操作

命令:_mirror

选择对象:(选择需要镜像的实体)

选择对象:↙(结束选择)

指定镜像线的第一点:指定镜像线的第二点:(选择对称中心线的两个端点,把该线作为镜像线。该直线不需要真实存在)

是否删除源对象?[是(Y)/否(N)] <N>:(不将源对象删除)

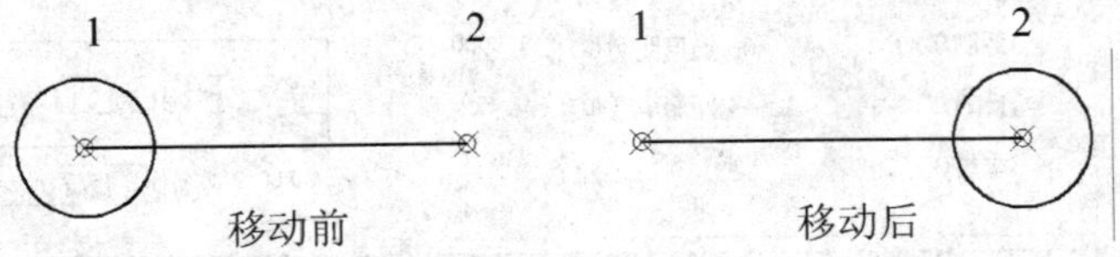

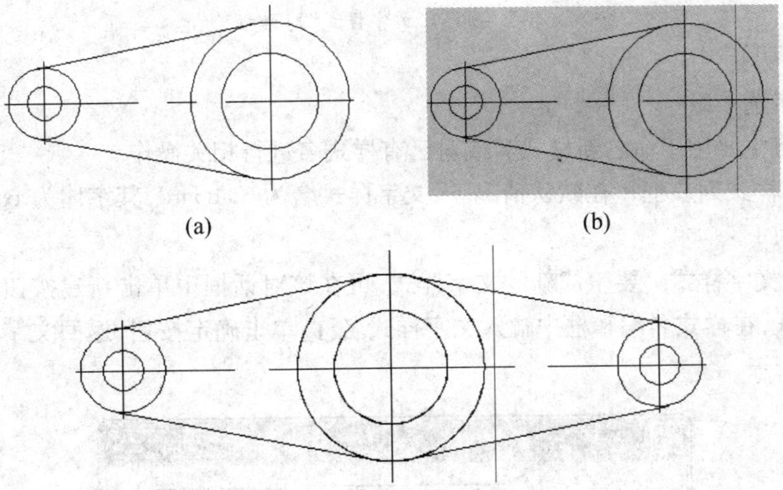

图 2-95 镜像

(a)镜像前;(b)选择需要镜像的对象;(c)镜像后

2.13 文字与表格

2.13.1 创建文字样式

设置文字样式是进行文字注写和尺寸标注的首要任务。在 AutoCAD 中,文字样式用于控制图形中所使用文字的字体、高度和宽度系数等。当输入文字对象时,必须将使用的文字样式置为当前。在一幅图形中可定义多种文字样式,以适合不同对象的需要,例如技术要求与尺寸标注就需要定义不同的文字样式。

2.13.1.1 定义文字样式

AutoCAD 2008 提供了"文字样式"对话框,通过这个对话框可方便直观地设置需要的文字样式,或是对已有样式进行修改。启用"文字样式"对话框,可以使用下列方法之一:

(1)命令行:STYLE 或 DDSTYLE。

(2)菜单:"格式" →"文字样式"。

(3)工具栏:"文字" →。

执行上述操作，系统将打开"文字样式"对话框，如图2－96所示。

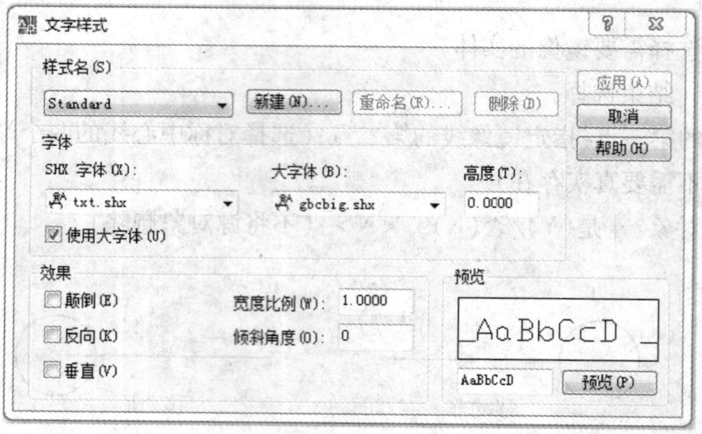

图2－96 "文字样式"对话框

【选项说明】

1. 样式名选项组

该选项组主要用于命名新样式名或对已有样式名进行相关操作。

(1)文字样式列表框　在默认情况下，文字样式名为Standard，其字体为txt. shx，高度为0，宽度比例为1。

(2)新建文字样式　要生成新的文字样式，可在该对话框中单击新建按钮，打开新建文字样式对话框，在样式名编辑框中输入文字样式名称，单击确定按钮，返回文字样式对话框。如图2－97所示

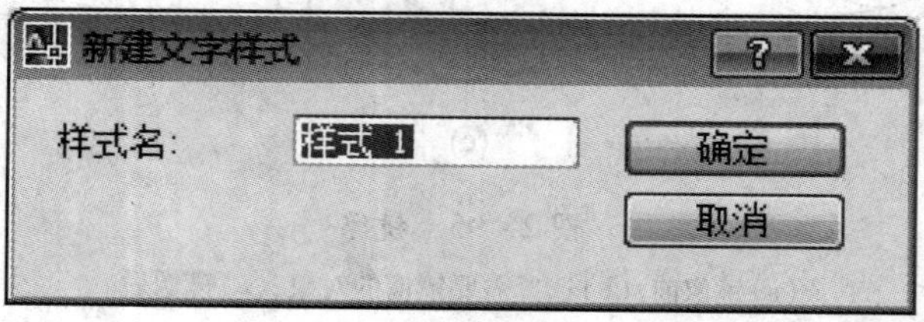

图2－97　新建文字样式

(3)重命名文字样式　从文字样式列表框中选中要改名的文字样式，单击重命名按钮，将打开如图2－98所示的重命名文字样式对话框。在此对话框中，可以为所选的文字样式输入新名字。

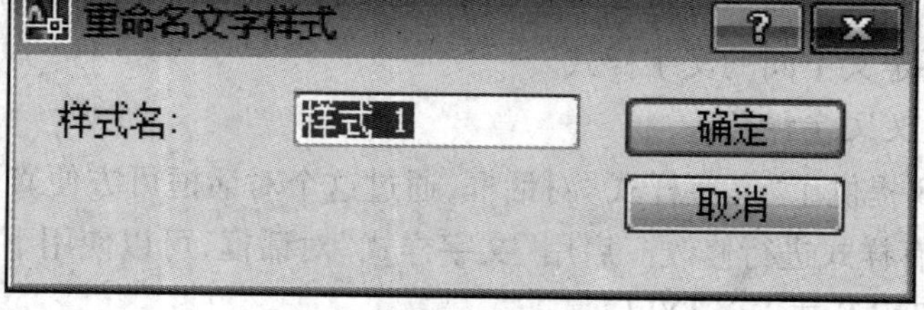

图2－98　重命名文字样式

(4)删除文字样式　单击该按钮，可删除指定的文字样式。

2. 字体选项组

在字体选项组中用来设置文字样式使用的字体文件,字体风格及字高等。

(1)字体名　用于选择字体。文字的字体确定字符的形状,在 AutoCAD 中,除了固有的 Shx 形状字体文件外,还可以使用 TrueType 等字体。

(2)选择使用大字体复选框,可创建支持汉字等大字体的文字样式,此时大字体下拉列表框被激活,从中选择大字体样式,用于指定大字体的格式,如汉字等亚洲型大字体,常用的字体样式为 gbcbig. shx。

(3)高度　用于设置键入文字的高度。如果在高度文本框中输入一个数值,则将它作为创建文字时的固定字高。再输入文字时,AutoCAD 不在提示输入字高参数,如果在此文本框中设置字高为 0,AutoCAD 则会在每一次创建文字时提示输入字高。所以,如果不想固定字高就可以将其在样式中设置为 0.

3. 效果设置区

一种字体可以设置不同的效果,如颠倒、反向、垂直、和倾斜等,从而被多种文字样式使用,例如图 2－99 所示的就是字体的各种不同样式。

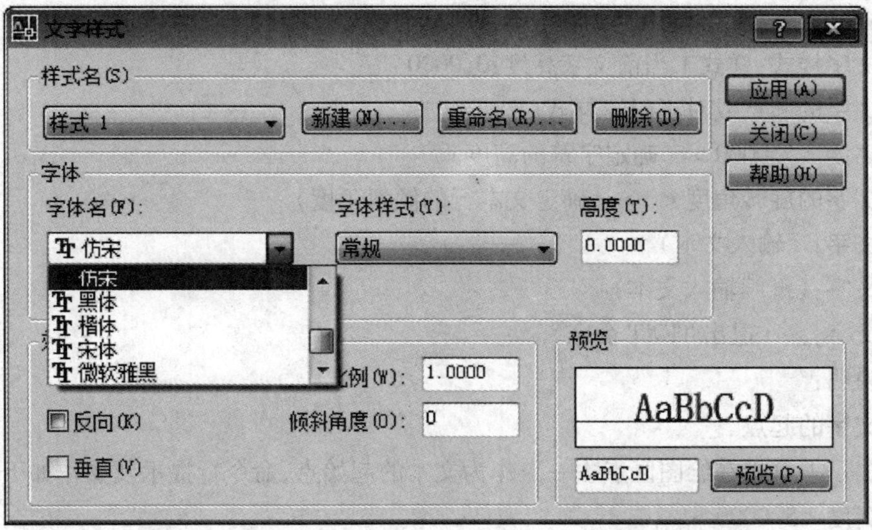

图 2－99　字体样式

(1)颠倒复选框　选中此复选框,表示将文本的文字倒置标注。

(2)反向复选框　确定是否将文本文字反向标注。

(3)垂直复选框　确定文本是水平标注还是垂直标注。选中此复选框时为垂直标注,否则为水平标注。

(4)倾斜角度复选框　用于确定文字的倾斜角度。角度为 0 时不倾斜,为正时向右倾斜,为负时向左倾斜,如图 2－99 所示该选项与输入文字时旋转角度 R 的区别在于,倾斜角度时指字符本身的倾斜度,旋转角度是指文字行的倾斜度。

(5)宽度比例复选框　用于设置字体宽度系数,确定文本字符的高宽比,当比例系数为 1 时,示将按字体文字中定义的宽高比标注文字,当此系数小于 1 时字会变窄,反之变宽。文字样式设置完成后,单击应用按钮,对话框随机关闭。

【提示、注意、技巧】

(1)设置颠倒、反向、垂直效果可作用于已输入的文字，而高度、宽度比例和倾斜角度效果只能作用于新输入的文字。

(2)垂直复选框只有在 Shx 字体下才可用。

4. 应用按钮

确定对文字样式的设置。当建立新的样式或者对现有样式的某些特征进行修改后，都需按此按钮，使 AutoCAD 确认所做的改动。

2.13.2　输入单行文本

启用“单行文字”命令，可以使用下列方法之一：

◆ 命令行：TEXT 或 DTEXT

◆ 菜单：“绘图” →“文字” →“单行文字”

◆ 工具栏：“文字” →

【操作步骤】

输入“单行文字”文字命令后，命令窗口提示：

命令：– text

当前文字样式：样式 1 当前文字高度：0.0000

指定文字的起点或对正(J)/样式(S)

指定高度 <5.0000>（确定字符的高度）

指定文字的旋转角度 <0>（确定文本行的倾斜角度）

输入文字：(输入文本)

输入文字：(继续输入文本)

输入文字：↙（退出 TEXT 命令）

选项说明：

指定文字的起点

在此提示下直接在绘图区点去一点作为文本的起始点，命令行提示及操作如下：

指定高度 <5.0000>：

指定文字的旋转角度 <0>：

输入文字：

在此提示下输入一行文本后回车，命令行再提示“输入文字”：可继续输入文本，起始点默认为第二行的起点，相当于换行输入文字。如果全部输入完毕后要结束文字输入，可在“输入文字“，提示下再次回车，则退出“单行文字”命令。由此可见，由单行文字命令也可以创建多行文字，只是这种多行文本每一行是一个对象，因此不能同时对几行文字进行编辑，但可以单独修改每一单行的文字样式、字高、旋转角度和对齐方式等。

【提示、注意、技巧】

(1)只有当前文字样式设置的字符高度为 0 时，在执行“单行文字”命令时，才出现确定字符高度的提示。

(2)AutoCAD 允许将文本行旋转排列，如图 2 – 100 所示为旋转角度分别是 0°、30°和

－30°时的排列效果。在"指定文字的旋转角度 <0>"提示下输入文本行的旋转角度或在屏幕上拉出一条直线来指定旋转角度，这与设置文字样式时的文字倾斜角度不同。

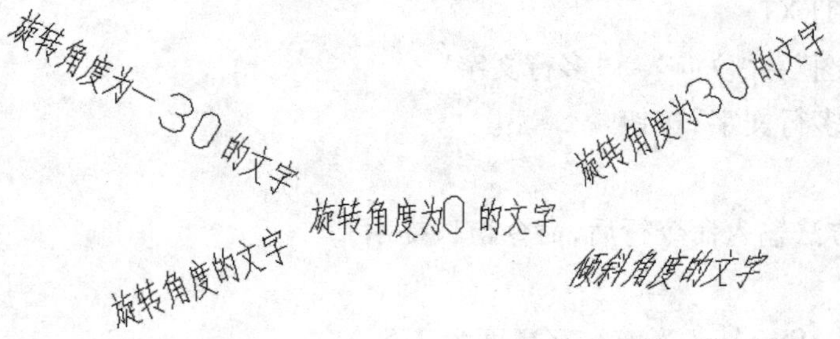

图 2－100　文字旋转

2.13.3　特殊字符的输入

实际绘图时，有时需要标注一些特殊字符，例如"φ、α…"符号，上画线和下画线、温度符号等，由于这些符号不能直接从键盘上输入，可用下列两种方法输入。

2.13.3.1　控制码

AutoCAD 提供了一些控制码，用来实现这些要求。控制码用两个百分号加一个字符构成，常用的控制码见表 2－6

表 2－6　AutoCAD 常用控制码

符号	功能	符号	功能
%%O	上画线	\U＋0278	电相位
%%U	下画线	\U＋E101	流线
%%D	度符号	\U＋2261	标识
%%P	正负符号	\U＋E102	界碑线
%%C	直径符号	\U＋2260	不相等
%%%	百分号	\U＋2126	欧姆
\U＋2248	几乎相等	\U＋03A9	欧米伽
\U＋2220	角度	\U＋214A	低界线
\U＋E100	边界线	\U＋2082	下标 2
\U＋2140	中心线	\U＋00B2	上标 2
\U＋0394	差值		

其中%%0 和%%U 分别是上画线和下画线的开关，第一次出现此符号时开始画上画线和下画线，第二次出现此符号上画线和下画线终止。例如在"输入文字"提示后输入"AutoCAD 2006%%U 中文版%%U"，则得到图 2－101 第一行所显示的文本行；输入"%%C%%P1.5 60%%D %%%90"，则得到图 2－85 第二行所示的文本行。

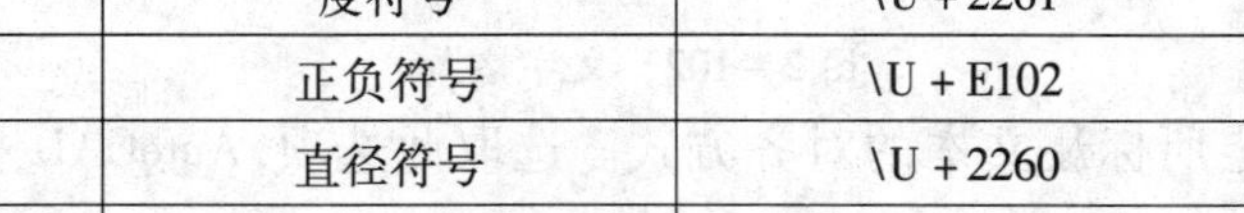

图 2－101　控制码输入特殊字符

2.13.3.2　多行文本标注

启用多行文字命令，可以使用下列方法之一

◆ 命令行：MTEXT

◆ 菜单："绘图"→"文字"→"多行文字"

◆ 工具栏："多行文字"按钮

【操作步骤】

选择相应的方法输入命令行后，命令窗口提示

命令：MTEXT

当前文字样式，Standard 当前文字高度为 2.5

指定第一角点

指定对角点或［高度(H)/对正(J)/行距(L)/旋转(R)/样式(S)/宽度 W］：

【选项说明】

(1)指定对角点　直接在屏幕上点取一个点作为矩形框的第二个角点，AutoCAD 以这两个点为对角点形成一个矩形区域，其宽度作为将来要标注的多行文本的宽度，而且第一个点作为第一行文本顶线的起点。响应后 AutoCAD 打开如图所示的多行文字编辑器，可利用此编辑器输入多行文本并对其格式进行设置。如图 2－102 所示。

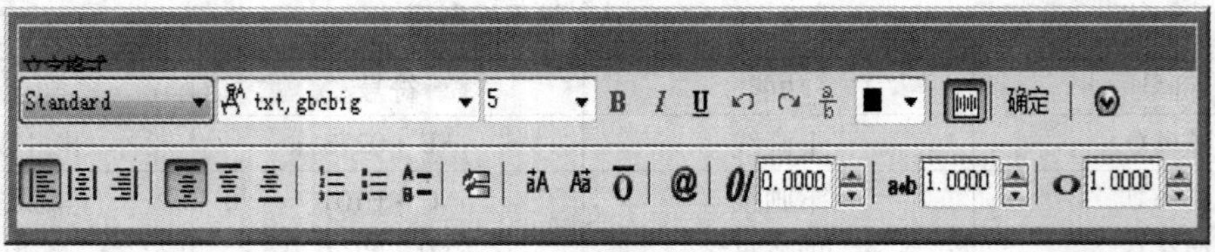

图 2－102　文字格式

(2)对正 J　确定所标注文本的对齐方式。选取此选项，AutoCAD 提示输入对正方式［左上(TL)/中上(TC)/右上(TR)/左中(ML)/正中(MC)/右中(MR)/左下(BL)/中下(BC)/右下(BR)］

(3)左上 TL　这些对齐方式与单行文字命令中的各对齐方式相同，不在重复。选取一种对齐方式后回车，AutoCAD 提示回到上一级提示

(4)行距 L　确定多行文本的行间距，这里所说的行间距是指相邻的两文本行的基线之间的垂直距离。选择此选项，AutoCAD 提示输入行距类型［至少(A)/精确(E)］ <至少 A>：

再次提示下有两种方式确定行间距，至少方式和精确方式，至少方式下 AutoCAD 根据每行文本中最大的字符自动调整行间距。精确方式下 AutoCAD 给多行文本赋予一个固定的行间距，可以直接输入一个确切的间距值，也可以输入 nx 的形式。其中 n 是一个具体数，表示行间距设置为单行文本高度的 n 倍，而单行文本高度是本行文本字符高度的 1.66 倍。

(5)旋转 R　确定文本行的倾斜角度，执行此选项，AutoCAD 提示指定旋转角度 <0>：

指定对角点或［高度(H)/对正(J)/行距(L)/旋转(R)/样式(S)/宽度(W)］：

(6)样式 S　确定当前的文字样式

(7)宽度 W　指定多行文本的宽度，可以再屏幕上拾取一点，将其与前面确定的第一个

角点组成的矩形框的宽度作为多行文本的高度,也可以输入一个数值,精确设置多行文本的宽度

2.13.3.3 文字格式工具栏

文字格式工具栏用来控制文本的显示特性。可以在输入文本之前设置文本的特性,也可以改变已输入文本的特性。要改变已有文本的显示特性,首先应选中要修改的文本,选择文本有以下三种方法

(1)将光标定位到文本开始处,按下鼠标左键,将光标拖到文本末尾。

(2)双击某一个字,则该字被选中。

(3)三击鼠标,则选中全部内容。

下面把文字格式工具栏中部分选项功能介绍一下,如图 2－102 所示。

【文字高度下拉列表框】

该下拉列表框用来确定文本的字符高度,可在其中直接输入新的字符高度,也可从下拉列表中选择已设定过的高度。

【B 和 I 按钮】

这两个按钮用来设置粗体或斜体效果,这两个按钮只对 TrueType 字体有效。

【下划线 U 与上划线 O 按钮】

这两个按钮用于设置或取消上(下)划线。

【堆叠按钮】

该按钮为堆叠/非堆叠文本按钮,单击按钮,可以创建堆叠文字,也就是创建分数形式。当出现/,^,#这三种层叠符号之一时可层叠文本,如在文本中输入 123/456 或 +0.028^+0.007或月#年,选中需层叠的文字,文字格式中的堆叠功能被激活,如图 2－103 所示。单击按钮,则符号左边文字作为分子,右边文字作为分母。AutoCAD 提供了三种分数形式,如选中 123/456 后单击按钮,得到如图 2－103 (a)所示的分数形式。如果选中 +0.028 +0.007 后单击堆叠按钮,则得到如图 2－103(b)所示的形式,此形式多用于标注极限偏差,如果选中月#年后单击堆叠按钮,则创建斜排的分数形式,如图 2－103(c)所示。如果选中已经层叠的文本对象后单击此按钮,则文本恢复到非堆叠形式。

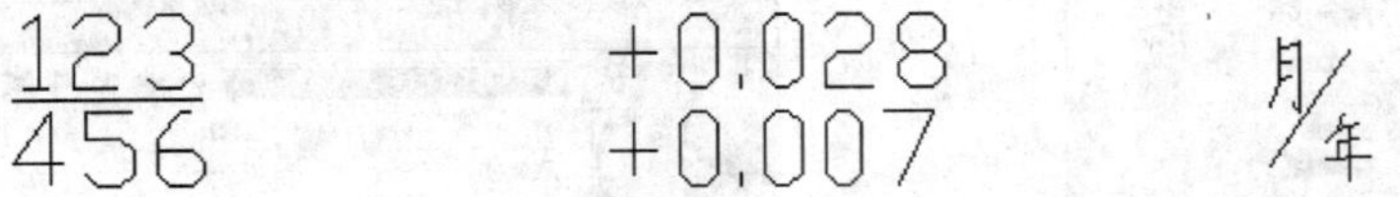

(a)　　(b)　　(c)

图 2－103 堆叠效果

【倾斜角度微调框】

设置文字的倾斜角度

【符号按钮】

用于输入各种符号,单击该按钮,系统打开符号列表,如图 2－104 所示。用户可以从中选择符号输入到文本中。

【插入字段按钮】

插入一些常用的预设字段。单击该命令,系统打开字段对话框,如图 2－105 所示。用户

可以从中选择字段插入到标注文本中。也可以在打开的选项菜单中选择插入字段执行操作。

【追踪微调框】

增大或减小选字字符之间的距离。1.0 设置是常规间距。设置为大于 1.0 可增大间距，设置为小于 1.0 可减小字距。

图 2－104　符号按钮

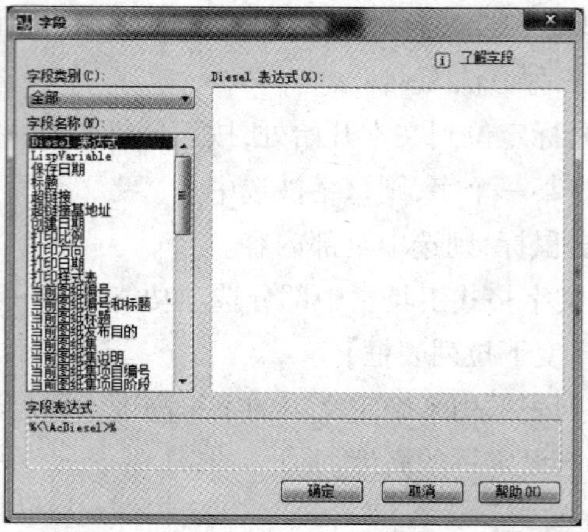

图 2－105　插入字段按钮

【宽度比例微调框】

扩展或收缩选定字符。1.0 设置代表次字体中字母的常规宽度。可以增大该宽度或减小该宽度。

【选项按钮】

在“文字格式”工具栏上单击“选项”按钮，，系统打开“选项”菜单，如图 2－106 所示。其中许多选项与 word 中相关选项类似，这里只对其中比较特殊的选项简单介绍一下：

(1)符号　在光标位置插入列出的符号或不间断空格，也可以手动插入符号。

(2)输入文字　显示“选择文件”对话框，如图 2－107 所示。输入的文字保留原始字符格式和样式特性，但可以在多行文字编辑器中编辑和格式化输入的文字。选择要输入的文本文件后，可以在文字编辑框中替换选定的文字或全部文字，或在文字边界内将插入的文字附加到选定的文字中，但输入文字的文件必须小于 32k。

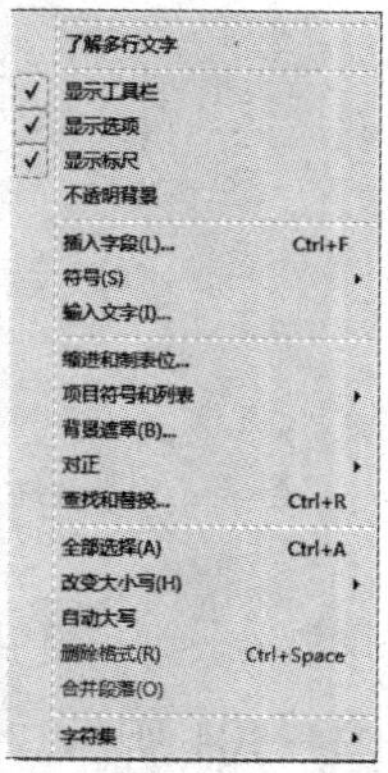

图 2－106　“选项”按钮

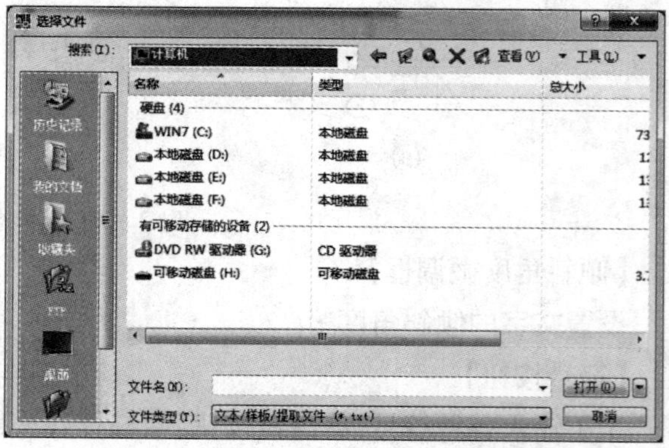

图 2－107　选择文件

(3)对号改变多行文字的对正方式。

(4)查找和替换　选择“查找和替换”选项，将打开“查找和替换”对话框，可以进行多行文字的查找与替换。如图 2－108 所示。

其操作是:在弹出的“查找和替换”对话框在“查找内容”框中输入查找的文字,如“科学”,在“替换为”框中输入要替换的文字,如“工程”。若要逐个查找/替换,可以“查找下一个”和“替换”按钮实现。若全部替换则单击“全部替换”按钮。之后提示“搜索已完成”,如图 2－109 所示。

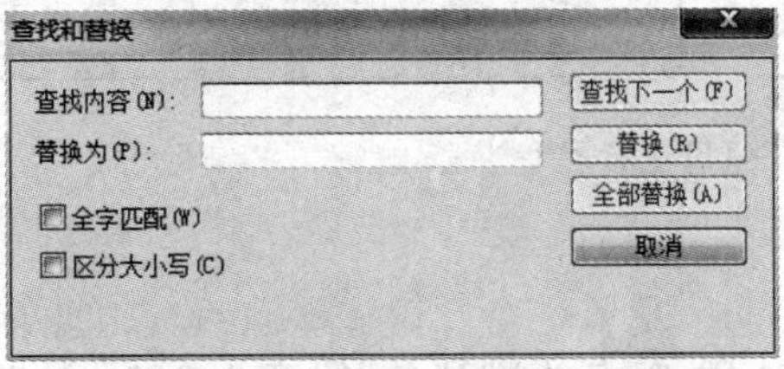

图 2－108　查找和替换

图 2－109　搜索已完成

(5)删除格式　清除选定文字的粗体、斜体或下划线格式。

2.13.3.4　用“特性“选项板编辑文本

启用“特性“选项板编辑文本,可以使用下列方法之一:

◆ 命令行:DDMODIFY 或 PROPERTIES

◆ 菜单:“修改”→“特性”

◆ 工具栏:“特性”按钮

选择上述命令,然后选择要修改的文字,AutoCAD 打开“特性“选项板,利用该选项板可以方便地修改文本内容、颜色、线型、位置、倾斜角度等属性,如图 2－110 所示。

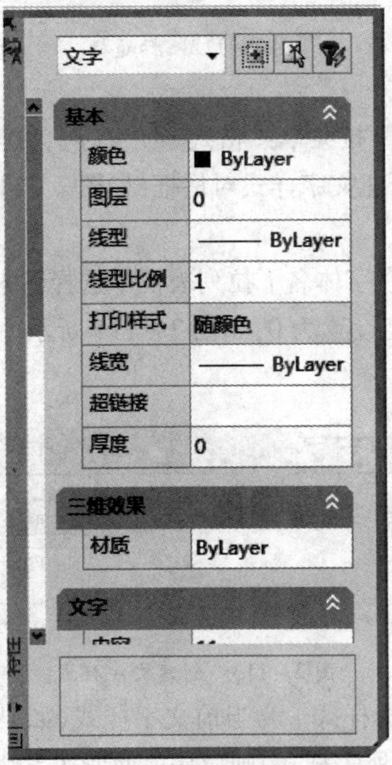

图 2－110　特性

【例 4】绘制如图 2－111 所示的标题栏。

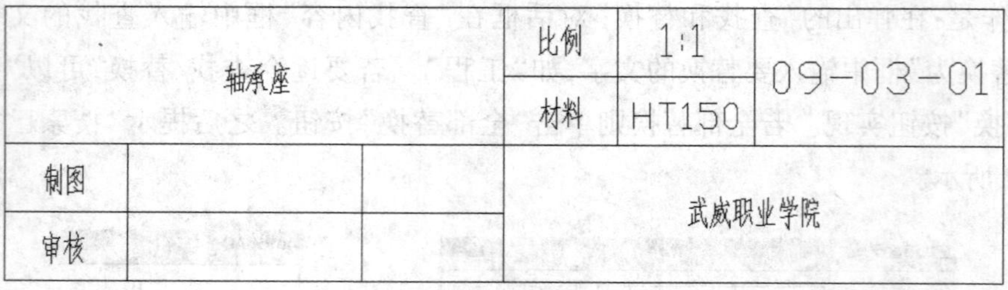

图 2－111　标题栏

【操作步骤】

1. 创建图层

在“图层特性管理器“中创建”粗实线“层，颜色为默认色，线宽为 0.5mm，其他不变。再创建一个“细实线“层，颜色、线宽为默认。

2. 绘制标题栏图框

按照有关标准或规范设定的尺寸，利用“直线”命令和相关编辑命令绘制标题栏图框，如图 2－112 所示。

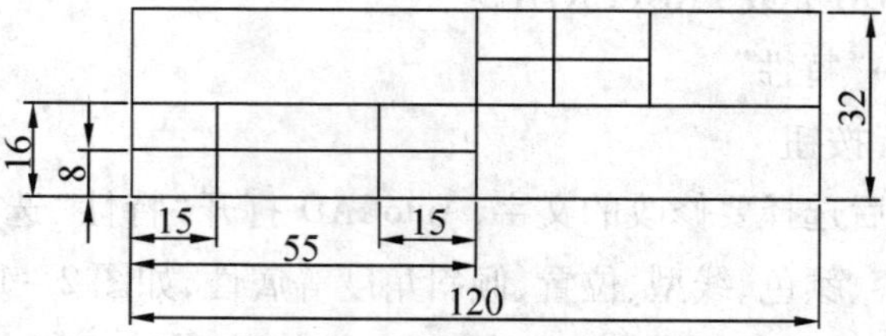

图 2－112　标题栏

3. 输入文字

(1) 设置文字样式　单击下拉菜单：“格式→ “文字样式”命令，在打开文字样式对话框中，单机新建按钮，系统打开新建文字样式对话框，如图 2－113 所示。接受默认的样式 1 文字样式名，确认退出。

退回到文字样式对话框，在字体名下拉列表框中选择仿宋选项；在宽度比例文本框中将宽度比例设置为 1；将文字高度设置为 0，如图 2－114 所示。单击应用按钮，然后再单击关闭按钮。此时样式 1 被置为当前。

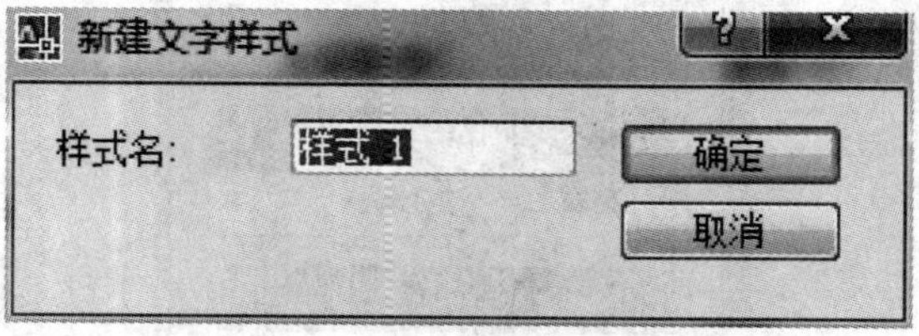

图 2－113　新建文字样式

(2) 择当前文字样式　选择样式 1 为当前文字样式，如果样式 1 刚刚设置，则默认置为当前。如果当前文字样式不是所需样式，则应按前面所述方法将样式 1 置为当前。

(3) 设置文字对齐方式　输入单行文字命令，命令行提示及操作如下：

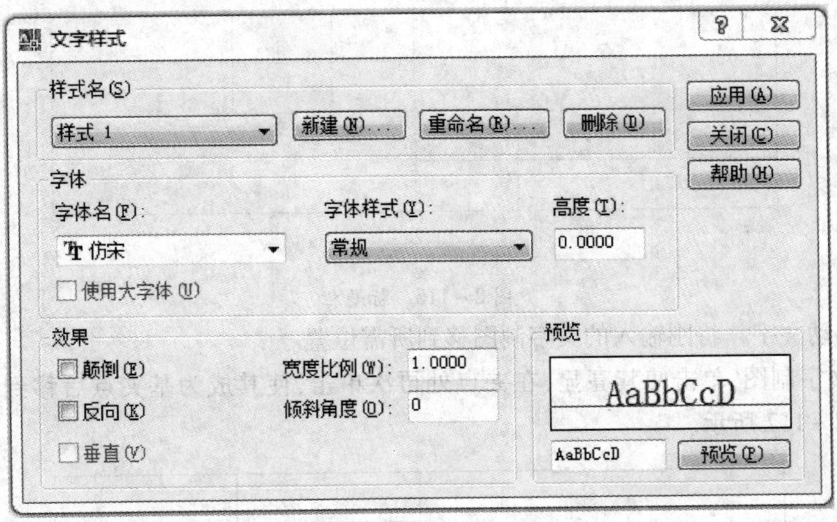

图 2－114　文字样式

命令:—dtext

当前文字样式:样式 1 当前文字高度:2.5000

指定文字的起点或[对正(J)/样式(S)]:J↙(选择对正)

输入选项[对齐(A)/调整(F)/中心(C)/中间(M)/右(R)/左上(TL)/中上(TC)/右上(TR)/左中(ML)/正中(MC)/右中(MR)/左下(BL)/中下(BC)/右下(BR)]:MC↙

选择正中对齐方式

输入文字

设置 MC 文字对齐方式后,命令行继续提示:

指定文字的中间点:扑捉 MN 中点(确定文字的起点)

制定文字高度 <2.5 >:7(确定文字高度,< >中为默认高度值)

指定文字的旋转角度 <0 >:(确定文字的旋转角度默认角度为0)

输入文字: 轴承座

完成本例题,如图 2－115

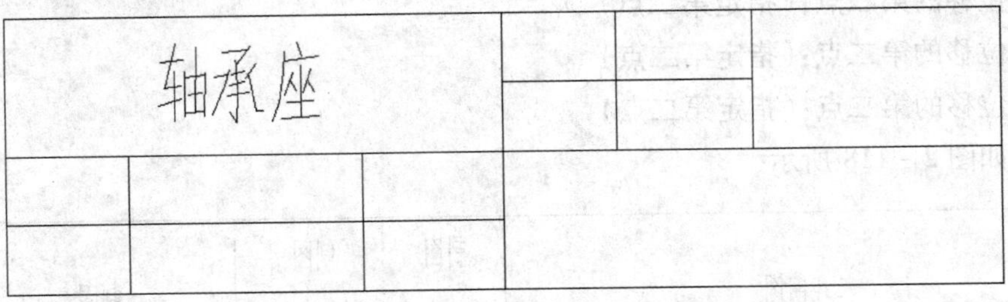

图 2－115　标题栏

【提示、注意、技巧】

可以利用修改输入文字的方法注写标题中的文字。

(1)输入文字,文字样式同前,高度为 5,在绘图区适当位置输入文字“制图”,如图 2－116所示。

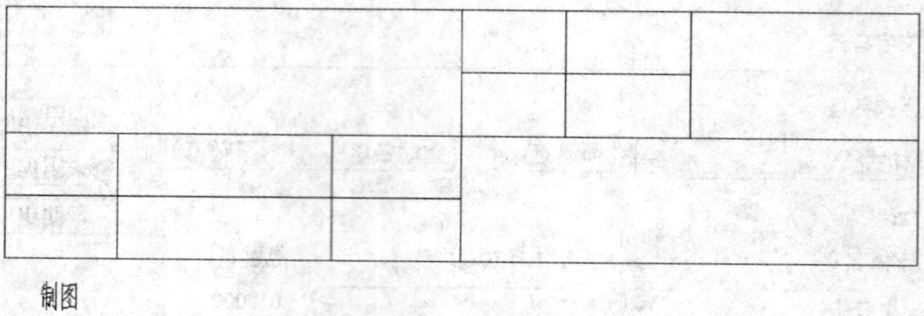

图 2－116　标题栏

(2)移动文字　将刚输入的文字制图移到所需位置。

选择文字制图,单击使其亮显,在夹点处再次单击,使其成为基夹点后移到所需位置。结果如图 2－117 所示。

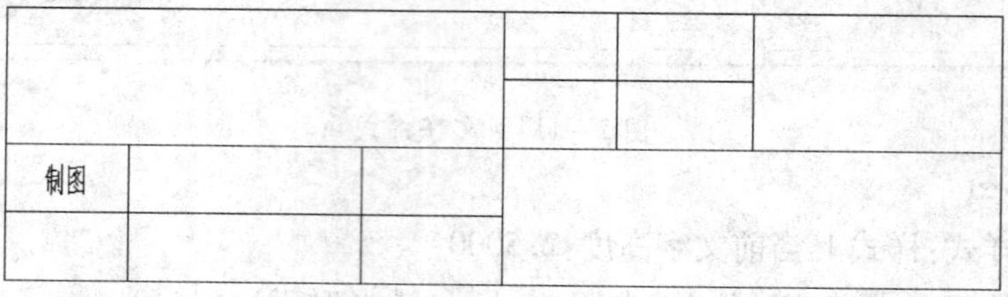

图 2－117　标题栏

(3)复制文字

命令:—copy

选择对象:(选择文字制图)

找到 1 个

选择对象:

指定基点或【移位(D)】<移位>:(指定基点)

指定第二个点或<使用第一个点作为位移>(指定第二点)

指定第二个点或【退出 E/放弃 U】<退出>:(指定第二点)

指定位移的第二点:(指定第二点)

指定位移的第二点:(指定第二点)

指定位移的第二点:(指定第二点)

结果如图 2－118 所示

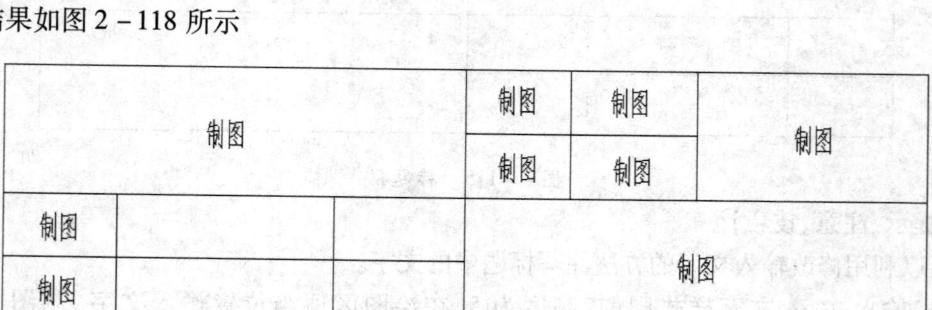

图 2－118　标题栏

(4)修改文字。选择复制的文字“制图”,单击使其亮显,右击鼠标,打开快捷菜单,选择“特性”命令,系统打开“特性”选项板,如图 2－119 所示;选中“文字”选项组中的“内容”选项,将其中的文字“制图”改为“审核”,结果如图 2－120 所示;用同样的方法修改其他文字的内容和大小,完成本例题。

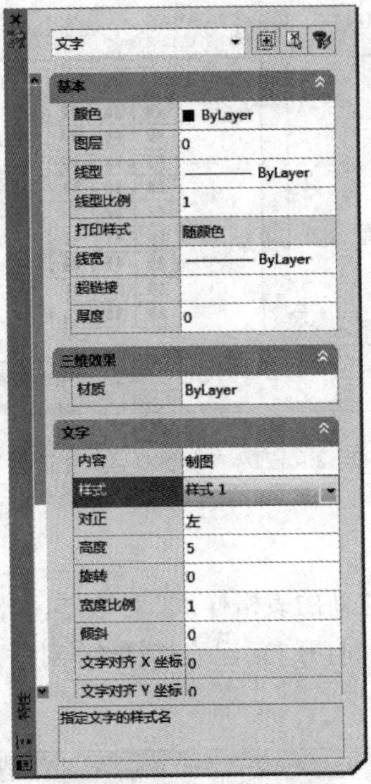

图 2－119　修改文字

<table>
<tr><td colspan="3" rowspan="2">制图</td><td>制图</td><td>制图</td><td rowspan="2">制图</td></tr>
<tr><td>制图</td><td>制图</td></tr>
<tr><td>制图</td><td></td><td></td><td colspan="3" rowspan="2">制图</td></tr>
<tr><td>审核</td><td></td><td></td></tr>
</table>

图 2－120　标题栏

2.13.4　表格

2.13.4.1　定义表格样式

表格样式是用来控制表格基本形状和间距的一组设置。和文字样式一样,所有 AutoCAD 图样中的表格都有和其相对应的表格样式。当插入表格对象时,AutoCAD 使用当前设置的表格样式,模板文件 ACAD. DWT 和 ACADISO. DWT 中定义了名叫 STANDARD 的默认表格样式。

启用“表格样式”命令,可以使用下列方法之一:

◆ 命令行:TABLESTYLE

◆ 菜单:“格式”→“表格样式”

◆ 工具栏:“样式” 按钮

执行上述操作后,AutoCAD 将打开“表格样式”对话框,如图 2－121 所示。

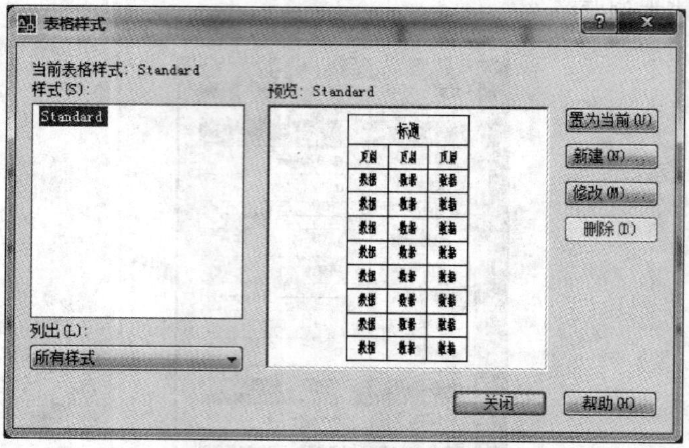

图 2－121 “表格样式”对话框

【选项说明】

1. 新建

单击该按钮,系统打开“创建新的表格样式”对话框,如图 2－122 所示。输入新的表格样式名后,单击“继续”按钮,系统打开“新建表格样式”对话框,如图 2－123 所示,从中可以定义新的表格样式。

图 2－122 创建新的表格样式

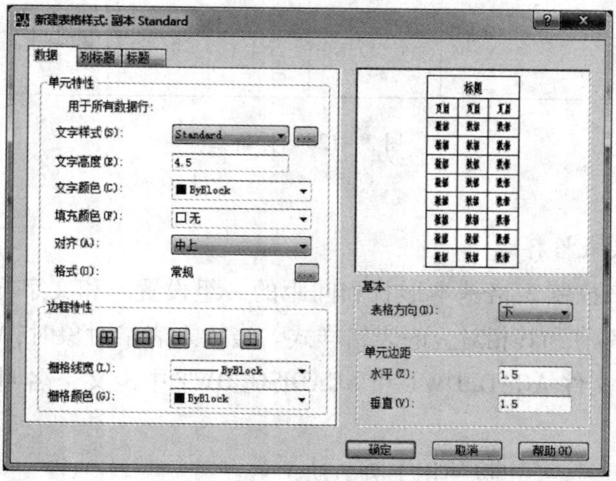

图 2－123 新建表格样式

“新建表格样式”对话框中有三个选项卡:“数据”“列标题”和“标题”。分别控制表格中数据、列标题和标题的有关参数。

2. 修改

对当前表格样式进行修改,方法与新建表格样式相同。在设置好表格样式后,用户可以利用“表格”命令创建表格。

启用“表格”命令,可以使用下列方法之一:

◆ 命令行;TABLE

◆ 菜单:“绘制”→“表格”

◆ 工具栏:“绘图”按钮

执行上述命令,AutoCAD 将打开“插入表格”对话框,如图 2-124 所示。

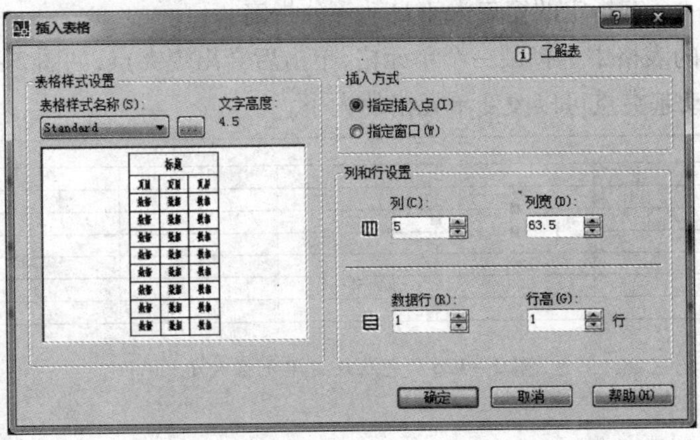

图 2-124 插入表格

【选项说明】

1.“表格样式设置”选项组

可以在“表格样式名称”下拉列表框中选择一种表格样式,也可以单击后面的 按钮新建或修改表格样式。

2.“插入方式”选项组

(1)“指定插入点”单选按钮

指定表格左上角的位置。可以使用定点设备,也可以在命令行中输入坐标值。如果表格样式将表的方向设置为由下而上读取,则插入点位于表的左下角。

(2)“指定窗口”单选按钮

指定表格的大小和位置。可以使用定点设备,也可以在命令行输入坐标值。选定此选项时,行数、列数、列宽和行高取决于窗口的大小以及列和行的设置。

3.“列和行设置”选项组

指定列和行数目以及列宽和行高。

在“插入表格”对话框中进行相应的设置后,单击“确定”按钮,系统在指定的插入或窗口自动插入一个空表格,并显示多行文字编辑器,用户可以逐行逐列输入相应的文字或数据,如图 2-125 所示。

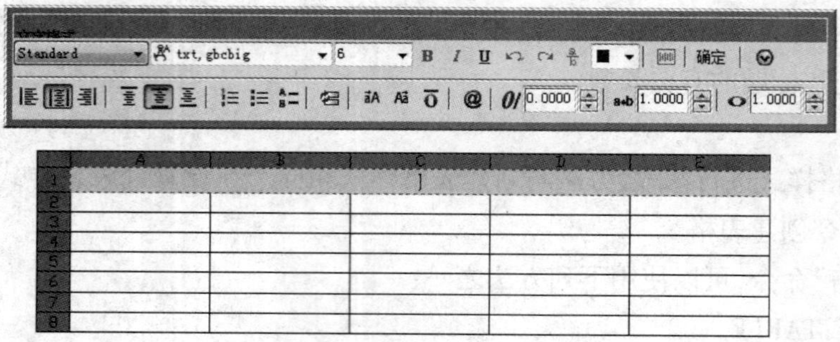

图 2－125　插入表格

【提示、注意、技巧】

(1)在“插入方式”选项组中单击了“指定窗口”单选按钮后，列与行设置的两个参数中只能指定一个，另一个有指定的窗口大小自动等分指定。

(2)在插入后的表格中选择某一个单元格，单击后会出现夹点，如图 2－126 所示。激活某一夹点，通过移动基夹点可以改变单元格的大小。

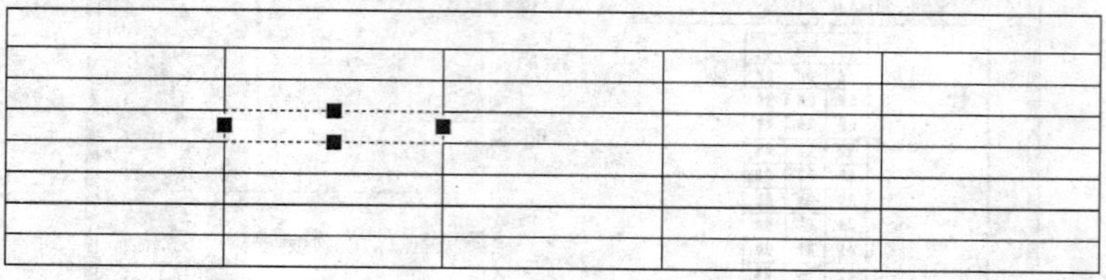

图 2－126　夹点改变单元格大小

2.13.4.2　表格文字编辑

启用“命令，可以使用下列方法之一：

◆ 命令行：TABLEDLT

◆ 快捷菜单：选定表和一个或多个单元格后，右击鼠标并选择快捷菜单上的“编辑单元文命令，如图 2－127 所示

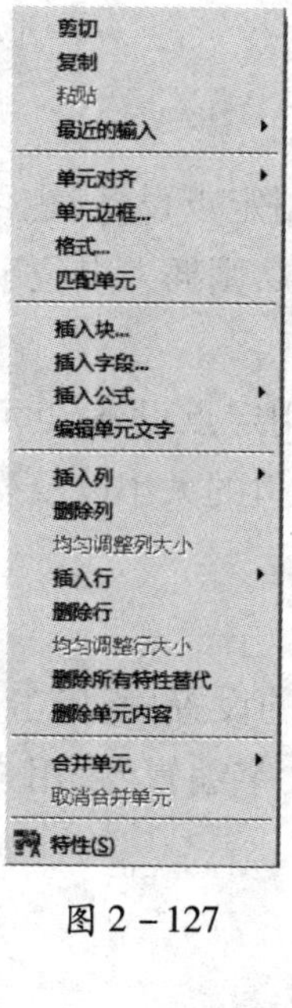

图 2－127

2.14 绘图步骤

2.14.1 样板文件的调用

单击菜单栏“文件”选项，选择“新建”选项，从弹出的“选择样板”对话框中选择已经创建好的，名为“A4 国标横装留装订边机械样板图”样板文件，单击“打开”按钮，以此为基础绘制齿轮零件图。

2.14.2 绘制图形

2.14.2.1 图形分析

齿轮零件属于典型的盘套类零件，具有中心对称性，并且具有回转性，因此在绘制过程中应当以中心轴作为绘制基准。本情境绘制的齿轮属于直齿圆柱齿轮，由机械制图对于齿轮画法的基本要求（GB/T4459.2－1984）可知，在绘制齿轮时，只需要绘制出齿轮径向剖视图及对应的轴向视图即可，且轴向视图中无须画出所有轮齿，而是采用绘制齿顶圆，分度圆和齿根圆的方式来表示齿轮结构。最后，图形绘制完成后，应当在图纸右上角绘制表格，说明该齿轮的基本参数。

2.14.2.2 绘制主视图

由于齿轮各几何元素按照中心轴对称，因此我们可以画好其中一半的图形，如图 2－128 所示，然后采用“镜像”命令来补全另外一半图形；如图 2－129 所示。

首先，我们先画出一半齿轮，使用倒角和圆角命令作出倒角及圆角如图 2－128 所示。

采用镜像命令，以中心轴以下部分作为镜像对象，以中心轴作为镜像线，做镜像命令，注意在提示是否删除源对象时选择“N”，则得到如图 2－129 所示的图形。

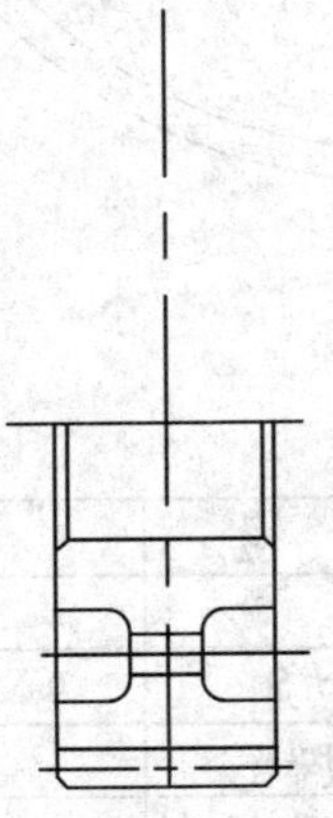

图 2－128　绘制基本图形

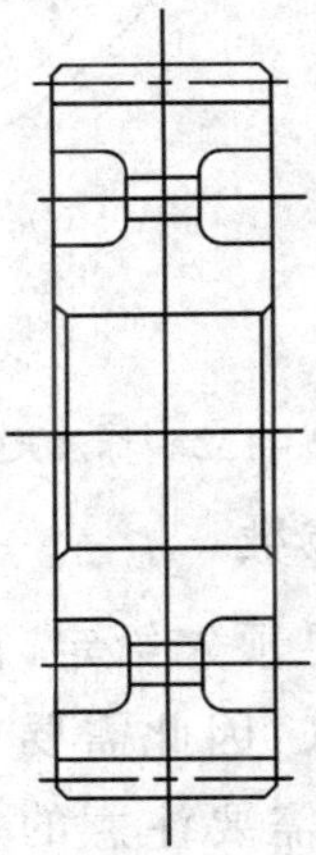

图 2－129　镜像命令后图形

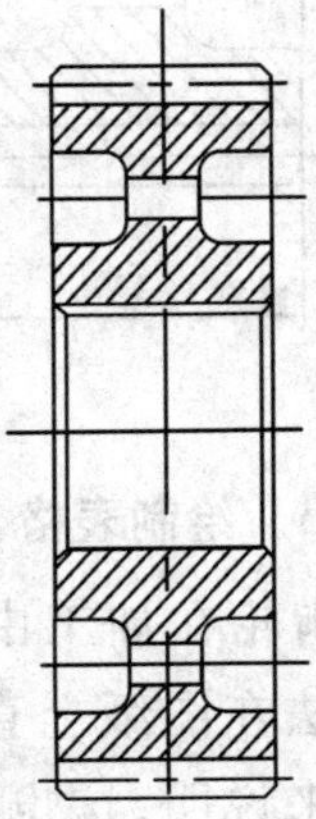

图 2－130　补全键槽，剖面线

我们应当注意到，作为盘套类零件，齿轮采用键槽作为限位措施，因此应当在主视图上表示出来，同时补全剖面线，其中轮齿一律按照不剖处理，如图 2－130 所示。

2.14.2.3 绘制侧视图

如图 2－131 所示。

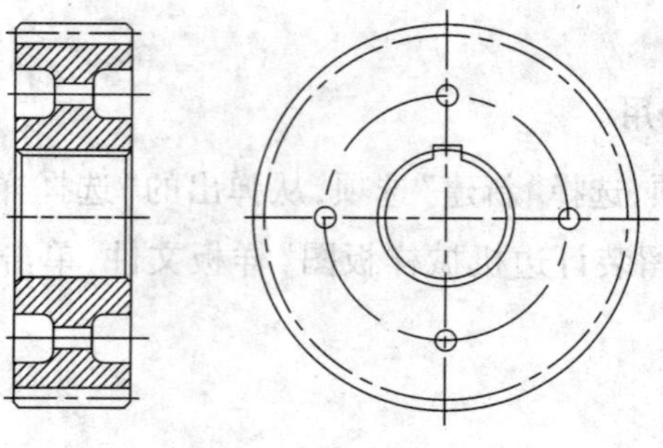

图 2 - 131　作出齿轮左视图

2.14.2.4　标注尺寸

如图 2 - 132 所示

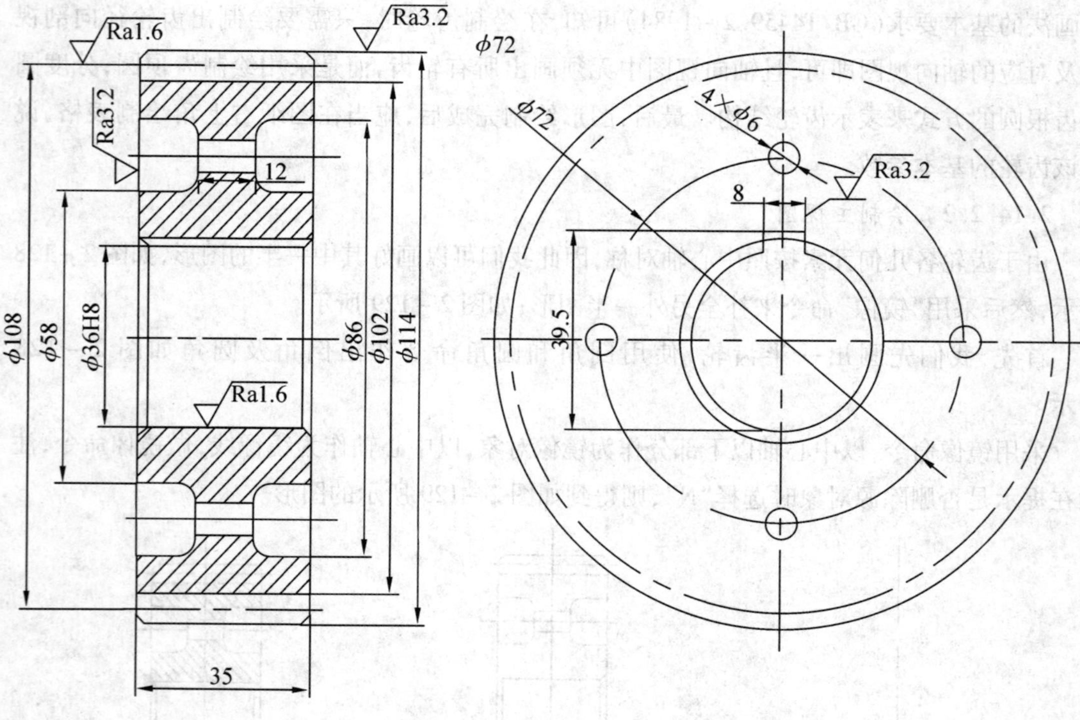

图 2 - 132　标注尺寸

2.14.3　绘制表格,填写齿轮基本参数

由于齿轮在加工中许多参数需要预先给定,而这些参数无法在图纸上直观地表达出来,因此需要专门作出注释来说明,这也是齿轮绘制中需要注意的一个特点。一般来说,齿轮的这些基本参数包括:模数、齿数、压力角、精度等级、齿圈径向跳动公差、公法线长度公差、集节极限偏差、齿形公差、公法线长度极限公差和跨齿距。在图纸右上角画出表格,并且填入这些参数,如图 2 - 133 所示。

模　数	m	3
齿　数	z	36
压力角	α	20°
精度等级		7
齿圈径向跳动公差	Fl	0.050
公法线长度公差	Fw	0.028
基节极限偏差	fab	±0.013
齿形公差	ff	0.011
公法线长度极限偏差	$32.43^{-0.015}_{-0.0155}$	
跨齿距	3	

图 2 - 133　齿轮参数表格

请沿此线剪下 请沿此线剪下 请沿此线剪下

任务实施

资讯单

学习领域	机械图样的识读与绘制		
学习情境二	盘盖类零件图样的识读与绘制	学　时	16
资讯方式	学生根据教师给出的资讯引导进行查询,并作简单记录		
资讯问题	1. 盘盖类零件有哪些结构特点,常见的工艺结构有哪些?		
	2. 盘盖类零件常用的表达方式有哪些?		
	3. 对齿轮上各结构的测量方法有哪些?		
	4. 对齿轮零件进行测绘并绘图的过程中,应注意哪些问题?		
	5. 对齿轮零件如何进行尺寸标注?		
	6. 用 AutoCAD 绘制零件图需用到哪些命令?其绘图的步骤主要有哪些?		
资讯引导	1. 问题 1、2 参考机械制图视图的表达方法。		
	2. 问题 3 参考《金工实习》。		
	3. 问题 4、5 参阅《机械设计手册》和《公差配合与技术测量》。		
	4. 问题 6 参考《AutoCAD 2008》。		

资讯记录	

请沿此线剪下

请沿此线剪下

请沿此线剪下

决 策 单

<table>
<tr><td>学习领域</td><td colspan="5">机械图样的识读与绘制</td></tr>
<tr><td>学习情境二</td><td colspan="3">盘盖类零件图样的识读与绘制</td><td>学 时</td><td>1</td></tr>
<tr><td>决策方式</td><td colspan="5">对小组成员的计划进行讨论、完善，制定出最佳实施方案</td></tr>
<tr><td colspan="6">方案讨论</td></tr>
<tr><td rowspan="9">方案对比</td><td>序号</td><td>姓名</td><td>步骤顺序性</td><td>步骤合理性</td><td>实施可操作性</td></tr>
<tr><td>1</td><td></td><td></td><td></td><td></td></tr>
<tr><td>2</td><td></td><td></td><td></td><td></td></tr>
<tr><td>3</td><td></td><td></td><td></td><td></td></tr>
<tr><td>4</td><td></td><td></td><td></td><td></td></tr>
<tr><td>5</td><td></td><td></td><td></td><td></td></tr>
<tr><td>6</td><td></td><td></td><td></td><td></td></tr>
<tr><td>7</td><td></td><td></td><td></td><td></td></tr>
<tr><td>8</td><td></td><td></td><td></td><td></td></tr>
<tr><td>方案说明</td><td colspan="5"></td></tr>
<tr><td>方案确定</td><td colspan="5"></td></tr>
<tr><td rowspan="3">方案评价</td><td>班 级</td><td></td><td>日 期</td><td colspan="2"></td></tr>
<tr><td>组长签字</td><td></td><td>教师签字</td><td colspan="2"></td></tr>
<tr><td colspan="5">评语：</td></tr>
</table>

请沿此线剪下

计划单

<table>
<tr><td>学习领域</td><td colspan="4">机械图样的识读与绘制</td></tr>
<tr><td>学习情境二</td><td colspan="2">盘盖类零件图样的识读与绘制</td><td>学　时</td><td>1</td></tr>
<tr><td>计划方式</td><td colspan="4">根据任务要求,制定出本任务实施操作计划</td></tr>
<tr><td>序　号</td><td colspan="2">实施步骤</td><td colspan="2">计划制定参考资料</td></tr>
<tr><td>1</td><td colspan="2"></td><td colspan="2" rowspan="12"></td></tr>
<tr><td>2</td><td colspan="2"></td></tr>
<tr><td>3</td><td colspan="2"></td></tr>
<tr><td>4</td><td colspan="2"></td></tr>
<tr><td>5</td><td colspan="2"></td></tr>
<tr><td>6</td><td colspan="2"></td></tr>
<tr><td>7</td><td colspan="2"></td></tr>
<tr><td>8</td><td colspan="2"></td></tr>
<tr><td>9</td><td colspan="2"></td></tr>
<tr><td>10</td><td colspan="2"></td></tr>
<tr><td>11</td><td colspan="2"></td></tr>
<tr><td>12</td><td colspan="2"></td></tr>
<tr><td>计划说明</td><td colspan="4"></td></tr>
<tr><td rowspan="3">计划评价</td><td>班　　级</td><td></td><td>日　　期</td><td></td></tr>
<tr><td>教师签字</td><td></td><td>组长签字</td><td></td></tr>
<tr><td colspan="4">评语:</td></tr>
</table>

请沿此线剪下

请沿此线剪下

请沿此线剪下

请沿此线剪下

请沿此线剪下

实施单

<table>
<tr><td>学习领域</td><td colspan="4">机械图样的识读与绘制</td></tr>
<tr><td>学习情境二</td><td colspan="2">盘盖类零件图样的识读与绘制</td><td>学　时</td><td>12</td></tr>
<tr><td>实施方式</td><td colspan="4">根据小组确定的最佳实施方案，完成本任务要求</td></tr>
<tr><td>序号</td><td colspan="4">实施步骤</td></tr>
<tr><td>1</td><td colspan="4"></td></tr>
<tr><td>2</td><td colspan="4"></td></tr>
<tr><td>3</td><td colspan="4"></td></tr>
<tr><td>4</td><td colspan="4"></td></tr>
<tr><td>5</td><td colspan="4"></td></tr>
<tr><td>6</td><td colspan="4"></td></tr>
<tr><td>7</td><td colspan="4"></td></tr>
<tr><td>8</td><td colspan="4"></td></tr>
<tr><td>9</td><td colspan="4"></td></tr>
<tr><td>10</td><td colspan="4"></td></tr>
<tr><td>11</td><td colspan="4"></td></tr>
<tr><td>12</td><td colspan="4"></td></tr>
<tr><td>实施注意事项</td><td colspan="4"></td></tr>
<tr><td rowspan="3">实施过程评价</td><td>班　　级</td><td></td><td>日　　期</td><td></td></tr>
<tr><td>教师签字</td><td></td><td>组长签字</td><td></td></tr>
<tr><td colspan="4">评语：</td></tr>
</table>

量具工具清单

学习领域	机械图样的识读与绘制						
学习情境二	盘盖类零件图样的识读与绘制						
项　目	序号	名称	作用	数量	型号	使用前	使用后
所用量具	1						
	2						
	3						
	4						
	5						
	6						
被测零件	1						
	2						
	3						
	4						
	5						
	6						
	7						
	8						
所用工具	1						
	2						
	3						
	4						
	5						
测量结果记录							

班　级		组长签字		教师签字		日　期	

检查单

学习领域	机械图样的识读与绘制			
学习情境二	盘盖类零件图样的识读与绘制		学　时	1
序号	检查项目	检查标准	学时自检	教师检查
1				
2				
3				
4				
5				
6				
7				
8				
实施过程评价	班　　级		日　　期	
	教师签字		组长签字	
	评语：			

请沿此线剪下
请沿此线剪下
请沿此线剪下

评价单

学习领域	机械图样的识读与绘制								
学习情境二	盘盖类零件图样的识读与绘制		学　时		1				
评价类别	项目	子项目	个人评价	教师评价	组内互评				
专业能力（60%）	资讯（10%）	搜集信息（5%）							
		引导问题回答（5%）							
	计划（5%）	计划可执行度（5%）							
	实施（5%）	工作步骤执行情况（5%）							
	检查（5%）	全面性、准确性（3%）							
		异常情况排除（2%）							
	过程（15%）	操作过程规范性（10%）							
		过程合理性（5%）							
	结果（10%）	结果质量（10%）							
	作业（10%）	完成质量（10%）							
社会能力（20%）	团结协作（10%）	对小组的贡献（5%）							
		小组合作配合情况（5%）							
	敬业精神（10%）	吃苦耐劳精神（5%）							
		学习纪律性（5%）							
方法能力（20%）	计划能力（10%）								
	决策能力（10%）								
评价评语	班　级		日　期						
	组长签字		教师签字						
	评语：								

请沿此线剪下

教学反馈单

学习领域	机械图样的识读与绘制			
学习情境二	盘盖类零件图样的识读与绘制			
序号	调查内容	是	否	理由陈述
1	盘盖类零件的工艺结构主要有哪些，你知道吗？			
2	盘盖类零件尺寸标注的注意事项你知道吗？			
3	你了解盘盖类零件的技术要求吗？			
4	盘盖零件的形位公差和表面粗糙度的确定方法你知道吗？			
5	你认为你的操作规范吗？			
6	能够绘制盘盖类零件草图吗？			
7	能使用计算机绘图软件 AtuoCad 绘制盘盖类零件二维图吗？			
8	你对老师在本学习情境的教学过程满意吗？			
9	你对本学习情境的教学方式满意吗？			
10	你认为本学习情境的教学方法合适吗？			
11	你对本小组完成本学习情境工作任务的配合满意吗？			
12	你对自己的表现满意吗？			
13				
14				
15				

你的意见对改进教学非常重要，请如实写出你的建议和意见：

班　　级		被调查者签名		调查时间	

请沿此线剪下

请沿此线剪下

知识拓展

2.1 齿轮的测绘

齿轮测绘是机械零部件测绘的重要组成部分,测绘前,首先要了解被测齿轮的应用场合、负荷大小、速度高低、润滑方式、材料与热处理工艺和齿面强化工艺等。因为齿轮是配对使用的,因而配对齿轮要同时测量。特别是当测绘的齿轮严重损坏时,一些参数无法直接测量得到,需要根据其啮合中心距 a 和齿数 z,重新设计齿形及相关参数,从这个意义上讲,齿轮测绘也是齿轮设计。

齿轮测绘主要是根据齿轮及齿轮副实物进行几何要素的测量,如齿数 z,齿顶圆直径 da,齿根圆直径 df、齿全高 h、公法线长度 Wk、中心距 a、齿宽 b、分度圆弦齿厚 s 及固定弦齿厚 sc、齿轮副法向侧隙 n 及螺旋角 β、分锥角 δ、锥距 R 等,经过计算和分析,推测出原设计的基本参数,如模数 m、齿形角 α、齿顶高系数 $ha*$、顶隙系数 $C*$ 等,并据此计算出齿轮的几何尺寸,如齿顶圆直径 da、分度圆直径 d 及齿根圆直径 df 等,齿轮的其他部分结构尺寸按一般测绘原则进行,以达到准确地恢复齿轮原设计的目的。

由于齿轮的特殊性,齿轮测绘有别于其他一般零件。首先,齿轮通常精度较高,测量时要选用比较精密的量具,有条件时可借助于精密仪器测量,其次,齿轮的许多参数都已标准化,测绘中必须与其标准值进行比较;再则,齿轮的许多参数都是互相关联的,必须经过计算获得。齿轮测绘的一般步骤为:

1. 首先对要测绘的齿轮进行结构和工艺分析。

2. 画出齿轮的结构草图和必须的参数表,并画出所需标注尺寸的尺寸界线及尺寸线。

3. 数出被测齿轮的齿数 $z1$、$z2$,测量出齿顶圆直径 da、齿根圆直径 df、齿宽 b、全齿高 h、公法线长度 L、基圆齿距 Pb、中心距 a、斜齿轮齿顶圆螺旋角 βa、锥齿轮锥距 R 等。

4. 计算出模数 m,并根据标准模数系列选取与计算值相近的标准模数;对于斜齿轮应根据基圆齿距 Pb 或全齿高 h 计算出法面模数 mn ,然后根据标准模数系列选取与计算值相近的标准模数;对于锥齿轮应先根据测量值计算分锥角 δ,再计算大端端面模数 mt,根据计算的端面模数 mt 查标准模数系列表选取接近的标准值。

5. 选取齿顶高系数 $ha*$、顶隙系数 $c*$、压力角 α 为标准值,根据标准模数、齿数计算齿轮的其它各基本尺寸和几何尺寸。对于斜齿轮,由法面模数 mn、齿顶圆螺旋角 βa,计算螺旋角 β,根据公式 $da = d + 2mn$,算出分度圆直径 d。

6. 用类比法或检测法确定齿轮类零件的材料和热处理硬度。

7. 测绘齿轮的其他部分。

8. 根据使用要求,确定齿轮的精度。一般精度的齿轮,精度等级为 7 ~ 9 级。

9. 用类比法或查资料确定配合处的尺寸公差和形位公差。

10. 用粗糙度量块对比或根据各部分的配合性质确定表面粗糙度。

11. 尺寸结构核对无误后,绘制零件图。

2.2 轴承座的尺寸标注

2.2.1 选择轴承座的尺寸基准

在标注尺寸时，首先选定长、宽、高三个方向的尺寸基准，通常选择形体的对称面、底面、重要端面、回转体轴线等作为尺寸基准。如图 2－134(b)所示，轴承座以左右对称面作为长度方向的尺寸基准，以底后面作为宽度方向尺寸基准，以底板的底面作为高度方向的尺寸基准。

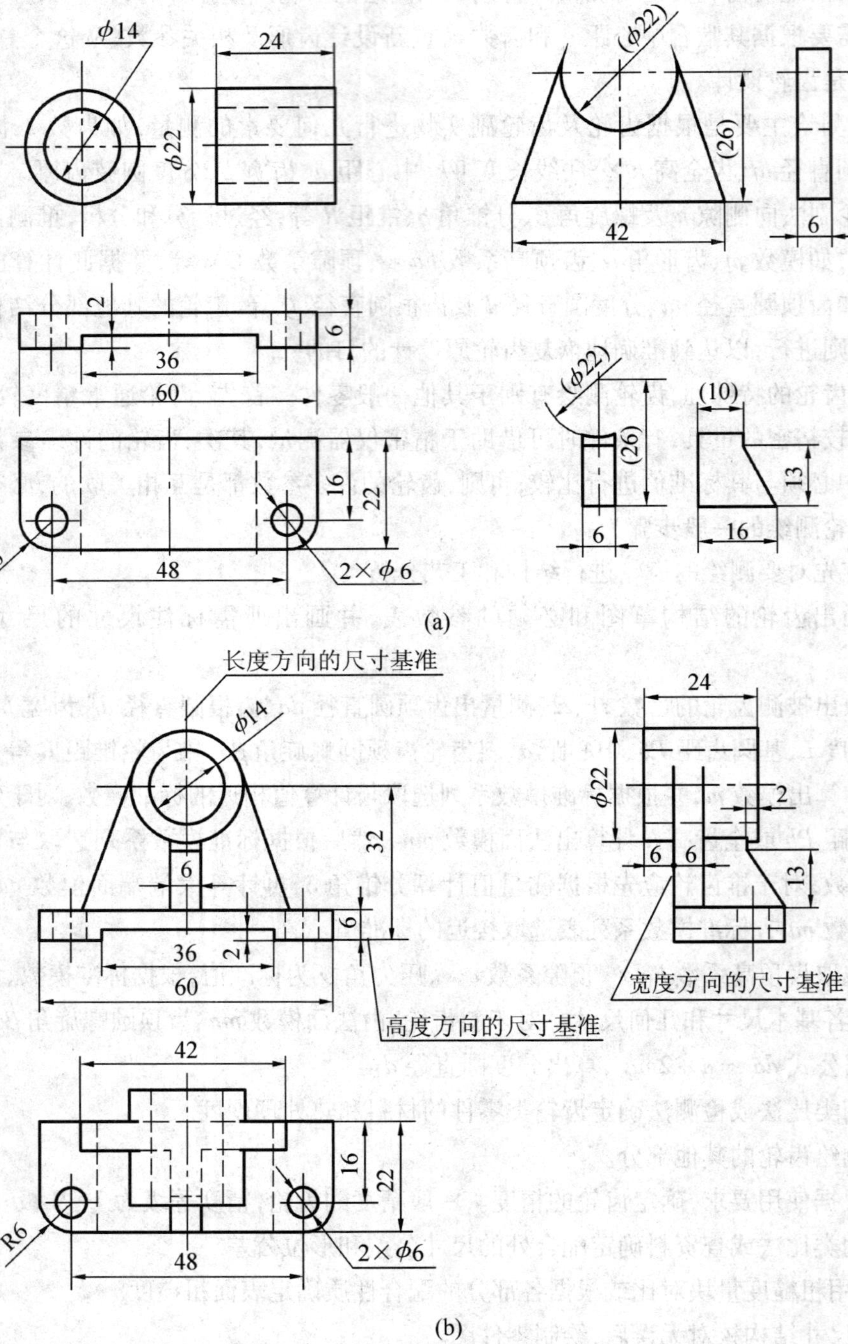

图 2－134　轴承座的尺寸标注

2.2.2 尺寸标注

标注尺寸必须正确、完整、清晰、合理。

(1)尺寸完整　在形体上需要标注的尺寸有定形尺寸、定位尺寸和总体尺寸。要达到完整的要求，就需要分析物体的结构形状，明确各组成部分之间的相对位置，然后一部分一部分地注出定形尺寸和定位尺寸。

①定形尺寸，即确定组合体各基本形体大小(长、宽、高)的尺寸。如图2－134(a)所示，圆筒应标注外径22、孔径14和长度24，即圆筒的定形尺寸。其他定形尺寸读者可自行分析。

②位尺寸即确定各基本形体间的相对位置尺寸。如图2－134(b)所示，主视图中，圆筒与底板的相对高度需标注轴线距底面的高度32；俯视图中，底板上两圆柱孔的中心距48和两孔中心距其宽度方向尺寸基准的距离16均为定位尺寸。

③总体尺寸，即组合体外形的总长、总宽、总高尺寸。如图2－134(b)所示，轴承座的总长为60，即底板的长；总宽为28，即由底板的宽22加上圆筒伸出支撑板的长度6确定；总高为43，即圆筒轴线高32加上圆筒外径22的一半(一般情况下不标注总高尺寸)。

(2)尺寸清晰

①各基本形体的定形、定位尺寸不要分散，尽量集中标注在一个或两个视图上。如图2－134(a)中底板上两圆孔的定形尺寸2×6和定位尺寸48、16集中标注在俯视图上，这样便于看图。

②尺寸应标注在表达形体特征最明显的视图上，并尽量避免标注在细虚线上。如2－134(b)所示，外径尺寸22标注在左视图上是为了表达它的形体特征，而孔径尺寸14标注在主 视图上是为了避免在细虚线上标注尺寸。

(3)布局整齐

同心圆柱或圆孔的直径尺寸最好标注在非圆视图上，如图2－134(a)所示。尽量将尺寸标注在视图外面，以免尺寸线、数字和轮廓线相交。与两视图有关的尺寸最好标注在两视图之间，以便于看图。

2.2.3 轴承座尺寸标注的步骤

(1)形体分析　分析轴承座由哪些基本形体组成，初步考虑各基本形体的定形尺寸，如图2－134(a)所示。

(2)选择基准　选定轴承座长、宽、高三个方向的主要尺寸基准，如图2－134(b)所示。

(3)标注定形和定位尺寸　逐个标注基本形体定形尺寸和定位尺寸，如图2－134(b)所示。

(4)标注轴承座的总体尺寸　如图2－134(b)所示。

2.2.4 检查、调整尺寸

完成尺寸标注，如图2－134(b)所示。

2.3 轴测图

如图2－135(a)所示为用正投影法绘制的形体三视图，其度量性好，能准确地表达物体的形状和位置关系，但缺乏立体感。而轴测图如图 2－135(b)所示，是用单面投影来表达物体空间结构形状的，且直观性强，是一种有实用价值的图示方法。由于轴测图的自身特点，在机械工程中常用其作为辅助图形来表达机器的外观效果和内部结构以及对产品拆装、使用和维修的说明等。

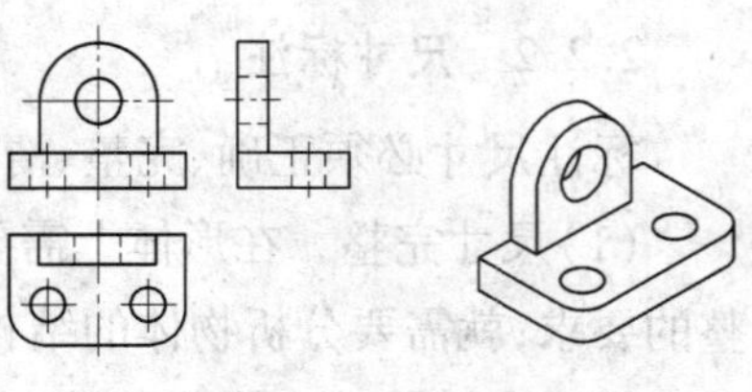

(a)　　　　　　　　　(b)

图 2－135　三视图与轴测图

2.3.1　轴测图的基本概念

2.3.1.1　轴测图的形成

将物体连同确定其空间位置的直角坐标系一起，用不平行于任何直角坐标面的平行投射线向单一投影面 P 进行投射，把物体长、宽、高三个方向的形状都表达出来，这种投影图称为轴测投影图，简称轴测图，如图 2－136 所示。

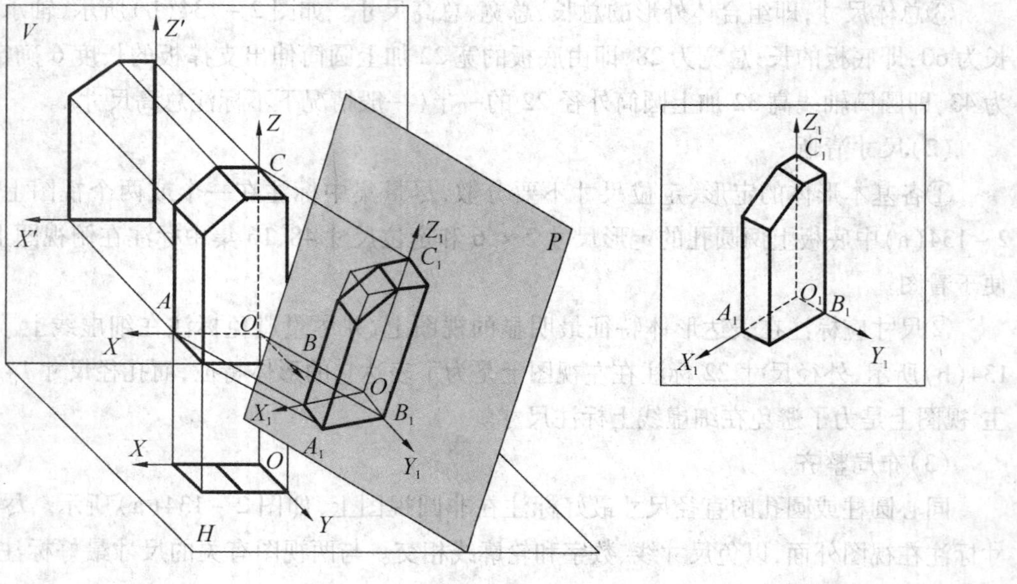

(a)　　　　　　　　　(b)

图 2－136　轴测图的形成

2.3.1.2　轴测轴

直角坐标系中的坐标轴 OX, OY, OZ 在轴测投影面上的投影 O_1X_1, O_1Y_1, O_1Z_1 称为轴测图的轴测轴，如图 2－123(a)所示。

2.3.1.3　轴测角

轴测图中相邻两轴测轴之间的夹角 $\angle X_1O_1Y_1$，$\angle X_1O_1Z_1$，$\angle Y_1O_1Z_1$ 称为轴间角，如图 2－123(b)所示。

2.3.1.4　轴向伸缩系数

沿轴测轴方向，线段的投影长度与其在空间的真实长度之比称为轴向伸缩系数。分别用 p, q, r 表示 OX, OY, OZ 轴的轴向伸缩系数，即 $p = O_1A_1/OA$，$q = O_1B_1/OB$，$r = O_1C_1/OC$。

2.3.2　轴测投影的特性及基本作图方法

1. 立体上平行于坐标轴的线段，在轴测投影图中也平行于相应的轴测轴，如图 2－137

所示

2. 立体上互相平行的线段(如图中的 $AD/\!/BC$),在轴测投影图中仍然互相平行。

3. 不平行于坐标轴的线段不可直接量取,可先画出其两个端点,然后连线。如图 2－137(a)所示,线段 $a'b'$,$(c'd')$在轴测图中不可直接量取,只能依据该线段两个端点的坐标,先确定 点 A、B、C、D 再连线,其作图过程如图 2－137(b),2－137(c)所示。

4. 轴测图中一般只画出可见部分的轮廓线,必要时可用细虚线画出其不可见部分的轮廓线。

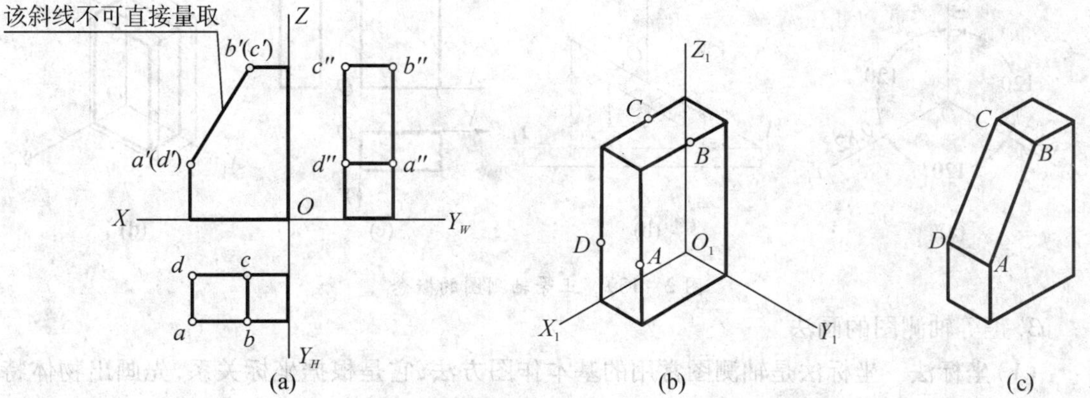

图 2－137 轴测图作图方法

2.3.3 轴测图的分类

国家标准推荐了两种作图比较简便的轴测图,即正等轴测图(简称正等测)和斜二轴测图(简称斜二测)。这两种常用轴测图的轴测轴位置、轴间角大小及各轴向伸缩系数各不相同,但表示物体高度方向的 Z 轴始终处于竖直方向,以符合人们观察物体的习惯。

2.3.3.1 正等轴测图

1. 正等轴测图的形成

使物体的三直角坐标轴与轴测投影面具有相同的倾角,用正投影法向轴测投影面投射所得的图形称为正等轴测图(简称正等测),如图 2－138 所示。

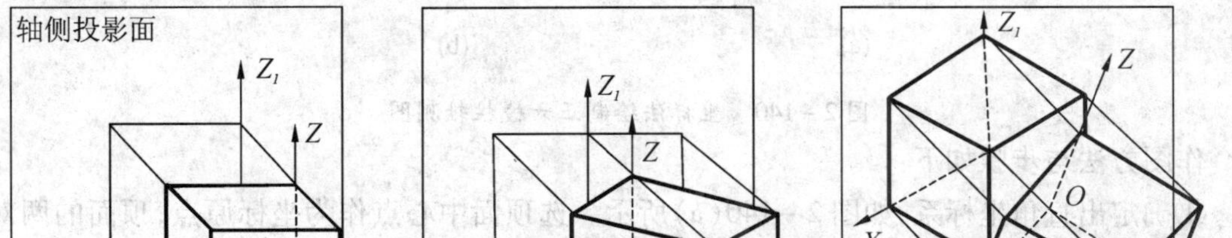

图 2－138 正等轴测图的形成

2. 正等轴测图的轴测轴、轴间角和轴向伸缩系数

正等轴测图的轴间角均为 120°,如图 2－139(a)所示。轴测轴的画法如图 2－139(b)

所示，由于物体的三直角坐标轴与轴测投影面的倾角均相同，因此正等轴测图的轴向伸缩系数也相同，即 p = q = r = 0.82。为了作图、测量和计算都方便，常把正等轴测图的轴向伸缩系数简化成 1，这样在作图时，凡是与轴测轴平行的线段，可按其实际长度量取，不必进行换算。这样画出的图形，其轴向尺寸均为原来的 1.22 倍（1∶ 0.82≈1.22），但形状没有改变，如图 2－139（c）和图 2－139（d）所示。

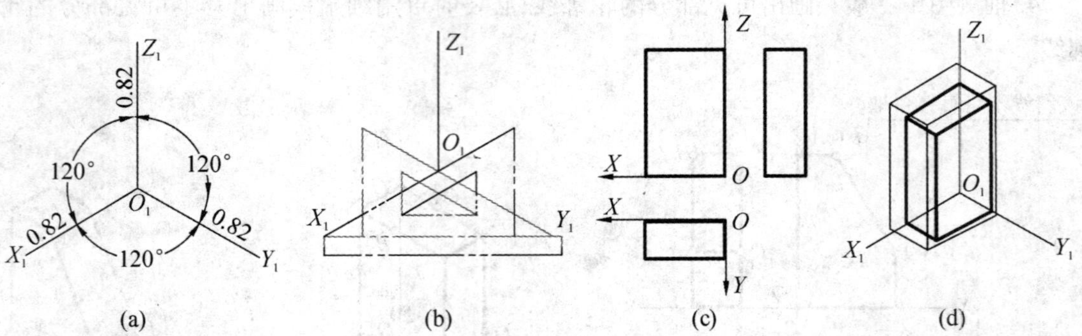

图 2－139　正等轴测图的概念

3. 正等轴测图的画法

（1）坐标法　坐标法是轴测图常用的基本作图方法，它是根据坐标关系，先画出物体特征表面上各点的轴测投影，然后由各点连接物体特征表面的轮廓线，来完成正等轴测图的作图。由图2－140（a）所示正六棱柱的主、俯视图画出其正等轴测图。

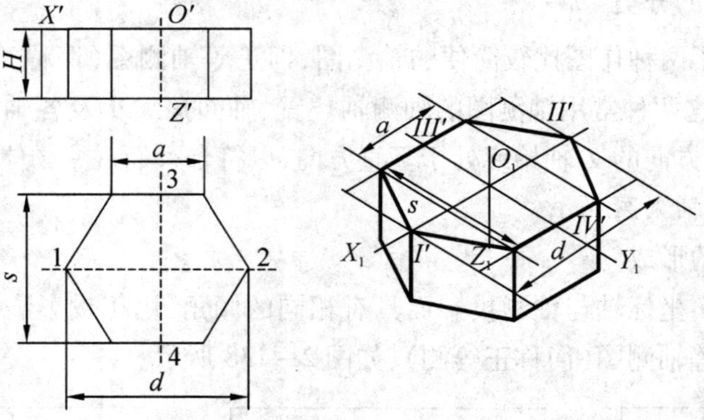

图 2－140　坐标法绘制正六棱柱轴测图

作图方法与步骤如下：

①确定出直角坐标系，如图 2－140（a）所示。选顶面中心点作为坐标原点，顶面的两对称线作为 X 轴，Y 轴，Z 轴在其中心线上。

②绘制轴测轴 O_1X_1，O_1Y_1，O_1Z_1，根据正投影顶面的尺寸 S，D 定出 Ⅰ1，Ⅱ1，Ⅲ1，Ⅳ1 的位置，如图 2－140（a）所示。

④ 据轴测图的特性，过点 Ⅰ′，Ⅱ′作平行于 O_1X_1 的直线，并以 Y_1 轴为界各取 $a/2$，然后连接各点，如图 2－140（a）所示。

④过顶面各点向下量取 H 值，画出平行于 Z_1 轴的侧棱；再过各侧棱顶点画出底面各边，擦去作图辅助线、细虚线并描深，完成正六棱柱的正等轴测图，如图 2－140（b）所示。

(2)方箱切割法　大多数的平面立体可以看成是由长方体切割而成的,因此,先画出长方体的正等轴测图,然后进行轴测切割,从而完成物体正等轴测图的画图方法称为方箱切割法。

由图 2-141(a)所示物体的主、俯视图画出其正等轴测图,作图方法与步骤如图所示。

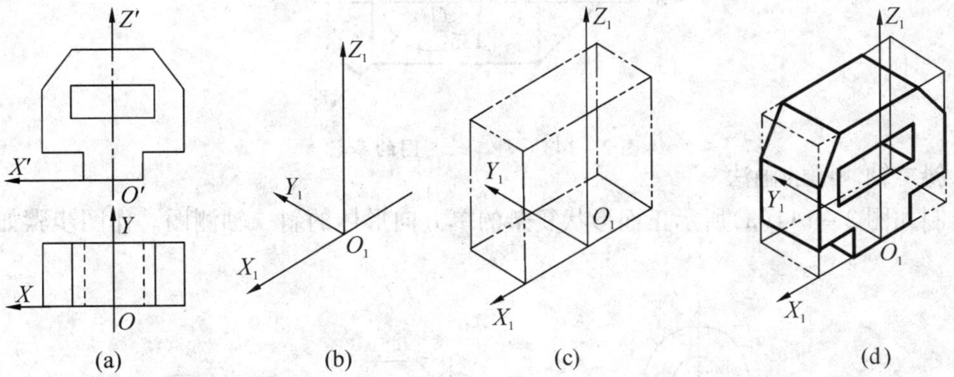

图 2-141　方箱切割法绘制轴测图

(a)设置直角坐标轴;(b)画轴测轴;(c)按总长、总宽、总高作出辅助长方体轴测图;(d)在平行于轴测轴的方向上,按题意进行比例分解,整理,描深,完成正等轴测图

2.3.3.2　斜二轴测图

1.斜二轴测图的形成

当物体上的两个坐标轴 OX,OZ 与轴测投影面平行,而投射方向与轴测投影面倾斜时,所得的轴测图称为斜二轴测图,如图 2-142 所示。

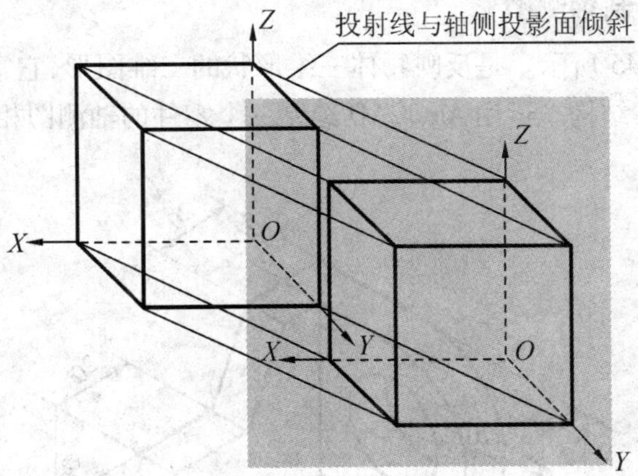

图 2-142　斜二轴测图的形成

2.斜二轴测图的参数

斜二轴测图的参数,如图 2-143 所示。

(1)轴间角　$\angle X_1O_1Z_1=90°$,$\angle X_1O_1Y_1=\angle Y_1O_1Z_1=135°$。

(2)轴向伸缩系数　$p=r=1$,$q=0.5$。

(3)轴测图　斜二轴测图的轴测轴有一个显著的特征,即物体正面 OX 轴和 OZ 轴的轴测投影没有变形。

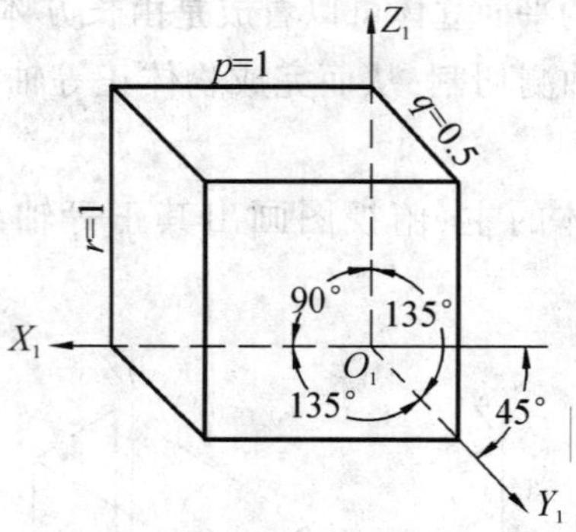

图 2－143　斜二轴测图的参数

3. 斜二轴测图的画法

绘制如图 2－144(a)所示正面形状复杂的单方向形体的斜二轴测图。作图步骤如下图所示。

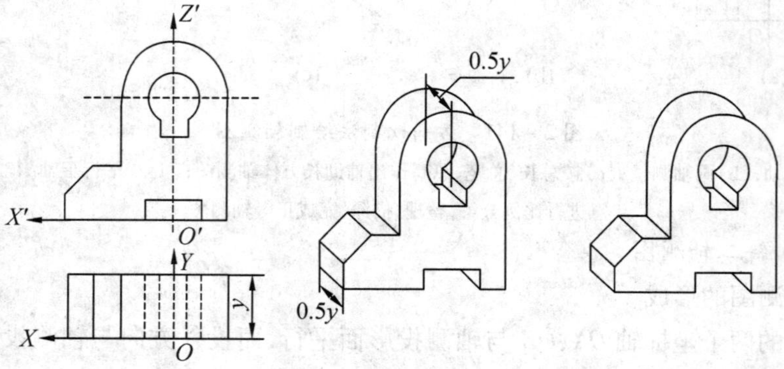

图 2－144　斜二轴测图的画法

2.4　AutoCAD 绘制轴测图

轴测图，如图 2－145 所示。是反映物体三维形状的二维图形，它富有立体感，能帮人们更快更清楚地认识产品结构。运用 AutoCAD 绘制一个零件的轴测图相对尺规绘制更加简洁方便。

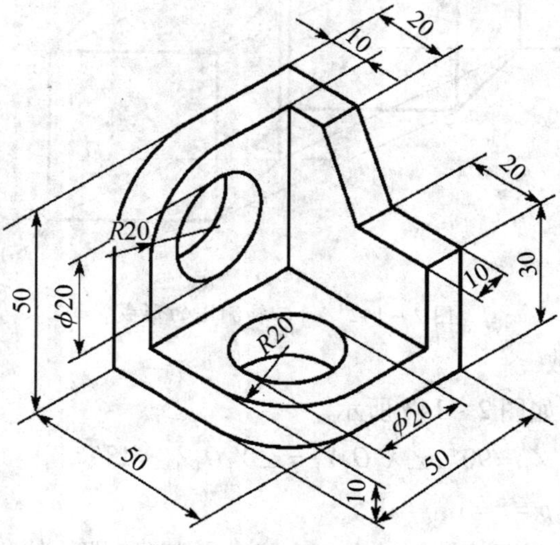

图 2－145　轴测图

2.4.1 设置绘图环境

1. 新建图形。

2. 设置对象捕捉。

如图 2－146 所示，单击“确定”按钮。并在状态栏打开正交、对象捕捉、对象追踪和线宽按钮。

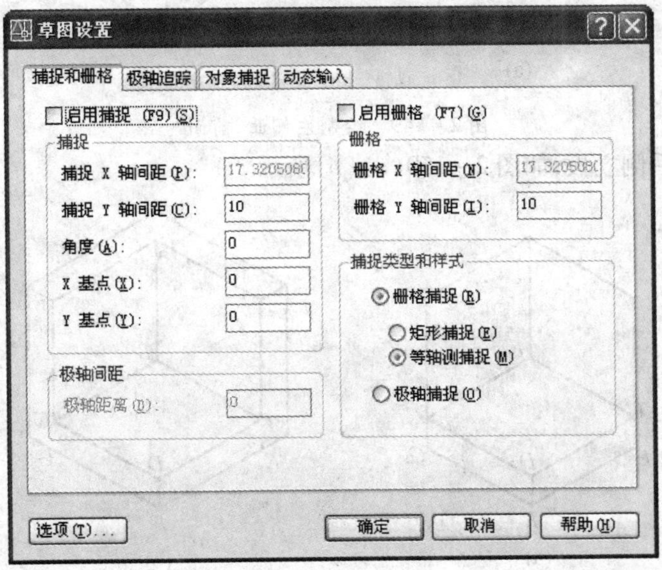

图 2－146　绘图环境设置

此时光标变成了等轴测方向，如图 2－147 所示，光标方向可通过 F5 键光标。

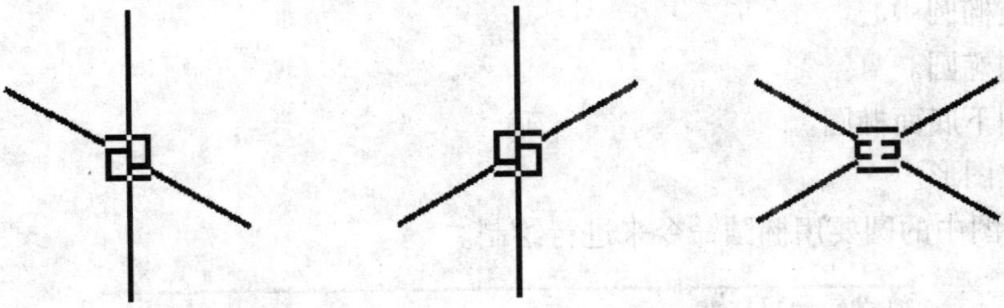

(a)　　(b)　　(c)

图 2－147　等轴测方向切换

(a)等轴测左；(b)等轴测右；(c)等轴测上

2.4.2 绘图步骤

1. 绘制上表面，如图 2－148(a)(b)所示。

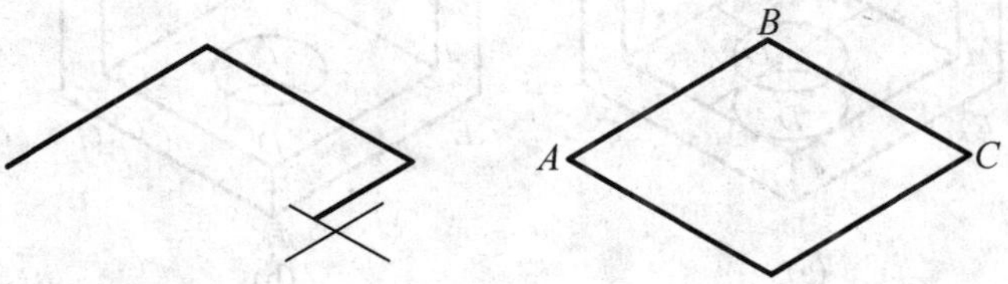

(a)　　(b)

图 2－148　绘制上表面

2. 绘制左侧面、前面，如图 2－149(a)(b)所示。

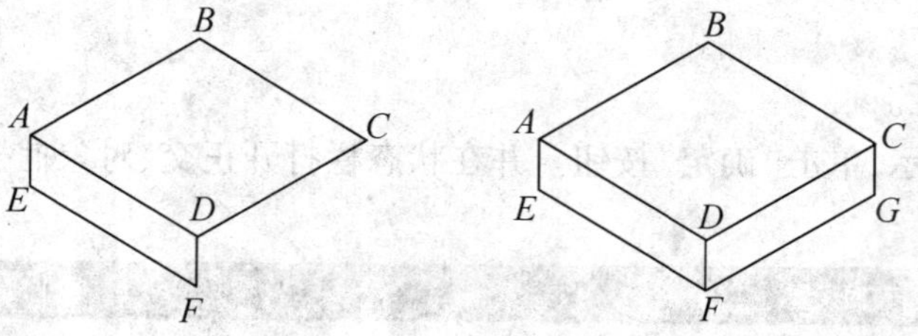

(a) (b)

图 2－149 绘制左侧面、前面

3. 绘制右侧、后侧立板，如图 2－150(a)(b)所示。

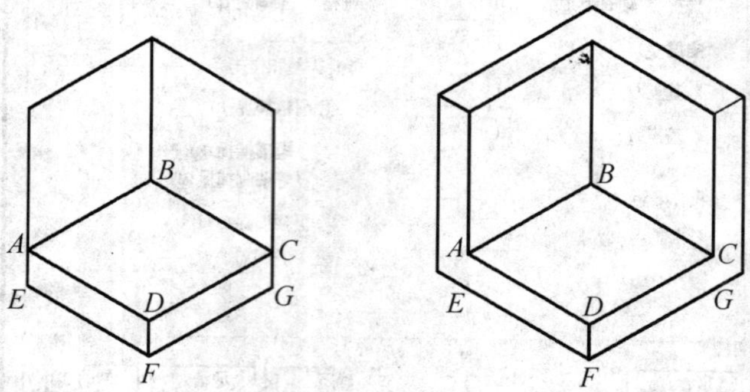

(a) (b)

图 2－150 绘制右侧、后侧立板

4. 绘制底面圆孔，如图 2－151(a)(b)所示。

(1)确定椭圆中心。

(2)绘制椭圆。

(3)绘制下底面椭圆。

(4)修改图形。

注：轴测图中的圆要用椭圆命令来进行绘制。

```
命令: _ellipse
指定椭圆轴的端点或 [圆弧(A)/中心点(C)/等轴测圆(I)]:
```

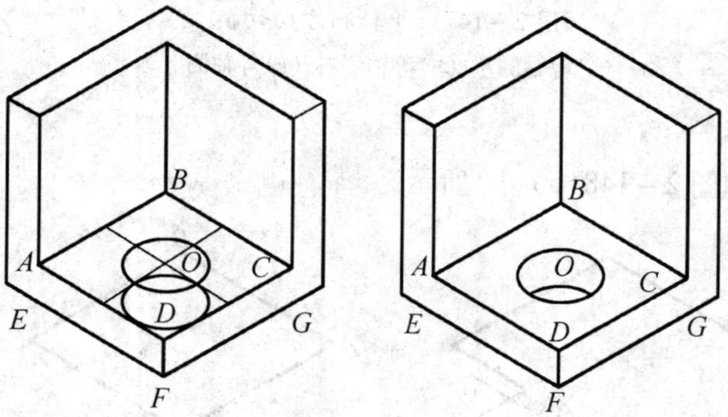

(a) (b)

图 2－151 绘制底面圆孔

5. 绘制底圆圆角，如图 2－152(a)(b)所示。

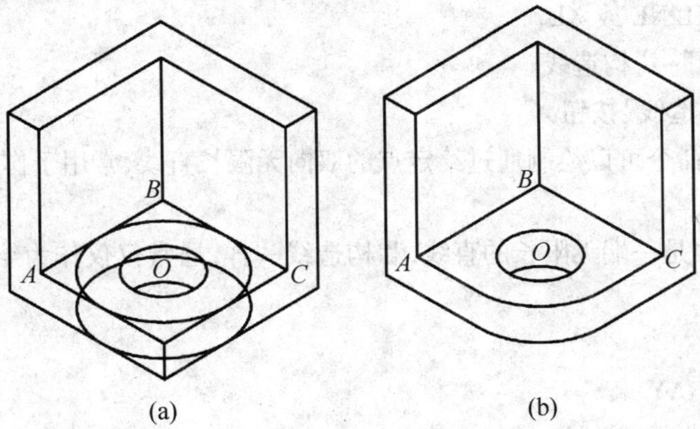

图 2－152　绘制底圆圆角

6. 绘制后侧立面的圆孔和倒圆角，如图 2－153 所示。

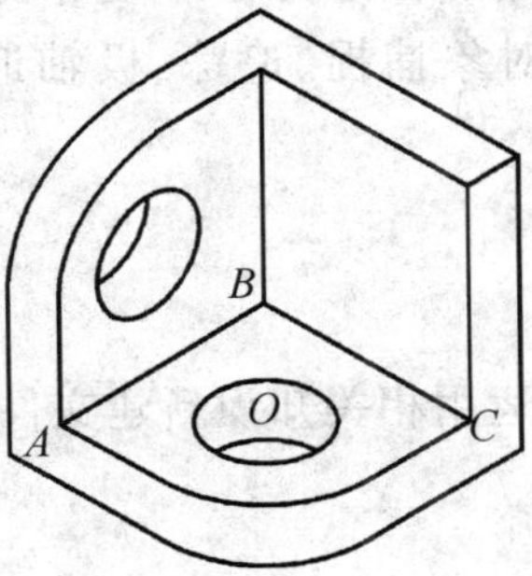

图 2－153　绘制后侧立面的圆孔和倒圆角

7. 绘制右侧结构，如图 2－154(a)(b)所示。

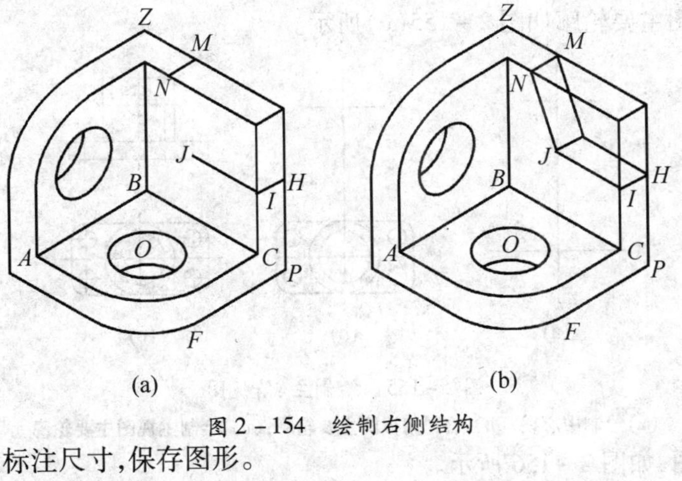

图 2－154　绘制右侧结构

8. 编辑整理、标注尺寸，保存图形。

2.5　AutoCAD 绘制组合体三视图

2.5.1　基础知识

2.5.1.1　构造线

(1)功能　构造线是两端无限长的直线，它们不像直线、圆、圆弧、椭圆、方框、正多边形等作为图形的构成元素，只是仅仅作为绘图过程中的辅助参考线。

(2)命令方式

◆ 键盘输入:XLINE 或 XL

◆ 菜单:“绘图”→“构造线”

◆ 工具栏:“构造线”按钮

利用“构造线”命令可以绘制通过给定点的双向无限长直线,常用于作辅助线。

2.5.1.2 射线

(1)功能 射线是一端无限长的直线,和构造线一样,通常仅仅作为绘图过程中的辅助线或者参考线。

(2)命令方式。

◆ 键盘输入: RAY

◆ 菜单:“绘图”→“射线”

2.5.1.3 绘制三视图的两种常用方法

(1)辅助线法 利用构造线和射线作为辅助线,确保视图之间的“三等”关系。

(2)对象捕捉追踪法 采用对象捕捉、追踪、极轴追踪、正交等辅助工具确保视图正确。

2.5.2 任务实施

2.5.2.1 设置作图环境

根据零件的结构形状和大小,运用相关知识新建文件、设置单位和图幅、设置图层、比例、设置文字样式以及标注样式

2.5.2.2 绘制图形

1. 布图并绘制中心线如图 2－155(a)所示。
2. 绘制俯视图轮廓线如图 2－155(b)所示。
3. 绘制主视图主要轮廓如图 2－155(c)所示。

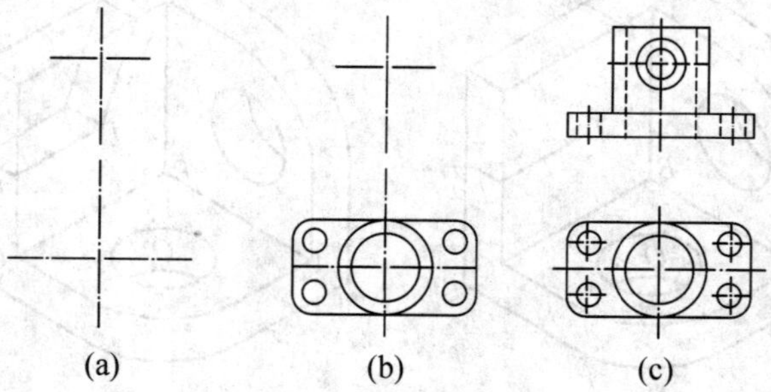

图 2－155 绘制主、俯视图

(a)绘制中心线;(b) 绘制俯视图主要轮廓;(c) 绘制主视图主要轮廓

4. 绘制左视图,如图 2－156 所示。

(1)启动“构造线”命令,用极轴追踪功能绘制一条 45°构造线作为辅助线。

(2)用参考点捕捉追踪方式确定参考点。

(3)利用对象捕捉追踪确定底板左视图的位置。

(4)同样,通过对象捕捉追踪得到各点,完成左视图主要轮廓的绘制。

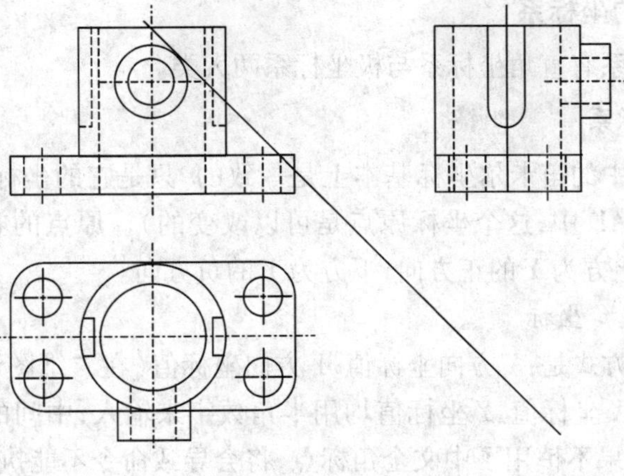

图 2－156 绘制左视图

5. 绘制主视图相贯线，如图 2－157(a)(b)所示。

(1)利用对象捕捉追踪工具，借助于 45°辅助线绘制图示 1,2,3 点在主视图中的投影 a，b，c。

(2)启动“样条曲线”命令，依提示绘制样条曲线。同样，绘制另一侧的样条曲线，删除、修剪多余线段。

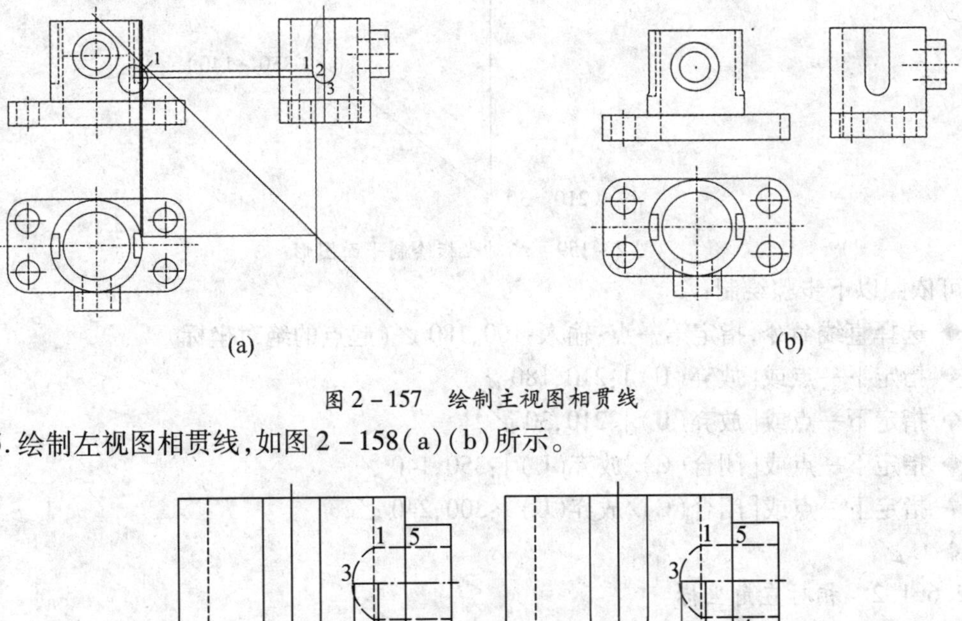

图 2－157 绘制主视图相贯线

5. 绘制左视图相贯线，如图 2－158(a)(b)所示。

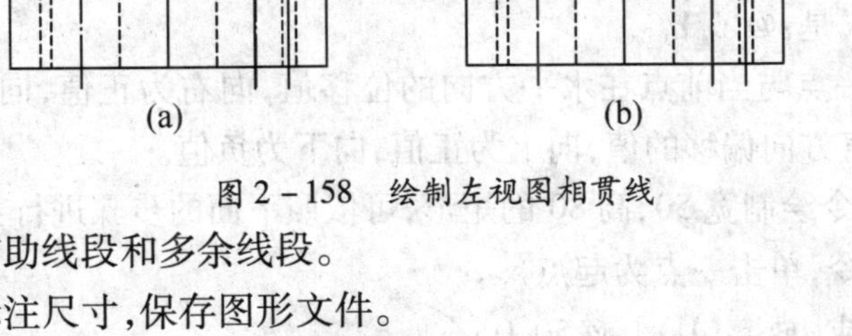

图 2－158 绘制左视图相贯线

6. 修剪、删除辅助线段和多余线段。

7. 检查整理，标注尺寸，保存图形文件。

2.6 autoCAD 的坐标系

AutoCAD 的坐标系有直角坐标系与极坐标系两大类。

2.6.1 直角坐标系

该坐标系与数学中的笛卡尔坐标基本上是一致的，只是它的坐标原点默认状态下在屏幕的左下角（在 autoCAD 中，这个坐标原点是可以改变的）。原点的右方为 X 正方向，左方为 X 负方向；原点的上方为 Y 的正方向，下方为 Y 的负方向。

2.6.1.1 绝对直角坐标

绝对坐标的表示方式是：X 方向坐标值，Y 方向坐标值（在二维图形中，Z 方向默认为 0，可以省略）。这其中，X 坐标值、Y 坐标值均用半角数字来输入，中间的分隔符“，”一定要用半角英文标点“,”，如果不慎用了中文全角标点，将会导致命令不能执行。

所有图形的起点均应当用绝对坐标来确定，例如画一条直线，首先命令行提示要求输入直线的起点，这个坐标值必须也只能用绝对坐标来输入。

【例 5】：画一个封闭的图形如图 2－159 所示。

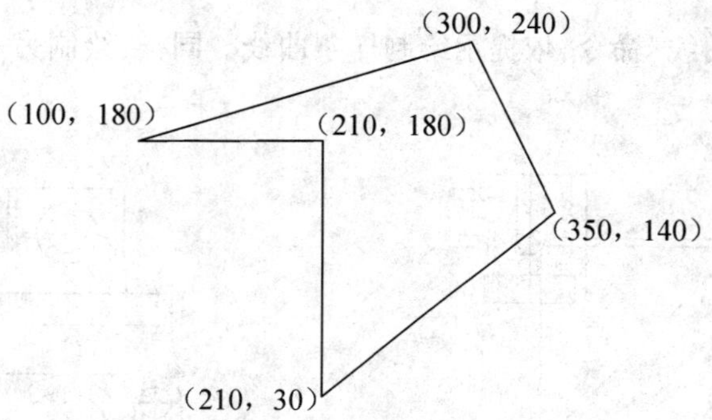

图 2－159　绝对坐标绘制平面图形

可依照以下步骤绘制：

◆ 选择直线命令，指定第一点：输入：100,180 ↙（起点的绝对坐标）

◆ 指定下一点或[放弃(U)]：210,180 ↙

◆ 指定下一点或[放弃(U)]：210,30 ↙

◆ 指定下一点或[闭合(C)/放弃(U)]：350,140 ↙

◆ 指定下一点或[闭合(C)/放弃(U)]：300,240 ↙

◆ C ↙

2.6.1.2 相对直角坐标

在实际应用中，往往是只知道某条直线多长，或者是知道矩形的宽与高，而无法知道各点的绝对坐标值，这时使用相对坐标会非常方便。

相对坐标的格式是：@ X，Y。

其中 X 是指下一点与当前点在水平方向的位移值，向右为正值，向左为负值；Y 是指下一点与当前点在垂直方向偏移的值，向上为正值，向下为负值。

例如：用直线命令绘制宽 50，高 80 的矩形，可依照下面的步骤进行：

◆ 选择直线命令，单击一点为起点

◆ 指定下一点或[放弃(U)]：@50,0 ↙

◆ 指定下一点或[放弃(U)]:@0,80↙

◆ 指定下一点或[闭合(C)/放弃(U)]:@ -50,0↙

◆ 指定下一点或[闭合(C)/放弃(U)]:C↙

2.6.1.3 正交模式下的相对直角坐标

打开正交按钮后,使用相对坐标就可以简化了,由于正交方向要么指向水平方向,要么指向垂直方向,且向左、向右、向上、向下都有鼠标做引导,因此只需要输入一个线条的长度值(回车)即可完成。在这种模式下,一定要先行将鼠标引导到要画线的那个方向才可以输入相对坐标(长度值)。当然,这只适用那些只需要画水平线和垂直线的图形。

2.6.2 极坐标系

极坐标系对于坐标的描述是以长度和角度来表示的,也分为绝对坐标与相对坐标。

2.6.2.1 绝对极坐标

绝对坐标的表示方式是:$L<A$。

其中"L"是指当前点相对于坐标原点的距离,"A"表示当前点与极轴坐标原点的连线相对于极轴正方向的夹角。

在 autoCAD 中默认状态下角度的计算是以逆时针为正值,顺时针为负值。

2.6.2.2 相对极坐标

输入相对坐标的格式是:@$L<A$。

其中"L"是指当前点相对于前一点的距离,"A"表示两点连线相对于极轴正方向的夹角。

【例6】合理选用坐标系绘制如图 2-160 所示的平面图形。

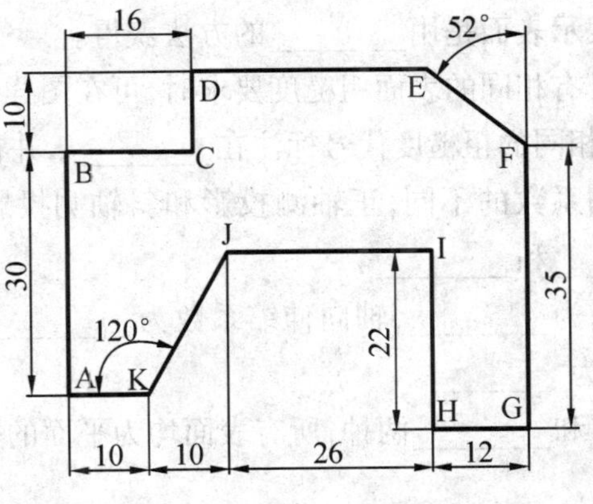

图 2-160 平面图形

命令:_LINE 指定第一点:指定 A 点

指定下一点或[放弃(U)]:@0,30 (点 B)

指定下一点或[放弃(U)]:@16,0 (点 C)

指定下一点或[闭合(C)/ 放弃(U)]:@0,10 (点 D)

指定下一点或[闭合(C)/ 放弃(U)]:@40,0 (此处@后面的数值可以任意输入一个正值,因点 E 须最后由两点直角相交求出)

命令:_line 指定第一点:指定 A 点

指定下一点或[闭合(C)/ 放弃(U)]:@10,0 (点 *K*)

指定下一点或[闭合(C)/ 放弃(U)]:@20 <60 (点 *J*)

指定下一点或[闭合(C)/ 放弃(U)]:@26,0 (点 *I*)

指定下一点或[闭合(C)/ 放弃(U)]:@0, -22 (点 *H*)

指定下一点或[闭合(C)/ 放弃(U)]:@12,0(点 *G*)

指定下一点或[闭合(C)/ 放弃(U)]: @0,35(点 *F*)

指定下一点或[闭合(C)/ 放弃(U)]:@0,50 (此处 *Y* 方向的数值可以任意输入一个正值)

指定下一点或[闭合(C)/ 放弃(U)]:U↙

命令:_ROTATE↙

UCS 当前的正角方向: ANGDIR = 逆时针 ANGBASE = 0

选择对象:找到 1 个(选择以 F 为第一点,@0,50 绘制的那条直线)↙

指定基点:选择 F 点

指定旋转角度,或[复制(C)/参照(R)] <0 >:52↙ (给旋转角度后,选中的直线将绕 *F* 点按指定旋转角度旋转,与@40,0 那条水平直线相交得点 *E*)

最后,用修剪命令修剪多余线条,既得图 2 -160 所示平面图形。

思考与练习

一、填空题

1. 表面粗糙度是评定零件________的一项技术指标,常用参数是________,其值越小,表面越________;其值越大,表面越________。

2. 表面粗糙度符号表示表面是用________的方法获得。

3. 当零件所有表面具有相同的表面粗糙度要求时,可在图样________;当零件表面的大部分粗糙度相同时,可将相同的粗糙度代号标注在________, 并在前面加注两字。

4. 根据三个轴向伸缩系数的不同,正轴测投影和斜轴测投影又各分为________三种。最常用的轴测图为________和________。

5. 正等测图的轴间角为________,轴向伸缩系数为__________。斜二测图的轴间角为________,轴向伸缩系数为________。

6. 立体分为________和________两种,所有表面均为平面的立体称为________,包含有曲面的立体称为________。

7. 常见的平面体有__________、__________、________等。常见的回转体有________、________、________、________等。

8. 立体被平面截切所产生的表面交线称为________。两立体相交所产生的表面交线称为________。立体表面交线的基本性质是和________。

9. 平面体的截交线为封闭的________,其形状取决于截平面所截到的棱边个数和交到平面的情况。

10. 曲面体的截交线通常为________或________,求作相贯线的基本思路为________。

11. 圆柱被平面截切后产生的截交线形状有________、________、________三种。

12. 圆锥被平面截切后产生的截交线形状有________、________、________、________、________五种。

13. 当平面平行于圆柱轴线截切时，截交线的形状是__________；当平面垂直于圆柱轴线截切时，截交线的形状是________；当平面倾斜于圆柱轴线截切时，截交线的形状是________。

14. 回转体相交的相贯线形状有________四种。

15. 影响相贯线变化的因素有变化________、________变化和________变化________。

16. 组合体的组合类型有型________、________型、________型三种。

17. 形体表面间的相对位置有________、________、________、________四种。

18. 组合体形体分析的内容有分析________、________、________、________。

19. 绘制组合体三视图的方法有________、________、________。

20. 看组合体三视图的方法有________和________。

21. 平面立体一般要标注三个方向的尺寸，回转体一般只标注________和________的尺寸。切割体应标注________和________，而相贯体则应标准________ 和________。截交线和相贯线处________尺寸。

22. 组合体的视图上，一般应标注出________、________和三种尺寸，标注尺寸的起点称为尺寸的。

23. 齿轮传动用于传递__________，并可以改变运动________。齿轮传动的三种形式是________、________、________。

24. 圆柱齿轮按轮齿的方向可分为________、________、________三种。

25. 齿轮轮齿部分的规定画法是：齿顶圆用________绘制；分度圆用________绘制；齿根圆用________绘制，也可省略不画。在剖视图中，齿根圆用________绘制。

二、作图题

1. 已知立体的轴测图，试画出三视图。

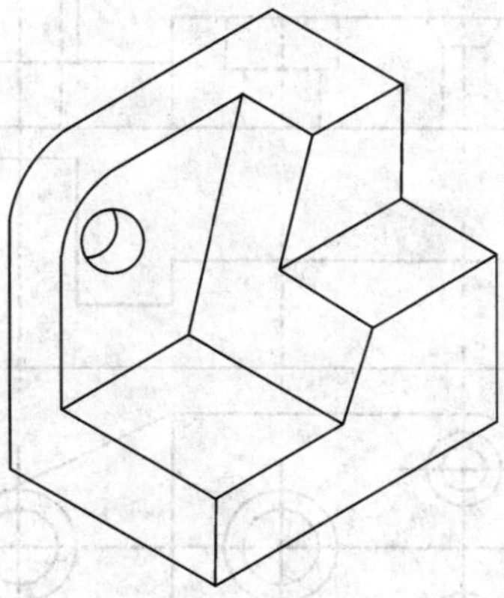

2. 根据组合体的两个视图，补画第三视图。

(1)

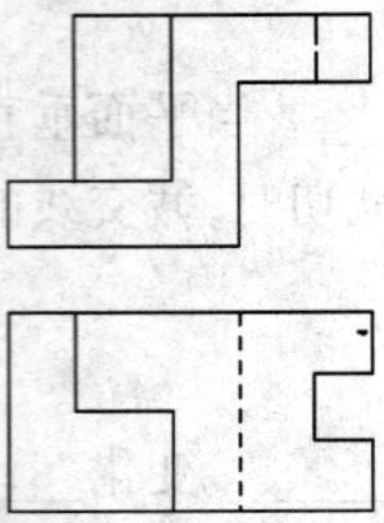

(2)

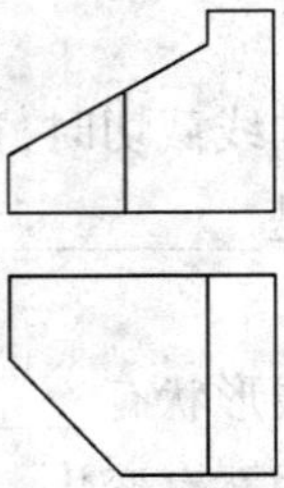

3. 补画下列视图中所漏线条。

(1)

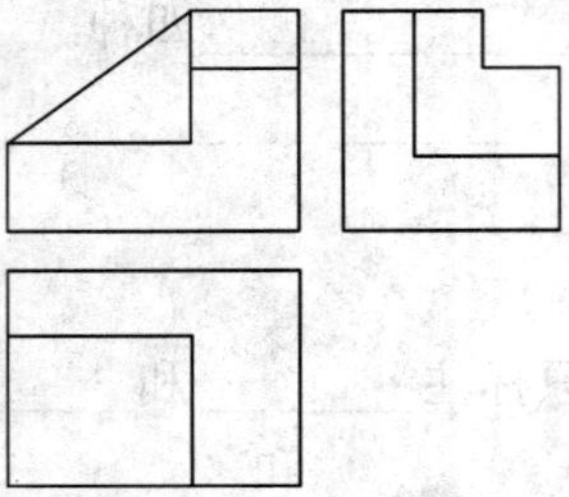

(2)

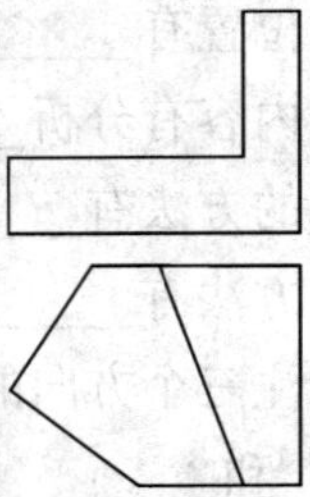

4. 根据主视图，构想两个不同的组合体，画出其俯、左视图。

(1)

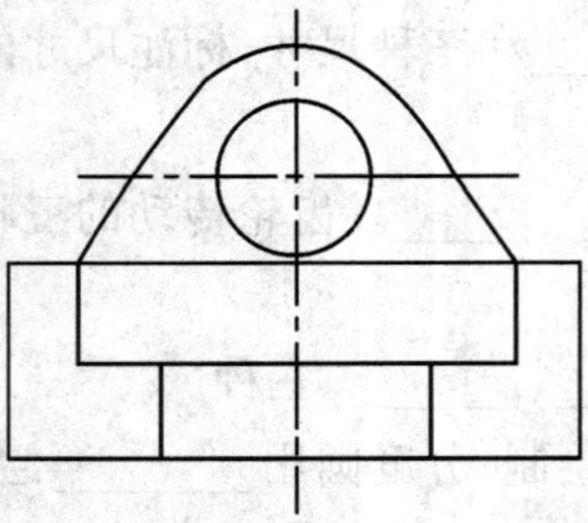

(2)

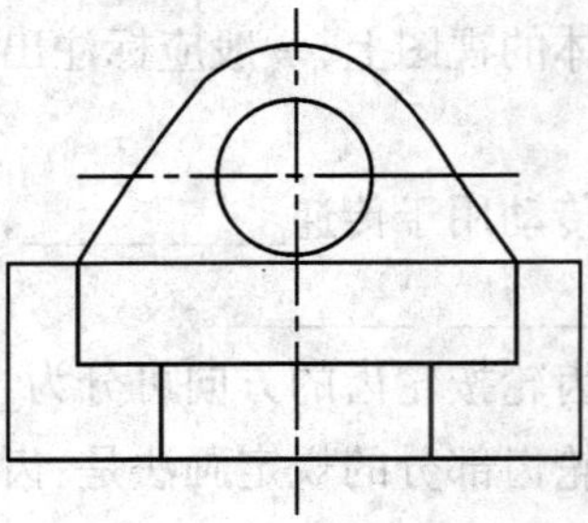

5. 将主视图画成阶梯剖。

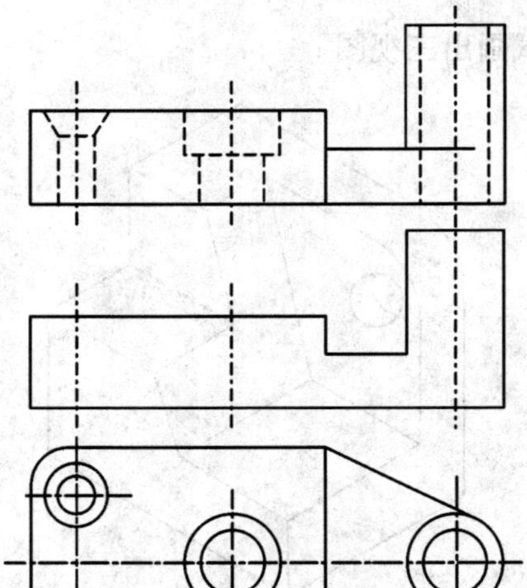

6. 补画第三视图(10 分)

(1)

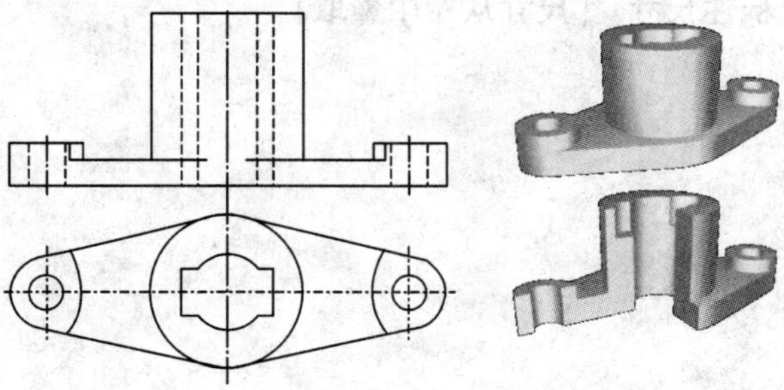

(2)

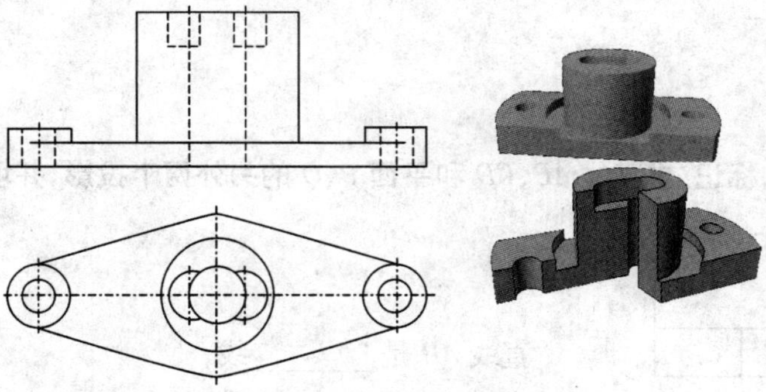

7. 在指定位置把主视图画成全剖视图。

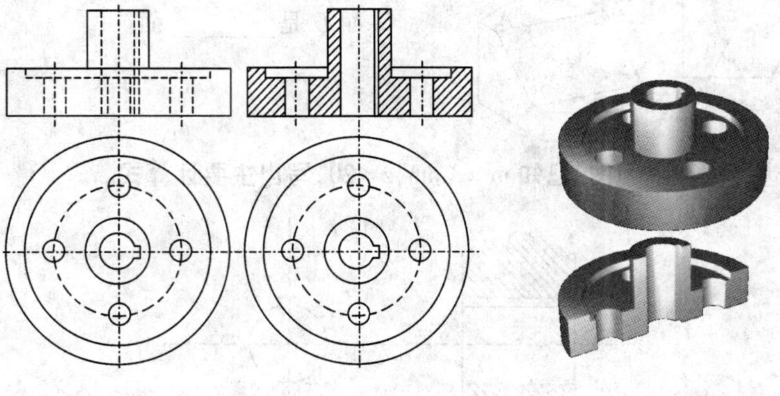

8. 根据轴侧图画三视图，尺寸在图上量取。

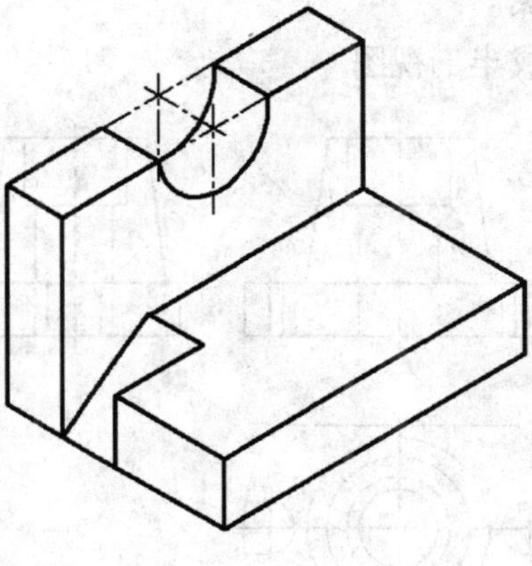

三、补画左视图，并在三视图上标注尺寸。（尺寸从图中量取）

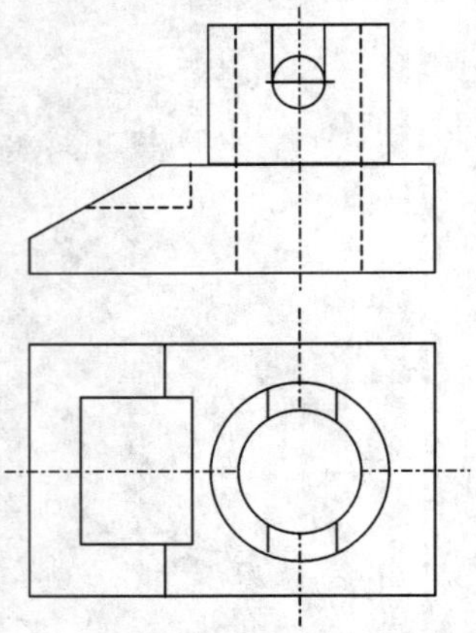

四、根据三视图中已给的标记，求直线 AB、CD 和平面 P、Q 的另外两个投影，并填空。

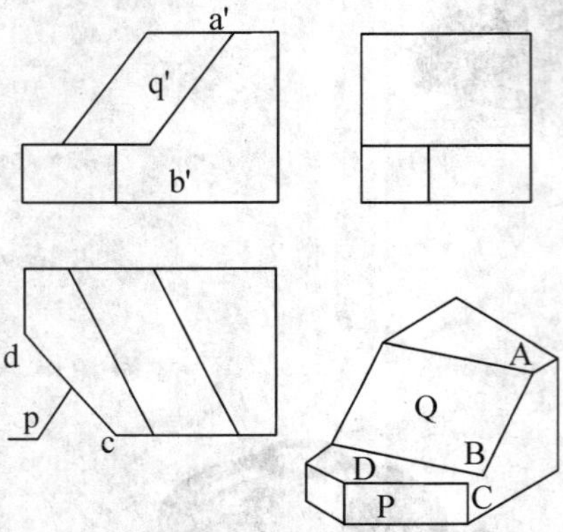

直线 AB 是________线，

直线 CD 是________线，

平面 P 是________面，

平面 Q 是________面。

五、画出齿轮的两个视图，已知 m = 3mm，z = 20，写出主要计算式。

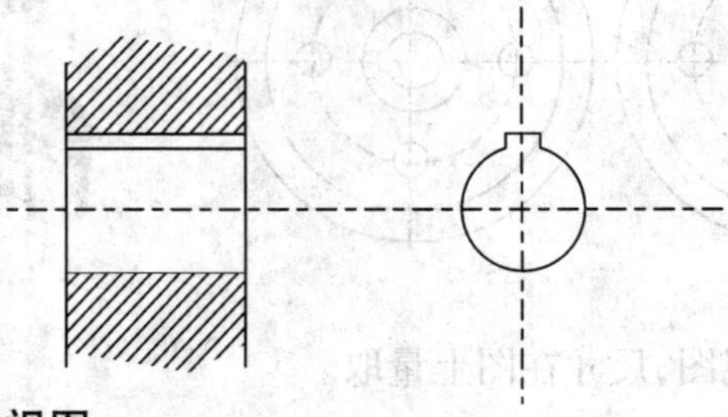

六、按要求完成以下剖视图。

1. 将主、左视图重新绘制成半剖视图

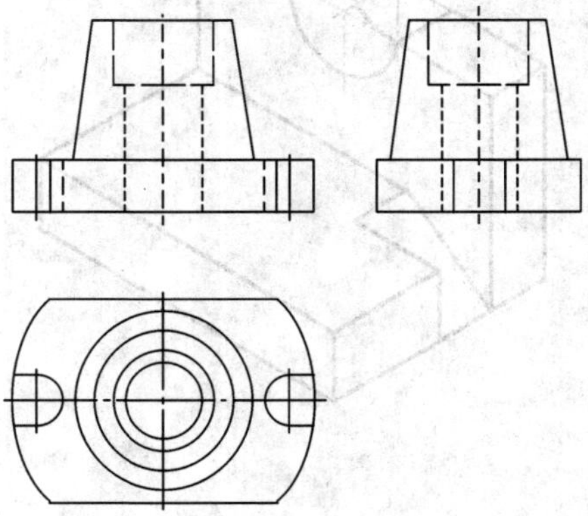

2. 补画主视图上的漏线

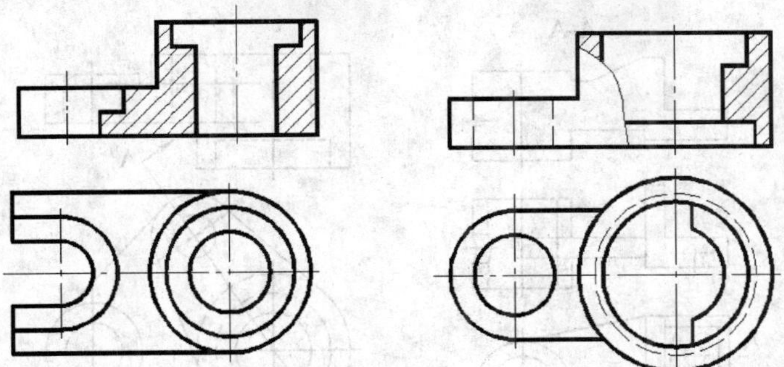

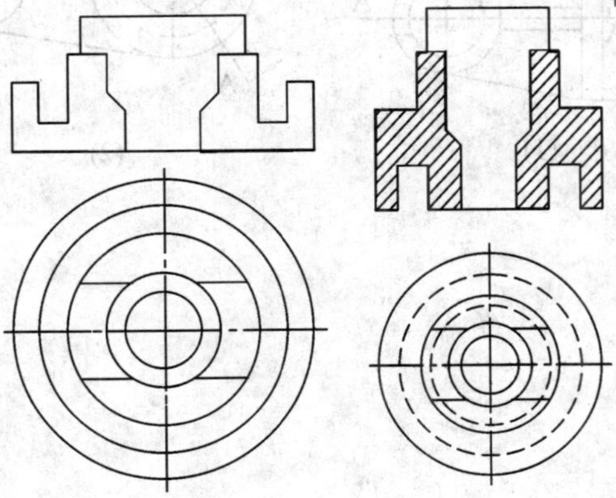

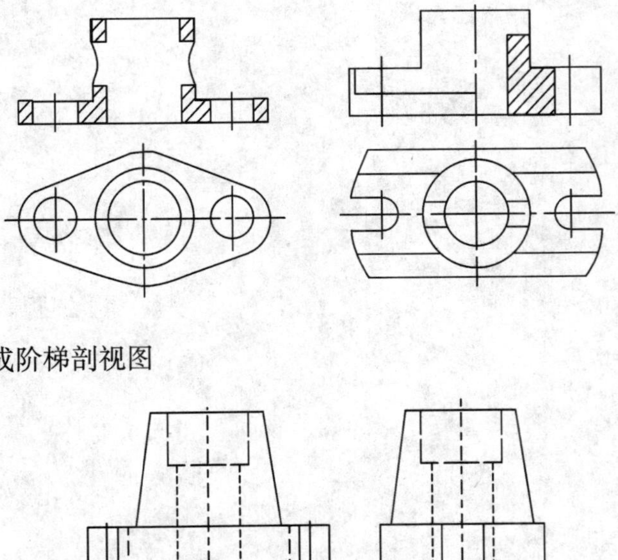

3. 将主视图画成阶梯剖视图

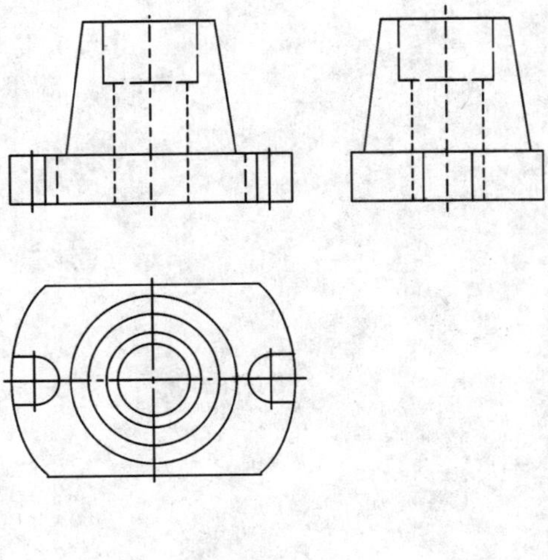

4. 将图(1)中主视图画成阶梯剖视图，图(2)中画出 A—A 斜剖视图。

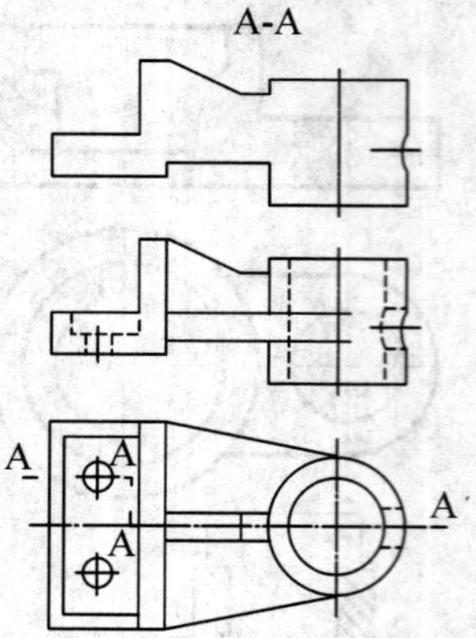

(1)

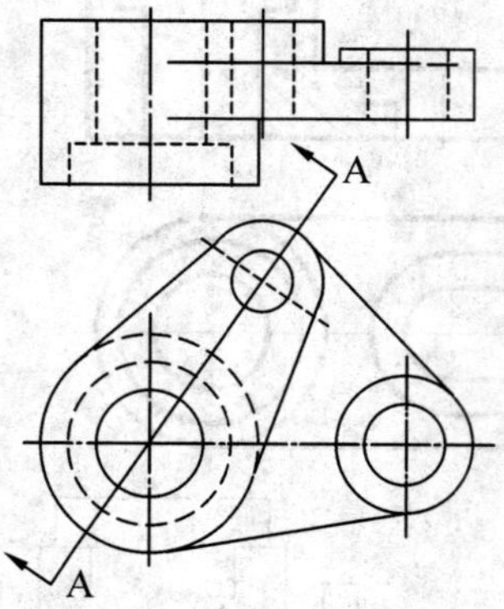

(2)

箱体类零件图样的识读与绘制

任务描述

职业岗位能力要求能读懂零件的形状、尺寸和技术要求等内容，才能完成加工、检验等生产任务。本任务要求读懂中等复杂的箱体类零件的零件图，并用 AutoCAD 绘制箱体类零件图(图3－1)。

本情境任务：正确识读与绘制箱体类零件图。

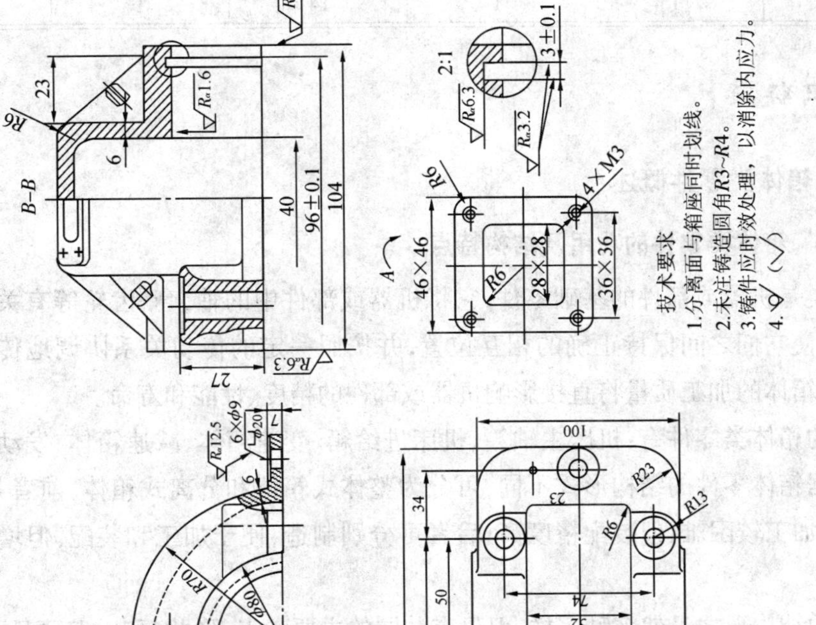

图3－1　箱体

学习目标

☆知识目标：

1. 依据机械制图正投影、阶梯剖视图等基础知识，正确分析零件图
2. 依据尺寸标注结合箱体的结构，正确识读箱体上各部分尺寸
3. 正确识读表面粗糙度、形位公差等内容

☆技能目标：

1. 通过认识制图国家标准获取信息的能力
2. 空间思维和逻辑思维能力
3. 具有一定语言及文字表达的能力
4. 具有一定社会人际交往与沟通能力
5. 具有良好的团队合作精神和协作能力

学时安排

资讯	决策	计划	实施	检查	评价
16	1	1	14	1	1

知识链接

3.1 箱体类零件概述

3.1.1 箱体类零件的功用及结构特点

箱体类是机器或部件的基础零件，它将机器或部件中的轴、套、齿轮等有关零件组装成一个整体，使它们之间保持正确的相互位置，并按照一定的传动关系协调地传递运动或动力。因此，箱体的加工质量将直接影响机器或部件的精度、性能和寿命。

常见的箱体类零件有：机床主轴箱、机床进给箱、变速箱体、减速箱体、发动机缸体和机座等。根据箱体零件的结构形式不同，可分为整体式箱体和分离式箱体，前者是整体铸造、整体加工，加工较困难，但装配精度高；后者可分别制造，便于加工和装配，但增加了装配工作量。

箱体的结构形式虽然多种多样，但仍有共同的主要特点：形状复杂、壁薄且不均匀，内部呈腔形，加工部位多，加工难度大，既有精度要求较高的孔系和平面，也有许多精度要求较低的紧固孔。因此，一般中型机床制造厂用于箱体类零件的机械加工劳动量约占整个产品加工量的15% ~20%

3.1.2 箱体类零件的主要技术要求、材料和毛坯

3.1.2.1 箱体零件的主要技术要求

箱体类零件中以机床主轴箱的精度要求最高。以某型车床为例，主轴箱箱体零件的技术要求主要可归纳如下：

1. 主要平面的形状精度和表面粗糙度

箱体的主要平面是装配基准,并且往往是加工时的定位基准,所以,应有较高的平面度和较小的表面粗糙度值,否则,直接影响箱体加工时的定位精度,影响箱体与机座总装时的接触刚度和相互位置精度。

一般箱体主要平面的平面度在0.1~0.03mm,表面粗糙度Ra2.5~0.63μm,各主要平面对装配基准面垂直度为0.1/300。

2. 孔的尺寸精度、几何形状精度和表面粗糙度

箱体上的轴承支承孔本身的尺寸精度、形状精度和表面粗糙度都要求较高,否则,将影响轴承与箱体孔的配合精度,使轴的回转精度下降,也易使传动件(如齿轮)产生振动和噪声。一般机床主轴箱的主轴支承孔的尺寸精度为IT6,圆度、圆柱度公差不超过孔径公差的一半,表面粗糙度值为Ra0.63~0.32μm。其余支承孔尺寸精度为IT7~IT6,表面粗糙度值为Ra2.5~0.63μm。

3. 主要孔和平面相互位置精度

同一轴线的孔应有一定的同轴度要求,各支承孔之间也应有一定的孔距尺寸精度及平行度要求,否则,不仅装配有困难,而且使轴的运转情况恶化,温度升高,轴承磨损加剧,齿轮啮合精度下降,引起振动和噪声,影响齿轮寿命。支承孔之间的孔距公差为0.12~0.05mm,平行度公差应小于孔距公差,一般在全长取0.1~0.04mm。同一轴线上孔的同轴度公差一般为0.04~0.01mm。支承孔与主要平面的平行度公差为0.1~0.05mm。主要平面间及主要平面对支承孔之间垂直度公差为0.1~0.04mm。

3.1.2.2 箱体的材料及毛坯

箱体材料一般选用HT200~400的各种牌号的灰铸铁,而最常用的为HT200。灰铸铁不仅成本低,而且具有较好的耐磨性、可铸性、可切削性和阻尼特性。在单件生产或某些简易机床的箱体,为了缩短生产周期和降低成本,可采用钢材焊接结构。此外,精度要求较高的坐标镗床主轴箱则选用耐磨铸铁。负荷大的主轴箱也可采用铸钢件。

毛坯的加工余量与生产批量、毛坯尺寸、结构、精度和铸造方法等因素有关。有关数据可查有关资料及根据具体情况决定。

毛坯铸造时,应防止砂眼和气孔的产生。为了减少毛坯制造时产生残余应力,应使箱体壁厚尽量均匀,箱体浇铸后应安排时效或退火工序。

3.2 基本视图

机件向投影面投射所得的图形称为视图。视图主要用于表达机件的外部结构形状,一般只画出机件的可见部分,其不可见部分用虚线表示,必要时虚线可以省略不画。在原有三个投影面的基础上,再增设三个投影面,构成一个正六面体,这六个面称为基本投影面。将机件放在正六面体内,分别向各基本投影面投射,所得到的六个视图称为基本视图。如图3-2,除了前面已经介绍过的主、俯、左视图外,还有从右向左投射所得的右视图,从下向上投射所得的仰视图,从后向前投射所得的后视图。

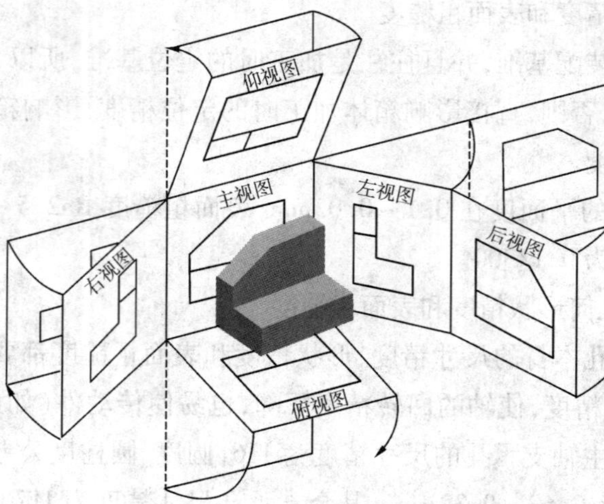

图 3-2　六个基本投影面的展开

六个基本视图若在同一张图纸上，按图 3-3 所示的规定位置配置视图时，一律不标注视图名称。

如图 3-3 所示，六个基本视图之间，仍保持"长对正、高平齐、宽相等"的投影关系。除后视图外，各视图靠近主视图的一侧均表示机件的后面；各视图远离主视图的一侧均表示机件的前面。

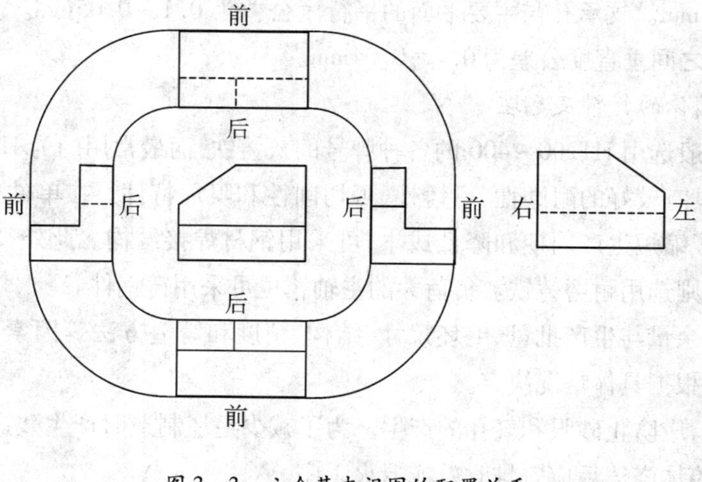

图 3-3　六个基本视图的配置关系

3.3　向视图

向视图是可以自由配置的视图。为了合理地利用图纸的幅面，基本视图可以不按投影关系配置。这时，可以用向视图来表示，如图 3-4 所示。

为了便于读图，按向视图配置的视图必须进行标注。即在向视图的上方正中位置标注"×"（"×"为大写的拉丁字母），在相应的视图附近用箭头指明投影方向，并标注相同的字母，如图 3-4 所示。

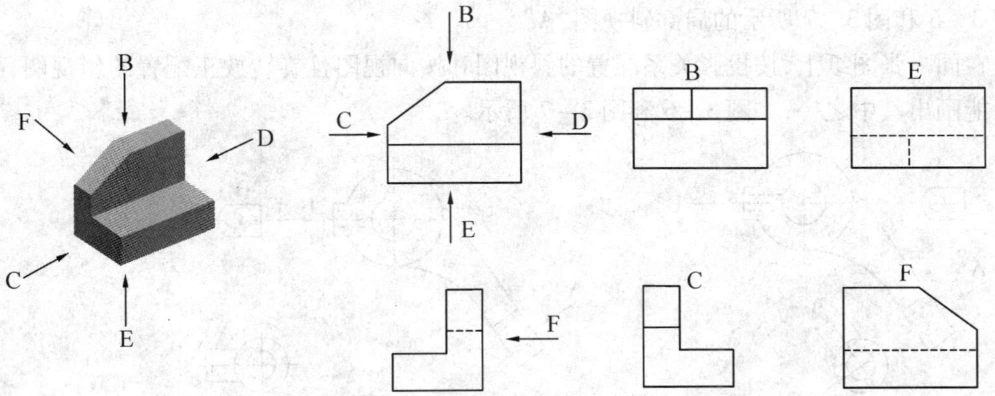

图 3-4 向视图的配置与标注

3.4 斜视图

机件向不平行于基本投影面的平面投射所得的视图，称为斜视图。

当机件上某部分的倾斜结构不平行于任何基本投影面时，在基本视图中不能反映该部分的实形。这时，可增设一个新的辅助投影面，使其与机件的倾斜部分平行，且垂直于某一个基本投影面，如图 3-5 中的平面 P。然后将机件上的倾斜部分向新的辅助投影面投射，再将新投影面按箭头所指方向，旋转到与其垂直的基本投影面重合的位置，即可得到反映该部分实形的视图。

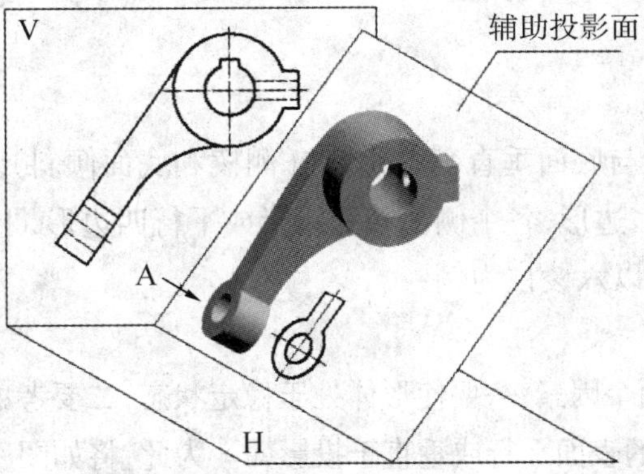

图 3-5 斜视图的直观图

斜视图的配置与标注规定如下：

1. 斜视图必须用带字母的箭头指明表达部位的投影方向，并在斜视图上方用相同的字母标注"×"（"×"为大写拉丁字母），如图 3-6 和图 3-7 所示"A"。

2. 斜视图一般配置在箭头所指方向的一侧，且按投影关系配置，如图 3-6 中的斜视图"A"。有时为了合理地用图纸幅面，也可将斜视图按向视图配置在其他适当的位置，或在不至于引起误解时，将倾斜的图形旋转到水平位置配置，以便于作图。此时，应标注旋转符号，如图 3-7 所示。表示该视图名称的大写字母应靠近旋转符号的箭头端。

旋转符号用半圆形细实线画出，其半径等于字体的高度，线宽为字体高度的 1/10 或 1/14，箭头按尺寸线的终端形式画出。

3. 斜视图一般只表达倾斜部分的局部形状，其余部分不必全部画出，可用波浪线断开，如图 3－6 和图 3－7 所示的局部斜视图"A"。

在同一张图纸上，按投影关系配置的斜视图和按向视图且旋转放正配置的斜视图，画图时只能画出其中之一，如图 3－6 和图 3－7 所示。

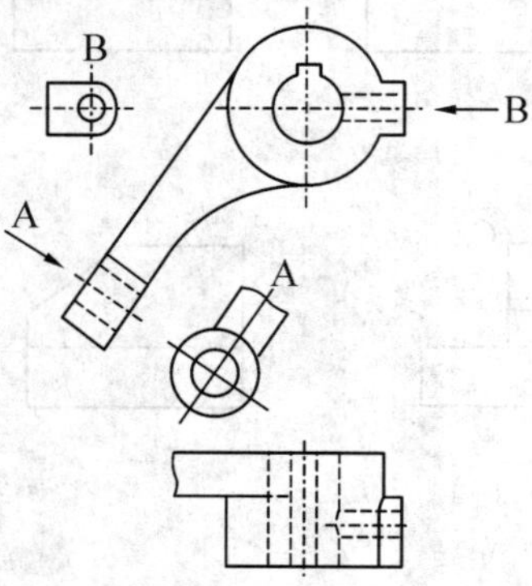

图 3－6　斜视图和局部视图

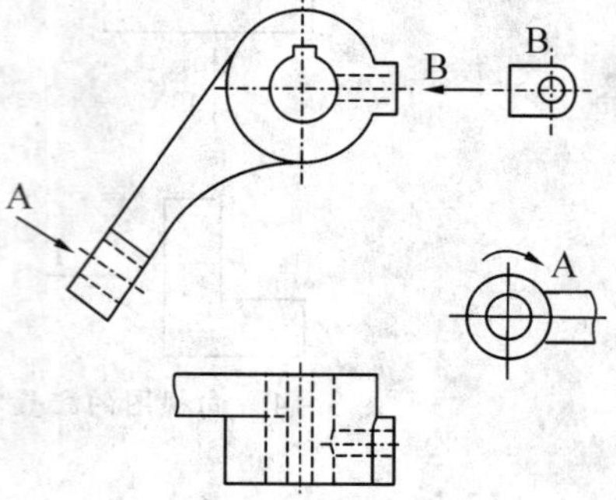

图 3－7　斜视图和局部视图

3.5　平面立体的投影

平面立体主要有棱柱和棱锥两种，棱台是由棱锥截切得到的。平面立体上相邻两面的交线称为棱线。因为围成平面立体的表面都是平面多边形，而平面图形是由直线段围成的，直线段又是由其两端点所确定。因此，绘制平面立体的投影，实际上就是画出各平面间的交线和各顶点的投影。在平面立体中，可见棱线用实线表示，不可见棱线用虚线表示，以区分可见表面和不可见表面。

3.5.1　棱柱

棱柱分直棱柱（侧棱与底面垂直）和斜棱柱（侧棱和底面倾斜）。棱柱上、下底面是两个形状相同且互相平行的多边形，各个侧面都是矩形或平行四边形，上下底面是正多边形的直棱柱，称为正棱柱。下面以六棱柱为例：

3.5.1.1　安放位置

安放形体时要考虑两个因素：一要使形体处于稳定状态，二要考虑形体的工作状况。为了作图方便，应尽量使形体的表面平行或垂直于投影面。为此，将如图所示的图 3－8a 正六棱的上、下底面平行于 H 面放置，并使其前后两个侧面平行于 V 面，则可得正六棱柱的三面投影图。

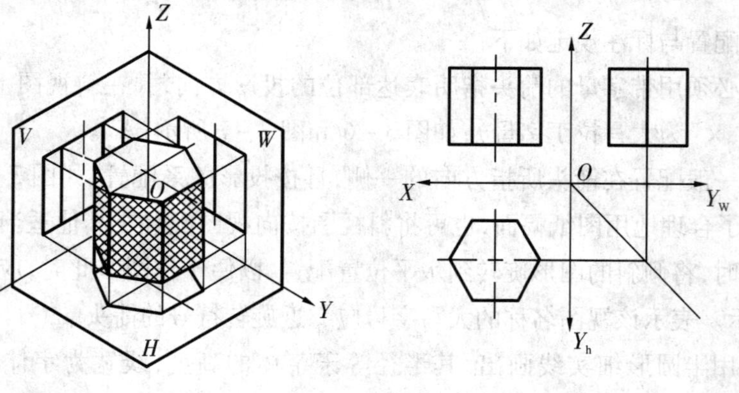

(a)　　　(b)

图 3－8　六棱柱的投影

3.5.1.2 投影分析

图3-8b是它的三面投影图。因为上、下两底面是水平面,前后两个棱面为正平面,其余四个棱面是铅垂面,所以它的水平投影是个正六边形,它是上、下底面的投影,反映了实形,正六边形的六个边即为六个棱面的积聚投影,正六边形的六个顶点分别是六条棱线的水平积聚投影。六棱柱的前后棱面是正平面,它的正面投影反映实形,其余四个棱面是铅垂面,因而正面投影是其类似形。合在一起,其正面投影是三个并排的矩形线框。中间的矩形线框为前后棱面反映实形的重合投影,左、右两侧的矩形线框为其余四个侧面的重合投影。此线框的上、下两边即为上、下两底面的积聚投影。它的侧面投影是两个并排的矩形线框,是四个铅垂棱面的重合投影。

3.5.1.3 投影图的作图步骤

(1)布置图面,画中心线、对称线等作图基准线。

(2)画水平投影,即反映上下端面实形的正六边形。

(3)根据正六棱柱的高,按投影关系画正面投影。

(4)根据正面投影和水平投影,按投影关系画侧面投影。

(5)检查并描深图线,完成作图。

3.5.2 **棱锥**

棱锥的底面为多边形,各侧面为若干具有公共顶点的三角形。当棱锥的底面是正多边形,各侧面是全等的等腰三角形时,称为正棱锥。下面以三棱锥为例:

3.5.2.1 安放位置

将正三棱锥的底面平行于H面放置,并使其后面棱面垂直与W面,则可得三棱锥的三面投影图。如图3-9所示。

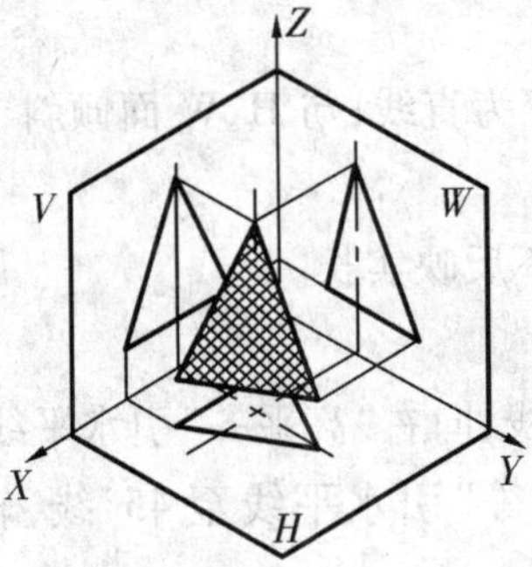

(a)

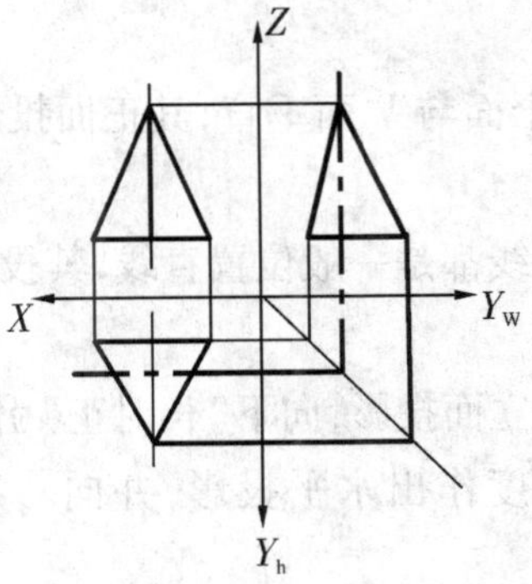

(b)

图3-9 三棱锥的投影

3.5.2.2 投影分析

因为底面是水平面,所以它的水平投影是一个正三角形(反映实形),正面投影是一条直线(有积聚性)。连接锥顶和底面三角形各顶点的同面投影,即为三棱锥的正面和侧面投影。其中,水平投影为三个三角形的线框,它们分别表示三个棱面及底面的投影。正面投影是两个并排的三角形,它是三棱锥前面棱面与后面棱面的重合投影。侧面投影是一个三角形,它是前面左右两棱面的重合投影,右边侧棱面是不可见的,而后面棱面因与侧立投影面垂直,其投影积聚为一条直线。

3. 投影图的作图步骤

(1)布置图面,画中心线、对称线等作图基准线。

(2)画水平投影。

(3)根据三棱锥的高,按投影关系画正面投影。

(4)根据正面投影和水平投影按投影关系画侧面投影。

(5)检查、描深图线,完成作图。

【例6】作四棱台的正投影图,如图3-10所示。

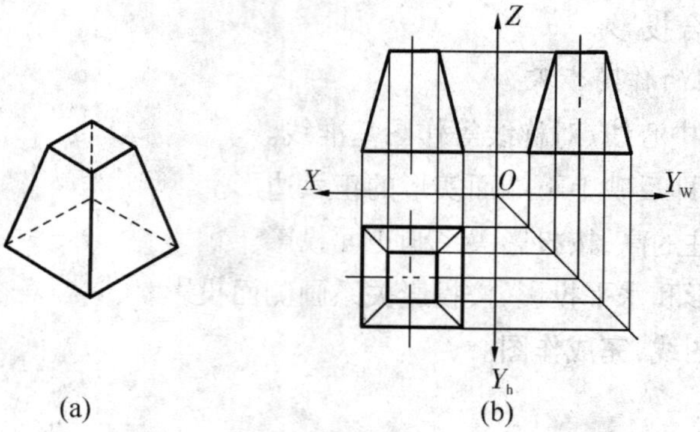

图3-10 四棱台的投影

解:(1)分析

1)四棱台的上、下底面都与H面平行,前、后两棱面为侧垂面,左、右两棱面为正垂面。

2)上、下两底面与H面平行,其水平投影反映实形;其正面、侧面投影积聚为直线。

3)前、后两棱面与W面垂直,其侧面投影积聚为直线;与H、V面倾斜,投影为缩小的类似形。

4)左、右两个面与V面垂直,其正面投影积聚为直线;与H、W面倾斜,投影为缩小的类似形。

5)四根斜棱线都是一般位置直线,其投影都不反映实长。

(2)作图

1)先作出正立面投影,向下"长对正"引铅垂线,向右"高平齐"引水平线。

2)按物体宽度作出水平投影,并向右"宽相等"引水平线至45°线,转向上作出侧面投影。

3)加深图形线。

注意作图时一定要遵守"长对正、高平齐、宽相等"的投影规律。

3.5.3 平面立体上点和直线的投影

平面立体的表面都是平面多边形,在其表面上取点、取线的作图问题,实质上就是平面上取点、取线作图的应用。其作图的基本原理就是:平面立体上的点和直线一定在立体表面上。由于平面立体的各表面存在着相对位置的差异,必然会出现表面投影的相互重叠,从而产生各表面投影的可见与不可见问题,因此对于表面上的点和线,还应考虑它们的可见性,判断立体表面上点和线可见与否的原则是:如果点、线所在的表面投影可见,那么点、线的同面投影一定可见,否则不可见。

立体表面取点、取线的求解问题一般是指已知立体的三面投影和它表面上某一点(线)的一面投影,要求该点(线)的另两面投影,这类问题的求解方法有:

(1)从属性法　当点位于立体表面的某条棱线上时,那么点的投影必定在棱线的投影上,既可利用线上点的"从属性"求解。

(2)积聚性法　当点所在的立体表面对某投影面的投影具有积聚性时,那么点投影必定在该表面对这个投影面的积聚投影上。

如图 3－11(a)所示,在五棱柱后棱面上给出了 A 点的正面投影 a′,在上底面上给出了 B 点的水平投影 b。可以利用棱面和底面投影的积聚性直接作出 A 点的水平投影 B 点正面投影,再进一步作出另外一面的投影,见 3－11(b)所示。

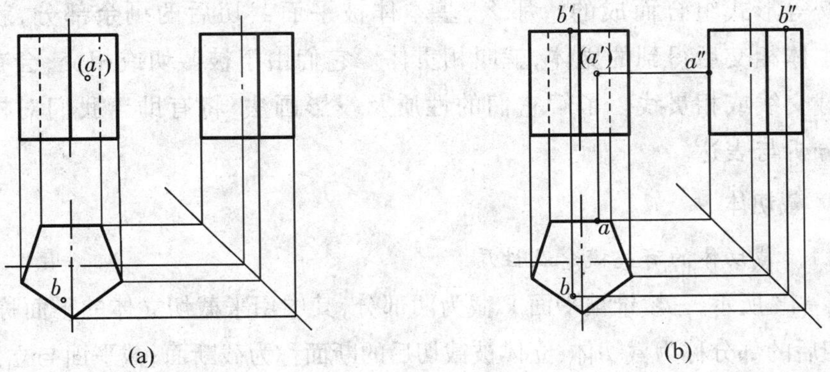

图 3－11　五棱柱表面上点的投影

(3)辅助线法　当点所在的立体表面无积聚性投影时,必须利用作辅助线的方法来帮助求解。这种方法是先过已知点在立体表面作一辅助直线,求出辅助直线的另两面投影,再依据点的"从属性",求出点的各面投影。

【例 7】如图 3－12 所示,已知三棱锥的三面投影及其表面上的线段 EF 的投影 ef,求出线段的其他投影。

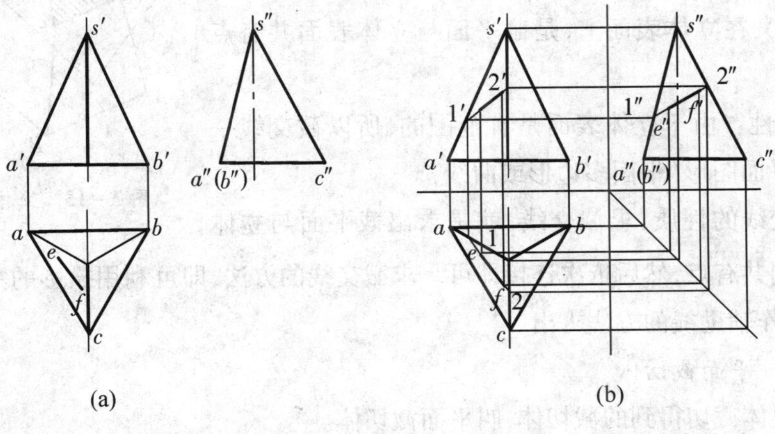

图 3－12　三棱锥表面上线的投影

解:(1)分析

从已知投影可知,线段 EF 的投影 ef 为可见,所以 EF 必在左棱面△SAB 上,△SAB 为一般位置平面，故可以过 EF 作一辅助直线 Ⅰ Ⅱ，根据从属关系求出 E、F 点的投影。

(2)作图

1)过 ef 作一辅助直线 12。

2)求出 1′2′，1″2″。从水平投影向上作铅垂线，向右作水平线至 45°线，转向上得出 1″2″，再向左得出 1′2′，两投影均为可见。

3)求 e′f′，e″f″。从水平投影 ef 向上作铅垂线，得出 e′f′，再向右作水平线得出 e″f″，两投影均为可见。

3.6 截切体与相贯体的投影

前面提到：各种形状的机件虽然复杂多样，但都是由一些简单的基本体经过叠加、切割或相交等形式组合而成的。那么，基本体被平面截切后的剩余部分，就称为截切体。两基本体相交后得到的立体，就叫相贯体。它们由于被截切或相交，会在表面上产生相应的截交线或相贯线。了解它们的性质及投影画法，将有助于我们对机件形状结构的正确分析与表达。

3.6.1 截切体

3.6.1.1 截切体的有关概念及性质

如图 3－13 所示，三棱锥被平面 P 截为两部分，其中用来截切立体的平面称为截平面；立体被截切后的部分称为截切体；立体被截切后的断面称为截断面；截平面与立体表面的交线称为截交线。

尽管立体的形状不尽相同，分为平面立体和曲面立体，截平面与立体表面的相对位置也各不相同，由此产生的截交线的形状也千差万别，但所有的截交线都具有以下基本性质：

(1)共有性　截交线是截平面与立体表面的共有线，既在截平面上，又在立体表面上，是截平面与立体表面共有点的集合。

(2)封闭性　由于立体表面是有范围的，所以截交线一般是封闭的平面图形(平面多边形或曲线)。

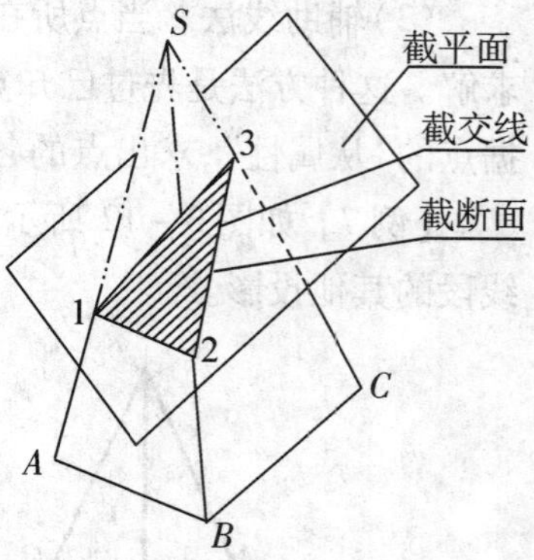

图 3－13　立体的截交线

根据截交线的性质，求截交线，就是求出截平面与立体表面的一系列共有点，然后依次连接即可。求截交线的方法，即可利用投影的积聚性直接作图，也可通过作辅助线的方法求出。

3.6.1.2 平面截切体

由平面立体截切得到的截切体，叫平面截切体。

因为平面立体的表面由若干平面围成，所以平面与平面立体相交时的截交线是一个封闭的平面多边形，多边形的顶点是平面立体的棱线与截平面的交点，多边形的每条边是平面立体的棱面与截平面的交线。因此求作平面立体上的截交线，可以归纳为两种方法：

(1)交点法 即先求出平面立体的各棱线与截平面的交点,然后将各点依次连接起来,即得截交线。

连接各交点有一定的原则:只有两点在同一个表面上时才能连接,可见棱面上的两点用实线连接,不可见棱面上的两点用虚线连接。

(2)交线法 即求出平面立体的各表面与截平面的交线。一般常用交点法求截交线的投影。两种方法不分先后,可配合运用。

求平面立体截交线的投影时,要先分析平面立体在未截割前的形状是怎样的,它是怎样被截割的,以及截交线有何特点等,然后再进行作图。

棱柱上的截交线

【例1】如图3-14(a)棱柱被正垂面Pv截断后的投影。

解:(1)分析

截平面与五棱柱的五个侧棱面均相交,与顶面不相交,故截交线为五边形ABCDE。

(2)作图,如图3-14(a)

1)由于截平面为正垂面,故截交线的*V*面投影*a'b'c'd'e'*已知;于是截交线的*H*面投影*abcde*亦确定;

运用交点法,依据"主左视图高平齐"的投影关系,作出截交线的*W*面投影*a"b"c"d"e"*;

3)五棱柱截去左上角,截交线的*H*和*W*投影均可见。截去的部分,棱线不再画出,但有侧棱线未被截去的一段,在*W*投影中应画为虚线。

(3)检查、整理、描深图线,完成全图,如图3-14(b)

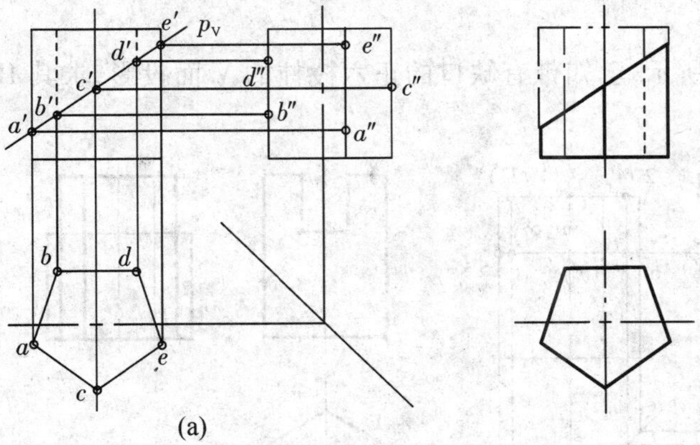

图3-14 五棱柱

2. 棱锥上的截交线

【例2】求作正垂面P截割四棱锥S-ABCD所得的截交线。见图3-15。

解:(1)分析

1)截平面P与四棱锥的四个棱面都相交,截交线是一个四边形;

2)截平面P是一个正垂面,其正面投影具有积聚性;

3)截交线的正面投影与截平面的正面投影重合,即截交线的正面投影已确定,只需求出水平投影。

(2)作图，如图3－15(a)所示

1)因为PV具有积聚性,所以PV与s′a′,s′b′,s′c′和s′d′的交点1′、2′、3′和4′即为空间点Ⅰ、Ⅱ、Ⅲ和Ⅳ的正面投影;

2)利用从属关系,向下引铅垂线求出相应的点1、2、3和4;

3)四边形1234为截交线的水平投影。线段1′2′3′4′为截交线的正面投影。各投影均可见。

(3)检查、整理、描深图线,完成全图,如图3－15(b)所示。

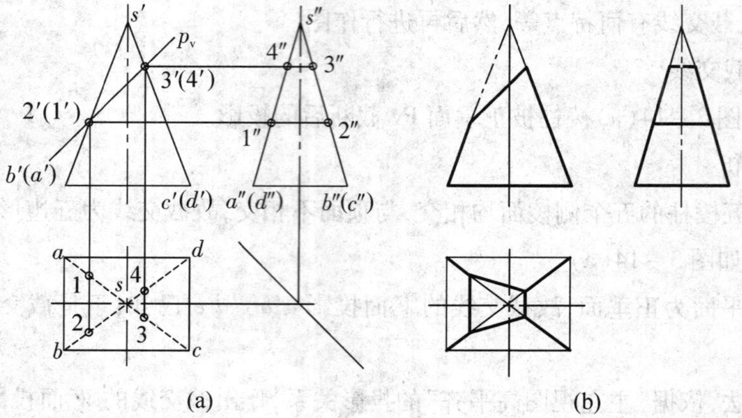

图3－15 正垂面P与四棱锥S－ABCD的截交线

3. 带缺口的平面立体的投影

绘制带缺口的立体的投影图,在工程制图中经常出现,这种制图的实质仍然是求平面截交立体的问题。

【例3】如图3－16(a)所示,已知带有缺口的正六棱柱的V面投影,求其H面和W面投影。

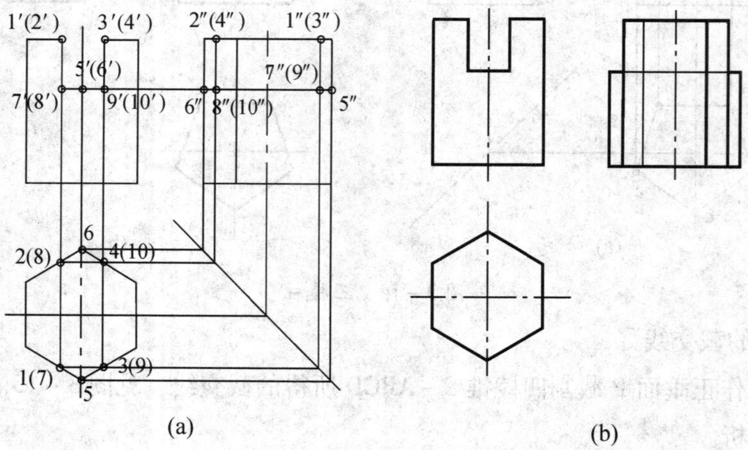

图3－16 带缺口的正六棱柱的投影

解:(1)分析

1)从给出的V面投影可知,正六棱柱的缺口是由两个侧平面和一个水平面截割正六棱柱而形成的。只要分别求出三个平面与正六棱柱的截交线以及三个截平面之间的交线即可。

2)这些交线的端点的正面投影为已知,只需补出其余投影。

3)Ⅰ,Ⅱ,Ⅶ,Ⅷ四点是左边的侧平面与立体相交得到的点,Ⅲ,Ⅳ,Ⅸ,Ⅹ是右边的侧平面与立体相交得到的点,Ⅴ,Ⅵ两点为前后棱线与水平面相交得到上的点,其中直线Ⅶ,Ⅷ和Ⅸ,Ⅹ又分别是左右两侧平面与水平面相交所得的交线。

(2)作图,如图3-16(a)所示

1)利用棱柱各侧棱面的积聚性、点与直线的从属性及“主左视图高平齐”的投影关系依次作出各点的三面投影。

2)连接各点。将在同一棱面又在同一截平面上的相邻点的同面投影相连。

3)判别可见性。只有7″8″,9″10″交线不可见,画成虚线。

(3)检查、整理、描深图线,完成全图,如图3-16(b)所示。

3.6.1.3 *曲面截切体*

由曲面立体截切得到的截切体,叫曲面截切体。

平面与曲面立体相交,所得的截交线一般为封闭的平面曲线。截交线上的每一点,都是截平面与曲面立体表面的共有点。求出足够的共有点,然后依次连接起来,即得截交线。截交线可以看作截平面与曲面立体表面上交点的集合。

求曲面立体截交线的问题实质上是在曲面上定点的问题,基本方法有素线法、纬圆法和辅助平面法。当截平面为投影面垂直面时,可以利用投影的积聚性来求点,当截平面为一般位置平面时,需要过所选择的素线或纬圆作辅助平面来求点。

1.圆柱上的截交线

平面与圆柱面相交,根据截平面与圆柱轴线相对位置的不同,所得的截交线有三种情况(见表3-1):

(1)当截平面垂直于圆柱的轴线时,截交线为一个圆;

(2)当截平面倾斜于圆柱的轴线时,截交线为椭圆,此椭圆的短轴平行与圆柱的底圆平面,它的长度等于圆柱的直径;椭圆长轴与短轴的交点(椭圆中心),落在圆柱的轴线上,长轴的长度随截平面相对轴线的倾角不同而变化;

(3)当截平面经过圆柱的轴线或平行于轴线时,截交线为两条素线。

表3-1 圆柱面上的截交线

截平面的位置	截平面与圆柱轴线平行	截平面与圆柱轴线倾斜	截平面与圆柱轴线垂直
	矩形	椭圆	圆
截交线空间形状	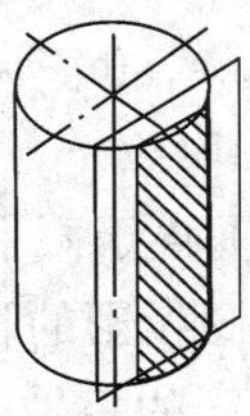	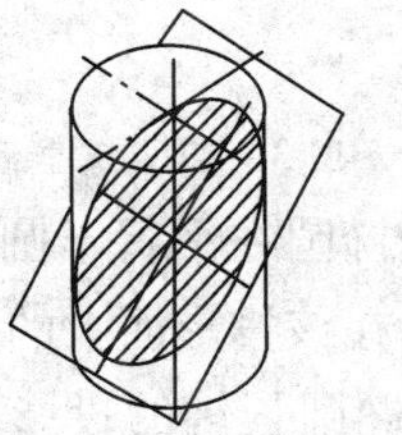	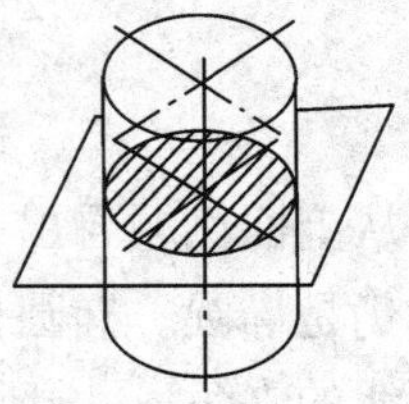

续表

截平面的位置	截平面与圆柱轴线平行	截平面与圆柱轴线倾斜	截平面与圆柱轴线垂直
投影图	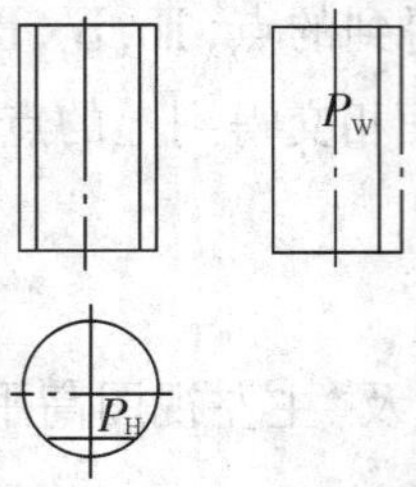	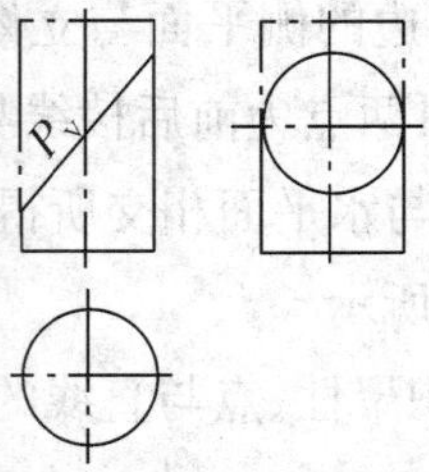	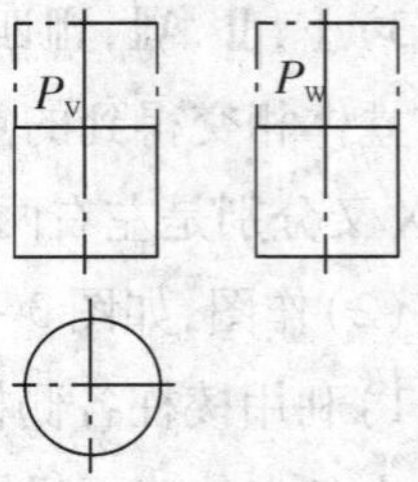

【例4】如图 3－17(a)所示,求正垂面与圆柱的截交线。

解:(1)分析

1)圆柱轴线垂直于 H 面,其水平投影积聚为圆。

2)截平面 P 为正垂面,与圆柱轴线斜交,交线为椭圆。椭圆的长轴平行于 V 面,短轴垂直于 V 面。椭圆的 V 面投影成为一条直线,与 PV 重合。椭圆的 H 面投影,落在圆柱面的同面投影上而成为一个圆,故只需作图求出截交线的 W 面投影。

(2)作图,如图 3－17(a)所示

1)求特殊点。这些点包括轮廓线上的点、特殊素线上的点、极限点以及椭圆长短轴的端点。

最左点Ⅰ(也是最低点)、最右点Ⅲ(也是最高点),最前点Ⅱ和最后点Ⅳ,它们分别是轮廓线上的点,又是椭圆长短轴的端点,可以利用投影关系,直接求出其水平投影和侧面投影。

2)求一般点。为了作图准确,在截交线上特殊点之间选取一些一般位置点。图中选取了Ⅴ、Ⅵ、Ⅶ、Ⅷ四个点,由水平投影 5、6、7、8 和正面投影 5′、6′、7′、8′,求出侧面投影 5″、6″、7″、8″。

3)连点。将所求各点的侧面投影顺次光滑连接,即为椭圆形截交线的 W 面投影。

4)判别可见性。由图中可知截交线的侧面投影均为可见。

(3)检查、整理、描深图线,完成全图,如图 3－17(b)所示。

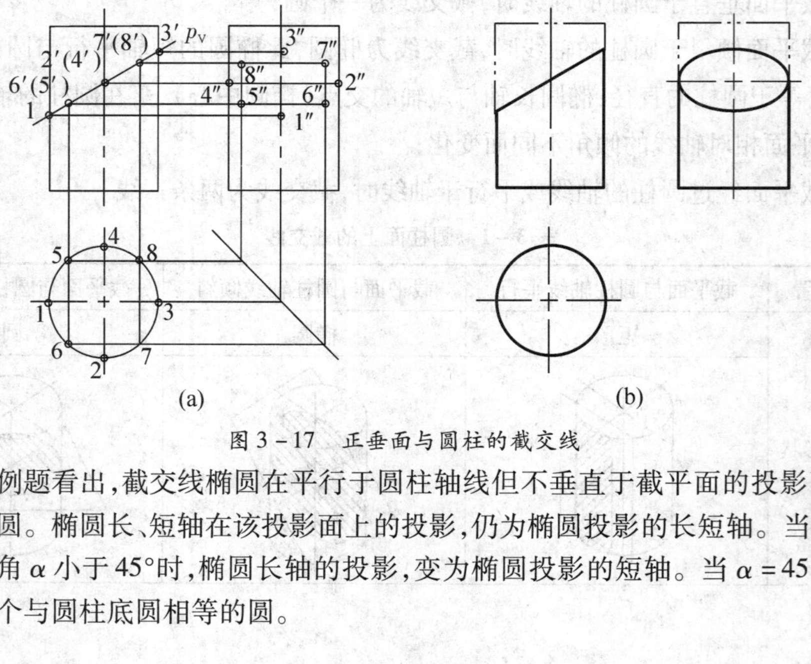

图 3－17 正垂面与圆柱的截交线

从上面例题看出,截交线椭圆在平行于圆柱轴线但不垂直于截平面的投影面上的投影一般仍是椭圆。椭圆长、短轴在该投影面上的投影,仍为椭圆投影的长短轴。当截平面与圆柱轴线的夹角 α 小于 45°时,椭圆长轴的投影,变为椭圆投影的短轴。当 $\alpha = 45°$时,椭圆的投影成为一个与圆柱底圆相等的圆。

2. 圆锥上的截交线

当平面与圆锥截交时，根据截平面与圆锥轴线相对位置的不同，可产生五种不同形状的截交线。

（1）当截平面垂直于圆锥的轴线时，截交线必为一个圆；

（2）当截平面倾斜于圆锥的轴线，并与所有素线相交时，截交线必为一个椭圆；

（3）当截平面倾斜于圆锥的轴线，但与一条素线平行时，截交线为抛物线；

（4）当截平面平形于圆锥的轴线，或者倾斜于圆锥的轴线但与两条素线平行时，截交线必为双曲线；

（5）当截平面通过圆锥的轴线或锥顶时，截交线必为两条素线。

3. 球上的截交线

球体上的截面不论其角度如何，所得截交线的形状都是圆。截平面距球心的距离决定截交圆的大小，经过球心的截交圆是最大的截交圆。

当截平面与水平投影面平行时，其水平投影是圆，反映实形，其正面投影和侧面投影都积聚为一条水平直线；当截平面与 V 面（或 W 面）平行时，则截交线在相应投影面上的投影是圆，其他两投影是直线；如果截平面倾斜于投影面，则在该投影面上的投影为椭圆，如图 3－18所示，其上各点的投影可自行分析。

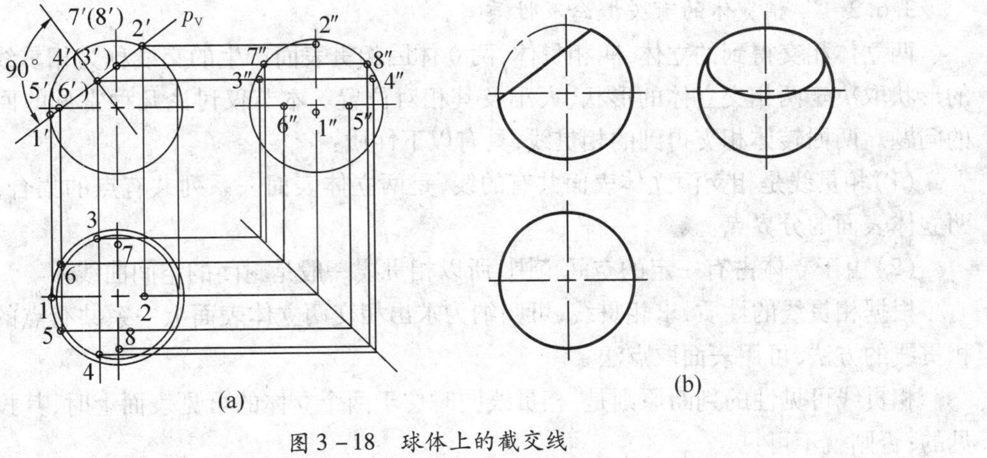

图 3－18　球体上的截交线

4. 带缺口的曲面立体的投影

【例 5】如图 3－19（a）所示，给出圆柱切割体的正面投影和水平投影，补画出侧面投影。

解：（1）分析

1）根据截平面的数量、截平面与轴线的相对位置，确定截交线的形状。

切割后的圆柱可以看作被两个平面所截的结果。一是正垂面与轴线倾斜，其截交线为椭圆的一部分；二是侧平面，其截交线为两条素线，两截平面相交于一直线。

2）根据截平面与投影面的相对位置，确定截交线的投影。

截平面是正垂面，截交线的正面投影积聚为直线，*W* 面投影为椭圆，*H* 面投影为圆；截平面是侧平面，截交线的侧面投影为两条素线，正面投影重合为一条直线，*H* 面投影积聚成两点。

（2）作图，如图 3－19（a）所示

1）求特殊点。根据截平面和圆柱体的积聚性，截交线的正面投影、水平投影为已知，只需求出截交线的侧面投影。其中Ⅰ是椭圆长轴的一个端点，Ⅲ，Ⅵ是椭圆短轴的两个端点，他们在各轮廓线上，Ⅳ，Ⅴ是素线和椭圆的连接点，利用水平投影求出侧面投影。

2）求一般点。Ⅱ，Ⅶ是一般位置的点，用素线法求出其水平投影，进一步求出侧面投影。

3）判别可见性并连点。所有投影均可见。

（3）检查、整理、描深图线，完成全图，如图3－19（b）所示。

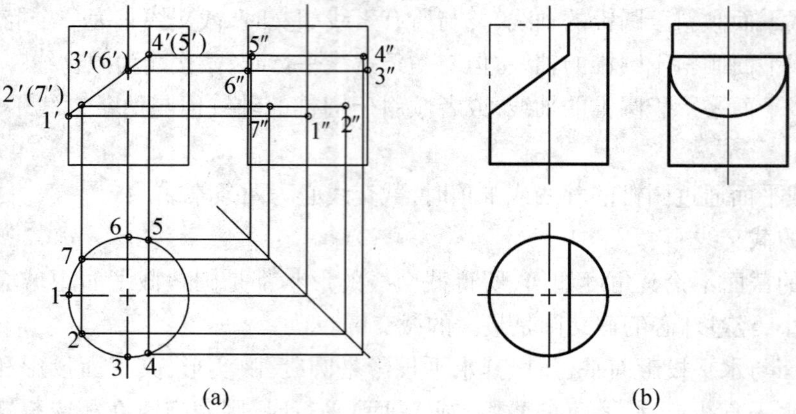

图3－19　带切口的圆柱体的投影

3.6.2　相贯体

3.6.2.1　相贯体的有关概念及性质

两立体相交得到的立体，叫相贯体，两立体因相贯表面产生的交线称为相贯线。相贯线的形状取决于两相交立体的形状、大小及其相对位置。本节仅讨论几种常见的回转体相贯的问题。两回转体相交得到的相贯线，具有以下性质：

（1）相贯线是相交两立体表面共有的线，是两立体表面一系列共有点的集合，同时也是两立体表面的分界点。。

（2）由于立体占有一定的空间范围，所以相贯线一般是封闭的空间曲线。

根据相贯线的性质，求相贯线，可归纳为求出相交两立体表面上一系共有点的问题。求相贯线的方法，可用表面取点法。

相贯线可见性的判断原则是：相贯线同时位于两个立体的可见表面上时，其投影才是可见的；否则就不可见。

3.6.2.2　立体表面的相贯线

1. 两曲面立体表面的交线

两曲面立体表面的相贯线，一般是封闭的空间曲线，特殊情况下可能为平面曲线或直线。组成相贯线的所有相贯点，均为两曲面体表面的共有点。因此求相贯线时，要先求出一系列的共有点，然后依次连接各点，即得相贯线。

求相贯线的方法通常有以下两种：

第一种：积聚投影法——相交两曲面体，如果有一个表面投影具有积聚性时，就可利用该曲面体投影的积聚性作出两曲面的一系列共有点，然后依次连成相贯线。

第二种：辅助平面法——根据三面共点原理，作辅助平面与两曲面相交，求出两辅助截交线的交点，即为相贯点。

选择辅助平面的原则是：辅助截平面与两个曲面的截交线（辅助截交线）的投影都应是最简单易画的直线或圆。因此在实际应用中往往多采用投影面的平行面作为辅助截平面。

【例6】如图3－20(a)所示,求作两轴线正交的圆柱体的相贯线。

解:(1)分析

两圆柱相交时,根据两轴线的相对位置关系,可分为三种情况:正交(两轴线垂直相交)、斜交(两轴线倾斜相交)、侧交(两轴线垂直交叉)。

1)根据两立体轴线的相对位置,确定相贯线的空间形状。

由图可知,两个直径不同的圆柱垂直相交,大圆柱为铅垂位置,小圆柱为水平位置,由左至右完全贯入大圆柱,所得相贯线为一组封闭的空间曲线。

2)根据两立体与投影面的相对位置确定相贯线的投影。

相贯线的水平投影积聚在大圆柱的水平投影上(即小圆柱水平投影轮廓之间的一段大圆弧),相贯线的侧面投影积聚在小圆柱的侧面投影上(整个圆)。因此,余下的问题只是根据相贯线的已知两投影求出它的正面投影。

(2)作图,如图3－20(a)所示

1)求特殊点。正面投影中两圆柱投影轮廓相交处的1′,5′两点分别是相贯线上的最左、最右点(同时也是最高点),它们的水平投影落在小圆柱的最左最右两边素线的水平投影上,1″、5″重影。

3、7两点分别位于小圆柱的水平投影的圆周上,它们是相贯线上的最前点和最后点,也是相贯线上最低位置的点。可先在小圆柱和大圆柱侧面投影轮廓的交点处定出3″和7″,然后再在正面投影中找到3′和7′(前、后重影)。

2)求一般点。在小圆柱侧面投影(圆)上的几个特殊点之间,选择适当的位置取几个一般点的投影,如:2″,4″,6″,8″等,再按投影关系找出各点的水平投影2,4,6,8,最后作出它们的正面投影2′,4′,6′,8′。

3)连点并判别可见性。连接各点成相贯线时,应沿着相贯线所在的某一曲面上相邻排列的素线(或纬圆)顺序光滑连接。

例题中相贯线的正面投影可根据侧面投影中小圆柱的各素线排列顺序依次连接1′－2′－3′－4′－5′－(6)′－(7′)－(8′)－1′各点。由于两圆柱前、后完全对称,故相贯线前、后相同的两部分在正面投影中重影(可见者为前半段)。

(3)检查、整理、描深图线,完成全图,如图3－20(b)所示。

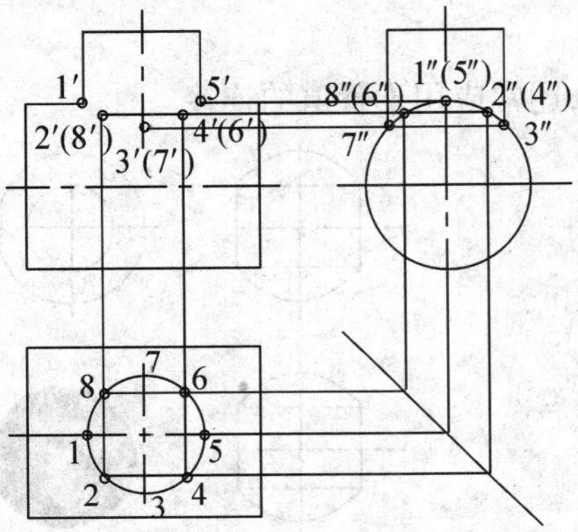

(a)

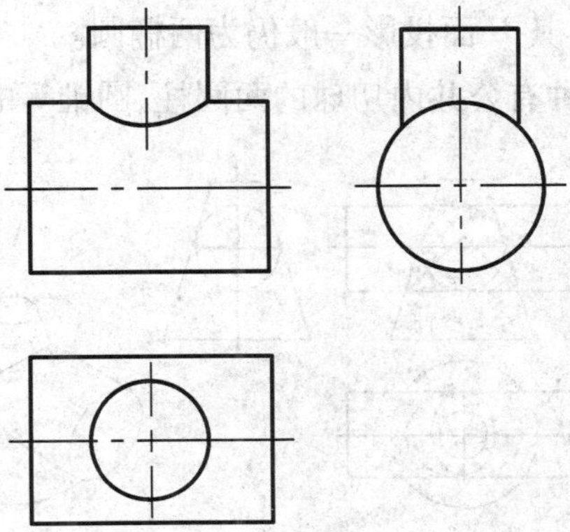
(b)

图3－20 轴线正交的两圆柱体相贯

2. 曲面体表面交线的特殊情况

(1)相贯线为直线

1)两锥体共顶时,其相贯线为过锥顶的两条直素线,如图 3－21(a)所示。

2)两圆柱体的轴线平行,其相贯线为平行于轴线的直线,如图 3－21(b)所示。

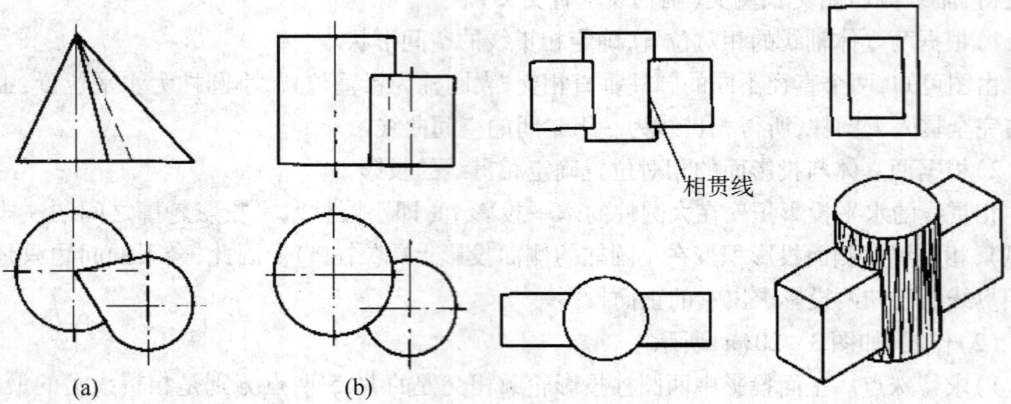

图 3－21　相贯线为直线的情况

(2)相贯线为平面曲线

1)两同轴回转体,其相贯线为垂直于轴线的圆。图 3－22(a)为圆柱、圆台和圆球相贯,其相贯线为圆,正面投影积聚为一直线;圆柱与球体的相贯线,其水平投影积聚在圆柱的水平投影上。圆台与球体的相贯线,其水平投影为虚线圆。

2)具有公共内切球的两回转体相交时,其相贯线为平面曲线。

两圆柱直径相等且轴线相交(即两圆柱面内切于同一球面)时,如果轴线是正交的,它们的相贯线是两个大小相等的椭圆,如图 3－22(a);如果轴线是斜交的,它们的相贯线为两个长轴不等但短轴相等的椭圆,如图 3－22(b)。由于两圆柱的轴线均平行于 V 面,故两椭圆的 V 面投影积聚为相交的两直线。

圆柱与圆锥内切于同一球面且轴线相交时,如果轴线是正交的,它们的相贯线是两个大小相等的椭圆,如图 3－22(c);如果轴线是斜交的,它们的相贯线是两个大小不等的椭圆,如图 3－22(d)。由于圆柱和圆锥的轴线均平行于 V 面,故两椭圆的 V 面投影积聚为相交的两直线,其 H 面投影一般仍为两椭圆。

这种有公共内切球的两圆柱、圆锥等的相贯,还常应用于管道的连接。

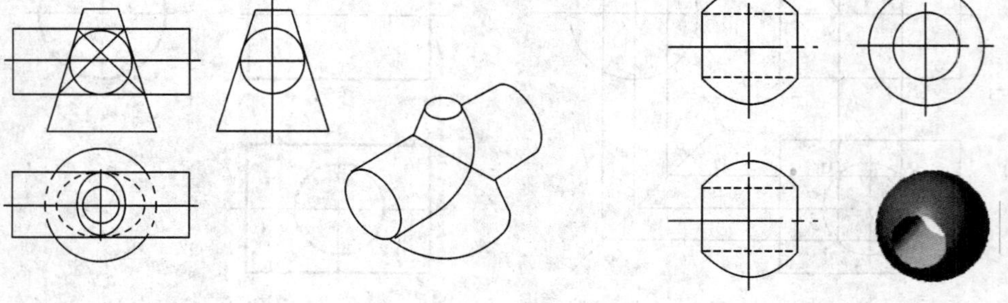

图 3－22　相贯线为平面曲线的情况

(续)图 3-22 相贯线为平面曲线的情况

3. 过渡线

在锻件和铸件中，由于工艺上的要求，在零件的表面相交处常用一个曲面光滑地过渡，这个过渡曲面称为圆角。由于圆角的存在，使得零件表面的相贯线不很明显，但为了区分不同形体的表面，仍需要画出这些交线，这种线称为过渡线。

过渡线的画法与相贯线的画法一样。但过渡线不与圆角的轮廓素线接触，只画到两立体表面轮廓素线的理论交点处，如图 3-23 所示。

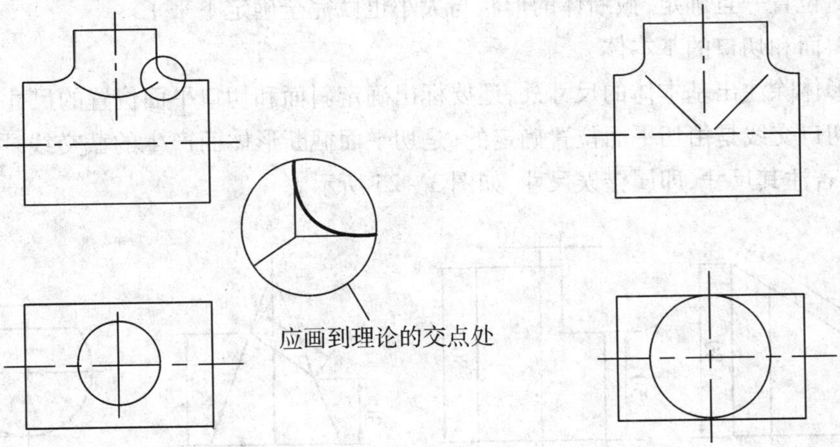

图 3-23 过渡线的画法

在 CB/T 4458.1-2002 规定过渡线应采用细实线绘制，并且两端要与轮廓线明显脱开，而原标准规定其用过渡线绘制，这点请注意。

4. 相贯线的简化画法

为了简化作图，国家标准规定：在不致引起误解的情况下，图形中的相贯线和过渡线可以用近似画法，如图 3-24(a)所示；也可以采用模糊画法画出，如图 3-24(b)所示。当两圆柱正交且直径相差较大时，其相贯线的投影可采用近似画法，具体画法是：以两圆柱中半径较大的圆柱的半径为半径画出一段圆弧即可，如图 3-24(a)所示；但当两圆柱的直径相差不大时，不宜采用这种方法。

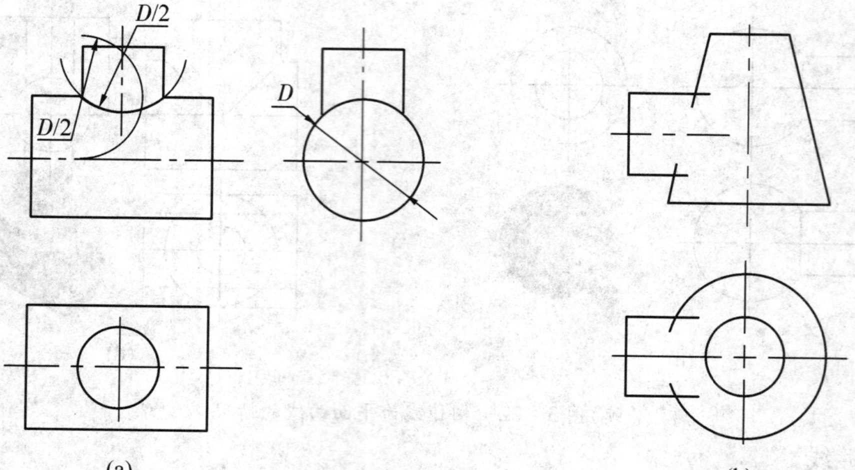

图 3-24 相贯线的简化画法

3.6.3 截断体(常常是带有切口、和穿孔的基本体)的尺寸标注

对于截断体,由于被截平面截切,往往会出现切口和穿孔的结构,因此,除了要注出基本形体的尺寸外,还应注出截平面的位置尺寸。但不必注出截交线的尺寸,因为当基本体与截平面的相对位置一旦确定,截断体的形状与大小也就完全确定下来了。

1. 带斜面和切口的基本体

这类形体除注出基本体的尺寸外,还要标出确定斜面和切口平面位置的尺寸。

因为切口交线是由切平面位置确定的,是切平面截断形体而产生的截交线,因此不需要注其尺寸,若注其尺寸,即属错误尺寸,如图 3-25 所示。

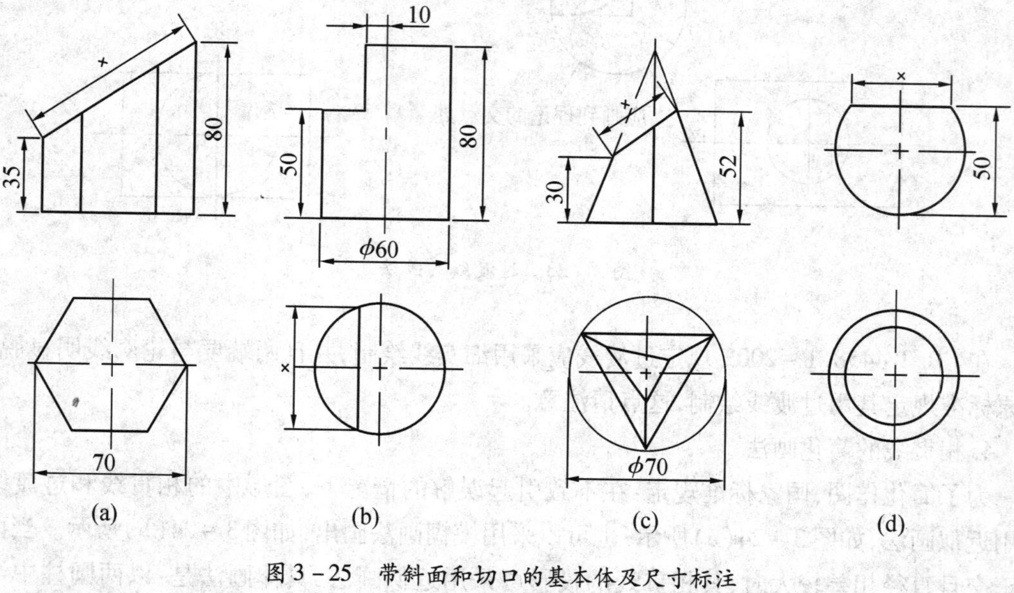

图 3-25 带斜面和切口的基本体及尺寸标注

2. 带凹槽和穿孔的基本体

这类形体除了注出基本体的尺寸外,还必须注出槽和孔的大小和位置尺寸。如图 3-26 所示。

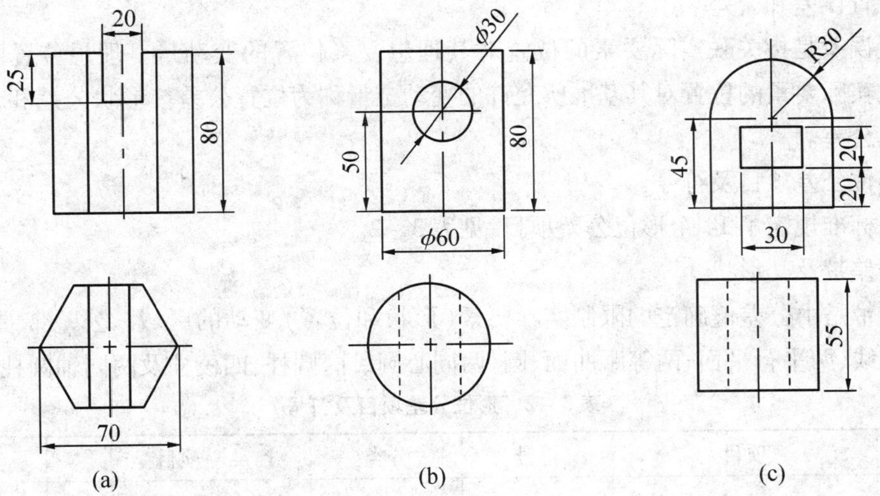

图 3－26 带凹槽和穿孔的基本体及尺寸标注

3.6.4 相贯体的尺寸标注

对于相贯体,因为是由两基本体相交得到的,也只有当相交两基本体的形状、大小及相对位置确定以后,形成的相贯线的形状、大小及相对位置才能完全确定下来,所以除了要注出相交两基本体的尺寸外,还应注出确定两基本体相对位置的尺寸,但同样也不必注出相贯线的尺寸,如图 3－27 所示。

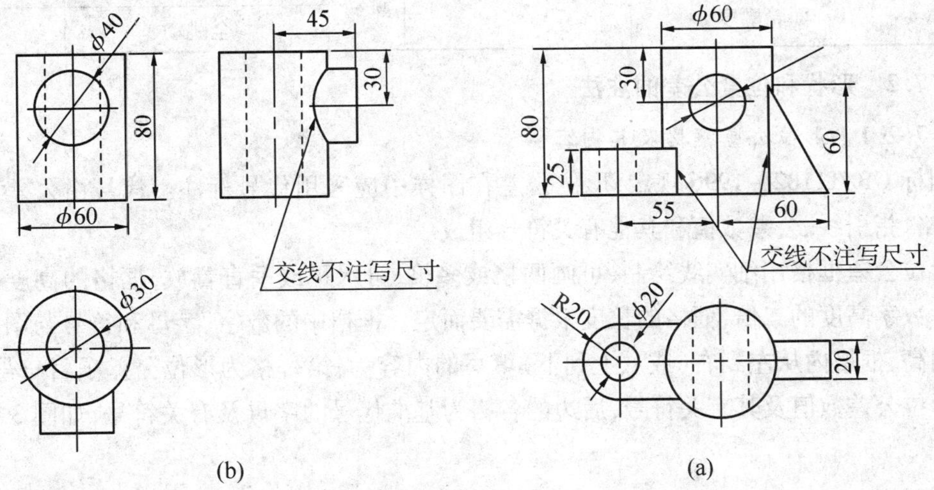

图 3－27 相贯体的尺寸标注

3.7 形状和位置公差及其标注

3.7.1 形状和位置公差的概念

加工后的零件不仅存在尺寸误差,而且几何形状和相对位置也存在误差。为了满足零件的使用要求和保证互换性,零件的几何形状和相对位置由形状公差和位置公差来保证。

1. 形状误差和公差

形状误差是指单一实际要素的形状对其理想要素形状的变动量。单一实际要素的形状所允许的变动全量称为形位公差。

2. 位置误差和公差

位置误差是指关联实际要素的位置对其理想要素位置的变动量。理想位置由基准确定。关联实际要素的位置对其基准所允许的变动全量称为位置公差。形状公差和位置公差简称形位公差。

3. 形位公差项目及符号

国家标准规定了 14 个形位公差项目，见表 3－2。

4. 公差带及其形状

公差带是由公差值确定的限制实际要素（形状和位置）变动的区域。公差带的形状有：两平行直线、两平行平面、两等距曲面、圆、两同心圆、球、圆柱、四棱柱及两同轴圆柱。

表 3－2　形位公差项目及符号

分类	项目	符号	分类		项目	符号
形状公差	直线度	—	位置公差	定向	平行度	//
	平面度	▱			垂直度	⊥
	圆度	○			倾斜度	∠
	圆柱度	⌭		定位	同轴度	◎
	线轮廓度	⌒			对称度	⌯
	面轮廓度	⌓			位置度	⌖
				跳动	圆跳动	↗
					全跳动	⌰

3.7.2　形状和位置公差的注法

3.7.2.1　形位公差框格及其内容

国标 GB/T1182－1996 规定，形位公差在图样中应采用代号标注。代号由公差项目符号、框格、指引线、公差数值和其他有关符号组成。

形位公差框格用细实线绘制，可画两格或多格，可水平或垂直置放，框格的高度是图样中尺寸数字高度的二倍，框格的长度根据需要而定。框格中的数字、字母和符号与图样中的数字同高，框格内从左到右（或从上到下）填写的内容为：第一格为形位公差项目符号，第二格为形位公差数值及其有关符号，后边的各格为基准代号的字母及有关符号，如图 3－28 图所示。

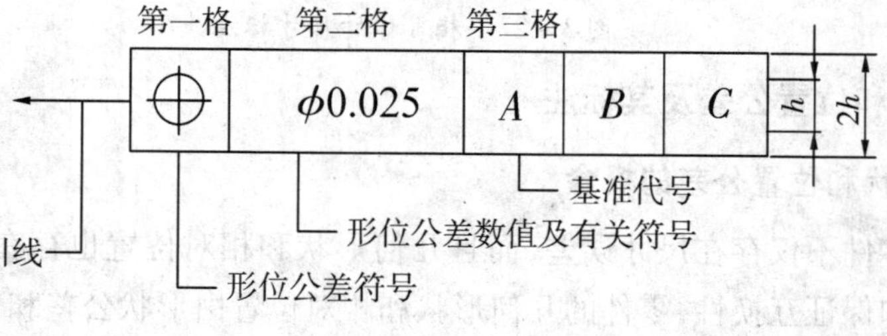

图 3－28　形位公差框格代号

3.7.2.2　被测要素的注法

用带箭头的指引线将被测要素与公差框格的一端相连。指引线箭头应指向公差带的宽度方向或直径方向。指引线用细实线绘制，可以不转折或转折一次（通常为垂直转折）。

指引线箭头按下列方法与被测要素相连：

（1）当被测要素为线或表面时，指引线箭头应指在该要素的轮廓线或其延长线上，并应明显地与该要素的尺寸线错开，如图 3－29（a）所示。

（2）当被测要素为轴线、球心或中心平面时，指引线箭头应与该要素的尺寸线对齐，如图 3－29（b）所示。

（3）当被测要素为整体轴线或公共对称平面时，指引线箭头可直接指在轴线或对称线上，如图 3－29（c）所示。

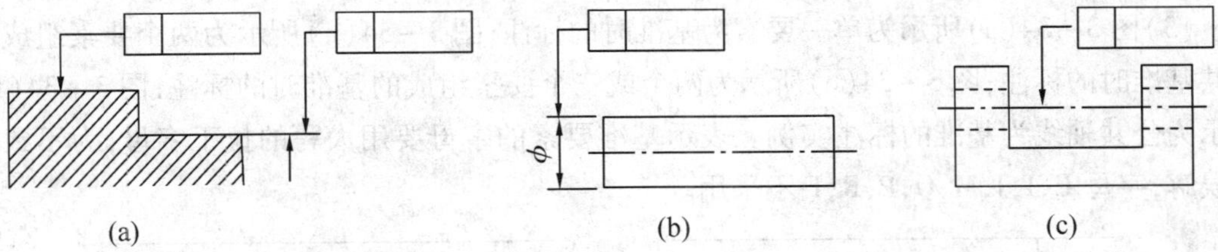

图 3－29　形位公差框格代号

3.7.2.3　基准要素的注法

标注位置公差的基准，要用基准代号。基准代号是细实线小圆内有大写的字母用细实线与粗短划横线（宽度为粗实线的 2 倍，长度为 5～10mm）相连。小圆直径与框格高度相同，圆内表示基准的字母高度为字体的高度。无论基准代号在图样上的方向如何，圆圈内的字母均应水平填写，如图 3－30 所示。表示基准的字母也应注在公差框格内，如图 3－31 所示。

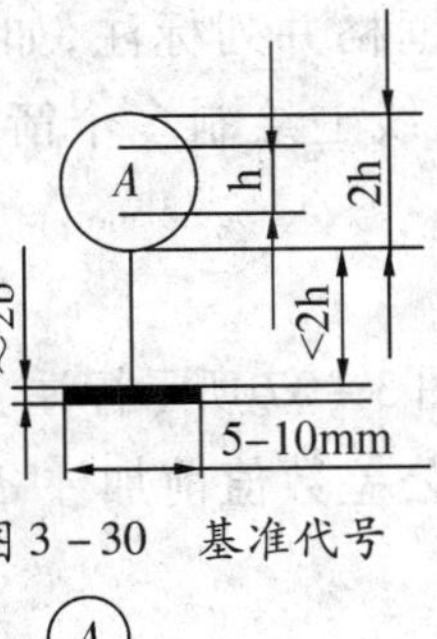

图 3－30　基准代号

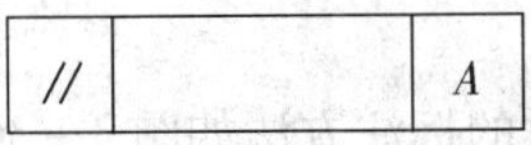

图 3－31　基准字母的注法

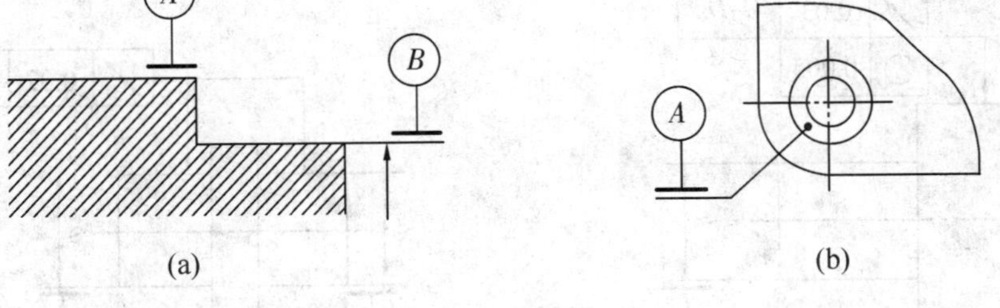

图 3－32　基准要素的注法

（1）当基准要素为素线或表面时，基准代号应靠近该要素的轮廓线或其引出线标注，并应明显地与尺寸线错开，如图 3－32（a）所示。基准符号还可置于用圆点指向实际表面的参考线上，如图 3－32（b）所示。

（2）当基准是轴线或中心平面或由带尺寸的要素确定的点时，基准符号、箭头应与相应要素尺寸线对齐，如图 3－33 所示。

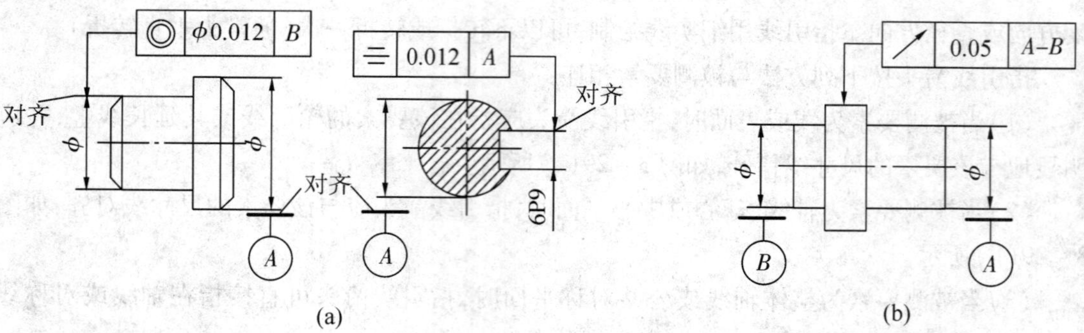

图 3 – 33　基准要素的注法

(3)图 3 – 34(a)所示为单一要素为基准时的标注;图 3 – 34(a)所示为两个要素组成的公共基准时的标注;图 3 – 34(c)所示为两个或三个要素组成的基准时的标注;图 3 – 34(b)所示为公共轴线为基准的标注实例。表示基准要素的字母要用大写的拉丁字母,为不致引起误解,字母 E,I,J,M,O,P,R,F 不采用。

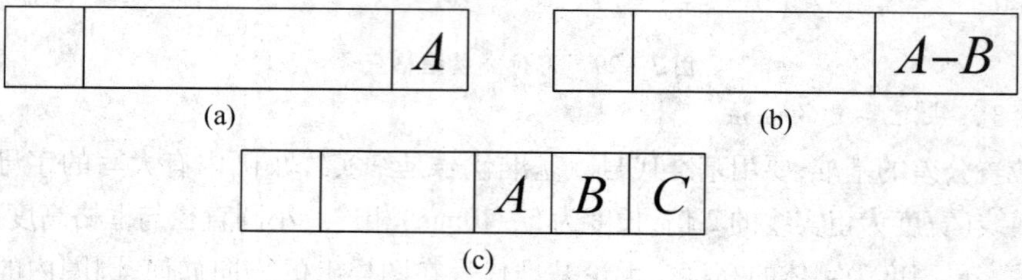

图 3 – 34　基准要素在框格中的标注

(4)同一要素有多项形位公差要求时,可采用框格并列标注,如图 3 – 35(a)所示。多处要素有相同的形位公差要求时,可在框格指引线上绘制多个箭头,如图 3 – 35(b)所示。

(5)任选基准时的标注方法如图 3 – 36 所示。

(6)当被测范围仅为被测要素的一部分时,应按图 3 – 37 所示标注。

(7)当给定的公差带为圆、圆柱或圆球时,应在公差数值前加注 ϕ 或 $S\phi$,如图 3 – 38 所示。

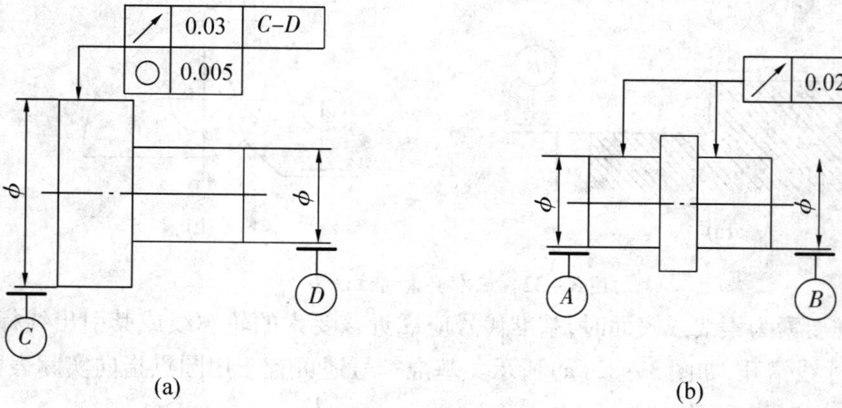

图 3 – 35　一项多处、一处多项的标注

(a)同一要素多项要求;(b)多个要素同一要求

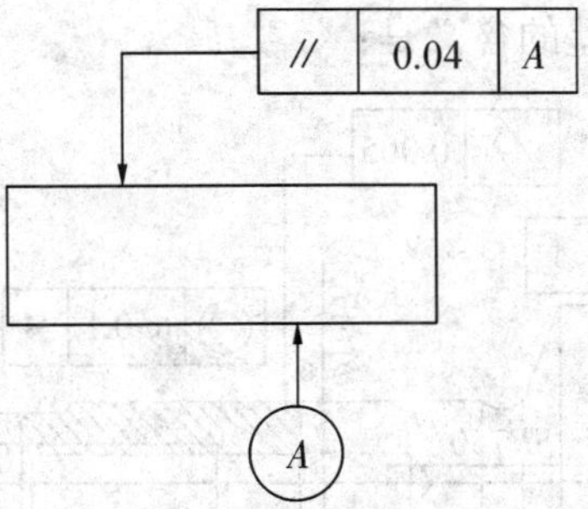

图 3－36 任选基准的标注方法

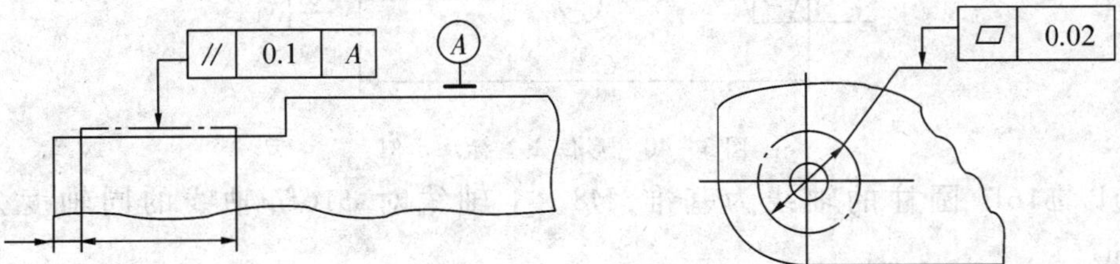

图 3－37 任选基准的标注方法

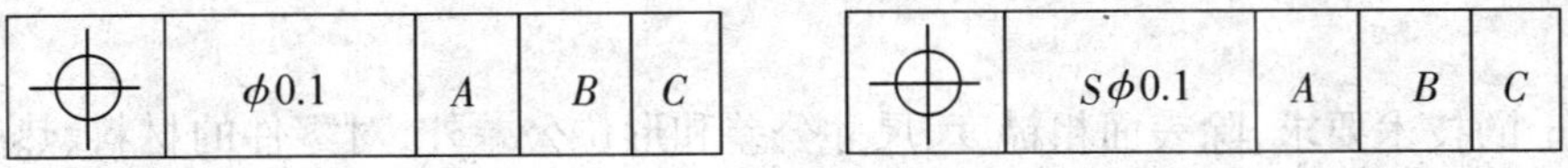

图 3－38 任选基准的标注方法

3.7.3 形位公差标注示例

1. 图 3－39 中所注形位公差的含义是：

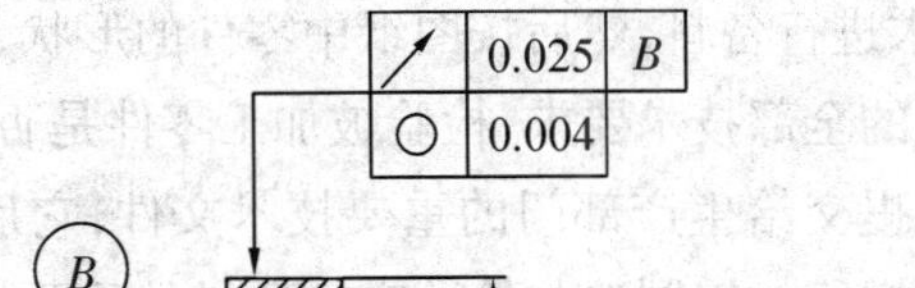

图 3－39 形位公差标注示例

（1）以 ϕ45P7 圆孔的轴线为基准，ϕ100h6 外圆对 ϕ45P7 孔的轴线的圆跳动公差为 0.025mm。

（2）ϕ100h6 外圆的圆度公差为 0.004mm。

（3）以零件的左端面为基准，右端面对左端面的平行度公差为 0.01mm。

2. 图 3 - 40 中所注形位公差的含义是：

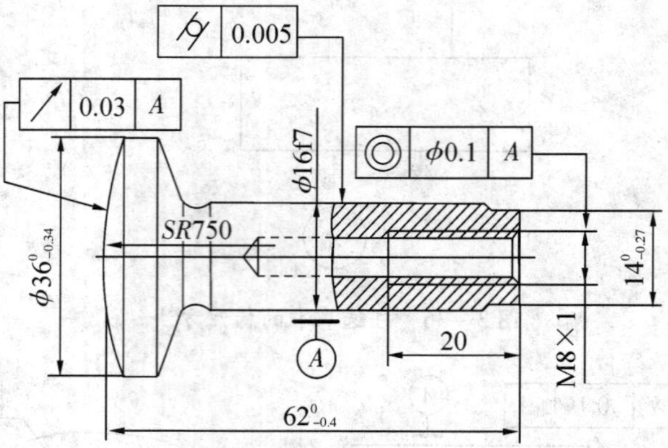

图 3 - 40　形位公差标注示例

(1)以 ϕ16f7 圆柱的轴线为基准，M8 × 1 轴线对 ϕ16f7 轴线的同轴度公差为 ϕ0.1mm。

(2)以 ϕ16f7 圆柱体的圆柱度公差为 0.005mm。

(3)以 ϕ16*f*7 圆柱的轴线为基准，*SR*750 球面对 ϕ16*f*7 轴线的径向圆跳动公差为 0.03mm。

零件上的技术要求，除表面粗糙度、尺寸公差和形位公差外，对零件的材料、热处理及表面处理等要求，见附录 E 表 E - 1 ~ E - 4。

3.8　零件图的作用和内容

3.8.1　零件图的作用

在机械产品的生产过程中，加工和制造各种不同形状的机器零件时，一般是先根据零件图对零件材料和数量的要求进行备料，然后按图纸中零件的形状、尺寸与技术要求进行加工制造，同时还要根据图纸上的全部技术要求，检验被加工零件是否达到规定的质量指标。由此可见，零件图是设计部门提交给生产部门的重要技术文件，它反映了设计者的意图，表达了对零件的要求，是生产中进行加工制造与检验零件质量的重要技术性文件。

3.8.2　零件图的内容

图 3 - 41 是球阀中的阀芯，从图中可以看出零件图应包括以下四方面的内容：

3.8.2.1　一组视图

用一组视图(包括视图、剖视、断面等表达方法)完整、准确、清楚、简便地表达出零件的结构形状。图 3 - 41 所示的阀芯，用主、左视图视图表达，主视图采用全剖视，左视图采用半剖视。

3.8.2.2　足够的尺寸

零件图中应正确、齐全、清晰、合理地标注出表示零件各部分的形状大小和相对位置的尺寸。为零件的加工制造提供依据。如图 3 - 41 阀芯的主视图中标注的尺寸 *S*ϕ40 和 32 确定了阀芯的轮廓形状，中间的通孔为 ϕ20，上部凹槽的形状和位置通过主视图中的尺寸 10 和左视图中的尺寸 *R*35、14 确定。

3.8.2.3　技术要求

用规定的符号、代号、标记和简要的文字将制造和检验零件时应达到的各项技术指标和要求。如图 3－41 中注出的表面粗糙度 Ra6.3μm，1.6μm 等，以及技术要求“感应加热淬火(50－55)HRC 及去毛刺和锐边等。

3.8.2.4　标题栏

在图幅的右下角按标准格式画出标题栏，以填写零件的名称、材料、图样的编号、比例及设计、审核、批准人员的签名、日期等。

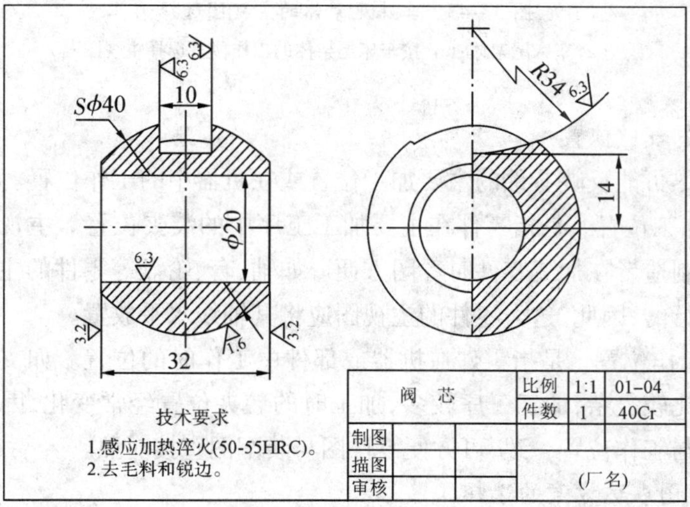

图 3－41　阀芯零件图

3.8.3　零件图的视图选择

零件图要求将零件的结构形状完整、清晰地表达出来，并力求简便。因此，合理地选择主视图和其它视图，用最少的视图、最清楚地表达零件的内外形状和结构，必须确定一个比较合理的表达方案。

3.8.3.1　主视图的选择

主视图是一组视图的核心，选择主视图时，应首先确定零件的投射方向和安放位置。

1. 主视图的投射方向

一般应将最能反映零件结构形状和相互位置关系的方向作为主视图的投射方向。如图 3－42 所示的轴和图 3－43 所示的车床尾架体，*A* 所指的方向作为主视图的投射方向能较好地反映该零件的结构形状和各部分的相对位置。

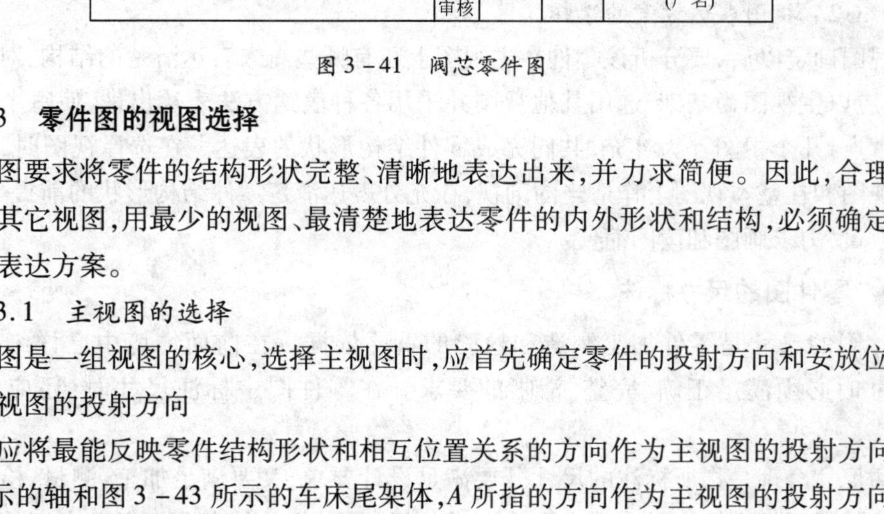

图 3－42　轴的主视图选择

(a)轴；(b)按轴的加工位置选择主视图

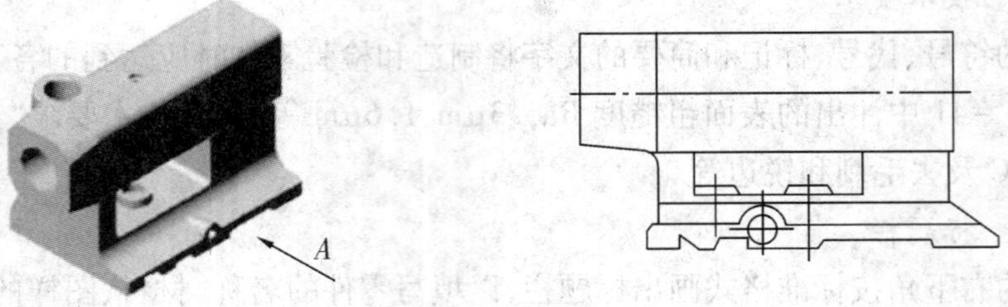

(a) (b)

图 3－43　车床尾架体的主视图选择

(a)车床尾架体;(b)按车床尾架体的工作位置选择主视图

2. 确定零件的安放位置

应使主视图尽可能反映零件的主要加工位置或在机器中的工作位置。

(1)零件的加工位置　是指零件在主要加工工序中的装夹位置。主视图与加工位置一致主要是为了使制造者在加工零件时看图方便。如轴、套、轮盘等零件的主要加工工序是在车床或磨床上进行的,因此,这类零件的主视图应将其轴线水平放置。

(2)零件的工作位置　是指零件在机器或部件中工作时的位置。如支座、箱壳等零件,它们的结构形状比较复杂,加工工序较多,加工时的装夹位置经常变化,因此在画图时使这类零件的主视图与工作位置一致,可方便零件图与装配图直接对照。

3.8.3.2　视图表达方案的选择

主视图确定以后,要分析该零件在主视图上还有哪些尚未表达清楚的结构,对这些结构的表达,应以主视图为基础,选用其他视图并采用各种表达方法表达出来,使每个视图都有表达的重点,几个视图互为补充,共同完成零件结构形状的表达。在选择视图时,应优先选用基本视图和在基本视图上作适当的剖视,在充分表达清楚零件结构形状的前提下,尽量减少视图数量,力求画图和读图简便。

3.9　零件图的尺寸标注

零件图的尺寸是零件加工制造和检验的重要依据。在前面情境中已详细地介绍了标注尺寸时必须满足正确、完整、清晰的要求。在零件图中标注尺寸时,还应使标注尺寸合理。

标注尺寸合理是指所标注的尺寸既要满足设计要求,又要满足加工、测量、检验等制造工艺要求。但要做到标注尺寸的合理性要求,必须具有相关的专业知识和丰富的生产实践经验。

3.9.1　零件图上的主要尺寸必须直接注出

主要尺寸是指直接影响零件在机器或部件中的工作性能和准确位置的尺寸,如零件间的配合尺寸、重要的安装尺寸定位尺寸等。如图 3－44(a)所示的轴承座,轴承孔的中心高 h_1 和安装孔的间距尺寸 L_1 必须直接注出,而不应采取图 3－44(b)所示的主要尺寸 h_1 和 L_1 没有直接注出,要通过其它尺寸 h_2,h_3 和 L_2,L_3 间接计算得到,从而造成尺寸误差的积累。

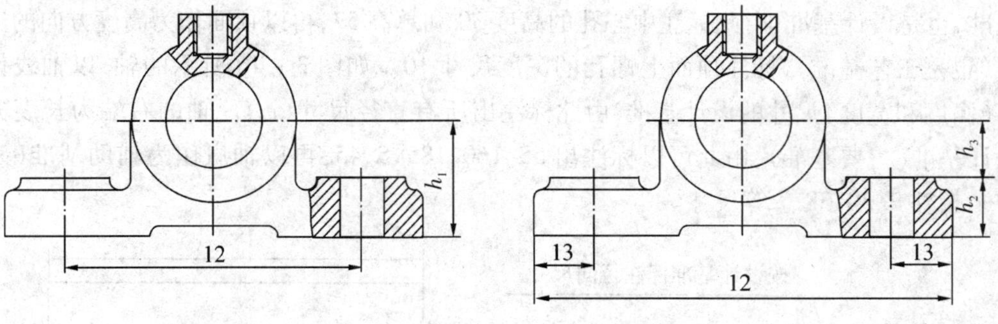

(a) (b)

图 3-44 主要尺寸要直接注出

(a)正确;(b)不正确

3.9.2 合理地选择基准

尺寸基准一般选择零件上的一些面和线。面基准常选择零件上较大的加工面、与其他零件的结合面、零件的对称平面、重要端面和轴肩等。如图 3-45 所示的轴承座,高度方向的尺寸基准是安装面,也是最大的面;长度方向的尺寸以左右对称面为基准;宽度方向的尺寸以前后对称面为基准。线一般选择轴和孔的轴线、对称中心线等。如图 3-46 所示的轴,长度方向的尺寸以右端面为基准,并以轴线作为直径方向的尺寸基准,同时也是高度方向和宽度方向的尺寸基准。

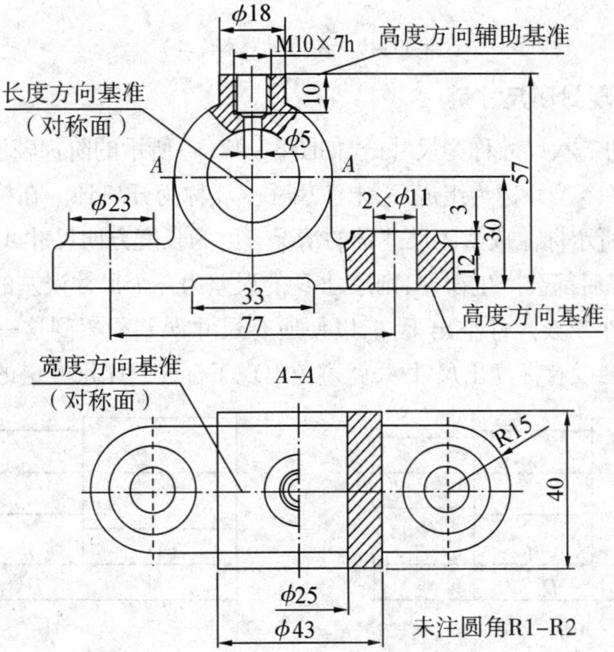

图 3-45 基准的选择(一)

由于每个零件都有长宽高三个方向尺寸,因此每个方向都有一个主要尺寸基准。在同一方向上还可以有一个或几个与主要尺寸基准有尺寸联系的辅助基准。按用途基准可分为设计基准和工艺基准。设计基准是以面或线来确定零件在部件中准确位置的基准;工艺基准是为便于根据加工和测量而选定的基准。如图 3-45 所示,轴承座的底面为高度方向的尺寸基准，也是设计基准，由此标注中心孔的高度 30 和总高 57，再以顶面作为高度方向的辅助基准(也是工艺基准)，标注顶面上螺孔的深度尺寸 10。如图 3 - 46 所示的轴，以轴线作为径向(高度和宽度)尺寸的设计基准，由此标注出所有直径尺寸(ϕ)。轴的右端为长度方向的设计基准(主要基准)，由此可以标注出 55、160、185、5、45，再以轴肩作为辅助基准(工艺基准)，标注 2、30、38、7 等尺寸。

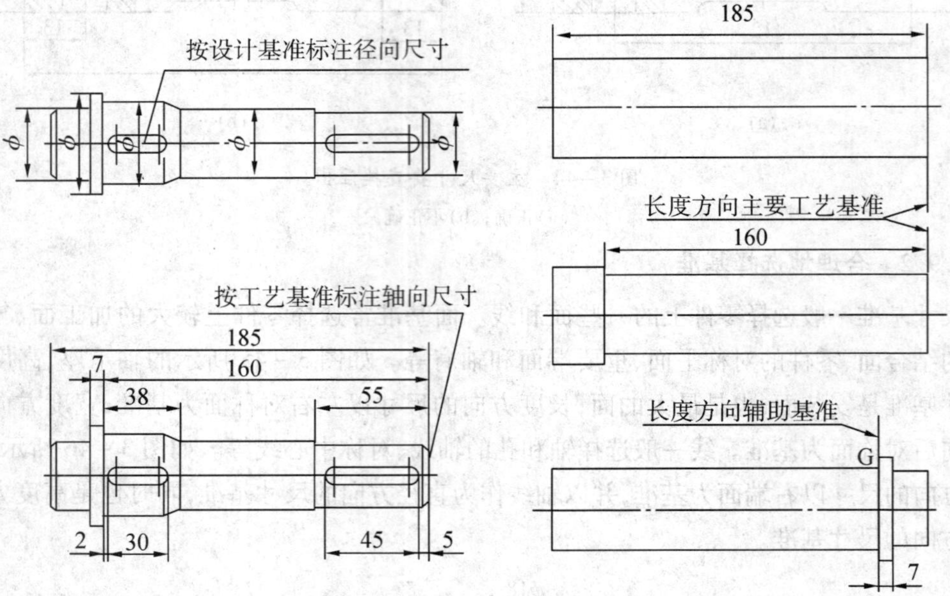

图 3 - 46　基准的选择(二)

3.9.3　避免出现封闭尺寸链

一组首尾相连的链状尺寸称为尺寸链，如图 3 - 47(a)所示的阶梯轴上标注的长度尺寸 D，B，C 。组成尺寸链各个尺寸称为组成环，未注尺寸一环称为开口环。在标注尺寸时，应尽量避免出现图 3 - 47(b)所示标注成封闭尺寸链的情况。因为长度方向尺寸 A，B，C 首尾相连，每个组成环的尺寸在加工后都会产生误差，则尺寸 D 的误差为三个尺寸误差的总和，不能满足设计要求。所以，应选一个次要尺寸空出不注，以便所有尺寸误差积累到这一段，保证主要尺寸的精度。图 3 - 47(a)中没有标注出尺寸 A，就避免出现了标注封闭尺寸链的情况。

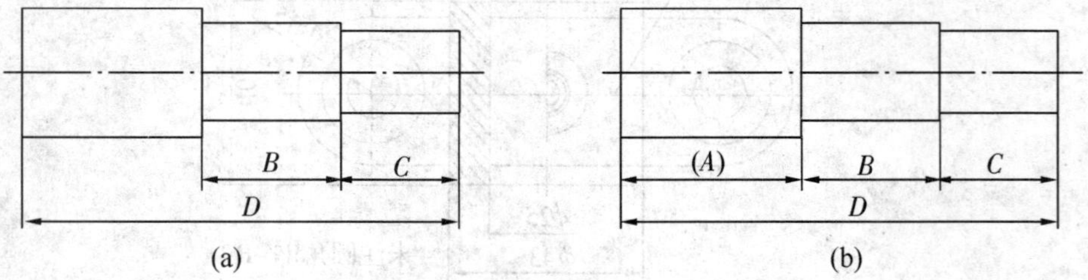

图 3 - 47　避免出现封闭尺寸链

3.9.4　标注尺寸要便于加工和测量

3.9.4.1　考虑符合加工顺序的要求

如图 3 - 48(a)所示的小轴，长度方向尺寸的标注符合加工顺序。从图 3 - 48(b)所示的小轴在车床上的加工顺序①～④看出，从下料到每一加工工序，都在图中直接标注出所需尺寸（图中尺寸51为设计要求的主要尺寸）。

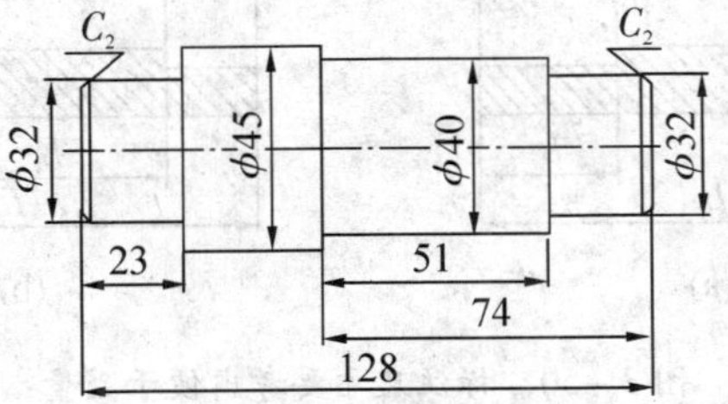

(a)

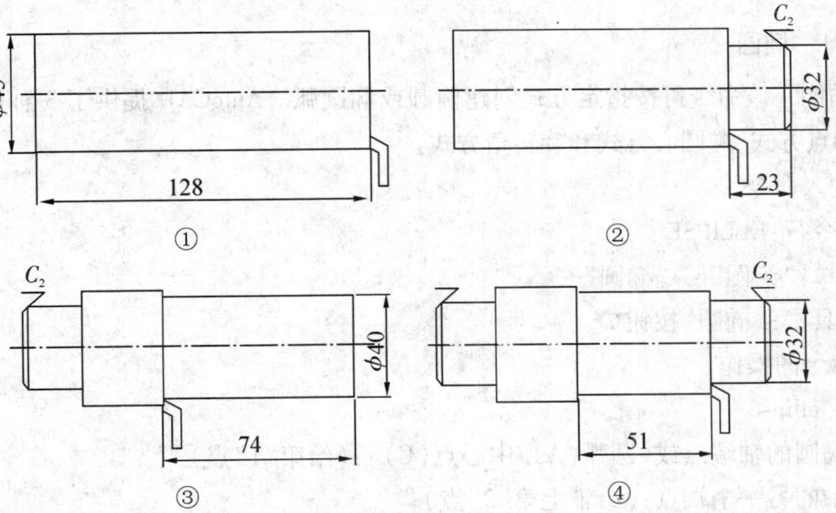

(b)

图3－48　标注尺寸要符合加工顺序

3.9.4.2　考虑测量、检验方便的要求

如图3－49是常见的几种断面形状，图3－49(a)中标注的尺寸便于测量和检验，而图3－49(b)的尺寸不便于测量。同样，图3－50(a)中所示的套筒中所标注的长度尺寸便于测量，图3－50(b)所示的尺寸则不便于测量。

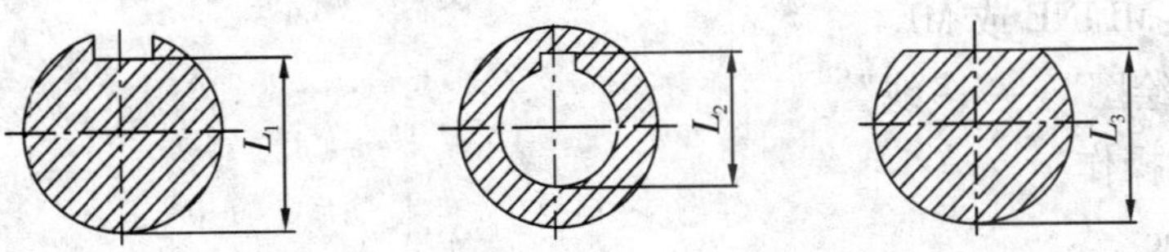

(a)

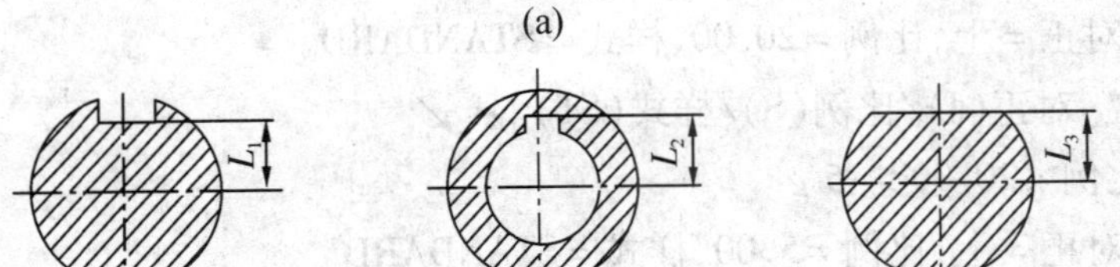

(b)

图3－49　标注尺寸要考虑便于测量

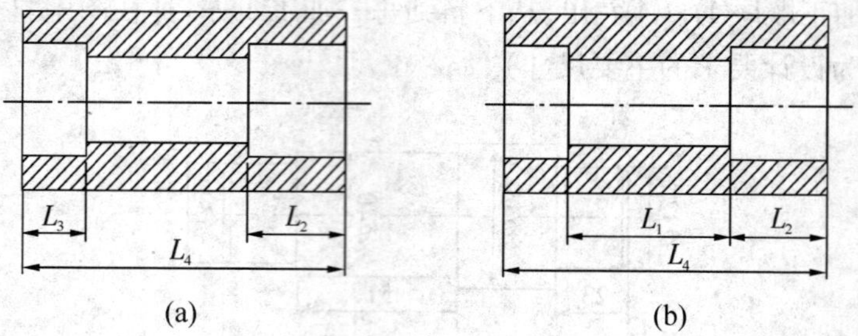

图 3-50　标注尺寸要考虑便于测量

3.10　基本绘图命令

3.10.1　椭圆

(1)功能　该命令可按指定方式创建椭圆或椭圆弧。AutoCAD 提供了 3 种画椭圆的方式,即轴端点方式、椭圆心方式和旋转角方式。

(2)输入命令

◆ 命令行:ELLIPSE

◆ 菜单:“绘图” →“椭圆”

◆ 工具栏:“椭圆”按钮

(3)命令的操作

命令:_ellipse

指定椭圆的轴端点或[圆弧(A)/中心点(C)]:(给第“1”点)

指定轴的另一个端点:(给轴上第“2”点)

指定另一条半轴长度或[旋转(R)]:(给第“3”点定另一半轴长度或者直接输入数值)

3.10.2　多线

(1)功能　该命令按当前多线样式指定的线型、条数、比例及端口形式绘制多条平行线段。最外侧两线的间距可在该命令中重新指定。

(2)输入命令

◆ 命令行:MLINE 或 ML

◆ 菜单:“绘图” →“多线”

(3)命令的操作

命令:_mline

当前设置:对正 = 上,比例 = 20.00,样式 = STANDARD

指定起点或[对正(J)/比例(S)/样式(ST)]:s↙

输入多线比例 <20.00>:5↙

当前设置:对正 = 上,比例 = 5.00,样式 = STANDARD

指定起点或[对正(J)/比例(S)/样式(ST)]:(给起点“1”)

指定下一点:(给第“2”点)

指定下一点或[放弃(U)]:(给第“3”点)

指定下一点或[闭合(C)/放弃(U)]:(给第“4”点)
指定下一点或[闭合(C)/放弃(U)]:(给第“5”点)
指定下一点或[闭合(C)/放弃(U)]:(给第“6”点)
指定下一点或[闭合(C)/放弃(U)]:C↙
如图3-51所示,两线之间的距离为6。

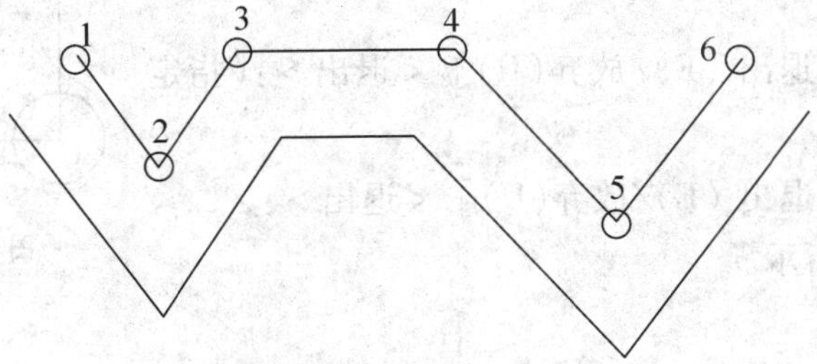

图3-51 多线示例

3.10.3 修订云线

(1)功能 创建由连续圆弧组成的多段线以构成云线。

(2)输入命令

◆ 命令行:revcloud

◆ 菜单:“绘图”→“修订云线”

◆ 工具栏:“修订云线”按钮

(3)命令的操作

命令:_revcloud

最小弧长:15 最大弧长:15,样式:普通

指定起点或[弧长(A)/对象(O)/样式(S)] <对象>:(通过拖动鼠标绘制修订云线,或输入选项,或按ENTER键退出命令)

3.11 图形编辑命令

3.11.1 复制

(1)功能 COPY命令将选中的实体复制到指定的位置。选择实体后,一般要先定基点,基点是确定新复制实体位置的参考点,也就是位移的第一点。绘图时,必须按图中所给尺寸合理的选择基点。

(2)输入命令

◆ 命令行:COPY

◆ 菜单:“修改”→“复制”

◆ 工具栏:“复制”按钮

(3)命令的操作

命令:_copy

选择对象:找到1个(选择要复制的对象的小圆)

选择对象:(连续选取对象或者按住Enter结束选择)

当前设置:复制模式 = 多个(当前的复制模式是多重复制)

指定基点或[位移(D)/模式(O)] <位移>:(单击小圆的圆心"O"作为基点)

指定第二个点或 <使用第一个点作为位移>:(指定点"A")

指定第二个点或[退出(E)/放弃(U)] <退出>:(指定点"B")

指定第二个点或[退出(E)/放弃(U)] <退出>:(指定点"C")

指定第二个点或[退出(E)/放弃(U)] <退出>:↙

效果如图 3-52 所示。

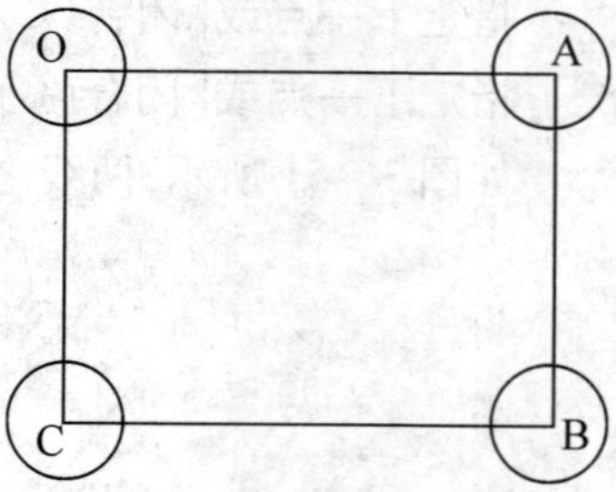

图 3-52　复制示例

3.11.2　延伸

(1)功能　该命令将选中的实体延伸到指定的边界。

(2)输入命令

◆ 命令行:EXTEND

◆ 菜单:"修改" →"延伸"

◆ 工具栏:"延伸"按钮

(3)命令的操作

命令:_extend

当前设置:投影 = UCS,边 = 无

选择边界的边...

选择对象或 <全部选择>:找到 1 个(选择延伸边界)

选择对象:(结束边界选择)

选择要延伸的对象,或按住 Shift 键选择要修剪的对象,或[栏选(F)/窗交(C)/投影(P)/边(E)/放弃(U)]:(选择要延伸的对象或直接按 ENTER 键结束命令)

3.11.3　缩放

(1)功能　该命令将选中的实体相对于基点按比例进行放大或缩小。所给比例大于 1,放大实体;所给比例小于 1,缩小实体。

(2)输入命令

◆ 命令行:SCALE 或 SC

◆ 菜单:"修改" →"缩放"

◆ 工具栏:"缩放"按钮

(3)命令的操作

命令:_scale ↙

选择对象:指定对角点(框选要缩放的全部实体)

选择对象:↙

指定基点:

指定比例因子或[复制(C)/参照(R)] <1.0000>:0.5

效果如图 3－53 所示。

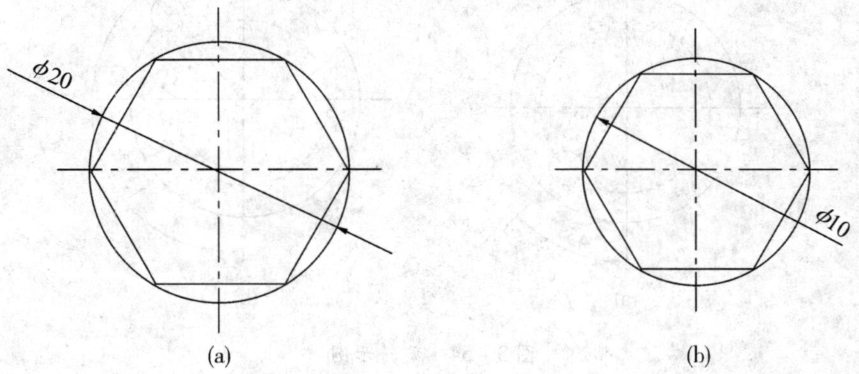

图 3－53 缩放示例

(a)比例缩放前;(b)比例缩放后

3.11.4 **旋转**

(1)功能 该命令将选中的实体绕指定的基点(即旋转中心)进行旋转。

(2)输入命令

◆ 命令行:ROTATE

◆ 菜单:“修改” →“旋转”

◆ 工具栏:“旋转”按钮

(3)命令的操作

命令:_rotate ↙

UCS 当前的正角方向:ANGDIR = 逆时针 ANGBASE = 0

选择对象:找到 1 个(选择中心线)

选择对象:找到 1 个(选择圆)

选择对象:↙

指定基点:(给基点“O”)

指定旋转角度,或[复制(C)/参照(R)] <0>:90 ↙

如图 3－54 所示。

3.11.5 **拉伸**

(1)功能 该命令将选中的实体拉长或压缩到指定的位置。操作该命令时,必须用“C”交叉窗口方式来选择实体。若用“W”窗口形式选取或点选对象,则不能拉伸,只能移动选定的对象。

(2)输入命令

◆ 命令行:STRETCH

◆ 菜单:“修改” →“拉伸”

◆ 工具栏:“拉伸”按钮

(3)命令的操作

命令:_stretch

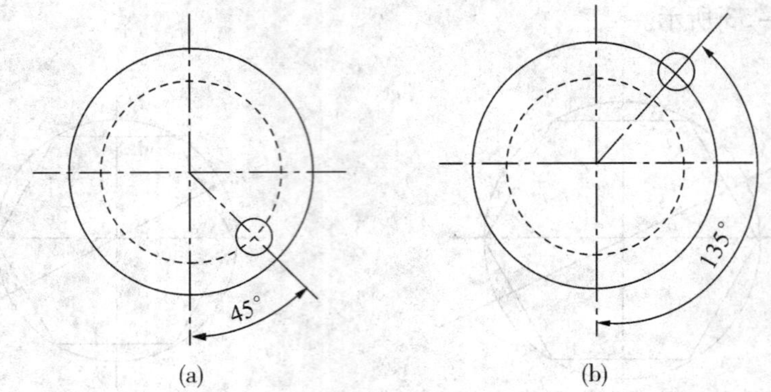

图 3－54　旋转示例

(a)旋转前;(b)旋转后

以交叉窗口或交叉多边形选择要拉伸的对象...

选择对象:指定对角点:(用“C”交叉窗口方式选择实体)

选择对象:↙

指定基点或[位移(D)]　<0>:(给定任意点作基点)

指定第二个点或<使用第一个点作为位移>:(在正交模式下,用鼠标向右导向给定距离6,如果向左则缩短实体)如图3－55所示。

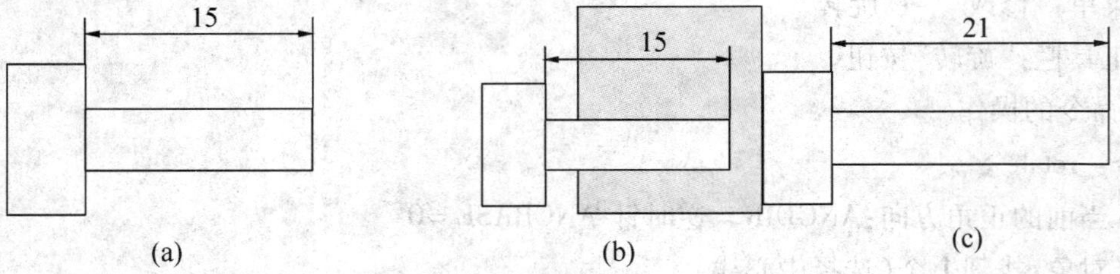

图 3－55　拉伸示例

(a)拉伸前;(b)选择对象;(c)拉伸后

3.12　尺寸标注

3.12.1　尺寸标注的规则

使用AutoCAD对绘制的图形进行尺寸标注时,应遵循国家制图标准有关尺寸注法的规定。图样中的尺寸以毫米(mm)为单位时,不需要标注计量单位的代号或名称。如采用其他单位,则必须注明相应的计量单位的代号或名称,如60°(度)、20cm(厘米)。物体的每一尺寸,一般只标注一次,并应标注在反映物体形状结构最清晰的图形上。

3.12.2　尺寸标注的组成

一个完整的尺寸标注应由尺寸数字、尺寸线、尺寸界线和箭头符号等组成,各尺寸组成的部分的主要特点如图3－56所示:

(1)尺寸数字　用于表明机件的实际测量值。尺寸数字应按标准字体书写,尺寸数字应按标注字体书写,在同一张图纸上的字高要一致。尺寸数字不可被任何图线所通过,否则必须将该图线断开。如图线断开形象图形表达时,需调整尺寸标注的位置。

(2)尺寸界限　应从图形的轮廓线、轴线、对称中心线引出。同时,轮廓线、轴线、对称中心线也可以作为尺寸界限。尺寸界限应使用细线绘制。

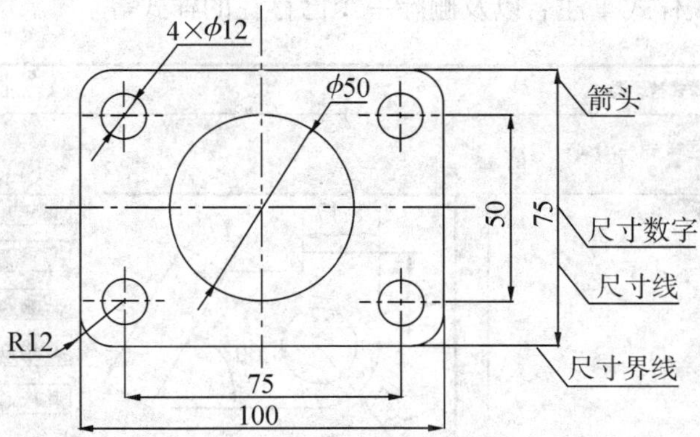

图 3-56 尺寸标注

(3)尺寸线 用于表示标注的范围。AutoCAD 通常将尺寸线放置在测量区域中。如果空间不足,则将尺寸线或文字转移到测量区域外部,这取决于标注样式的放置规则。对于角度标注,尺寸线是一段圆弧。尺寸线也应该使用细线绘制。

(4)箭头 箭头显示在尺寸线的末端,用于指出测量的开始和结束位置。AutoCAD 默认使用的符号为闭合的填充箭头。此外,系统还提供了多种箭头符号,如建筑标记、小斜线、箭头、点和斜杠等。

3.12.3 尺寸标注步骤

3.12.3.1 创建标注图层

在 AutoCAD 中编辑、修改工程图样时,由于各种图线与尺寸混杂在一起,使得其操作非常不方便。为了便于尺寸控制尺寸标注对象的显示与隐藏,在 AutoCAD 中应为尺寸标注创建独立的图层,运用图层使其与图形的其他信息分开,以便于操作。

3.12.3.2 建立用于尺寸标注的文字样式

为了方便在尺寸标注时修改所标注的各种文字,应建立专用于尺寸标注的文字样式。在建立尺寸标注文字类型时,应将文字高度设置为 0,如果文字类型的默认高度值不为 0,则"标注样式"对画框中"文字"选项卡中的"文字高度"命令将不起作用。

3.12.3.3 设置尺寸标注样式

标注样式是尺寸标注对象的组成方式。诸如标注文字的位置和大小,箭头的形状等。设置尺寸标注样式可以控制尺寸标注的格式和外观,有利于执行相关的绘图标注。

3.12.4 设置尺寸标注样式

在 AutoCAD 中,可以新建一个自己的标注样式。启用"标注样式"命令,可以使用下列方法之一:

- ◆ 命令:DIMSTYLE。
- ◆ 菜单:"格式" →"标注样式"或"标注" →"标注样式"
- ◆ 工具栏:"标注"按钮

执行上述操作,AutoCAD 打开"标注样式管理器"对话框,如图 3-57 所示。利用此对话框可方便直观地设置和浏览尺寸标注样式，包括建立新的标注样式、修改已存在的样式、设置当前尺寸标注样式、样式重注名以及删除一个已存在的样式等。

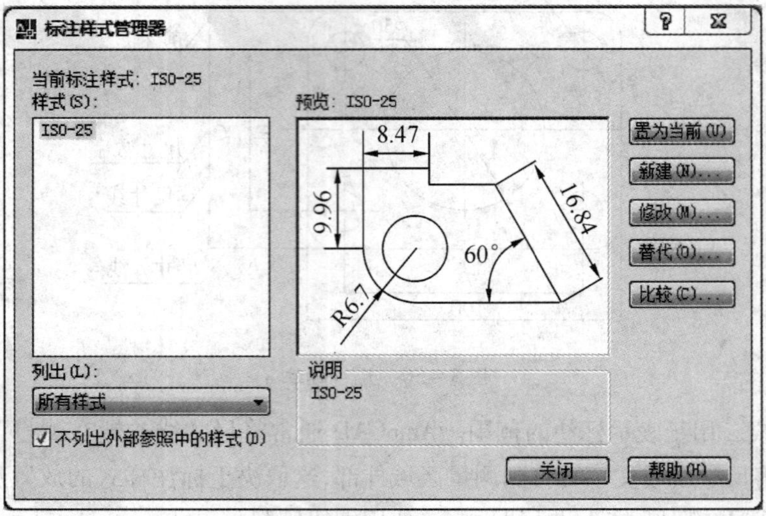

图 3－57 “标注样式管理器”对话框

3.12.4.1 新建标注样式

单击“新建”按钮，打开“创建新标注样式”对话框，如图 3－58 所示。在“新样式名”编辑框中输入新的样式名称如“副本 ISO－25”；在“基础样式”下拉列表框中选择新样式的副本，在新样式中包含了副本的所有设置，默认基础样式为 ISO－25；在“用于”下拉列表框中选择“所有标注”选项，以应用于各种尺寸类型的标注，如图 3－58 所示。

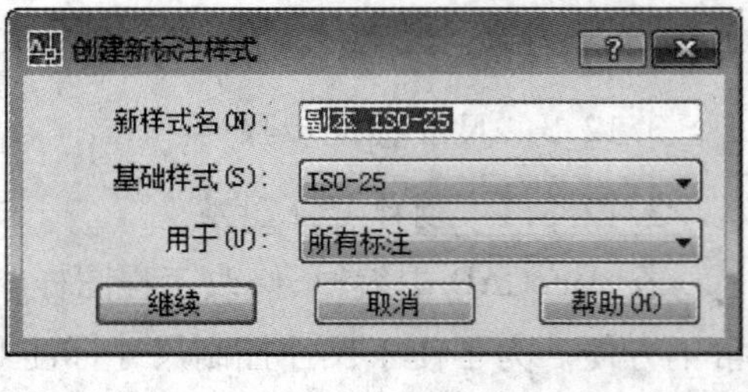

图 3－58 创建新标注样式

3.12.4.2 修改标注样式

单击“继续”按钮，打开“新建标注样式”对话框，如图 3－59 所示。利用“直线”“文字”“主单位”等 7 个选项可以设置标注样式的所有内容。

1. 直线

在“新建标注样式”对话框中，第 1 个选项卡就是“直线”选项卡，如图 3－59 所示。该选项卡用于设置尺寸线、尺寸界线的形式和特征。

(1)“尺寸线”选项组 设置尺寸线的特征。其中主要选项含义如下：

1)“颜色”下拉列表框。设置尺寸线的颜色。可直接输入颜色名字，也可从下拉列表中选择，如果选取“选择颜色”，AutoCAD 将打开“选择颜色”对话框供用户选择其他颜色。默认情况下，尺寸线的颜色是“ByBlock”（随块）。

2)“线宽”下拉列表框。设置尺寸线的线宽，下拉列表中列出了各种线宽的名字和宽度。默认情况下，尺寸线的线宽都是“ByBlock”（随块）。应设置为细实线。

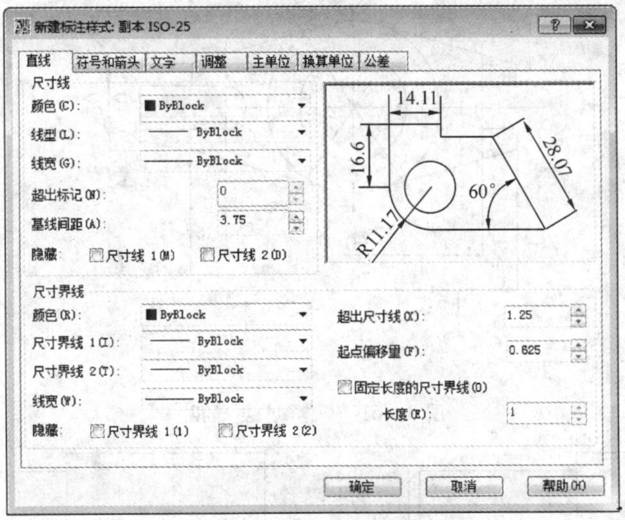

图 3－59 新建标注样式

3)“超出标记”微调框。当尺寸箭头设置为短斜线、建筑标记、积分箭头或尺寸线上无箭头时,可利用此微调框设置尺寸线延长到尺寸界线外面的长度。

4)“基线间距”微调框。设置以基线方式标注尺寸时,相邻两尺寸线之间的距离,如图3－60所示。

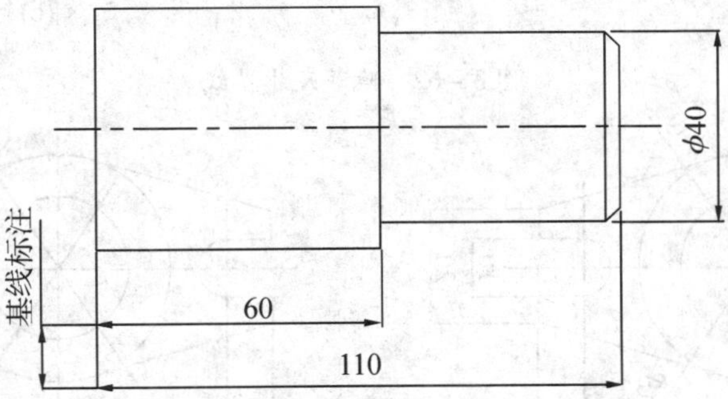

图 3－60 “基线间距”微调框

5)“隐藏”复选框组。确定是否隐藏尺寸线及相应的箭头。选中“尺寸线 1”复选框表示隐藏第一段尺寸线,选中“尺寸线 2”复选框表示隐藏第二段尺寸线,如图 3－61 所示。

(2)“尺寸界线”选项组。该选项组用于确定尺寸界线的形式。其中主要选项的含义如下:

1)“颜色”下拉列表框。设置尺寸界线的颜色。

2)“线宽”下拉列表框。设置尺寸界线的线宽。

3)“隐藏”复选框组。确定是否隐藏尺寸界线。选中“尺寸界线”1“复线框表示隐藏第一尺寸界线,选中”尺寸界线 2“复选框表示隐藏第二尺寸界线。图 3－62(a)所示的是隐藏尺寸界线 1 时的状况;图 3－62(b)所示的是隐藏尺寸界线 2 时的状况。尺寸界线 1、2 与标注时的起点有关。

4)“超出尺寸线”微调框。确定尺寸界线超出尺寸线的距离,如图 3－63 所示。

5)“起点偏移量”微调框。确定尺寸界线的实际起点相对于指定的点的距离,如图

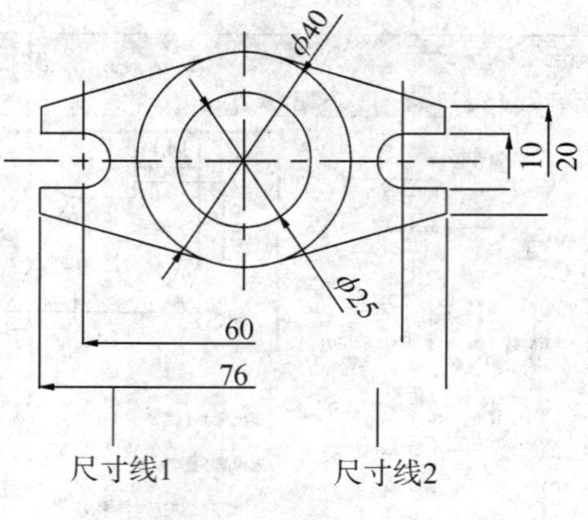

图 3－61 “隐藏”复选框

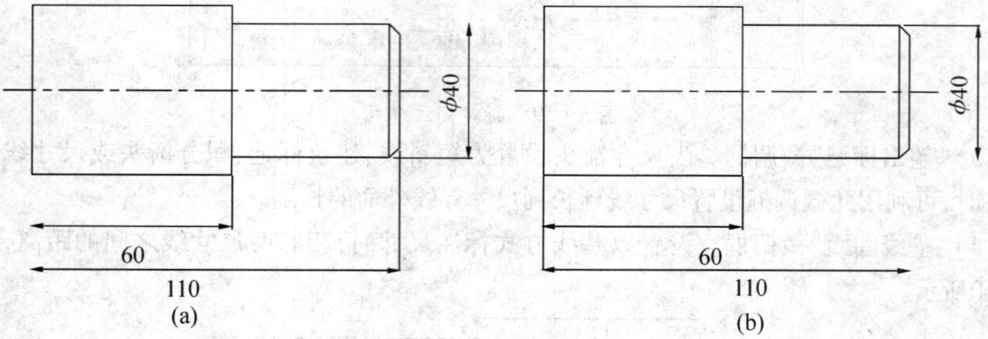

图 3－62 隐藏尺寸界线

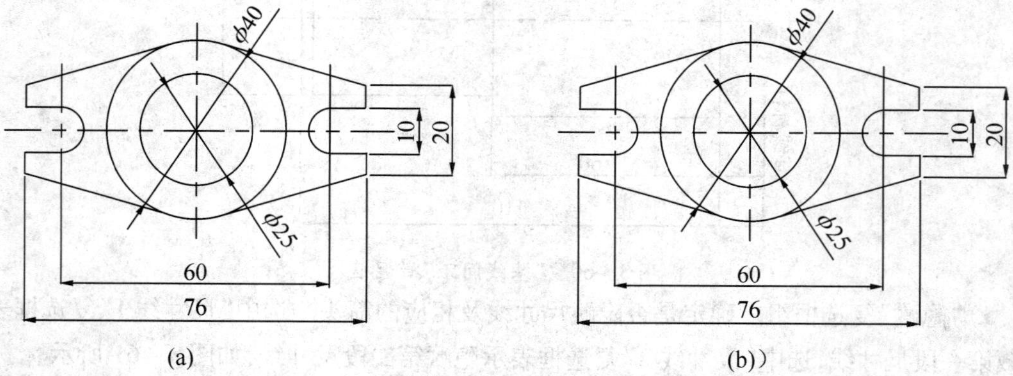

图 3－63 超出尺寸线的距离为 0 与不为 0 时的标注效果

3－64所示。

6)“固定长度的尺寸界线”复选框。选中该复选框，系统以固定长度的尺寸界线标注尺寸。可以在下面的“长度”微调框中输入长度值。

2. 符号和箭头

在“新建标注样式”对话框的右上方，是一个尺寸界线标注尺寸。可以在下面的“长度”微调框中输入长度值。

在“新建标注样式”对话框中，第 2 个选项卡就是“符号和箭头”选项卡，如图 3－65 所示，该选项卡用于设置箭头、圆心标记、弧长符号半径标注折弯的形式和特性。

(1)“箭头”选项组　设置尺寸箭头的形式，AutoCAD 提供了多种多样的箭头形状，列

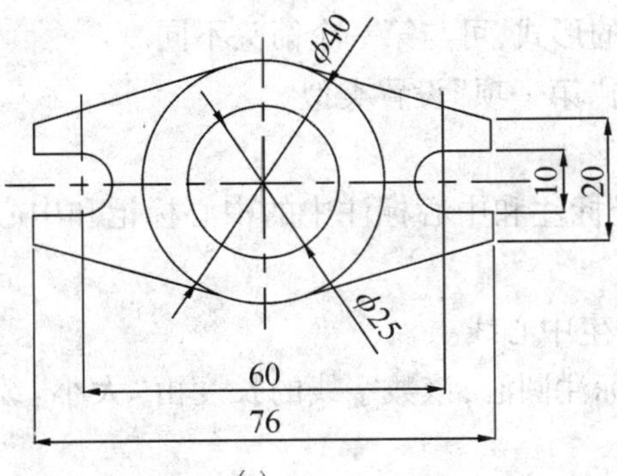

图 3－64 “起点偏移量”微调框

(a)起点偏移量为 0;(b)起点偏移量不为 0

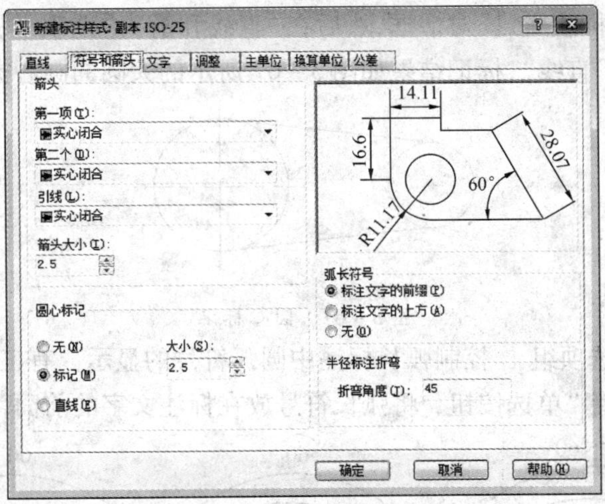

图 3－65 “符号和箭头”选项卡

在“第一项”和“第二个”下列框中。另外,还允许采用用户自定义的箭头形状。两个尺寸箭头可以采用相同的形式,也可以采用不同的形式。

1)“第一项”下拉表框。用于设置第一个尺寸箭头的形式。可在下拉列表框中选择,其中列了各种箭头形式的名字以及各类箭头的形状。一旦确定了第一个箭头的类型,第二个箭头则自动与其匹配,要想第二个箭头取不同的形状,可在“第二个”下拉列表框中设定。

如果在下拉列表框中选择了“用户箭头”,则打开如图 3－66 所示的“选择定义箭头块”对话框,可以事先把自定义的箭头存成一个图块,在此对话框中输入该图块名即可。

图 3－66 用户箭头

2)“第二个”下拉表框。确定第二个尺寸箭头的形式,可与第一个箭头不同。

3)“引线”下拉表框。确定引线箭头的形式,与“第一项”设置类似。

4)“箭头大小”微调框。设置箭头的大小。

(2)“圆心标记”选项组　设置半径标注、直径标注和中心标注中的中心标记和中心显得形式。其中各项的含义如下:

1)“无”单选按钮。既不产生中心标记,也不产生中心线。

2)“标记”单选按钮。在圆心位置以短十字线标注圆心,该数字线的长度由“大小”编辑框设定。

3)“直线”单选按钮。中心标记采用中心线的形式,圆心标记线将延伸到圆外。

4)“大小”微调框。设置中心标记和中心线的尺寸和粗细。在“标注”工具栏中单击,然后在图样中单击圆或圆弧的圆心,如图 3－67 所示小圆的圆心标记。要修圆心标记的类型和大小,可打开“修改标注样式”对话框,然后在“直线和箭头”选项卡的“圆心标记“设置区中设置圆心类型线为”直线“,标记结果如图 3－67 所示的大圆的圆心标记。

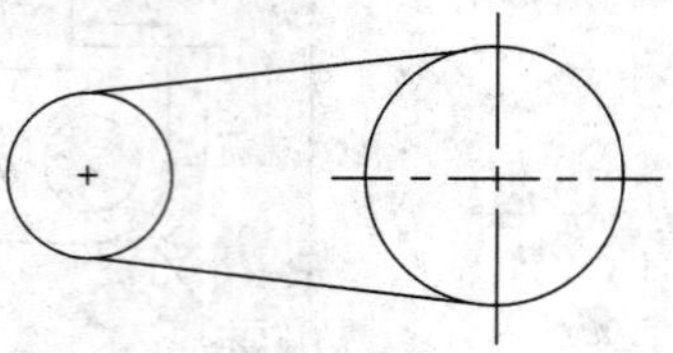

图 3－67　圆心标记

(3)“弧长符号“选项组　控制弧长标注中圆弧符号的显示。有三个单选按钮:

1)标注文字的前缀“单选按钮。将弧长符号放在标注文字的前面,如图 3－68(a)所示。

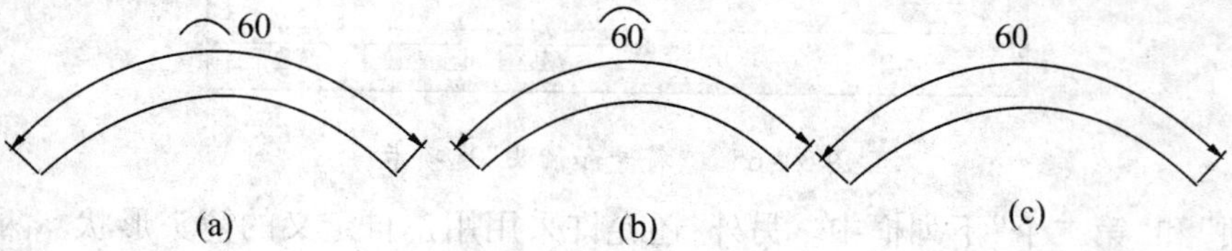

图 3－68　弧长符号

2)标注文字的上方“单选按钮。将弧长符号放在标注文字的上方,如图 3－68(b)所示。

3)无“单选按钮。不显示弧长符号,如图 3－68(c)所示。

(4)“半径标注折弯”选项组　控制折弯(Z 字型)半径标注的显示。折变半径标注通常在中心点位于页面外部或较远时创建。在“折变角度”文本框中可以输入连接半径标注的折线的角度,如图 3－69 所示。

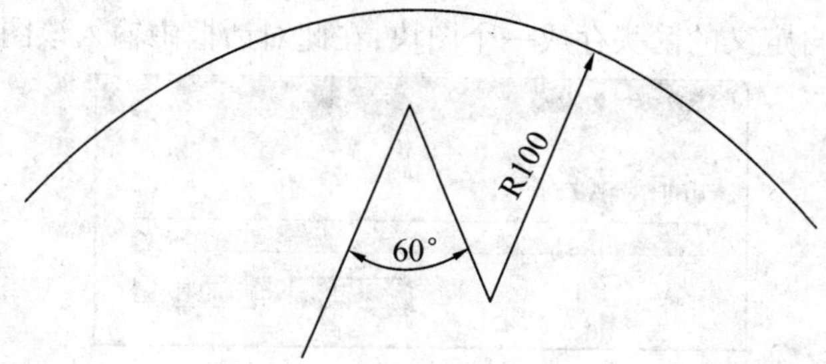

图 3－69　半径折弯标注

3. 文字

在“新建标注样式”对话框中，第 3 个选项卡就是“文字”选项卡，如图 3－70 所示。该选项卡用于设置尺寸文本的形式、位置和对齐方式等。

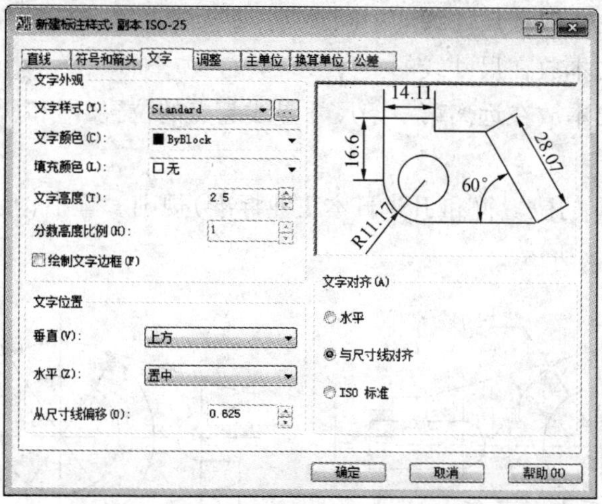

图 3－70 “文字”选项卡

(1)“文字外观”选项组

1)“文字样式”下拉列表框。选当前尺寸文本采用的文本样式。可在下拉列表中选取一个样式，也可单击右侧的下拉表框进行选择，打开“文字样式”对话框，以创建新的文字样式或对文字样式进行修改。

2)“文字颜色”下拉列表框。设置尺寸文本颜色，其操作方法与设置尺寸线颜色的方法相同。

3)“文本高度”微调框。设置尺寸文本的字高。如果选用的文字样式中已设置了具体的字高(不是 0)，则此处的设置无效；如果文字样式中设置的字高为 0，才以此处的设置为准。

4)“分数高度比例”微调框。用于设置标注分数和公差的文字高度，AutoCAD 把文字高度乘以该比例，用得到的值来设置分数和公差的文字高度。

5)绘制文字边框”复选框。选择该复选框，可为标注文字添加一个矩形边框，如图3－71 所示

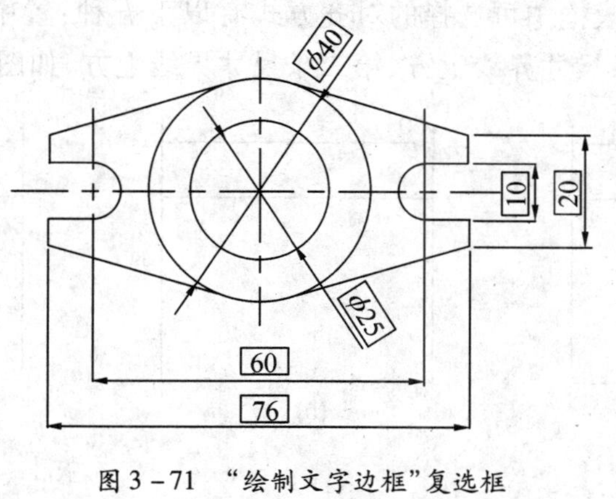

图 3－71 “绘制文字边框”复选框

(2)“文字位置”选项组

1)“垂直”下拉列表框。确定尺寸文本相对于尺寸线在垂直方向的对齐方式。在该下拉列表框中可选择的对齐方式由以下四种:

①置中:将尺寸文本放在尺寸线的中间。

②上方:将尺寸文本放在尺寸线的上方

③外部:将尺寸文本放在远离第一条尺寸界线起点的位置,即和所标注的对象分列于尺寸线的两侧。

④JIS:使尺寸文本的位置符和 JIS(日本工业标准)规则。置中、上方、外部和 JIS 四种文本布置方式如图 3－72 所示。

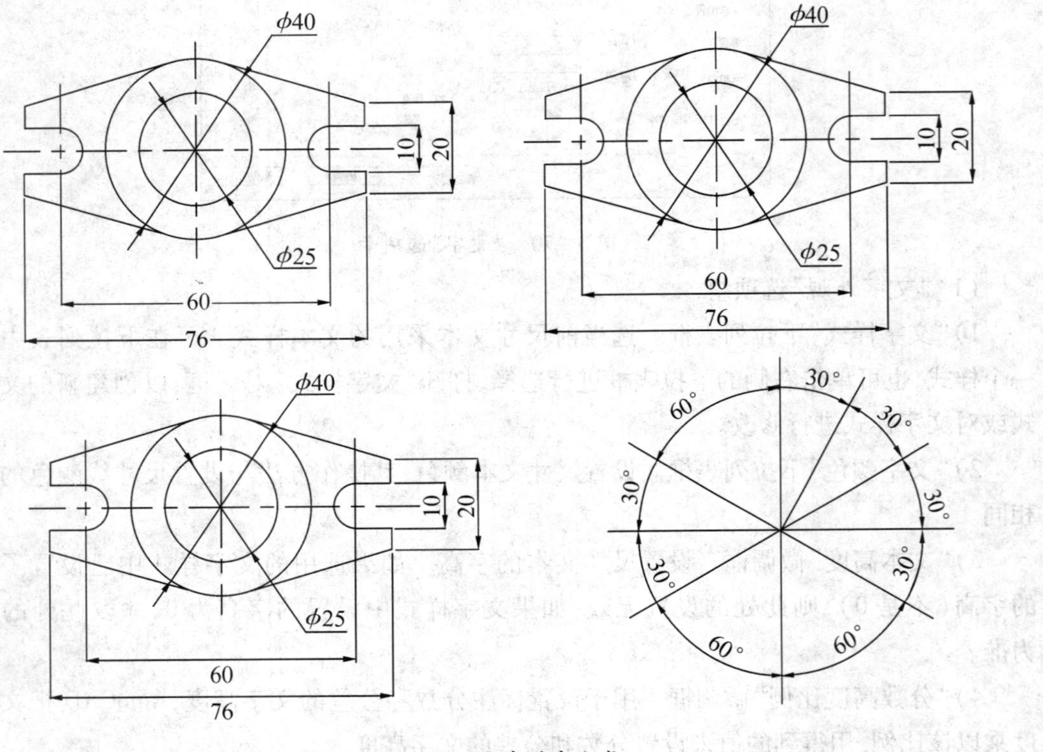

图 3－72　文字对齐方式

2)“水平“下拉列表框。用来确定尺寸文本相对于尺寸线和尺寸界线在水平方向上的位置。在下拉列表框中可选择的对齐方式有以下五种:置中、第一条尺寸界线、第二条尺寸界线、第一条尺寸界线上方、第二条尺寸界线上方,如图 3－73 所示。

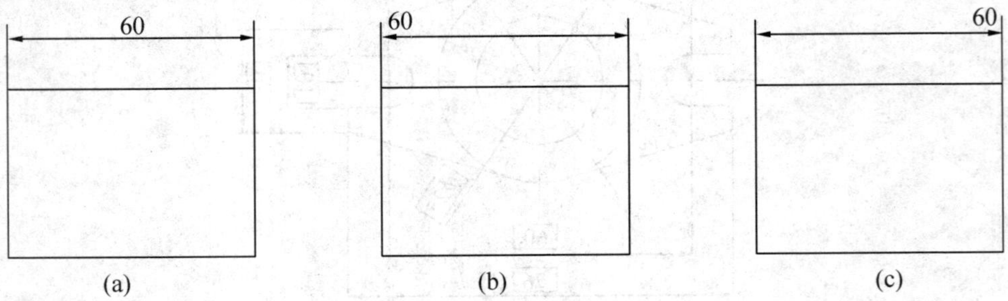

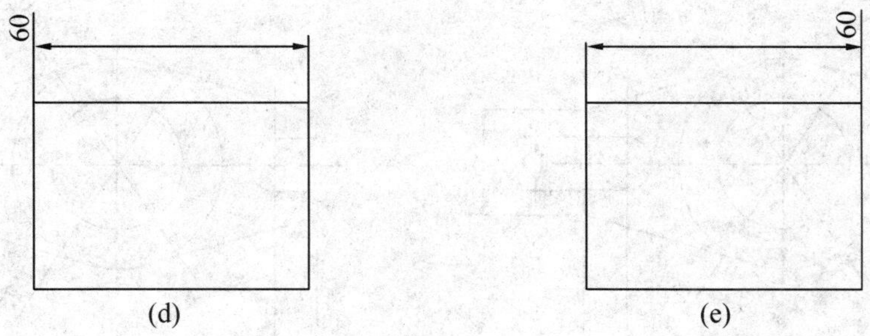

图 3－73 文字位置水平选项示例

3)“从尺寸线偏移”微调框。用于设置标注文字与尺寸线之间的距离。如果标注文字位于尺寸线的中间,则表示断开处尺寸线端点与尺寸文字的间距。若标注文字带有边框,则可以控制文字边框与其中文字的距离,如图 3－74 所示。

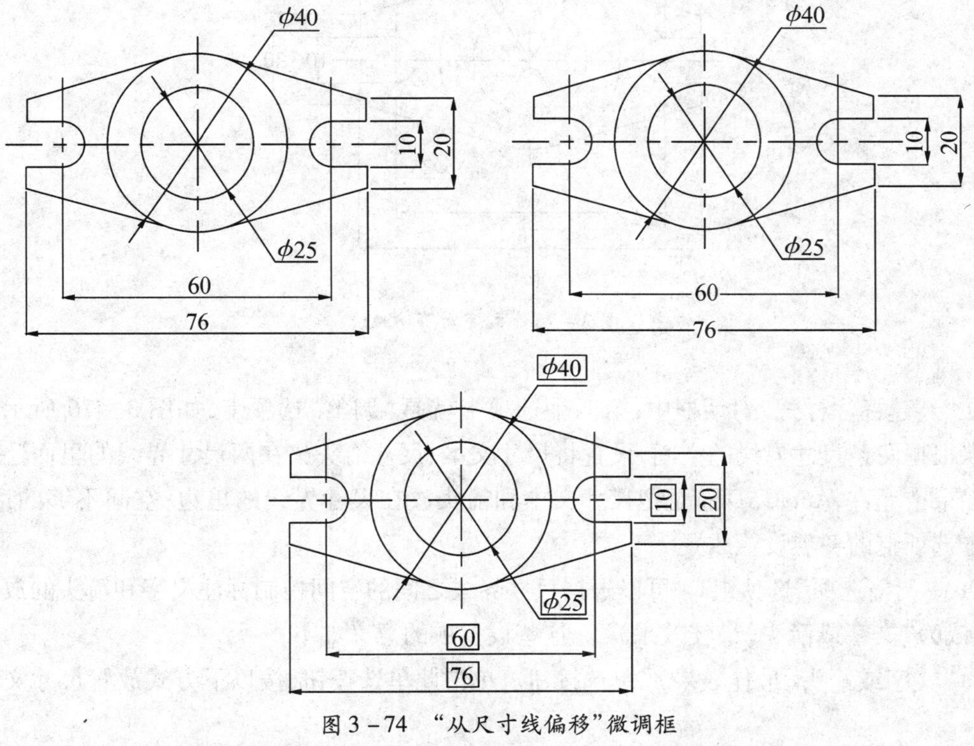

图 3－74 “从尺寸线偏移”微调框

(3)“文字对齐”选项组 用来控制尺寸数字的字头方向是水平向上还是与尺寸线平行,该区共有 3 个选项:

1)水平”单选按钮。尺寸文本沿水平方向放置。不论标注什么方向的尺寸,尺寸文本总保持水平。如图 3－75(a)所示。

2)与尺寸线对齐”单选按钮。尺寸文本与尺寸线方向平行,用于直线尺寸标注,如图 3－75(b) 所示。

3)ISO 标准”单选按钮。当尺寸文本在尺寸界线之间时,沿尺寸线方向放置;在尺寸界线之外时,沿水平方向放置。如图 3－75(c) 所示

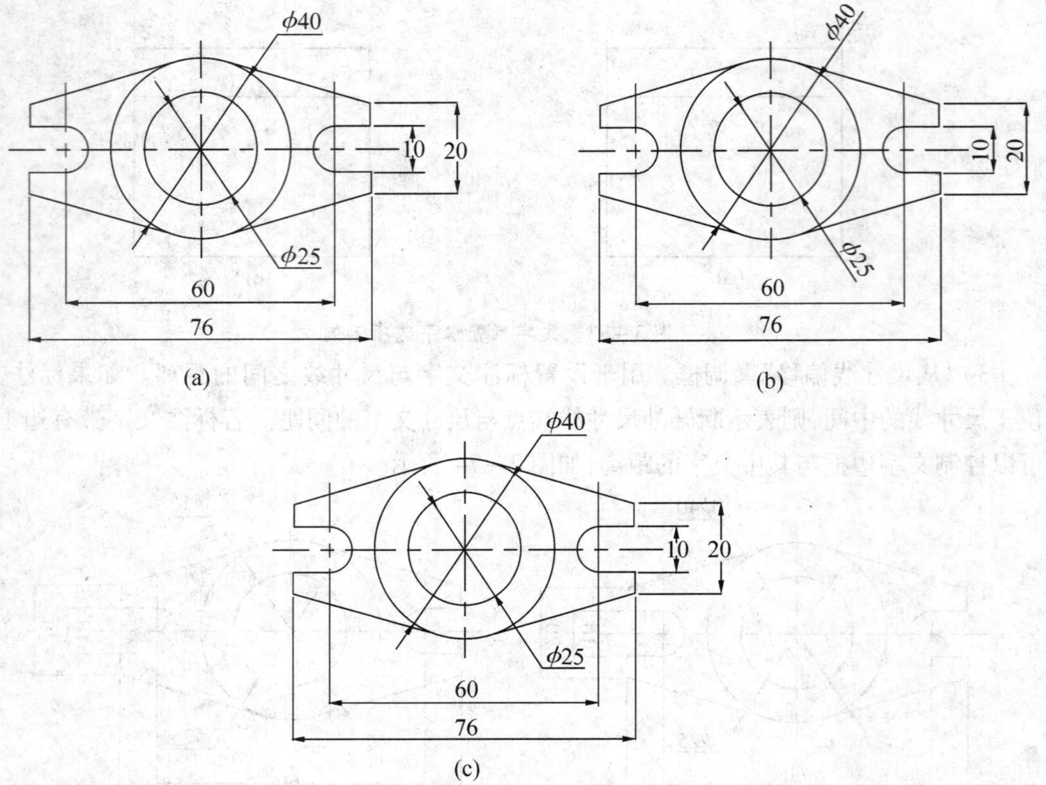

图 3－75　文字对齐方式

4. 调整

在“新建标注样式”对话框中，第四个选项卡就是“调整”选项卡，如图 3－76 所示。该选项卡根据两条尺寸界线的空间，设置将尺寸文本、尺寸箭头放在两尺寸界线的里面还是外面。如果空允许，AutoCAD 总是把尺寸文本和箭头放在尺寸界线的里边；空间不够的话，则根据本选项卡的各项设置放置。

(1)“调整选项”选项组　可以根据尺寸界线之间的空间控制标注文字和箭头的放置方式，默认为“文字或箭头(最佳效果)”。这些设置项的意义如下：

1)“文字或箭头(最佳效果)”单选按钮。单击此单选按钮，按以下方式放置尺寸文本和箭头：

如果空间允许，把尺寸文本和箭头都放在两尺寸界线之间；如果两尺寸界线之间只够放置尺寸文本，则把文本放在尺寸界线之间，而把箭头放在尺寸界线的外边；如果只够放置箭头，则把箭头放在里边，把文本放在外边；如果两尺寸界线之间既放不下文本，也方不下箭头，二者均放在外边。

2)“箭头”单选按钮。单击此单选按钮，按以下方式放置尺寸文本和箭头：

如果空间允许，把尺寸文本和箭头都放在两尺寸界线之间；如果空间只够放置箭头，则把箭头放在尺寸界线之间，把文本放在外边；如果尺寸界线之间的空间放不下箭头，则把箭头和文本均放在外面。

3)“文字”单选按钮。单击此单选按钮，按以下方式放置尺寸文本和箭头：

如果空间允许，把尺寸文本和箭头都放在两尺寸界线之间；否则把文本放在尺寸界线之

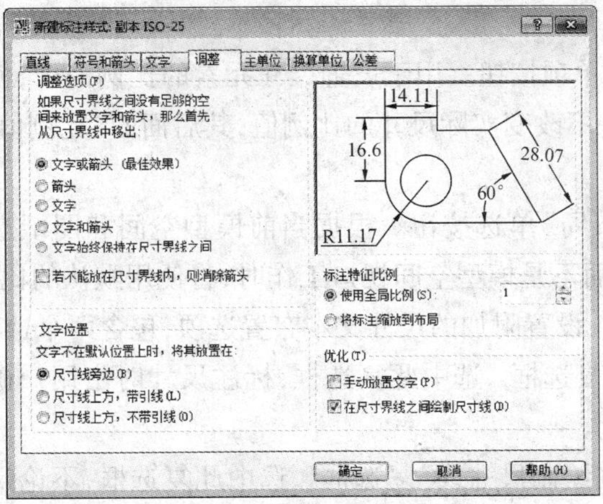

图 3－76 “调整”选项卡

间，把箭头放在外面；如果尺寸界线之间的空间放不下尺寸文本，则把文本和箭头都放在外面。

4)“文字和箭头”单选按钮。单击此单选按钮，如果空间允许，把尺寸文本和箭头都放在两尺寸界线之间；否则把文本和箭头都放在尺寸界线外面。

5)“文字始终保持在尺寸界线之间”单选按钮。单击此单选按钮，AutoCAD 总是把尺寸文本放在两尺寸界线之间。

6)“若不能放在尺寸界线内，则消除箭头”复选框。选中此复选框，则尺寸界线之间的空间不够时省略尺寸箭头。

(2)“文字位置”选项组 文字不在默认位置上时，设置尺寸文本的位置。其中三个单项按钮的含义如下：

1)尺寸线旁边”项按钮。选中此单选按钮，把尺寸文本放在尺寸线的旁边，如图 3－77(a)所示

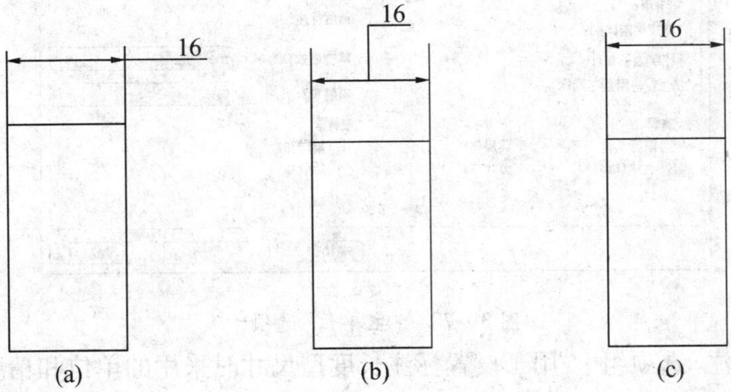

图 3－77 “文字位置”选项示例

2)“尺寸线上方，带引线”单项按钮。把尺寸文本放在尺寸线的上方，并用引线与尺寸线连接，如图 3－77(b)所示。

3)“尺寸线上方，不带引线”单项按钮。把尺寸文本放在尺寸线的上方，中间物引线，如图 3－77(c)所示。

(3)“标注特征比例”选项组 用来设置全局标注比例或图纸空间比例，这些设置项的

意义如下：

1)“使用全局比例”单项按钮。用于设置尺寸元素的比例因子，使之与当前图形的比例因子相符，此比例缩放并不改变实际尺寸的比例值，其后面的“比例值”微调框可以用来设置需要的比例。

2)将“标注缩放到布局”单选按钮。根据当前模型空间和图纸空间之间的比例确定比例因子。当在图纸空间而不是模型空间视口工作时，将使用默认的比例因子1.0。

(4)“优化”选项组　设置附加的尺寸文本布置选项，包含两个选项：

1)“手动放置文字”复选框。选中此复选框，标注尺寸时由用户确定尺寸文本的放置位置，忽略前面的对齐设置。

2)“在尺寸界线之间绘制尺寸线”复选框。选中此复选框，不论尺寸文本在尺寸界线内部还是外面，AutoCAD 均在两尺寸界线之间绘出一条尺寸线；否则当尺寸界线内放不下尺寸文本而将其放在外面时，尺寸界线之间无尺寸线。

5. 主单位

在“新建标注样式”对话框中，第5个选项卡就是“主单位”选项卡，如图3－78所示。该选项卡用来设置尺寸标注的主单位和精度，以及给尺寸文本添加固定的前缀或后缀。本选项卡含两个选项组，分别对线性标注后角度标注进行设置。

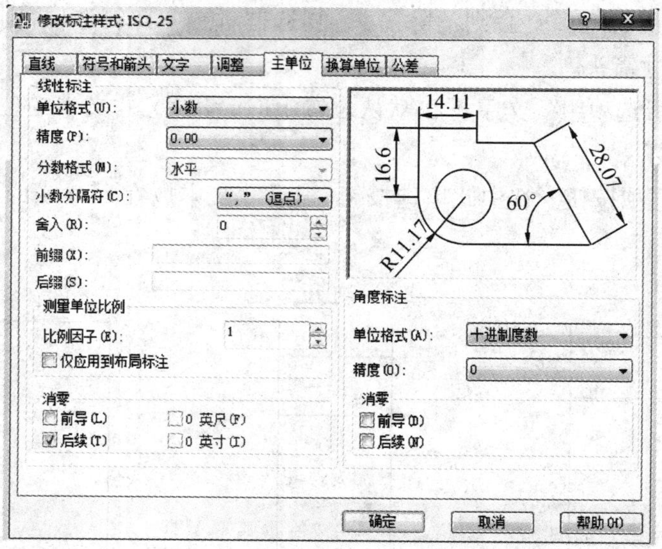

图3－78　“主单位”选项卡

(1)“线性标注”选项组　用于设置标注长度型尺寸时采用的单位和精度。

1)“单位格式”下拉列表框。确定标注尺寸时使用的单位制(角度型尺寸除外)在下列表框中 AutoCAD 提供了“科学”“小数”“工程”“建筑”和”“windows 桌面”6种单位制，可根据需要选择。

2)“精度”下拉列表框。确定标注尺寸时的精度，也就是精确到小数点后几位。

3)“分数格式”下拉列表框。设置分数的形式。当“单位格式”选择了“分数”时才能设置分数的格式，可选择分数格式有“水平”“对角”和“非堆”三种，如图3－79所示。

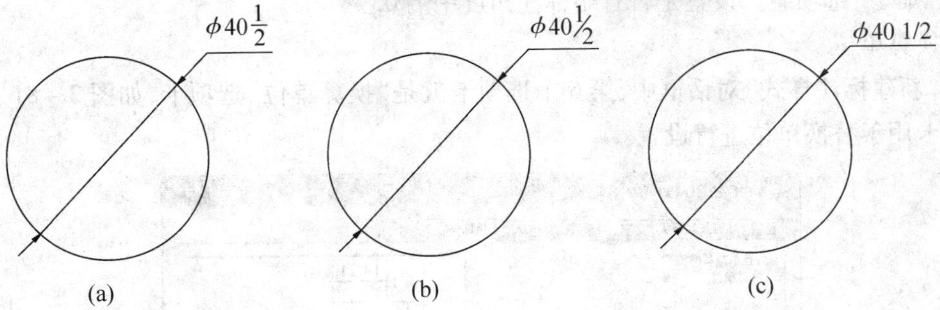

图 3－79 分数格式

(a)水平;(b)对角;(c)非堆

4)小数分隔符”下拉列表框。设置十进制数的整数部分和小数部分间的分隔符。可供选择的选项包括“句点(.)”“逗点(,)”和“空格”,如图 3－80 所示

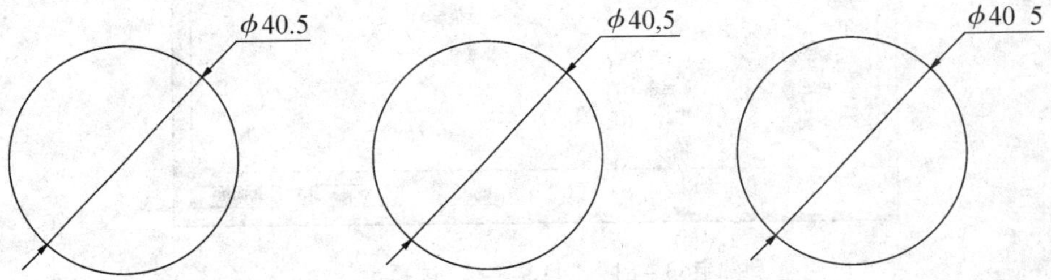

图 3－80“小数分隔符”下拉列表框

5)“舍入”微调框。设置将除角度外的测量值舍入到指定值。在其中输入一个值,例如,如果输入 0.01 作为舍入值,AutoCAD 将 16.604 舍入为 16.6,将 28.066 舍入为 28.07,如果输入 1,则所测量的值均为整数。

6)“前缀”文本框。设置固定前缀。可以输入文本,也可以用控制符产生特殊符号,这些文本将被加在所有尺寸文本之前。

7)“后缀”文本框。给尺寸标注设置固定后缀。

8)“测量单位比例”选项组。确定 AutoCAD 自动测量尺寸中的比例因子。例如,如果用户确定比例因子为 2,AutoCAD 则实际测量为 1 的尺寸标注为 2.如果选中“仅应用到布局标注”复选框,则设置的比例因子只适合用于布局标注。

9)“消零”选项组。用于设置是否省略标注尺寸的 0.

①“前导”:选中此复选框,省略尺寸值处于高位的 0.例如,0.5000 标注为.50000.

②“后续”:选中此复选框,省略尺寸值小数点后末尾的 0.例如,12.5000 标注为 12.5,而 30.0000 标注为 30.

③“0 英尺”:采用“工程”和“建筑”单位制时,如果尺寸值小于 1 尺时,省略尺。

④“0 英寸”:采用“工程”和“建筑”单位制时,如果尺寸值是 2 整数尺时,省略寸。

(2)“角度标注”选项组　用于设置标注角度时采用的角度单位。

1)“单位格式”下拉列表框。设置角度单位制。AutoCAD 提供了“十进制度数”“度/分/秒”“百分度”和“弧度”四种角度单位

2)“精度”下拉列表框。设置角度型尺寸标注的精度

3)“消零”选项组。设置是否省略标注角度中的0.

6. 换算单位

在“新建标注样式”对话框中,第6个选项卡就是“换算单位”选项卡,如图3-81所示。该选项卡用于替换单位进行设置。

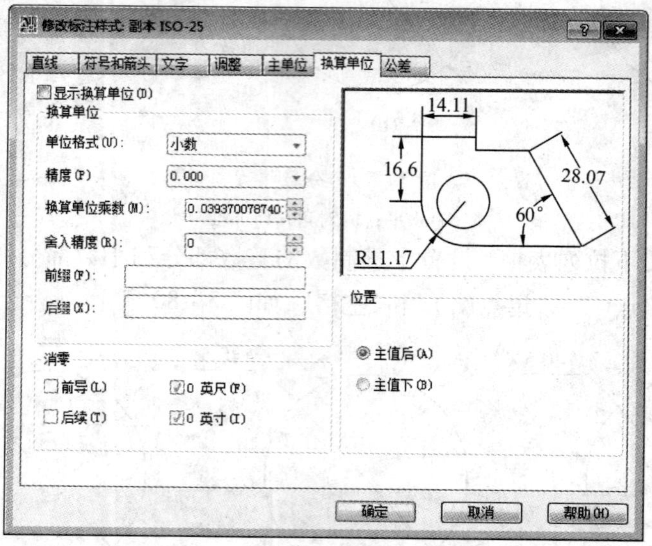

图3-81 “换算单位”选项卡

(1)“显示换算单位”复选框 选中此复选框,则替换单位的尺寸值也可同时显示在尺寸文本上。

(2)“换算单位”选项组 用于设置替换单位。其中各项的含义如下:

1)“单位格式”下拉列表框。选取替换单位采用的单位制。

2)“精度”下拉列表框。设置替换单位的精度。

3)“换算单位乘数”微调框。指定主单位和替换单位的转换因子。

4)“舍入精度”微调框。设定替换单位的圆整规则。

5)“前缀”文本框。设置替换单位文本的固定前缀。

6)“后缀”文本框。设置替换单位文本的固定后缀。

(3)“消零”选项组 设置是否省略尺寸标注中的0.

(4)“位置”选项组 设置替换单位标注的位置

1)“主值后”单选按钮。把替换单位尺寸标注放在主单位标注的后边。

2)“主值下”单选按钮。把替换单位尺寸标注放在主单位标注的下边。

7. 公差

在“新建标注样式”对话框中,第7个选项卡就是“公差”选项卡,如图3-82所示。该选项卡用来确定标注公差的方式。

(1)“公差格式”选项组 设置公差的标注方式。

1)方式”下拉列表框。设置以何种形式标注公差。在该下拉列表框中列出了AutoCAD提供的标注公差的形式,用户可从中选择,它们分别是“无”“对称”“极限偏差”“极限尺寸”,其中“无”表示不标注公差,即前面通常的标注情形。其余四种标注情况如图3-83所示。

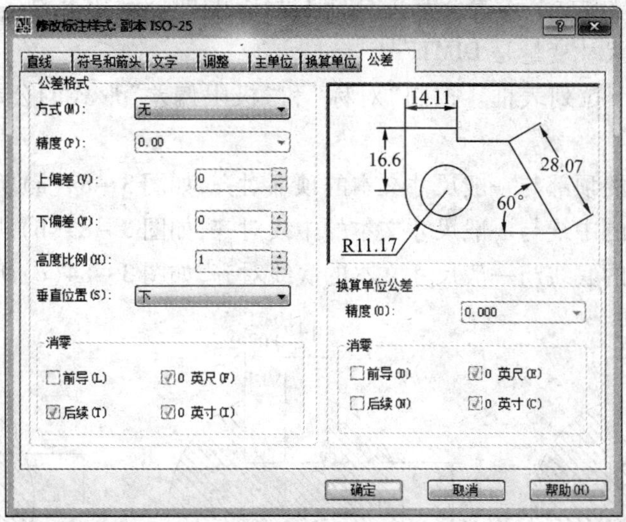

图 3-82 “公差”选项卡

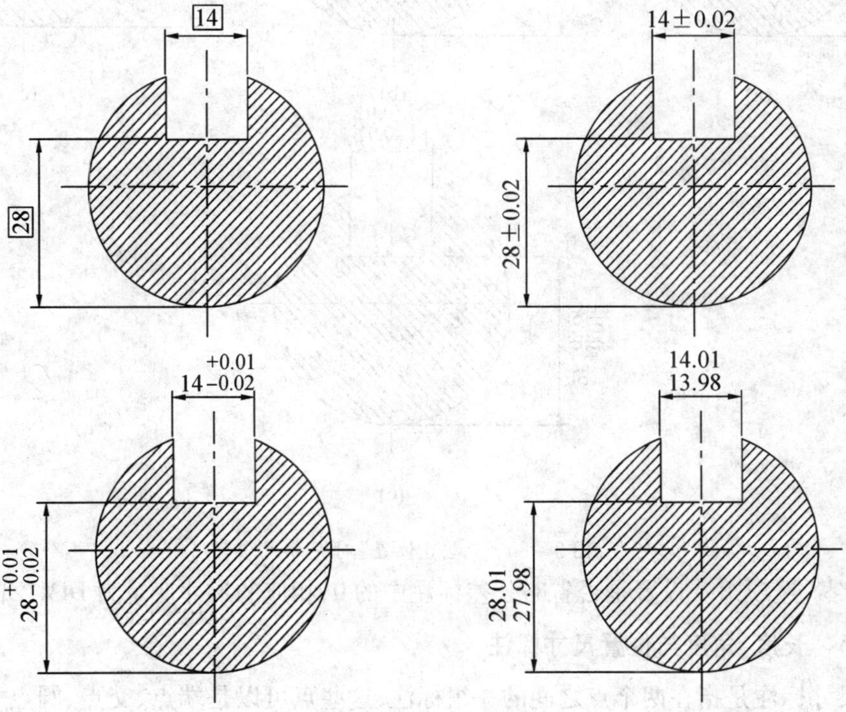

图 3-83 公差标注方式

2)“精度”下拉列表框。确定公差标注的精度。

3)“上偏差”微调框。设置尺寸的上偏差。

4)“下偏差”微调框。设置尺寸的下偏差。

【提示、注意、技巧】

系统自动在上偏差数值前加一“+”号,在下偏差数值前加一“-”号。如果上偏差是负值或下偏差是正值,都需要在输入的偏差值前加负号,如下偏差是+0.005,则需要在“下偏差”微调框中输入-0.005.

5）“高度比例”微调框。设置公差文本的高度比例，即公差文本的高度与一般尺寸文本的高度之比，相应的尺寸变量是 DIMTFAC。

6）“垂直位置”下拉列表框。控制“对称”和“极限偏差”形式的公差标注的文本对齐方式。

①上：公差文本的顶部与一般尺寸文本的顶部对齐，如图 3－84（a）所示。

②中：公差文本的中线与一般尺寸文本的中线对齐，如图 3－84（b）所示。

③下：公差文本的底线与一般尺寸文本的底线对齐，如图 3－84（c）所示。

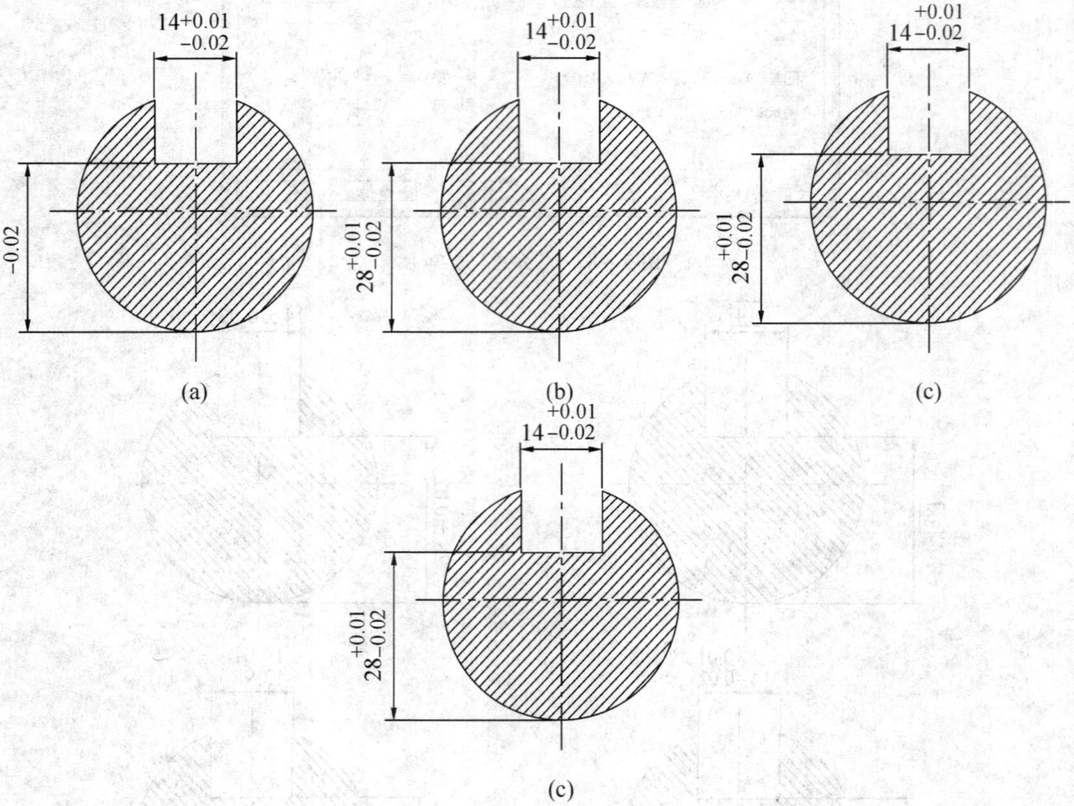

图 3－84 “垂直位置”对齐方式

7）“消零”选项组。设置是否省略公差标注中的 0，相应的尺寸变量为 DIMTZIN。

3.12.5 长度、角度与位置尺寸标注

长度尺寸标注是指在两个点之间的一组标注，这些点可以是端点、交点、圆点等；角度标注用于标注两条相交直线之间的夹角；位置标注用于通过标注选定点的坐标，来表明点的位置。

同时，当需要标注的尺寸比较密集且有一定的规律时，还可借助基线标注和连续标注方法进行快速标注。这两种标注都以现有的某个标注为基础，然后快速标注其他尺寸。

3.12.5.1 线性标注

线性标注用于标注用户坐标系 XY 平面中的两个点之间距离的测量值，可以指定点或选择一个对象。启用“线性标注”命令，可以使用下列方法之一：

◆ 命令行：DIMLINEAR（缩写名 DIMLIN）

◆ 菜单:“标注”→“线性”

◆ 工具栏:“线性”按钮→⊢⊣

【操作步骤】

命令:_dimlinear

指定第一条尺寸界线原点或选择对象;(指定第一条尺寸界线原点或直接回车选择标注对象)

指定第二条尺寸界线原点:(指定第二条尺寸界线原点)

指定尺寸线位置或[多行文字(M)/文字(T)/角度(A)/水平(H)/垂直(V)/旋转(R)]:(直接指定尺寸线位置或输入其他选项)

标注文字=100(显示两个点之间距离)

【选项说明】

选择对象,在“在指定第一条尺寸界线原点或<选择对象>:”提示下有两种选择,直接回车选择要标注的对象或确定尺寸界线的起始点。

如果直接回车,光标变为拾取框,并且在命令行提示:

(1)选择标注对象　用拾取框点取要标注尺寸的线段,并且在命令行提示:

指定尺寸线位置或[多行文字(M)/文字(T)/角度(A)/水平(H)/垂直(V)/旋转(R)]

(2)指定尺寸线位置　确定尺寸线的位置。用户可通过移动鼠标选择合适的尺寸线位置,然后回车或单击鼠标左键,AutoCAD 将自动测量所标注线段的长度并标注出相应的尺寸。

(3)多行文字(M)　用多行文字编辑器确定尺寸文本。其中,尖括号“< >”表示在标注输出时显示系统自动测量生成的标注文字,用户可以将其删除再输入新的文字,也可以在尖括号前后输入其他内容。通常情况下,当需要在标注尺寸中添加其他文字或符号时,需要选择此选项,如在尺寸前加 ϕ 等。如果要标注如图 3-85(a)所示的尺寸文本,因为后面的公差是叠堆文本,可以用“多行文字(M)”命令选项来执行,在多行文字编辑器中输入“%%C< >+0.028^+0.007”,然后进行堆叠处理即可。

尖括号“< >”用于表示 AutoCAD 自动生成的标注文字,如果将其删除,则会失去尺寸标注的关联性。当标注对象改变时,标注尺寸数字将不能自动调整。

(4)文字(T)　在命令提示中输入 T,可直接在命令提示输入新的标注文字。此时可修改标注尺寸或添加新的内容。选择此项后,命令提示:

输入标注文字<默认值>

其中的默认值是 AutoCAD 自动测量得到的别标注的线段的长度,直接后回车即可采用此长度值,也可输入其他数值代替默奥标注认值。当尺寸文本中包括默认值时,可使用尖括号“< >”表示默认值。比如要标注如图 3-85(b)所示的尺寸文本,在进行线性标注是,可用“单行文字(T)”命令来执行,在“输入标注文字(20):”提示下应该这样输入:%%C< >。

(5)角度(A)　在命令提示中输入 A,可指定尺寸文本的倾斜角度,如图 3-86 所示。

(6)水平(H)　水平标注尺寸,不论标注什么方向的线段,尺寸线均水平放置。

(7)垂直(V)　垂直标注尺寸,不论被标注线段沿的什么方向,尺寸线总保持垂直。

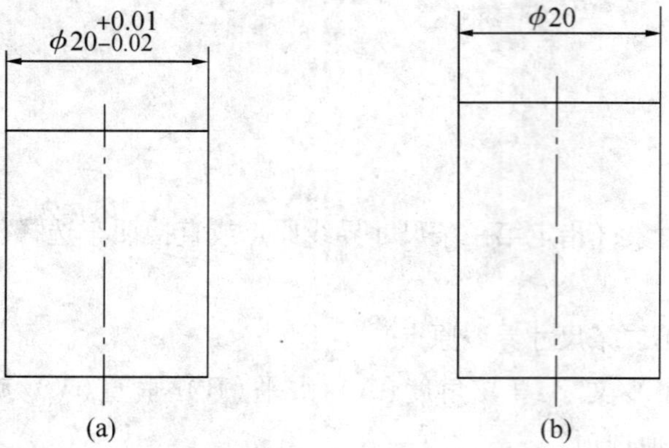

图 3-85 文字

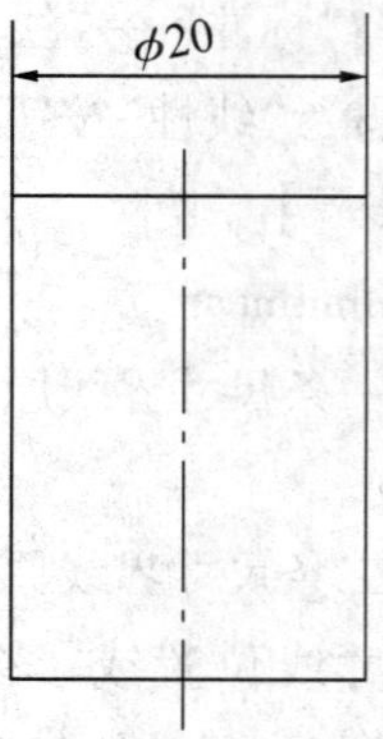

图 3-86 倾斜文字

(8)旋转(R) 输入尺寸线旋转的角度值,旋转标注尺寸。

3.12.5.2 对齐标注

在使用上述“线性标注”标注倾斜结构尺寸时,必须选择旋转角度的方式标注。也可以直接使用“对齐标注”命令,如图 3-87 所示的 20,27,35 的尺寸。这种命令标注的尺寸线于所标注轮廓线平行. 标注的是起始点到终点之间的距离尺寸。

启用“对其标注”命令,可以使用下列方法之一:

◆ 命令行:DIMALIGNED

◆ 菜单:“标注”→“对齐”

◆ 工具栏:“对齐”按钮

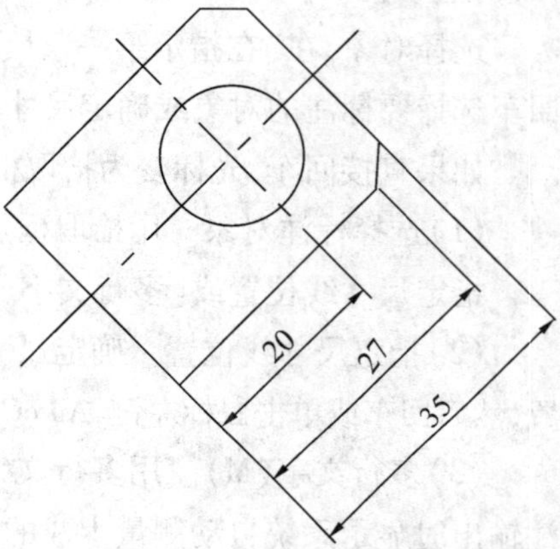

图 3-87 “对齐标注”示例

执行对齐标注命令,命令行提示及操作步骤与线性标注相同。

3.12.5.3 角度尺寸标注

使用角度标注可以标注圆和圆弧的角度、两条非平行直线的角度及圆上两点间的角度。如图 3-88 所示

启用“角度标注”命令,可以使用下列方法之一:

◆ 命令行:DIMANGULAR

◆ 菜单:“标注”→“角度”

◆ 工具栏“角度”按钮→

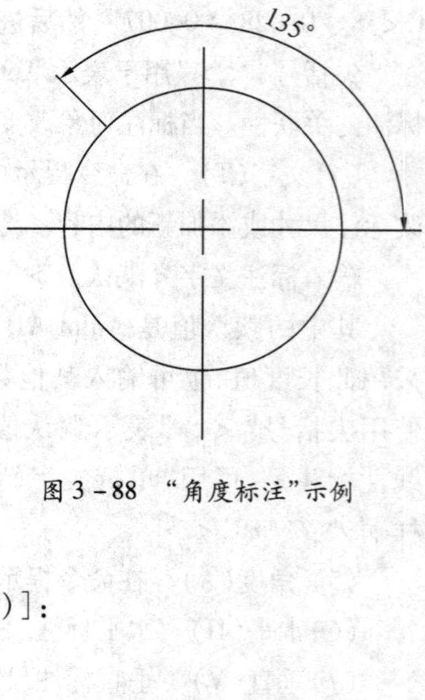

图 3-88 “角度标注”示例

【操作步骤】

命令:_ dimangylar

选择圆弧、圆、直线或 <指定定点>:

选择第二条直线:

指定标注弧线位置或[多行文字(M)/文字(T)/角度(A)]:

标注文字 =45

【选项说明】

(1)选一个圆　标注圆上某段弧的中心角

当用户点取圆上一点选择该圆后,该点即为第一点,AutoCAD 体会提示选择第二点:

指定角的第二个端点:(选取第二点,改点在圆上,也可拟在圆上)

指定变化组弧线位置或[多行文字(M)/文字(T)/角度(A)]

在此提示下确定尺寸线的位置,AutoCAD 标出一个角度值,该角度以圆心为顶点,两条尺寸界线通过所选取的两点,第二点可以不必在圆周上。用户还可以选择“多行文字”(M)”项、“文字(T)”项或”角度(A)”项编辑尺寸文本和指定尺寸文本的倾斜角度。

(2)选择圆弧　标注圆弧的中心角

当用户选取一段圆弧后,AutoCAD 提示:

指定标注弧线位置或[多行文字(M)/文字(T)/角度(A)]:(确定尺寸线的位置或选取某一项)

在此提示下确定尺寸线的位置,AutoCAD 按自动测量得到的值标注出相应的角度,在此之前用户可选择“多行文字(M)”项、”文字(T)”项或角度(A)”项,通过多行文字编辑器或命令行来输入或设置尺寸文本以及指定尺寸文本的倾斜角度。

(3)选择直线　标注两条直线间的夹角

当用户选取一条直线后,AutoCAD 提示选取另一条直线:

选择第二条直线:(选取另外一条直线)

指定标注弧线位置或[多行文字(M)/文字(T)/角度(A)]:

在此提示下确定尺寸线的位置,AutoCAD 标出这两条直线之间的夹角。该角以两条直线的交点为顶点,以两条直线为尺寸界线,所标注角度取决于尺寸线的位置,还可以利用“多行文字(M)”项、“文字(T)”项或角度(A)”项编辑尺寸文本和指定尺寸文本的倾斜角度。

指定顶点

直接回车,AutoCAD 提示:

指定角的顶点:(输入一点作为角的顶点)

指定角的第一个端点:(输入角的第一个端点)

指定角的第二个端点:(输入角的第二个端点)

创建了无关联的标注。指定表注弧线位置或[多行文字(M)/文字(T)/角度(A)]:

在此提示下给定尺寸线的位置,AutoCAD 根据给定的三点标出角度。另外,用户还可以用“多行文字(M)”项、”文字(T)”项或角度(A)”项编辑尺寸文本和指定尺寸文本的倾斜角度。

3.12.5.4　坐标标注

坐标标注以当前 UCS 的原点为基准,显示任意图形点的 X 或 Y 轴坐标。

启用“坐标标注”命令,可以使用下列方法之一:

◆ 命令行:DIMORDINATE

◆ 菜单:“标注”→“坐标”

◆ 工具栏:“标注”→

【操作步骤】

命令：_dimordinate

指定点坐标：

点取或捕捉要标注坐标的点，把这个点作为指引线的起点，并提示：

指定引线端点或[X 基准(X)/Y 基准(Y)/多行文字(M)/文字(T)/角度(A)]：

【选项说明】

指定引线端点确定另外一点。根据这两点之间的坐标差决定是生成 X 坐标尺寸还是生成 Y 坐标尺寸。如果这两点的 Y 坐标之差比较大，则生成 X 坐标；反之，则生成 Y 坐标。

3.12.5.5 基线标注

使用基线标注可以创建一系列基于同一条尺寸界线的尺寸标注，适用于长度尺寸标注、角度标注等。要创建基线标注，必须先创建(或选择)一个线性或角度标注作为基准标注。基线标注将从基准标注的第一条尺寸界线出测量。

启用“基线标注”命令，可以使用下列方法之一：

◆ 命令行：DIMBASELINE

◆ 菜单：“标注” →“基线”

◆ 工具栏：“基线”按钮

【操作步骤】

命令：_dimbaseline

指定第二条尺寸界线原点或[放弃(U)/选择(S)] <选择>：

【选项说明】

(1)指定第二条尺寸界线原点　直接确定另一个尺寸的第二条尺寸界线的起点，AutoCAD 以上次标注的尺寸基准标注出相应尺寸。

(2)选择　在上述提示下直接回车，AutoCAD 提示：

选择基准标注：(选取作为基准的尺寸标注)

3.12.5.6 连续标注

连续标注用于多段尺寸串联，尺寸线在一条直线放置的标注。要创建连续标注，必须先选择一个线性或角度标注作为基准标注。每个连续标注都从前一个标注的第二条尺寸界线处开始。启用“连续标注”命令，可以使用下列方法之一：

◆ 命令行：DIMCONTINUE

◆ 菜单：“标注” →“连续”

◆ 工具栏：“连续”按钮 →

【操作步骤】

命令：_dimcontinue

指定第二条尺寸界线原点或[放弃(U)/选择(S)] <选择>：

选择连续标注：

在此提示下的各选项与基线标注中完全相同。

3.12.6 圆和圆弧的标注

标注圆和圆弧的半径、直径或弧长时,会在标注文字时自动添加符号 ϕ(直径)、R(半径)。可通过“文字(T)”或“多行文字(M)”选项修改直径数值。

3.12.6.1 直径标注

完整的圆或大于半圆的圆弧应标注直径,如果图形中包含多个要素完全相同的圆,应注出圆的总数,如 $3 \times \phi60$.

启用“直径标注”命令,可以使用下列方法之一:

◆ 命令行:DIMORDINATE

◆ 菜单:“标注” →“直径”

◆ 工具栏:“直径”按钮

【操作步骤】

命令:_dimcontinue

选择圆弧或圆:(选择要标注直径的圆或圆弧)

指定尺寸线位置或[多行文字(M)/“文字(T)/角度(A)/]来输入、编辑尺寸文本或确定尺寸文本的倾斜角度,也可以直接确定尺寸线的位置,标注出指定圆或圆弧的直径

3.12.6.2 半径标注

小于或等于半圆的圆弧应使用半径标注。但应注意,即使图形中包含多个规格完全相同的圆弧,也不注出圆弧的数量。

启用“半径标注”命令,可以使用下列方法之一:

◆ 命令行:DIMRADIUS.

◆ 菜单:“标注” →“半径”

◆ 工具栏:“ 半径”按钮

【操作步骤】

命令:_dimradius

选择圆弧或圆:(选择要标注半径的圆或圆弧)

指定尺寸线位置或[多行文字(M)/文字(T)/角度(A)]:(确定尺寸线的位置或选择某一选项)

用户可以选择“多行文字(M)”项、“文字(T)”项或“角度(A)”项来输入、编辑尺寸文本或确定尺寸文本的倾斜角度,也可以直接确定尺寸线的位置标注出指定圆或圆弧的半径。

3.12.6.3 折弯标注

启用“折弯标注”命令,可以使用下列方法之一:

◆ 命令行:DIMJOGGED

◆ 菜单:“标注” →“折弯”

◆ 工具栏:“折弯”按钮

◆【操作步骤】

命令;-dimjogged

选择圆弧或圆:(选择圆弧或圆)

指定中心位置替代:(指定一点)

标注文字 =51.28

指定尺寸线位置或【多行文字(M) / 文字(T) / 角度(A)】:(指定一点或其他选项)

指定折弯位置:(指定折弯位置)

3.12.6.4　弧长标注

使用弧长标注,可以标注圆弧的弧长。

启用“弧长标注”命令,可以使用下列方法之一:

◆ 命令行:DIMARC

◆ 菜单:“标注”→“弧长”

◆ 工具栏:“弧长”按钮

【操作步骤】

命令:_dimarc .

选择弧线段或多段线弧线段:(选择圆弧)

指定弧长标注位置或[多行文字(M) / 文字(T) / 角度(A) / 部分(P) / 引线(L)]:

【选项说明】

(1)部分(P)　标注部分弧长。选择此选项,系统提示:

指定弧长的第一个点:(指定圆弧上弧长标注的起点)

指定弧长标注的第二个点:(指定圆弧上弧长标注的终点)

(2)引线(L)　添加引线对象。仅当圆弧(或弧线段)大于90°时才会显示此选项。引线时按径向绘制的,指向所标注圆弧的圆心

3.12.7　引线标注

AutoCAD 提供了引线标注功能,利用该功能不仅可以标注特定的尺寸,如圆角、倒角等,还可以在图中添加多行旁注、说明。在引线标注中,指引线可以是折线,也可以是曲线,指引线端部可以是箭头,也可以没有箭头。注释文字写在引线末端。

创建引线时,它的颜色、现宽、缩放比例,箭头类型、尺寸和其他特性都由当前标注样式定义。

3.12.7.1　利用“引线标注(LEADER)”命令进行引线标注

LEADER 命令可以创建灵活多样的引线标注形式,用户可根据需要把指引线设置为折线或曲线;指引线可带箭头,也可不带箭头;注释文本可以是多行文本,也可以是形位公差,或是从图形其他部位拷贝的部分图形,还可以是一个图块。

启用“引线标注”命令,可以使用下面的方法:

◆ 命令行:LEADER

【操作步骤】

命令:_leader

指定引线起点:(输入指引线的起始点)

指定下一点:(输入指引线的另一点)

AutoCAD 由上面两点画出指引线并继续提示：

指定下一点或【注释(A)/格式(F)/放弃(U)】<注释>：

【选项说明】

(1)指定下一点　直接输入一点，AutoCAD 根据前面的点画出折线作为指引线。

(2)注释(A)　输入注释文本，为默认项。在上面提示下直接回车，AutoCAD 提示：

输入注释文字的第一行或选项：

输入注释文本

再次提示下输入第一行文字后回车，用户可继续输入第二行文本，如此反复执行，直到输入全部注释文本，然后再此提示下直接回车，AutoCAD 会在指引线终端标注出所输入的多行文本，并结束 LEADER 命令。

直接回车

如果在上面的提示下直接回车，Auto CAD 提示：

输入注释选项【公差(T)/副本(C)块(B)无(N)多行文字(M)】<多行文字>：在此提示下选择一个注释选项或直接回车，及选择“多行文字”选项。

3.12.7.2　利用“快速引线标注(QLEADER)”命令进行引线标注

利用 QLEADER 命令可快速生成指引线及注释，而且可以通过命令行优化对话框进行用户自定义，由此可以消除不必要的命令行提示，取得更高的工作效率。

启用“快速引线”命令，可以使用下列方法之一：

◆ 命令行：QUEADER

◆ 菜单：“标注”→“引线”

◆ 工具栏：“引线”按钮

【操作步骤】

命令_qleader

指定第一个引线点或【设置(S)】<设置>：

【选项说明】

(1)指定第一个引线点　在上面的提示下确定一点作为指引点得第一点，AutoCAD 提示：

指定下一点：(输入指引线的第二点)

指定下一点：(输入指引线的第三点)

AutoCAD 提示用户输入的点的数目由“引线设置”对话框的确定，如图 3-89 所示。

输入完指引线的点后，AutoCAD 提示：

指定文字宽度<0.0000>(输入多行文本的宽度)

输入注释文字的第一行<多行文字(M)>：

此时，有两种命令输入选择。

输入注释文字的第一行

在命令行输入第一行文字。系统继续提示：

输入注释文字的第一行：(输入另一行文字)

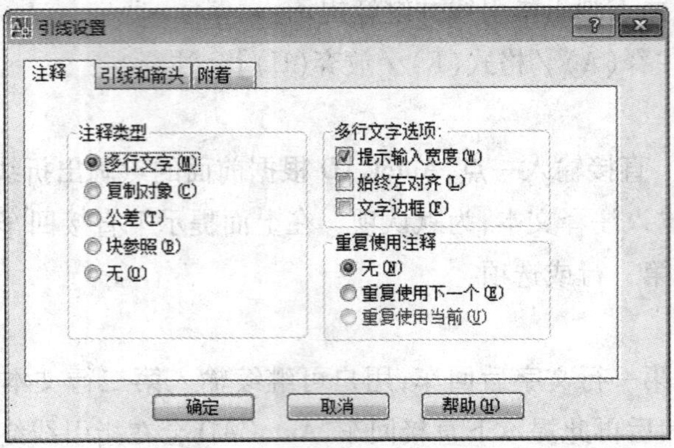

图3-89　引线设置对话框

输入注释文字的第一行:(输入另一行文本或回车)

<多行文字(M)>

打开多行文字编辑器,输入、编辑多行文字。输入全部注释文本后,在此提示下直接回车,AutoCAD结束QLEADER命令并把多行文本标注在指引线的末端附近。

(2)设置　在上面提示下直接回车或输入S,AutoCAD将打开如图3-90所示"引线设置"对话框,允许对引线标注进行设置。该对话框包含"注释""引线和箭头""附着"三个选项卡

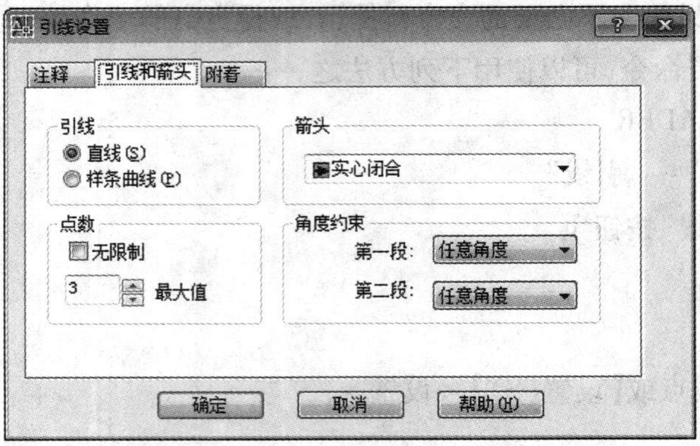

图3-90　引线和箭头选项卡

3.12.8　快速标注

快速标注命令可以同时选择多个圆或圆弧进行半径或直径的标注,也可以同时选择多个对象进行基线标注和连续标注,选择一次即可完成多个标注,因此可节省时间,提高工作效率。

启用"快速标注"的命令,可以使用下列方法之一:

◆ 命令行:QDIM

◆ 菜单:"标注"→"快速标注"

◆ 工具栏:"快速标注"按钮

【操作步骤】

命令行:_ qdim

关联标注优先级 = 端点

选择要标注的几何图形:(选择要标注尺寸的多个对象后回车)

指定尺寸线位置或[连续(C)/并列(S)/基线(B)/坐标(O)/直径(D)/基准点(P)/编辑(E)/设置(T)]<连续>:

【选项说明】

(1)指定尺寸线位置　直接确定尺寸线的位置,AutoCAD 在该位置按默认的尺寸标注类型标注出相应的尺寸。

(2)连续(C)　产生一系列连续标注的尺寸。键入 C,AutoCAD 提示用户选择要进行标注的对象,选择后回车,返回上面的提示,给定尺寸线的位置,则完成练习尺寸标注。

(3)并列(S)　产生一系列交错的尺寸标注。

(4)基线(B)　产生一系列基线标注的尺寸。后面的"坐标(O)""半径(R)""直径(D)"含义于此类似。

(5)基准点(P)　为基线标注和连续标注指定一个新的基准点。

(6)编辑(E)　对多个尺寸标注进行编辑。AutoCAD 允许对已存在的此存标注添加或移去尺寸点。选择此选项,AutoCAD 提示:

指定要删除的标注点或[添加(A)/—退出(X)]<退出>:

再次提示下确定要三处的标注点后回车,AutoCAD 对尺寸标注进行更新。

3.12.9　尺寸公差标注

尺寸公差是为了有效控制零件的加工精度,许多零件图上需要标注极限偏差或公差代号,他的标注形式是通过标注样式中的公差格式设置的。

标注完长度尺寸以后,要标注长度尺寸时,需要通过改变公差格式的设计来完成。输入"标注样式"命令,插在打开的"标注样式管理器"中创建新的样式:"ISO－25 公差1"。打开"公差"选项卡,在"公差格式"区设置"方式"为"极限偏差"。在"精度"栏选择"0.000";输入"上偏差":"高度比例":"0.5";"垂直比例":"中";其余为默认设置,如图 3－91 所示。

标注公差尺寸在"样式"工具栏中选中该样式,利用"线性标注"标注尺寸

同上述步骤,建立"ISO－25 公差 2"样式,改变公差标注方式为"对称"。

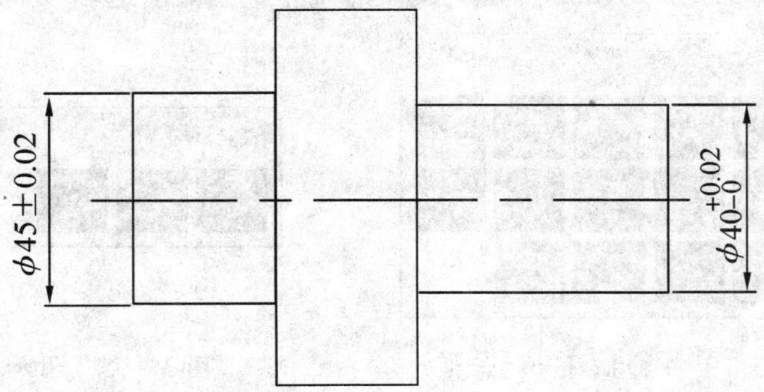

图 3－91　尺寸公差标注

3.12.10　形位公差标注

形位公差的标注如图 3－92 所示,包括指引线、特征符号、公差值以及基准代号和其附加符号。利用 AutoCAD 可方便地标注出形位公差。形位公差标注常和引线标注结合使用。

图 3－92　形位公差标注

启用“公差标注”命令，可使用下列方法之一：

◆ 命令行：TOLERANCE 或 QLEADER

◆ 菜单：“标注”－→“公差”

◆ 工具栏：“ 公差”按钮

◆【操作步骤】

命令：_tolerance

AutoCAD 打开如图 3－93 所示的“形位公差”对话框，可通过此对话框对形位公差标注进行设置。

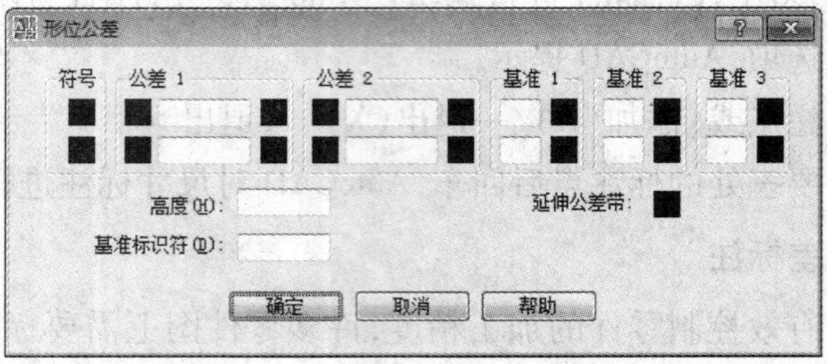

3－93　形位公差对话框

【选项说明】

(1)符号　设定或改变公差代号。单击下面的黑方块，系统打开如图 3－94 所示的“特征符号”对话框，可从中选取公差代号。

(2)公差 1(2)　产生第一至二个公差的公差值及“附加符号”。白色文本框左侧的黑块控是否在公差值之前加一个直径符号，单击它，则出现一个直径符号，再单击则又消失。白色文本框用于确定公差值，在其中输入一个具体数值。右侧黑快用于插入“附加符号”，单击它，系统打开如图 3－95 所示的“附加符号”对话框，可从中选取所需符号。

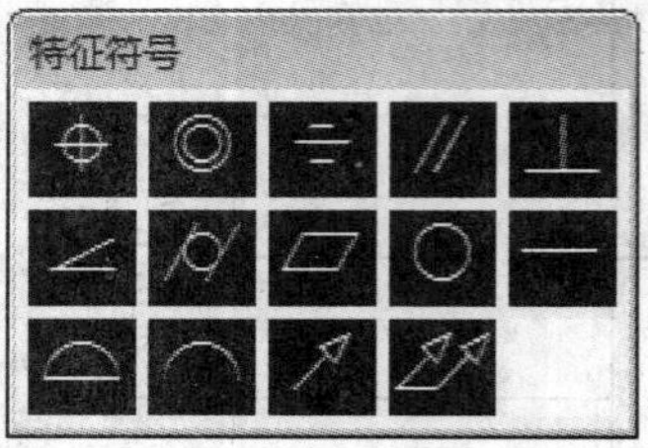

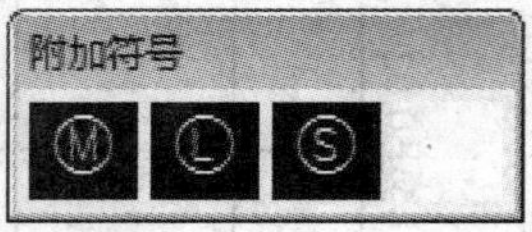

图 3－94　特征符号对话框　　　图 3－95　附加符号对话框

(3)基准 1(2、3)　确定第一至三个基准代号及材料状态符号　在白色文本框中输入一个基准代号。单击其右侧黑快，AutoCAD 将弹出“附加符号”对话框，可从中选取附加符号。

(4)“高度”文本框　确定标注复合形位公差的高度。

(5)延伸公差带　单击此黑块，在复合公差带后面加一个符合公差符号。

(6)“基准标识符”文本框 产生一个表示符号,用一个字母表示。

3.13 绘图步骤

3.13.1 样板文件的调用

单击菜单栏“文件”选项,选择“新建”选项,从弹出的“选择样板”对话框中选择已经创建好的,名为“A4 国标横装留装订边机械样板图”样板文件,单击“打开”按钮,以此为基础绘制齿轮零件图。

3.13.2 绘制图形

(1)图形分析 箱体类零件属于结构较为复杂的一类零件,因此为了将其表示清楚,采用了大量的局部剖视图,用以表达被遮挡的结构。此外,由于该类大部分由铸件毛坯加工而成,因此其零件图中包含有筋板、铸造圆角等工艺结构。最后需要注意的是,箱体类零件在铸造过程中,通常都采用均匀壁厚的方式,这样一来,在绘制图形时需要注意尺寸链的计算。

(2)绘制减速箱盖主视图,使用样条曲线命令来绘制局部剖视图断面,采用圆弧命令来绘制圆弧,使用偏移命令来绘制筋板以及其他等壁厚结构,使用修剪命令将多余部分修剪掉,并且用图样填充命令填充局部剖视图剖开部分,作出剖面线,如图 3 - 96。

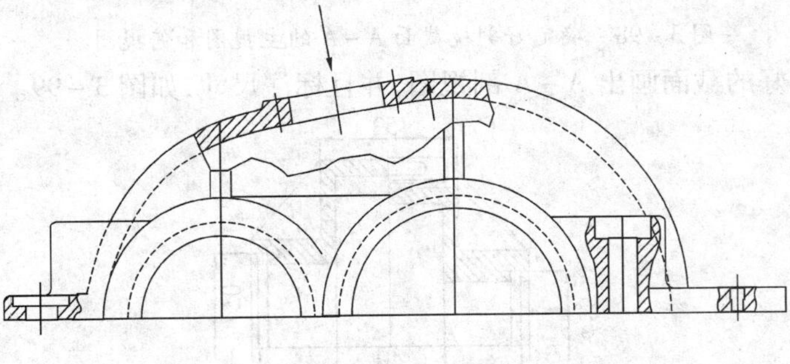

图 3 - 96 减速器箱盖主视图

(3)绘制减速箱体俯视图,采用阵列命令来绘制箱盖凸台上的四个螺栓孔,如图3 - 97。

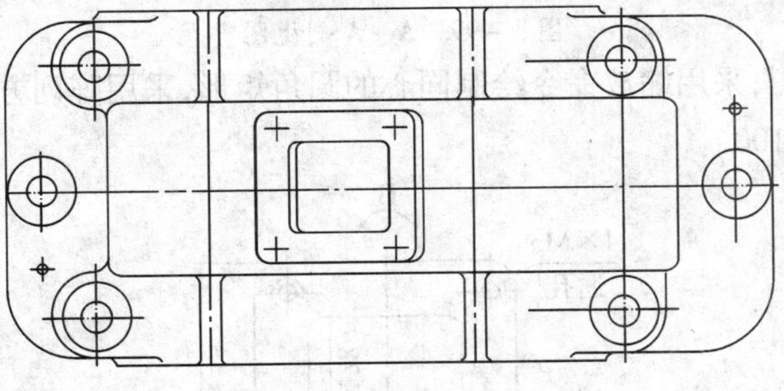

3 - 97 减速箱盖俯视图

(4)在两个视图上标注尺寸,并且选择好剖视截面和向视图的位置,如图 3 - 98。

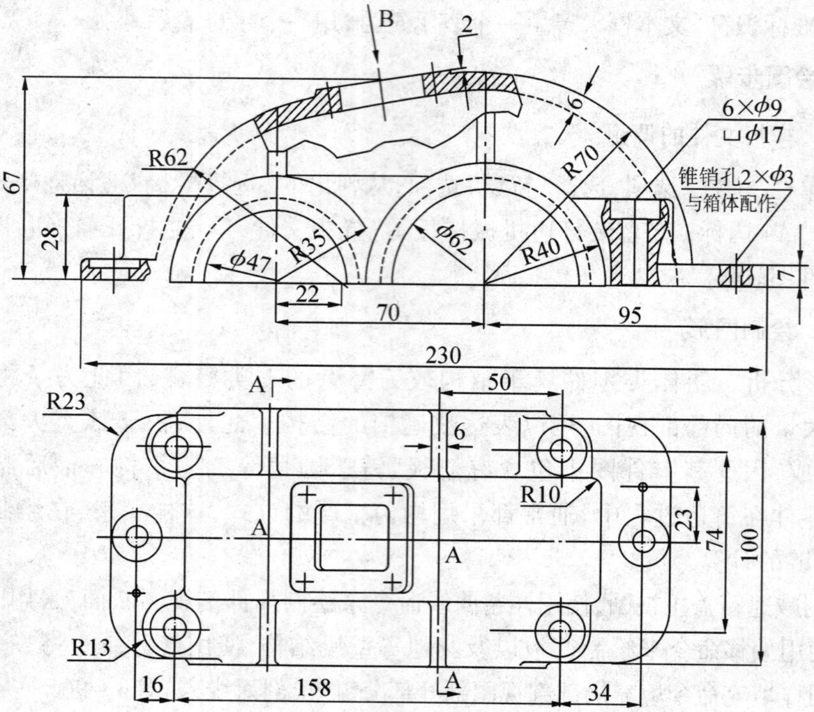

图 3－98　确定好剖视截面 A－A 的主视图和俯视图

(5)按照确定好的截面画出 A－A 剖视图，并且标注尺寸，如图 3－99。

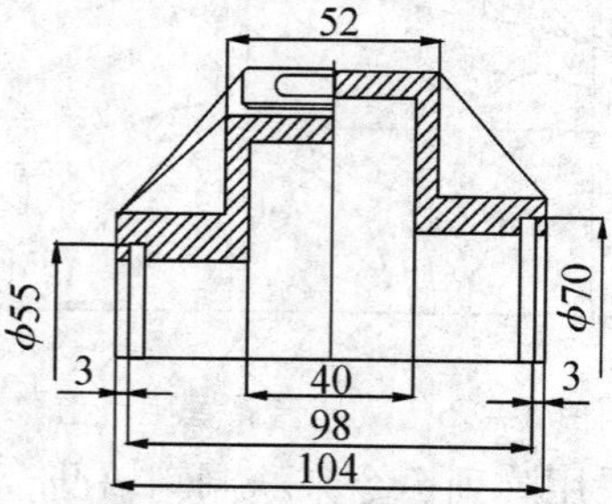

图 3－99　A－A 剖视图

(6)画出 B 向视图，采用缩放命令绘制同心的圆角矩形，采用阵列方式绘制 4 个螺孔，并且标注尺寸，如图 3－100。

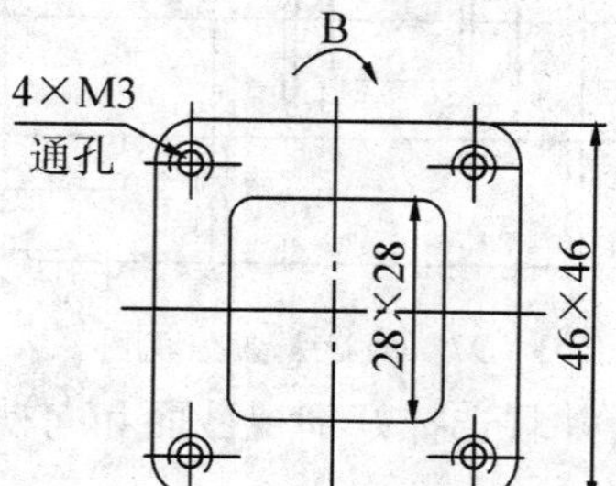

图 3－100　B 向视图

请沿此线剪下

任务实施

资讯单

学习领域	机械图样的识读与绘制		
学习情境三	箱体类零件图样的识读与绘制	学　时	16
资讯方式	学生根据教师给出的资讯引导进行查询,并作简单记录		
资讯问题	1. 箱体类零件有哪些结构特点,常见的工艺结构有哪些? 2. 箱体类零件常用的表达方式有哪些? 3. 对箱体、箱盖上各结构的测量方法有哪些? 4. 对箱体类零件如何进行尺寸标注? 5. 用 AutoCAD 绘制零件图需用到哪些命令?其绘图的步骤主要有哪些		
资讯引导	1. 问题 1、2、4 参考机械制图视图的表达方法。 2. 问题 3 参考《金工实习》。 3. 问题 6 参考《AutoCAD 2008》。		

请沿此线剪下

请沿此线剪下

资讯记录	

请沿此线剪下　请沿此线剪下　请沿此线剪下

决策单

<table>
<tr><td>学习领域</td><td colspan="5">机械图样的识读与绘制</td></tr>
<tr><td>学习情境三</td><td colspan="3">箱体类零件图样的识读与绘制</td><td>学　时</td><td>1</td></tr>
<tr><td>决策方式</td><td colspan="5">对小组成员的计划进行讨论、完善，制定出最佳实施方案</td></tr>
<tr><td colspan="6">方案讨论</td></tr>
<tr><td rowspan="9">方案对比</td><td>序号</td><td>姓名</td><td>步骤顺序性</td><td>步骤合理性</td><td>实施可操作性</td></tr>
<tr><td>1</td><td></td><td></td><td></td><td></td></tr>
<tr><td>2</td><td></td><td></td><td></td><td></td></tr>
<tr><td>3</td><td></td><td></td><td></td><td></td></tr>
<tr><td>4</td><td></td><td></td><td></td><td></td></tr>
<tr><td>5</td><td></td><td></td><td></td><td></td></tr>
<tr><td>6</td><td></td><td></td><td></td><td></td></tr>
<tr><td>7</td><td></td><td></td><td></td><td></td></tr>
<tr><td>8</td><td></td><td></td><td></td><td></td></tr>
<tr><td>方案说明</td><td colspan="5"></td></tr>
<tr><td>方案确定</td><td colspan="5"></td></tr>
<tr><td rowspan="3">方案评价</td><td>班　　级</td><td></td><td>日　　期</td><td colspan="2"></td></tr>
<tr><td>组长签字</td><td></td><td>教师签字</td><td colspan="2"></td></tr>
<tr><td colspan="5">评语：</td></tr>
</table>

计划单

<table>
<tr><td>学习领域</td><td colspan="4">机械图样的识读与绘制</td></tr>
<tr><td>学习情境三</td><td colspan="2">箱体类零件图样的识读与绘制</td><td>学　时</td><td>1</td></tr>
<tr><td>计划方式</td><td colspan="4">根据任务要求,制定出本任务实施操作计划</td></tr>
<tr><td>序　号</td><td colspan="3">实施步骤</td><td>计划制定参考资料</td></tr>
<tr><td>1</td><td colspan="3"></td><td rowspan="12"></td></tr>
<tr><td>2</td><td colspan="3"></td></tr>
<tr><td>3</td><td colspan="3"></td></tr>
<tr><td>4</td><td colspan="3"></td></tr>
<tr><td>5</td><td colspan="3"></td></tr>
<tr><td>6</td><td colspan="3"></td></tr>
<tr><td>7</td><td colspan="3"></td></tr>
<tr><td>8</td><td colspan="3"></td></tr>
<tr><td>9</td><td colspan="3"></td></tr>
<tr><td>10</td><td colspan="3"></td></tr>
<tr><td>11</td><td colspan="3"></td></tr>
<tr><td>12</td><td colspan="3"></td></tr>
<tr><td>计划说明</td><td colspan="4"></td></tr>
<tr><td rowspan="3">计划评价</td><td>班　　级</td><td></td><td>日　　期</td><td></td></tr>
<tr><td>教师签字</td><td></td><td>组长签字</td><td></td></tr>
<tr><td colspan="4">评语：</td></tr>
</table>

请沿此线剪下

实施单

学习领域	机械图样的识读与绘制		
学习情境三	箱体类零件图样的识读与绘制	学 时	14
实施方式	根据小组确定的最佳实施方案,完成本任务要求		
序号	实施步骤		
1			
2			
3			
4			
5			
6			
7			
8			
9			
10			
11			
12			
实施注意事项			
实施过程评价	班 级		日 期
	教师签字		组长签字
	评语:		

请沿此线剪下

请沿此线剪下

请沿此线剪下

请沿此线剪下

请沿此线剪下

量具工具清单

学习领域	机械图样的识读与绘制						
学习情境三	箱体类零件图样的识读与绘制						
项　目	序号	名称	作用	数量	型号	使用前	使用后
所用量具	1						
	2						
	3						
	4						
	5						
	6						
被测零件	1						
	2						
	3						
	4						
	5						
	6						
	7						
	8						
所用工具	1						
	2						
	3						
	4						
	5						
测量结果记录							

班　级		组长签字		教师签字		日　期	

请沿此线剪下

请沿此线剪下

请沿此线剪下

检查单

学习领域	机械图样的识读与绘制			
学习情境三	箱体类零件图样的识读与绘制		学　时	1
序号	检查项目	检查标准	学时自检	教师检查
1				
2				
3				
4				
5				
6				
7				
8				
实施过程评价	班　级		日　期	
	教师签字		组长签字	
	评语：			

评价单

学习领域	机械图样的识读与绘制								
学习情境三	箱体类零件图样的识读与绘制			学　时	1				
评价类别	项目	子项目	个人评价	教师评价	组内互评				
专业能力（60%）	资讯（10%）	搜集信息（5%）							
		引导问题回答（5%）							
	计划（5%）	计划可执行度（5%）							
	实施（5%）	工作步骤执行情况（5%）							
	检查（5%）	全面性、准确性（3%）							
		异常情况排除（2%）							
	过程（15%）	操作过程规范性（10%）							
		过程合理性（5%）							
	结果（10%）	结果质量（10%）							
	作业（10%）	完成质量（10%）							
社会能力（20%）	团结协作（10%）	对小组的贡献（5%）							
		小组合作配合情况（5%）							
	敬业精神（10%）	吃苦耐劳精神（5%）							
		学习纪律性（5%）							
方法能力（20%）	计划能力（10%）								
	决策能力（10%）								
评价评语	班　　级		日　　期						
	组长签字		教师签字						
	评语：								

请沿此线剪下

教学反馈单

学习领域	机械图样的识读与绘制			
学习情境二	箱体类零件图样的识读与绘制			
序号	调查内容	是	否	理由陈述
1	箱体类零件的工艺结构主要有哪些,你知道吗?			
2	箱体类零件尺寸标注的注意事项你知道吗?			
3	了解箱体类零件的技术要求吗?			
4	箱体零件的形位公差和表面粗糙度的确定方法知道吗?			
5	你认为你的操作规范吗?			
6	能够绘制箱体类零件草图吗?			
7	能使用计算机绘图软件 AtuoCad 绘制箱体类零件二维图吗?			
8	你对老师在本学习情境的教学过程满意吗?			
9	你对本学习情境的教学方式满意吗?			
10	你认为本学习情境的教学方法合适吗?			
11	你对本小组完成本学习情境工作任务的配合满意吗?			
12	你对自己的表现满意吗?			
13				
14				
15				

你的意见对改进教学非常重要,请如实写出你的建议和意见:

班　　级		被调查者签名		调查时间	

请沿此线剪下

请沿此线剪下

知识拓展

3.1 零件的结构工艺性

3.1.1 铸造工艺结构

3.1.1.1 起模斜度

为了在铸造时便于将模样从砂型中取出，在铸件内外壁上常设计出起模斜度。起模斜度的大小：木模常为1°～3°；金属模手工造型时为1°～2，用机械造型时为0.5°～1°。在图上表达起模斜度较小的零件时，起模斜度可以不画，如图3－101(a)所示，但应在技术要求中加以说明。当需要表达时，如在一个视图中起模斜度已表达清楚，如图3－101(b)所示，则在其他视图中可只按小端画出，如图3－101(c)所示。

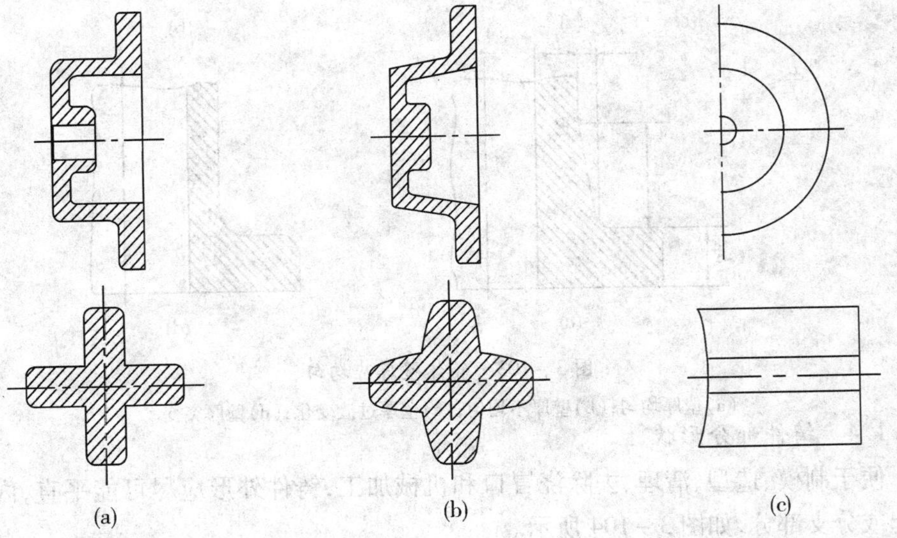

图3－101 起模斜度

(a)不画出；(b)画出；(c)按小端画出

3.1.1.2 铸造圆角

在箱体铸造过程中，为了满足铸造工艺要求，防止浇铸铁水时将砂型转角处冲坏、铸件在冷却时防止在转角处产生裂纹和缩孔，在铸件各表面相交处都做成圆角而不做成尖角，如图3－102所示。圆角半径一般取壁厚的1/5～2/5。在同一铸件上，圆角半径的种类应尽可能减少。

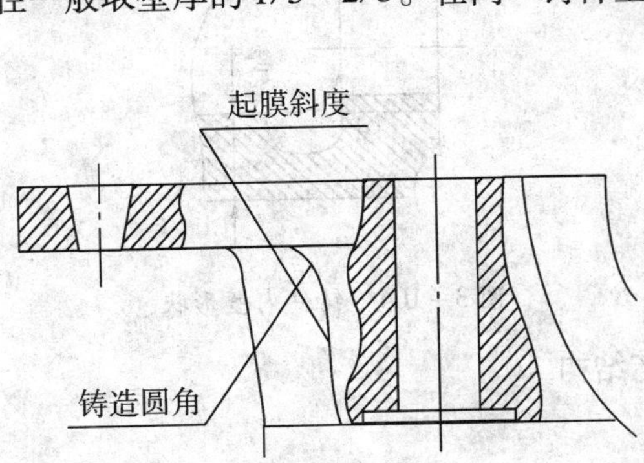

图3－102 铸造圆角

3.1.1.3　铸件壁厚

为了保证箱体的质量，防止因壁厚不均而冷却结晶速度不同，在肥厚处产生疏松以致缩孔，薄厚相间处产生裂纹等，应使箱体壁厚均匀或逐渐变化，避免突然改变壁厚产生局部肥大现象，如图 3－103 所示。其壁厚有时在图中可不注，而在技术要求中注写，如“未注明壁厚为 5 mm”。

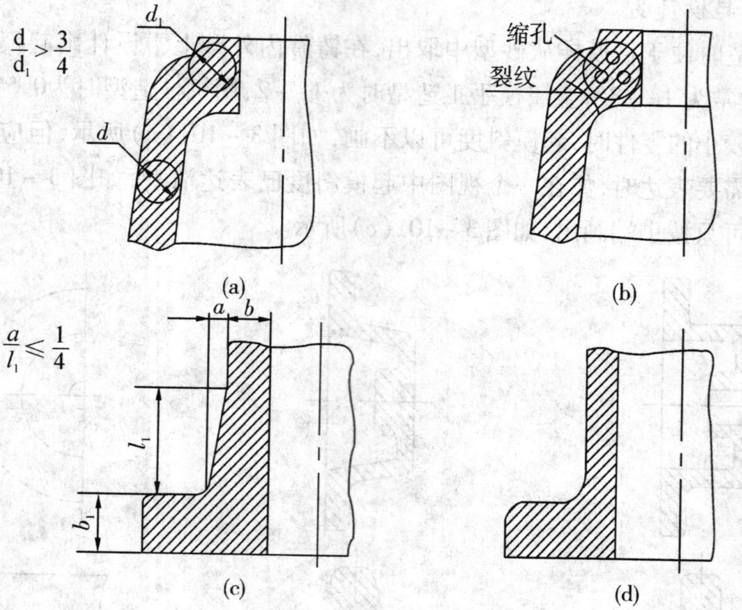

图 3－103　箱体壁厚应均匀

(a)壁厚均匀；(b)壁厚不均匀；(c)壁厚过渡变化；(d)壁厚突变

3.1.1.4　铸件部分形状

为了便于制模、造型、清理、去除浇冒口和机械加工，铸件外形应尽可能平直，内壁也应减少凸起或分支部分，如图 3－104 所示。

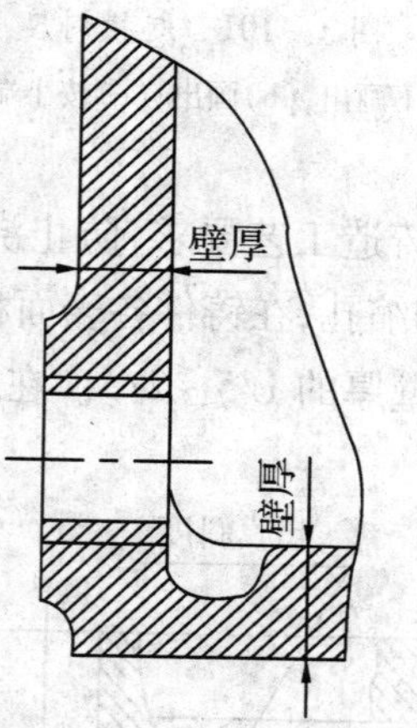

图 3－104　铸件内壁形状

3.1.2　机械加工工艺结构

3.1.2.1　钻孔结构

零件上有各种不同形式和不同用途的孔，多数是用钻头加工而成。用钻头钻孔时，要求钻头尽量垂直于被钻孔的零件表面，以保证钻孔准确和避免钻头折断，同时还要保证工具能有最方便的工作条件，如图 3－105 所示。

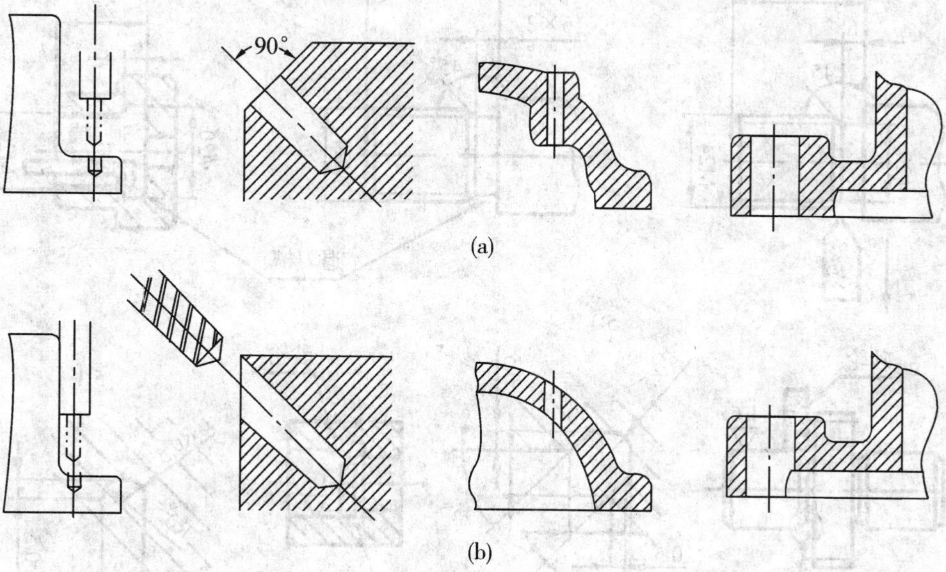

图 3－105　钻孔结构

(a)合理；(b)不合理

3.1.2.2　凸台和凹坑

为了保证零件间的良好接触及减少加工面，在箱体上常有凸台结构或加工出凹坑（鱼眼坑），以减少加工面积并保证两零件间接触良好，如图 3－106 所示。

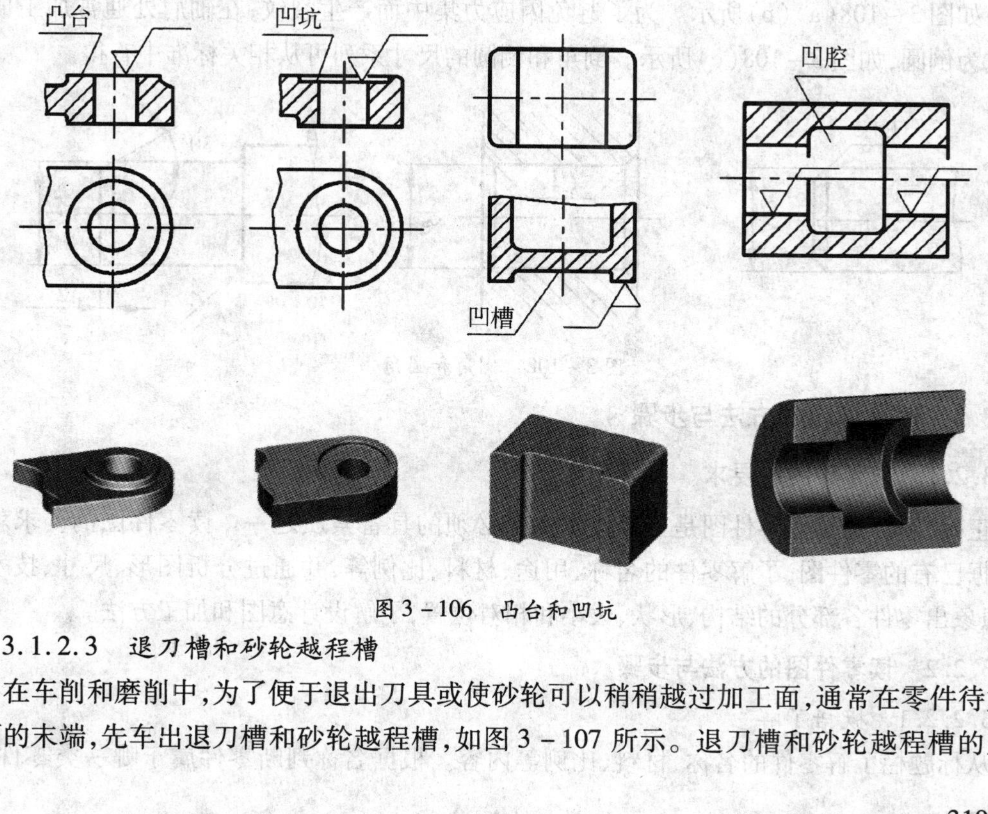

图 3－106　凸台和凹坑

3.1.2.3　退刀槽和砂轮越程槽

在车削和磨削中，为了便于退出刀具或使砂轮可以稍稍越过加工面，通常在零件待加工表面的末端，先车出退刀槽和砂轮越程槽，如图 3－107 所示。退刀槽和砂轮越程槽的尺寸系列可从相关标准中查得。

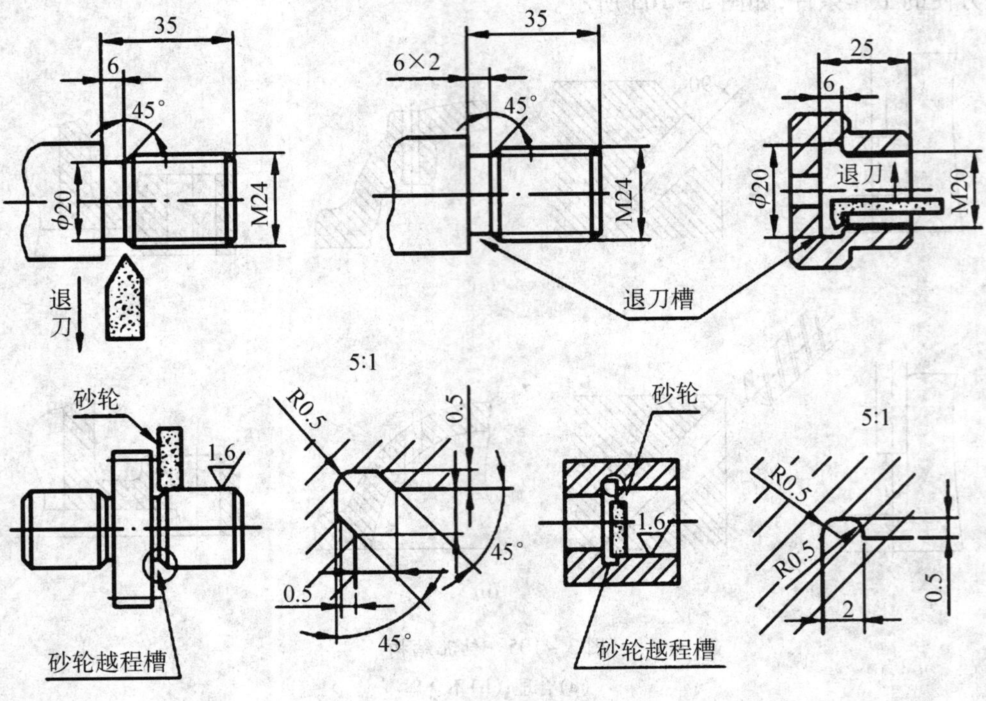

图 3－107　退刀槽和砂轮越程槽

3.1.2.4　倒角和倒圆

为了去除零件的毛刺、锐边和便于装配，在轴和孔的端部，一般都加工成 45°或 30°，60°倒角，如图 3－108(a)(b)所示。为了避免因应力集中而产生裂纹，在轴肩处通常加工成圆角，成为倒圆，如图 3－108(c)所示。倒角和倒圆的尺寸系列可从相关标准中查得。

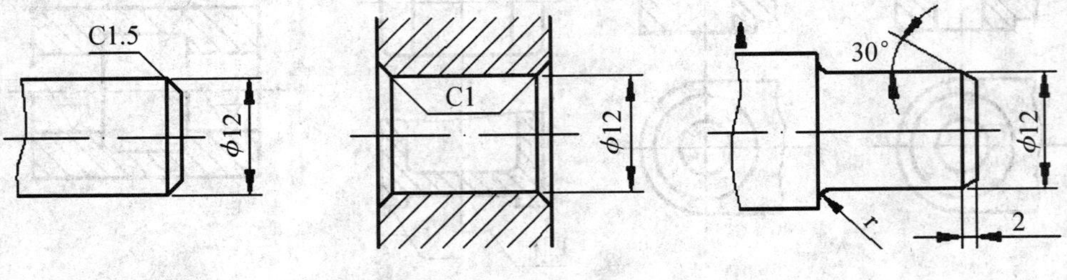

图 3－108　倒角和圆角

3.2　读零件图的方法与步骤

3.2.1　读零件图的要求

正确、熟练地读懂零件图是工程技术人员必须的具备素质之一。读零件图的要求就是要根据已有的零件图，了解零件的名称、用途、材料、比例等，并通过分析图形、尺寸、技术要求，想象出零件各部分的结构、形状、大小和相对位置，了解设计意图和加工方法。

3.2.2　读零件图的方法与步骤

3.2.2.1　概括了解

从标题栏了解零件的名称、材料、比例等内容。根据名称判断零件属于哪一类零件，根据材料可大致了解零件的加工方法，根据绘图比例可估计零件的大小。必要时，可对照机器、部件实物或装配图了解该零件的装配关系等，从而对零件有初步的了解。

3.2.2.2　分析视图间的联系和零件的结构形状

分析各零件各视图的配置情况以及各零件相互之间的投影关系，运用形体分析法和线面分析法读懂零件各部分结构，想象出零件的形状。看懂零件的结构和形状是读零件图的重点，前面已讲过的组合体的读图方法和剖视图的读图方法同样适用于读零件图。读图的一般顺序是：先整体，后局部；先主体结构，后局部结构；先读懂简单部分，再分析复杂部分。读图时，应注意是否有规定画法和简化画法。

3.2.2.3　分析尺寸和技术要求

分析尺寸时，首先要弄清长、宽、高三个方向的尺寸基准，从基准出发查找各部分的定形尺寸、定位尺寸。必要时，联系机器或部件与该零件有关的零件一起进行分析，深入理解尺寸之间的关系并分析尺寸的加工精度要求，以及尺寸公差、形位公差和表面粗糙度等技术要求。

3.2.2.4　综合归纳

零件图表达了零件的结构形式、尺寸及精度要求等内容，它们之间是相互关联的。初学者在读图时，首先要做到：正确地分析表达方案，运用形体分析法分析零件的结构、形状和尺寸，全面了解技术要求，正确理解设计意图，从而达到读懂零件图的目的。

3.2.3　**读零件图举例**

下面以图 3－109 所示阀杆为例，说明读零件图的方法和步骤。

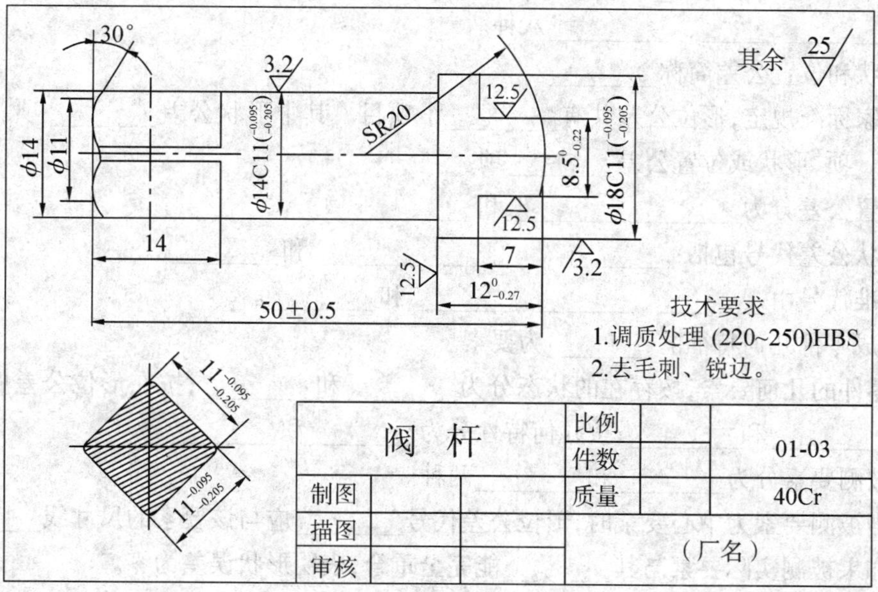

图 3－109　阀杆

3.2.3.1　概括了解

从标题栏可知，阀杆按 1∶ 1 绘制，与实物大小一致。材料为 40Cr（合金结构钢）。从图中可以看出，阀杆由回转体经切削加工而成，为轴套类零件。对照图可以看出，阀杆上部是由圆柱经切割形成的四棱柱，与扳手上的四方孔配合；阀杆下部的凸榫与阀芯上部的凹槽配合。阀杆的作用是通过扳手使阀芯转动，以开启或关闭球阀和控制流量。

3.2.3.2　分析视图间的联系和零件的结构形状

阀杆零件图采用了一个基本视图和一个断面图表达，主视图按加工位置将阀杆水平置放，左端的四棱柱采用移出断面图表达。

3.2.3.3　分析尺寸和技术要求

阀杆以水平轴线作为径向尺寸基准，同时也是高度和宽度方向的尺寸基准。由此注出径向各部分尺 $\phi14$、$\phi11$、$\phi14c11(^{-0.095}_{-0.205})$、$\phi18c11(^{-0.095}_{-0.205})$。凡是尺寸数字后面注写公差代号或偏差值，说明零件该部分与其他零件有配合关系。如 $\phi14c11(^{-0.095}_{-0.205})$ 和 $\phi18c11(^{-0.095}_{-0.205})$ 分别与球阀中的填料压紧套和阀体有配合关系，其表面粗糙度要求较严，Ra 值为 3.2μm。

选择表面粗糙度为 Ra12.5 的端面作为阀杆的轴向尺寸基准，也是长度方向的尺寸基准，由此注出尺寸 $12^{0}_{-0.27}$，以右端面作为轴向的第一辅助基准，注出尺寸 7、50 ±0.5，以左端面作为轴向的第二辅助基准，注尺寸 14。

阀杆经过调质处理（220 ~ 250）HBS，以提高材料的韧度和强度。

思考与练习

一、填空题

1. 形状公差项目有________、________、________、________、________、________六种。

2. 位置公差是指________的位置对其________的变动量。理想位置由________确定。

3. 位置公差项目有__________、__________、__________、__________、__________、__________、__________、__________八种。

4. 形状和位置公差简称________。

5. 国家标准规定，形位公差共有________个项目。其中形状公差________项。位置公差________项，形状或位置公差________项。

6. 位置公差分为________、________和________。

7. 形状公差代号包括：________、________、________和________。

8. 基准代号由________、________、________和________。

9. 构成零件几何特征的________为要素。

10. 零件的几何要素，按存在的状态分为________和________；按在形位公差中所处的地位分为________和________；按几何特性分为________和________。

11. 被测要素分为________和________两种。

12. 当被测要素为中心要素时，形位公差代号________应与该要素的尺寸线________。

13. 如果被测实际要素与其________能完全重合，表明形状误差为零。

14. 用以限制实际要素变动的区域称为________。

15. 箱体上一系列有要求的孔称为孔系。孔系一般可分为__________、__________和__________。

16. 常用的平面加工方法有刨、铣、磨等，其中__________常用于平面的精加工，而________和________则常用于平面的粗加工和半精加工。

17. 铣削用量四要素为________、________、________和________。

18. 多点联动夹紧机构中缺一不可的元件是________。

19. 箱体材料一般选用________，负荷大的主轴箱材料也可采用________。

二、选择题

1. 下列哪一种刀具不适宜进行沟槽的铣削？ （　　）

A. 立铣刀　B. 圆柱形铣刀　C. 锯片铣刀　D. 三面刃铣刀

2. 在平面磨床上磨削工件的平面时，不能采用下列哪一种定位？ （　　）

A. 完全定位　B. 不完全定位　C. 过定位　D. 欠定位

3. 平面光整加工能够 （　　）

A. 提高加工效率　B. 修正位置偏差　C. 提高表面质量　D. 改善形状精度

4. 采用镗模法加工箱体孔系，其加工精度主要取决于 （　　）

A. 机床主轴回转精度　B. 机床导轨的直线度

C. 镗模的精度　D. 机床导轨的平面度

5. 箱体类零件常以一面两孔定位，相应的定位元件是 （　　）

A. 一个平面、二个短圆柱销　B. 一个平面、一个短圆柱销、一个短削扁销

C. 一个平面、二个长圆柱销　D. 一个平面、一个长圆柱销、一个短圆柱销

三、判断题

1. 凡具有几何学意义的、没有任何形状误差的、绝对正确的处于理想状态的要素，称为理想要素。 （　　）

2. 在图样上给定了形状或位置公差要求的要素称为实际要素 。 （　　）

3. 实际要素就是被测要素。 （　　）

4. 被测要素必是实际要素。 （　　）

5. 基准本身是一个理想要素。 （　　）

6. 只有形状公差要求的要素是单一要素。 （　　）

7. 具有位置公差要求的要素必是关联要素。 （　　）

8. 要被测要素的形状误差小于或等于形位公差，则该要素一定位于形位公差带内。 （　　）

9. 位公差带的大小有给定的形位公差 t 所决定。 （　　）

10. 联实际要素就是有位置公差要求的被测要素。 （　　）

11. 测要素标注时，用带箭头的指引线将被测要素与公差框格的一端相连。指引线的箭头应与公差带的宽度方向或直径相一致。 （　　）

12. 位公差带的方向是公差带的延伸方向，它与测量方向垂直。 （　　）

13. 直线度，当在互相垂直的两方向上限制直线度误差，其公差带形状是四棱柱。 （　　）

14. 柱度的公差带两同轴圆柱面的轴线与被测圆柱面的轴线无关。 （　　）

15. 测要素为各要素的公共轴线，指引线的箭头可以直接指在公共轴线上。 （　　）

16. 跳动分径向、端向和斜向全跳动三种。 （　　）

17. 向全跳动公差带与圆柱度公差带一样，都是半径差为公差值的两同轴圆柱面之间的

区域 (　　)

18. 位公差的附加要求,需用文字说明时,属于被测要素数量的说明,应在公差框格的上方。 (　　)

19. 被测要素遵守包容原则时,其实际要素的作用尺寸不得超出最大实体边界。(　　)

20. 大实体原则要求是控制被测要素的边界。 (　　)

21. 计箱体零件加工工艺时,应采用基准统一原则。 (　　)

22. 零件表面有硬皮时,应采用顺铣法加工。 (　　)

23. 槽铣刀的端面切削刃是主切削刃,圆周切削刃是副切削刃。 (　　)

四、综合题

1. 在表中填写出形位公差各项目的符号,并注明该项目是属于形位公差还是属于位置公差。

项目	符号	形位公差类别	项目	符号	形位公差类别
同轴度			圆度		
圆柱度			平行度		
位置度			圆跳动		
面轮廓度			平面度		
全跳动			直线度		

2. 说明图中形位公差代号标注的含义。

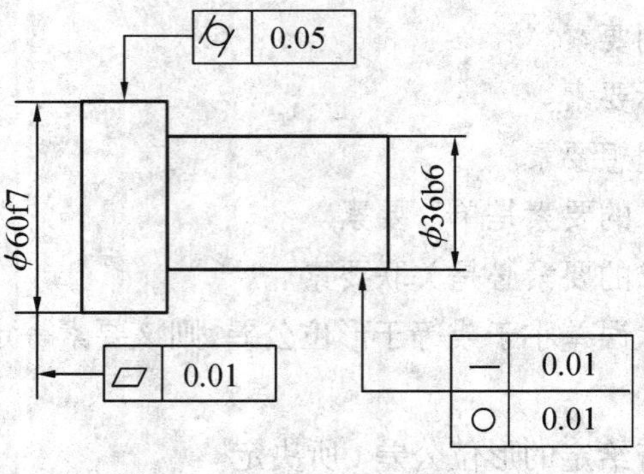

3. 下列要求在习题图上标出形位公差代号。

(1)ϕ50mm 圆柱面素线的直线度公差值为 0.02mm。

(2)ϕ30mm 圆柱面的圆柱度公差值为 0.05mm。

(3)整个零件的轴线必须位于直径 0.04mm 的圆柱面内。

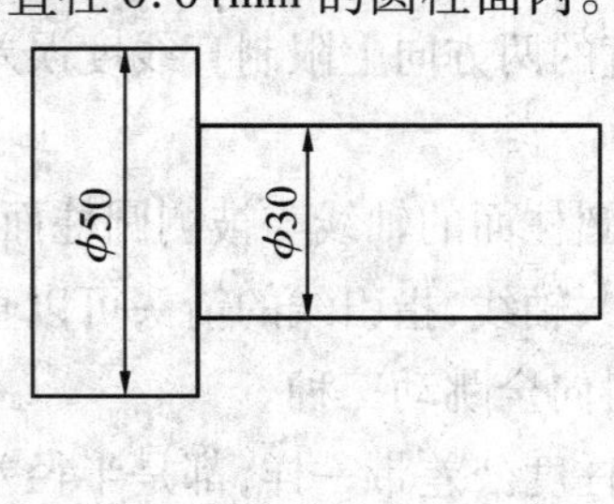

4. 说明图中形位公差代号标注的含义(按形位公差读法及公差带含义两种方法说明)。

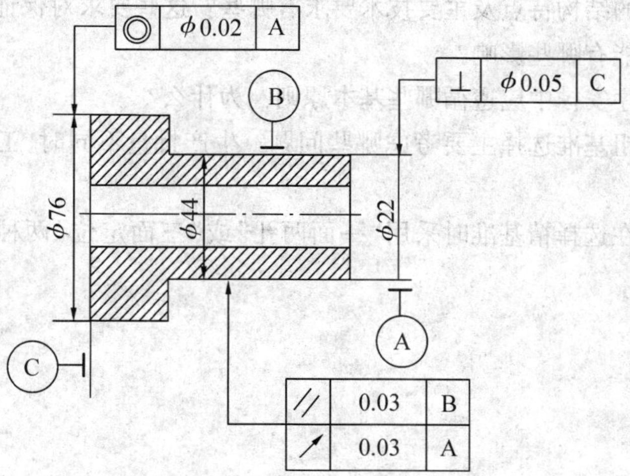

5. 下列技术要求用代号标注在习题图上。

(1)ϕ20d7 圆柱面任一素线的直线度公差值为 0.05mm。

(2)ϕ40m7 轴线相对于 ϕ20d7 轴线的同轴度公差值为 ϕ0.01mm。

(3)ϕ10H6 槽的两平行平面中任一平面对另一平面的平行度公差值为 0.015mm。

(4)ϕ10H6 槽的中心平面对 ϕ40m7 轴线的对称度公差值为 0.01mm。

(5)ϕ20d7 圆柱面的轴线对 ϕ40m7 圆柱右端面的垂直度公差值为 ϕ0.02mm。

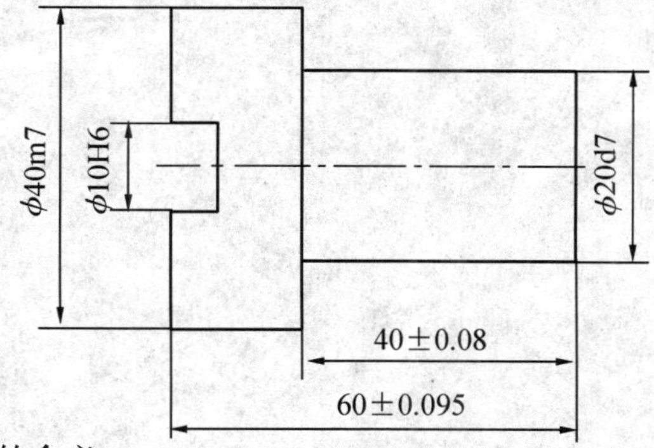

6. 明形位公差标注的含义。

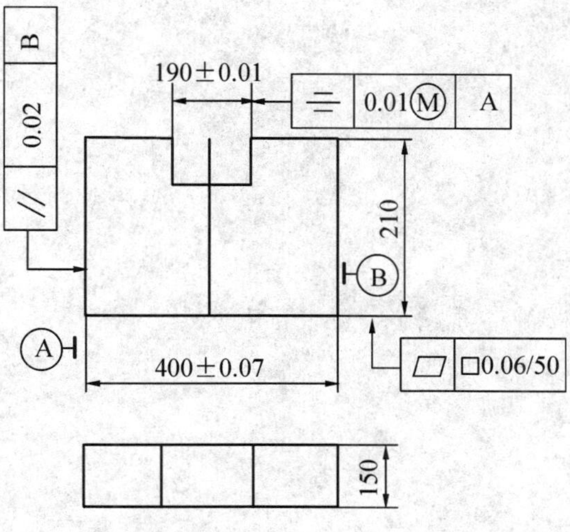

五、简答题

1. 箱体类零件的结构特点及主要技术要求有哪些？这些要求对保证箱体零件在机器中的作用和机器的性能有哪些影响？

2. 箱体加工顺序安排中应遵循哪些基本原则？为什么？

3. 箱体加工的粗基准选择主要考虑哪些问题？生产批量不同时，工件的安装方式有何不同？

4. 试举例比较在选择精基准时采用“一面两孔”或“三面定位”两种方案定位的优缺点和适用场合。

◇学习情境四

装配体图样的识读与绘制

任务描述

任何机器都是由若干个零件按一定的装配关系和技术要求装配起来的,表示其连接、装配关系的图样称为装配图。装配图与零件图的表达内容不同,它主要用于机器或部件的装配、调试、安装、维修等场合,也是生产中的一种重要的技术文件。在产品或部件的设计过程中,一般是先设计画出装配图,然后再根据装配图进行零件设计,画出零件图;在产品或部件的制造过程中,先根据零件图进行零件加工和检验,再按照依据装配图所制定的装配工艺规程将零件装配成机器或部件;在产品或部件的使用、维护及维修过程中,也经常要通过装配图来了解产品或部件的工作原理及构造。

本情境任务:

正确识读和绘制减速器装配图

学习目标

☆知识目标:

1. 了解减速器部件的名称、规格、性能、用途及工作原理
2. 了解各组成零件的相互位置、装配关系
3. 了解各组成零件的主要结构形状和在装配体中的作用
4. 掌握装配图的规定画法和特殊画法
5. 掌握螺纹紧固件及其连接画法
6. 掌握块的创建及插入方法
7. 能用 AutoCAD 正确绘制减速器装配图

☆技能目标:

1. 通过认识制图国家标准获取信息的能力
2. 空间思维和逻辑思维能力
3. 具有一定语言及文字表达的能力
4. 具有一定社会人际交往与沟通能力
5. 具有良好的团队合作精神和协作能力

学时安排

资讯	决策	计划	实施	检查	评价
4	1	1	18	1	1

知识链接

4.1 装配图的作用和内容

在实际工作中，需要根据设计要求首先设计出机器或部件，表达机器或部件的工作原理、装配、连接关系的图形称为装配图，它是设计、制造、使用、维修产品的重要依据。装配图应包括：

(1)一组视图 (包括视图、剖视图、断面图)用来表达机器或部件的工作原理、零件间的装配关系和连接方式及主要零件的结构形状等。

(2)必要的尺寸 表示机器或部件的性能、规格、装配和安装有关的尺寸。

(3)技术要求 用符号、代号或文字说明装配体在装配、安装、调试及使用等方面应达到的技术指标。

(4)标题栏、零件序号及明细栏 在装配图中，必须对每个零件编号，并在明细栏中依次列出零件的序号、名称、数量、材料等，在标题栏中写明装配体的名称、图号、绘图比例以及有关人员的签名等。在绘制从动轴系装配图之前，须对其工作原理、零件之间的装配关系以及主要零件的形状、零件与零件之间的相对位置、定位方式等作仔细分析。

4.2 装配图的规定画法和特殊画法

4.2.1 规定画法

1. 相邻两零件的接触面或基本尺寸相同的轴孔配合面，只画出一条线表示公共轮廓。间隙配合即使间隙较大也必须画出一条线。

2. 相邻两零件的非接触面或非配合面，应画出两条线，表示各自的轮廓。相邻两零件的基本尺寸不相同时，即使间隙很小也必须画出两条线。螺栓、螺柱、螺钉穿入被连接零件的孔时既不接触也不配合，画出两条线，表示各自的轮廓线。

3. 在剖视图或断面图中，相邻两零件的剖面线的倾斜方向应相反或方向相同而间隔不同；如两个以上零件相邻时，可改变第三零件剖面线的间隔或使剖面线错开，以区分不同零件。

4. 在剖视图中，对于标准键(如螺栓、螺母、键、销等)和实心的轴、手柄、连杆等零件，当剖切平面通过其基本轴线时，这些零件均按不剖绘制，即不画剖面线。

4.2.2 特殊画法

4.2.2.1 假想画法

当需要表示与本部件有关但不属于本部件的相邻零部件或零件的运动范围、极限位置时，可用细双点画线在假想位置画出其轮廓，如图 4 - 1 所示的箱座。

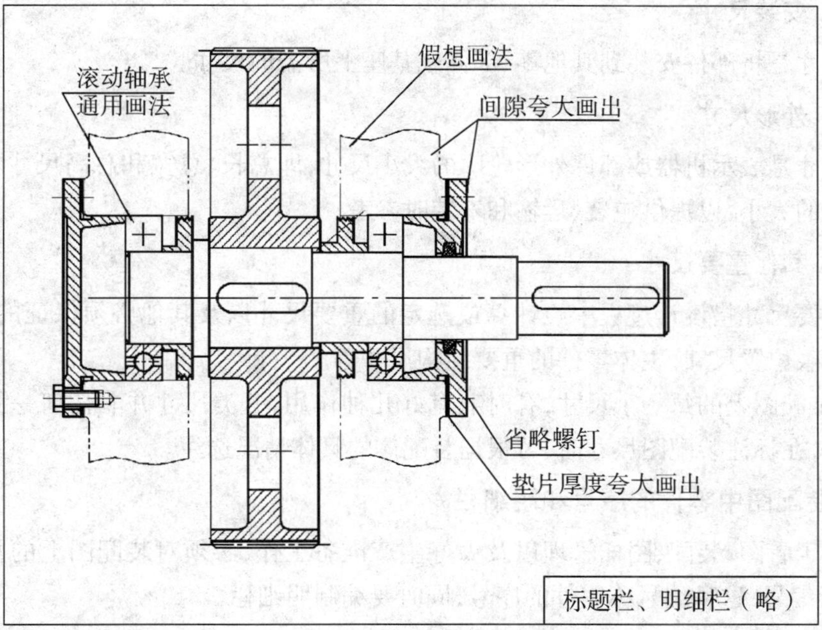

图 4－1 箱座装配图

4.2.2.2 夸大画法

对于装配图中间隙或零件的厚度小于 2mm 的结构，可以不按实际尺寸画，允许在原来的尺寸上稍加夸大画出，如轴承端盖孔与输出轴之间的间隙以及调整垫片的厚度均采用夸大画法画出，而实际尺寸在该零件的零件图上给出。

4.2.2.3 简化画法

对于装配图中重复出现且有规律分布的零件组，如轴承端盖与箱座之间的螺钉连接，可仅详细画出一组或几组，其余只需用细点画线表示其位置即可。零件的某些工艺结构，如圆角、倒角、退刀槽等在装配图中允许不画。螺栓头部和螺母也允许按简化画法画出。

4.2.2.4 拆卸画法

当装配体上某些零件的位置和基本连接关系等在某个视图中已经表达清楚时，为了避免遮盖某些零件的投影，在其他视图上可假想将这些零件拆去不画，当需要说明时，可在所得视图上方注出“拆去×××”字样。

4.3 装配图的尺寸标注

装配图上标注尺寸与零件图标注尺寸的目的不同，因为装配图不是制造零件的直接依据，所以在装配图中不需标注零件的全部尺寸，而只需注出几种必要的尺寸。

4.3.1 性能尺寸

性能尺寸用来表示机器、部件规格或性能尺寸。这种尺寸在设计机器（或部件）时就已经确定，它是设计和选用部件的主要依据。

4.3.2 装配尺寸

装配尺寸是用来保证部件功能精度和正确装配的尺寸。

4.3.3 **安装尺寸**

安装尺寸是将部件安装到其他零、部件或基座上所需的尺寸。

4.3.4 **外形尺寸**

外形尺寸是表示机器或部件外形轮廓的大小尺寸,即总长、总宽和总高尺寸。它表示部件所占空间的大小,以提供包装、运输和安装时参考。

4.3.5 **其他重要尺寸**

其他重要尺寸指设计过程中经计算或选定的重要尺寸以及其他必须保证的尺寸,如运动零件的极限位置尺寸、主体零件的重要结构尺寸等。

注意,装配图上的每一个尺寸,有时兼有好几种作用,五类尺寸并非任何一张装配图上都有。因此,在标注装配图尺寸时,可根据装配体的具体情况选注。

4.4 装配图中零件的序号和明细栏

为了便于看图、装配、图样管理以及做好生产准备工作,必须对装配图上的每个不同零(部)件进行编号,这种编号称零件的序号,同时要编制明细栏。

4.4.1 **零件序号的编排方法**

在装配图中,每个零件的可见轮廓范围内,画一个小黑点,用细实线画出指引线,并在末端的横线上或圆内注写零件序号,如图 4-2 所示

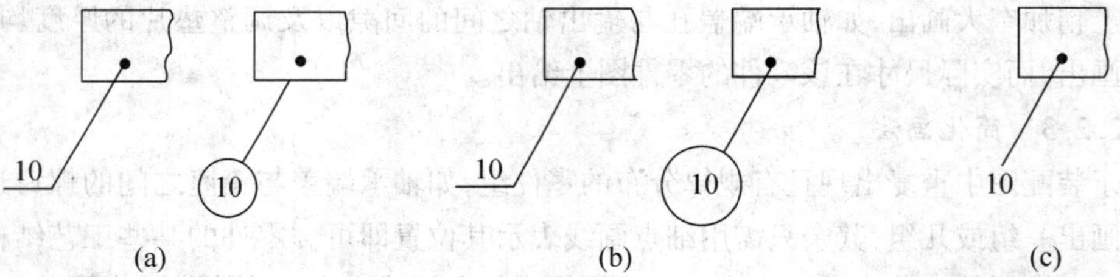

图 4-2 零件序号编排示例

装配图中的所有零件都必须进行编号;相同的零件编一次序号,并在明细栏中注明它的数量。

在同一装配图中编写序号的形式应一致。

序号的字高比图中所注的尺寸数字大一号或两号。

若所指部分很薄或涂黑,不便在其内画圆点时,可在指引线的末端画一箭头指向该部分轮廓。

指引线间相互不能相交;当其通过有剖面线的区域时,不应与剖面线平行,但允许画成折线,只可曲折一次 。

序号应沿水平或垂直方向整齐排列,按顺时针或逆时针方向依次书写 。

4.4.2 **明细栏**

明细栏是装配图中全部零件的详细目录,明细栏中零件的序号应与装配图中所编写的序号一致。如图 4-3 所示。

明细栏的位置在标题栏的上方,如果位置不够,也可继续画在标题栏的左方。填写序号时应自下向上填写,以便添加零件。如图 4-4 所示。

2	螺 柱 M12×25	4	40	GB/T898-1988
1	螺 母 M12	4	Q235	GB/T6170-2000
序号	名 称	数量	材 料	备 注
球 阀		班级		比例
		学号		图号
制图			武威职业学院	
审核				

15　45　15　35　30

8　8×4=32

图 4－3　明细栏格式

8	油 杯 B25	1		GB154-89
7	套	1	Q235	
6	螺 母 M12	4	Q235	GB170-86
5	螺 栓 M12×110	2	Q235	GB8-88
4	上轴衬	1	ZCuSn10Pb1	
3	轴承盖	1	Ht150	
2	下轴衬	1	ZCuSn10Ph1	
1	轴承座	1	Ht150	
序号	名 称	数量	材 料	备 注
滑动轴承		班级		比例
		学号		图号
制图				
审核				

左边线画粗实线，其余都画细实线。

注意：标准件规格和国标号的书写位置。

图 4－4　明细栏示例

4.5　装配图的技术要求

一般从以下三个方面考虑。

1. 装配要求

装配要求指装配过程中应注意事项及装配后应达到的技术要求，包括精度、装配间隙、润滑要求等。

2. 检验要求

检验要求指对装配体基本性能的检验、试验、验收方法的说明等。

3. 使用要求

使用要求指对装配体的性能、维护、保养、使用注意事项的说明。

上述各项技术要求，不是每张装配图都要求全部注写，应根据具体情况而定。

4.6　读装配图及由装配图拆画零件图

读装配图的目的是：了解部件的作用和工作原理，了解各零件间的装配关系、拆装顺序及各零件的主要结构形状和作用，了解主要尺寸、技术要求和操作方法。在设计时，还要根据装配图画出该部件的零件图。

4.6.1 读装配图及由装配图拆画零件图的方法和步骤

1. 概括了解 读装配图时，首先由标题栏了解机器或该部件的名称；由明细栏了解组成机器或部件中各零件的名称、数量、材料及标准件的规格，估计部件的复杂程度；由画图的比例、视图大小和外形尺寸，了解机器或部件的大小；由产品说明书和有关资料，并联系生产实践知识，了解机器或部件的性能、功用等，从而对装配图的内容有一个概括的了解。

2. 分析视图 首先找到主视图，再根据投影关系识别其他视图的名称，找出剖视图、断面图所对应的剖切位置。根据向视图或局部视图的投射方向，识别出表达方法的名称，从而明确各视图表达的意图和侧重点，为下一步深入看图作准备。

3. 分析零件，读懂零件的结构形状分析零件，就是弄清每个零件的结构形状及其作用。一般应先从主要零件入手，然后是其他零件。当零件在装配图中表达不完整时，可对有关的其他零件仔细观察和分析，然后再作结构分析，从而确定该零件的内外结构形状。

4. 分析装配关系和工作原理 对照视图仔细研究部件的装配关系和工作原理，是深入看图的重要环节。在概括了解装配图的基础上，从反映装配关系、工作原理明显的视图入手，找到主要装配干线，分析各零件的运动情况和装配关系；再找到其他装配干线，继续分析工作原理、装配关系、零件的连接、定位以及配合的松紧程度等。

5. 由装配图拆画零件图 由装配图拆画零件图是设计过程中的重要环节，也是检验看装配图和画零件图的能力的一种常用方法。拆画零件图前，应对所拆零件的作用进行分析，然后把该零件从与其组装的其他零件中分离出来。分离零件的基本方法是：首先在装配图上找到该零件的序号和指引线，顺着指引线找到该零件；再利用投影关系、剖面线的方向找到该零件在装配图中的轮廓范围。经过分析，补全所拆画零件的轮廓线。有时，还需要根据零件的表达要求，重新选择主视图和其他视图。选定或画出视图后，采用抄注、查取、计算的方法标注零件图上的尺寸，并根据零件的功用注写技术要求，最后填写标题栏。

4.6.2 读装配图及由装配图拆画零件图举例

读齿轮油泵的装配图，如图 4－5 所示，并拆画右端盖 8 的零件图。

4.6.2.1 概括了解

齿轮油泵是机器中用来输送润滑油的一个部件。对照零件序号和明细栏可知：齿轮油泵由泵体、左右端盖、运动零件（传动齿轮、齿轮轴等）、密封零件和标准件等 17 种零件装配而成，属于中等复杂程度的部件。三个方向的外形尺寸分别是 118、85、93mm，体积不大。

4.6.2.2 分析视图

齿轮油泵采用两个基本视图表达。主视图采用全剖视图，反映了组成齿轮油泵的各个零件间的装配关系。左视图采用了沿垫片 6 与泵体 7 结合面处的剖切画法，产生了“B－B”半剖视图，又在吸、压油口处画出了局部剖视图，清楚地表达了齿轮油泵的外形和齿轮的啮合情况。

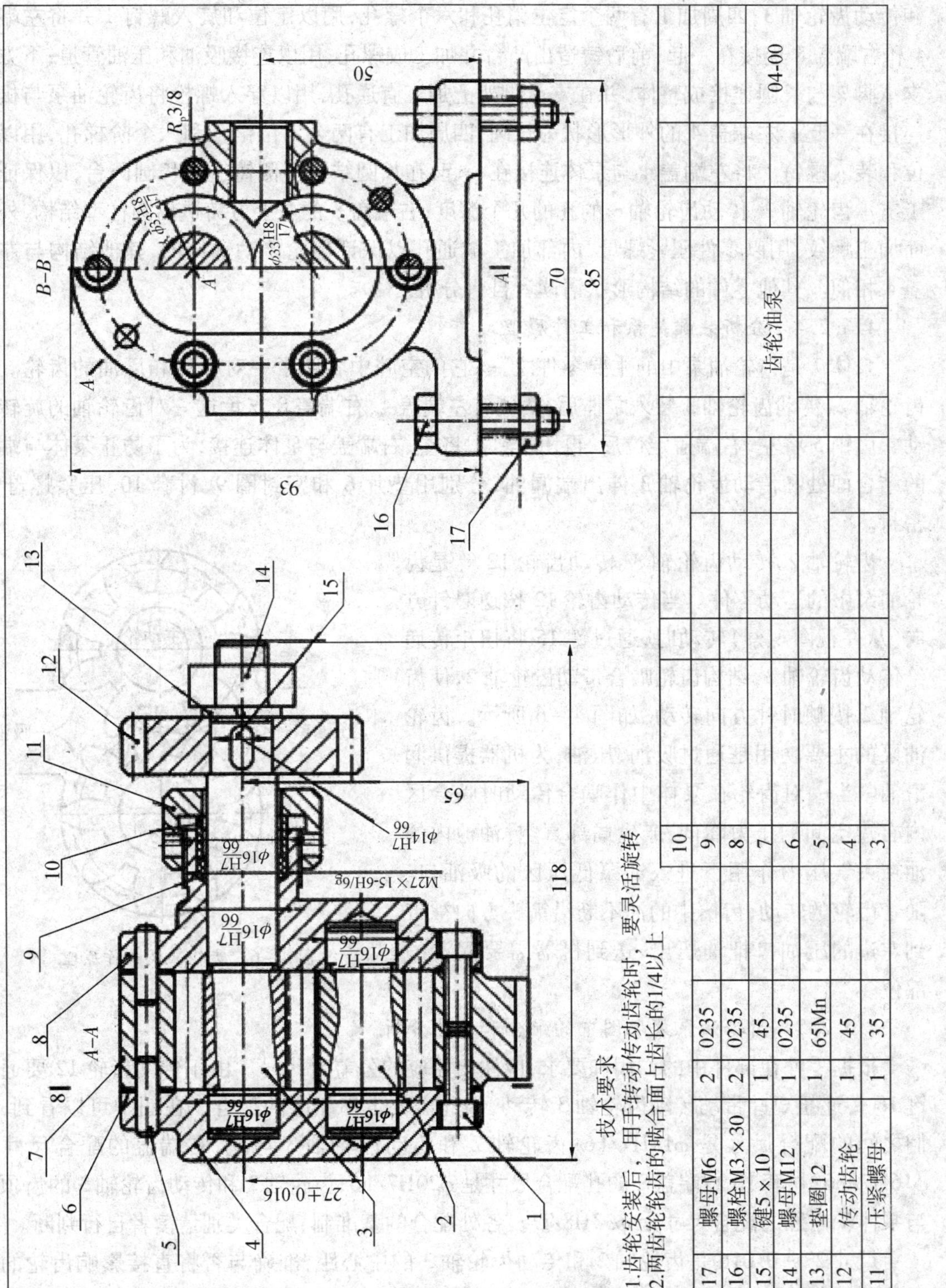

图 4－5　齿轮油泵装配图

4.6.2.3　分析零件，读懂零件的结构形状

从装配图看出，泵体 7 的外形形状为长圆，中间加工成 8 字型通孔，用以安装齿轮轴 2

和传动齿轮轴3;四周加工有两个定位销孔和六个螺孔,用以定位和旋入螺钉1并将左端盖4和右端盖8连接在一起;前后铸造出凸台并加工成螺孔,用以连接吸油和压油管道;下方有支承脚架与长圆连接成整体,并在支承脚架上加工有通孔,用以穿入螺栓将齿轮油泵与机器连接在一起。左端盖4的外形形状为长圆,四周加工有两个定位销孔和六个阶梯孔,用以定位和装入螺钉1将左端盖4与泵体连接在一起;在长圆结构左侧铸造出长圆凸台,以保证加工支承齿轮轴2、传动齿轮轴3的孔的几个深度;右端盖8的右上方铸造出圆柱型结构,外表面加工螺纹,用以零件压紧螺母,内部加工成通孔以保证齿轮传动轴伸出,其他结构与左端盖4相似。其他零件的结构形状请读者自行分析。

4.6.2.4 分析装配关系和工作原理

泵体7是齿轮油泵中的主要零件之一,它的空腔中容纳了一对吸油和压油的齿轮。将齿轮轴2、传动齿轮轴3装入泵体后,两侧有左端盖4、右端盖8支承这一对齿轮轴的旋转运动。由销5将左、右端盖定位后,再用螺钉1将左、右端盖与泵体连接,为了防止泵体与端盖的结合面处和传动齿轮轴3伸出端漏油,分别用垫片6和密封圈9、衬套10、压紧螺母11密封。

齿轮轴2、传动齿轮轴3、传动齿轮12等是齿轮油泵中的运动零件。当传动齿轮12按逆时针方向(从左视图观察)转动时,通过键15将扭矩传递给传动齿轮轴3,结构齿轮啮合带动齿轮轴2,使齿轮轴2按顺时针方向转动,如图4-6所示。齿轮油泵的主要功用是通过吸油、压油,为机器提供润滑油。当一对齿轮在泵体中作啮合传动时啮合区内右边空间的压力降低,产生局部真空,油池内的油在大气压力作用下进入油泵低压区的吸油口。随着齿轮的转动,齿槽中的油不断沿箭头方向被带到左边的压油口把油压出,送到机器需要润滑的部位。

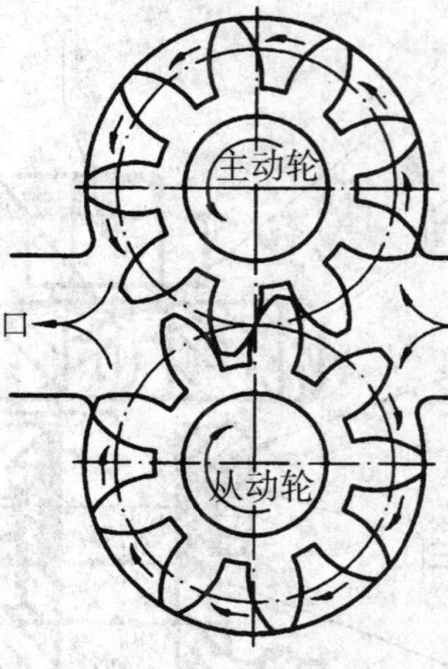

图4-6 齿轮油泵工作原理

4.6.2.5 齿轮油泵装配图中的配合和尺寸分析

根据零件在部件中的作用和要求,应注出相应的公差带代号。由于传动齿轮12要通过键15传递扭矩并带动传动齿轮轴3转动,因此需要定出相应的配合。在图中可以看到,它们之间的配合尺寸是ϕ14H7/k6;齿轮轴2和传动齿轮轴3与左、右端盖的配合尺寸是ϕ16H7/h6;衬套10右端盖8的孔配合尺寸是ϕ20H7/h6;齿轮轴2和传动齿轮轴3的齿顶圆与泵体7内腔的配合尺寸是ϕ33H8/f7。各处配合的基准制、配合类别请读者自行判断。

尺寸27±0.016是齿轮轴2和传动齿轮轴3的中心距,准确与否将直接影响齿轮的啮合传动。尺寸65是传动齿轮轴线离泵体安装面的高度尺寸。这两个尺寸分别是设计和安装所要求的尺寸。吸、压油口的尺寸Rp3/8表示尺寸代号为3/8的55°密封圆柱内螺纹。两个螺栓之间的尺寸70表示齿轮油泵与机器连接时的安装尺寸。

4.6.2.6 由装配图拆画右端盖的零件图

现以拆画右端8的零件图为例进行分析。拆画零件图时,先在装配图上找到右端盖8

的序号和指引线，再顺着指引线找到右端盖8，并利用“高平齐”的投影关系找到该零件在左视图上的投影关系，确定零件在装配图中的轮廓范围和基本形状。在装配图的主视图上，由于右端盖8的一部分轮廓线被其他零件遮挡，因此分离出来的是一幅不完整的图形，如图4－7(a)所示。经过想象和分析，可补画出被遮挡的可见轮廓线，如图4－7(b)所示。从装配图的主视图中拆画出的右端盖8的图形，反映了右端盖8的工作位置，并表达了各部分的主要结构形状，仍可作为零件图的主视图。因为右端盖8属于轮盘类零件，一般需要用两个视图表达内外结构形状。因此，当右端盖8的主视图确定后，还需要用右视图辅助完成主视图尚未表达清楚的外形、定位销孔和六个阶梯孔的位置等。

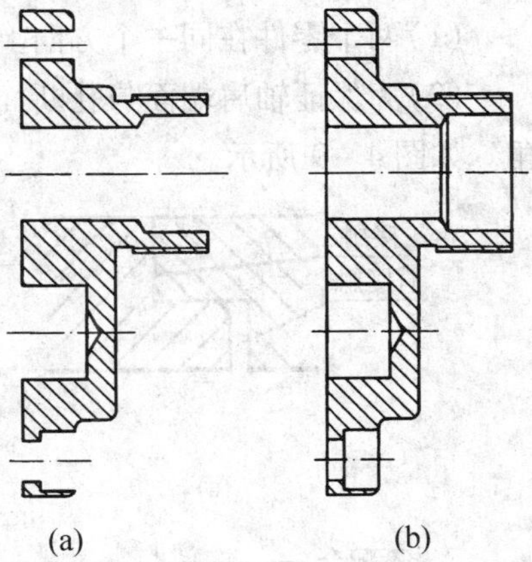

图4－7　由齿轮油泵装配图拆画右端盖零件图的思考过程
(a)从装配图中分离出右端盖的主视图；
(b)补全右端盖主视图上的图线

图4－8是画出表达外形的右视图后的右端盖8零件图。在图中按零件图的要求标注出尺寸和技术要求，有关的尺寸公差和螺纹的标记是根据装配图中已有的要求抄注的，内六角圆柱头螺钉孔的尺寸可在有关标准中查找，最后填写标题栏。

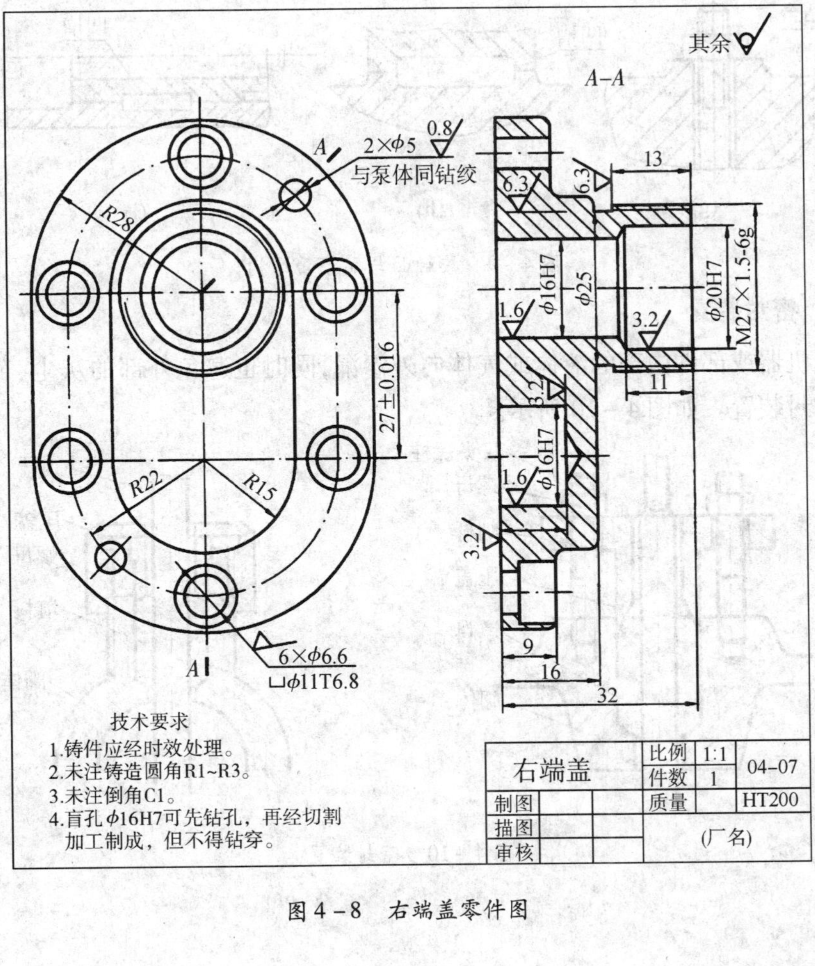

图4－8　右端盖零件图

4.7 常见合理的装配结构

4.7.1 接触面与配合面结构的合理性

(1)两个零件在同一个方向上只能有一个接触面和配合面。

(2)为保证轴肩端面与孔断面接触,可在轴肩处加工处退刀槽,或在孔的端面加工处倒角。如图 4－9 所示。

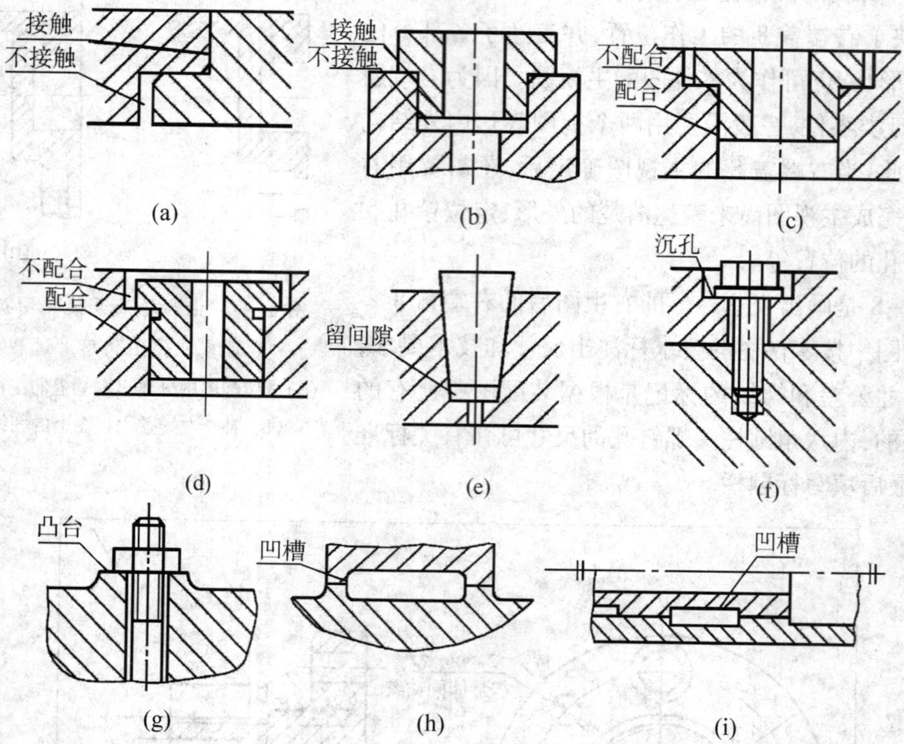

图 4－9 接触面与配合面结构

4.7.2 密封装置

为防止机器或部件内部的液体或气体向外渗漏,同时也避免外部的灰尘、杂质等侵入,必须采用密封装置。如图 4－10 所示。

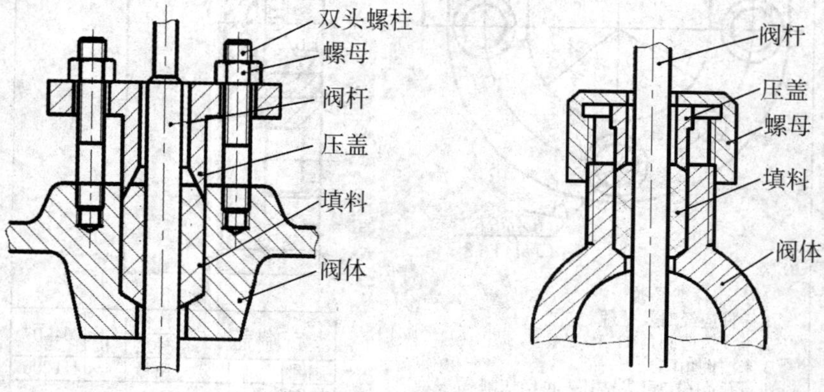

图 4－10 密封装置

4.7.3 防松装置

机器或部件在工作时，由于受到冲击或振动，一些紧固件可能产生松动现象。因此，在某些装置中需采用防松结构。如图 4－11 所示。

(a) (b)

(c) (d)

图 4－11 防松装置

(a)开口销防松；(b)止推垫圈防松；(c)双螺母防松；(d)弹簧垫圈防松

4.8 常用螺纹紧固件及其连接画法

螺纹连接是机械设备中应用最广泛的连接方式之一，常用螺纹紧固件（如螺栓、螺钉、螺母、垫圈等）如图 4－12 所示。

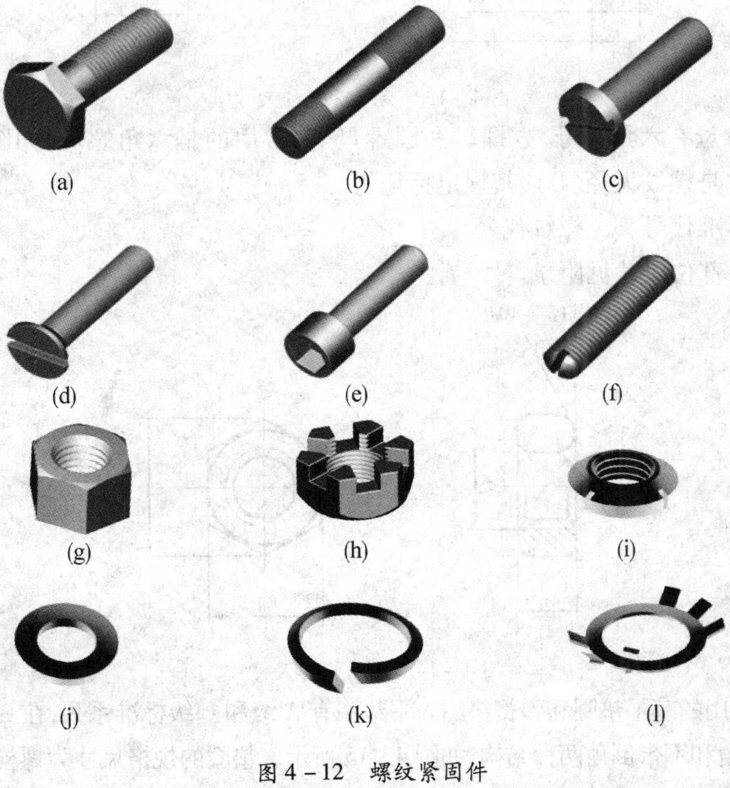

图 4－12 螺纹紧固件

(a)六角头螺栓；(b)双头螺柱；(c)开槽圆柱头螺钉；(d)开槽沉冰龙螺钉；(e)内六角圆柱头螺钉；(f)紧定螺钉；(g)六角螺母；(h)六角头开槽螺母；(i)圆螺母；(j)平垫圈；(k)弹簧垫圈；(l)圆螺母止动垫圈

4.8.1　**螺栓连接：螺栓一般用来连接两个厚度尺寸不大并能钻成通孔的零件。**

(1)螺栓连接紧固件的图例及标记

1)螺栓。螺栓由头部和杆身组成，常用的是六角头螺栓，如图4－13所示。螺栓的规格尺寸是螺纹大径(d)和螺栓公称长度(l)，其规定标记为

名称　　标准代号　　螺纹代号×长度

六角头螺栓各部位尺寸见附录。

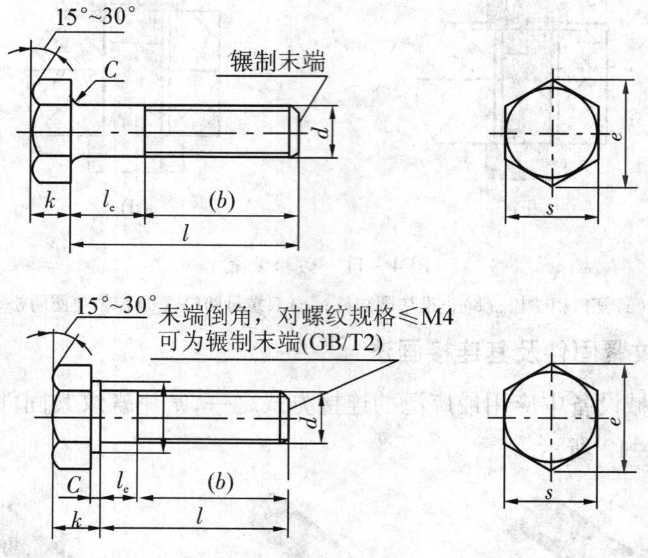

图4－13　六角头螺栓尺寸

2)螺母。螺母有六角螺母、方螺母和圆螺母等，常用的是六角螺母，如图4－14所示。螺母的规格尺寸是螺纹大径(D)，其规定标记为

名称　　标准代号　　螺纹代号

六角螺母各部位尺寸见附录。

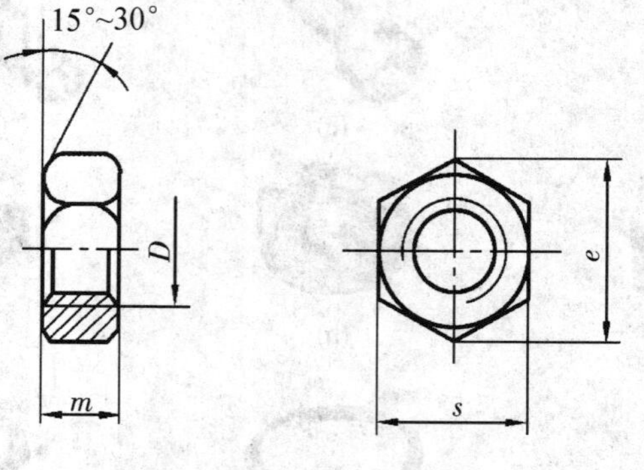

图4－14　六角螺母尺寸

3)垫圈。常用的有平垫圈和弹簧垫圈。平垫圈有A级和C级标准系列，在A级标准系列平垫 圈中，分带倒角和不带倒角两种结构，如图4－15所示。垫圈的规格尺寸为螺栓直径(d)，其规定标记为

名称　　标准代号　　公称尺寸

垫圈各部位尺寸见附录。

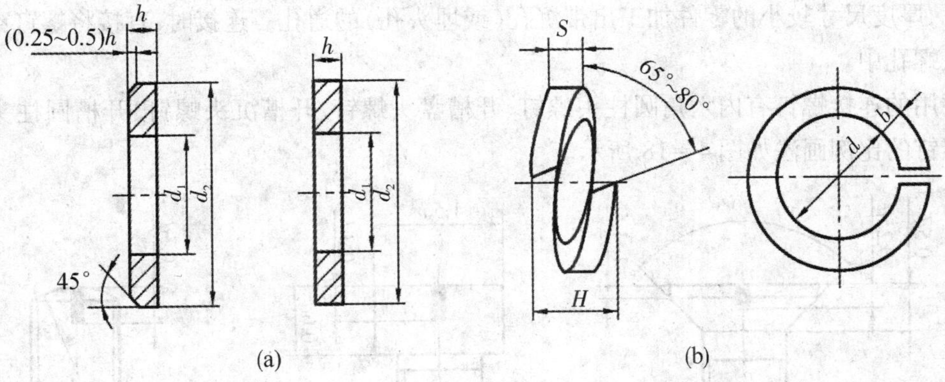

图 4－15　垫圈尺寸

(a)平垫圈；(b)弹簧垫圈

(2)螺栓连接紧固件的比例画法，如图 4－16 所示。

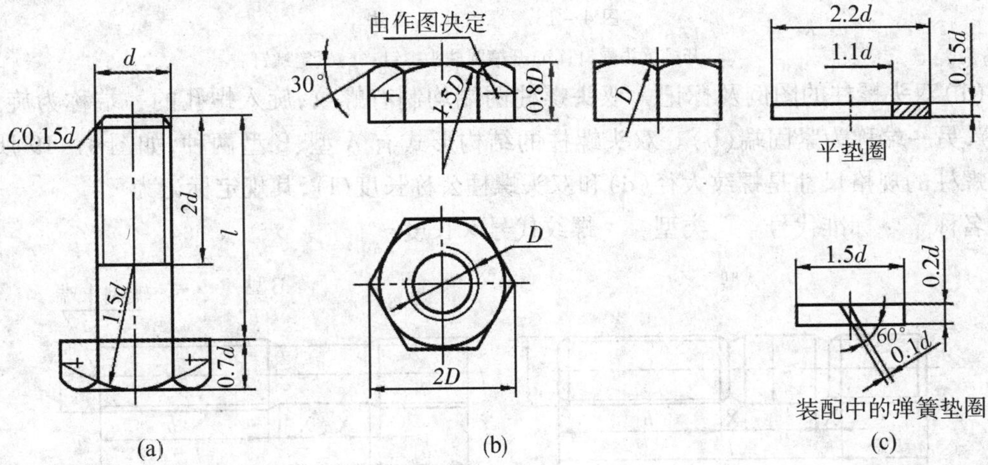

图 4－16　螺栓连接画法

(a)螺栓；(b)螺母；(c)垫圈

(3)螺栓及螺母的简化画法，如图 4－17 所示。

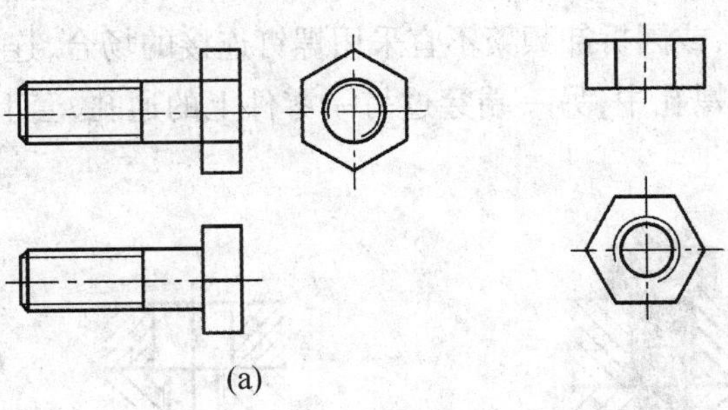

图 4－17　螺栓及螺母简化画法

(a)螺栓；(b)螺母；

4.8.2　螺钉连接

螺钉一般用于受力不大而又不需经常拆装的零件连接中，如减速器轴承端盖与箱座和箱盖之间的连接、视孔盖与箱盖之间的连接等。螺钉连接中，一般厚度尺寸较大的零件加工出螺孔，厚度尺寸较小的零件加工出带沉孔（或埋头孔）的通孔。连接时，直接将螺钉穿过通孔拧入螺孔中。

常用的连接螺钉有内六角圆柱头螺钉、开槽盘头螺钉、开槽沉头螺钉、开槽圆柱头螺钉等。螺钉的比例画法如图 4－18 所示。

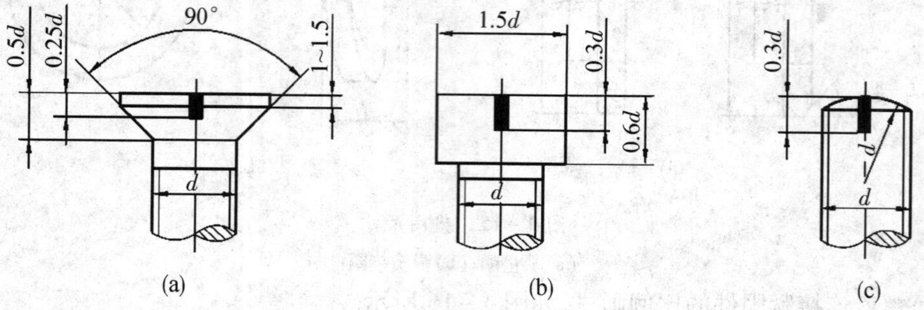

图 4－18　螺钉比例画法

（a）开槽沉头螺钉；（b）开槽圆柱头螺钉；（c）紧定螺钉

（1）双头螺柱的图例及标记　双头螺柱两端均制有螺纹，旋入螺孔的一端称为旋入端（bm），另一端称为紧固端（b）。双头螺柱的结构形式有 A 型、B 型两种，如图 4－19 所示。双头螺柱的规格尺寸是螺纹大径（d）和双头螺柱公称长度（l），其规定标记为

名称　　标准代号　　类型　　螺纹代号×长度

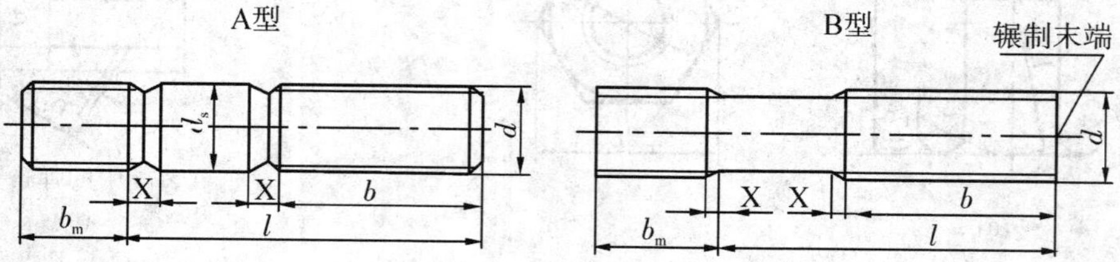

图 4－19　双头螺柱示例

（2）双头螺柱连接的画法　双头螺柱连接多用于被连接零件之一厚度尺寸较大，或因结构的限制不适宜用螺栓连接，或因拆卸频繁不宜采用螺钉连接的场合，连接时将螺柱的旋入端旋入厚度尺寸较大零件的螺孔中，另一端穿过另一零件上的通孔，套上垫圈，用螺母拧紧即可。如图 4－20 所示。

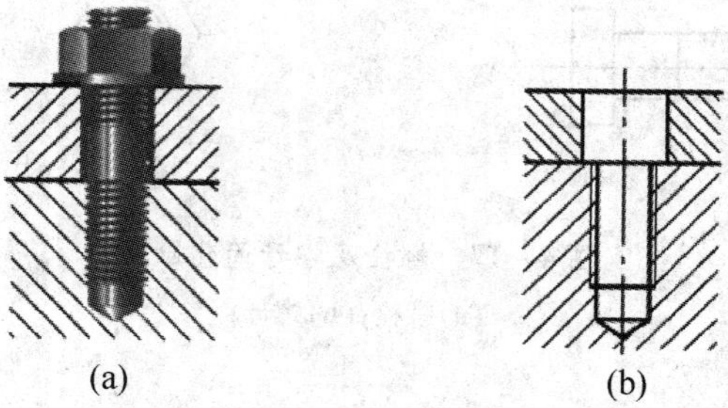

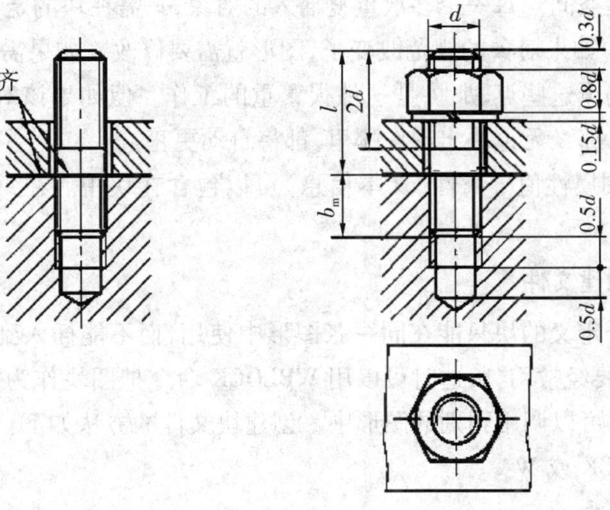

图 4－20 双头螺柱连接画法

4.9 块的创建

4.9.1 块的概念

保存图的一部分或全部，以便在同一个图或其他图中使用，这个功能对用户来说是非常有用的。这些部分或全部的图形符号（也称为块）可以按所需方向、比例因子放置（插入）在图中任意位置。块需命名（块名），并用其名参照（插入）。可像对单个对象一样对块使用MOVE、ERASE 等待命令。如果块的定义改变了，所有在图中对于块的参照都将更新，以体现块的变化。

块可用 BLOCK 命令建立，也可以用 WBLOCK 命令建立图形文件。两者之间的主要区别为一个是“写块（WBLOCK）”，可被插入到任何其他图形文件中，一个是“块（BLOCK）”，只能插入到建立它的图形文件中。

AutoCAD 的另一个特征是除了将块作为一个符号插外（这使得参照图形成为它所插入图形的组成部分），还可以作为外部参照图形（Xref）。这意味着参照图形的内容并未加入当前图形文件中，尽管在屏幕上它们成为图形的一部分。

4.9.2 块的优点

（1）避免重复绘制同样的特征　图形通常有一些重复的特性，可以建立一个有该特性的块，并将其插入到任何所需的地方，从而避免重复绘制同样的特征。这种工作方式有助于减少绘图时间，并可提高工作效率。

（2）可以保存块以备今后使用　使用块的另一块优点，是可以建立与保存块以便以后使用。因此，可以根据不同的需要建立一个定制的对象库。例如，如果图形与齿轮有关，就可以先建立齿轮的块，然后用定制菜单集成这些块。以这种方式，可以在 AutoCAD 中建立自己的应用环境。

（3）节省存储空间　当向图形中增加对象时，图形文件的容量会增加。AutoCAD 会记下图中每一个对象的大小信息与位置信息，譬如点、比例因子、半径等。如果用 BLOCK 命令建立块，把几个对象合并为一个对象，对块中的所有对象就只有单个比例因子、旋转角度、位置等,因此节省了存储空间。每一个多次重复插入的对象,只需在块的定义中定义一次即可。

(4)方便修改　如果对象的规范改变了,图形就需要修改。如果需要查处每一个发生变化的点,然后单独编辑这些点,那将是一件很繁重的工作。但如果该对象被定义为一个块,就可以重新定义块,那么无论块出现在哪里,都将自动更正。

(5)可定义不同属性值　属性(文本信息)可以包含在块中。在每一个块的插入时,可定义不同属性值。

4.9.3　用块创建文件

用 BLOCK 命令定义的块只能在同一张图形中使用,而不能插入到其他的图中,但是有些图块在许多图中要经常用到,这时可以用 WBLOCK 命令把图块作为一个独立图形文件写入磁盘,用户需要时可以调用到别的图形中。创建块文件的方法如下:

命令行:WBLOCK 或 W

【操作步骤】

命令:_wblock

在命令行输入 WBLOCK 后回车,AutoCAD 打开"写块"对话框,如图 4-21 所示,利用此对话框可把图形保存为图形文件或把图块转换成图形文件。

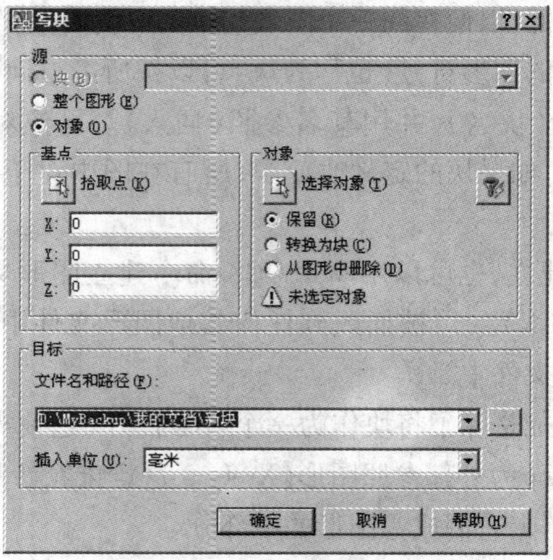

图 4-21　"写块"对话框

【选项说明】

(1)"源"选项组　确定要保存为图形文件的图块或图形对象。

①单击"块"单选按钮右侧的下三角按钮,在下拉列表框中选择一个图块,将其保存为图形文件。

②单击"整个图形"单选按钮,则把当前的整个图形保存为图形文件。

③单击"对象"单选按钮,则把不属于图块的图形对象保存为图形文件。对象的选取通过"对象"选项组来完成。

(2)"目标"选项组

1)文件名和路径。设置输出文件名及路径。

2)插入单位。插入块的单位。

【提示、注意、技巧】

用户在执行 WBLOCK 命令时,不必先定义一个块,只要直接将所选的图形实体作为一个图块保存在磁盘上即可。当所输入的块不存在时,AutoCAD 会显示“AutoCAD 提示信息”对话框,提示块不存在,是否要重新选择。在多视窗中,WBLOCK 命令只适用于当前窗口。

4.9.1 图块的属性

在 AutoCAD 中,可以使块附带属性,属性类似于商品的标签,包含了图块所不能表达的其他各种文字信息,如材料、型号和制造者等,存储在属性中的信息一般成为属性值。当用 BLOCK 命令创建块时,将已定义的属性与图形一起生成块,这样块中就包含属性了,当然,用户也能仅将属性本身创建成一个块。

属性是块中的文本对象,它是块的一个组成部分。属性从属于块,当利于删除命令删除块时,属性也被删除了。属性有助于用户快速产生关于设计项目的信息报表,或者作为一些符号块的可变文字对象。属性也常用来预订义文本位置、内容或提供文本省略值等,例如把标题栏中的一些文字项目定制成属性对象,就能方便地填写修改。

4.9.1.1 定义块属性

启用”定义性属块”命令,就可以使用下列几种方法之一:

◆ 命令行:ATTDEF

◆ 菜单:“绘图” →“块”→“定义属性”

【 操作步骤】命令:_attdef

系统打开“属性定义”对话框,如图 4 – 22 所示。

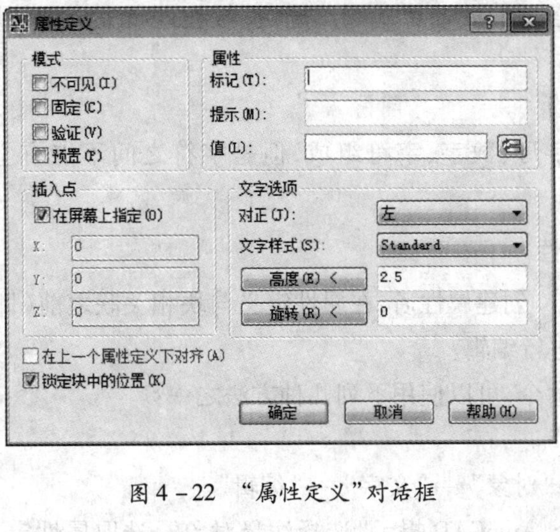

图 4 – 22 “属性定义”对话框

【选项说明】

(1)“模式”选项组 确定属性的模式。

1)“不可见”复选框。选种此复选框则属性不可见显示方式,即插入图片并输入属性值后,属性值在图中并不显示出来。

2)“固定”复选框。选中此复选框则属性值为常量,即属性值在属性定义时给定,在插入 AutoCAD 不再提示输入属性值。

3)“验证”复选框。选中此复选框,当插入图块时 AutoCAD 重新显示属性值,让用户验证该值是否正确。

4)"预置"复选框。选中此复选框,当插入图块 AutoCAD 自动把视线设置好的默认值赋予属性,而不再提示输入属性值。

(2)"属性"选项组　用于设置属性值。在每个文本框中输入 AutoCDA 允许数日不超过 256 个字符。

1)"标记"文本框。输入属性标签。属性标签可由除空格和感叹号以外的所有字符组成,AutoCAD 自动把小写字母改成大写字母。

2)"提示"文本框。输入属性提示。属性提示是指插入图块时 AutoCAD 要求输入属性值的提示,如果不在次文本框内输入文本,则以属性标签作为提示。如果在"模式"选项组选中"固定"复选框,即设置属性为常量,则不需设置属性提示。

3)"值"文本框。设置默认的属性值。可把使用次数较多的属性值作为默认值,也不可不设默认值。

(3)"插入点"选项组　确定属性文本的位置。可以在插入时由用户在图形中确定属于文本的位置,也可以在 X,Y,Z 文本框中直接输入属性文本的位置坐标。

(4)设置属性文本的而对正方式、文本样式、字高和旋转角度。

(5)"在上一个属性定义下对齐"复选框　选中此选框,表示把属性标签直接放在前一个属性的下面,而且该属性继承前一个属性的文本样式、字高和旋转角度等特性。

(6)"锁定块中的位置"复选框定参照中属性的位置

提示:在动态块中,由于属性的位置包括在动作的选择集中,因此必须将其锁定。完成"属性定义"对话框中各项的设置后,单击"确定"按钮即可完成图块属性的定义,可用此方法定义多个属性。

【提示、注意、技巧】

属性标志可以由字母、数字、字符组成,但是字符之间不能有空格,且必须输入属性标志。

4.9.1.2　编辑属性

(1)编辑属性定义　创建属性后,在属性定义与块相关联之前(即只定义了属性但没定义块时),用户可对其进行编辑。

启用"编辑属性"命令,可以使用下列几种方法之一:

1)命令行:DDEDIT。

2)菜单:"修改"→"对象"→"文字"→"编辑"。

调用 DDEDIT 命令,AutoCAD 提示"选择注释对象",选取属性定义标记后,AutoCAD 弹出"编辑属性定义"对话框,如图 4-23 所示。在此对话框中用户可修改属性定义的标记、提示及默认值。

(2)编辑块的属性　与插入到块中的其他对象不同,属性可以独立与块而单独进行编辑。用户可以集中编辑一组属性。在 AutoCAD 中编辑属性有 DDATTE 和 ATTEDIE 两个命令。其中 DDATTE 命令可以编辑属性有单个的、非常数的、与特定的块相关联的属性值;而 ATTEDIT 命令可以独立于块,可编辑单个属性或对全局属性进行编辑。

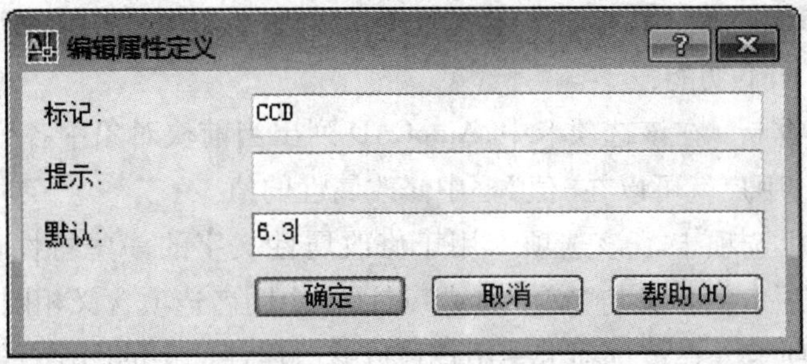

图 4-23 “编辑属性定义”对话框

1)一般属性编辑 DDATTE。用户可以通过在命令窗口输入 DDATTE 来调用,选择块以后,AutoCAD 弹出如图 4-24 所示的“编辑属性”对话框。

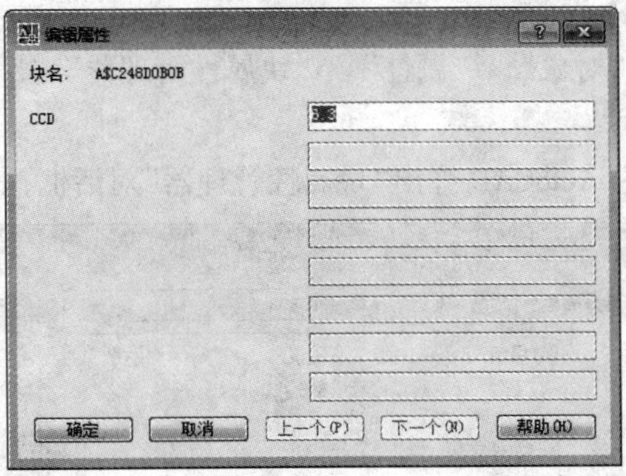

图 4-24 “编辑属性”对话框

2)增强属性编辑 ATTEDIT。若属性已被创建为快,则用户可用 ATTEDIT 命令来属性值及属性的其他特性。可用以下的任意一种方法来启动:

◆ 命令行:ATTEDIT

◆ 菜单:“修改” →“对象→“属性”→“单个”

◆ 工具栏:“修改Ⅱ”按钮

AutoCAD 提示“选择块”,用户选择要编辑的图块后,AutoCAD 打开“增强属性编辑器”对话框,如图 4-25 所示。在对话框中用户可对块属性进行编辑。

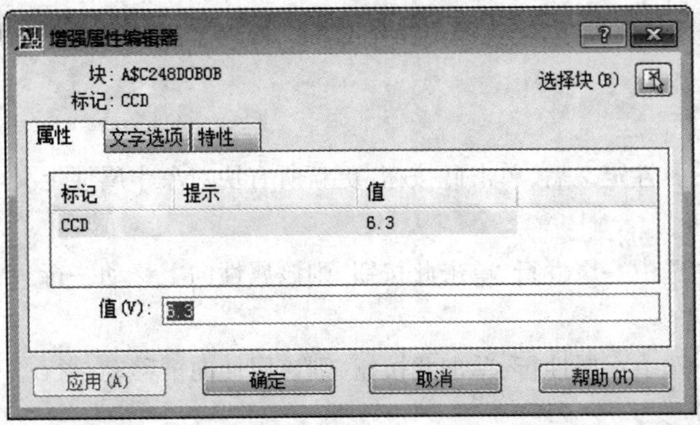

图 4-25 “增强属性编辑器”对话框

“增强属性编辑器”对话框有三个选项卡,即“属性”选项卡、“文字选项”选项卡和“特性”选项卡,它们有如下功能:

(1)“属性”选项卡　在该选项卡中,AutoCAD 列出当前块对象中各个属性标记、提示和值。选中某一属性,用户就可以在“值”框中修改属性的值。

(2)“文字选项”选项卡　该选项卡用于修改属性文字的一些特性,如文字样式、字高等。选项卡中各选项卡的含义与“文字样式”对话框中同名选项含义相同。

(3)“特性”选项卡　在该选项卡中用户可以修改属性文字的图层、线性和颜色等。

(3)块属性管理器　用户通过块属性管理器,可以有效地管理当前图形中块的属性,并能进行编辑。

启用“块属性管理器,可以使用下列方法之一:

◆ 命令行:BATTMAN

◆ 菜单:“修改”→“对象”→“属性”→“块属性管理器”

◆ 工具栏;“修改Ⅱ”→

启动 BATTMAN 命令 AutoCAD 弹出“块属性管理器”对话框,如图 4－26 所示。

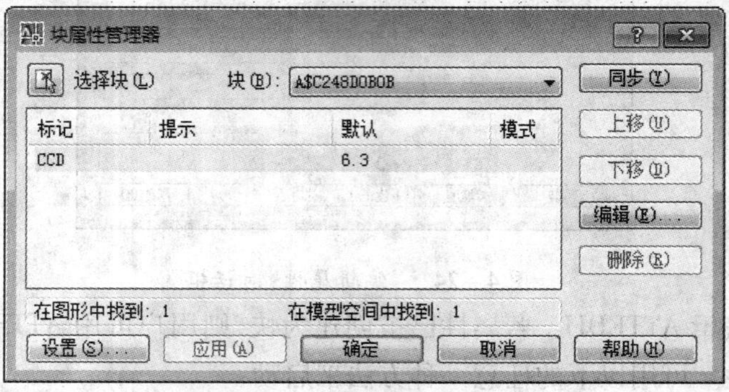

图 4－26　“块属性”对话框

【选项说明】

1.“选项块”按钮

通过此按钮选择要操作的块。单击该按钮,AutoCAD 切换到绘图窗口,并提示:“选择块”,用户选择块后,AutoCAD 又返回块对话框。

2“块”下拉列表

用户也可以通过此下拉列表选择要操作的块。该列表显示当前图形所具有属性的图形名称。

3.“同步”按钮

用户修改某一属性定义后,单击此按钮,更新所有块对象中属性定义。

4.“上移”按钮

在属性列表中选中一属性行,单击此按钮,则该属性向上移动一行。

5.“下移”按钮

在属性列表中选中一属性行,单击此按钮,则该属性向下移动一行。

6.“删除”按钮

删除属性列表中选中的属性定义。

7."编辑"按钮

单击此按钮,打开"编辑属性 "对话框,该对话框有三个选项卡,即"属性"选项卡、"文字选项"选项卡、"特性"选项卡。这些选项卡的功能与"增强属性属性器"对话框中同名选项卡功能类似,这里不再讲述。

8."设置"按钮

单击此按钮,弹出"设置"对话框。在该对话框中,用户可以设置在"块属性管理器"对话框的属性列表中显示哪些内容。

4.9.2 插入文件

在绘制图形过程中,如果正在绘图的图形是前面已经画过的,可以通过"插入块"命令来插入已有的文件。操作过程如下:

1. 执行"插入块"命令

执行"插入块"命令,打开"插入"对话框。

2. 打开"选择图形文件"对话框

单击"游览"按钮,打开"选择图形文件"对话框,如图 4-27 所示。

3. 选择图形文件

选择所需的图形文件,单击"打开"按钮,回到"插入"对话框。以下操作与插入块相同。

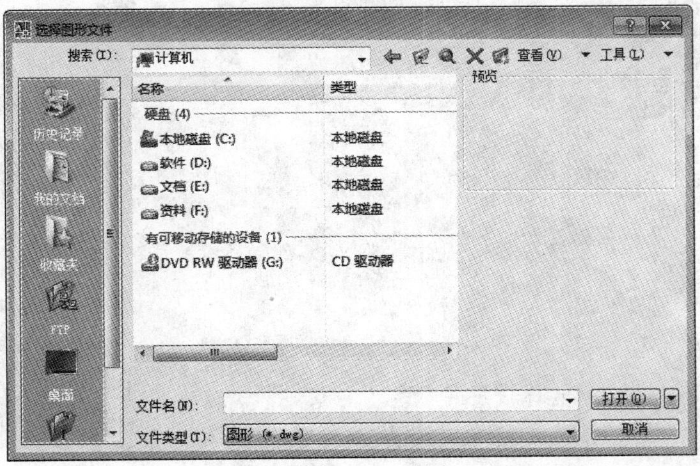

图 4-27 "选择图形文件"对话框

请沿此线剪下 请沿此线剪下 请沿此线剪下

任务实施

资讯单

学习领域	机械图样的识读与绘制		
学习情境四	装配体图样的识读与绘制	学　时	16
资讯方式	学生根据教师给出的资讯引导进行查询，并作简单记录		
资讯问题	1. 一张完整的装配图应具有哪些内容？ 2. 装配图有哪些规定画法和特殊表达方法？ 3. 常见装配结构有哪些？ 4. 装配图上的尺寸类型有哪些？ 5. 装配图中零件序号和明细栏画法有哪些规定？ 6. AutoCAD 绘制装配图的方法及注意事项？		
资讯引导	1. 问题 1、2 参考机械制图视图的表达方法。 2. 问题 3 参考《金工实习》。 3. 问题 4、5 参阅《机械设计手册》和《公差配合与技术测量》。 4. 问题 6 参考《AutoCAD2008》。		

资讯记录	

请沿此线剪下　请沿此线剪下　请沿此线剪下

决策单

<table>
<tr><td>学习领域</td><td colspan="5">机械图样的识读与绘制</td></tr>
<tr><td>学习情境四</td><td colspan="3">装配体图样的识读与绘制</td><td>学　时</td><td>1</td></tr>
<tr><td>决策方式</td><td colspan="5">对小组成员的计划进行讨论、完善，制定出最佳实施方案</td></tr>
<tr><td colspan="6">方案讨论</td></tr>
<tr><td rowspan="9">方案对比</td><td>序号</td><td>姓名</td><td>步骤顺序性</td><td>步骤合理性</td><td>实施可操作性</td></tr>
<tr><td>1</td><td></td><td></td><td></td><td></td></tr>
<tr><td>2</td><td></td><td></td><td></td><td></td></tr>
<tr><td>3</td><td></td><td></td><td></td><td></td></tr>
<tr><td>4</td><td></td><td></td><td></td><td></td></tr>
<tr><td>5</td><td></td><td></td><td></td><td></td></tr>
<tr><td>6</td><td></td><td></td><td></td><td></td></tr>
<tr><td>7</td><td></td><td></td><td></td><td></td></tr>
<tr><td>8</td><td></td><td></td><td></td><td></td></tr>
<tr><td>方案说明</td><td colspan="5"></td></tr>
<tr><td>方案确定</td><td colspan="5"></td></tr>
<tr><td rowspan="3">方案评价</td><td>班　级</td><td colspan="2"></td><td>日　期</td><td></td></tr>
<tr><td>组长签字</td><td colspan="2"></td><td>教师签字</td><td></td></tr>
<tr><td colspan="5">评语：</td></tr>
</table>

请沿此线剪下

请沿此线剪下

请沿此线剪下

计划单

<table>
<tr><td>学习领域</td><td colspan="4">机械图样的识读与绘制</td></tr>
<tr><td>学习情境四</td><td>装配体图样的识读与绘制</td><td>学　时</td><td colspan="2">1</td></tr>
<tr><td>计划方式</td><td colspan="4">根据任务要求,制定出本任务实施操作计划</td></tr>
<tr><td>序　号</td><td colspan="2">实施步骤</td><td colspan="2">计划制定参考资料</td></tr>
<tr><td>1</td><td colspan="2"></td><td colspan="2" rowspan="13"></td></tr>
<tr><td>2</td><td colspan="2"></td></tr>
<tr><td>3</td><td colspan="2"></td></tr>
<tr><td>4</td><td colspan="2"></td></tr>
<tr><td>5</td><td colspan="2"></td></tr>
<tr><td>6</td><td colspan="2"></td></tr>
<tr><td>7</td><td colspan="2"></td></tr>
<tr><td>8</td><td colspan="2"></td></tr>
<tr><td>9</td><td colspan="2"></td></tr>
<tr><td>10</td><td colspan="2"></td></tr>
<tr><td>11</td><td colspan="2"></td></tr>
<tr><td>12</td><td colspan="2"></td></tr>
<tr><td>13</td><td colspan="2"></td></tr>
<tr><td>计划说明</td><td colspan="4"></td></tr>
<tr><td rowspan="3">计划评价</td><td>班　级</td><td></td><td>日　期</td><td></td></tr>
<tr><td>教师签字</td><td></td><td>组长签字</td><td></td></tr>
<tr><td colspan="4">评语:</td></tr>
</table>

实施单

学习领域	机械图样的识读与绘制			
学习情境四	装配体图样的识读与绘制		学　时	14
实施方式	根据小组确定的最佳实施方案,完成本任务要求			
序号	实施步骤			
1				
2				
3				
4				
5				
6				
7				
8				
9				
10				
11				
12				
实施注意事项				
实施过程评价	班　　级		日　　期	
	教师签字		组长签字	
	评语:			

请沿此线剪下

量具工具清单

学习领域	机械图样的识读与绘制						
学习情境四	装配体图样的识读与绘制						
项　　目	序号	名称	作用	数量	型号	使用前	使用后
所用量具	1						
	2						
	3						
	4						
	5						
被测零件	1						
	2						
	3						
	4						
	5						
	6						
所用工具	1						
	2						
	3						
	4						
	5						
测量结果记录							
班　　级		组长签字		教师签字		日　　期	

请沿此线剪下

请沿此线剪下

请沿此线剪下

检查单

学习领域	机械图样的识读与绘制			
学习情境四	装配体图样的识读与绘制		学 时	1
序号	检查项目	检查标准	学时自检	教师检查
1				
2				
3				
4				
5				
6				
7				
8				
实施过程评价	班 级		日 期	
	教师签字		组长签字	
	评语：			

评价单

学习领域	机械图样的识读与绘制								
学习情境四	装配体图样的识读与绘制			学　时	1				
评价类别	项目	子项目	个人评价	教师评价	组内互评				
专业能力（60%）	资讯（10%）	搜集信息（5%）							
		引导问题回答（5%）							
	计划（5%）	计划可执行度（5%）							
	实施（5%）	工作步骤执行情况（5%）							
	检查（5%）	全面性、准确性（3%）							
		异常情况排除（2%）							
	过程（15%）	操作过程规范性（10%）							
		过程合理性（5%）							
	结果（10%）	结果质量（10%）							
	作业（10%）	完成质量（10%）							
社会能力（20%）	团结协作（10%）	对小组的贡献（5%）							
		小组合作配合情况（5%）							
	敬业精神（10%）	吃苦耐劳精神（5%）							
		学习纪律性（5%）							
方法能力（20%）	计划能力（10%）								
	决策能力（10%）								
评价评语	班　　级		日　　期						
	组长签字		教师签字						
	评语：								

请沿此线剪下

教学反馈单

学习领域	机械图样的识读与绘制			
学习情境四	装配体图样的识读与绘制			
序号	调查内容	是	否	理由陈述
1	装配图零件的工艺结构主要有哪些,你知道吗?			
2	装配图零件尺寸标注的注意事项你知道吗?			
3	装配图零件的表达方案是什么?			
4	装配图零件的技术要求是什么?			
5	你认为你的操作规范吗?			
6	能够绘制装配图零件草图吗?			
7	能使用计算机绘图软件 AtuoCAd 绘制装配图零件二维图吗?			
8	装配图零件图的识图步骤,你知道吗?			
9	你对老师在本学习情境的教学过程满意吗?			
10	你对本学习情境的教学方式满意吗?			
11	你认为本学习情境的教学方法合适吗?			
12	你对本小组完成本学习情境工作任务的配合满意吗?			
13	你对自己的表现满意吗?			
14	装配图零件的工艺结构主要有哪些,你知道吗?			
15	装配图零件尺寸标注的注意事项你知道吗?			

你的意见对改进教学非常重要,请如实写出你的建议和意见:

班　　级		被调查者签名		调查时间	

请沿此线剪下

请沿此线剪下

知识拓展

4.1 螺纹

4.1.1 螺纹的形成及加工

(1)形成 螺纹是回转体表面沿螺旋线所形成的具有相同断面的连续凸起和沟槽,实际上可以认为是由平面图形(三角形、梯形、矩形等)绕和它共面的回转轴线作螺旋运动形成的轨迹。在零件外表面加工的螺纹称为外螺纹,在零件内表面加工的螺纹称为内螺纹。

(2)螺纹的加工 螺纹的加工方法很多,图4-28所示为在车床上加工外螺纹和内螺纹的示意图。在箱体上制出的内螺纹(螺孔),一般是先用钻头钻孔,如图4-29所示,再用丝锥攻出螺纹孔,

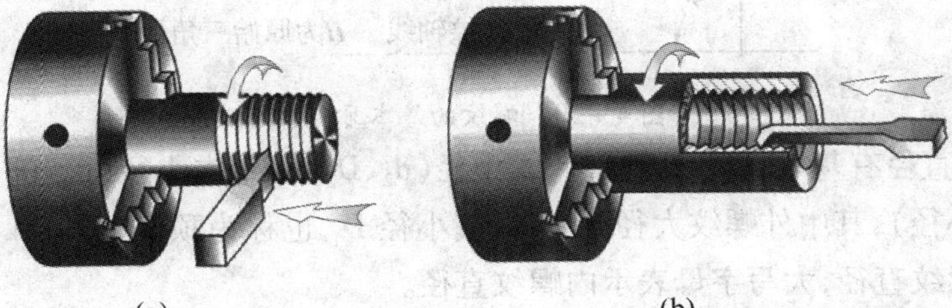

图4-28 螺纹的加工
(a)加工外螺纹;(b)加工内螺纹

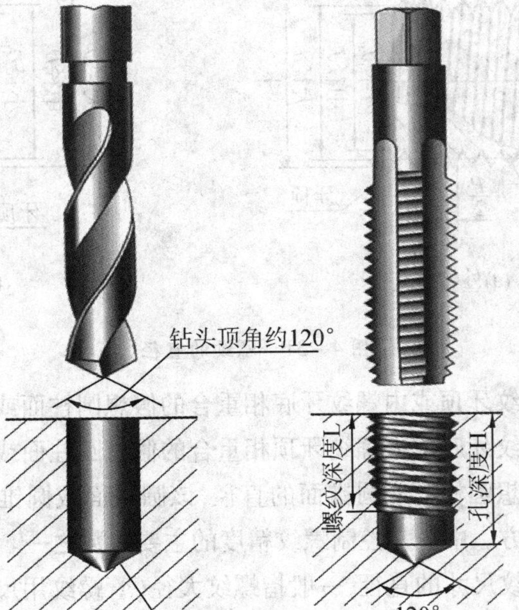

图4-29 孔的加工

4.1.2 螺纹的要素

单个螺纹无使用意义,只有内、外螺纹旋合到一起,才能起到应有的连接和紧固作用。

内、外螺纹旋合的条件是必须具有相同的几何参数。螺纹的几何参数如下：

(1)牙型　在通过螺纹轴线的剖面区域上，螺纹的轮廓形状称为螺纹的牙型。如图4－30所示。

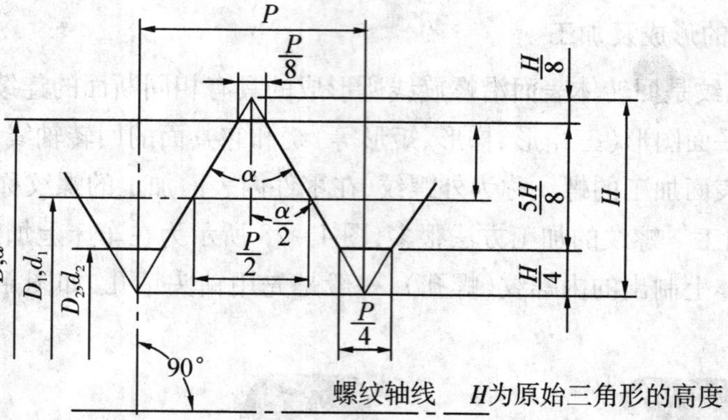

图4－30　螺纹的基本牙型

(2)直径　直径有基本大径(d、D)、基本中径(d_2、D_2)和基本小径(d_1、D_1)之分(以下简称大径、中径、小径)，其中外螺纹大径 d、内螺纹小径 D_1 也称为顶径，如图4－31所示。小写字母表示外螺纹直径，大写字母表示内螺纹直径。

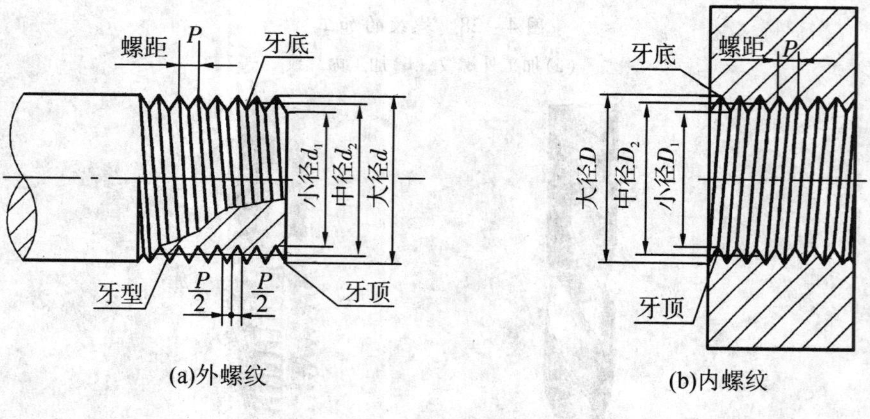

图4－31　螺纹的直径

1)大径　指与外螺纹牙顶或内螺纹牙底相重合的假想圆柱面或圆锥面的直径。

2)小径　指与外螺纹牙底或内螺纹牙顶相重合的假想圆柱面或圆锥面的直径。

3)中径　指一个假想圆柱面或圆锥面的直径，该圆柱面或圆锥面的母线通过牙型上沟槽和凸起宽度相等的地方。中径是控制螺纹精度的主要参数之一。

公称直径是代表螺纹尺寸的直径，一般指螺纹大径(管螺纹用尺寸代号表示)。

(3)线数　线数指在同一圆柱面上切削螺纹的条数。只切削一条的称为单线螺纹，如图4－32(a)所示；切削两条的称为双线螺纹，如图4－32(b)所示。通常把切削两条以上的称为多线螺纹。

(4)螺距和导程　相邻两牙在中径线上对应两点间的轴向距离称为螺距，用P表示；同一螺旋线上相邻两牙在中径线上对应两点间的轴向距离称为导程，用Ph表示。单线螺纹的导程等于螺距，即 Ph = P，如图 4 - 33(a)所示；多线螺纹的导程等于线数乘以螺距，即 Ph = nP，对于图 4 - 33(b)所示的双线螺纹，Ph = 2P。

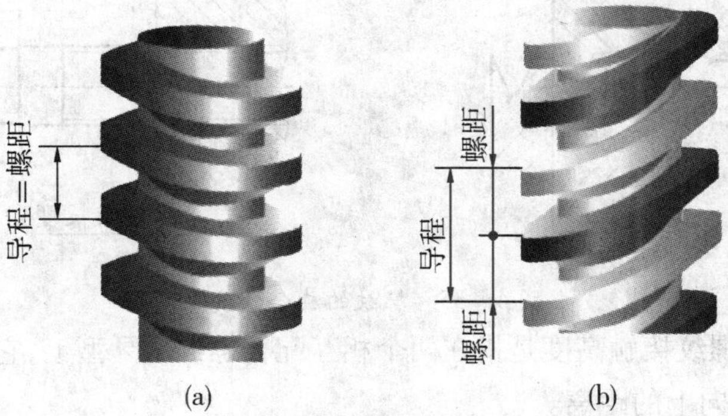

图 4 - 32　螺纹的线数

(a)左旋、单线；(b)右旋、双线

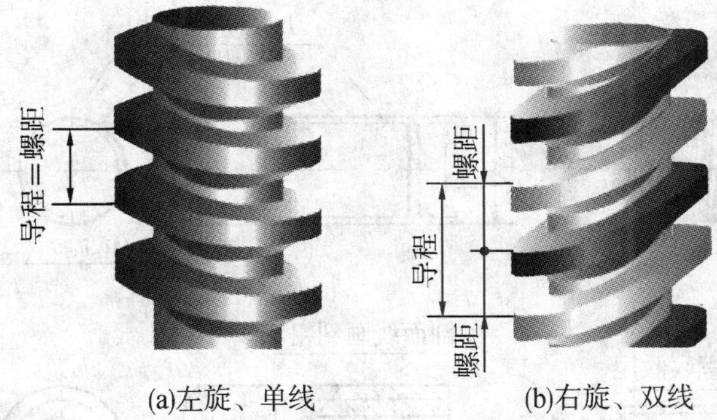

图 4 - 33　螺纹的旋向、线数、螺距和导程

(a)左旋、单线；(b)右旋、双线

(5)旋向　螺纹分左旋和右旋两种。当内、外螺纹旋合时，顺时针方向旋入者为右旋，逆时针方向旋入者为左旋。常用的是右旋螺纹。如图 4 - 33 所示。

(6)牙型半角(a/2)　牙型半角是指在螺纹牙型上牙侧与螺纹轴线的垂线之间的夹角。普通螺纹的牙型半角为 30°，梯形螺纹的牙型半角为 15°。如图 4 - 34 所示。

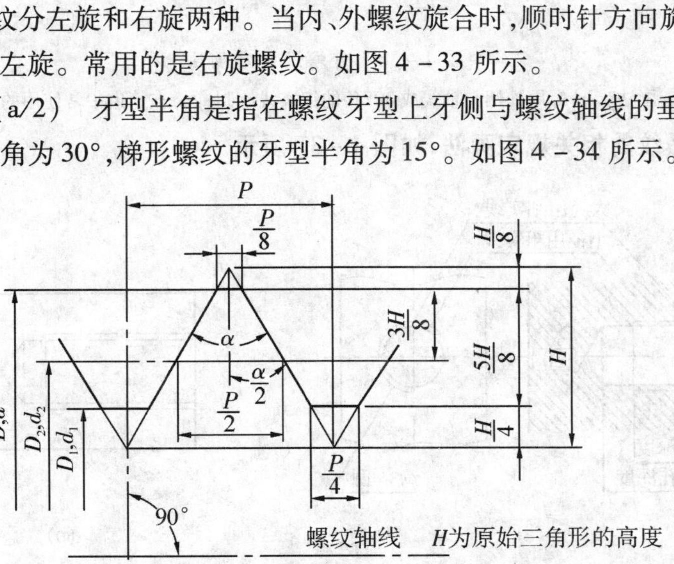

图 4 - 34　螺纹牙型半角

(7)旋合长度　螺纹旋合长度是指两个相互配合的螺纹沿螺纹轴线方向彼此旋合部分的长度，如图 4－35 所示。

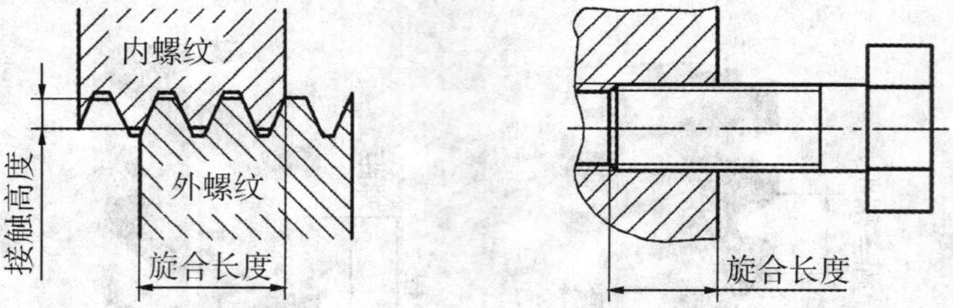

图 4－35　螺纹的旋合长度

(8)接触高度　螺纹接触高度是指在两个相互配合螺纹的牙型上，它们的牙型重合部分在垂直于螺纹轴线方向上的距离。

4.2　内、外螺纹的规定画法

4.2.1　外螺纹的相关规定画法，如图 4－36 所示。

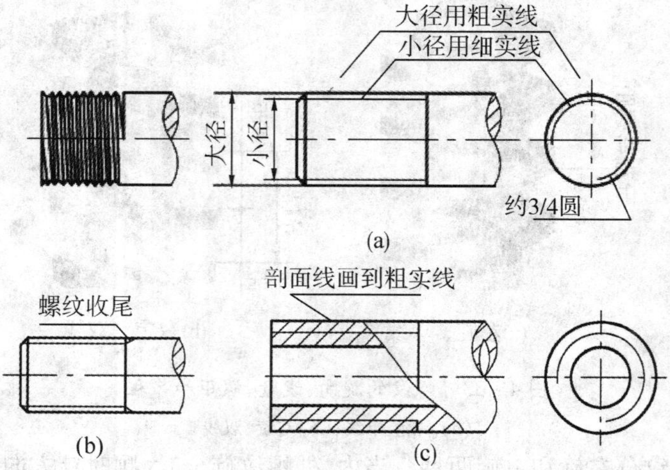

图 4－36　外螺纹规定画法

(a)螺纹规定画法；(b)螺尾处用与轴线成30°角的细实线绘制；(c)在管道中常使用的管螺纹的画法

4.2.2　内螺纹的相关规定画法，如图 4－37 所示。

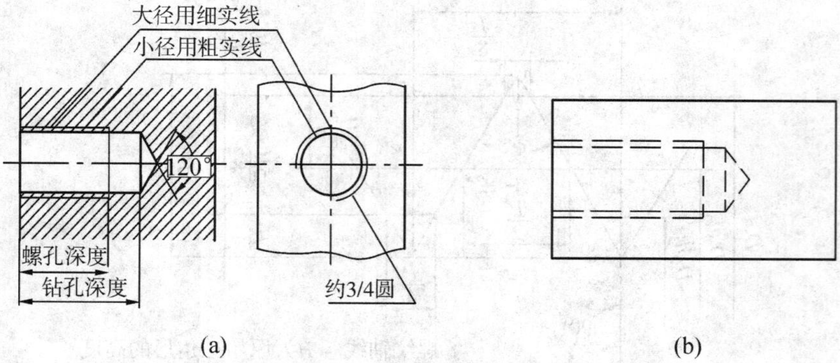

图 4－37　内螺纹规定画法

(a)内螺纹的规定画法；(b)不可见螺纹的图线均用细虚线绘制

4.2.3 内、外螺纹连接的规定画法

内外螺纹连接常采用全剖视图画出，其旋合部分按外螺纹绘制，其余部分按各自的规定画法绘制。国标规定，当沿外螺纹的轴线剖开时，螺杆作为实心零件按不剖绘制，表示螺纹大、小径的粗、细实线应分别对齐；当垂直于螺纹轴线剖开时，螺杆处应画剖面线，如图 4－38 所示。

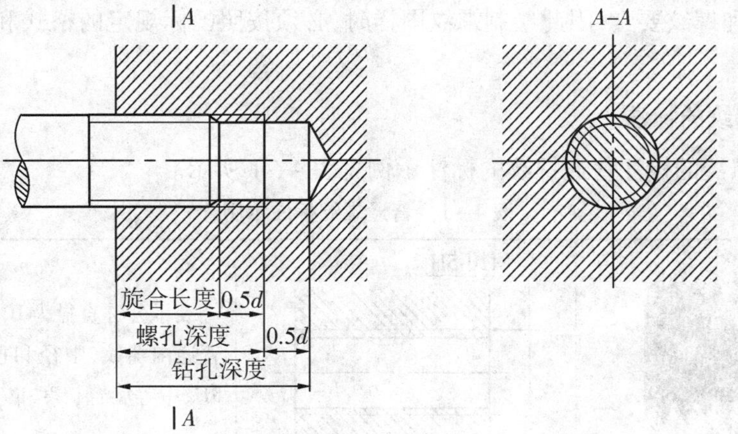

图 4－38 内外螺纹连接规定画法

4.2.4 非标准螺纹的规定画法

画非标准螺纹时，应画出螺纹牙型，并标注出所需的尺寸及有关要求，如图 4－39 所示。

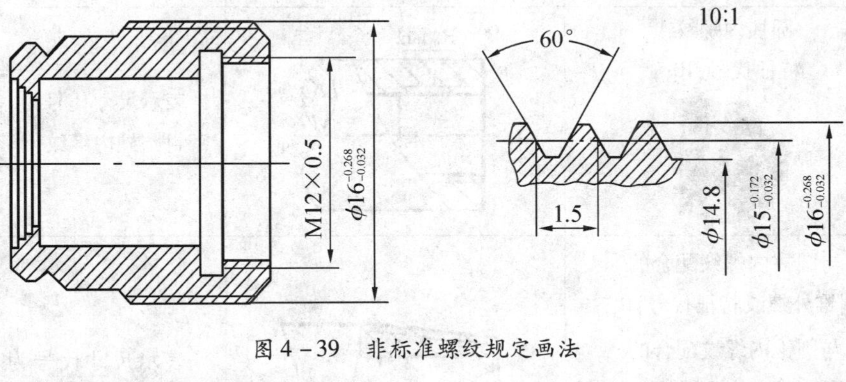

图 4－39 非标准螺纹规定画法

4.2.5 螺纹相贯的规定画法

国标规定只画螺孔小径的相贯线，如图 4－40 所示。

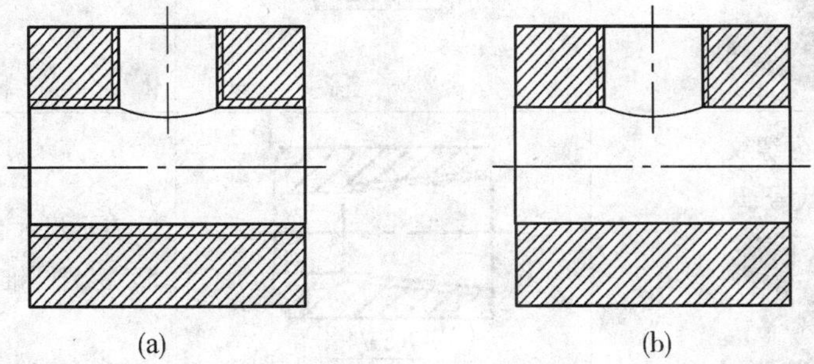

图 4－40 螺纹相贯的画法

（a）螺孔与螺孔相交；（b）螺孔与光孔相交

4.3 螺纹的种类和标注

4.3.1 螺纹的种类

常用的螺纹按用途可分为连接螺纹(如普通螺纹和管螺纹)和传动螺纹(如梯形螺纹和锯齿形螺纹)两类,前者起连接作用,后者用来传递动力和运动。由于螺纹的规定画法不能表示螺纹种类和螺纹要素,因此绘制螺纹图样时,必须按照国标规定的格式和相应代号进行标注。

4.3.2 螺纹的标注

(1)普通螺纹的标注普通螺纹的标注示例见表 4-1 所示。

表 4-1 普通螺纹标注示例

	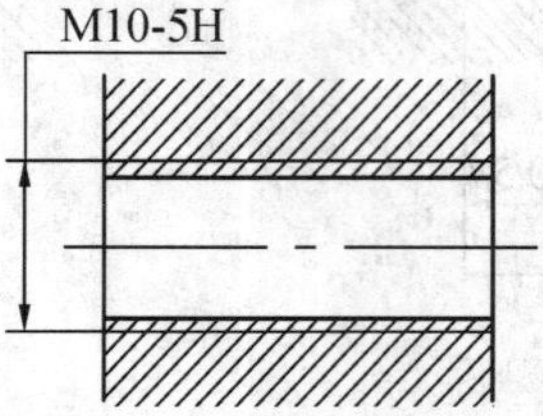	表示公称直径为 10 mm 的右旋粗牙普通内螺纹,中径和顶径公差带号为 5H,中等旋合长度

(2)管螺纹的标记

表 4-2 管螺纹标注示例

螺纹种类		标注示例	说明
55°密封管螺纹	圆柱内螺纹 特征代号:Rp 	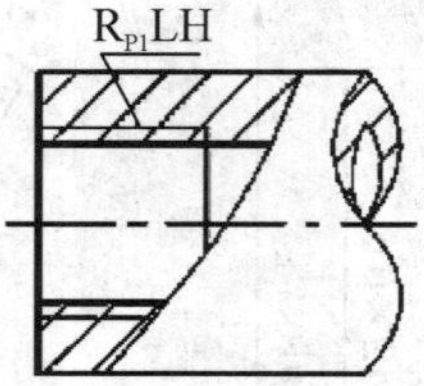	表示尺寸代号为 1、左旋的55°密封圆柱内螺纹
	与圆柱内螺纹配合的圆锥外缧纹特征代号:R_1 与圆锥内缧纹配合的圆锥外缧纹特征代号:R_2 	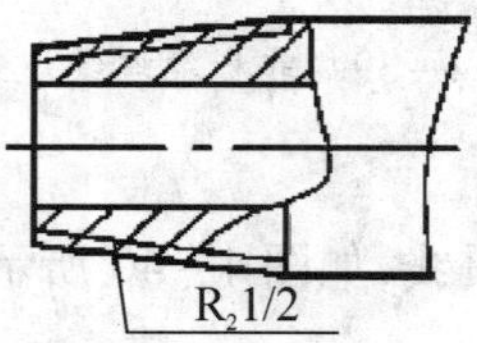	表示尺寸代号为 1/2、右旋、与圆锥内螺纹相配合的 55°密封圆锥外缧纹
	圆锥内缧纹 特征代号:Rc 	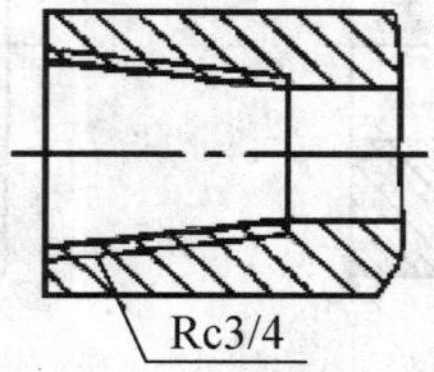	表示尺寸代号为 3/4、右旋的55°密封圆锥内缧纹

续表

	螺纹种类	标注示例	说明
55°非密封管螺纹	特征代号:G 	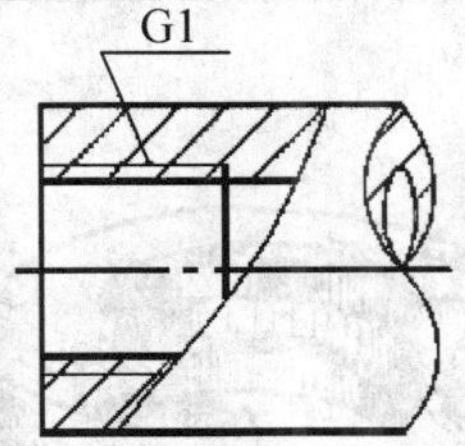	表示尺寸代号为 1、右旋的55°非密封圆柱内螺纹
	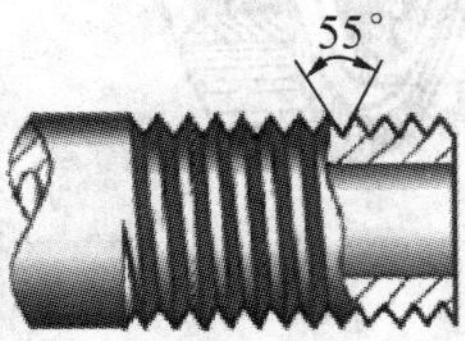	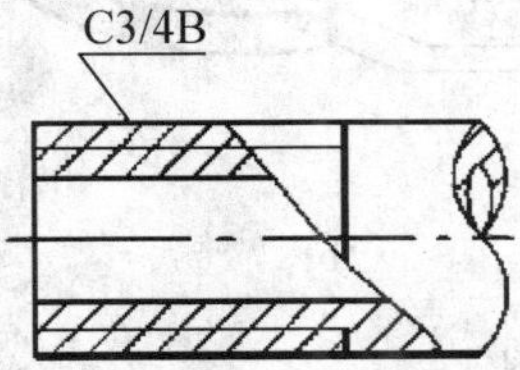	表示尺寸代号为 3/4、右旋的55°非密封 B 级圆柱外螺纹

(3)梯形螺纹和锯齿螺纹的标注,如表 4 -3 所示。

表 4 -3 梯形螺纹和锯齿螺纹标注示例

螺纹种类	标注示例	说明
锯齿形螺纹 特征代号:B 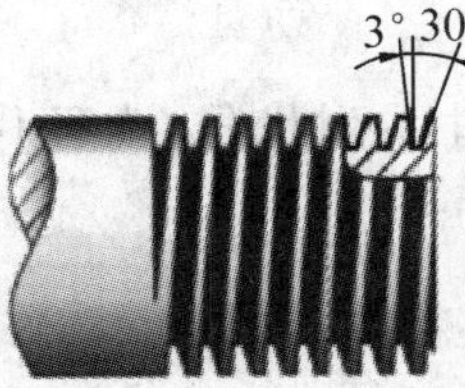	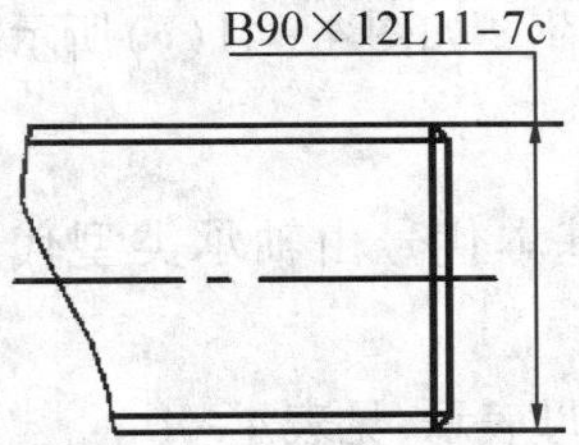	表示公称直径为 90mm、螺距为12mm 的单线左旋锯齿形外螺纹,中径公差带代号为 7c,中等旋合长度
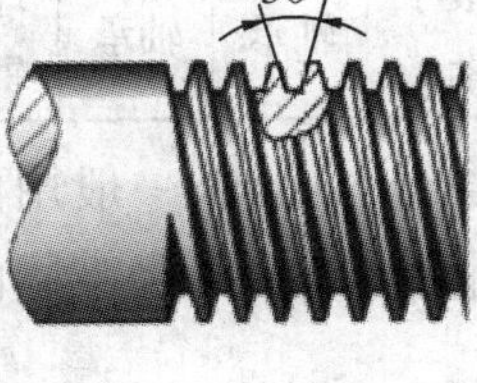	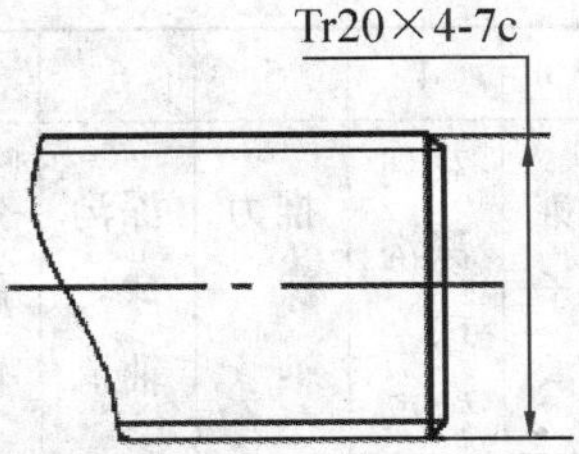	表示公称直径为 20mm、螺距为4mm 的单线右旋梯形外螺纹,中径公差带代号为 7c,中等旋合长度
	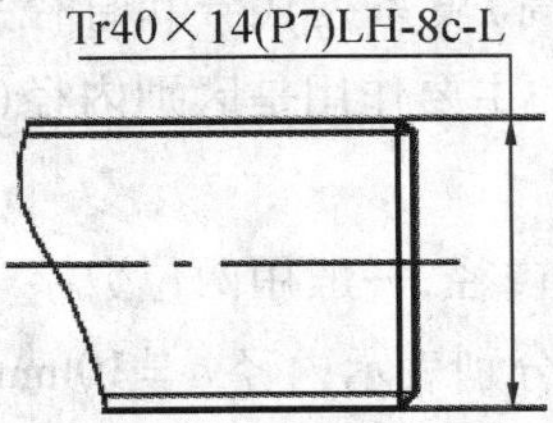	表示公称直径为 40mm、导程为14mm、螺距为 7mm 的双线左旋梯形外螺纹,中径公差带代号为 7c,中等旋合长度

4.4 滚动轴承

滚动轴承是用来支承轴的组件,由于它具有摩擦阻力小、结构紧凑等优点,在机器中被广泛应用。滚动轴承的结构形式、尺寸均已标准化,由专门的工厂生产,使用时可根据设计要求进行选择。

4.4.1 滚动轴承的构造与种类

滚动轴承一般由外圈、内圈、滚动体和保持架组成,如图4－41所示。

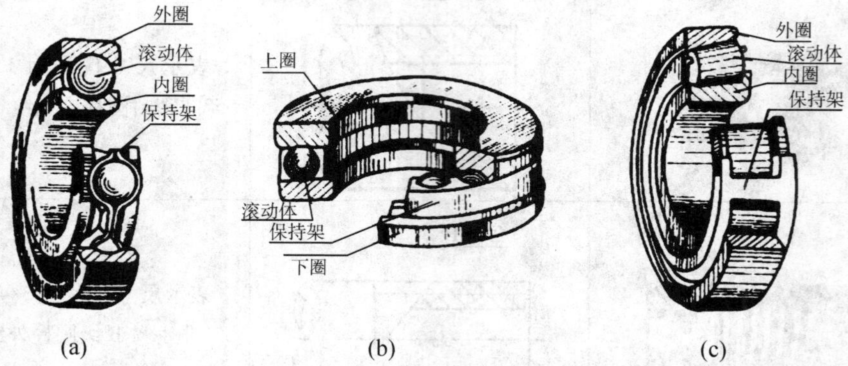

图4－41　常用滚动轴承的结构

(a)深沟球轴承;(b)推力球轴承;(c)圆锥滚子轴承

按承受载荷的方向,滚动轴承可分为三类:

(1)主要承受径向载荷　如图4－41(a)所示的深沟球轴承。

(2)主要承受轴向载荷　如图4－41(b)所示的推力球轴承。

(3)同时承受径向载荷和轴向载荷　如图4－41(c)所示的圆锥滚子轴承。

4.4.2 滚动轴承的代号

滚动轴承常用基本代号表示,基本代号由轴承类型代号、尺寸系列代号、内径代号构成。

(1)轴承类型代号　用数字或字母表示,见表4－4。

表4－4　轴承类型代号(摘自GB/T272－1993)

代号	0	1	2		3	4	5	6	7	8	N	U	QJ
轴承类型	双列角接触球轴承	调心球轴承	调心滚子轴承	推力调心滚子轴承	圆锥滚子轴承	双列深沟球轴承	推力球轴承	深沟球轴承	角接触球轴承	推力圆柱滚子轴承	圆柱滚子轴承	外球面球轴承	四点接触球轴承

(2)尺寸系列代号　由轴承宽(高)度系列代号和直径系列代号组合而成,一般用两位数字表示(有时省略其中一位)。它的主要作用是区别内径(d)相同而宽度和外径不同的轴承,具体代号需查阅相关标准。

(3)内径代号　表示轴承的公称内径,一般用两位数字表示。

1)代号数字为00,01,02,03时,分别表示内径 $d=10mm,12mm,15mm,17mm$。

2)代号数字为04～96时,代号数字乘以5,即得轴承内径。

3)轴承公称内径为1～9mm,22mm,28mm,32mm,500mm或大于500mm时,用公称内径毫米数值直接表示,但与尺寸系列代号之间用"/"隔开,如"深沟球轴承62/22,$d=22mm$"。

轴承基本代号举例:

【例 1】: 6209

09 为内径代号,$d=45$mm;2 为尺寸系列代号(02),其中宽度系列代号 0 省略,直径系列代号为 2;6 为轴承类型代号,表示深沟球轴承。

【例 2】: 62/22

22 为内径代号,$d=22$mm(用公称内径毫米数值直接表示);2 和 6 与例 1 的含义相同。

【例 3】: 30314

14 为内径代号,$d=70$mm;03 为尺寸系列代号(03),其中宽度系列代号为 0,直径系列代号为(3);3 为为轴承类型代号,表示圆锥滚子轴承。

4.4.3 滚动轴承的画法

在装配图中滚动轴承的轮廓按外径 D、内径 d、宽度 B 等实际尺寸绘制,其余部分用简化画法或用示意画法绘制。在同一图样中,一般只采用其中的一种画法。常用滚动轴承的画法,见表 4-5。

表 4-5 常用滚动轴承的画法(摘自 GB/T4459.7-1998)

名称、标准号和代号	主要尺寸数据	规定画法	特征画法	装配示意图
深沟球轴承 60000	D d B	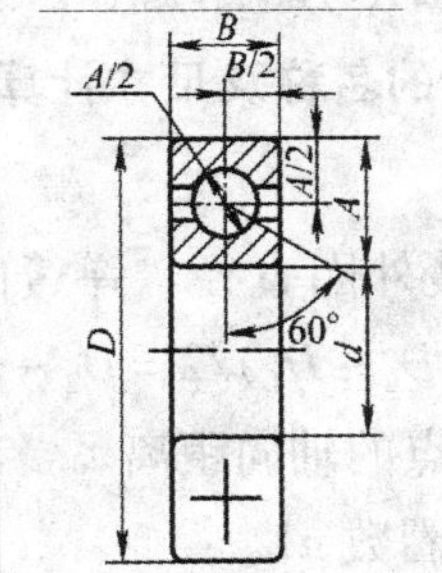	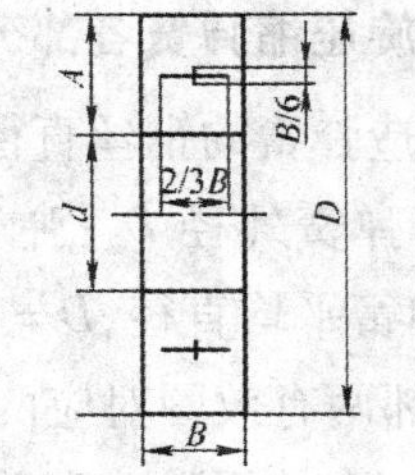	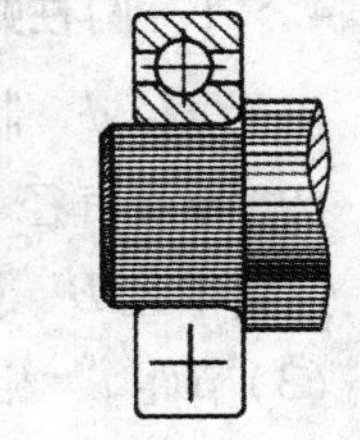
圆锥滚子轴承 30000	D d B D T C	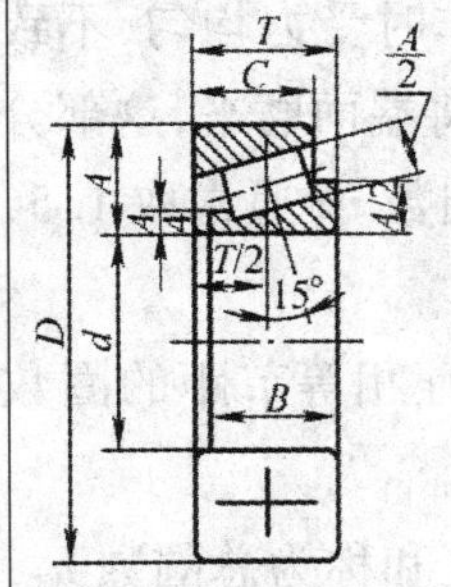	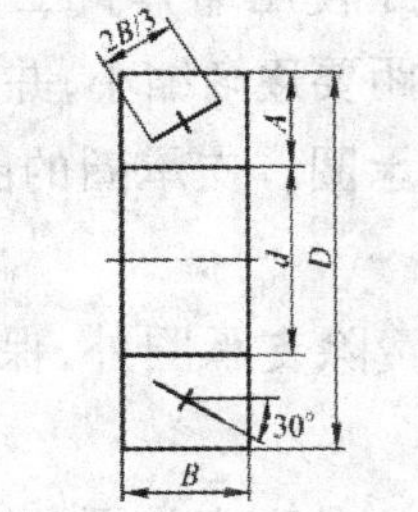	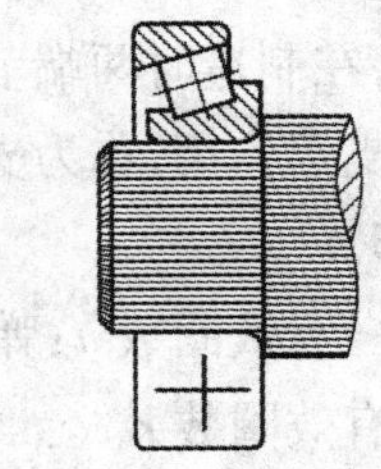
推力球轴承 50000	D d T	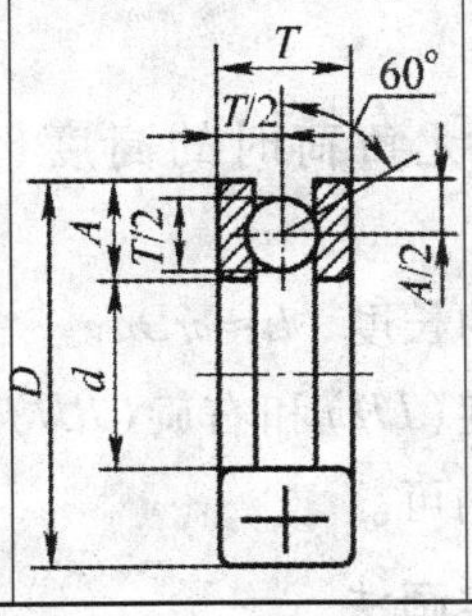	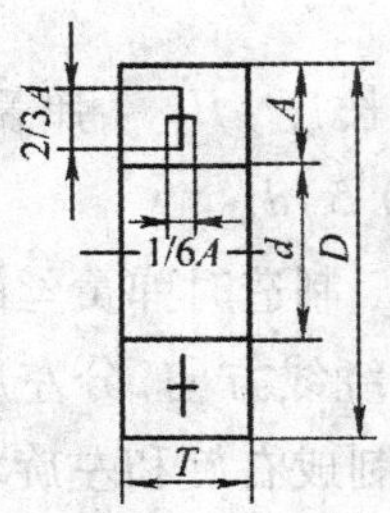	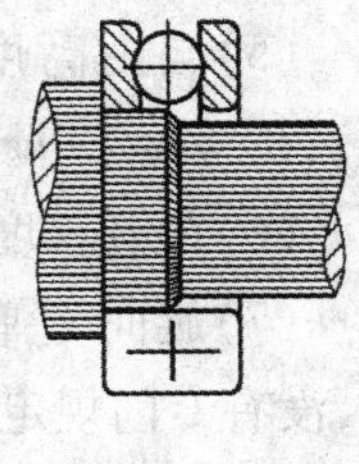

4.5 弹簧

弹簧的用途很广,在机械中主要用来减震、夹紧、储存能量和测力等。弹簧的特点是去

掉外力后,能立即恢复原状。弹簧的类型有螺旋弹簧、涡卷弹簧、板弹簧等,如图 4-42 所示

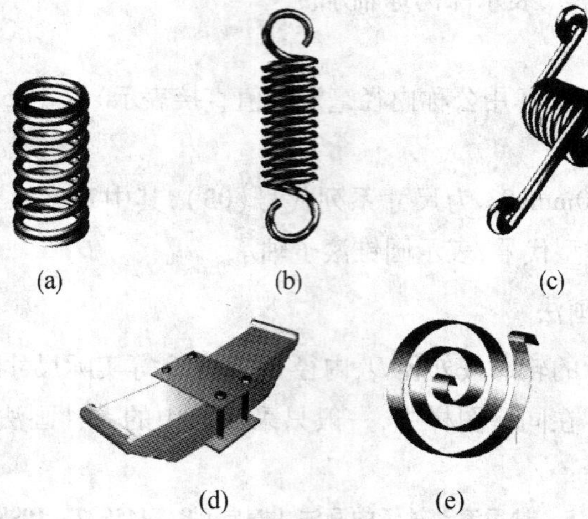

图 4-42　常见弹簧类型

(a)压缩弹簧;(b)拉伸弹簧;(c)扭转弹簧;(d)板弹簧;(e)平面涡弹簧

4.5.1　**圆柱螺旋压缩弹簧各部分的名称及尺寸计算,如图 4-43 所示。**

(1)线径 d　制造弹簧的钢丝直径。

(2)弹簧直径　弹簧外径 D_2:弹簧外圈直径。弹簧内径 D_1:弹簧内圈直径,$D_1=D_2-2d$。弹簧中径 D　弹簧平均直径,$D=(D_2+D_1)/2=D_2-d=D_1+d$。

(3)节距 t　相邻两有效圈对应两点的轴向距离。

(4)支承圈数 nz、有效圈数 n 和总圈数 $n1$。

支承圈数 nz:为了使压缩弹簧工作时受力均匀,不致弯曲,在制造时两端节距要逐渐缩小,并将端面磨平,这部分只起支承作用,称为支承圈。支承圈的圈数 nz 通常取 1.5,2,2.5。

有效圈数 n:弹簧除支承圈外,保证相等节距的圈数称为有效圈数 n。

总圈数 n_1:支承圈数和有效圈数之和称为总圈数 n_1,即 $n_1=n+nz$。

(5)自由高度(长度)H_0　弹簧无负荷时的高度(长度),$H_0=nt+(nz-0.5)d$。

(6)展开长度 L　制造时弹簧丝的长度,$L\approx\pi Dn_1$。

(7)旋向　弹簧绕线方向,分左旋(LH)和右旋(RH)两种,没有专门规定时制成右旋和左旋均可。

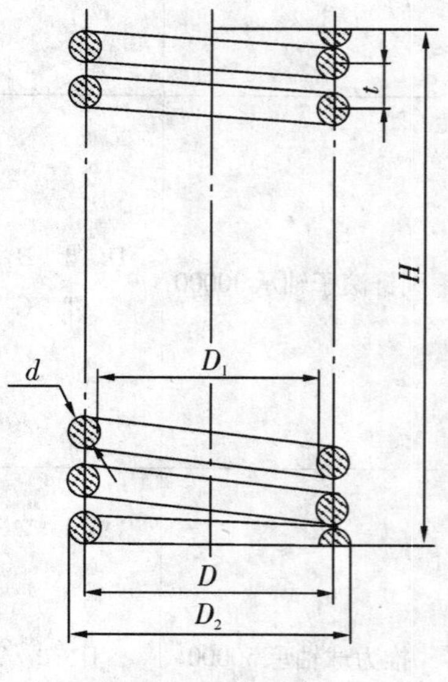

图 4-43　弹簧的参数

4.5.2　**圆柱螺旋压缩弹簧的规定画法**

圆柱螺旋压缩弹簧可画成视图、剖视图或示意图,如图 4-44 所示。圆柱螺旋压缩弹簧的绘制步骤如图 4-45 所示。

国标规定：

(1)圆柱螺旋压缩弹簧在平行于轴线的投影面上的视图中,各圈的轮廓形状应画成直线。

(2)圆柱螺旋压缩弹簧均可画成右旋,对于左旋圆柱螺旋压缩弹簧,不论画成左旋还是右旋,一律要注出旋向“LH”字样。

(3)不论弹簧支承圈数是多少以及末端贴紧情况如何,均可按支承圈数为2.5绘制。

(4)有效圈数在4圈以上的圆柱螺旋压缩弹簧,其中间部分可省略不画。

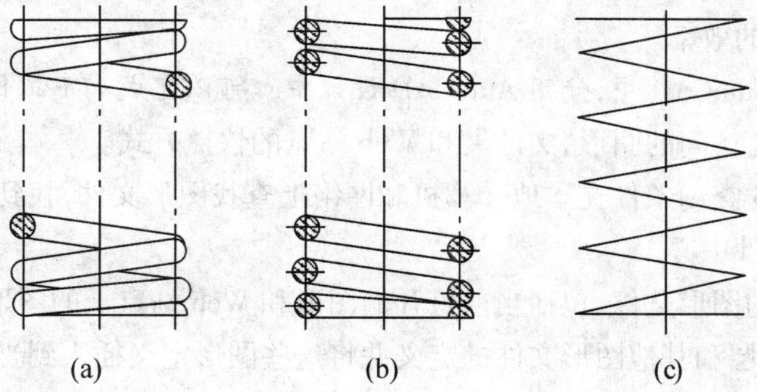

图4-44 弹簧的规定画法

(a)视图;(b)剖视图;(c)示意图

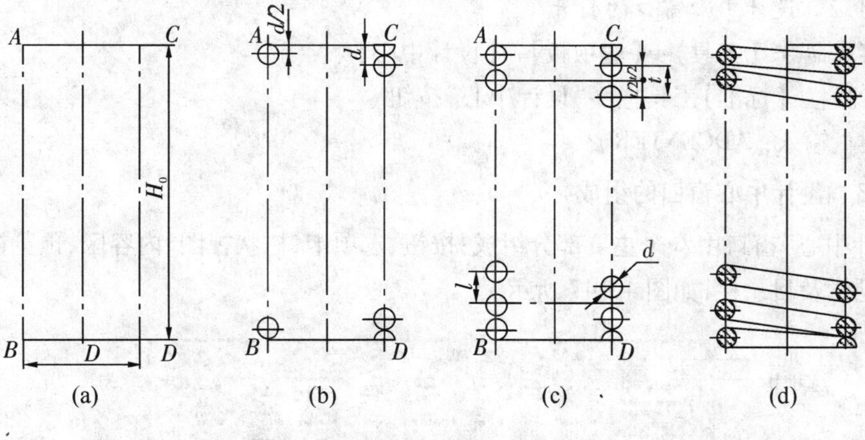

图4-45 弹簧的绘图步骤

4.5.3 装配图中弹簧的画法,如图4-46所示。

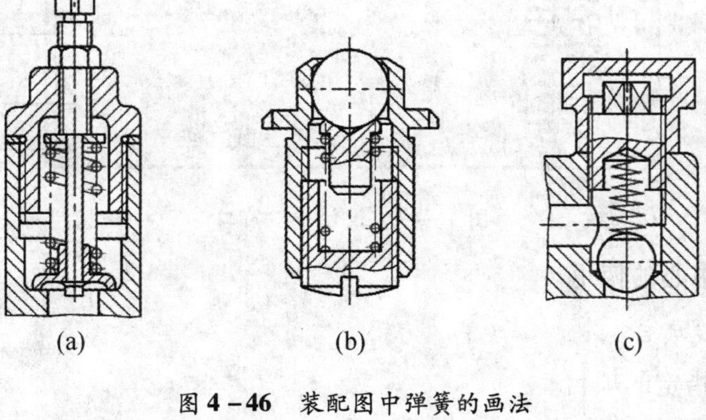

图4-46 装配图中弹簧的画法

4.6 AutoCAD 设计中心

4.6.1 AutoCAD 设计中心简介

AutoCAD 设计中心是 AutoCAD 提供的一个直观、高效并与 Windows 资源管理器相类似的工具。利用此设计中心,用户不仅可以浏览、查找、预览和管理 AutoCAD 图形、光栅图像等不同的资源,而且还可以通过简单的拖放操作,将位于本地计算机、局域网或国际互连网上的块、图层、文字样式、标注样式等插入到当前图形。如果打开多个图形文件,在各文件之间也可以通过简单的拖放操作实现图形的插入,从而使已有资源得到再利用和共享,提高了图形管理和图形设计的效率。

4.6.1.1 在 AutoCAD 中,使用 AutoCAD 设计中心可以完成如下工作。

(1)创建对频繁访问的图形、文件夹和 Web 站点的快捷方式。

(2)根据不同的查询条件在本地计算机和网络上查找图形文件,找到后可以将它们直接加载到绘图区或设计中心。

(3)浏览不同的图形文件,包括当前打开的图形和 Web 站点上的图形库。

(4)查看块、图层和其他图形文件的定义并将这些图形定义插入到当前图形文件中。

(5)通过控制显示方式来控制设计中心控制板的显示效果,还可以在控制板中显示与图形文件相关的描述信息和预览图像。

4.6.1.2 设计中心窗口的打开

- ◆ 菜单命令:【工具】→【选项板】→【设计中心】
- ◆ 工具栏:【标准】工具栏→“设计中心”按钮
- ◆ 键盘输入: ADCENTER ↙

6.1.3 设计中心窗口的组成

“设计中心”窗口由八个主要部分组成:按钮、选项卡、树状视图、内容区、预览视图、说明视图、标题栏及目录栏,如图 4-47 所示。

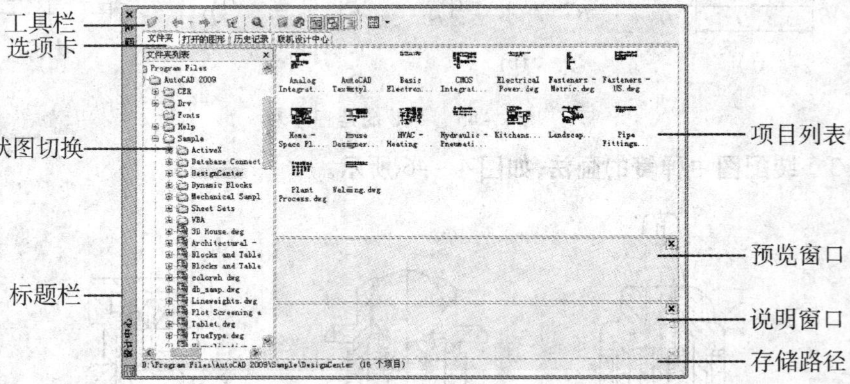

图 4-47 设计中心窗口

4.6.2 设计中心的使用

4.6.2.1 查找项目

(1)直接双击指定的项目。

(2)将指定的项目拖到内容区中。

(3)在指定的项目上单击鼠标右键弹出快捷菜单,选择【加载到内容区中】选项

4.6.2.2　使用收藏夹

(1)单击“收藏夹”按钮 。

(2)在树状视图中选择 Windows 系统的收藏夹中的“Autodesk”子文件夹。

(3)在内容区上单击鼠标右键弹出快捷菜单,选择【收藏夹】选项。

4.6.2.3　打开保存图形

(1)在图形文件的图标上单击鼠标右键,选择右键快捷菜单中的【在应用程序窗口中打开】选项。

(2)按住 Ctrl 键,将图形文件的图标拖放到绘图区域的空白处。

(3)将图形文件的图标拖放到绘图区域以外的任何位置。

4.6.2.4　共享图形资源

(1)插入图层、线型、文字样式、标注样式等

(2)插入块

1)插入块时自动换算插入比例。

2)按指定的插入点、插入比例和旋转角度插入块。

(3)附着光栅图像

(4)附着外部参照

(5)利用剪贴板插入对象

(6)自定义工具选项板

1)在树状视图区中选择定位某文件夹,然后单击鼠标右键,从弹出的快捷菜单中选择【创建块的工具选项板】命令。结果系统将此文件夹中的所有图形创建为新的工具选项板,如下图所示。

2)在设计中心的内容区中选择需要添加到工具选项板中的图形、图块或图案,并将它们拖动到工具选项板中即可添加这些项目。

思考与练习

一、填空题

1. 一张完整的零件图应包括下列四项内容:________、________、________、________。

2. 图样中的图形只能表达零件的____________,零件的真实大小应以图样上所注的____________为依据。

3. 选择零件图主视图的原则有________、________、________。

4. 标注尺寸的____________称为尺寸基准,机器零件在______________三个方向上,每个方向至少有一个尺寸基准。

5. 机器零件按其形体结构的特征一般可分为四大类,它们是__________、__________、__________、__________。

6. 零件上常见的工艺结构有__________、________、________、________、__________、

________、________、________等。

7. 表面粗糙度是评定零件________的一项技术指标，常用参数是________，其值越小，表面越________；其值越大，表面越________。

8. 当零件所有表面具有相同的表面粗糙度要求时，可在图样________；当零件表面的大部分粗糙度相同时，可将相同的粗糙度代号标注在________，并在前面加注________两字。

9. 标准公差是国家标准所列的用以确定________的任一公差。公差等级是确定________的等级。标准公差分________各等级________，即________，等级依次________；其中 IT 表示________，阿拉伯数字表示________。

10. 对于一定的基本尺寸，公差等级愈高，标准公差值愈________，尺寸的精确程度愈________。

11. 配合分为________、________、________三类。

12. 配合的基准制有________和________两种。优先选用________。

13. 形状公差是指________的形状对其________的变动量。形状公差项目有________、________、________、________、________、________六种。

14. 位置公差是指________的位置对其________的变动量。理想位置由________确定。

15. 位置公差项目有________、________、________、________、________、________、________、________八种。

16. 一张完整的装配图应具有下列四部分内容________、________、________、________。

17. 装配图中常采用的特殊表达方法有________、________、________、________、________等。

18. 装配图中的尺寸种类有________、________、________、________、________。

19. 螺纹的五要素是________、________、________、________、________。只有当内、外螺纹的五要素________时，它们才能互相旋合。

20. 螺纹的三要素是________、________、________。当螺纹的三要素都符合国家标准规定的称为________螺纹；牙型不符合国家标准的称为________螺纹；牙型符合国家标准，但________不符合国家标准的称为特殊螺纹。

21. 外螺纹的规定画法是：大径用________表示，小径用________表示，终止线用________表示。

22. 在剖视图中，内螺纹的大径用表示，小径用________表示，终止线用________表示。不可见螺纹孔，其大径、小径和终止线都用________表示。

23. 一螺纹的标注为 M24 ×1.5，表示该螺纹是________螺纹，其大径为________，螺距为________，旋向为________。

24. 粗牙普通螺纹，大径 24，螺距 3，中径公差带代号为 6g，左旋，中等旋合长度，其螺纹代号为________，该螺纹为________螺纹。

25. 梯形螺纹，公称直径 20，螺距 4，双线，右旋，中径公差带代号为 7e，中等旋合长度，其螺纹代号为________，该螺纹为________螺纹。

26. 用螺纹密封的管螺纹，尺寸代号为 3/4，圆柱内螺纹与圆锥外螺纹连接的代号为____

________。

27. 螺纹连接用于________，常见的螺纹联接形式有：________、________、________。

28. 键连接用于________的________连接，以________。常用键的种类有________、________、________、________。

29. 销用作零件件间的________。常用销的种类有________、________、________。

30. 轴承是用来________轴的。滚动轴承分为________、________和________三类。

31. 轴承代号 6208 指该轴承类型为________，其尺寸系列代号为________，内径为________。

32. 轴承代号 30205 是________轴承，其尺寸系列代号为________，内径为________。

33. 弹簧可用于________等作用。常见弹簧有________、________、________。

34. 圆柱螺旋弹簧分为________、________、________。

二、读图题。

1. 读轴承盖零件图，在指定位置画出 B－B 剖视图（采用对称画法，画出下一半，即前方的一半）。回答下列问题：

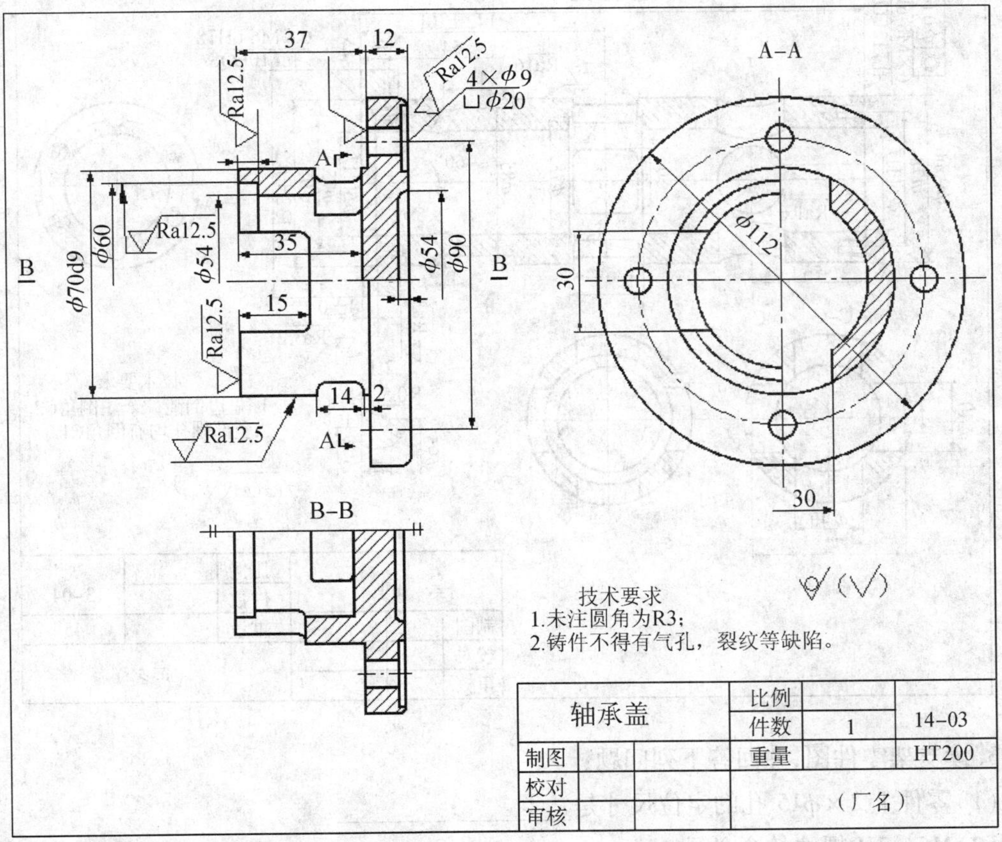

（1）d9 写成有上、下偏差的注法为________。

（2）主视图的右端面有________深 3 的凹槽，这样的结构是考虑________零件的质量而设计的。

（3）说明$\dfrac{4\times\phi 9}{\sqcup\ \phi 20}$的含义：4 个________的孔是按与螺纹规格________的螺栓相配的

________的通孔直径而定的，ϕ ⌴20 的深度只要能__________为止。

2. 读套筒零件图，回答下列问题：

（1）说明符号 |◎|ϕ0.04|A| 的含义：符号◎表示____________________，数字 ϕ0.04 表示____________________。A 是____________________。

（2）ϕ95h6 的含义是什么？是什么配合制？

（3）解释 $\frac{6\times M6-6H↧8}{孔↧10EQS}$ 的含义。

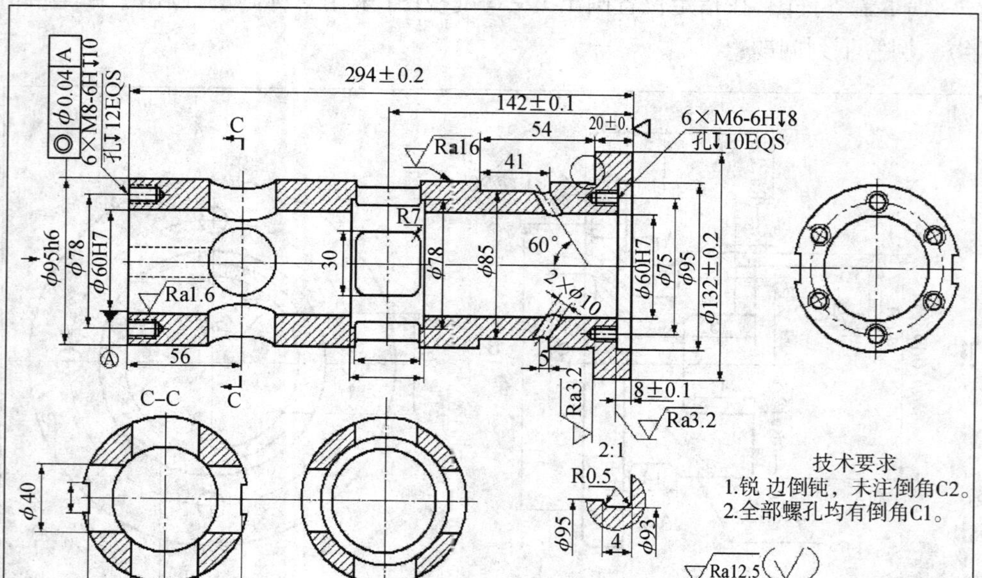

套 筒		比例		13-04
		件数	1	
制图		重量		45
校对				
审核		（厂名）		

3. 读支架零件图，并回答下列问题：

（1）零件上 2×ϕ15 孔的定位尺寸是________；________。

（2）M6－7H 螺纹的含义是____________________。

（3）零件图上各表面粗糙度的最高要求是________，最低要求是________。

（4）表达该支架采用的一组图形分别为________，________，________。

三、完成螺纹及连接件的画法。

1. 按规定的画法绘制螺纹的主、左视图。

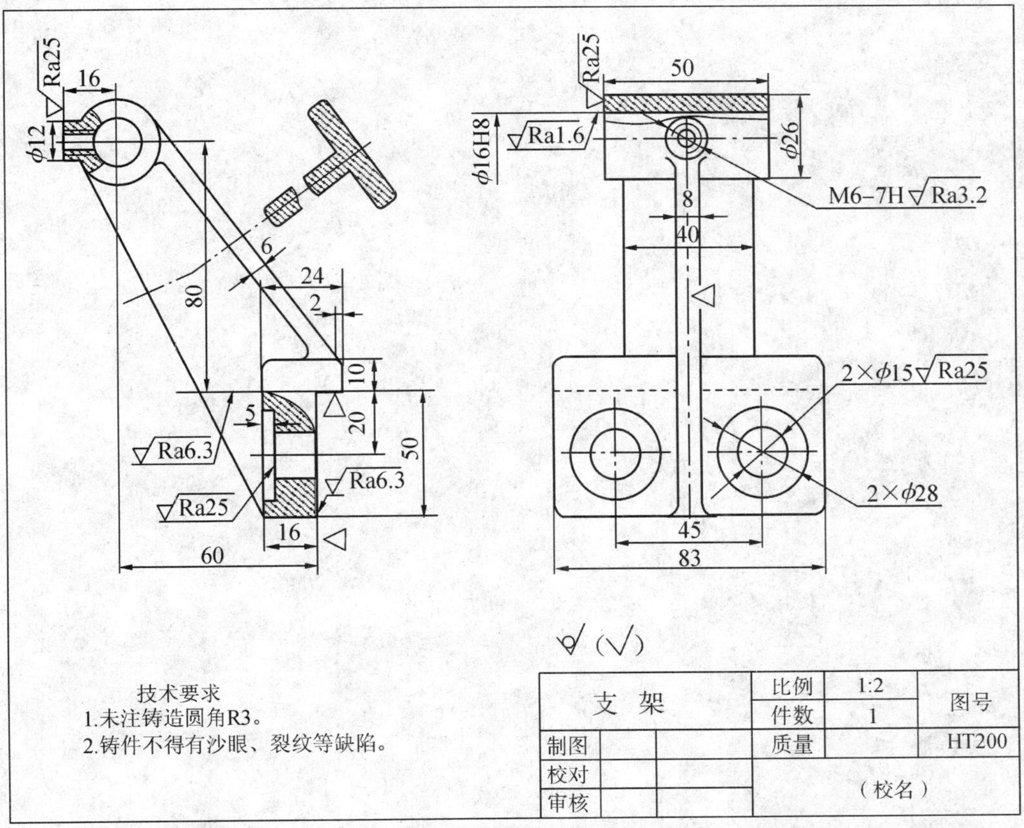

（1）外螺纹：大径 M20、螺纹长 30mm、螺杆长画 40mm 后断开，螺纹倒角 C2。

（2）内螺纹：大径 M20、螺纹长 30mm、孔深 40mm，螺纹倒角 C2。

2. 已知：螺柱 GB/T 898 －1988 M16×40、螺母 GB/T 6170 － 2000 M16，垫圈 GB/T 97.1－2002 M 16、用近似画法作出连接后的主、俯视图（1∶ 1）。

3. 已知：螺栓 GB/T 5780－2000 M16×80、螺母 GB/T 6170 － 2000 M16，垫圈 GB/T 97.1－2002 M 16、用近似画法作出连接后的主、俯视图（1∶ 1）。

4. 分析下列错误画法，并将正确的图形画在下边的空白处。

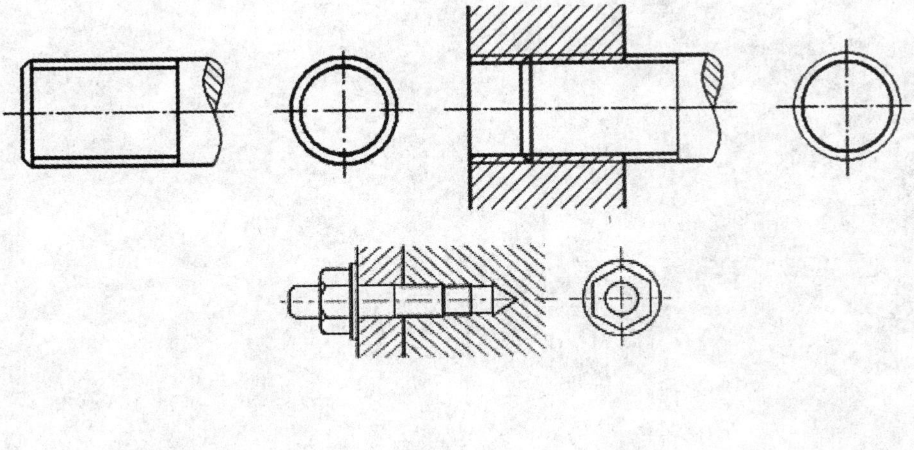

附录A 螺 纹

表 A-1 普通螺纹直径与螺距(摘自 GB/T 196—197—2003)(单位:mm)

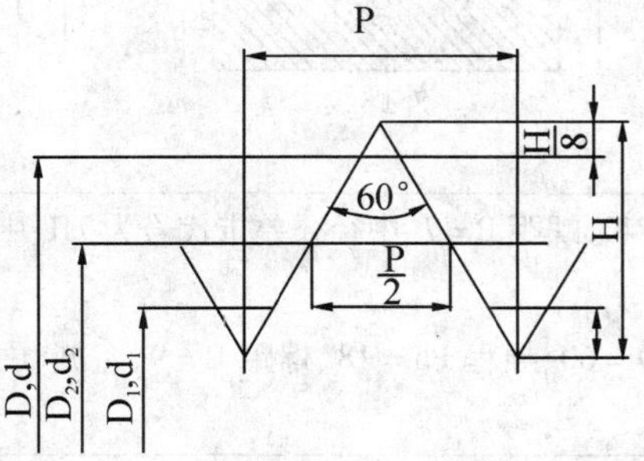

D—内螺纹的基本大径(公称直径)

d—外螺纹的基本大径(公称直径)

D_2—内螺纹的基本中径

d_2—外螺纹的基本中径

D_1—内螺纹的基本小径

d_1—外螺纹的基本小径

P—螺距 H =

标注示例

M24(公称直径为 24mm、螺距为 3mm 的粗牙右旋普通螺纹)

M24×1.5— LH(公称直径为24mm、螺距为1.5mm 的 细牙左旋普通螺纹)

公称直径 D、d		螺距 P		粗牙中径	粗牙小径
第一系列	第二系列	粗牙	细牙	D_2、d_2	D_1、d_1
3		0.5	0.35	2.675	2.459
	3.5	(0.6)		3.110	2.850
4		0.7	0.5	3.545	3.242
	4.5	(0.75)		4.013	3.688
5		0.8		4.480	4.134
6		1	0.75(0.5)	5.350	4.917
8		1.25	1,0.75.(0.5)	7.188	6.647
10		1.5	1.25,1,0.75,(0.5)	9.026	8.376
12		1.75		10.863	10.106
	14	2	1.5,(1.25),1.(0.75),(0.5)	12.701	11.835
16		2	1.5,1.(0.75),(0.5)	14.701	13.835
	18	2.5	1.5,1,(0.75),(0.5)	16.376	15.294
20		2.5		18.376	17.294
	22	2.5	2,1.5,1.(0.75).(0.5)	20.376	19.294
24		3	2,1.5,1.(0.75)	22.051	20.752
	27	3	2.1.5.1,(0.75)	25.051	23.752
30		3.5	(3),2,1.5,1,(0.75)	27.727	26.211

注:1. 优先选用第一系列,括号内尺寸尽可能不用,第三系列未列入。

2. M14×1.25 仅用于火花塞

表 A－2　梯形螺纹(摘自 GB/T5796.1～5796.4—2005)(单位:mm)

d—外螺纹大径(公称直径)

d_3—外螺纹小径

D_4—内螺纹大径

D_1—内螺纹小径

d_2—外螺纹中径

D_2—内螺纹中径

P—螺距

ac—牙顶隙

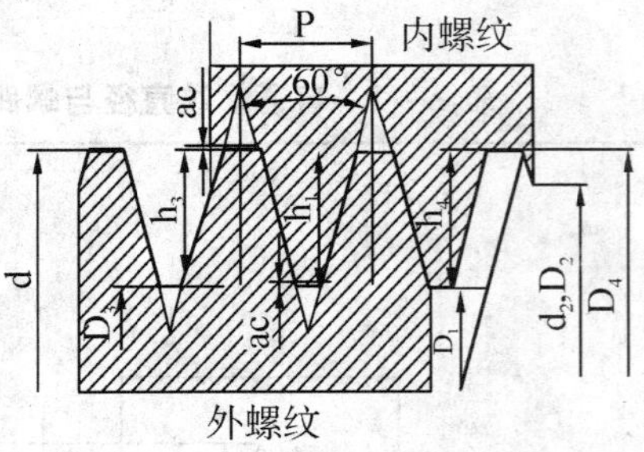

代号示例:Tr40×7—7H(单线梯形内螺纹、公称直径 d＝40、螺距 P＝7、中径公差带代号为 7H、中等旋和长度)

Tr60×18(P9)LH—8e—L(双线梯形外螺纹、公称直径 D＝60、导程 Ph＝18、螺距 P＝9、左旋、中径公差带代号为 8e、长旋和长度)

梯形螺纹的基本尺寸

d 公称系列		螺距	中径	大径	小径	
第一系列	第二系列	P	$d_2=D_2$	D	d3	D1
8	–	1.5	7.25	8.3	6.2	6.5
–	9	2	8	9.5	6.5	7
10	–		9	10.5	7.5	8
–	11		10	11.5	8.5	9
12	–	3	10.5	12.5	8.5	9
–	14		12.5	14.5	10.5	11
16	–	4	14	16.5	11.5	12
–	18		16	18.5	13.5	14
20	–		18	20.5	15.5	16
–	22	5	19.5	22.5	16.5	17
24	–		21.5	24.5	18.5	19
–	26		23.5	26.5	20.5	21
28	–		25.5	28.5	22.5	23
–	30	6	27	31	23	24

d 公称系列		螺距	中径	大径	小径	
第一系列	第二系列	P	$d_2=D_2$	D_4	d_3	D_1
32	–	6	29	33	25	26
–	34		31	35	27	28
36	–		33	37	29	30
–	38	7	34.5	39	30	31
40	42		36.5	41	32	33
–	–		38.5	43	34	35
44	46		40.5	45	36	37
–	–	8	42	47	37	38
48	50		44	49	39	40
–	–		46	51	41	42
52	55		48	53	43	44
–	–	9	50.5	56	45	46
60	–		55.5	61	50	51
–	65	10	60	66	54	55

注:1. 优先选用第一系列的直径。

2. 表中所列的螺距和直径,是优先选择的螺距及与之对应的直径。

表 A－3　管螺纹

用螺纹密封的管螺纹

（摘自 GB/T7306—2001）

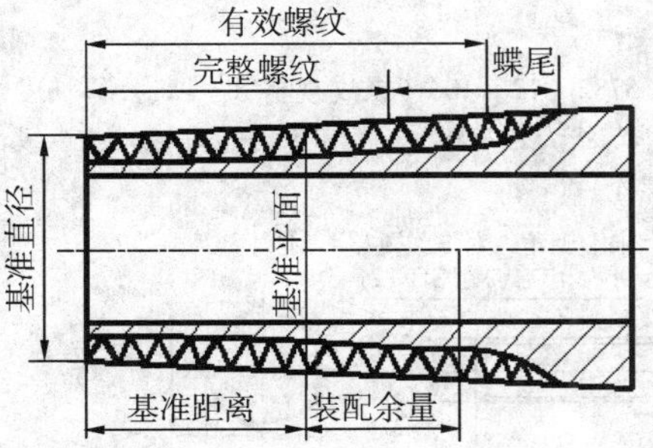

非螺纹密封的管螺纹

（摘自 GB/T7307—2001）

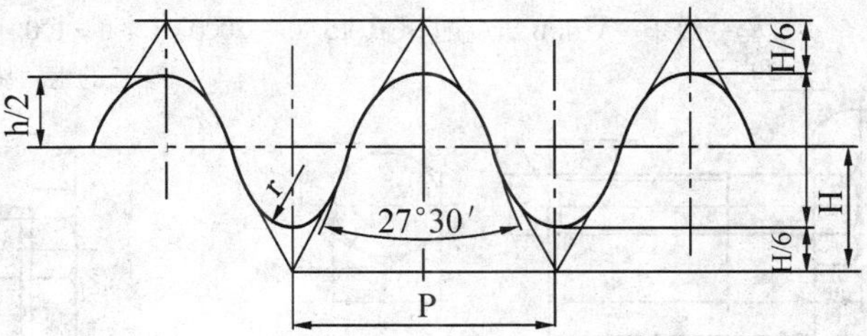

标记示例：

R1 1/2（尺寸代号 1 1/2，右旋，圆锥外螺纹）

Rc 1/4—LH（尺寸代号 1 1/4，左旋，圆锥内螺纹）

Rp2（尺寸代号 2，右旋，圆柱内螺纹）

标记示例：

G1—LH（尺寸代号 1 1/2，左旋，内螺纹）

G1 1/4A（尺寸代号 1 1/4，A 级，右旋，外螺纹）

G2B—LH（尺寸代号 2，B 级，左旋，外螺纹）

尺寸代号	基本直径/mm			螺距 P/mm	牙高 h/mm	圆弧半径 r/mm	每 25.4mm 内的牙数 n	有效螺纹长度（GB7306）/mm	基准长度（GB/T73.6）/mm
	大径 $d=D$	中径 $d_2=D_2$	小径 $d_1=D_1$						
1/16	7.723	7.142	6.561	0.907	0.518	0.125	0.125	6.5	4
1/8	9.728	9.147	8.566						
1/4	13.157	12.301	11.445	1.337	0.856	0.184	0.184	9.7	6
3/8	16.662	15.806	14.95					10.1	6.4
1/2	20.995	19.793	18.631	1.184	1.162	0.249	0.249	13.2	8.2
3/4	26.441	25.279	24.117					14.5	9.5
1	33.249	31.77	30.291	2.309	1.479	1.479	0.317	16.8	10.4
1 1/4	41.91	40.431	38.952					19.1	12.7
1 1/2	47.803	46.324	44.845						
2	59.614	58.135	56.656					23.4	15.9
2/ 1/2	75.184	73.705	72.226					26.7	17.5
3	87.884	86.405	84.926					29.8	20.6
4	113.03	111.551	110.072					35.8	25.4
5	138.43	136.951	135.472					40.1	28.6
6	163.63	162.351	160.872						

附录B 常用标准件

表 B－1 六角头螺栓（一）

六角头螺栓—A 和 B 级（摘自 GB/T5782—2000）

六角头螺栓—细牙—A 和 B 级（摘自 GB/T5785—2000）

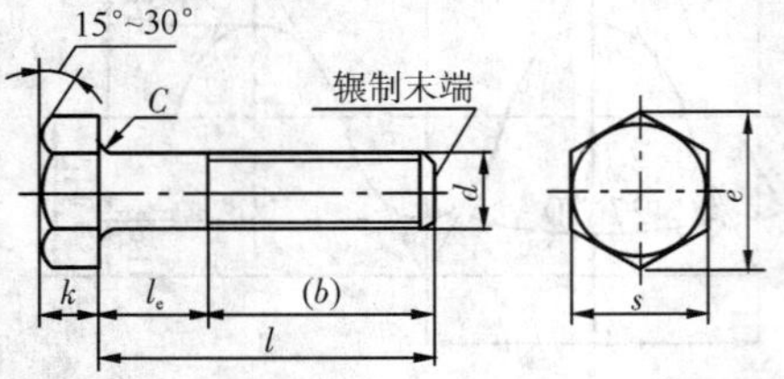

标记示例：

螺栓 GB/T 5782 M12×100（螺纹规格 d=12、公称长度 l=100、性能等级为 8.8 级、表面氧化、杆身半螺纹、A 级的六角头螺栓）

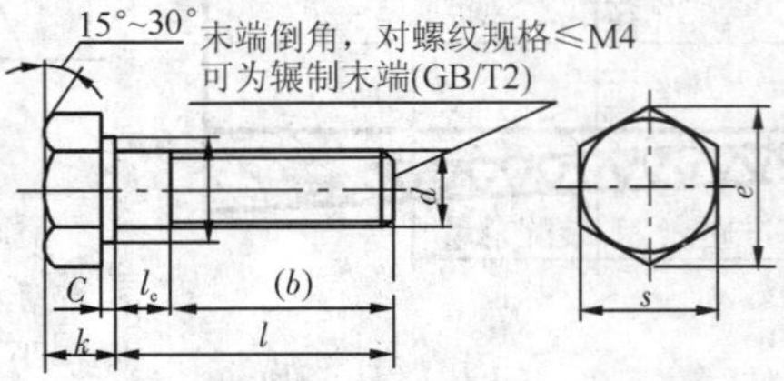

六角头螺栓—全螺纹—A 和 B 级（摘自 GB/T5783—2000）

六角头螺栓—细牙—全螺纹—A 和 B 级（摘自 GB/T5786—2000）

标注示例：

螺栓 GB/T 5782 M12×100（螺纹规格 d=12、公称长度 l=100、性能等级为 8.8 级、表面氧化、杆身半螺纹、A 级的六角头螺栓

螺纹规格	d	M4	M5	M6	M8	M10	M12	M16	M20	M24	M30	M36	M42	M48
	D×P	–	–	–	M8×1	M10×1	M12×1.5	M16×1.5	M20×2	M24×2	M30×2	M36×3	M42×3	M48×3
b 参考	ι≤125	14	16	18	22	26	30	38	46	54	66	78	–	–
	125<ι≤200	–	–	–	28	32	36	44	52	60	72	84	96	108
	ι>200	–	–	–	–	–	–	57	65	73	85	97	109	121
C_{max}		0.4	0.5		0.6			0.8					1	
$k_{公称}$		2.8	3.5	4	5.3	6.4	7.5	10	12.5	15	18.7	22.5	26	30
$S_{max=公称}$		7	8	10	13	16	18	24	30	36	46	55	65	75
e_{min}	A	7.66	8.79	11.1	14.38	17.77	20.03	26.75	33.53	39.98	–	–	–	–
	B	–	8.63	10.9	14.2	17.59	19.85	26.17	32.95	39.55	50.85	60.79	70.02	82.6
$d_{w\ min}$	A	5.9	6.9	8.9	11.6	14.6	16.6	22.5	28.2	33.6	–	–	–	–
	B	–	6.7	8.7	11.4	14.4	16.4	22	27.7	33.2	42.7	51.1	60.6	69.4
ι 范围	GB5782	25~40	25~50	30~60	35~80	40~100	45~120	55~160	65~200	80~240	90~300	110~360	130~400	140~400
	GB5785											110~300		
	GB5783	8~40	10~50	12~60	16~80	20~100	25~100	35~100	40~100				80~500	100~500
	GB5786	–	–	–			25~120	35~160	40~200				90~400	100~500
ι 系列	GB5782 GB5785	20~65（进位）、70~160（10 进位）、180~400（20 进位）												
	GB5783 GB5786	6、8、10、12、16、18、20~65（5 进位）、70~160（10 进位）、180~500（20 进位）												

注：1. P－螺距，末端按 GB/T2－2000 规定。

2. 螺纹公差：6g；机械性能等级为 8.8。

3. 产品等级：A 级用于 d≤24 和 l≤10d 或≤150 mm（按较小值）；B 级用于 d＞24 和 l＞10d 或＞150 mm（较小值）。

表 B－2　六角头螺栓(二)

六角头螺栓—C 级(摘自 GB/T5780—2000)六角头螺栓—全螺纹—C 级(摘自 GB/T5781—2000)

标记示例:螺栓 GB/T5780 M20×100

(螺纹规格 d＝20、公称长度 l＝100mm/性能等级为 4.8 级、不经表面处理、杆身半螺纹、C 级的六角头螺栓)

螺栓 GB/T5781M120×80

(螺纹规格 d＝12、公称长度 l＝80mm、性能等级为 4.8 级、不经表面处理、全螺纹、C 级的六角头螺栓)

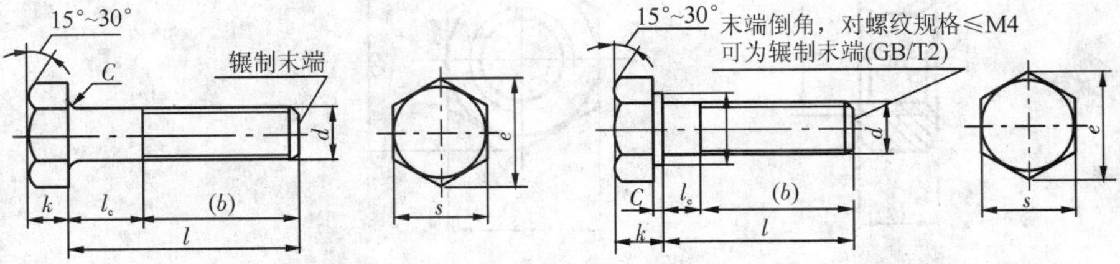

螺纹规格 d		M5	M6	M8	M10	M12	M16	M20	M24	M30	M36	M42
b 参考	l＜＝125	16	18	22	26	30	38	46	54	66	48	–
	125＜l＜＝200	–	–	28	32	36	44	52	60	72	84	96
	l＞200	–	–	–	–	–	57	65	73	85	97	109
$k_{公称}$		3.5	4	5.3	6.4	7.5	10	12.5	15	18.7	22.5	26
d_{smax}		5.48	6.48	8.58	10.6	12.7	16.7	20.8	24.8	30.8	37	45
s_{max}		8	10	13	16	18	24	30	36	46	55	65
e_{max}		8.63	10.89	14.2	17.6	19.85	26.17	32.95	39.55	50.85	60.69	72.02
l 范围												
		25~50	30~60	35~80	40~100	45~120	55~160	65~200	80~240	90~300	110~300	160~420
		10~40	12~50	16~65	20~80	25~100	35~100	40~100	50~100	60~100	70~100	80~420
l 系列		10、12、16、20~50(5 进位)、(55)、60、(65)、70~160(10 进位)、180、220~500(20 进位)										

注:1.括号内的规格尽可能不用。末端倒角按 GB/T2—2000 规定。

2.螺纹公差:8g(GB/T5780—2000);6g(GB/T5781—2000);机械性能等级:4.6,4.8;产品等级:C。

表 B -3 I 型六角螺母

I 型六角螺母—A 和 B 级(摘要 GB/T6170-2000)
I 型六角螺母—细牙—A 和 B 级(摘要 GB/T6170-2000)
I 型六角螺母—C 级(摘要 GB/T41—2000)

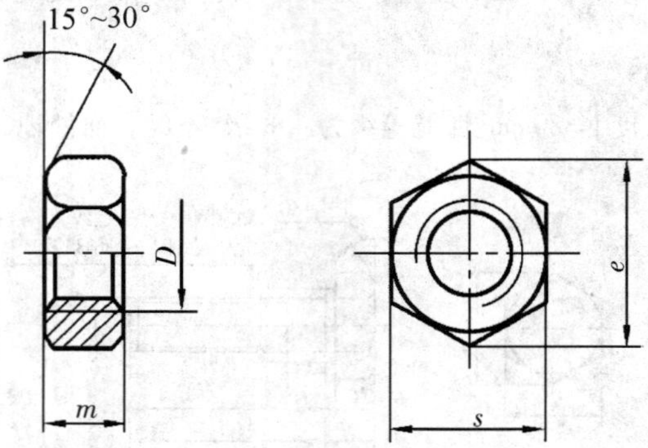

标记示例:
螺母 GB/T41M12
(螺纹规格 D=M12,性能等级为 5 级,不经表面处理,C 级的 I 型六角螺母)
螺母 GB/T6171 M24×2
(螺母规格 D=M24,螺距 P=2,性能等级为 10 级,不经表面处理,B 级的 I 型细牙六角螺母)

螺母规格	D	M4	M5	M6	M8	M10	M12	M16	M20	N24	M30	M36	M42	M48
	D×P	—	—	—	M8×1	M10×1	M12×1.5	M16×1.5	M20×2	M24×2	M30×2	M36×3	M42×3	M48×3
C		0.4	0.5		0.6			0.8				1		
		7	8	10	13	16	18	24	30	36	46	55	65	75
	A,B 级	7.66	8.79	11.05	14.38	17.77	20.03	26.75	32.95	39.95	50.85	60.79	72.02	82.6
	C 级	–	8.63	10.89	14.2	17.59	19.85	26.17						
	A,B 级	3.2	4.7	5.2	6.8	8.4	10.8	14.8	18	21.5	25.6	31	34	38
	C 级	–	5.6	6.1	7.8	9.5	12.2	15.9	18.7	22.3	26.4	31.5	34.9	38.9
	A.B 级	5.9	6.9	8.9	11.6	14.6	16.6	22.5	7.7	33.2	42.7	51.1	60.6	69.4
	C 级	–	6.9	8.7	11.5	14.5	16.5	22						

注:1. P—螺距
2. A 级用于 D≦16 的螺母;B 级用于 D>16 的螺母;C 级用于 D≥5 的螺母。
3. 螺纹公差;A,B 级为 6H,C 级为 7H,机械性能等级;A,B 级为 6,8,10 级,C 级为 4.5 级

表 B－4 双头螺柱(摘自 GB/T897～900－1988)

标记示例:

螺柱 GB/T900—1988 M×50

(两端均为粗牙普通螺纹、d=10、L=50、性能等级为 4.8 级、不经表面处理、B 型、bm=2d 的双头螺柱)

螺柱 GB/T900—1988 AM10×1×50

(旋如机体一端为粗牙普通螺纹、旋螺母为螺距 P=1 的细牙普通螺纹、d=10、L=50、性能等级为 4.8 级、不经表面处理、A 型、bm=2d 的双头螺柱)

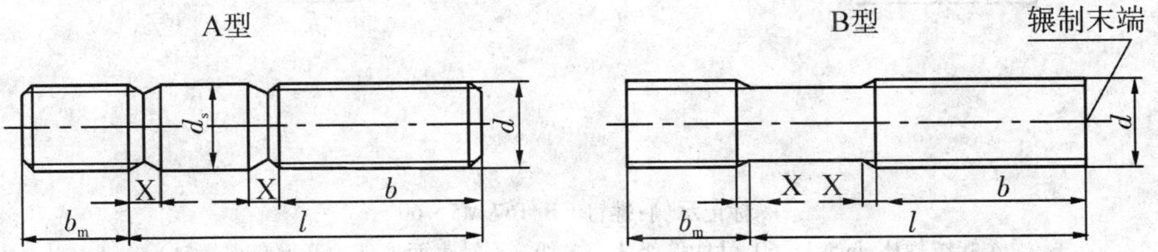

螺纹规格 d	bm 旋入机体端长度				l/b 螺柱长度/旋螺母端长度
	GB/T897	GB/T898	GB/T899	GB/T900	
M4	–	–	6	8	
M5	5	6	8	10	
M6	6	8	10	12	
M8	8	10	12	16	
M10	10	12	15	20	
M12	12	15	18	24	
M16	16	20	24	32	
M20	20	25	30	40	
M24	24	30	36	48	
M30	30	38	45	60	
M36	36	45	54	72	
M42	42	52	63	84	
M48	48	60	72	96	
l 系列	12、(14)、16、(18) 20、(22)、25、(28)、30、(32) 35、(38)、40、45、50、55、56				
	70、75、80、85、90、95、100－260、(10 进位)、280、				

注:1. 尽可能不采用括号内的规格。末端按 GB/T2－2000 规定。

2. bm=1d,一般用于钢对钢;bm=(1.25～1.5)d,一般用于钢对铸铁;bm=2d,一般用于钢对铝合金。

表 B－5　螺钉(一)

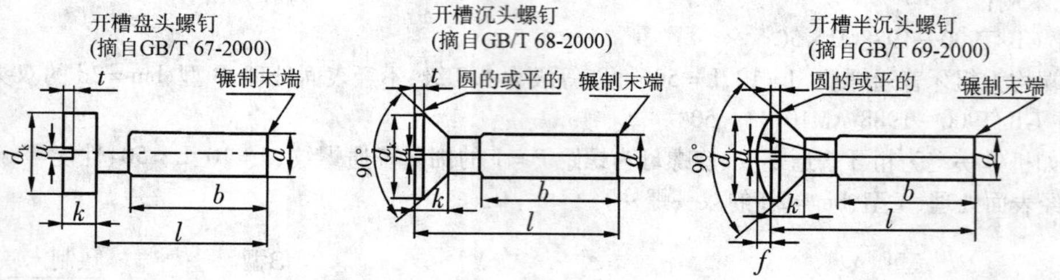

标记示例：螺钉 GB/T67 M5 ×60

（螺纹规格 dm5，l＝60，性能等级为 4.8 级，不经表面处理的开槽盘点螺钉）

螺纹规格 d	P	b_{min}	n 公称	f	r_f	k_{max}		$d_{k\ max}$		f_{min}			ι 范围		全螺纹时最大长度	
				GB/T69	GB/T69	GB/T67	GB/T68 GB/T69	GB/T67	GB/T68 GB/T69	GB/T67	GB/T68	GB/T69	GB/T67	GB/T68 GB/T69	GB/T67	GB/T68 GB/T69
M2	0.4	25	0.5	4	0.5	1.3	1.2	4	3.5	0.5	0.4	0.8	2.5～20	3～20	30	
M3	0.5		0.8	6	0.7	1.8	1.65	5.6	5.5	0.7	0.6	1.2	4～30	5～30		
M4	0.7	38	1.2	9.5	1	2.4	2.7	8	8.4	1	1	1.6	5～40	6～40	40	45
M5	0.8				1.2	3		9.5	9.3	1.2	1.1	2	6～50	8～50		
M6	1		1.6	12	1.4	3.6	3.3	12	12	1.4	1.2	2.4	8～60	8～60		
M8	1.25		2	17	2	4.8	4.65	16	16	1.9	1.8	3.2	10～80			
M10	1.5		2.5	20	2.3	6	5	20	20	2.4	2	3.8				
l 系列	2、2.5、3、4、5、6、8、10、12、14、16、20～50、5 进制、55、60、65、70(75)、80															

注：螺纹公差；6g；机械性能等级；4.8、5.8、产品等级；A

表 B－6　螺钉(二)

开槽锥端紧定螺钉
(摘自GB/T 71-2000)

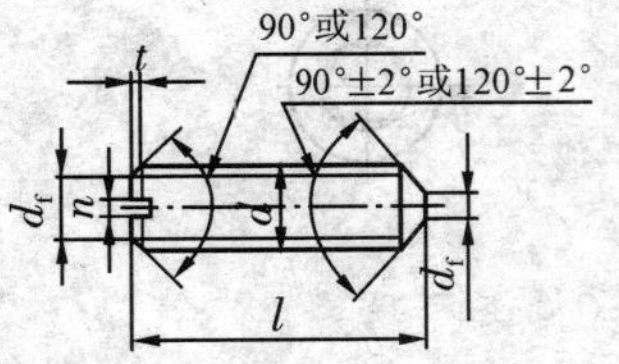

开槽平端紧定螺钉
(摘自GB/T 73-2000)

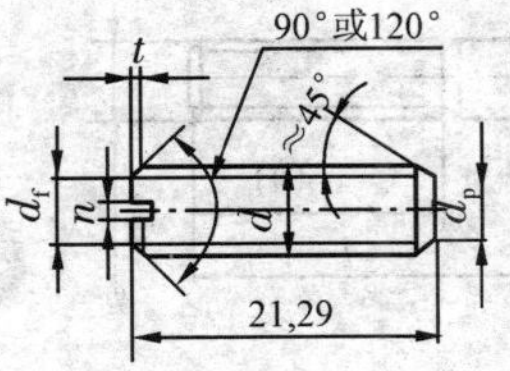

开槽长圆柱端紧定螺钉
(摘自GB/T 75-2000)

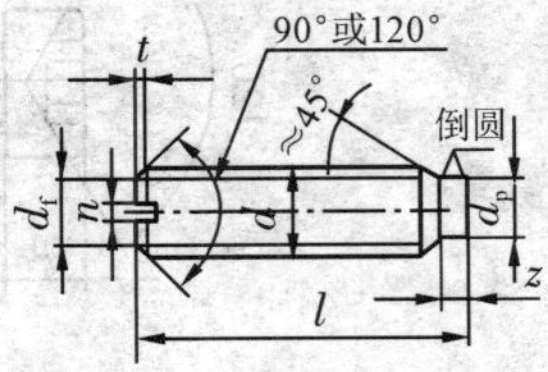

标记示例:
螺纹 GB/T71 M5×20
(螺纹规格 d＝M5、公称长度 l＝20、性能等级为 14H 级 、表面氧化的开槽锥端紧订)

螺纹规格 d	P	df	dmax	dt max	n 公称	tmax	Zmax	ι范围		
								GB/71	GB/73	GB/75
M2	0.4	螺纹小径	0.2	1	0.25	0.84	1.25	3～10	2～10	3～10
M3	0.5		0.3	2	0.4	1.05	1.75	4～13	3～16	5～16
M4	0.7		0.4	2.5	0.6	1.42	2.25	6～20	4～20	6～20
M5	0.8		0.5	3.5	0.8	1.63	2.75	8～25	5～25	8～25
M6	1		1.5	4	1	2	3.25	8～30	6～30	8～30
M8	1.25		2	5.5	1.2	2.5	5.3	10～40	8～40	10～40
M10	1.5		2.5	7	1.6	3	5.3	12～50	10～50	12～50
M12	1.75		3	8.5	2	3.6	6.3	14～60	12～60	14～60
ι系列	2、2.5、3、4、5、6、8、10、12、14、16、20、25、30、35、40、45、50、55、60									

注:螺纹公差:6g 机械性能等级:14H、22H;产品等级:A。

B—7　内六角圆柱头螺钉(摘自 GB/T 70.1—2000)

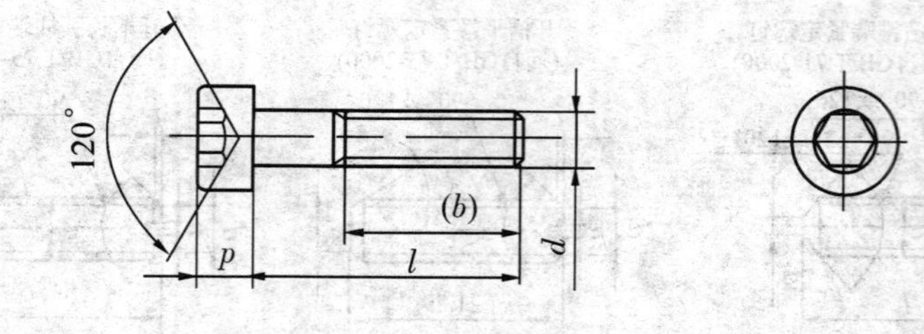

标记示例:

螺钉 GB/T 70.1 M5×20

(螺纹规格 d = M5、公称长度 l=20、性能等级为 8.8 级、表面氧化的内六角圆柱头螺钉)

螺纹规格 d		M4	M5	M6	M8	M10	M12	M14	M16	M20	M24	M30	M36
螺距 p		0.7	0.8	1	1.25	1.5	1.75	2	2	2.5	3	3.5	4
b 参考		20	22	24	28	32	36	40	44	52	60	72	84
d_{kmax}	光滑头部	7	8.5	10	13	16	18	21	24	30	36	45	54
	滚花头部	7.22	8.72	10.22	13.27	16.27	18.27	21.33	24.33	30.33	36.39	45.39	54.46
K_{max}		4	5	6	10	12	14	16	18	20	24	30	36
t_{min}		2	2.5	3	4	5	6	7	8	10	12	15.5	19
$S_{公}$ / e_{min}		3	4	5	6	8	10	12	14	17	19	22	27
$d_{a\ max}$		3.44	4.58	5.72	6.86	9.15	11.43	13.72	16	19.44	21.73	25.15	30.35
l 范围		4	5	6	8	10	12	14	16	20	24	30	36
l 系列		6 -40	8 - 50	10 -60	12 - 80	16 - 100	20 - 120	25 - 140	25 - 160	30 - 200	40 - 200	45 - 20	55 - 200
全螺纹时最大长度		25	25	30	35	40	45	55	55	65	80	90	100
l 系列		6、8、10、12、(14)、(16)、20-25(5 进位)、(55)、60、(65)、70-160(10 进位)、180、200											

注:1. 括号内的规格尽量可能不用。末端按 GB/T2—2000 规定。

2. 机械性能等级:8.8,12.9。

3. 螺纹公差:机械性能等级 8.8 级时为 6g,12.9 级时为 5g,6g。1.75

4. 产品等级为:A

表 B—8 垫圈

小垫圈—A 级(GB/T848—2002)
小垫圈—A 级(GB/T97.1—2000)
平垫圈—倒角型—A 级(GB/T97.2—2000)
标记示例:
垫圈 GB/T97.1
标准系列、规格 8、性能等级 140HV 级、不经表面处理的平垫圈)

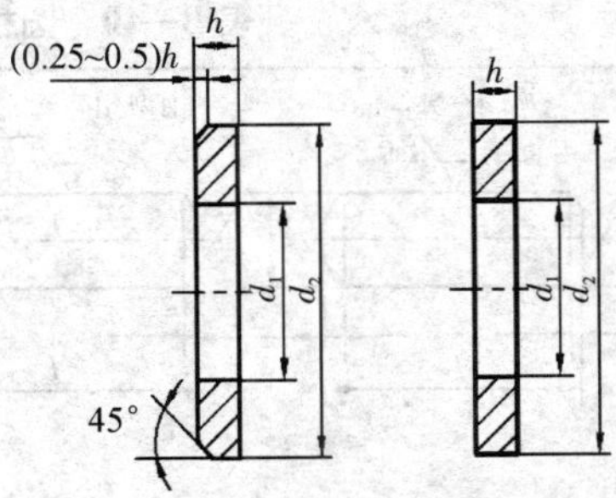

公称尺寸(螺纹规格 d)		1.6	2	2.5	3	4	5	6	8	10	12	14	16	20	24	30	36
d_1	GB/T848	1.7	2.2	2.7	3.2	4.3	5.3	6.4	8.4	11	13	15	17	21	25	31	37
	GB/T97.1																
	GB/T97.2	–	–	–													
d_2	GB/T848	3.5	4.5	5	6	8	9	11	15	18	20	24	28	34	39	50	60
	GB/T97.1	4	5	6	7	9	10	12	16	20	24	28	30	37	44	56	66
	GB/T97.2	–	–	–	–	–	10	12	16	20	24	28	30	37	44	56	66
d_1	GB/T848	0.3	0.3	0.5	0.5	0.5	1	1.6	1.6	1.6	2	2.5	2.5	3	4	4	5
	GB/T848																
	GB/T97.1																
	GB/T97.2	–	–	–	–	–											

表 B—9 标准弹簧垫圈(摘自 GB/T93—1987)

标记示例:标记示例:

垫圈 GB/T93 10

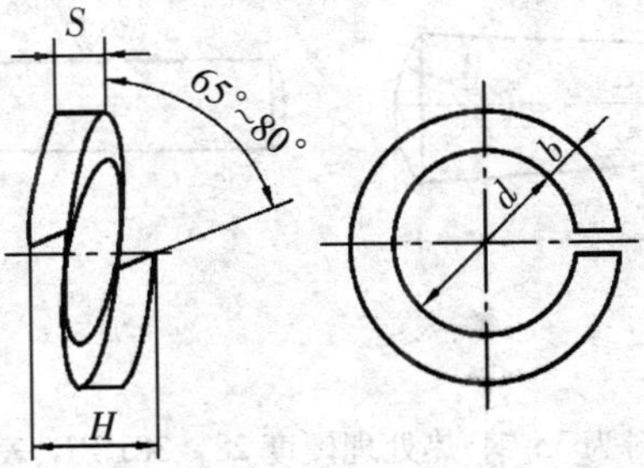

(规格 10、材料 65Mn、表面氧化的标准型弹簧垫圈)

规格(螺纹大径)	4	5	6	8	10	12	16	20	24	30	36	42	48
d_{kmax}	4.1	5.1	6.1	8.1	10.2	12.2	16.2	20.2	24.5	30.5	36.5	42.5	48.5
$S=b_{公称}$	1.1	1.3	1.6	2.1	2.6	3.1	4.1	5	6	7.5	9	10.5	12
$m\leqslant$	0.55	0.65	0.8	1.05	1.3	1.55	2.05	2.5	3	3.75	4.5	5.25	6
H_{max}	2.75	3.25	4	5.25	6.5	7.75	10.25	12.5	15	18.75	22.5	26.25	30

注:m 应大于零。

表 B—10　圆柱销(摘自 GB/T119.1—2000)

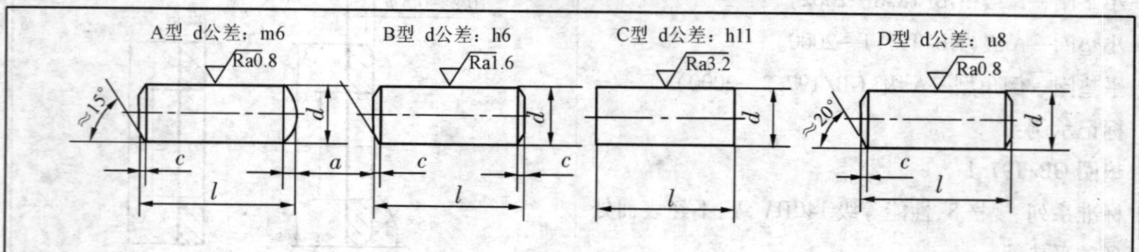

标记示例：

销 GB/T119.1　　m6 = 30

(公称直径 d = 6，公差 m6，公称长度 l = 30，材料为钢，不经表面处理的圆柱销)

销 GB/T119.1　　6　　m6 = 30

(公称直径 d = 6，公差 m6，公称长度 l = 30，材料为 A1 组奥氏体不锈钢，表面简单处理的圆柱销)

d (公称) m6/h8	2	3	4	5	6	8	10	12	16	20	25
a≈	0.25	0.4	0.5	0.63	0.8	1	1.2	1.6	2	2.5	3
c≈	0.35	0.5	0.63	0.8	1.2	1.6	2	2.5	3	3.5	4
l 范围	6 ~ 20	8 ~ 30	8 ~ 40	10 ~ 50	12 ~ 60	14 ~ 80	18 ~ 95	22 ~ 140	26 ~ 180	35 ~ 200	50 ~ 200
l 系列 (公称)	2、3、4、5、6 ~ 32(2 进位)、35 ~ 100(5 进位)、120 ~ ≥200(按 20 递增)										

表 B－11　圆锥销(摘自 GB/T117—2000)

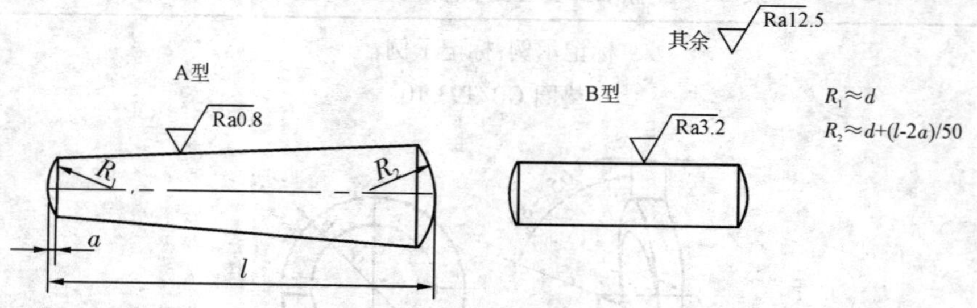

标注示例：

销 GB/T11710 × 60

(公称直径 d = 10、长度 l = 60、材料为 35 钢、热处理硬度 28 ~ 38HRC、表面氧化处理的 A 型圆锥销)

d 公称 a	2	2.5	3	4	5	6	8	10	12	16	20	25
	0.25	0.3	0.4	0.5	0.63	0.8	1	1.2	1.6	2	2.5	3
l范围	10 ~ 35	10 ~ 35	12 ~ 45	14 ~ 55	18 ~ 60	22 ~ 90	22 ~ 120	26 ~ 160	32 ~ 180	40 ~ 200	45 ~ 200	50 ~ 200
l系列	2、3、4、5、6 ~ 32(2 进位)、35 ~ 100(5 进位)、120 ~ 200(20 进位)											

表 B—12 普通平键键槽的尺寸及公差

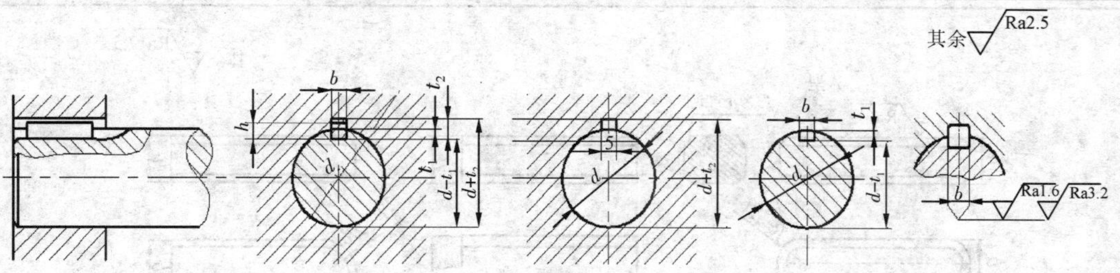

注:在工作图中,轴槽深用 t1 或(d－t1)标注,轮毂槽深用(d＋t2)标注。

轴的直径 d	键的尺寸	键槽											
		宽度 b						深度				半径 r	
		基本尺寸	极限偏差					轴 t1		毂 t2			
			正常连接		紧密连接	松连接		基本尺寸	极限尺寸	基本尺寸	极限偏差		
			轴 N9	毂 js9	轴和毂 p9	轴 H9	毂 D10					min	max
自 6～8	2×2	2	－0.004	±0.0125	－0.006	0.025	0.06	1.2		1			
＞8～10	3×3	3	－0.029		－0.031		0.02	1.8		1.4		0.08	0.16
＞10～12	4×4	4	0		－0.012		0.078	2.5	0.1	1.8	0.01		
＞12～17	5×5	5	－0.003	±0.015	－0.042	0.03	0.03	3		2.3			
＞17～22	6×6	6						3.5		2.8		0.16	0.25
＞22～30	8×7	8	0	±0.018	－0.015	0.036	0.108	4		3.3			
＞30～38	10×8	10	－0.036		－0.051			5		3.3			
＞38～44	12×8	12			0.018		0.12	5		3.3			
＞44～50	14×9	14	0	±0.026	－0.061	0.036	0.05	5.5		3.8		0.25	0.4
＞50～58	16×10	16	－0.043					6		4.3			
＞58～65	18×11	18						7	0.2	4.4	20		
＞65～75	20×12	20	0		0.022		0.149	7.5		4.9			
＞75～85	22×14	22	－0.052		－0.074		0.065	9		5.4			
＞85～95	25×14	25		±0.031		0.052		9		5.4		0.4	0.6
＞96～110	28×16	28						10		6.4			
＞110～130	32×18	32	0		－0.026		0.18	11		7.4			
＞130～150	36×20	36	－0.062		0.088		0.08	12		8.4			
＞150～170	40×22	40		±0.037		0.062		13	0.3	9.4	0.3	0.7	1
＞170～200	45×25	45						15		10.4			

注:1.(d－t1)和(d＋t2)两组组合尺寸的极限偏差按相应的 t1 和 t2 的极限偏差选取,但(d－t1)极限偏差应取符号(－)。

2. 轴的直径不在本标准系列,仅供参考。

表 B-13　普通平键的尺寸与公差(摘自 GB/T 1096—2003)

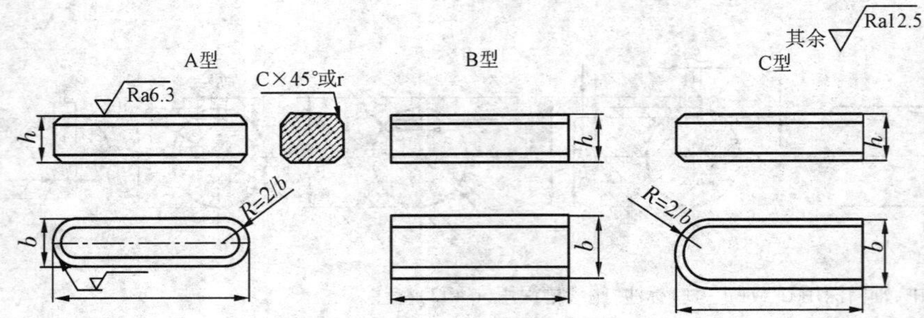

宽度 b	基本尺寸		2	3	4	5	6	8	10	12	14	16	18	20	22
	极限偏差(h8)		0 -0.014		0 -0.018			0 -0.022		0 -0.0027				0 -0.033	
高度 h	基本尺寸		2	3	4	5	6	7	8	8	9	10	11	12	14
	极限偏差	矩形(h11)	–		–			0 -0.090					0 -0.010		
		方形(h8)	0 -0.014		0 -0.018			–					–		
倒角或圆角 s			0.16~0.25			0.25~0.40			0.40~0.60					0.60~0.80	
长度 L															
基本尺寸	极限偏差(h14)														
6	0-0.36				—	—	—	—	—	—	—	—	—	—	—
8						—	—	—	—	—	—	—	—	—	—
10							—	—	—	—	—	—	—	—	—
12	0-0.48						—	—	—	—	—	—	—	—	—
14								—	—	—	—	—	—	—	—
16								—	—	—	—	—	—	—	—
18									—	—	—	—	—	—	—
20	0-0.52								—	—	—	—	—	—	—
22			—			标准				—	—	—	—	—	—
25			—							—	—	—	—	—	—
28			—								—	—	—	—	—
32	0-0.62		—								—	—	—	—	—
36			—									—	—	—	—
40			—	—									—	—	—
45			—	—				长度					—	—	—
50			—	—	—									—	—
56	0-0.74		—	—	—										—
63			—	—	—	—									
70			—	—	—	—									
80			—	—	—	—	—								
90	0-0.87		—	—	—	—	—				范围				
100			—	—	—	—	—	—							
110			—	—	—	—	—	—							
125	0-1.00		—	—	—	—	—	—	—						
140			—	—	—	—	—	—	—						
160			—	—	—	—	—	—	—	—					
180			—	—	—	—	—	—	—	—	—				
200	0-1.15		—	—	—	—	—	—	—	—	—	—			
220			—	—	—	—	—	—	—	—	—	—	—		
250			—	—	—	—	—	—	—	—	—	—	—	—	

表 B－14 半圆键（摘自 GB/1098—2003、GB/T1099—2003）

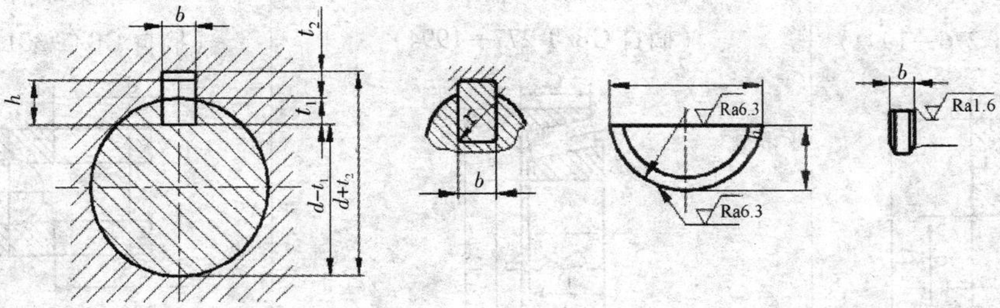

半圆键 键槽的剖面尺寸（摘自 GB/T 1098—2003）

普通键 半圆键（摘自 GB/T 1099—2003）

标注示例：

宽度 b＝6mm，高度 h＝10mm，直径 D＝25mm，普通型半圆键的标记为：

GB/T1099.1 键 6x10x25

键尺寸				键槽				
				轴		轮		半径 r
b	h(h11)	D(h12)	c	t1	极限偏差	t2	极限偏差	
1.0	1.4	4	0.16～0.25	1.0	+0.1 0	0.6	+0.1 0	0.16～0.25
1.5	2.6	7		2.0		0.8		
2.0	2.6	7		1.8		1.0		
2.0	3.7	10		2.9		1.0		
2.5	3.7	10		2.7		1.2		
3.0	5.0	13		3.8	+0.2 0	1.4		
3.0	6.5	16		5.3		1.4		
4.0	6.5	16	0.25～0.40	5.0		1.8		0.25～0.40
4.0	7.5	19		6.0		1.8		
5.0	6.5	16		4.5		2.3		
5.0	7.5	19		5.5		2.3		
5.0	9.0	22		7.0		2.3		
6.0	9.0	22		6.5	+0.3 0	2.8		
6.0	10.0	25		7.5		2.8		
8.0	11.0	28	0.40～0.60	8.0		3.3	+0.2 0	0.40～0.60
10.0	13.0	32		10.0		3.3		

注：1. 在图样中，轴槽深用 t1 或（d－t1）标注，轮毂槽深用（d＋t2）标注。（d－t1）和（d＋t2）的两个组合尺寸的极限偏差按相应 t1 和 t2 的极限偏差选取，但（d－t1）极限偏差应为负偏差。

2. 键长 L 的两端允许倒成圆角，圆角半径 r＝0.5～1.5mm。

3. 键宽 b 的下偏差统一为“－0.025”。

表 B—15　滚动轴承

深沟球轴承
（摘自 GB/T 276—1994）

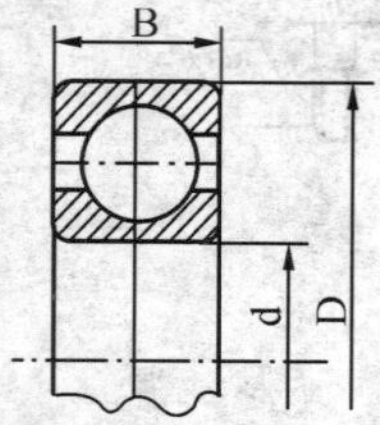

标记示例：
滚动轴承 6303
GB/T 276—1994

圆锥滚子轴承
（摘自 GB/T 277—1994）

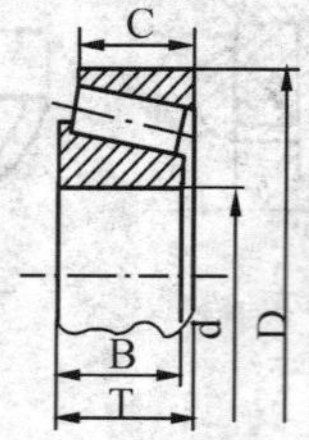

标记示例：
滚动轴承 30209 GB/T 277—1994

推力球轴承
（摘自 GB/T 301—1994）

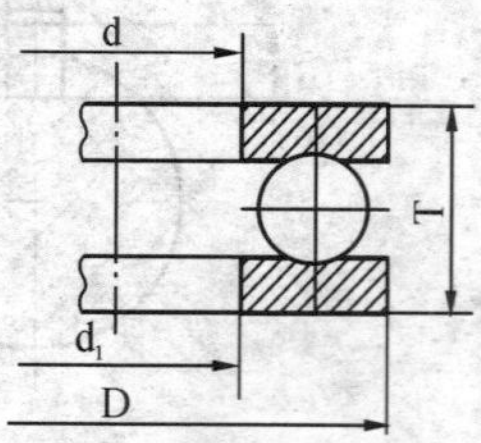

标记示例：
滚动轴承 51025 GB/T 301—1995

轴承型号	尺寸/mm			轴承型号	尺寸/mm					轴承型号	尺寸/mm			
	d	D	B		d	D	B	C	T		d	D	T	D1
尺寸系列[(0)2]				尺寸系列[02]						尺寸系列[12]				
6202	15	35	11	30203	17	40	12	11	13.25	51202	15	32	12	17
6203	17	40	12	30204	20	47	14	12	15.25	51203	17	35	12	19
6204	20	47	14	30205	25	52	15	13	16.25	51204	20	40	14	22
6205	25	52	15	30206	30	62	16	14	17.25	51205	25	47	15	27
6206	30	62	16	30207	35	72	17	15	18.25	51206	30	52	16	32
6207	35	72	17	30208	40	80	18	16	19.25	51207	35	62	18	37
6208	40	80	18	30209	45	85	19	16	20.25	51208	40	68	19	42
6209	45	85	19	30210	50	90	20	17	21.25	51209	45	73	20	47
6210	50	90	20	30211	55	100	21	18	22.25	51210	50	78	22	52
6211	55	100	21	30212	60	110	22	19	23.25	51211	55	90	25	57
6212	56	110	22	30213	65	120	23	20	24.25	51212	60	95	26	62
尺寸系列[(0)3]				尺寸系列[03]						尺寸系列[13]				
6302	15	42	13	30302	15	42	13	11	14.25	51304	20	47	18	22
6303	17	47	14	30303	17	47	14	12	15.25	51305	25	52	18	27
6304	20	52	15	30304	20	52	15	13	16.25	51306	30	60	21	32
6305	25	62	17	30305	25	62	17	15	18.25	51307	35	68	24	37
6306	30	72	19	30306	30	72	19	16	20.25	51308	40	78	26	42
6307	35	80	21	30307	35	80	21	18	22.25	51309	45	85	28	47
6308	40	90	23	30308	40	90	23	20	25.25	51310	50	95	31	52
6309	45	100	25	30309	45	100	25	22	27.25	51311	55	105	35	57
6300	50	110	27	30310	50	110	27	23	29.25	51312	60	110	35	62
6311	55	120	29	30311	55	120	29	25	31.25	51313	65	115	36	67
6313	60	130	31	30312	60	130	31	26	33.25	51314	70	125	40	72

注：圆括号中的尺寸系列代号再轴承代号中省略。

附录C 极限和配合

表C-1 基本尺寸小于500mm的标准公差

基本尺寸/mm	公差等级																			
	IT01	IT0	IT1	IT2	IT3	IT4	IT5	IT6	IT7	IT8	IT9	IT10	IT11	IT12	IT13	IT14	IT15	IT16	IT17	IT18
≤3	0.3	0.5	0.8	1.2	2	3	4	6	10	14	25	40	60	100	140	250	400	600	1 000	1 400
>3~6	0.4	0.6	1	1.5	2.5	4	5	8	12	18	30	48	75	120	180	300	480	750	1 200	1 800
>6~10	0.4	0.6	1	1.5	2.5	4	6	9	15	22	36	58	90	150	220	360	580	900	1 500	2 200
>10~18	0.5	0.8	1.2	2	3	5	8	11	18	27	43	70	110	180	270	430	700	1 100	1 800	2 700
>18~30	0.6	1	1.5	2.5	4	6	9	13	21	33	52	84	130	210	330	520	840	1 300	2 100	3 300
>30~50	0.7	1	1.5	2.5	4	7	11	16	25	39	62	100	160	250	390	620	1 000	1 600	2 500	3 900
>50~80	0.8	1.2	2	3	5	8	13	19	30	46	74	120	190	300	460	740	1 200	1 900	3 000	4 600
>80~120	1	1.5	2.5	4	6	10	15	22	35	54	87	140	220	350	540	870	1 400	2 200	3 500	5 400
>120~180	1.2	2	3.5	5	8	12	18	25	40	63	100	160	250	400	630	1 000	1 600	2 500	4 000	6 300
>180~250	2	3	4.5	7	10	14	20	29	46	72	115	185	290	460	720	1 150	1 850	2 900	4 600	7 200
>250~315	2.5	4	6	8	12	16	23	32	52	81	130	210	320	520	810	1 300	2 100	3 200	5 200	8 100
>315~400	3	5	7	9	13	18	25	36	57	89	140	230	360	570	890	1 400	2 300	3 600	5 700	8 900
>400~500	4	6	8	10	15	20	27	40	68	97	155	250	400	630	970	1 550	2 500	4 000	6 300	9 700

表 C-2 轴的极限偏差(摘自 GB/T 1008.4—1999)

基本尺寸/mm	常用及优先公差带(带圈者为优先公差带)												
	a	b		c			d				e		
	11	11	12	9	10	⑪	8	⑨	10	11	7	8	9
>0~3	-270 -330	-140 -200	-140 -240	-60 -85	-60 -100	-60 -120	-20 -34	-20 -45	-20 -60	-20 -80	-14 -24	-14 -28	-14 -39
>3~6	-270 -345	-140 -215	-140 -260	-70 -100	-70 -118	-70 -145	-30 -48	-30 -60	-30 -78	-30 -105	-20 -32	-20 -38	-20 -50
>6~10	-280 -370	-150 -240	-150 -300	-80 -116	-80 -138	-80 170	-40 -62	-40 -79	-40 -98	-40 -130	-25 -40	-25 -47	-25 -61
>10~14	-290	-150	-150	-95	-95	-98	-50	-50	-50	-50	-32	-32	-32
>14~18	-400	-260	-330	-138	-165	-205	-77	-93	-120	-160	-50	-59	-75
>18~24	-300	-160	-160	-110	-110	-110	-65	-65	-64	-65	-40	-40	-40
>24~30	-430	-290	-370	-162	-194	-240	-98	-117	-149	-195	-61	-73	-92
>30~40	-310 -470	-170 -330	-170 -420	-120 -182	-120 -220	-120 -280	-80	-80	-80	-80	-50	-50	-50
>40~50	-320 -480	-180 -340	-180 -430	-130 -192	-130 -230	-130 -290	-119	-142	-180	-240	-75	-89	-112
>50~65	-340 -530	-190 -380	-190 -490	-140 -214	-140 -260	140 -330	-100	-100	-100	-100	-60	-60	-60
>65~80	-360 -550	-200 -390	-200 -500	-150 -224	-150 -270	-150 -340	-146	-174	-220	-290	-90	-106	-134
>80~100	-380 -600	-200 -440	-220 -570	-170 -257	-170 -310	-170 -390	-120	-120	-120	-120	-72	-72	-72
>100~120	-410 -630	-240 -460	-240 -590	-180 -267	-180 -320	-180 -400	-174	-207	-260	-340	-109	-126	-159
>120~140	-460 -710	-260 -510	-260 -660	-200 -300	-200 -360	-200 -450	-145	-145	-145	-145	-85	-85	-85
>140~160	-520 -770	-280 -530	-280 -680	-210 -310	-210 -370	-210 -460	-208	-245	-305	-395	-125	-148	-185
>160~180	-580 -830	-310 -560	-310 -710	-230 -330	-230 -390	-230 -480							
>180~200	-660 -950	-340 -630	-340 -800	-240 -355	-240 -425	-240 -530	-170	-170	-170	-170	-100	-100	-100
>200~225	-740 -1030	-380 -670	-380 -840	-260 -375	-260 -445	-260 -550	-242	-285	-355	-460	-146	-172	-215
>225~250	-820 -1 110	-420 -710	-420 880	-280 -395	-280 -465	-280 -570							
>250~280	-920 -1 240	-480 -800	-480 -1 000	-300 -430	-300 -510	-300 -620	-190	-190	-190	-190	-110	-110	-110
>280~315	-1050 -1 370	-540 -860	-540 -1 060	-330 -460	-330 -540	-330 -650	-271	-320	-400	-510	-162	-191	-240
>315~355	-1200 -1560	-600 -960	-600 -1 170	-360 -500	-360 -590	-360 -720	-210	-210	-210	-210	-125	-125	-125
>355~400	-1 350 -1 710	-680 -1 040	-680 -1250	-400 -540	-400 -630	-400 -760	-299	-350	-440	-570	-182	-214	-265
>400~450	-1 500 -1 900	-760 -1 160	-760 -1 390	-440 -595	-440 -690	-440 -840	-230	-230	-230	-230	-135	-135	-135
>450~500	-1 650 -2 050	-840 -1 240	-840 -1 470	-480 -635	-480 -730	-480 -880	-327	-385	-480	-630	-198	-232	-290

表 C-3 孔的极限偏差

基本尺寸/mm	常用及优先公差带(带圈者为优先公差)													
	A	B		C	D				E		F			
	11	11	12	⑪	8	⑨	10	11	8	9	6	7	⑧	9
>0 ~ 3	+330 +270	+200 +140	+240 +140	+120 +60	+34 +20	+45 +20	+60 +20	+80 +20	+28 +14	+39 +14	+12 +6	+16 +6	+20 +6	+31 +6
>3 ~ 6	+345 +270	+215 +140	+260 +140	+145 +70	+48 +30	+60 +30	+78 +30	+105 +30	+38 +20	+50 +20	+18 +10	+22 +10	+28 +10	+40 +10
>6 ~ 10	+370 +280	+240 +150	+300 +150	+170 +80	+62 +42	+76 +40	+98 +40	+130 +40	+47 +25	+61 +25	+22 +13	+28 +13	+35 +13	+49 +13
>10 ~ 14 >14 ~ 18	+400 +290	+260 +150	+330 +150	+205 +95	+77 +50	+93 +50	+120 +50	+160 +50	+59 +32	+75 +32	+27 +16	+34 +16	+43 +16	+59 +16
>30 ~ 40	+470 +310	+330 +170	+420 +170	+280 +170	+119 +80	+142 +80	+180 +80	+240 +80	+89 +50	+112 +50	+41 +25	+50 +25	+64 +25	+87 +25
>40 ~ 50	+480 +320	+340 +180	+430 +180	+290 +180										
>50 ~ 65	+530 +340	+380 +190	+490 +190	+330 +140	146 +100	+170 +100	+220 +100	+290 +160	+106 +6	+134 +80	+49 +30	+60 +30	+76 +30	+104 +30
>65 ~ 80	+550 +360	+390 +200	+500 +200	+340 +150										
>80 ~ 100	+600 +380	+440 +220	+570 +220	+390 +170	+174 +120	+207 +120	+260 +120	+340 +120	+126 +72	+129 +72	+58 +36	+71 +36	+90 +36	+123 +36
>100 ~ 120	+630 +410	+460 +240	+590 +240	+400 +180										
>120 ~ 140	+710 +460	+510 +260	+660 +260	+450 +200	+268 +145	+245 +145	+305 +145	+395 +145	+148 +85	+135 +85	+68 +43	+83 +43	+106 +43	+143 +43
>140 ~ 160	+770 +520	+530 +280	+680 +280	+460 +210										
>160 ~ 180	+830 +580	+560 +310	+710 +310	+480 +230										
>180 ~ 200	+950 +660	+630 +330	+800 +340	+530 +240	+242 +170	+285 +170	+355 +170	+460 +170	+172 +100	+215 +100	+79 +50	+96 +50	+122 +50	+165 +50
>200 ~ 225	+1 030 +740	+670 +380	+840 +380	+550 +260										
>225 ~ 250	+1 110 +820	+710 +420	+880 +420	+570 +280										
>250 ~ 280	+1 240 +920	+800 +480	+1000 +480	+620 +300	+271 +190	+320 +190	+400 +190	+510 +190	+191 +110	+240 +110	+88 +56	+108 +56	+137 +56	+186 +56
>280 ~ 315	+1 370 +1 050	+860 +540	+1 060 +540	+650 +330										
>315 ~ 355	+1560 +1 200	+960 +600	+1 170 +600	+720 +360	+299 +210	+350 +210	+440 +210	+570 +210	+214 +125	+265 +125	+98 +62	+119 +62	+151 +62	+202 +62
>355 ~ 400	+1 710 +1 350	+1 040 +680	+1 250 +680	+760 +400										
>400 ~ 450	+1 900 +1 500	+1 160 +760	+1 390 +700	+840 +440	+327 +230	+385 +230	+480 +230	+630 +230	+232 +135	+290 +135	+108 +68	+131 +68	+165 +68	+223 +68

基本尺寸/mm	常用及优先公差带																	
	G		H							JS			K			M		
	6	⑦	6	⑦	⑧	⑨	10	⑪	12	6	7	8	6	⑦	8	6	7	8
>0~3	+8 +2	+12 +2	+6 0	+10 0	+14 0	+25 0	+40 0	+60 0	+100 0	±3	±5	±7	0 -6	0 -10	0 -14	-2 -8	-2 -12	-2 -16
>3~6	+12 +4	+16 +4	+8 0	+12 0	+18 0	+30 –	+48 0	+75 +0	+120 0	±4	±6	±9	+2 -6	+3 -9	+5 -13	-1 -9	0 -12	+2 -16
>6~10	+14 +5	+20 +5	+9 0	+15 0	+22 0	+36 0	+58 0	+90 0	+150 0	±4.5	±7	±11	+2 -7	+5 -10	+6 -16	-3 -12	0 -15	+1 -21
>10~14 >14~18	+17 +6	+24 +6	+11 0	+18 0	+27 0	+43 0	+70 0	+110 0	+180 0	±5.5	±9	±13	+2 -9	+6 -12	+8 -19	-4 -15	0 -18	+2 -25
>18~24 >24~30	+20 +7	+28 +7	+13 0	+21 0	+33 0	+52 0	+84 0	+130 0	+210 0	±6.5	±10	±16	+2 -11	+6 -15	+10 -23	-4 -17	0 -21	+4 -29
>30~40 >40~50	+25 +9	+34 +9	+16 0	+25 0	+39 0	+62 0	+100 0	+160 0	+250 0	±8	±12	±19	+3 -13	+7 -18	+12 -27	-4 -20	0 -25	+5 -34
>50~65 >65~80	+29 +10	+40 +10	+19 0	+30 0	+46 0	+74 0	+120 0	+190 0	+30 0	±9.5	±15	±23	+4 -15	+9 -21	+14 -32	-5 -24	0 -30	+5 -41
>80~100 >100~120	+34 +12	+47 +12	+22 0	+35 0	+54 0	+87 0	+140 0	+220 0	+350 0	±11	±17	±27	+4 -18	+10 -25	+16 -38	-6 -28	0 -35	+6 -48
>120~140 >140~160 >160~180	+39 +14	+54 +14	+25 0	+40 0	+63 0	+100 0	+160 0	+250 0	+400 0	±12.5	±20	±31	+4 -21	+12 -28	+20 -43	-8 -33	0 -40	+8 -55
>180~200 >200~225 >225~250	+44 +15	+61 +15	+29 0	+46 0	+72 0	+115 0	+185 0	-290 0	+460 0	±14.5	±23	±36	+5 -24	+13 -33	+22 -50	-8 -37	0 -46	+9 -63
>250~280 >280~315	+49 +17	+69 +17	+32 0	52 0	+81 0	+130 0	+210 0	+320 0	+520 0	±16	±26	40	+5 -27	+16 -36	+25 -56	-9 -41	0 -52	+9 -72
>315~355 >355~400	+54 +18	+75 +18	+36 0	+57 0	+89 0	+140 0	+230 0	+360 0	+570 0	±18	±28	±44	+7 -29	+17 -40	+28 -61	-10 46	0 -57	+11 -78
>400~450 >450~500	+60 +20	+83 +20	+40 0	+63 0	+97 0	+155 0	+250 0	+400 0	+630 0	±20	±31	±48	+8 -32	+18 -45	+29 -68	-10 -50	0 -63	+11 -86

基本尺寸/mm	常用及优先公差带(带圈者为优先公差带)											
	N			P		R		S		T		U
	6	⑦	8	6	⑦	6	7	6	⑦	6	7	⑦
>0~3	-4 -10	-4 -14	-4 -18	-6 -12	-6 -16	-10 -16	-10 -20	-14 -20	-14 -24	–	–	-18 -28
>3~6	-5 -13	-4 -16	-2 -20	-9 -17	-8 -20	-12 -20	-11 -23	-16 -24	-15 -27	–	–	-19 -31
>6~10	-7 -16	-4 -19	-3 -25	-12 -21	9 -24	-16 -25	-13 -28	-20 -29	-17 -32	–	–	-22 -37
>10~14 >14~18	-9 -20	-5 -23	-3 -30	-15 -26	-11 -29	-20 -31	-16 -34	-25 -36	-26 -39	–	– –	-26 -44
>18~24	-11 -24	-7 -28	-3 -36	-18 -31	-14 -35	-24 -37	-20 -41	-31 -44	-27 -48	–	–	-33 -54
>24~30										-37 -50	-33 -54	-40 -61
>30~40	-12 -28	-8 -33	-3 -42	-21 -37	-17 -42	-29 -45	-25 -59	-38 -54	-34 -59	-43 -59	-39 -64	-51 -76
>40~50										-49 -65	-45 -70	-61 -86
>50~65	-14 -33	-9 -39	-4 -50	-26 -45	-21 -51	-35 -54	-30 -60	-47 -66	-42 -72	-60 -79	-55 -85	-76 -106
>65~80						-37 -56	-32 -62	-53 -72	-48 -78	-69 -88	-64 -94	-91 -121
>80~100	-16 -38	-10 -45	-4 -58	-30 -52	-24 -59	-44 -66	-38 -73	-64 -86	-58 -93	-84 -106	-78 -113	-111 -146
>100~120						-47 -69	-41 -76	-72 -94	-66 -101	-97 -119	-91 -126	-131 -166
>120~140	-20 -45	-12 -52	-4 -64	-36 -61	-28 -68	-56 -81	-48 -88	-85 -110	-77 -117	-115 -140	-107 -147	-155 -195
>140~160						-58 -83	-50 -90	-93 -118	-85 -125	-127 -152	-119 -159	-175 -215
>160~180						-61 -86	-53 -93	-101 -126	-93 -133	-139 -164	-131 -171	-195 -235
>180~200	-22 -51	-14 -66	-5 -77	-41 -70	-33 -79	-68 -97	-60 -106	-113 -142	-105 -151	-157 -186	-149 -195	-219 -265
>200~225						-71 -100	-63 -109	-121 -150	-113 -159	-171 -200	-163 -209	-241 -287
>225~250						-75 -104	-67 -113	-131 -160	-123 -169	-187 -216	-179 -225	-267 -313
>250~280	-25 -57	-14 -66	-5 -86	-47 -79	-36 -88	-85 -117	-74 -126	-149 -181	-138 -190	-209 -241	-198 -250	-295 -347
>280~315						-89 -121	-78 -130	-161 -193	-150 -202	-231 -263	-220 -272	-330 -382
>315~355	-26 -62	-16 -73	-5 -94	-51 -87	-41 -98	-97 -133	-87 -144	-179 -215	-169 -226	-257 -293	-247 -304	369 -426
>355~400						-103 -139	-93 -150	-197 -233	-187 -244	-283 -319	-273 -330	-414 -471
>400~450	-27 -67	-17 -80	-6 -103	-55 -95	-45 -108	-113 -153	-103 -166	-219 -259	-209 -272	-317 -357	-307 -370	-467 -530
>450~500						-119 -159	-109 -172	-239 -279	-229 -279	-347 -387	-337 -400	-517 -580

表 C—4　形位公差的公差数值(摘自 GB/T 1184—1996)

公差项目	主参数 L/mm	公差等级 1	2	3	4	5	6	7	8	9	10	11	12
		公差值/μm											
直线度、平面度	≤10	0.2	0.4	0.8	1.2	2	3	5	8	12	20	30	60
	>10 – 16	0.25	0.5	1	1.5	2.5	4	6	10	15	25	40	80
	>16 – 25	0.3	0.6	1.2	2	3	5	8	12	20	30	50	100
	>25 – 40	0.4	0.8	1.5	2.5	4	6	10	15	25	40	60	120
	>40 – 63	0.5	1	2	3	5	8	12	20	30	50	80	150
	>63 – 100	0.6	1.2	2.5	4	6	10	15	25	40	60	100	200
	>100 – 160	0.8	1.5	3	5	8	12	20	30	50	80	120	250
	>160 – 250	1	2	4	6	10	15	25	40	60	100	150	300
圆度、圆柱度	≤3	0.2	0.3	0.5	0.8	1.2	2	3	4	6	10	14	25
	>3 – 6	0.2	0.4	0.6	1	1.5	2.5	4	5	8	12	18	30
	>6 – 10	0.25	0.4	0.6	1	1.5	2.5	4	6	9	15	22	36
	>10 – 18	0.25	0.5	0.8	1.2	2	3	5	8	11	18	27	43
	>18 – 30	0.3	0.6	1	1.5	2.5	4	6	9	13	21	33	52
	>30 – 50	0.4	0.6	1	1.5	2.5	4	7	11	16	25	39	62
	>50 – 80	0.5	0.8	1.2	2	3	5	8	13	19	30	46	74
	>80 – 120	0.6	1	1.5	2.5	4	6	10	15	22	35	54	87
	>120 – 180	1	1.2	2	3.5	5	8	12	18	25	40	63	100
	>180 – 250	1.2	2	3	4.5	7	10	14	20	29	46	72	115
平行度、垂直度、倾斜度	≤10	0.4	0.8	1.5	3	5	8	12	20	30	50	80	120
	>10 – 16	0.5	1	2	4	6	10	15	25	40	60	100	150
	>16 – 25	0.6	1.2	2.5	5	8	12	20	30	50	80	120	200
	>25 – 40	0.8	1.5	3	6	10	15	25	40	60	100	150	250
	>40 – 63	1	2	4	8	12	20	30	50	80	120	200	300
	>63 – 100	1.2	2.5	5	10	15	25	40	60	100	150	250	400
	>100 – 160	1.5	3	6	12	20	30	50	80	120	200	300	500
	>160 – 250	2	4	8	15	25	40	60	100	150	250	400	600
同轴度、对称度、圆跳动、全跳动	≤1	0.4	0.6	1	1.5	2.5	4	6	10	15	25	40	60
	>1 – 3	0.4	0.6	1	1.5	2.5	4	6	10	20	40	60	120
	>3 – 6	0.5	0.8	1.2	2	3	5	8	12	25	50	80	150
	>6 – 10	0.6	1	1.5	2.5	4	6	10	15	30	60	100	200
	>10 – 18	0.8	1.2	2	3	5	8	12	20	40	80	120	250
	>18 – 30	1	1.5	2.5	4	6	10	15	25	50	100	150	300
	>30 – 50	1.2	2	3	5	8	12	20	30	60	120	200	400
	>50 – 120	1.5	2.5	4	6	10	15	25	40	80	150	250	500
	>120 – 250	2	3	5	8	12	20	30	50	100	200	300	600

附录D 标准结构

表D-1 中心孔表示(一)(摘自GB/T4459.5-1999)

A型 B型 C型

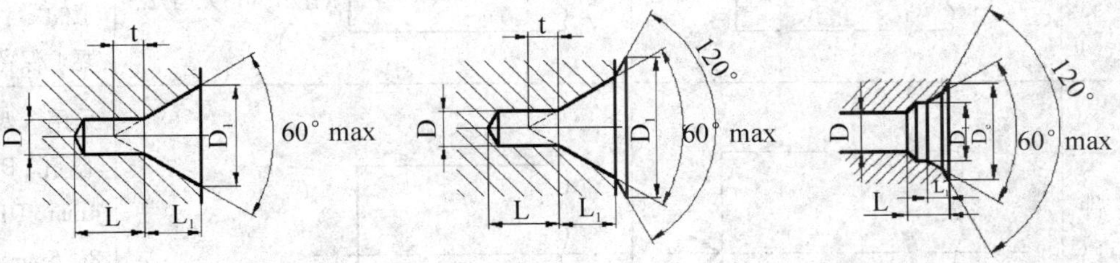

D	A、B型 A型 D_1	A型 参考 L_1	A型 参考 t	B型 D_1	B型 参考 L_1	B型 参考 t	C型 D	C型 D_1	C型 D_2	C型 L	C型 参考 L_1	选择中心孔参考数据(非标准内容) 5料端原部最小直径 D_0	轴状原料最大直径De	工件最大重量
2.00	4.25	1.95	1.8	6.30	2.54	1.8	M_3	3.2	5.8	2.6	1.8	8	>10~18	0.12
2.50	5.30	2.42	2.2	8.00	3.20	2.2	M_4	4.3	7.4	3.2	2.1	10	>18~30	0.2
3.15	6.70	3.07	2.8	10.00	4.03	2.8	M_5	5.3	8.8	4.0	2.4	12	>30~50	0.5
4.00	8.50	3.90	3.5	12.50	5.05	3.5	M_6	6.4	10.5	5.0	2.8	15	>50~80	0.8
(5.00)	10.60	4.85	4.4	16.00	6.41	4.4	M_8	8.4	13.2	6.0	3.3	20	>80~120	1
6.30	13.20	5.98	5.5	18.00	7.36	5.5	M_{10}	10.5	16.3	7.5	3.8	25	>120~180	1.5
(8.00)	17.00	7.79	7.0	22.40	9.36	7.0						30	>180~220	2
10.00	21.20	9.70	8.7	28.00	11.66	8.7						42	>220~260	3

注:1. 尺寸L取决于中心钻的长度,此值不应小于t值(A型、B型)

2. 括号内的尺寸尽量不采用。

3. R型中心孔未列入。

表 D－2　中心孔表示法(二)(摘自 GB/T6403.1－1996)

要求	符合	表示法示例	说明
在完工的零件上要求保留中心孔		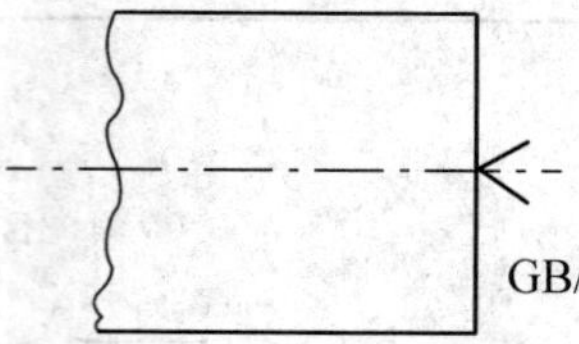	采用 B 型中心孔 D＝2.5mm，D1＝8mm 在完工的零件上要求保留
在完工的零件上可以保留中心孔	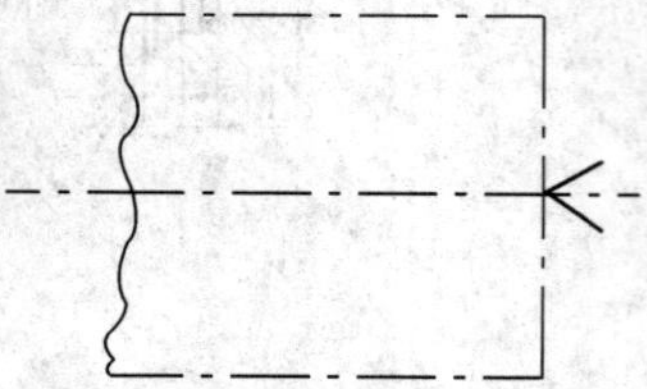	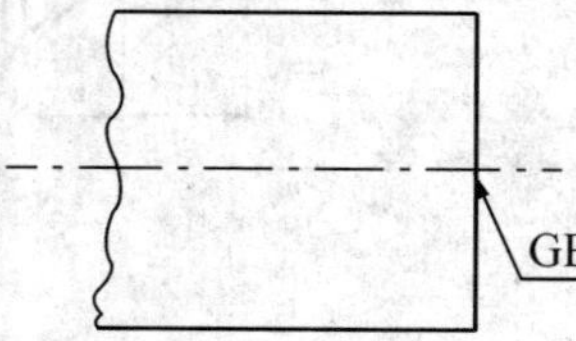	采用 A 型中心孔 D＝4mm，D1＝8.5mm 在完工的零件上是否保留都可以

表 D－3　零件倒角与倒圆

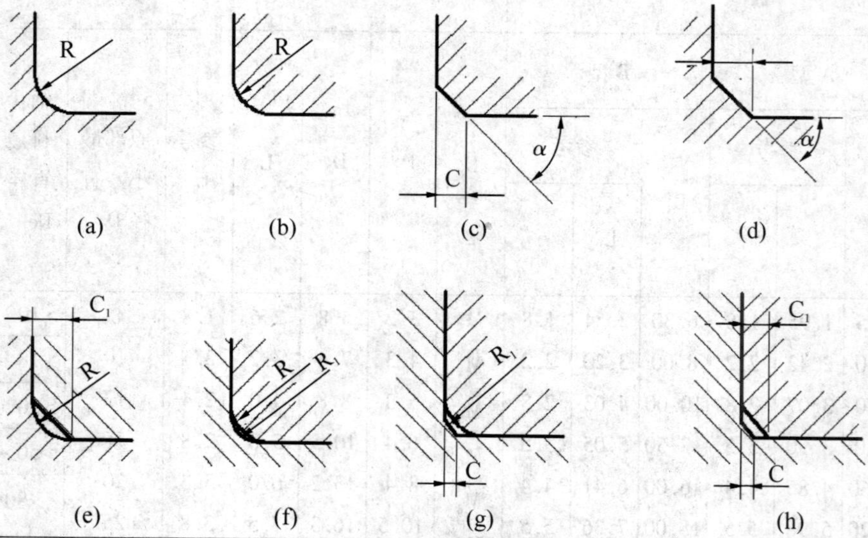

φ	～3	>3～6	>6～10	>10～18	>18～30	>30～50
C 或 R	0.2	0.4	0.6	0.8	1.0	1.6
	>50～80	>80～120	>120～180	>180～250	>250～320	>320～400
C 或 R	2.0	2.5	3.0	4.0	5.0	6.0
φ	>400～500	>500～630	>630～800	>80～1 000	>1 000～1 250	>1 250～1 600
C 或 R	8.0	10	12	16	20	25

注:1. 内角倒圆,外角倒圆时,$C_1 > R$,见图(e)。

2. 内角倒圆,外角倒圆时,$R_1 > R$,见图(f)。

3. 内角倒角,外角倒圆时,吃 $C_1 < 0.85R1$,见图(g)。

4. 内角倒角,外角倒角时,$C_1 < C$,见图(h)。

表 D－4 紧固件通孔 及沉头座尺寸

		精装配	3.2	4.3	5.3	6.4	8.4	11	13	15	17	19	21	23	25	28	31	37
		中等装配	3.4	4.5	5.5	6.6	9	11	14	16	18	20	22	24	26	30	33	39
		粗装配	3.6	4.8	5.8	7	10	12	15	17	19	21	24	26	28	32	35	42
六角头螺栓和六角螺母用沉孔	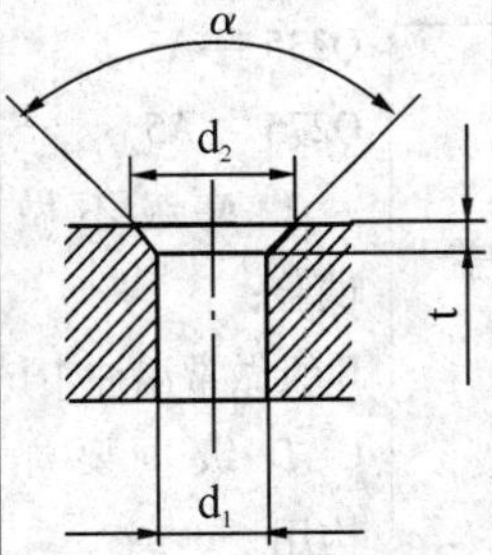 GB/t 152.2－1988	d_2	9	10	11	13	18	22	26	30	33	36	40	43	48	53	61	适用于六角螺栓和六角螺母
		d_3	–	–	–	–	–	–	16	18	20	22	24	26	28	33	36	
		d_1	3.4	4.5	5.5	6.6	9	11	14	16	18	20	22	24	26	30	33	
沉头用沉孔	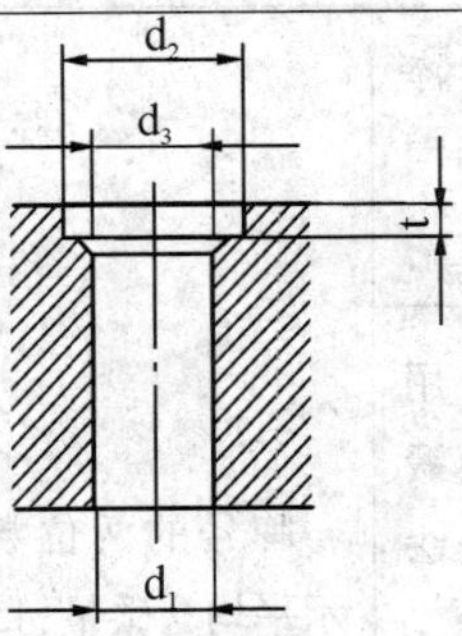 GB/t 152.4－1988	d_2	6.4	9.6	11	13	18	20	24	28	32	–	40	–	–	–	–	适用于沉头及半沉头螺钉
		t～	1.6	2.7	2.7	3.3	4.6	5	6	7	8	–	10	–	–	–	–	
		d_1	3.4	4.5	5.5	6.6	9	11	14	16	18	–	22	–	–	–	–	
圆柱头用沉孔	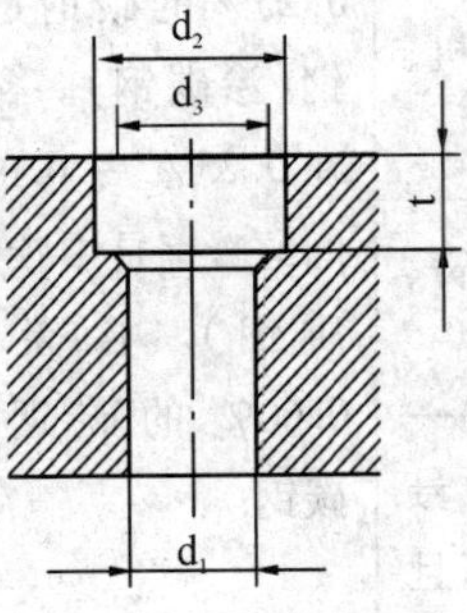	d_2	6	8	10	11	15	18	20	24	26	–	33	–	40	–	48	适用于内六角圆头螺钉
		t	3.4	4.6	5.7	6.8	9	11	13	15	18	–	22	–	26	–	32	
		d_3	–	–	–	–	–	–	16	18	20	–	24	–	28	–	36	
		d_1	3.4	4.5	5.5	6.6	9	11	14	16	18	–	22	–	26	–	33	
		d_2	–	8	10	11	15	18	20	24	26	–	33	–	–	–	–	适用于开槽园柱头螺钉
		t	–	3.2	4	4.7	6	7	8	9	11	–	13	–	–	–	–	
		d_3	–	–	–	–	–	–	16	18	20	–	24	–	–	–	–	
		d_1	–	4.5	5.5	6.6	9	11	14	16	18	–	22	–	–	–	–	

注:对螺栓和螺母用沉孔的尺寸 t,只要能制出于通孔轴线垂直的园平面即可,即刮平圆平面为止,常称锪平。表中尺寸 d_1,d_2,t 的公差都是 H13。

附录E 常用材料

表E-1 常用黑色金属材料

名称	牌号		应用举例	说明
碳素结构钢	Q195	–	用于金属结构构件、拉杆、心轴、垫圈、凸轮等	1. 新旧牌号对照： Q215 →A2; Q235 →A3; Q275 →A5 2. A级不做冲击试验; B级做常温冲击试验; C、D级重要焊接结构用
	Q215	A		
		B		
	Q235	A	用于金属结构构件、吊钩、拉杆、套、螺栓、螺母、楔、盖、焊拉件等	
		B		
		C		
		D		
	Q255	A		
		B		
	Q275	–	用于轴、轴销、螺栓等强度较高件	
优质碳素钢	10		屈服点和抗拉强度比值较低，塑性和韧性均高，在冷状态下，容易模压成形。一般用于拉杆、卡头、钢管垫片、垫圈、铆钉。这种钢焊接性甚好	牌号的两位数字表示平均含碳量，45号钢即表示平均含碳量为0.45%。含锰量较高的钢，须加注化学元素符号"Mn"。含碳量≤0.25%的碳钢是低碳钢（渗碳钢）。含碳量在0.25% – 0.60%之间的碳钢是中碳钢（调质钢）。含碳量>0.60%的碳钢是高碳钢
	15		塑性、韧性、焊接性和冷冲性均良好，但强度较低。用于制造受力不大、韧性要求较高的零件、紧固件、冲模锻件及不要热处理的低负荷零件，如螺栓、螺钉、拉条、法兰盘及化工贮器、蒸汽锅炉等	
	35		具有良好的强度和韧性，用于制造曲轴、转轴、轴销、杠杆、连杆、横梁、星轮、圆盘、套筒、钩环、垫圈、螺钉、螺母等。一般不做焊接用	
	45		用于强度要求较高的零件，如汽轮机的叶轮、压缩机、泵的零件等	
	60		强度和弹性相当高，用于制造轧辊、轴、弹簧圈、弹簧、离合器、凸轮、钢绳等	
	65Mn		性能与15号钢相似，但其淬透性、强度和塑性比15号钢都高些。用于制造中心部分的机械性能要求较高且须渗透碳的零件。这种钢焊接性好	
	15Mn		强度高，淬透性较大，脱碳倾向小，但有过热敏感性，易产生淬火裂纹，并有回火脆性。适宜作大尺寸的各种扁、圆弹簧，如座弹簧、弹簧发条	

续表

名称	牌号	应用举例	说明
灰铸铁	HT100	属低强度铸铁,用于铸盖、手把、手轮等不重要的零件	“HT”是灰铸铁的代号,是由表示其特征的汉语拼音的第一个大写正体字母组成。代号后面的一组数字,表示抗拉强度值(N/mm^2)
	HT150	属中等强度铸铁,用于一般铸铁如机床座、端盖、皮带轮、工作台等	
	HT200 HT250	属高强铸铁,用于较重要铸件,如气缸、齿轮、凸轮、机座、床身、飞轮、皮带轮、齿轮箱、阀壳、联轴器、衬筒、轴承座等	
	HT300 HT350	属高强度、高耐磨铸铁,用于重要的铸件如齿轮、凸轮、床身、高压液压筒、液压泵和滑阀的壳体、车窗卡盘等	
球墨铸铁	QT700-2	用于曲轴、缸体、车轮等	“QT”是球墨铸铁代号,是表示"球铁"的汉语拼音的第一个字母,它后面的数字表示强度和延伸率的大小

表 E－2　常用有色金属材料

类别	名称与牌号	应用举例
加工青铜	4－4－4 锡青铜 QSn4－4－4	一般摩擦条件下的轴承、轴套、衬套、圆盘及衬套内垫
	7－0.2 锡青铜 QSn7－0.	中负荷、中等滑动速度下的摩擦条件，如抗磨垫圈、轴承、轴套、蜗轮等
	9－4 铝青铜 QAL9－4	高负荷下的抗磨、耐蚀零件，如轴承、轴套、衬套、阀座、齿轮、蜗轮等
	10－3－1.5 铝青铜 QAL10－3－1.5	高温下工作的耐磨零件，如齿轮、轴承、衬套、圆盘、飞轮等
	10－4－4 铝青铜 QAL10－4－4	高强度耐磨件及高温下工作零件，如轴衬、轴套、齿轮、螺母、法兰盘、滑座等
	2 铍青铜 QBe2	高速、高温、高压下工作的耐磨零件，如轴承、衬套等
铸造铜合金	5－5－5 锡青铜 ZCuSnSPbZn5	用于较高负荷、中等滑动速度下工作的耐磨、耐蚀零件，如轴瓦、衬套、油塞、蜗轮等
	10－1 锡青铜 ZCuSn10P1	用于小于 20MPa 和滑动速度小于 8m/s 条件下工作的耐磨零件，如齿轮、蜗轮、轴瓦、套等
	10－2 锡青铜 ZCuSn10Zn2	用于中等负荷和滑动速度较小的管配件及阀、旋塞、泵体、齿轮、蜗轮、叶轮等
	8－13－3－2 铝青铜 ZCuAL8Mn13Fe3Ni2	用于强度高耐蚀重要零件，如船舶螺旋桨、高压阀体、泵体、耐压耐磨的齿轮、蜗轮、法兰盘、衬套等
	9－2 铝青铜 ZCuAL9Mn2	用于制造耐磨结构简单的大型铸件，如衬套、蜗轮及增压器内气封等
	10－3 铝青铜 ZCuAL10Fe3	制造强度高、耐磨、耐蚀零件，如蜗轮、轴承、衬套、管嘴、耐热管配件
	9－4－4－2 铝青铜 ZCuAL9Fe4Ni4Mn2	制造高强度重要零件，如船舶螺旋桨、耐磨及 400℃ 以下工作的零件，如轴承、齿轮、蜗轮、螺母、法兰盘、阀体、导向套管等
	25－6－3－3 铝青铜 ZCuZn25AL6Fe3Mn3	适用于高强耐磨零件，如桥梁支承板、螺母、螺杆、耐磨板、滑块、蜗轮等
	38－2－2 锰黄铜 ZCuZn38Mn2Pb2	一般用途结构件，如套筒、衬套、轴瓦、滑块等
铸造铝合金	ZL301 ZL102 ZL401	用于受大冲击负荷、高耐蚀的零件。用于汽缸活塞以及高温工作的复杂形状零件适用于压力铸造的高强度铝合金

表 E-3 常用非金属材料

类别	名称	代号	说明及规格		应用举例
工业用橡胶板	普通橡胶板	1608	厚度/mm	宽度/mm	能在-30~+60℃的空气中工作，适于冲制各种密封、缓冲胶圈、垫板及铺设工作台、地板
		178	0.5、1、1.5、2、2.5、3、4、5、6、8、10、12、14、16、18、20、22、25、34、40、50	500 ~2000mm	
		1613			
	耐油橡胶板	3707			可在温度-30~80℃之间的机油、汽油、变压器油等介质中工作，适于冲制各种形状的垫圈
		3807			
		379			
		3809			
尼龙	尼龙 66 尼龙 1010		有高的抗拉强度和良好的冲击韧性，一定的耐热性（可在100℃以下使用），能耐弱酸、弱碱，耐油性良好		用于制作机械传动零件，有良好的灭音性，运转时噪音小，常用来做齿轮等零件
石棉制品	耐油橡胶石棉板		有厚度为0.4 - 0.3mm的十种规格		供航空发动机的煤油、润滑油及冷气系统结合处的密封衬垫材料
	油浸石棉盘根	YS450	盘根形状分F（方形）、Y（圆形）、N（扭制）三种，按需选用		适用于回转轴、往复活塞或阀门杆上作密封材料，介质为蒸汽、空气、工业用水、重质石油产品
	橡胶石棉盘根	XS450	该牌号盘根只有F（方形）形		适用于作蒸汽机、往复泵的活塞和阀门杆上作密封材料
	毛毡	112-32-44（细毛） 122-30-38（半粗毛） 132-32-36（粗毛）	厚度为1.5~25mm		用作密封、防漏油、防震、缓冲衬垫等。 按需要选用细毛、半粗毛、粗毛
	软钢板纸		厚度为0.5~3.0mm		用作密封连接处垫片
	聚四氯乙烯	SFL-4-13	耐腐蚀、耐高温（+250℃）并具有一定的强度，能切削加工成各种零件		用于腐蚀介质中，起密封和减磨作用，用作垫圈等
	有机玻璃板		耐盐酸、硫酸、草酸、烧碱和纯碱等一般酸碱以及二氧化硫、臭氧等气体腐蚀		适用于耐腐蚀和需要透明的零件

表 E-4 常用的热处理和表面处理名词解释

名词	代号及标注示例	说明	应用
退火	Th	将钢件加热到临界温度以上(一般是710~715℃,个别合金钢800~900℃)30~50℃,保温一段时间,然后缓慢冷却(一般在炉中冷却)	用来消除铸、锻、焊零件的内应力、降低硬度,便于切削加工,细化金属晶粒,改善组织、增加韧性
正火	Z	将钢件加热到临界温度以上,保温一段时间,然后用空气冷却,冷却速度比退火快	用于处理低碳和中碳结构钢及渗碳零件,使其组织细化,增加强度与韧性,减少内应力,改善切削性能
淬火	C C48-淬火回火(45-50)HRC	将钢件加热到临界温度以上,保温一段时间,然后在水、盐水或油中(个别材料在空气中)急速冷却,使其得到高硬度	用来提高钢的硬度和强度极限。但淬火会引起内应力使钢变脆,所以淬火后必须回火
回火	回火	回火是将淬硬的钢件加热到临界点以下的温度,保温一段时间,然后在空气中或油中冷却下来	用来消除淬火后的脆性和内应力,提高钢的塑性和冲击韧性
调质	T235-调质至(220-250)HB	淬火后在450~650℃进行高温回火,称为调质	用来使钢获得高的韧性和足够的强度。重要的齿轮、轴及丝杆等零件是调质处理的
表面淬火 火焰淬火	H54(火焰淬火后,回火到52-58HRC)	用火焰或高频电流将零件表面迅速加热至临界温度以上,急速冷却	使零件表面获得高硬度,而心部保持一定的韧性,使零件既耐磨又能承受冲击。表面淬火常用来处理齿轮等
表面淬火 高频淬火	G52(高频淬火后,回火到50-55HRC)		
渗碳淬火	S0.5-C59(渗碳层深0.5,淬火硬度56-62HRC)	在渗碳剂中将钢件加热到900~950℃,停留一定时间,将碳渗入钢表面,深度约为0.5~2mm,再淬火后回火	增加钢件的耐磨性能、表面硬度、抗拉强度及疲劳极限。适用于低碳、中碳(含量<0.40%)结构钢的中小型零件
氮化	D0.3-900(氮化深度0.3,硬度大于850HV)	氮化是在500~600℃通入氮的炉子内加热,向钢的表面渗入氮原子的过程。氮化层为0.025~0.8mm,氮化时间需40~50h	增加钢件的耐磨性能、表面硬度、疲劳极限和抗蚀能力适用于合金钢、碳钢、铸铁件,如机床主轴、丝杆以及在潮湿碱水和燃烧气体介质的环境中工作的零件
氰化	Q59(氰化淬火后,回火至56-62HRC)	在820~860℃炉内通入碳和氮,保温1~2h,使钢件的表面同时渗入碳、氮原子,可得到0.2~0.5mm的氰化层	增加表面硬度、耐磨性、疲劳强度和耐蚀性用于要求强度高、耐磨的中、小型及薄片零件和刀具等
时效	时效处理	低温回火后,精加工之前,加热到100~160℃,保持10~40h。对铸件也可用天然时效(放在露天中一年以上)	使工件消除内应力和稳定形状,用于量具、精密丝杆、床身导轨、床身等

续表

名词	代号及标注示例	说明	应用
发蓝 发黑	发蓝或发黑	将金属零件放在很浓的碱和氧化剂溶液中加热氧化,使金属表面形成一层氧化铁所组成的保护性薄膜	防腐蚀、美观。用于一般连接的标准件和其他电子类零件
硬度	HB(布氏硬度)	材料抵抗硬的物体压入其表面的能力称"硬度"。根据测定的方法不同,可分布氏硬度、洛氏硬度和维氏硬度。硬度的测定是检验材料经热处理后的机械性能——硬度	用于退火、正火、调质的零件及铸件的硬度检验
	HRC(洛氏硬度)		用于经淬火、回火及表面渗碳、渗氮等处理的零件硬度检验
	HRC(洛氏硬度)		用于薄层硬化零件的硬度检验